人类大百科

新世纪文库·特辑

人类大百科

[英] DK出版社　[美] 史密森尼学会 著

广东省出版集团
新世纪出版社

图书在版编目（ＣＩＰ）数据

人类大百科 / 英国DK公司与史密森尼学会著 ；王绍婷，
吴光亚译. —广州：新世纪出版社，2012.8

ISBN 978-7-5405-6336-3

Ⅰ.①人… Ⅱ.①英… ②王… ③吴… Ⅲ.①人类学－百
科全书 ②社会学－百科全书 Ⅳ.①Q98-61 ②C91-61

中国版本图书馆CIP数据核字（2012）第165734号

广东省版权局著作权合同登记号 图字：19-2012-090号

出 版 人：孙泽军
策　 划：李江南
责任编辑：宁　伟　耿　谦
特约编辑：刘　浩　肖超宇　张晓雪
装帧设计：点石坊
技术编辑：张　波

新世纪文库·特辑

人类大百科

著　　者：[英] DK 出版社　 [美] 史密森尼学会
译　　者：王绍婷　 吴光亚　 吴妍蓉　 吴妍仪　 卢心怡
出版发行：新世纪出版社
经　　销：全国新华书店
印　　刷：北京华联印刷有限公司
规　　格：760mm×1030mm　 1/8
印　　张：64
字　　数：360 千字
版　　次：2014 年 7 月第 1 版第 2 次印刷
书　　号：ISBN 978-7-5405-6336-3
定　　价：286.00 元

如发现印装质量问题，影响阅读，请联系调换：
北京广版新世纪文化传媒有限公司
销售热线：010-65542969
传　真：010-65545428
本书译稿版权通过左岸文化出版社安排取得

中文版序言

当中国人遨游太空将千年神话变成现实之后，人类的概念和认知又在无垠宇宙的对比下展现出了更为丰富的内容，未知的领域在无形中扩大、延展。人类在自然体系中扮演着不同的角色，他们的智慧和创造推动了人类文明的进步，他们的私情和欲望往往又会伤害自然与自然中的其它动物，甚至人类自身。人有相同类型的五官和四肢，却有不同的思想和行为以及生老病死。当人类经历以万年为单位的进化与发展的时间过程，历史就成为一个需要探索的领域，遗迹就成为考古的对象。可是，现实中的每一天，地球上的人都在上演着没有剧本的悲喜剧和各种故事，变换着未知的无数情节，造就了无数的电视新闻，内容横跨了与人类相关的各个知识领域，从政治、社会到民生、风情，从科学、民主到战争、和平，从宗教、信仰到文化、艺术，而这些新闻却是通过人在演播。人类知识的没有穷尽，就在于这种新生发知识的没有穷尽所带来的新问题。

人类认识自己，认识他人，认识族群，认识民族，认识社会和国家，都存在巨大的未知空间。尽管数千年的文明发展积淀了人类的知识体系和文明成果，有无数的结晶供奉在博物馆中成为参观和研究的对象，另有一些却是和人类相关的进化过程中的骨骼，它们不像人类的制造那样具有思想和艺术的内涵，其自然本身的信息就丰富无比，吸引着孩子们天真的好奇心。在已有的知识体系中，还有数以千年的文字以及用文字构成的思想和知识体系，可是，人体、思想、生命、社会、文化、民族等这些与人类密切相关的问题，依然在人们的知识体系中是一代一代的人需要去学习和探索的基础问题。这些基础问题中的很多问题，不要说对于没有文化或缺少知识的人，即使对于大多数有文化有知识的人来说，也是需要通过补课才能完善自己的知识构成。只有这样，人类才能获得对于自身的一个完整的认知。

中国人对于人的认识从"人之初"开始，即使像"性本善"这样的简单问题也可以作出逆向的思考。在人类社会中，善和恶不是抽象的道德概念，而是与人相关的社会关系。但是，思想、道德、法律等社会结构中与人相关并制约人行为的内容，脱离了人体具体的 DNA 表现在精神层面。在关于"人类"的知识体系中，科学家们会用许多专业术语和专业知识去阐释对于普通人来说的一个极为简单的问题，因为这个专业的特质，使得许多非专业的人在专业层面之外对待科学家或学问家的专业问题，所谓的"不求甚解"就是常人对待与自己相关问题的态度，而这往往是一种不经意间的自然状态。人们只有在了解人类自身的时候，才能感受到文化的魅力和生活的趣味，才能敬畏生命和自然。

关于人类的知识，确实是非常丰富和庞杂，横贯不同的学科，穿越不同的知识架构，它可能需要一座图书馆来承载，它可能需要终生的学习和研究，然而生之有限。当《人类大百科》摆在人们面前，人们才发现自己的才疏学浅，连一些与自己身体相关的简单问题都缺少清晰的认识，或者对一些问题的认识缺少关联知识的支撑，或者根本就是付之阙如。庆幸的是，它能够解决生之有限而阅读无限的问题，这是它的意义之所在。

这是一部可以用作阅读的百科全书，而非一般意义上的检索用的工具书。过去人们普遍注重自己的专业知识体系，偏重于专业的某一方面，有很多人在纵向方面努力终身，而忽视与自己相关的基础知识关联，缺少横向方面的关注和认知的兴趣。《人类大百科》所呈现的丰富的知识体系以及相互关联的问题，是多学科的平行与交错。它以自己的独特方式开启了认识人类的路径，抑或可以称之为捷径，因为它以简明而通俗的语言叙述专业知识，以直观和多样的图片辅助专业知识的叙述，图文并茂，相得益彰。另一方面，它能够把知识的关联性呈现出来而激发人们认识自己的兴趣，诱导人们已经沉寂的多方面的好奇心。所以，它又是一部可以获得知识的百科全书，而非常规的求证知识的百科全书。

中国国家博物馆副馆长　　陈履生

原版序言

本书深入探讨身为人类的含义。相对而言，人类在地球上算是相当新的居民，智人存在仅约15万年，而其他大多数动物远超于此。我们的祖先属于人科动物，来自东非开阔的河川流域，以双腿直立行走，曾濒临灭绝，为数稀少。我们也是稀树草原上最脆弱的动物之一：没有驰骋的能力，更没獠牙利爪作武器，还有同样时时需要照顾与保护的脆弱婴儿。

然而，人类各种特征里，有两项优势是其他动物不可比拟的。其一是发达的头脑，能让我们有敏锐的智慧和适应恶劣环境的能力。其二是社会性。正如许多其他猿类动物，如果无法团结合作，并协调配合打猎与彼此保护，我们将无法存活下来。人类社会因为沟通能力而进步。人科动物祖先大概是500万到1,500万年前，从类似黑猩猩的生物演化而来，我们的DNA与它们有很多共通点，因此两者相当类似并不令人意外。或许还有非常类似的基因。但仅是一些基因上的不同，就足以造成显著的差异。与之相比，我们的身体构造有着完全不同，智力水平更高，还有与生俱来的语言技巧。

当地球的气候在一万年前变得更温暖、更稳定时，人类便开始安顿下来。接着人类文明又继续发展，创造出复杂的符号与文字。现在各种各样的建筑鳞次栉比，机器也越来越发达，我们几乎可以在地球的任何角落生活——高纬度地区、气温极端地区不足为惧，甚至还可以在太空或水下生存。进化的故事向来与动物如何通过适者生存来适应他们所处的环境密不可分，但现在从某些方面来说，人类已经摆脱了许多进化上的压力，已成为其生存环境的主宰。

人类非常有好奇心，因此促进了科学上的发展。我们不断探究、实验，将生存的根源与宇宙的本质理论化，并且有很强的精神意识。人类思想的这个层面，以及在美学上的感知，都使人类得以发展出了绘画、音乐、诗歌和戏剧方面的乐趣。

本书便是人类好奇天性的一种体现。除人类外似乎没有其他物种对身体如何运作感到如此兴趣。现代诸多伟大的进展之一，就是人类已经具有能够将活动中头脑图像化的技术，如此有助于了解人类的心智，也就是人之所以为人的原因。

我们或许都属于同一物种，但人性却是各不相同。本书便是这种惊人多样性的明证。人类在世界各地以不同的方式发展，每个社会组织生活的方式都不相同。随着科技快速改变、互联网络的产生、世界贸易的增加，以及旅行的便捷，我们正生活在不断改变的全球社会中，我们的一举一动，都可能对住在远方的人产生深刻的影响。

那么人类的未来将如何？人类花了十万年才获得建造简陋栖所的能力，又花了更长的时间才学会制造石器。然而在过去短短的 200 年间，我们已经设计出蒸汽机，使用地球所储藏的能源，到月球探险，而且了解基因组的运作方式。人类的成就呈指数性增长，因此我们的未来倒成了无法预言的景象。毫无疑问，我们将更了解疾病，并因此更加长寿。或许我们甚至将能操控自己的基因，改变演化的进程。但人类基本上还是过去稀树草原上那个脆弱的生物。即使只是地球的小小改变，都会威胁到我们的生存；曾经带来许多便利的科技，也可能导致人类的自我毁灭。

身为本书团队的一员，讲述这个令人惊奇的故事，真是无比荣耀。我仍深信，尽管人类的存在不可能一帆风顺，但人类的精神本质和道德感，意味着我们对人类的进步可以抱持信心。

DK出版社编辑顾问　　罗伯特·温斯顿

如何使用本书

除了绪论和未来篇，《人类大百科》主要分为七大篇。右图是这七部分的简介：第一篇起源，介绍人类的进化与历史。接着依序为身体与心智、生命周期（人类生命自出生到死亡的历程）、社会、文化（包括信仰与语言）以及世界各民族。

起源篇篇章頁
本书七个主要篇章，都以一张令人印象深刻的图像揭开序幕，这张是起源篇篇章页的图片。

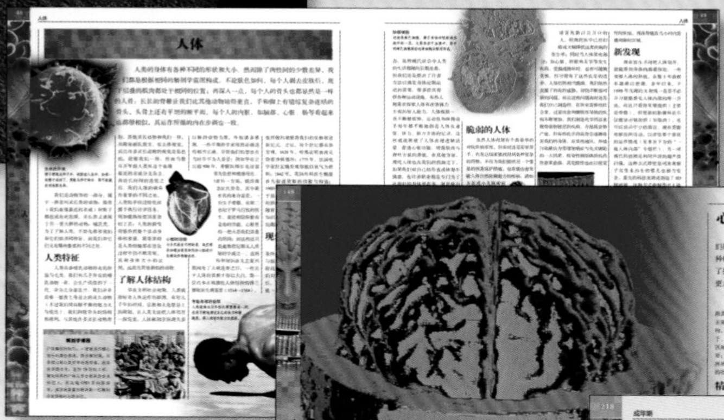

身体篇导言
每一篇的导言，都会给出相关的历史背景，涵盖我们现有的知识概况，并将这个主题放进人类生活的脉络中。

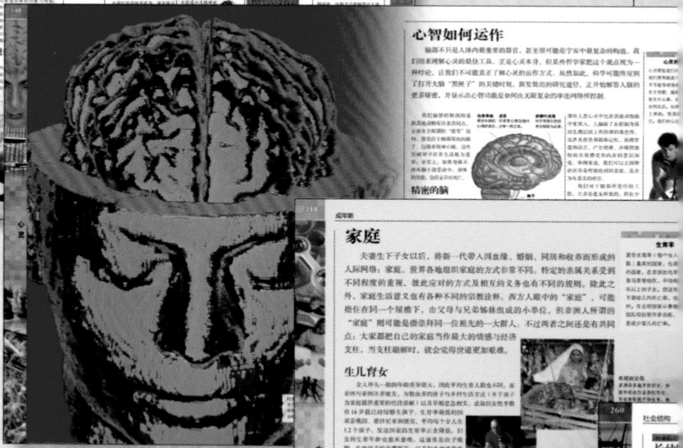

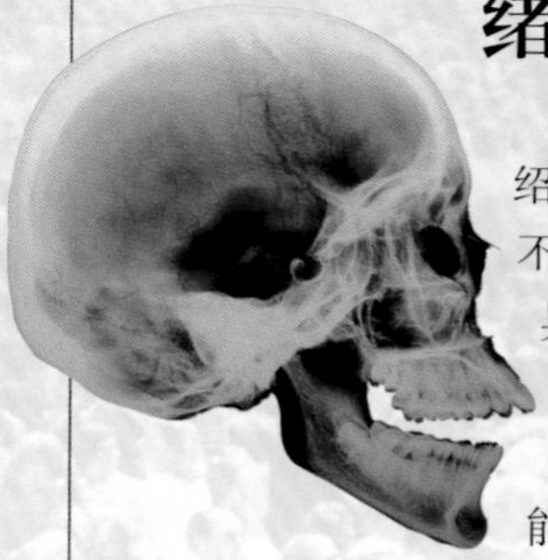

绪论

本书从人类作为一种物种开始介绍。人类看起来似乎与其他动物完全不同。然而，从生物的观点来看，差异其实相当小。绪论将讨论人类和动物的共通性，以及人之所以为人的特殊之处，例如人类的大脑和语言能力。

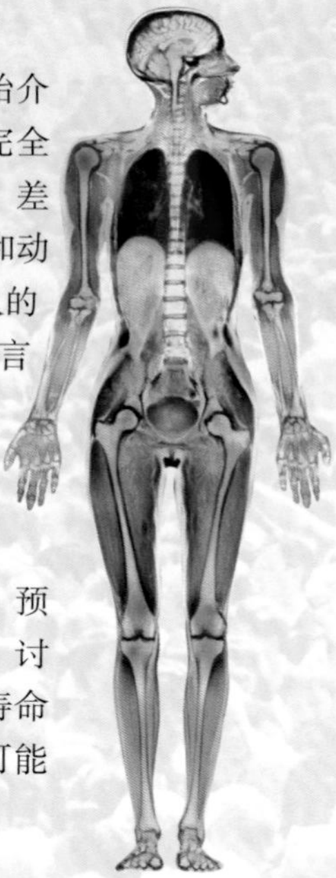

未来

本篇依据我们现有取得的成就，预测人类在今后 50 至 100 年间的发展，讨论的议题包括潜在的新医学科技、寿命的延长、人类思维的限度以及我们可能目睹的社会改变等。

思想篇的章节导言
每一篇会分几个章节，而每个章节导言的左半页都有一张吸引眼球的图片，而右半页的文字则针对章节里的主题作概括说明。例如，心智篇的"心智如何运作"这个章节，便介绍了我们如何思考、学习和记忆。

生命周期篇的解说页
在涉及家庭的这几页里，描述了家庭生活的普遍特性，为随后有关各种家庭的展示页面提供了背景知识。

专题栏型式

专题栏

全书以五种形式的专题栏着重强调了具有特殊重要性的主题。这些专题栏的上方，以不同颜色的色块及标题，区分出真相、健康、历史、议题或人物侧写五类专题。真相专题栏讲述一些引人入胜的真相。健康专题栏探讨可能影响人类健康的疾病或生活方式。历史专题栏提供有关历史诸如古代天文历法等主题。人物侧写专题栏包括了如中国诗人李白等重要人物的生平简介。议题专题栏则是讨论我们在 21 世纪所面对的一些困境。

人物侧写
名人生平简介，提供重要年代与成就资讯。

弗洛伊德
奥地利精神分析学家弗洛伊德

真相
真相专题栏点出有趣或不同寻常的真相。

面纱的意义
结婚面纱的起源，或许可以追溯到

历史
这些专题栏提供带有一些关键日期的某个主题的背景资料。

病菌的发现
法国化学家巴斯德（1822-1895，

议题
议题专题栏里讨论有争议或尚需讨论的主题。

我们来自何方？
有些文化相信世界是由单一神明突然创造出来的；许多基督徒相信上

健康
健康专题栏涵盖一些正面的健康话题，以及某些常见的疾病。

久坐的童年
西方儿童花在看电视、上网和打电玩的时间愈来愈多。美国一般儿童平均每年花 1,023 小时看电视，每天有六点五小时从事各种与媒体相关的活动，花在运动的时间则愈来愈少；这是童年期肥胖案例增加的部分因素。

史密森尼学会
Smithsonian Institution

史密森尼学会是世界最大的博物馆体系，它所属的 16 所博物馆中保管着 1.4 亿多件艺术珍品和珍贵的标本，同时，它也是一个研究中心，从事公共教育、国民服务以及艺术、科学和历史各方面的研究。

除博物馆、艺术珍品和标本外，学会还领导着著名的 W·威尔逊国际学者中心，J·F·肯尼迪表演艺术中心和若干分布在美国其他地区及一些国家的研究中心、天文台和科学实验室等机构。每年约一半的经费经国会批准后由美国政府提供。史密森学会董事会由历届美国副总统、最高法院首席大法官、3 名参议院议员和 9 名美国公民组成，会长由董事会任命。

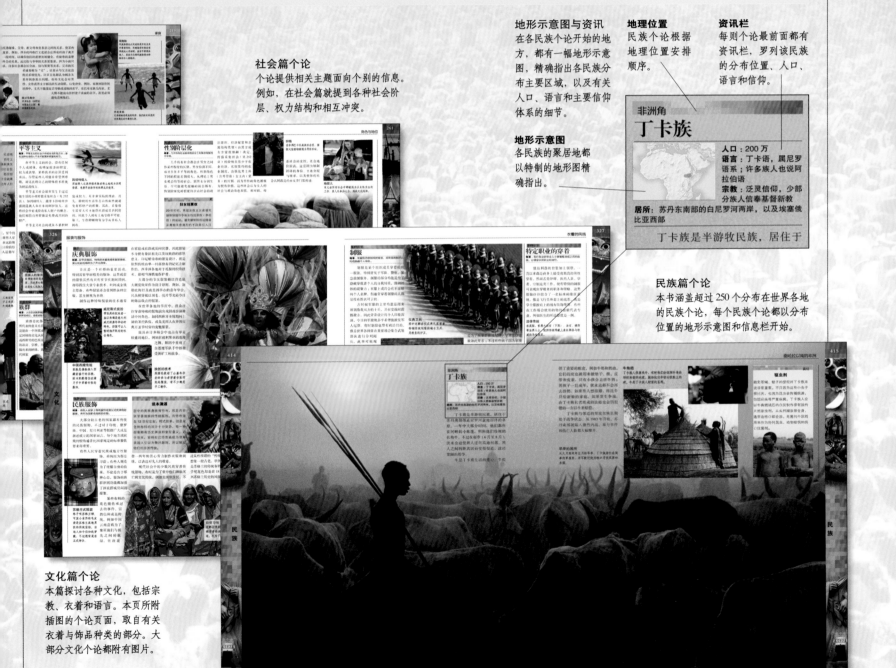

社会篇个论
个论提供相关主题面向个别的信息。例如，在社会篇就提到各种社会阶层、权力结构和相互冲突。

地形示意图与资讯
在各民族个论开始的地方，都有一幅地形示意图，精确指出各民族分布主要区域，以及有关人口、语言和主要信仰体系的细节。

地形示意图
各民族的聚居地都以特制的地形图精确指出。

地理位置
民族个论根据地理位置安排顺序。

资讯栏
每则个论最前面都有资讯栏，罗列该民族的分布位置、人口、语言和信仰。

民族篇个论
本书涵盖超过 250 个分布在世界各地的民族个论，每个民族个论都以分布位置的地形示意图和信息栏开始。

文化篇个论
本篇探讨各种文化，包括宗教、衣着和语言。本页所附插图的个论页面，取自有关衣着与饰品种类的部分。大部分文化个论都附有图片。

绪 论

绪论

人类与其他物种有着许多奇妙的差异，首先能认出镜中的自己便是其一。对科学家和哲学家来说，了解映像的能力，表现出人类最重要、最突出的特性——自觉性。只有最聪明的动物，包括黑猩猩和大猩猩，才显露出具有这种独特能力的迹象。自觉性不只界定了人类是什么，也不断驱策我们努力去了解自己的本性。自有史以来，人类便拼命要解开人类本质的谜题，探究人类为何如此特殊的原因。

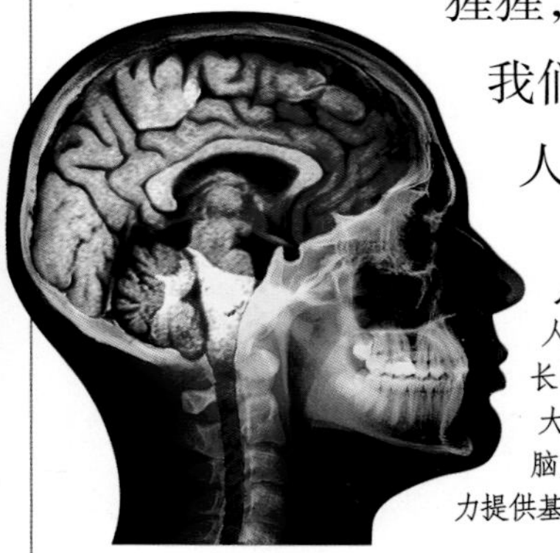

人脑
人脑比相同体型的灵长目动物的平均脑容量大上三倍。人类的大脑为许多不凡的思维能力提供基础。

人类有时并不承认自己隶属于动物界。几个世纪以来，人类都认为自己是层级更高的存在者，拥有灵魂、自由意志、意识，并把动物视为不会思考、只受本能驱使的生物。就在较近的19世纪，当达尔文提出人类从猿类演化而来的主张时，仍然引起一阵骚动；即使到了今天，"动物"这个词仍然保有它历史上残存的意义：卑贱、暴力、残酷。

然而，对生物学家来说，"人类"和"动物"远非对立的名词。我们所属的物种"智人"绝对是一种猿类。脱去令人困惑的外衣，剥去与众不同的裸露的皮肤，我们与猿类表亲有着完全相同的器官和组织。对于遗传学者来说，差异甚至更小：人类和黑猩猩的DNA差异，只有1%到2%。所以根据科学证据，人类无疑也是一种动物，但常识和传统却告诉我们，人类和其他动物隔着一道鸿沟。这样显著的矛盾存在于人类本质之谜的核心之中，唯有解决这个谜题，我们才能开始了解身为人类的意义。为了完成这项工作，我们必须了解自己在动物界中的地位。

动物界

人类只是五大生物界（见下图的生命树）的动物界中为数至少150万物种中的一种。过去，动物学家将动物界的物种排列成生命树，分为两个主要分支：脊椎动物门（所有具有脊骨的动物，包括人类）和无脊椎动物门（蠕虫、昆虫、蜘蛛等）。这些年来，随着动物演化史的资讯增加，人类所属分支在生命树中的重要性降低，分类也已经改变。如今，脊椎动物只是动物界里约30个主要分支（或称"门"）中的一个细支。挤在生命树中这个小细支里的生物包括哺乳动物类、鸟类、爬行类、两栖类和鱼类，尽管重要性明显不如从前，但脊椎动物仍是主要的动物。除了数量上的优势之外，它们也是古往今来所有物种中最大、最引人注目的。

一种典型的脊椎动物

鱼是最早的脊椎动物，也是我们四亿年前的远房祖先。我们仍然保有这些水生动物祖先遗留下来的特点，包括脊椎动物显著的特征：被成对肌肉包裹的一根脊椎骨。这个

登陆月球的人
1969年人类第一次登陆月球，这只是人类渴望探索、了解宇宙的一个例子。在阿波罗号6次的任务中，总共有12位太空人曾经在月球上漫步。

生命树

所有生命都可以在生命树中找到反映其演化史的位置。树的底端是5个生物界，每个界又可以进一步分成由不同物种构成的分支网络。这张表以非常简略的形式呈现出人类在生命树中的位置。由左到右，物种间的关系越来越密切。人类与其他物种一样，都有专属的学名：由属名与种名共同组合而成。我们是人属成员中唯一幸存者，人属还包括我们的直系祖先"直立人"和近亲"尼安德特人"。人类也是猿科中现在改称为"人亚科"中唯一存活的成员；人亚科是由住在陆地、用双脚直立走路，而不是如大猩猩或黑猩猩那样"趾行"的猿种所构成。据信人亚科是在约500至600万年以前，从猿科的生命树中的黑猩猩分支出来的。

植物界

真菌界

动物界

原生生物界

原核生物界

无脊椎动物门

脊椎动物门

鸟纲

爬虫纲

哺乳纲

两栖爬行纲

鱼纲

生物界
生物可以区分为5个主要的界。人类与其他150万已知的物种一起被划分在动物界里。

动物的分类
传统习惯将动物分为脊椎和无脊椎两类，所有脊椎动物都有类似的骨架。

脊椎动物的纲
脊椎动物门分为5个纲，我们属于哺乳纲。哺乳纲依据是否具有分泌乳汁的能力来界定；大多数哺乳动物也都有毛发。

特性使最早的鱼类能在水中活动自如，成为海洋中顶尖的捕食者，至今也仍是人类骨骼的主要支撑，使我们能站立或移动。在表皮之下，我们的身体组织依然浸泡在咸液中，其化学成分与海水相当类似。这是人类过去与水生动物有关的另一个证据。

除了不寻常的站立姿势之外，人类的结构具有一般陆生脊椎动物的特征。我们的骨骼构造与其他陆生脊椎动物一样，具有含关节的四肢，四肢末端又各有五根指（趾）头。我们的手、脚由指（趾）头构成，但其他脊椎动物的指（趾）头有非常不同的形式。例如蝙蝠的指头，便构成其翅膀的骨架，而马唯一的趾头（其他都萎缩了）则扩展成怪异的大趾甲——蹄。

人类有脊椎动物典型的感觉器官，包括一双眼睛和一对耳朵。经过这些器官获取的信息，会经由另一个脊椎动物特有的器官——被坚硬骨头包裹的脑——加工处理。

尾巴是多数脊椎动物都有的特征，但人类的尾巴会在出生之前出现又消失，而水生脊椎动物具有的鳃裂，则只在人类的胚胎时期短暂出现，并已经演化成衔接中耳与喉咙的狭窄气管：耳咽管。

作为哺乳动物的人类

演化树中的脊椎动物分支，又再细分成更小的分支，我们称之为纲。我们属于哺乳纲中的哺乳动物，哺乳动物有几种显著的特征，因此能与其他脊椎动物区别，其中最重要的特征是能分泌乳汁滋养后代（"哺乳动物"这个词来自拉丁文的 mamma，原文为

99% 的黑猩猩？
科学家用许多技术比较人类和黑猩猩以及其他猿类的基因。根据最近的实验，我们的活动基因与黑猩猩只有 1.2% 的差异。的确，有些科学家主张人类、黑猩猩和关系密切的侏儒黑猩猩，应该都归为同一个属：人属。然而，虽然人类和猿类的基因只有些许不同，但外表、行为和智力的差别却很大。使人类与众不同的少数基因，或许包括主要控制基因，这些基因能在人类的发展过程中，影响许多其他基因的活动，对我们的身体与大脑产生深远的影响。

DNA 连结
解读生物的基因密码，使科学家能了解物种之间的关联。相同的 DNA 暗示共同的祖先。

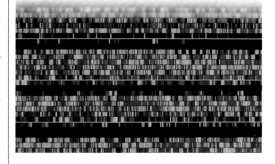

"胸部"之意）。人类与其他哺乳动物同为温血动物，身体有毛发覆盖，属于灵长目这个类别。几乎所有的灵长目动物都住在树上，活动范围多半局限在南北半球热带区间的温暖森林带。人类构造的许多结构，如能抓握的手、向前看的眼睛和色觉，都是灵长目动物的特性，是数百万年以来攀爬树木留下的演化痕迹。而我们的社会生活与行为，也透露出我们是如假包换的灵长目动物：我们和许多猿猴一样，生活在复杂而阶层化的社会，在不断改变的社会关系网络中活动寻求生存。

身为人类

人类与黑猩猩的基因几乎相同，这已经是常识。但是两者不同的微小差异，却对我们的构造产生深刻的影响，由于影响实在太大，以至于数百年来，科学家仍不愿相信人类竟是从猿类演化而来的。人与其他猿类的差异，在于我们没有攀爬所需要的可相对（可弯曲）大脚趾，而且我们是靠特别大的后肢行走，短小的前肢则悬挂在半空中。与猿类相比，我们几乎一丝不挂，骨骼弯曲得不成样，头颅肿胀如气球，

食肉目 / 鲸目 / 啮齿目 / 灵长目 / 翼手目 / 食虫目 / 有袋目

猴类群 / 猿类群 / 原猴类群

大猩猩 / 黑猩猩 / 人类 / 猩猩 / 长臂猿

哺乳纲
哺乳纲有 21 个"目"。人类属于灵长目，灵长目动物多数住在树上，有能抓握的手和大容量的脑。

灵长目的类群
灵长目分为 3 个类群：猿、猴和原猴类群。猿类群与猴类群多半在白天活动，但许多原猴类群在夜晚活动。

猿类群
猿类群的特征为肌肉发达的大手臂、活动的肩膀和没有尾巴。除了人类之外，其余的活动范围都局限在热带森林区。

胸部与阴茎奇大无比。即使如此，如果外星球的科学家到地球来研究智人，他们应该很容易就辨识出我们是猿类的一种。因为，人类的身体构造或许很不寻常，但人类与其他猿类极多的相似性，却是显而易见的。

然而，如果那些访客研究人类的心智，他们或许会认为人类也来自其他星球。以学术语言来说，智人与地球上的其他物种之间隔着一道鸿沟。我们有非常复杂的语言；我们建造城市、汽车和太空船；我们发明道德、宗教、贸易、科学以及世界大战；我们能用符号思考，创作艺术，为未来作计划，用想象力解决问题。此外，或许甚至比其他灵长目动物更优秀的是，我们可以从些许的语气变化或眼神飞快的一瞥，就能揣度彼此的心思和意向。

绪论

便于行走的体型
自从我们与其他猿类分道扬镳之后，演化已经大幅重塑人类的骨骼，从适合攀爬的体型，转变成适合站立、走路和跑步的体型。

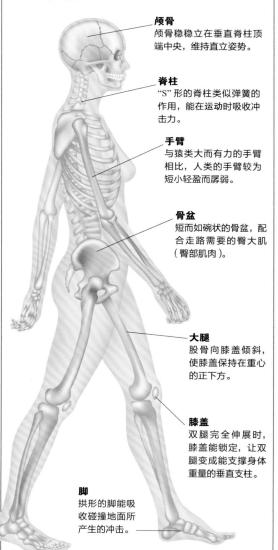

颅骨
颅骨稳稳立在垂直脊柱顶端中央，维持直立姿势。

脊柱
"S"形的脊柱类似弹簧的作用，能在运动时吸收冲击力。

手臂
与猿类大而有力的手臂相比，人类的手臂较为短小轻盈而孱弱。

骨盆
短而如碗状的骨盆，配合走路需要的臀大肌（臀部肌肉）。

大腿
股骨向膝盖倾斜，使膝盖保持在重心的正下方。

膝盖
双腿完全伸展时，膝盖能锁定，让双腿变成能支撑身体重量的垂直支柱。

脚
拱形的脚能吸收碰撞地面所产生的冲击。

肩膀的动作
人类与其他猿类的肩膀都十分有弹性，让我们的手臂能自由活动。因此，人类能精准地投掷标枪，而猩猩能以手臂挂在树枝间摆荡。

活动自如的肩膀

许多使人类独一无二的特征是我们所独有的，但有些特征却与其他近亲所共有。我们与其他猿类相同，有比猴子平坦的胸部，和更长、更有力的手臂。这些差异是猿类为了在树间移动而演化出来的。猿类不像猴子那样能以四肢在树枝间快速活动，而是以手臂抓住树干爬上树。猿类的肩胛骨不在胸部两侧而在后面，这种构造使它们的肩关节能活动自如，手臂可以高举过头，向四周摆荡。人类将为攀爬而演化出来的灵活肩膀另作他用。有力而精准地投掷东西，是人类独有的能力，这种能力十分有用，因为靠打猎为生的祖先，因此发明了可抛掷的武器。活动自如的肩膀也使我们有抓握能力的手更有用；如果我们的肩膀不那么灵活，搬运或操作东西就会变得困难许多。

以双脚行走

以双脚走路的能力，不只使人与其他猿类有所区别，也是我们和其他哺乳动物的主要差异。我们以双腿站立、行走、跑步的能力，是其他哺乳动物无法匹敌的。当然许多动物都有以双腿（"双足"）活动的能力，包括鸵鸟、袋鼠（虽然它们其实是单脚跳）和企鹅。然而，鸵鸟和袋鼠是将长长的脖子和尾巴，当作

像走钢索时使用的长杆来维持平衡，而人类则大抵是利用自己极为协调的神经系统维持站立姿势。平衡感也让人类学会如何溜冰、滑雪，甚至以双手走路的特技。以这种怪异的方式移动，必须付出的一个代价是，我们要花费相当长的时间才能学会走路，人类的婴儿约有一年的时间不会走路。

虽然其他猿类无法像我们一样行走或跑步，却显露出具有相同能力的征兆。猿类有比猴子更笔直的姿势，它们在树上常常以后肢站立，同时以手臂抓住树枝。黑猩猩和长臂猿甚至能以双腿在地上（摇摇摆摆地）走上一小段距离，这可以让它们方便渡河，只不过相当费力罢了。

人类的双腿能运动自如，是祖先骨骼结构改变的结果。我们的腿能够完全伸直，形

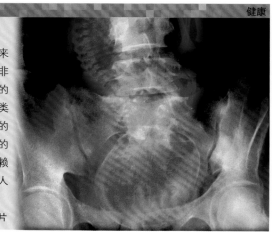

一个演化的妥协　健康

婴儿出生时必须通过母亲的骨盆，对多数哺乳动物来说，这是一个简单的步骤，但是对人类来说，却是非常艰难而危险的过程。由于我们演化出靠双腿站立的姿势，因此我们的骨盆比较窄，骨盆出口比其他猿类小。另一方面，人类婴儿的头部为了适应容量较大的脑，因而长得特别大。因此，人类必须在尚处发展的早期就出生，这时的身体仍然很脆弱，必须完全仰赖父母。另一个演化的妥协是女人的骨盆必须比男人宽，这使她们跑得比较慢，运动能力也略显不足。

分娩时的X光片

成一根垂直的支柱，支撑身体的重量，膝关节则能锁住避免小腿过度伸展。相对地，猿类的小腿无法完全伸展，这迫使它们站立时必须弯曲膝盖，且只能靠肌肉的力量费力地维持直立姿势。

从正面看，人类的大腿（股骨）从臀部到膝盖向内倾斜，确保膝盖和脚直接在身体重心的正下方。猿类的腿则比较外开，因此会有笨拙蹒跚的步态。人类的腿比手臂大很多，这使得我们的身体重心相对较低，有助于平衡。我们的重心落在臀部中间，使我们的姿势更稳、更笔直。相对地，猿类的手臂较大、肌肉较发达、腿较短，而且重心位于臀部前方比较高的位置。猿类较高的重心，造成它们直立时不但站不稳，而且弯腰驼背。

我们的脚呈弓形，所以移动时脚后跟和脚的球状部位可以承受身体的重量。相对地，猿类站立时，把整个脚掌都放在地上。它们有可相对的脚趾方便爬树，人类的大拇趾则与其他脚趾成一直线，走路时重量从脚后跟分散到脚的球状部位，然后到大拇趾，也就是脚离开地面前最后的接触点。人类这种行走方法更有效率。

人类的颅骨不是靠水平脊骨前的肌肉支持，而是稳稳地固定在垂直的脊柱顶端。因此，相对于猿类，人类脊髓通过的孔穴（枕骨大孔）是往前移的，位置在脑的正下方。脊柱弯曲呈"S"形起伏，起到发挥弹簧的作用，吸收运动造成的震动。

为了配合行走所需的大量肌肉（尤其是"臀大肌"，即臀部），人类的骨盆比其他猿类宽、短许多。骨盆呈碗状，以便支撑托在上方的腹部器官。

作为两足动物有其缺点。其一，人类分娩比其他哺乳动物（见14页"一个演化的妥协"）更痛、更耗时。其二，人类的下背部更容易疼痛或受伤。因为下背部椎骨一方面必须承受整个上半身的重量，另一方面为了保持脊柱的灵活弹性，还必须要小。当我们弯身抬起沉重的东西时，下背部必须承受比体重还重的重量，这种力量可能会弄断骨头间的某节椎间盘（我们称之为"椎间盘突出"）。

自由活动的手

直立的好处之一是双手可

极佳的平衡感
人类的骨骼结构和复杂的神经系统，让我们即使在搬运大于自己体型的物品时，仍能维持平衡。

真相

缓慢又符合经济

以双腿走路或许是为了节省体力而发展出来的；比起黑猩猩和大猩猩用四肢"趾行"，人类用双腿走路较省力。然而，与多数有四条腿的哺乳动物相比，我们是很拙劣的跑步者。人类跑步时要消耗大量卡路里，即使最快速度也不甚可观。例如，最优秀的运动员每小时可以跑24千米，但马、狗和羚羊可以轻易达到每小时超过48千米的速度，并且维持相同速度更久。

以自由活动。人类与其他灵长目动物同样都有可相对的拇指，也就是能与其他手指作反向动作的手指。这种能力将手变成可以抓握或操作工具的钳子。大猩猩用它们的手撕碎有刺植物，或将食物连根拔起；黑猩猩用手操作简单的工具，如用树枝搜寻白蚁，或用石头敲开坚果。然而与人类不同的是，这些猿类也把手当脚用，因此限制了其手指精细、灵活的程度。人类的手因为能完全自由活动，因此演化成非常灵巧而精密的工具。我们的手可以绑鞋带、弹钢琴、拿针穿线、握铁锤和点数口袋里的硬币。

人类的指尖充满了对压力十分敏感的感受器，再加上爪子演化成指甲，使人的触觉得到进一步提升。我们的手掌是全身皮肤中少数完全没有毛发的部位（其他还包括脚底和嘴唇），握力因为没有毛发而增强。为了进一步增强握力，我们手指的皮肤有粗糙的小细纹，上面有能维持皮肤柔软、潮湿的油脂腺与汗腺，使我们能捡拾或把握最细小的东西。与此同时，脑中控制手眼协调的部分，也比其他灵长目动物更发达。对于人类来说，手部的灵巧很重要。少了这种能力，我们便无法生火、掷矛、盖房子或不断发明各种工具。

气味与嗅觉

多数哺乳动物都住在气味的世界里，它们用臭腺在自己的地盘上作记号，留下可以吸引配偶或逐退敌人的持久信号。气味包含丰富的资讯，告诉来者气味制造者的年纪、性别、身份和生殖状态。

嗅觉对灵长目（特别是人类）来说比较不重要。我们的嗅球（脑中处理嗅觉的部位）与一般哺乳动物比起来小很多。尽管如此，我们还是会制造有社会和性别意义的气味。我们的气味是由成人身体中毛发最多的部位制造，也就是腋窝和腹股沟。这些部位有特殊的汗腺，会流出具黏性而气味强烈的汗液，我们称之为顶泌腺汗液，顶泌腺汗液中含有称为费洛蒙的化学物质。顶泌腺汗液的成分会随月经周期和情绪的改变而改变。在体香剂和香水发明之前的年代，顶泌腺汗液或许曾经帮助人们选择他们的性伴侣。科学家认为汗水中复杂的气味，

以某种方式传递有关潜在伴侣的免疫系统是否与自己相容的信息。

视力

虽然嗅觉和听觉是多数哺乳动物主要的感觉，但对人类来说，视觉却是最重要的。属于灵长目的人类，有一流的色觉和感知微小细节的能力，这是因为我们眼睛后面布满感光细胞。在视网膜中央（眼睛后面的感光膜）有一个名为中央窝的小凹洞，那里挤满了感光细胞，能够创造精密的视野中心点。只有具有中央窝的动物（包括猛禽和灵长目）才有非常敏锐的视觉。人类的视窝充满能分辨颜色的细胞，称为视锥细胞，视锥细胞依三原色分为三种，让我们能有全彩的色觉。多数哺乳动物只有一或两种视锥细胞，因此从医学的角度来看它们是色盲。

卓越的色觉也有其代价：视锥细胞只有白天能起作用，人类在夜晚几乎是瞎子。夜间视力差，是人和其他猿类晚上在室内或树上睡觉，以远离夜间视力良好的夜间捕食者的一个原因。

我们与所有灵长目一样具有分辨三度空间的视力。我们灵长目的祖先发展出立体视力的部分原因之一，是为了方便在树上活

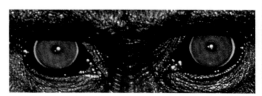

大猩猩

人类

眼白

与猿类相比，人类眼睛的白色区域比较大，使他们注视的方向较易被旁人得知，因此眼神接触也成为辅助沟通的一部分。

动。但对人类来说，立体视力的重要性是让我们操作事物更为便利。这种视力需要重叠的视野，两眼必须面对大致相同的方向（不像兔子等眼睛长在两侧的动物，需要全方位的视觉才能看见靠近的捕食者）。人类在这方面，具有灵长目动物的特色。眼睛朝向前方，让我们有宽广的立体视野，短小的鼻子，则能减少对视野的妨碍。为了弥补缺少全方位视力的缺点，我们有活动的眼球和脖子，让我们不必转动身体就能环顾四周。不过我们的眼睛与其他灵长目动物有一点不同：人类虹膜四周有一大块白色的区域，这

使我们的眼睛非常显眼，凝视的方向能为人所知。多数猿类的眼睛几乎完全为棕色，让人看不出它们注视的方向。

保暖

人类与所有哺乳动物相同，都属于恒温动物，这意味着我们的体内可以维持恒温。相反地，爬行类和两栖类是"冷血"动物，这么说可能有些令人误解，因为这些动物的体温有时候比人类还高。其中重要的差别在于，冷血动物无法独立于四周环境维持恒定体温，因此它们会受制于环境。以沙漠蜥蜴为例，当夜晚温度骤降时，它们的行动会变得迟缓，早晨也需要花点时间晒晒太阳，才能恢复活力。但是哺乳动物即使在北极的冬天也能保持活跃。在所有哺乳动物中，人类最会利用恒温动物特性所带来的适应力。

几乎裸露

对多数哺乳动物来说，毛发是温血动物很重要的保暖系统。一层浓密的毛发像毛毯般将暖空气留在身体周围，减缓宝贵体温的流失。只有最大型的哺乳动物，如鲸鱼和大象，才不需要毛发，因为它们巨大的体积，造成表面面积相对较小，能减缓体温的流失。虽然人的皮肤看似没有毛发，实际上并非真的裸露，我们的毛发和黑猩猩一样多，差别在于我们的毛发比较细小。正因如此，除了头部那片密集的毛发之外，我们的体毛没什么阻隔作用。

那么，人类为什么几乎裸露呢？答案或许在于长久以来，人类都有保持凉爽的需要。当我们的祖

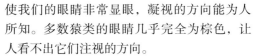

真相

人类爱水情结

我们想亲近水的欲望，或许演化上的根源。早期人类住在非洲稀树草原上，为了忍受热气而发展出裸露的皮肤，并产生大量的汗水。这种构造使人即使在一天中最热的时候仍能活动，而此时狮子和其他捕食者通常都休息去了。不过，我们的祖先必须留在靠近水源的地方，以补充因流汗而丧失的水分。人类发明以兽皮和鸵鸟蛋制成的水瓶之前，早期人类可能从未远离水池或河流。在人开始建造定居点的时候，水源也是一大诱因。

先离开森林，前往更开放的稀树草原时，他们必须暴露在炙热的非洲阳光下。只有最耐热的动物才能在非洲稀树草原的白天活动。多亏直立的姿势（能减少曝晒在阳光之下）、赤裸的皮肤以及比其他哺乳动物更为先进的汗腺，我们才能忍受这种环境。

我们的表皮上覆盖着数以百万计的腺体，能在我们体温升高时，分泌一种称为外泌腺汗液的清晰水样汗液。这些汗液很快从皮肤表面蒸发，将热气带离身体。如果长着一层毛发，不但会让我们体温过热，还会阻隔皮肤表面的空气流通，减缓汗液的蒸发。

其他灵长目动物与人类不同，它们在炎热的环境中仍能维持干燥，而且外泌腺主要局限于手掌和脚底等，需要维持潮湿来增加抓力与敏感度的无毛发皮肤。我们的手掌也有很多外泌腺，而且就像其他灵长目动物一样，在压力增加时会变得很活跃：这是我们过去住在树上的证据，当时为了迅速逃跑，好的抓力非常重要。

在我们的祖先离开非洲，散布到世界各地之后，仍保有热带动物的生态习性，必须运用自己的聪明才智适应寒冷。借助衣服、火和遮蔽物，人类几乎适应了地球上的所有环境。然而演化并未完全停止，严寒地区（如北极）的人，似乎演化出有助于保暖、较短而结实的身材。生长在环境气候比较干热的民族，如马赛人和阿拉伯人，通常有特别细长的四肢，能增

因纽特人

马赛人

气候控制

马赛人身材细长，有助于散热；因纽特人体型结实，有利于保持体温。

人类的毛发
我们的体毛大部分太细，无法有效阻绝外在影响。但是当我们感到寒冷或恐惧时，过去让毛发直立的反射作用仍然存在，因此我们会起鸡皮疙瘩，这时连最细小的毛都会竖起来。

失温
在一名裸男的热录像中，红色显示最温暖的部位。我们只有手足能够忍受寒冷；天气寒冷时，身体其他部位都必须遮盖起来。

加身体表面面积，有利于身体散热。

牙齿与饮食

为了维持体内中央供暖系统，哺乳动物需要的卡路里是冷血动物的十倍左右，人类也不例外。与其他哺乳动物非常相似，我们也有非常高效率的消化系统，以及可以像磨粉机的磨石那样完全契合来磨碎食物的精密牙齿。虽然爬行类动物像钉子般的牙齿可以一生不断掉落又长出，但哺乳动物通常只有两套比较协调的牙齿：一组脱落齿（乳牙）和一组恒牙。

有些灵长目动物专门吃树叶、昆虫和水果；其他则属于杂食动物，能食用各式各样的食物，包括水果、树叶、种子、昆虫和小动物。杂食动物是灵长目中最具探知欲、最聪明的一群。它们能适应新环境，发现新的食物种类，用它们的灵巧与才智克服所摄食动植物的

议题

吃肉自然吗？

人类吃肉是否"自然"，曾引起很大的争议，因为少有灵长目动物吃肉。此外，我们也缺乏肉食动物的大型犬齿和爪子。然而，与我们最近似的黑猩猩却也吃肉；我们的祖先在迁徙至稀树草原时，吃的肉甚至很可能比我们现在吃的还要多。我们的牙齿这么小，可能是因为人类很早就已经学会利用石刀和火，软化坚韧的食物。奇怪的是，草食性灵长目动物的犬齿远比我们的大，因为它们的犬牙有象征攻击性的作用，这个功能在人类发明武器后就变得没有必要了。

生物防御。人类也属于这种杂食动物，我们的牙齿很小，而且相对来说并未特化，这表示我们的自然饮食包括各种食物，而不限于单一主食。我们与其他猿类有相同的牙齿组合：8颗门齿、4颗犬齿、8颗小白齿和12颗大白齿。尽管我们的牙齿比较小，但我们可以用手、工具或烹饪技术处理坚韧的植物和肉。有些专家认为早期人类并非掠食动物而是食腐动物，不过多数人都同意，动物类食物一直是我们饮食中很重要的一部分。目前，肉类在人类饮食中所占数量多寡，主要依所居住地区而定。在热带国家，由于植物类食物整年不虞匮乏，因此如谷类等淀粉类食物和根茎类占所饮食的很大部分，只以少量肉类为辅。但是在比较北边的地方，周期性的气候造成冬天植物类食物不足，因此肉类和乳品就变得更为重要。有些北极地区的人，几乎只靠吃肉维生。

性生活

各种猿类的性生活差异很大。在大猩猩的世界里，每头主要的雄性大猩猩都与一群雌性伴侣同住；但就黑猩猩来说，则是一头母猩猩可以跟同一群公猩猩中的每个成员交配。长臂猿是一夫一妻制；猩猩是独居动物；侏儒猩猩则把随意的性交当作问候。人类则采取完全不同的模式。生物学家将人类的交配制度称为"温和的一夫多妻制"，意思是我们几乎是一夫一妻制，但有时候有杂交的倾向。

与其他猿类相比较，我们的性器官构造很不寻常。人类的阴茎是所有灵长目动物中最长、最粗的，勃起时是大猩猩的四倍左右，不过人类的睾丸比黑猩猩的小。女人的胸部不仅比其他雌猿大，而且超过分泌乳汁所需的尺寸。为何有这些差异，原因并不清楚，但许多科学家认为这是"性择"造成的，性择指动物（通

祖母的角色
祖母帮助后代持家，在人类的生命周期中扮演重要的角色。祖母角色的重要性，可能导致人类演化出更长的寿命，以及早到的更年期。

常是雄性）发展出性装饰的演化过程，如孔雀的尾巴或雄鹿的角。

与其他较高等的灵长目动物相同，即使女方并未做好受孕准备，人类也会为快感从事性行为。黑猩猩和许多其他灵长目动物在排卵期间，生殖组织都有一个裸露的部位会涨大、变色，将生殖力公之于世。但对人类来说，女性是否准备好要受孕，连她自己都不清楚。有些生物学家认为女人发展出这种"隐匿性的排卵"，是为了让男人更忠实。如果明确显示出排卵期，男人既然知道女人在无生殖能力期间不可能生育自己的后代，他大可安心置自己的伴侣于不顾。根据此理论，隐匿性的排卵以及性快感的出现，是在人体一系列的生物适应性变化中演化而来的，有助于巩固夫妻关系，激励父亲在抚养孩子的过程中学会承担。不过隐匿性的排卵方式还有另一个可能的解释：因为我们的直立姿势。人类站立之后，女性的外生殖器改变位置，隐藏到双腿之间。直立姿势或许也可以解释男人的阴茎为何比其他动物的长。

生命历程

身为哺乳动物，人类会照顾自己的后代，喂他们吃奶是很正常的（许多其他动物会放任它们的蛋和后代自生自灭），但我们照顾后代的时间，却比其他哺乳动物还要长。人类不只生来无助，而且发展缓慢，必须持续依赖父母很长的时间。大猩猩和黑猩猩都是一断奶就能自己进食，但人类婴儿在断奶许多年后仍还要他人喂食。人类的依赖期比较长，因为人脑的生长发育，以及学习求生所需的复杂社会性、技术性技能需要更多时间。因为小孩子非常需要照顾，所以我们通

常生活在一夫一妻制的家庭里，由双亲分担提供食物的任务。

除了成长缓慢之外，人类也比其他猿类长寿。我们的平均寿命大约是80年，黑猩猩则只有40至50年。女人在50岁左右丧失生殖能力，却能再多活30年左右，人类丧失生殖能力后的寿命，比任何其他哺乳动物都长。更年期似乎在人类的生命历程和家庭结构中扮演了重要的角色。年长女人照顾自己成年的女儿和孙子，或许比自己继续生孩子，能为家庭的兴旺做出更多贡献。有些科学家认为这种"祖母角色"系统的演化，使得人类平均寿命延长，以及整个人类生命历程减缓，而其带来的副作用，则是将青春期延迟到十多岁以后。

复杂的社会

猴子和猿类过着复杂的生活，像组织严密的团体般成群结队。猴子与猿类社会的许多共通点，也适用于人类社会。例如，为了获得成功，其他灵长目动物也必须攀爬社会阶梯，开拓支持自己的群体，以便攀登到社会顶端。地位高的动物可以吸引到更多配偶，还可以优先挑选如食物等最重要的资源。阶层和地位在人类社会显然也很重要，并提供类似的好处。

了解社会团体中的复杂关系，需要某种类型的智慧，心理学家称之为"马基雅维利的智慧"。据信灵长目动物在不断改变的社会环境中，会利用马基雅维利智慧追踪它们的朋友和敌人。如猿类等最聪明的灵长目动物，甚至有能力彼此戏弄或欺骗。为了攀爬社会阶梯，灵长目动物会花很多时间梳理彼此的毛发，而且似乎非常乐在其中。人类是灵长目动物中的"异数"，因为我们很少梳理毛发，不过我们也几乎没有可梳理的毛发。根据某个理论，交谈或许与梳理毛发有着相同的用意。

对马基雅维利智慧的需要，或许可以说是造成我们最突出而重要的特性之一：大脑袋的原因。

大脑袋

人类特有的能力，大部分都要归功于大脑这个器官，可是人脑的特别之处，却恰恰还是个谜。就大脑结构来说（构成脑的细胞和组织），人脑和所有哺乳动物的脑都差不多。但说

到尺寸，人脑就大得出奇。

在动物世界中，人脑并不是最大的，大象和鲸鱼的脑比人脑大很多。但如果考虑到身型比例，人脑则是哺乳动物中最大的：人脑不只大，运作起来也所费不赀，脑要耗费不成比例的能量：成人的脑占身体重量的2%，却要用掉体内摄取的卡路里的20%；新生儿的脑更是要消耗其摄取能量的60%。

一般认为大脑皮层——大脑（脑中的主要部位）外表层的"灰质"——是负责较高级心理能力的部位。无论人类或猿类，大脑皮层都埋在一连串深邃的褶皱里，这使得大脑有了广阔的表面。不过人的皮层面积特别大：大约是黑猩猩的四倍。神经科学家已经知道特定部位的损伤会伤害我们较高级的心智功能，包括语言、决策、记忆和情绪管理等。不过对于健康的皮层如何能"展现出"我们非凡的心理能力，则至今所知仍非常有限。

尽管现在看看我们用来改善生活的丰富发明，会觉得大脑袋所带来的好处显而易见，但科学家还是无法确定人类何以会演化出大脑袋，因为演化无法事先计划，而我们祖先的大脑早在数十万年前就已增大。由于大脑袋要消耗许多能量，因此当我们住在非洲稀树草原四处觅食时，它应该就已经能为我们带来了某些益处。但那究竟又是什么呢？

一种观点认为人脑的演化是受到语言发

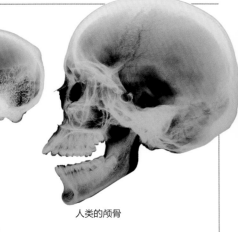

黑猩猩的颅骨　　　　人类的颅骨

颅骨与脑
随着人类的演化，脑变得越来越大。人类的下颌与牙齿比黑猩猩小，因为人类使用工具而非牙齿来准备食物。人类的脑比黑猩猩大上三倍，因此两相对照，人类的颅骨看起来鼓胀得有些怪异。

展驱使。语言似乎改变了人脑的结构：语言区偏于脑的一侧，使脑变得不对称，因此人有左撇子和右撇子的分别。但其他动物的脑则似乎是对称的，人类早期的祖先可能也是如此。不过也有许多专家认为，语言其实比大脑袋晚出现，或许是五万年前才有的事。

还有一个更为极端的想法，认为大脑袋只是演化出较长寿命所带来的副作用。因为脑组织无法再生，我们需要大脑袋提供长寿所需的备用容量。但这个理论无法解释脑对能量的渴求。我们的脑非常活跃，所以要消耗大量的能量；而未使用的"备用容量"应

高密度的社会
复杂的社会或许是在背后推动人类智力发展的手。今天我们住在人口数以千百万计的城市，如中国的上海。

该处于蛰伏状态。

另一个理论认为大脑袋是为了增添我们的性魅力而发展出来的，不过这个说法却只解释了男性的智力，而男女的智力水准实际上应该是平分秋色的。

此外，大脑袋也可能与我们食肉的饮食习惯有关。靠捕食为生的动物脑子比较大，因为它们必须比自己的猎物聪明。然而，虽然我们比其他灵长目动物吃更多肉，但其他捕食者却不像我们需要这么大的脑袋，因此捕猎的需求不可能是人脑尺寸的唯一理由。

近年来较为流行的一个说法认为，我们的大脑袋是因为社会原因而发展出来的。灵长目动物需要一些巧智，才能了解其社会生活的复杂。的确，科学家已发现：灵长目动物脑部的大小，和它们的社会团体规模密切相关。人类的社会团体是所有灵长目动物中最大、最复杂的。

不过，有关人类智力最可信的解释，或许是将演化推论为：为了填补心理学家所谓的"认知生态区位"。所有物种都要填补一个生态区位，而这个生态区位界定了该物种在生态系中的生活方式。我们那些靠四处觅食维生的祖先，是在面对阻碍时运用思考和知识达成目的的先锋。智慧使他们能够想出无数觅食的新方法：用陷阱捕捉猎物、用棍棒挖掘植物的根、用石块敲开骨头等。正如心理学家品克所说："对于我们的祖先来说，人生是永无止境的野营之旅，只是没有太空毯、瑞士刀或冷冻意大利面。"

工具的使用者与制造者

许多动物都会使用工具（包括海豚、水獭和兀鹫），有些懂得自己制造（黑猩猩和猩猩），但人类对工具的掌握，却非其他动物所能超越的。可相对（灵活）的拇指和非常灵巧的手，都是使我们成为制造工具的专家。制造工具也需要相当的脑力，尤其是洞察力。有了洞察力与想象力，我们才能在动手工作之前，先在脑中构想设计并解决问题。

技术性的智力也使我们有了煮饭用的火，以及建筑、运输交通工具、宇宙船、医药和现代世界的许多奇迹。不过精通工具也有坏处。人类祖先最早制作的石器是石刀，石刀除了用来打猎之外，也被用于互相残杀。暴力是智人的标志之一：除了黑猩猩之外，人类或许是唯一懂得交战的物种。

心智理论

多数动物对自己在镜中的影像感到陌生，人类却是少数能认得自己的物种。这种

议题

战争中的武器

人类是唯一经常开战、犯下种族灭绝，并且有能力自我毁灭的物种。战争或许就是促进新技术发明的重要推动力：人类最早的工具包括一些武器，这些武器用来对付彼此的频率，与打猎可能不相上下。我们对战争的热情，可能也是促成某些伟大科学成就的动力，从裂变原子到登陆月球都是实例。

稀有的能力暗示了人类的某种特性：每个人都有不同个性，也就是自我的概念。随之而来的就是，人具有反省自身思想与感觉，以及设想自己处于某种想象情境的能力。相对地，我们也可以设身处地想象别人的想法。心理学家将这种现象称为"心智理论"。

对人类这种在复杂而不断变动的社会团体中生活的物种来说，心智理论十分有用。少了它，我们便无法有效欺骗彼此、看穿敌人狡猾的动机，或预测朋友与敌人可能会采取的举动。

黑猩猩或许也认得镜中的自己，但这是否意味它们也有心智理论，以及与人类相同的自觉性呢？

会说话的猿类

语言可以说是人类最伟大的发明。虽然其他动物也会沟通，但它们的成就与能力和人类比起来却相形见绌。黑长尾猴和猫鼠由能发出单词性警报，警告彼此捕食者迫近，甚至蜜蜂也会使用符号语言，互相告知通往花蜜或花粉的路径。然而，其他动物的语言似乎缺少一项重要的要素：语法。语法可以说是一套以各种组合形式组织、串连单词，表达清楚且明确意义的规则。

虽然语言本身具有无限的复杂性，但是人类说出或者是解读语言的速度也是毫

不逊色的。在普通谈话中，人的喉头和嘴每秒可以发出25个独立的语音（约略相当于英文字母表的字母数）。听者也能立刻接收这些大量的数据信息，并且轻松解读其意义。

人类要具有能思考语言所象征意义的能力，语言本身才能成立。文字基本上也是种符号，能表现出不一定实际存在的物体或概念，如民族、食物、情感和精神等。具有思考某物所象征意义的能力，也衍生了人类另一项独特的创造物：艺术。早在数万年以前，人类便已能在石墙上作画，将宝石雕成装饰品，并以刺青和彩色染料，来装饰自己的身体。

人类文化

人类能有文化，语言是重要因素；文化是复杂的行为模式与知识体系，依各个社会有所不同，而且是经过世世代代传递而来。文化可以适应、学习；人扩散到世界各地的过程中，便通过适应、学习新文化来发现新的生活方式。通过文化，社会本身成为一个知识体，使每一代都不必重新学习生存的技能。通过语言，迅速分享知识，传递求生的技巧。

全世界人类文化的共通之处，是缔结合约与交易的能力。我们记得社会承诺，能产生义愤填膺的感受，遭人背叛时也渴望报复。这些都是人类独有的特点，而其他动物没有承诺或道德义务的概念，因此合作的能力便受到限制。

人类之所以有缔结合约的能力，是因为我们具有记忆过去、计划未来的能力。我们的心灵可以在时间中前进、后退。虽然其他动物的记忆力可能比我们敏锐（松鼠和松鸦能记得几百个埋藏食物的地点），但将记忆清楚铭刻在时间中，似乎是人类独有的能力。

达·芬奇的《蒙娜丽莎》(Mona Lisa)

早期的洞穴画

艺术的创造
艺术和思考象征意义的能力，或许与人类存在的时间一样长。即使是最古老的洞穴画，都透露出媲美最伟大现代艺术作品的透视感。

起源

起源

我们必须回顾过去才能了解人类的身体、心灵和文化演进的过程。这个故事迂回走过 600 万年，大部分都还被包覆在谜团之中。历史学者追溯到数千年前，回顾书写记录历史的初期。考古学家则看得更远一些，在古文明的废弃物和往生者的坟墓中挖掘翻找。除此之外，我们对自己的过去只有模糊的概念：偶然发现的骨头或牙齿、四散的石器，以及来自人类 DNA 的一些线索。

大约 600 万年前，非洲森林住着一种猿类，这种猿类外表可能类似黑猩猩。与黑猩猩相仿，这种猿类擅于攀爬，常常待在树上，但或许也能以双脚走几步路，甚至还可能已经精通几样工具。到了大约 500 万年前，这些猿类一分为二：一群留在热带非洲森林，成了黑猩猩和黑猩猩的近亲——侏儒黑猩猩；另一种则适应了地上的生活，渐渐开始直立行走，并扩展到稀树草原。

人科动物的星球

这群地面居民是猿科的一个分支，也就是传统上称为人类的最早成员，我们最后也包含在这个团体里。不过，在分类经过一些修改后，我们改以"人科动物"称呼所有大型猿类动物。因此，我们现在常把与黑猩猩这一支分开后的祖先称为"人亚科"。不过本书将继续以"人科动物"这个词来指称我们会走路的祖先，而非其他大型猿类。

过去相信人类是因为有硕大的脑袋，所以才能直立行走，并将手空下来制作工具，但古生物学家已经放弃了这样的理论。事实上，早在 400 或 500 万年前，我们的祖先就已经以双腿走路，当时它们脑袋的大小与黑猩猩不相上下。而即使在脑变大之后，人类的祖先仍继续以敲打方式制造同样原始的工具，千年复千年，很少显露出有智力的迹象。人脑是直到 4 万年前左右，才表现出完全发挥作用的样貌。不过在此之前，99% 的人类史都不为人所知。

唯一的幸存者

多年以前，科学家把各物种都视为我们的祖先。将这些物种依序排成一列，一种比一种更多一点"人样"，看起来也颇合逻辑。但是随着愈来愈多化石的发现，却显现出非常不同的光景。人类的演化看起来像是死巷迷宫构成的丛林，所有物种的相互关系错综复杂。

最重大的发现之一指出，我

议题

我们来自何方？

有些文化相信世界是由单一神明突然创造出来的：许多基督徒相信上帝在 6,000 年前才创造亚当和夏娃，其他族群则认为世界的发展是一个有序的过程，就像子宫里的胎儿，或由天地象征的"父母"产出。不过在某些文化里，人类的来源就是我们祖先精神的具体化。

原住民在黄金时代制作的人像

们的历史充满失败与灭绝。与人类祖先同时存在的物种都已经灭亡，因此使得智人成为唯一的幸存者。证据显示当人类数量明显骤减时，也曾经遭逢几乎相同的

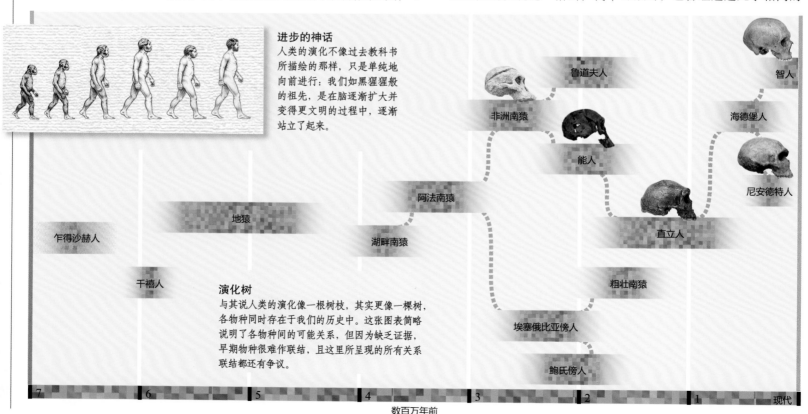

进步的神话
人类的演化不像过去教科书所描绘的那样，只是单纯地向前进行：我们如黑猩猩般的祖先，是在脑逐渐扩大并变得更文明的过程中，逐渐站了起来。

鲁道夫人

智人

非洲南猿

海德堡人

能人

尼安德特人

阿法南猿

地猿

直立人

湖畔南猿

乍得沙赫人

演化树
与其说人类的演化像一根树枝，其实更像一棵树，各物种同时存在于我们的历史中。这张图表简略说明了各物种间的可能关系，但因为缺乏证据，早期物种很难作联结，且这里所呈现的所有关系联结都还有争议。

粗壮南猿

千禧人

埃塞俄比亚傍人

鲍氏傍人

7　6　5　4　3　2　1　现代

数百万年前

命运。因此，我们或许是靠运气才能存活至今的。就化石来看，直到三万年前，我们的"表亲"都还存在，而且实际上这一小群人还可能在更久以前就已经存在。几乎每个文化好像都有一些关于猿人的神话故事，从北美的北美野人，到喜马拉雅山的雪人，中美的阿琉克斯族和苏门答腊小矮人。也许中国人传颂至今的那些神话人物所存在的远古时代，我们那些同为人科动物的表亲便早已存在了吧。

为何要大脑袋？

对于人为什么要演化出大脑袋，传统解释总是将重心放在技术上：脑的演化是为了发明复杂的武器。我们利用这些武器开辟宝贵食物的新来源，也就是能提供蛋白质和卡路里的肉，这些营养甚至能让我们的大脑更苗壮。不过也许我们对大脑袋的理论之所以深受石制工具的影响，只是因为许多相关的例子被发现。

脑子大可能带来的好处是复杂的语言和社会行为。最近的演化理论较为重视社会互动所扮演的角色。要在人类社会中出人头地，仰赖的是开拓社会关系网络的能力；这种技巧或许跟磨利石头或掷矛的能力同样重要。

飞跃

大飞跃在人类历史中扮演着决定性的角色。

4万年前便曾经发生过这样的

跳跃，当时出现了文化、艺术和精巧的工具。在欧洲，这种文化变革与克罗马农人相关，法国南部和西班牙北部的洞穴中均有他们的绘画装饰物。直到约一万年前，人类都维持着狩猎与采集的生活形态，接着才有了另一次跃进。

记录的历史
书写语言随着文明产生，如图中公元前500年的希巴手写文字。

文明的曙光

随着最后一次冰河时代步入尾声，世界各地的人类也学会驯养家畜、种植植物。人类开始定居，不再四处游荡。充足的食物供应导致人口增加和城市的出现。城市生活又导致进一步的分工，和愈来愈多的创新发明。

不过证据显示，早期农人的健康状况略逊于过游牧生活的祖先。他们住在拥挤、不卫生的环境中，饮食只限于几种当作主食的谷物。此时，社会分工已经出现。

理性的年代

书写是我们人类历史中非常神圣的一章。文字起初只用于拟

写契约与合同，不过后来开始被用来记录宗教知识和神话，到了古希腊时代，则用于知识本身的保存与交流。这种对知识纯粹的喜爱，在一些理性运动中如文艺复兴等也一直都能看到。文艺复兴始于14世纪的意大利，然后继续在欧洲发展直到17世纪中

理性带来革命
对哲学与政治的兴趣增加，不只促进文化发展，也带给老百姓挑战统治者的工具，如法国大革命就是一个例子。

叶。当时开始有人以行动和理性挑战宗教和思辨性的生活。文艺复兴是各种探索与发现的年代，使艺术、地理、音乐、科学与思想不再那么泾渭分明。

分工与联合

在大部分的历史中，不同的智人群体之间并不分享知识；知识的出现有时是借着一代传一代，有时是重新发现。不同的群体聚在一起，往往是为了打仗，这似乎是人类的天性。我们几乎可以确定，随着技术的发展，这种仿佛与生俱来的冲动，便可能对人类造成威胁。今天我们住在约有70亿人口，而且数量还在继续增加的地球村；如果我们能将所有的知识集中起来，让更多人说相同的语言，并将各大城市都以互联网串连起来，那么曾经分化我们的文化，便可以被分解、融合。如果过去可供殷鉴，那么社会将继续以飞快的速度改变。但只有时间才能告诉我们，我们将被带往何方。

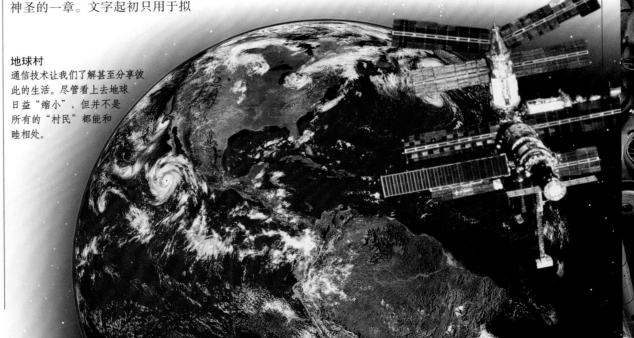

地球村
通信技术让我们了解甚至分享彼此的生活。尽管看上去地球日益"缩小"，但并不是所有的"村民"都能和睦相处。

最初的脚步

大约 600 万年前，非洲森林发生了一件大事：一种古猿离开安全的树木，开始在地面居住。究竟以什么方式、何时以及为什么会有此转变，仍是未解之谜。或许旱灾使雨林干枯变成稀树草原，或许是陆地闹水灾因而形成有丰富食物的沼泽，引诱动物离开树木。不过有一件事是确定的：最早打先锋的猿类对地面生活适应良好。它们放弃以指关节走路的方式，开始摇摇晃晃地用后肢行走，前肢则悬挂在身体两侧。这是由猿类转化为人类这个奇妙过程的第一步。

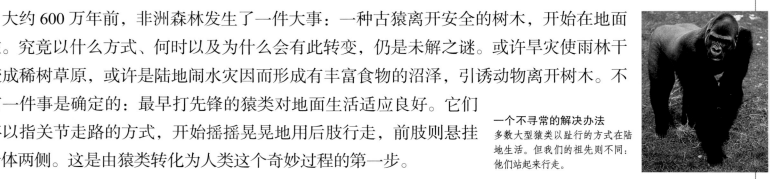

一个不寻常的解决办法
多数大型猿类以趾行的方式在陆地生活。但我们的祖先则不同；他们站起来行走。

没落中的家族

除了智人之外，猿类也是没落中的家族。猿类可能是在 2,000 万年前达到巅峰，当时至少有 60 个物种住在非洲和南亚的热带森林；然后到了约 1,000 万年前，猿类开始消失，由猴子取而代之。在数百万年间，地球变得越来越冷、也越来越干，曾经存在于热带的广大雨林带，变成较稀疏的森林或开放草原。猿类专吃水果，依赖雨林供应主要的食物，所以在森林缩减的同时，猿类也消失了。猴子不但学会了采食新家的坚果和种子，还有一项秘密武器，也就是消化未成熟水果的能力，这使它们能在猿类的食物成熟可食前便偷走它们。大概在 500 万年前，地球经历了一场特别严酷的干冷期。在东非，因为缓慢移动的大陆板块在地底深处产生巨大的压力，因而加剧了气候变化的效应。非洲大陆裂开，造成非常巨大的裂口：东非大裂谷。之后，有一个新的物种走进这个场景，它们带着自己的一项秘密武器：以双腿走路的能力。

东非大裂谷
大约 500 万年前，东非的景观开始发生分裂，茂密的森林被现存的那些一块块草原、沙漠、林地与河流所取代。

运用双腿

无论促使人以双腿站立的因素为何，但站起来的确有好处。用双腿走路比用指节走路省力；更重要的是，这样一来手就有空去做别的事，包括制作工具、搬运物品、收集食物和投掷武器。地猿是现在确知最古老的人科动物（直立猿）。研究人员找到两个不同的物种：约存在于 580 万年前的始祖种地猿，和约 440 万年前的拉密达猿人。根据少数化石显示，地猿混合了人科动物和猿类的特性。它们有人科动物典型的短犬齿，不过白齿的形状却与猿类类似，门齿也很大，比较类似黑猩猩而不像人类。现有的颅骨显示，颅骨长在脊椎顶端，使地猿因此成为两足动物，不过这一点尚未确证。地猿的手臂看起来壮硕有力，因此可能仍擅长攀爬。它们可能像黑猩猩和大猩猩一样，白天在地面活动，但夜晚会回到树上去睡觉。证据显示地猿住在林地里，与过去坚信早期人类住在长满青草的稀树草原不同。

早期的人科动物

古猿

两足的站姿
在离树生活的同时，我们的祖先必须适应地面的生活。他们逐渐成为以双脚行走的专家。

议题

为什么我们要行走？

站立或许使人类的祖先在身处稀树草原高大的草丛中时，能突破视觉障碍，看到捕食者和猎物，或者他们需要腾出手来拿东西。有一种观点认为直立姿势可以减少太阳曝晒，让他们在正午的热气里，也能保持活力。

700 万年前
沙赫人（见下页的乍得颅骨）存在。

580 万年前
始祖种地猿（现知最早的人科动物）最早的证据。

500 万至 600 万年前
根据一些遗传学的推断，人类分支此时与猿类族谱上的黑猩猩分支开始分道扬镳。

7,000,000

6,000,000

5,000,000

600 万年前
这个时期所遗留下的腿骨，据称是以双足直立走路的最早证据。

500 万年前
地球开始经历几次严重的干、冷变化，造成东北非断裂。

早期人类

它们居住的地方
据说南猿住在非洲东部、南部和中部大部分地区。

根据许多现有的化石判断，南猿属是一种常见而成功的早期人科动物。南猿属之下的几个物种纵横了 300 万年，主要可以分为两类：纤细型和粗壮型。纤细型南猿很可能是我们的祖先，它们在 250 万年前灭绝；粗壮型南猿的演化中并没有继续进展下去，但灭绝的时间却比纤细型南猿晚。两种南猿外型都有点像直立的黑猩猩；它们大概只有 1 至 1.5 米高，缺乏后来人科动物的健壮身材，而且鼻孔扁平。脊椎、骨盆和腿骨的化石显示，它们能够直立行走，与一片在坦桑尼亚的莱托里所发现，已有 365 万年历史的岩地足迹相符（见下图）。然而，根据它们的短腿和长手臂判断，它们或许只是偶尔走路，大部分的时间仍只是坐着或爬行。纤细型南猿的后齿比较小，所以可能靠如水果、昆虫、种子、根茎，或许还有肉类等各种食物维生。粗壮型南猿有比较大的额与后齿，这意味它们吃质地较粗的草地植被维生。我们没有证据能证明南猿会制作工具；它们或许会用树枝制作简单的工具，不过可能缺乏制作更复杂器具的智力。

南猿的颅骨
南猿的颅骨形状与我们相去甚远，它们的脑大概只有黑猩猩一样大。左图是非洲南猿（属于纤细型南猿的一种）的颅骨。

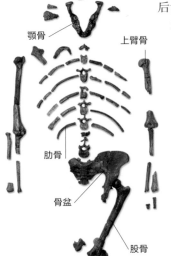

颚骨　上臂骨

肋骨

骨盆

股骨

胫骨

知名的骸骨
这具女性阿法（纤细型）南猿骸骨名为"露西"，在埋藏 320 万年后，仍保存了近二分之一。露西已经成年，但站起来只有 1.1 米高。

莱托里脚印
变成化石的火山灰上的足迹，可能是有三名成员的家族所留下的。

议题

乍得颅骨

2001 年在乍得发现的颅骨（名为沙赫人），有 600 万至 700 万年历史，比任何已知人科动物与黑猩猩的分离都还早。如果沙赫人属于人科动物，那么人类与黑猩猩在演化上分道扬镳的年代则还要再往前推，或者得将黑猩猩重新定义为人科动物。我们尚不知应该把沙赫人摆在演化树的哪个位置。

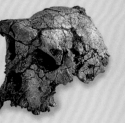

成功的人科动物
从许多既有化石判断，南猿是一种常见的人科动物，他们的几个种类纵横了大约 300 万年。

起源

440 万年前
据信拉密达猿人存在于此时。

420 万年前
此时期两足人科动物（湖畔南猿）留下为数有限的遗骸，在肯尼亚的图尔卡纳湖畔被发现。

4,000,000

360 万年前
证据显示两足动物最早现身的年代：阿法南猿的脚印在坦桑尼亚的拉多里被发现。

320 万年前
阿法南猿"露西"存在于此时，她的骸骨在埃塞俄比亚的哈达被发现。

300 万年前
以壮硕上半身闻名的非洲南猿存在于此时。

3,000,000

260 万年前
埃塞俄比亚南猿存在于此时，现有最早的石器发现也是此时留下来的。

工具制造者

　　人类，即人属（属是由若干"种"构成的群组）动物，在200万至250万年前出现，标示出人类演化史的重大转折点。像南猿这一类与猿类相似的人科动物，又持续活跃数百万年，而且少有改变。人属动物的脑的尺寸大幅增加，构造显著改变，石器时代的技术也始于当时。或许人属的出现也标示出语言、文化和以一夫一妻家庭为基础的社会结构的第一道曙光。人属动物的起源并不清楚。或许是从某一种纤细型南猿发展而来，不过确切的时间与地点依然成谜。

手巧的能人

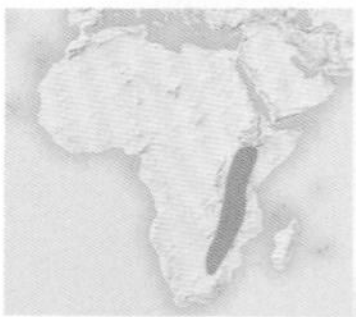

　　能人（意即"手巧的人"）标示出人类演化的转折点：它们懂得制作石器。人类缺乏如锐利的爪子或牙齿等天然武器，不过石器使我们的祖先更接近肉食动物。能人的工具非常简单，包括锐利的小石片，或许用作切割兽皮和宰杀牲畜的刀片或刮刀。有些专家认为能人只是捡拾其他捕食者留下的动物尸体，而不是捕捉活的猎物。非洲的许多草食动物可能速度太快，也过于强健，因此捕食不易，但一群懂得投掷石块的人科动物，或许可以将猎豹赶离它们的大餐。巧人的大脑或许要消耗不成比例的能量。石器为他们开发肉类中丰富的卡路里资源，供给这个饥饿的器官运作所需的能量，使他们在往后两百多万年得以继续扩展。更多样的饮食，或许也使人类的祖先能够离开他们的栖息地。

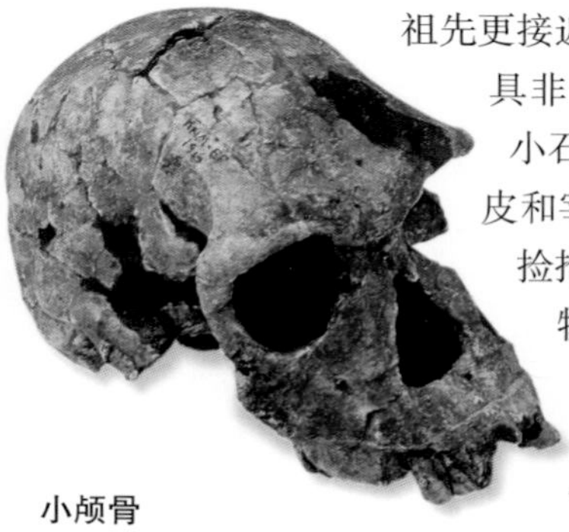

何时与何地？
能人在230万至160万年前生存于东非。

小颅骨
能人的颅骨和脑比南猿的大，不过脑却只有现代人类的一半。

最早的工具
锐利的石片被当作刀片或刮刀使用。制成这些工具的鹅卵石，或许也被用来撬开坚果或取出骨头里的骨髓。

人属
能人是最早被归为人属的物种之一，也是现知最早会制作工具的物种之一。

人物侧写

路易斯·利基

生于肯尼亚的路易斯·利基（1903—1972）始终相信非洲是人类演化的摇篮。他在东非大裂谷开始寻找化石，并于1959年和妻子玛丽找到现知最古老的石器。路易斯·利基坚信人类源于东非，这信念导致一连串的化石发现。利基之子乔纳森与理查德，分别发现了能人和图尔卡纳男孩（直立人），他的妻子则发现莱托里脚印（见25页）。

230万年前
能人出现。

204万年至201万年
中国最早的原始人类"巫山猿人"出现。

180万年前
最早离开非洲的人科动物直立人开始出现。

170万年前
证据显示亚洲最早的人科（即中国的元谋人）动物出现于此时。

2,500,000　　　　2,000,000

200万年前
粗壮南猿出现。

160万年前
能人灭绝。

最早离开非洲的人

直立人最早于180万年前在东非出现，也是最早离开非洲的人科动物，他们似乎以惊人的速度扩散到东半球各地：170万至180万年前已经到达乔治亚，160万年前则到达爪哇。我们对直立人的了解大部分来自一个人：图尔卡纳男孩。这具几乎完整的骨骸有150万年的历史，于1984年在肯尼亚的图尔卡纳湖附近被发现。图尔卡纳男孩死时年龄介于8至11岁之间，他在食腐动物有机会毁掉他的尸体前，脸部朝下地埋入一片沼泽里。他的外表和南猿极不相同。尽管他年纪还小，站立时却有160厘米高，因此成人可能超过180厘米。他的长腿和狭窄的骨盆显示，他和我们一样直立、活跃，不过他较结实的骨骼，则显示他有更健壮的身材。他的脸不如南猿的凸出，不过他有鼻子而不是只有扁平的鼻孔。两眼上方有一块骨头隆起，可能使他的表情显得较为阴沉。他的脑仍远小于现代人的平均尺寸，但其他身体部分的尺寸，则暗示青春期较晚启始（或童年期较为漫长），且现代人的特性开始出现。人类的童年较长，是因为与其他动物相比较，我们在发育的较早阶段即已出生，因此人类婴儿较为无助，必须完全仰赖父母，而父母通常维持长期配偶关系，以便照顾后代。直立人明显晚到的青春期，暗示这种社会特性在当时已经出现。

直立人
直立人长得很高，有修长的四肢，可以帮助身体散热。表皮可能没有毛发，以方便排汗；而为了避免受太阳荼毒，可能皮肤黝黑。

迁徙路线
直立人从非洲扩展到世界各地，可能在中国和爪哇活动，直到10万年前。

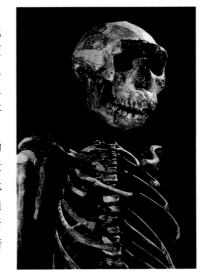

图尔卡纳男孩
桶状的胸腔表示他的腹部比南猿小，肠也比南猿短，这是他吃肉较多的征候。

智力与创新

直立人尺寸仍小的脑，或许反映智力的欠缺或短寿。他颅骨基部的形状显示出喉头位置比猿类低，因此会说话。不过图尔卡纳男孩胸部的脊椎远比人类狭窄，胸肌不太可能有真正语言所需的神经连结。直立人制作的手斧是多功能的器具，可能用来屠杀动物或剥它们的皮。这些器具需要制作技巧，不过百万年来几乎没有改变，意味着他们的心智与我们相当不同，仿佛有种动力推动他们一再制造相同的工具。1997年，有人在印度尼西亚的一个岛屿发现已有84万年历史的石器，这些石器可能属于直立人，由于该岛可能从未与大陆衔接，因此有人相信直立人会建造木筏或竹筏渡海。古生物学家也找到新型社会的证据：有一个人在跛腿数月之后仍然幸存，因此推论或许有人照顾她。在80万年前的欧洲，则有着早期人类黑暗面的证据：有一个像是直立人的生物，留下人科动物的骸骨，上面还留有以工具割肉造成的刮痕。

愈来愈大的尺寸
直立人的脑比能力略大；比较复杂的社会生活或许可以解释这个特性。

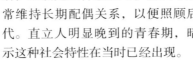

更先进的工具
直立人将石头两面削尖，制成泪滴形的切割工具，我们称之为手斧。手斧比巧人的鹅卵石和石片更精致。

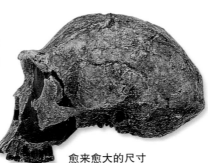

吃人肉的证据？
在西班牙北部的布哥斯发现的人骨上，有刮除肉时留下的刮痕，这可能是吃人肉或剥死人肉仪式所留下的痕迹。

刮痕

火的发现

火堆首先出现在25万年前的化石记录中，还有些人视中国的灰烬沉积物为40万年前的使用火的遗迹。不过直立人可能于150万年前就开始用火，将难以消化的植物烹饪成供给大脑的富含能量的食物。社会还可能因此转变：这时食物必须经过采集、搬运和准备的过程，女性有受盗贼侵扰的可能，而女性需要男性的保护，或许就是男女关系的起源。

起源

150万年前
"图尔卡纳男孩"（直立人）生存的年代；制造出手斧；南非出现最早的用火证据。

100万年前
中国蓝田人开始活动。

80万年前
人类在欧洲生活的证据开始出现，地点靠近西班牙北部的布哥斯。

1,500,000

1,000,000

120万年前
粗壮南猿在非洲灭绝。

狩猎采集者

一些证据显示 60 万年前就有人在欧洲生活，那些证据便是先驱人的化石。先驱人与在西班牙北部发现、生存于 80 万年前的直立人类似，不过以现有证据来说，只能确定欧洲从 60 万年前开始有许多人居住。早期的欧洲人是狩猎专家：海德堡人和尼安德特人都曾制作打猎器具，有证据显示他们甚至可能曾在非常近的距离内猎捕大型动物。

一种生活方式
海德堡人和尼安德特人可能都会猎捕鹿和其他大型动物。

海德堡骨坑

约 32 名海德堡人于 40 万年前留下的骨头，在西班牙北部某个深洞里被发现。有些人认为这是有宗教意义的墓室，埋葬仪式显示海德堡人开始有了复杂高级的意识，因此使这个遗址有重大意义。其他人则持保留态度，他们怀疑骨头是滑进坑里，或被动物拖进去的。

狩猎者

海德堡人在 60 万年前开始出现。尽管专家不确定直立人究竟算是猎人还是食腐动物，不过一般都认为海德堡人是老练的猎人。英国的巴克斯葛罗夫某个类似史前屠宰场遗迹的地方，曾经有人找到一些兽骨和石器。其中多数动物都是大型猎物，如鹿和犀牛，它们的骨头上有石器留下的痕迹。在这些痕迹上还有食腐动物的齿痕，显示人科动物先吃过这些猎物了。德国的舒宁根出现更多狩猎的证据，有人在当地找到有 40 万年历史的硬木矛，矛的末端有可能用来固定石矛头的开叉。

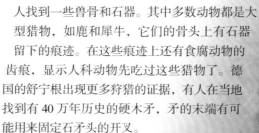

为人居住的欧洲
海德堡人住在欧洲，以及亚洲和非洲的部分地区。

颅骨

外貌复原

愈来愈大的大脑
海德堡人有直立人阴沉的眉脊和低矮的额头，不过他们的大脑比较大。

冰河时代的幸存者

如果让尼安德特人戴帽子、披头巾走在今天的街上，可能不会引起多少人的注意，但如果让他（她）露出脸，情况将大不相同。球茎型的鼻子使他的脸中央凸出，深陷的眼睛上方（也就是现代人额头的部分），有凸起的眉脊。尼安德特人的下巴往后缩，宽阔的颧骨在脸的两边向后开展，前齿巨大。一般认为尼安德特人是原始的穴居人，像猿类一样弯腰驼背、浑身是毛。对我们这位近亲的错误印象，大抵来自 1908 年发现的沙佩尔老人化石。过去科学家总是强调他弯曲的脊柱、弯腰驼背的姿势，与猿类相似的脚和有限的智力。不过 20 世纪 50 年代有人发现，拉沙佩勒老男人弯曲的脊柱是患关节炎造成的结果，且脑比一般现代人还大。尼安德特人的身体构造很好地适应了冰河期的寒冬：低矮结实的身材有助于保暖。

大脑袋
尼安德特人的脑至少与现代人的脑一样大。事实上，发现有一个尼安德特人颅骨的脑容量，比已知所有现代人的脑容量都要大。

皮肤的变化
多数的专家相信尼安德特人的皮肤没毛，深浅不一。

寒冷的气候
尼安德特人于 25 万至 3 万年前，住在冰河期的欧洲和西亚。

尼安德特人
有人认为我们的近亲尼安德特人是毛茸茸的野人，有些人则认为他们是老练的狩猎采集者。

70 万年前
中国"北京人"开始活动并且使用火。

60 万年前
海德堡人在欧洲、北非和西亚出现。

40 万年前
现有最古老的硬木矛，在德国的舒宁根和英国的克拉克顿被发现。

600,000　　　　　500,000　　　　　400,000

40 万年前
西班牙北部的阿塔普埃尔卡地区的"骨坑"，是这个时候留下来的。

抓握动作的比较
尼安德特人手部（右图左边指尖骨头）的抓握动作，或许不如智人细致（右图右边指尖骨头）。

断裂的骨头
骨折和其他外伤，几乎是尼安德特人化石共有的现象，尤其上半身的骨头，如左图中的肋骨。

暴力的生活

尼安德特人显然会照顾老人和体弱者。考古学家在伊拉克的沙尼达尔洞穴找到一具 40 岁的男性骨骸，他在遭受若干伤害和身体变形后，又存活了好几年。他的一侧脸颊严重碎裂，因此视力必定受损，不过伤口已经痊愈了；右腿有造成瘸腿的关节炎，脚曾经骨折又痊愈，手臂也已经萎缩。如果是独居者，这样的病痛很可能已经让他无法生存，不过因为有社会团体的支援，所以他活下来了。沙尼达尔骨骸的伤痕，见证了尼安德特人的另一特性：他们暴力的生活。对于尼安德特人化石常见的骨折，有一个可能的解释，那就是他们常常近距离猎捕大型猎物，用蛮力或手持武器打败像牦牛那么大的动物。有些专家认为他们甚至可能直接跳到猎物身上。这种十分耗体力的生活方式也让尼安德特人付出了代价：他们常常受伤，且平均寿命只有 30 至 40 年。尼安德特人的工具比早期的人科动物先进，而根据他们大型前齿磨损的模式判断，他们在用刀剁肉的同时，也用嘴巴咬住肉；非常类似现在北极民族吃驯鹿肉的方式。尼安德特人也会用火：他们会建造粗糙的火堆，因而在洞穴地上留下压扁的灰烬。尽管尼安德特人拥有制作石刀和用火的技术，有些专家还是认为尼安德特人的手比现代人的手来得笨拙一些，或许这也是他们很少为矛和刀制作木柄的原因。

葬礼
有些尼安德特人的坟墓里有兽骨，或许是葬礼时留下来的。这里的重建画面呈现出尼安德特人举行葬礼的情景。

更为进步的工具
尼安德特人将笨重的手斧换成比较小的工具，如将石片边缘削薄，制作刮刀或锯齿状的切割器。

尼安德特人发生了什么事？

关于尼安德特人最大的争议，在于他们为什么会消失。他们繁衍了超过 20 万年，忍受过无数个冰河期的冬天，而且老练地猎捕地球上某些最大的动物。但是到头来，他们却因为某些原因灭绝。罪魁祸首可能是我们：现代人在四万年前到达欧洲，当时距尼安德特人灭绝还有一万年。这两种动物似乎无法共存，但真正的原因却依然成谜。或许是我们的祖先对尼安德特人宣战，或猎捕他们为食；也可能是尼安德特人无法对抗入侵者带来的疾病。不过近年来，有另一种理论流行起来：现代人在文化或智力的某些方面胜过尼安德特人，使他们较具竞争力，尤其在面对愈来愈不稳定的气候时。在我们的祖先抵达欧洲的同时，象征性思考、艺术、以骨头和鹿角制作的精致新工具，以及更能有效御寒的衣物也随之出现，且带来复杂的文化，和邻近的团体建立社会关系网络，促进贸易和信息交流。这些特点都指出现代人类的心智终于出现，以及（根据某些专家的说法）语言的兴盛。在当时不稳定的气候下，尼安德特人实在无法争取到欧洲逐渐减少的资源。

尼安德特人的 DNA

1997 年科学家从一块尼安德特人的骨头中，分析出其 DNA 序列，并发现尼安德特人的 DNA 与我们大不相同，我们共同的祖先存在年代可能不晚于 50 万年前。尼安德特人不是我们的祖先，而是在我们从非洲扩散到其他地方时，被我们取代的姊妹物种。

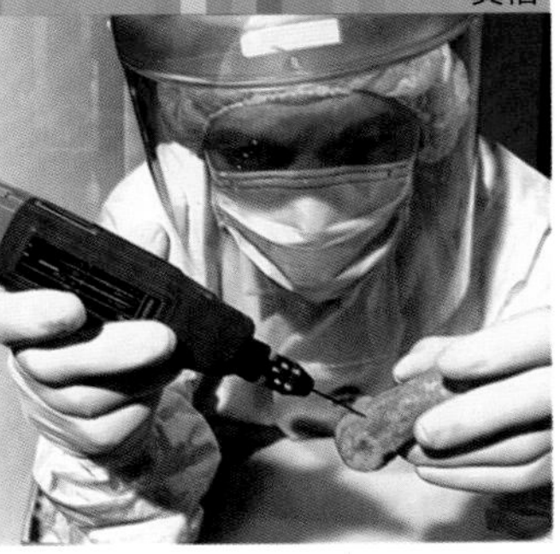

寻找过去
世界上有成千上万的人投入到寻找证据的队伍中，企图了解尼安德特人何时、在哪里、如何生活以及他们的遭遇。

被埋葬的证据
我们对尼安德特人所知甚多，因为他们会埋葬死者，留下许多这样的骨骸供古生物学家去发掘。

40 万年至 30 万年
和县人在中国开始活动。

26 万年前
可能是最早的智人出现在非洲。

23 万年前
"北京人"离开。

16 万年前
确定是最早的智人出现在非洲。

300,000

200,000

25 万年前
在接下来的 22 万年间，尼安德特人在冰河期的欧洲以及西亚出现、生存。

现代人类

智人从 15 万至 20 万年前在非洲演化，起初他们跟其他人科动物过着类似的生活，之后却逐渐发展出现代行为。大约 6 万年前开始，智人从非洲被迫一拨拨地离开非洲，扩散到全球各地，取代各地原本的居民而成为地球上唯一的人科动物。随着克罗马农人（智人的一种）在欧洲出现，4 万年前发生了一场文化革命。他们的生理构造、社会和行为完全与现代人无异，他们的文化非常发达，以致有人把这个阶段称为"大飞跃"。

克罗马农人的骨骸
这具完好度惊人的标本显示，克罗马农人与我们有多么相似。他们的社会和行为也已经完全现代化。

共同的祖先

古生物学家通常是靠化石来了解我们的祖先。针对现代人，DNA 研究是很有力的新工具。人类发展的过程中，染色体会配对，交换少量 DNA，使每一个精、卵细胞都独一无二。这个过程使我们很难追踪个人的基因史，不过线粒体（人类细胞里的小型能源输送器有自己的基因）或 Y 染色体却不必经历这个过程。我们继承母亲的线粒体基因和父亲的 Y 染色体。与所有基因相同，它们的 DNA 也会以大致固定的速度改变。借着研究世界各地人类的改变形态，科学家已经找出世界人种的族谱。最底端是存在于约 15 万年前的"线粒体夏娃"。她并不是第一位智人，却是现知最早的共同女性祖先。Y 染色体包含更多的 DNA，因此能透露更多细节。透过研究全球各地土著 Y 染色体的变化，科学家找到"细胞核亚当"，也就是全球男性现知最早的共同祖先，他们或许生存于 9 万至 6 万年前之间；并刻画出我们扩散到世界各地的路线图。

"线粒体夏娃"
根据对线粒体（人类细胞中的能量输送器，如上图）中基因所做的研究，我们认为现代人最晚近的共同女性祖先存在于 15 万年前。

"细胞核亚当"
针对 Y 染色体（图中右侧，与 X 染色体并列）所做的研究，为我们提供有关现代人祖先的详细图像。

身体特征

智人的早期历史并不清楚，而早期现代人的化石很少被发现，所以关于文化戏剧性兴起的诱因也毫无线索。早期现代人有高高的额头、圆顶的颅骨、平板的脸等智人的典型特性，他们的脑容量比多数祖先要大。与尼安德特人不同，他们的四肢比例显示他们有比较纤细的热带人体型，因此他们很可能有黝黑的皮肤。不过与尼安德特人相同，他们也过着狩猎采集者的生活，一方面收集野生植物、鸟蛋、蜂蜜，一方面打猎或设陷阱诱捕动物。我们一直以狩猎采集的生活方式为主，直到至少 1,000 年前地球的气候变得比较稳定，农业也发明出来之后，才有所改变。随着智人扩散到世界各地，他们的身体发展出愈来愈多不同的形态。例如，当克罗马农人出现在欧洲时，他们的皮肤就比非洲早期的智人白皙，这或许是因为他们比较少受有害的阳光曝晒，因此皮肤不太需要保护。

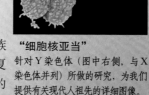

卡夫泽颅骨
在以色列卡夫泽洞穴发现的这个颅骨，有 10 万年的历史，是已知智人最早的例子之一。

离开非洲
智人离开非洲之初，他们的身体外貌或许与这些现代闪族（布希曼人）类似。

克罗马农人
克罗马农人的外观，可能和非洲早期的智人不同，主要因为他们肤色较白。

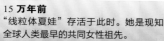

15 万年前
"线粒体夏娃"存活于此时。她是现知全球人类最早的共同女性祖先。

150,000

12 万年前
智人开始扩展到非洲各地。

125,000

10 万年前
智人到达南非和以色列。

10 万年前
中国许家窑人大量使用石球；石器制造技术进步。

100,000

远离非洲

"线粒体夏娃"，也就是人类最早的共同女性祖先，据信曾经住在非洲，因为非洲人的线粒体基因，比非非洲人更多样。针对 Y 染色体进行的研究结果，也支持智人源于非洲的看法。今天非洲之外世界各地的人口，似乎都是从非洲移民的小型群体发展出来的。最早的现代人骨骸在埃塞俄比亚的赫尔托发现，时间可以上溯至 16 万年前。到了 10 万年前，现代人类显然已经扩散到非洲和以色列（同时代的坟墓在那里被发现）。到了 9 万年前，根据找到雕刻复杂的骨制鱼叉判断，他们住在中非。我们只能说，这些早期人类多半过着与尼安德特人类似的生活，使用同样而且种类有限的石器。根据 Y 染色体研究，第一批移民约在 6 万年前，甚至更早一些开始离开非洲到更远的地方，在至少 5.5 万年前，沿亚洲南岸扩散到澳洲。澳洲原住民以及新几内亚、安达曼群岛和斯里兰卡的原住民都是他们的后裔。第二波非洲移民在大约 4 万年前旅行到中亚的稀树草原，再从那里扩散到印度、欧洲、东亚和西伯利亚。

达尔文

博物学家达尔文（1809－1882）搭小猎犬号环游世界，使他发展出演化的观念。1859 年他在《物种起源》中，为物竞天择理论下定义。达尔文是最早提出非洲是人类故乡的几个人之一，而最早的人科动物化石最早也是出现在非洲。其他地方都未曾找到早于 180 万年前的完整骨骸。

全球扩散
现代人类主要分两波离开非洲。第一波经过南亚迁移到澳洲，第二波则定居于印度、亚洲其他地方以及欧洲。美洲是人类最晚抵达的地区。

基因瓶颈

与其他灵长目动物相比，人类的基因变化种类很少，其中一个原因是智人最近曾经历一连串的"基因瓶颈"。当一个群体的数量掉到危险的低水准，造成基因库缩减时，就会发生瓶颈。如果群体数再度扩张，所有后代都会带有相同有限的基因组，为未来世代保留瓶颈的纪录。干旱、饥荒和传染病都可能造成基因瓶颈。因为经过了一到数次的环境大变动后，现代人类数量或许曾经掉到一万人那么少。造成基因瓶颈更常见的一个因素是迁徙，现代人从非洲扩散出去时就曾经发生过。事实上，全球非非洲族裔可能是从为数仅 50 人的创始人口发展而来的。

基因库
非洲的基因最多样；美国原住民的基因变化特别少。

比较优秀的基因？
一群黑猩猩某些基因（如线粒体或 Y 染色体）的变化，比全世界的人都多。

---

9 万年前
"细胞核亚当"存在于 9 至 6 万年前之间。他是现知现代男性最早近的共同祖先。

7 万年前
中国山西丁村人的石器已有明显的专业分工。

5 万 5,000 年前
智人抵达澳洲。

75,000

50,000

6 万年前
智人到达中国。

4 万年前
克罗马农人出现在欧洲。

大飞跃

关于"大飞跃"（4万年前发生在欧洲、创造力大跳跃提升）的诱因有许多理论。由于语言使人能分享知识，对创新大有助益，因此有人认为脑或声道的改变，使复杂的语言得以出现，是促成大飞跃的诱因。其他人则认为是受自我意识的演化（表现在对灵魂和来生的信念）刺激，帮助人认识自己的感觉，同时预期他人的反应——社会性灵长目动物成功的重要因素。有些心理学家认为早期人科动物的心智可以分为社会、技术、自然史等完全区隔的单元。例如直立人或许曾经有语言，不过那只是社会性智慧的一部分，因此他们无法以有创意的方式讨论工具制作（属于技术性智慧的一部分）。智人的这些心理屏障瓦解了，因此造成想象力的飞跃。

创新的跳跃式进步
克罗马农人是使用人造栖所的先锋，如图中以猛犸象骨制成的遮蔽物。

新的工具装备

缝纫工具
这些有眼孔的针可能在1.5万年前被用来缝制兽皮衣皮；这是人类能度过欧洲冰河期严冬而幸存的关键。

克罗马农人制作工具的创意，远优于尼安德特人。尼安德特人懂得制作种类繁多的石器：以比较大的岩心敲打出燧石等细石器（薄刀片），然后将这些"基础石器"再应用于各种不同的目的上。克罗马农人也以创新的方式利用兽骨、兽角、木材，并且有史以来第一次，将各种原材料加以结合，制作出由多个部分组成的工具。古生物学家曾经找到克罗马农人的鱼钩、渔网坠子和绳子（或许用来诱捕动物），这些器具都显示出他们能以巧妙的方法捕捉鱼类和小猎物。我们知道克罗马农人也会猎捕大型动物，不过他们不像尼安德特人那样与猛兽近距离搏斗，而是从远处掷矛杀死猎物，因此不会像表亲尼安德特人那样身受重伤。

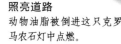

照亮道路
动物油脂被倒进这只克罗马农石灯中点燃。

艺术与符号体系

创造音乐
这把以鸟骨制作的笛子有2万5,000年的历史，是早期乐器的实例。

史前艺术的出现，比技术急遽进步更令人印象深刻，史前艺术在1万5,000年到3万年前达到巅峰，如法国的肖维和拉斯科、西班牙的阿尔塔米拉和同地区其他洞穴的著名洞穴画。这些画并不原始，反而非常现代，而且显示出完全成熟的透视观念。毕加索看到拉斯科洞穴画时，曾经将那些图像与现代艺术作了一番比较，并表示："我们没发现什么和现代艺术不同的地方。"克罗马农人的美感，也清楚地显现在他们对项链、宝石、乐器和雕塑的喜爱。如琥珀等宝石，曾在距离制造地很远的地方被发现，这显示克罗马农人的社会曾经与邻邦买卖这些东西。克罗马农人的许多艺术品，都看得出动物或人的形貌，不过有些作品比较抽象。欧洲洞穴画有类似澳洲原住民岩石艺术的点、线几何图形，还有半人半兽的传奇生物。这些抽象图像看起来充满象征意义，暗示古代神话的存在。如果创作这些绘画的人真的有神话故事，那么他们应该也有能清楚表达思想的语言。

拉斯科绘画
这些闻名全球的绘画，是约1.7万年前在法国洞穴里创作的。

布拉森普女士
这件艺术杰作有2.5万年的历史，它是以象牙雕成，雕工精细。

装饰品
克罗马农人创作了许多独特的珠宝，包括这只以猛犸象象牙雕刻的项链。

3.1 万年 中国华北平原上出现峙峪文化。	**3 万年前** 尼安德特人消失。	**2.8 万年前** 死者遗体被埋葬在俄罗斯的桑吉尔。
35,000	30,000	
3.5 万年 在南非发现以狒狒骨制作的简单计算工具，是这个时代的遗迹。	**3 万年前** 克罗马农人创作位于法国的肖维洞穴画。	

对冥界的信念

陪葬品透露出克罗马农人相信冥界存在，而且可能有宗教。一个引人注目的例子出现在俄罗斯的桑吉尔：有人发现一位老人和两名孩童，被数以千计的象牙珠子覆盖，那些珠子原本是用来缝在衣服上的。其中一个孩子有条以250颗狐狸牙串成的皮带、象牙雕像、猛犸象象牙长矛，还有擦亮并塞满红赭石的人类股骨。这些陪葬品可能是为了在死后保护、娱乐或抚慰他们，但真正用意则难以确知。克罗马农人的坟墓还透露着另一件事：寿命的延长。尼安德特人少有能活过40岁的，但克罗马农人却常常活过60岁，这或许反映了老人受到特别照料，并可能拥有特殊地位。

神话与魔法

早期岩石艺术描绘的不一定是日常生活。有些绘画显示出神话或宗教信仰，或表现精神处于异常状态时所见的幻象。有人认为在坦桑尼亚发现的这个例子（见下图），是在表现萨满信仰的出神舞蹈。对于长出羚羊头的人像（右边第二位），有一个可能的解释，即舞蹈者可能把共舞的人看成动物。

桑吉尔坟墓
有人曾经在俄罗斯的桑吉尔，找到一个有赭石衬里的土墓，墓里有2.8万年前留下的遗骸，包括一位60岁老人和两名孩童，他们身上覆盖着成千上万颗错综复杂的象牙珠子。

新文化

文化大爆炸不限于欧洲，精致的工具也出现在非洲和亚洲，岩石艺术更在世界各地兴起。虽然各地的直立人和尼安德特人都过着类似的生活，但是智人却有多样化的发展，因而产生各式各样的文化。远距离贸易的证据显示，邻近团体一直保持着联络。他们或许为了大型会议和节日聚在一起，这是交换情报、买卖、在更广泛社群里寻找伙伴的机会。他们以衣着、身体装饰、语言或方言表示更多样的部族身份。任何这样复杂的社会，都需要道德规范来管理社会行为，因此大飞跃或许是表现出道德的第一个证据。

原住民的岩石艺术
有些证据显示，岩石艺术在澳大利亚出现的时间甚至早于欧洲。

阿根廷的洞穴画
即使远在南美洲，也曾发现洞穴画。这幅手的图像（左图）非常容易令人联想起某些澳大利亚原住民的岩石艺术。

缩小的人脑

3万年前的人脑大约比现在的大10%。这种趋势或许只是源于身体尺寸的缩小。不过，我们知道动物在被驯养几代之后脑会缩小，由此推测，人类开始过定居生活之后，可能也开始相同的过程。"驯化"的人比较能和平共处，人类或许因此自我驯化，脑也跟着缩小了。

起源

| 2.4 **万年前** | 1.8 **万年前** | 1.7 **万年前** | 1.25 **万年前** |
| 澳大利亚或许于此时举行了世界最早的火葬仪式；欧洲建造最早的久居型黏土屋顶小屋。 | 中国山顶洞人出现。 | 创作法国拉斯科洞穴画。 | 智人到达南美洲的智利。 |

25,000　　　　　20,000　　　　　　　　　　15,000

| 2.3 **万年前** | | 1.6 **万年前** | 1.35 **万年前** |
| 在法国，布拉森普女士雕像被创作成形。 | | 在俄罗斯西部，建造了最早的骨屋顶小屋。 | 智人深入美洲大陆。 |

定居社会

在公元前 1 万年到公元前 1000 年之间，人类开始在自然世界留下较深的印记。最后一次冰河期尾声时变动的气候和环境，为人类生活提供新的可能性。这时农业开始出现，并利用新灌溉技术来栽种新品种谷物。多余的农产品促成农业聚落产生，接着又有分工更细的城市出现。为了储存剩余农产品以对抗恶劣天候的需要，产生了制陶和记录的系统，此外，还有精心策划葬礼的证据出现。

设置分界线
这块古巴比伦分界石可说是早期的法律文件。这种文字证据使我们能够得知过去的故事。

书写的文字

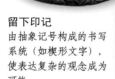

没有文字记录，也就没有人类的故事或"历史"。书写符号是一种复杂的工具，它使人得以世世代代不断改进技能、观念和知识。这种以书写记录事物的能力，最早的证据在公元前 3400 年前后，以苏美尔人的黏土计数符记和书写记号（楔形文字）的形式出现。各式各样的符号显示，这些符号被用于各种活动，从算账到记录创作故事和他们宇宙观等，在必须储藏、买卖货物的社会，书写很快就成为不可或缺的工具。早期符号只是以图像的方式再现生计所需的共同资源，如以长角的头代表牛；而如象形文字、早期字母等更抽象的系统，则被发展出来表达更复杂的观念。那些拥有并小心保护其使用与诠释书写语言能力的人，就能够制定法律。

留下印记
由抽象记号构成的书写系统（如楔形文字），使表达复杂的观念成为可能。

甲骨文
将有关未来的问题雕刻在兽骨上，是中国现知最早的书写形式。

早期农业

大约 1.2 万年前，人类在自然界中观察到一些意外的杂交现象，并试着自行重现这样的意外，结果便开始在美索不达米亚的"肥沃月弯"（现今的伊拉克）栽种食用植物。野生禾草的随机配种产生出种子顶端更饱满的新杂交。这种混种植物经由风的散播，最后又与另一种草配种产生"面包小麦"：一种更营养也更适合人类栽种的谷物。结果于每年重要时间，在靠近湖泊、河流、海洋或雨量充足的肥沃地区，便兴起了农业。然而，随着耕作技巧传播开来，有愈来愈多的人依赖作物生活，被迫在较不肥沃的地区进行农耕生活。因此，气候干燥而不稳定的地区，就非常需要灌溉技术。一开始的解决办法只是单纯地挖井，然后把水送到栽种作物的地方，不过灌溉技术很快就变得愈来愈发达了。人类建造了运河网络，储存季节性大雨留下的雨水，并将水导向作物，甚至从更远的地方引入湖水或河水。

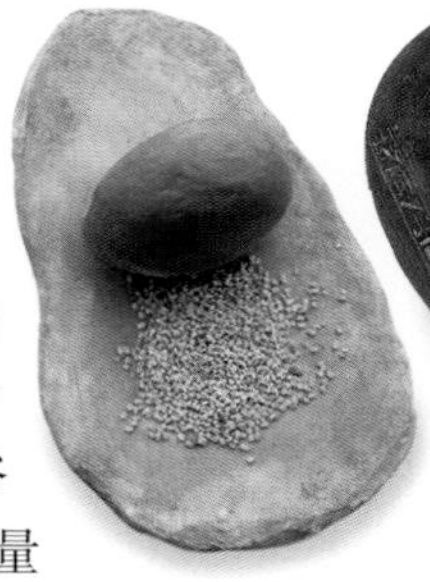

改变的种子
一种新的杂交面包小麦需要由人来耕种。镰刀（左图左半图）和手推磨（图右半图）等工具使工作变得更容易。

驯化
驯养动植物是农业的基础，这个基础后来因为犁等工具的发明而转型。这幅埃及壁画完成于公元前 1300 年前后。

轮子
轮子的发明使农业、贸易和军事征服发生变革；图中轮子是约公元前 3500 年留下的。

真相

制陶的意义

储藏用的陶制容器，是早期亚洲、中东和美洲文明的经典特征。农业发展数百年后，就出现用来储藏剩余食物的瓶罐。最早的容器不是在肥沃月弯找到的，而是在日本的本州地区。世界各地的河川流域都曾发现年代类似的瓶罐，显示世界各地同时都有文明在发展。

日本弥生时期的陶器

公元前 1 万年 现知最早的陶器出现在日本本州。		公元前 8000 年 中东驯养绵羊和山羊，中国驯养猪。		公元前 6500 年 北非撒哈拉地区成功驯养家畜。
10000BC	**9000BC**	**8000BC**	**7000BC**	**6000BC**
	公元前 9000 年 定居的农耕确立；最早的几种禾草杂交成早期的小麦。		公元前 7500 年 世界最早的围城在以色列的耶立哥建立。	公元前 6000 年 厄瓜多尔开始种植玉米。

最早的聚落

因为每个地方都可能栽种食物而适合人居住，使得人类社会因此而改变。事实上，农业出现导致文明在世界各地同时兴起。在过去，逗留一处或许意味着死亡，现在却往往代表着安稳。大约公元前 7500 年在死海北边建立起来的农业聚落耶立哥，似乎是人类最早的围城。起初这些聚落以农业为主，由耕种附近土地的家庭组成，联合起来寻求保护。当他们的技术足以建造更大的聚落时，这些社群就能够扩张，而由于社群愈大，可以种植、储存的粮食就愈多，因此又能更进一步扩张。成长到某个程度之后，有些社群的成员可以有余裕承担如祭师、陶工或士兵等更特殊化的角色。社会开始形成阶层，那些负责诠释知识或以身体保卫聚落的人，便成为有特权的角色，受食物生产者与买卖者的敬重。

加泰土丘
在早期城市（如公元前 7000 年的这座土耳其聚落）中，许多人可以住在一起，从事互补性质的工作。

耶立哥塔
为了取得制高点，如耶立哥等社群会在聚落围墙最高点建造瞭望塔。

葬礼

这些新社会中某些人的葬礼，反映了他们崇高的地位。亚洲各地的"菁英"——可能隶属世袭的军人阶级或被视为神或神在人间的使者——被埋在巨大的土墩下；埃及和中美洲某些地区的领袖，则长眠于精致的金字塔或陵墓中。某些地方把大部分遗体都制成木乃伊保存，其他地区则只是埋葬、火化，或将遗骨暴露在户外让鸟啄食。社会精英的遗骸永远有各式各样的陪葬品围绕，有时候甚至包括陪葬的仆人、情妇、士兵或动物，虽然随着时间的推移，这些东西都被人造肖像（如军队模型）所代替。陪葬品的种类和形式，能透露出许多社会的宗教信仰信息，如死者的地位，以及当时视为有价值的素材。葬礼是为了让死者通往来生的路更顺畅，赞美他们的富有、卓越和成就，并给生者一种自己依然还伴随着他们的感觉。

丧葬礼仪
耶立哥妇女颅骨的眼窟中塞着贝壳，可见可能曾经有人为她举行葬礼。

骨灰瓮
印度河流域的哈拉巴文明（公元前 3000 —前 1500）在火化尸体后，会将骨灰收藏在丧葬用的骨灰瓮里。

新的社会秩序
社会形成后，一些获得地位的人，不得不保护他们的地位，甚至延续到过世后。这组军队模型便守护着埃及统治者的坟墓。

真相

建造金字塔
根据希腊历史学家希罗多德的说法，位于埃及吉萨的大金字塔，总共花费 40 万人 20 年的时间才完成。人类这项非凡的成就高 147 米，包括 250 万个石块，每个平均重达 2.5 千克。这些石块是以人力滚上土坡，形成"阶梯状"的层次。最后再以一层平坦的石灰岩隐藏层次效果。

公元前 5000 年 两河流域最早开始使用铜。
公元前 3400 年 苏美尔人使用黏土制作计数符记；书写记号出现。
公元前 2750 年 埃及开启建造金字塔的伟大时代。
公元前 1500 年 秘鲁出现了最早的金属加工证据。

5000BC　4000BC　3000BC　2000BC

公元前 5500 年 两河流域发展出第一套灌溉系统。
公元前 4500 年 欧洲首次出现大型墓地。
公元前 3200 年 亚洲开始出现有轮子的运输工具。
公元前 3000 年 中国开始生产丝。
公元前 1360 年 西亚建立了亚述帝国。

起源

古典世界

从公元前 1000 年到公元 400 年，尽管多数过着游牧生活的入侵者都已经成为新的定居人口，但文明还是很容易衰败和受攻击。当社会到达高度的繁荣之后，便会有新领域的思考，某些地方因此出现科学和技术。政治或文明社会便是其中最伟大的发展，出现了如公民权和民主制等观念。从荷马史诗到奥运会等文化证据，都显示出人如何理解、礼赞他们的世界。我们所熟悉的宗教与哲学形式也在此时兴起。

万里长城
中国的汉朝将这座原本就存在的城墙扩大，以抵御国家可能遭受的攻击。

帝国的年代

在公元前第一个千禧年开始之初，涵盖西亚的亚述帝国，或许是世界上最大的国家。亚述帝国在公元前 606 年被巴比伦人摧毁，巴比伦人又在公元前 539 年被扩张中的波斯帝国征服。之后波斯统治世界，直到公元前 325 年亚历山大大帝征服从希腊到印度边界的土地为止。不过在亚历山大公元前 323 年过世后不到 100 年间，他的帝国就被瓜分、瓦解了。到了公元前 2 世纪初，4 个大帝国分治世界。罗马帝国统治地中海地区、北欧部分地区、中东和非洲北岸；东方是中国的汉朝；两者间，有帕提亚帝国统治包括西亚和中东大部分地区；贵霜帝国则从咸海经现在的乌兹别克斯坦、阿富汗、巴基斯坦一直延伸到北印度。到了公元 400 年，罗马与中国汉朝灭亡导致权力真空。世界大部分地区进入混乱状态，许多城市一再因蛮族入侵而毁灭。

亚历山大大帝
希腊北部马其顿帝国的国王亚历山大，在公元前 330 年掌权。在十年时间里，他的军队已经征服了他所知的大半个世界。

经济扩张

公元前 7 世纪，希腊的小亚细亚发明铸币技术，作为便利的偿付方法。公元前 500 年印度和中国也有类似发展，到了公元前 200 年，钱币已经传播到西欧。钱币不只是本地偿付的重要工具，对于远距离买卖来说，只要交易媒介方便携带，而且价值受双方承认，利用交易媒介要比直接交易货品更有效率。世界上的各个帝国以运送技术和其他货品的贸易路线衔接。贸易路线从西方的西班牙、红海沿岸一直往南到非洲沿岸。其他则从非洲到印度；跨越地中海沿岸和中东地区，然后通过亚洲稀树大草原地带到中国；有些甚至延伸到太平洋。贸易与军事力量往往相关，各方人马为原料和战略路线开战。

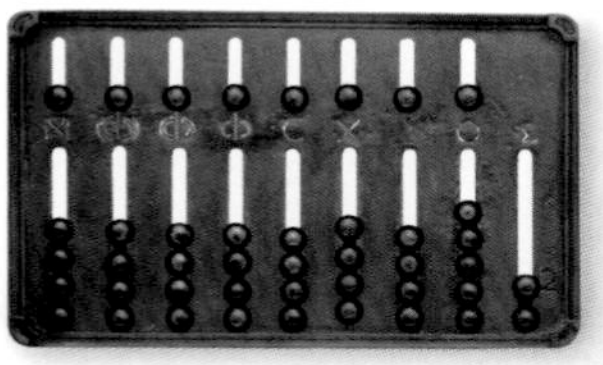

罗马算盘
这种计算复杂款项的方法，有助于促进个别社群生产者之间，以及帝国与帝国之间的交易。

财富的标记
早期的钱币（如图中希腊与中国的钱币）以昂贵的合金制成，常以统治者肖像标示其价值。

早期的罗马船只
更好的船只和航海辅助工具有利于贸易，而这些东西反过来又是财富增加的结果。

古典文化
拉斐尔的画作《雅典学院》（School of Athens）是对希腊古典文化的"黄金时代"的礼赞。

公元前 841 年 中国周朝"共和行政"，是中国最早出现的确切年代的记载。	**公元前 753 年** 罗马建立。	**公元前 650 年** 希腊的小亚细亚发明铸币技术。	**公元前 560 年** 乔达摩·悉达多（释迦牟尼）在尼泊尔诞生。	**公元前 539 年** 波斯人征服巴比伦帝国。		**公元前 432 年** 雅典的巴特农神殿完成。
1000BC	900BC	800BC	700BC	600BC	500BC	400BC
公元前 850 年 据信希腊的荷马在此时创作了他的《伊里亚特》（Iliad）与《奥德赛》（Odyssey）。	**公元前 776 年** 希腊举办了第一场奥运会。		**公元前 606 年** 巴比伦人消灭亚述帝国。	**公元前 490 年** 波斯与希腊战争期间发生马拉松战役。	**公元前 334 年** 希腊统治者亚历山大大帝侵略小亚细亚。

政治社会的出现

公民权、责任、自由和义务等观念，在伯里克利（约公元前495－公元前429）担任领导人期间的古雅典城邦发展起来。希腊政治思想家如柏拉图（公元前427－公元前347年）和亚里士多德（公元前384－公元前322年）不只继续界定社会为何，更提出社会应当如何。柏拉图在《理想国》（*The Republic*）中，陈述他对乌托邦社会的想法。亚里士多德在《政治学》（*Politics*）中采取更科学的方法，比较当时既有的政体，构想有关管理公共生活使达成最佳平衡状态的论证。他们一起创造、散播现代政治的丰富语汇，包括如公民、议会、共和制、民主制、寡头制、僭主制和独裁制等观念。现代哲学的语汇与框架也以类似的方式提出。事实上，希腊人并未真正区分政治与道德哲学，而是把政治活动、制度和伦理表现都视为生活中不可或缺的部分。在同时代的中国，孔子和他的弟子也正在试图了解个人和社会的关系。

东方哲学
孔子发展出一种很有影响力的观点，以个人对国家的义务为核心，阐述人与世界应有的关系。

伯里克利
从这位政治家在相当短暂统治期间建立的制度，我们衍生出许多有关政治与公共生活的观念。

雅典的集会场
在古雅典的核心，集会场（或"市集"）是国家司法系统、政治、商业生活、行政和宗教活动的中心。

人的重心
希腊雕塑将个人当作研究对象，以人的形体为焦点，并予以赞美。

知识与文化

公元前800年前后的文化复兴，伴随着出现了希腊各地城邦的兴起。希腊文化渐渐传播到古希腊边界以外很远的地方，影响了世界各地的文化。全世界的科学和技术发展，都包含抽象知识系统，和能使生活更便利，并能助长农业与贸易的实用工具：从解释空间中诸物体之关系的毕氏定理，到阿基米德的灌溉装置和中国的造纸技术，都包括在内。这段期间对秩序的渴望，也显现在天文学的知识方面，当时的人不只探索群星间的和谐关系，还希望天文学能帮助航海者和旅人。就人类的历史来说，更重要的或许是人开始关心人类本身；古希腊的这项特性，后来被文艺复兴时期的学者加以延伸。虽然古文明把个人生活与宇宙秩序、命运、宿命和诸神的意志密切连结在一起，但古典世界则相信社会是由人来主导的。深入考虑个人及个人行动的结果，其实就是我们所了解的"现代"的核心。

实用的创新
罗马地下供暖系统（见上图）和管线系统的遗迹，显示古代社会有多么进步。

托勒密

人物侧写

集天文学家、数学家、地理学家身份于一身的托勒密（87－150）住在希腊古典文化中心之一：埃及的亚历山大城。托勒密合理化当时所知的天体运行秩序，他制作的精细天文学模型，是根据亚里士多德的信念（即地球不动，而太阳、月亮和行星会绕着地球转的说法）所演绎出来的。以现在的观点来看，托勒密的宇宙观显得可笑，因为他的推论是建立在太阳绕地球转的假设上。

制纸
在我们现今生活中不可或缺的造纸技术，起源于105年的古中国。

起源

公元前221年	公元前30年	43年	105年	228年	300年
秦始皇统一中国。	安东尼与克利奥佩特拉亡故；埃及被罗马帝国并吞。	罗马开始攻取大不列颠。	中国汉朝发明造纸方法。	帕提亚帝国灭亡。	中国人使用算盘。

300BC	200BC	100BC	0	100	200	300

公元前247年	公元前146年	公元前5年	79年	230年	330年
帕提亚帝国兴起。	罗马征服希腊和迦太基，成为西地中海地区的统治者。	耶稣诞生。	维苏威火山爆发，摧毁赫库兰尼姆和庞贝城。	中国汉朝灭亡；中国先分裂为三国，继而四分五裂。	君士坦丁堡（拜占庭）成为罗马帝国首都。

中世纪

罗马衰亡到文艺复兴这段期间，常被称为"中世纪"。这段充满创造力的时期，开启了以古典世界成就为基础的持久发展。游牧民族（蒙古人）最后一次对"文明的进犯"以及"黑死病"，都发生在这段期间。伊斯兰文化迅速扩张，将中国人隔离在他们的西方贸易路线之外，迫使欧洲人向西发展，重新建立与东方的贸易连结。人类也借着伊斯兰文化，将古代世界的科学、哲学和研究展望加以更新、发展、散播，为文艺复兴奠定了基础。

大学生活
大学在欧洲若干新文化中心成立；这张手稿上画的是最早的大学之一（波隆纳大学）的讲师。

伊斯兰的传布

中世纪期间，伊斯兰扩张的规模与速度是空前的。7世纪中叶的后一个世纪，阿拉伯军队将伊斯兰向西带到西班牙，向东带到北印度和中国边界。阿拉伯军队不但达到了亚历山大大帝的成就，甚至还超越了那样的成就，而且影响时间也持续更为长久。他们的宗教信念扫除了崩溃中的拜占庭（晚期的罗马帝国）和波斯帝国，但阿拉伯的扩张不只是受宗教热忱支持的军事冒险，还有助于维系文明，对学术和文化水准的提升更远超过当代其他文明，甚至凌驾于欧洲的修道院。虽然伊斯兰世界很快就分裂，但对现代文化却有着巨大的贡献和深远的影响。

文化的传播
伊斯兰文化散播的程度，显现在南欧的伊斯兰式建筑上，如西班牙的阿罕布拉官。工程、科学、哲学与艺术在伊斯兰文明下繁荣起来。

蒙古人进犯

兴起于亚洲深处的蒙古人，是最后大举进犯聚落文明、而且获得成功的牧民与游牧民族。1206年成吉思汗（当时是部落领袖）成功统一蒙古各部落，掌控足以摧毁金朝的军事力量。他的继任者继续改写世界地图。他们前进俄国，横扫波斯在中亚的领土，让伊斯兰中心首度遭遇重大挫败，后来还侵略印度。1241年，因为大汗窝阔台过世，信仰基督教的欧洲才免于被侵略。蒙古人的势力一直持续到1405年，但是他们的社会与文化遗产，却远比不上流散海外的阿拉伯人。尽管他们的军事力量影响深远，但蒙古人的影响力，只有在他们被自己所征服的定居社会（指中国统治者忽必烈的朝代和印度次大陆的蒙古帝国）同化时才得以继续存在。

成吉思汗
这位蒙古人最伟大的领袖生于1162年，逝于1227年，但他的过世并未阻止蒙古人向前推进。

桥接世界
罗马帝国末期和文艺复兴时期间，连结了古代和现代，并创造了许多经典时期的成就。

410年	600年	661年	730年	800年
西哥特人攻占罗马，造成罗马帝国的崩溃。	波斯人使用风车。	伊斯兰世界第一个王朝倭马亚开始。	中国北宋造纸技术从中国传到伊斯兰世界。	日本出现木版印刷。

400 —— 500 —— 600 —— 700 —— 800 —— 900

404年	650年	750年	760年	850年
拉丁文版《圣经》完成。	《古兰经》完成。	中国北宋发明火药。	阿拉伯人发展代数和三角学。	中美洲的古玛雅文化崩溃。

印刷技术的影响

　　现代印刷术的先驱是木刻版画：以雕刻木板印刷的艺术。这种做法源于中国，并在14世纪的最后25年开始在欧洲出现。印刷技术在15世纪的欧洲快速发展。金属活字出现是革命性的进展，标志着大众传播的开始，因为比起雕刻木板，这种技术能将文本更快地排成凸版。以活字为基础的活版印刷机，据说是古腾堡于1450年前后发明的，他在大约六年后制作出第一本印刷版的《圣经》。机器印刷史无前例地开启了传播知识的大门，而能获取更广泛的资讯不只意味着印刷品数量的增加，也意味着此后书本和小册子可以经常以本国语呈现。随着技术传布开来，书价也跟着下跌，结果愈来愈多的人学会阅读。愈来愈多人的真实地感觉到，世界真的扩展了，或者可说变得更容易了解了。

东方的印刷术
这块早期日本木刻印刷板证明，世界各地都在发展印刷术。

第一部印刷本《圣经》
《古腾堡圣经》在1456年前后，以最早的活版印刷机印制。从此以后，大量印刷品纷至沓来。

古腾堡的印刷机
这是印制第一部活版印刷《圣经》（见左图）的印刷机。印刷速度增加，书价降低，导致大众传播的开始。

火药"革命"

　　蒙古军的凶悍与耐力令人震慑，但对于有火药与枪炮武装的先进社会来说，这种原始的活力，已经不再是威胁。至少从宋朝（960－1279）以来，中国发明的火药配方，就已经被用来制造炸药。这种配方显然在13世纪的后半叶传到欧洲，因为英国科学家培根也曾在作品里多次提到。最早将火药使用于手枪的记录，于1284年出现在意大利的弗利城，此外从14世纪初开始，就常有记录提到使用新式炸药的攻城炮。早期的这些装置并没有造成军事战术与策略的重大改变，不过在不到一个世纪的时间里，枪炮就变得更有战斗力了。事实上，欧洲军队的技术优势，是欧洲在美洲的统治与殖民势力得以确立的决定性因素。

爆炸性的炼金术
一张16世纪的木版画，描绘14世纪初时，日耳曼僧侣即炼金术士沙尔兹正在制造火药。

真相
黑死病

　　由老鼠带来的淋巴腺鼠疫，在14世纪后半叶，造成三分之一到二分之一的欧洲人口死亡。这场疫病可能由对欧洲进行军事侵略的外在力量或商船带进来。令人意外的是，人口大量死亡，或许是欧洲得以迅速称霸世界的助力。因为土地增加，劳工减少，旧有的封建阶层制度无以为继，并造成城市的大幅变动。幸存者比较容易取得经济盈余，社会总体对变化更能以平常心面对。

早期的枪炮
欧洲取得火药配方后，这种大炮立刻对军事策略造成根本的改变。

984年
中国运河使用单门或"灌水"闸门。

1126年
阿拉伯哲学家阿威罗伊诞生。

1206年
蒙古人在成吉思汗的领导下开始攻取亚洲。

1341年
黑死病开始流行于亚洲，继而在1348年肆虐欧洲。

1492年
穆斯林对西班牙的统治告终。

| 1000 | 1100 | 1200 | 1300 | 1400 |

1000年
阿拉伯半岛发明暗箱；秘鲁的印加帝国扩张；维京人到达美洲。

1080年
中国发明磁罗盘。

1150年
柬埔寨吴哥窟的庙宇完成造纸技术传到欧洲。

1175年
印度第一个伊斯兰帝国建立。

1271年
马可波罗经丝绸之路往来欧洲与中国之间（直至1295年）。

1453年
奥斯曼帝国攻占君士坦丁堡，终结拜占庭帝国。

新视界

　　从 15 世纪晚期开始，学者看待世界的方式显著改变，他们相信人能决定自己的命运。实验与观察成为所有领域的根本：艺术家观察他们的主题，发展出透视法；航海者观察星象，绘制出地图；工程师解决生活中实际的问题；哲学家也发展出一种新的世界秩序。意大利城邦在这场文化革命中扮演着重要角色，不过到了 16 世纪晚期，欧洲人开始将注意力转向大西洋的彼岸，西班牙与法国是这股扩张势力的主力，英国则仍蓄势待发。

引领时代潮流
布鲁内列斯基在佛罗伦萨建造的圆顶（建造年代为 1419—1436），是工程学与艺术想像的奇迹，为文艺复兴定下基调。

科学的进展

　　文艺复兴时期的科学家与希腊人一样对知识感兴趣，不过他们设法更有系统地去应用这些知识。阿拉伯科学提供理解世界的工具与方法，数学测量与计算成为所有科学的基础。科学家形塑数学、天文学和航海之间的关系，利用他们对地球与绘图

方法的了解，为新土地描绘地图。来自这个"新世界"的财富，使科学革命散播得更广。不过天文学研究严重受限，因为天主教教会宣称，质疑地球在宇宙的中心地位是异端邪说。不过哥伦布（1473—1543）和伽利略都甘冒大不韪，证明地球是圆的，而且

哥白尼的世界体系
哥白尼彻底改变天文学，证明地球每日自转一周，每年绕太阳一圈。

以整齐划一的运动绕太阳转，他们使科学脱离教会权威统辖的领域。

伽利略的望远镜
伽利略（1564—1642）根据观察行星的结果，主张将神学与科学区分开来。

探索与发现

　　文艺复兴时期闻名的发现之旅，与其说是受知识或冒险的激励，其实追求贸易与财富的动机更重要。土耳其统治中东，使欧洲人无法取得东印度的香料，于是欧洲君主便雇用航海人，寻找恢复香料贸易的新路线。这些航海人发现许多陆地，点燃欧洲人的贪婪与想象。起初的航行是试验性质的，因为当时在地中海受训的水手，从未真正远离过陆地：早期的航海家如达伽马，往南沿着非洲和好望角边缘向印度次大陆各国出发。虽然这条路线确实有其价值，但更为勇敢的队伍（包括哥伦布和麦哲伦的组员们）则驾船向西航行。水手们利用星星和罗盘导航，以象限仪记录他们的路线，以便能再度依循相同路线。这些装置是绘制地图的原始素材。欧洲的未来在西方，但他们的探索却对西半球那些"新世界"原住民造成伤害。

哥伦布
意大利船员哥伦布（1451—1506）相信他可以驾船跨越大西洋到达中国，并说服西班牙统治者来支持他的行动。

达伽马
葡萄牙航海家达伽马（1460—1524），于 1497 年往南航行寻找印度半岛诸国，也就是香料的来源地。

移民的先驱
发现新土地之后，许多欧洲人搬到当地开拓殖民地。这幅画描绘旅客搭"五月花"号到美洲。

真相

黄金三角

横跨大西洋的奴隶买卖称为黄金三角，始于 1441 年，当时葡萄牙水手捉了 10 名非洲人，将他们带到美洲。1454 年，教皇尼古拉五世正式开始这项贸易。商船载满货品从欧洲航向西非，然后在西非以货品交换来自内陆的奴隶，再把他们运往美洲。接着把它在这段航程中幸存的奴隶卖给大农场主人，交换有价值的农产品。

1497 年 达伽马从里斯本出发前往印度半岛诸国。	1528 年 蒙巴萨起义反抗葡萄牙统治。	1530 年 欧洲开始采煤。	1545 年 玻利维亚的波托西发现银矿。	1560 年 贵族间彼此交战的日本重新统一。	1588 年 饥荒与疫病横扫中国明朝。
1500	**1520**	**1540**	**1560**		**1580**
1493 年 哥伦布到达美洲。	1519 年 科尔特斯到达墨西哥；阿兹特克帝国瓦解。 1520 年 巧克力从美洲大陆引进西班牙。	1535 年 明朝开放澳门为葡萄牙通商地。	1550 年 （中国）北京被蒙古人围困一星期。	1570 年 马铃薯从美洲引进欧洲。	

改变中的哲学

最早的"乌托邦"
托马斯莫尔在他1516年出版的书中,创造了"乌托邦"这个词,意指令人向往而不可得的地方。这本书联结了发现之旅与心灵旅程。

文艺复兴时期的思想家、科学家和艺术家,从事比探险家更伟大的发现之旅:了解人类,并层层打破人类的限制。一种新的自觉感受兴起,哲学家们更表示:人类不只是既存宇宙秩序的工具。这种人文主义的立场逐渐扩散开来,导致从事艺术创作的迫切感与品质提升,以及对科学和地理探索的兴趣增加。对希腊人和罗马人来说,机遇被归因为诸神的意志。相对地,文艺复兴时期的机遇概念,则是指个人把握机会并采取决断性的举动,来创造自己的命运,这种思想带来新的乐观主义,以及对未来的希望。这种观点的转变发生于何时难以确定,但在1350年到1700年的350年间,社会展望与哲学的确经历巨大的转变。地理上的探索,无论在有形世界或与人类心灵相应的领域中,都开启了新的眼界。上帝的存在依然重要,也仍然超越人类认识的界限之外,不过大家愈来愈认为宗教是容许探问与分析的。

伊拉斯谟
与莫尔生存于同时代而且还是密友的伊拉斯谟(约1469—1536),被视为人文主义的名家。他曾经阐述人为自身创造者的观点。

创意的跳跃
达芬奇将比例完美的人,安置在正方形和正圆形里,以此描绘人与物理世界和谐共存的新发现。

艺术

虽然社会秩序仍然有所限制,社会流动也极为有限,但贸易与经济生产的进步、城镇数量的增长、封建阶层制的衰败,都使对个人的关心得以浮现。一群新的城市精英逐渐发迹,这些有钱人不只成功,也愿意从事内省,并以自己的成就为荣。因此,这群新式精英的成员,不但赞助艺术,也赞美自身的成功,他们除了多添购一幅圣母像之外,也同样可能请画家为自己画像。这些精英也拥有自己的书,虽然他们肯定以自己的古典学养为傲,但这些书常常是以普通的日常语言写作和出版,而非拉丁文。这一方面要归因于早期影响,如但丁、乔叟和印刷机,而印刷的内容此时更扩展至莎士比亚,尤其是英国在这方面的发展更是活跃;丰富的人类经验开始能以浓缩的语言形式交流;而这种语言,是世界各地的人至今仍在使用的。同时,进戏院也变成各个年代、各种社会背景的欧洲人宣泄希望与恐惧的方式。

一个新阶级的画像
巴托罗奥·威尼托的富有青年画像,描绘有钱人表现出来的自我沉溺新形式。

人物侧写

莎士比亚

剧作家莎士比亚(1564—1616)生于英国埃文河畔的斯特拉福。他在英国社会变化频繁的伊丽莎白时代,写作如《哈姆雷特》(Hamlet)和《罗蜜欧与茱丽叶》(Romeo and Juliet)等戏剧。当时贸易、发现和创新已经改变了停滞的中世纪世界。莎士比亚的作品兼具对消逝往事缅怀的感受,与对新发现的兴奋之情。他的戏剧,无论形式或内容都能传达给社会形形色色的观众,触动他们的心,这是前所未见的。

西斯廷礼拜堂
教皇尤利乌斯二世是慷慨的艺术主顾,1508年时他请米开朗基罗在梵蒂冈宫西斯廷礼拜堂的天花板上作画。

起源

1602年 荷兰东印度公司成立	1618年 努尔哈赤以"七大恨"兴兵反明。	1630年 英国医生哈维发现血液循环	1648年 泰姬玛哈陵历经16年竣工。	1660年 古吉拉特人制作现知印度最早的航海图。	1682年 英国天文学家哈雷观察到哈雷彗星

1600 — 1620 — 1640 — 1660 — 1680

1600年 英国东印度公司成立。	1608年 荷兰的汉斯·李波尔发明望远镜。	1622年 德传教士汤若望来华,传播宗教与新技术。	1644年 中国最后王朝清朝建立。	1655年 荷兰的惠更斯发明具摆锤的钟。	1688年 威廉·丹皮尔是最早造访澳大利亚的英国人。

改变中的世界

农业与工业的大变革，为人类的技术能力、生产力和大量货品的取得带来迅速的发展，但政治与社会想象的发展，却超越这种技术性的进展。到了1815年，英国（成立于1801年）已经占据世界舞台的中心，乐观主义与进步意识盛行于欧洲。不到100年内，德国与美国就已经开始挑战英国霸权，世界改变的幅度难以估量。数以百万计的人死于两次世界大战，许多帝国崩解，新的权力中心（美国与前苏联）存在于意识形态的冲突中。

真相

里斯本大地震

1755年11月1日，人口众多的里斯本市毁于一场大地震。这个事件激起有关上帝、命运、人类干预等课题的哲学论战。耶稣会教士认为这是上帝针对人类罪孽所给的回应；其他人则视之为上帝不存在的有力证据。此外，还有其他重大的影响：葡萄牙独裁者否定了耶稣会教士的论点，剥夺他们的影响力，成为法国大革命后，欧洲政府快速脱离教会的先驱。

启蒙与不确定

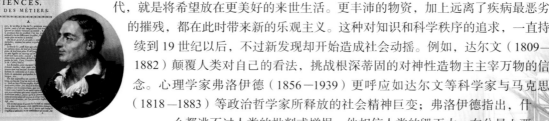

18世纪的"启蒙运动"是建立在这样的信念上：只要认识生活、世界及其社会制度，就能改善人类的境况。在这个时代以前，人们不是缅怀古希腊、古罗马的黄金时代，就是将希望放在更美好的来世生活。更丰沛的物资，加上远离了疾病最恶劣的摧残，都在此时带来新的乐观主义。这种对知识和科学秩序的追求，一直持续到19世纪以后，不过新发现却开始造成社会动摇。例如，达尔文（1809—1882）颠覆人类对自己的看法，挑战根深蒂固的对神性造物主主宰万物的信念。心理学家弗洛伊德（1856—1939）更呼应如达尔文等科学家与马克思（1818—1883）等政治哲学家所释放的社会精神巨变；弗洛伊德指出，什么都逃不过人类的批判或憎恨，他相信人类的毁灭力，在分量上要超过人类的创造力。在启蒙运动的乐观主义之后，尽管人类了解、形塑世界的能力愈来愈强，但一股不确定感和想要"趋吉避凶"的需求兴起。

狄德罗的百科全书
哲学家狄德罗在1745到1772年间，编纂有关启蒙运动的大量记录，完成这部百科全书，其宗旨是陈述知识，并以此对抗恐惧。

政治革命

美国1776年的"独立宣言"表明，人民有权罢免任何破坏生命、自由和追求幸福等权利的政府。1789年的法国大革命，则根据人生而自由、平等的信念，阐明对人权更激进的看法。人们都应该有权参与立法，使领导者向人民负责，并免于任意被逮捕、惩罚的恐惧。他们应该享受言论、意见、宗教自由，以及税赋平等的权利。一套新的政治语言与框架于是诞生。1792年2月，法国革命政府发表一份普遍解放奴隶，但对在农场工作的流浪汉冷酷无情的法令。

呼喊自由
法国大革命或许是政治现代性的关键时刻。要求平等的呼声再也无法遏止。

因此，从社会和经济层面来看，改变不大。法国人从不相信女人拥有平等的权利，但女权已经是新政治议程所不可回避的议题了。1792年沃斯通克拉夫特在《女权》中，明白指出社会上半数被遗忘的人，在争取解放的斗争中应有的地位。马克思在1858年的《共产党宣言》中，已经针对人类掌握自身命运，建立解放社会新秩序的可能性，作过一番阐述。

平等权
19世纪尾声，一群由潘克赫斯特领导的女权运动者，开始积极从事为女性争取自由的运动，声名远播。

VOTES FOR WOMEN ON THE SAME TERMS AS MEN

VOTES FOR WOMEN ON THE SAME TERMS AS MEN

1712年
北美开始出现奴隶起义。

1724年
德国哲学家康德诞生。

1764年
英国的哈格里夫斯发明"珍妮纺织机"。

1776年
美国发表《独立宣言》。

1803年
美国取得密西西比河到洛矶山脉之间的法国领土。

1700   1720   1740   1760   1780   1800

1717年
英国、法国和荷兰结盟，抑制西班牙的扩张主义计划。

1736年
橡胶从中美洲引进欧洲。

1770年
意大利的贾凡尼和亚历山德罗·伏特利用化学药剂发电。

1783年
俄国并吞克里米亚。

经济革命

17 世纪末到 18 世纪初，农业机械的技术变革，以及轮作与育种的实验，都刺激了农业生产力的提高。像以发明播种机闻名的革新者杰斯洛·图尔（1674—1741），就是一个务实的人。他对创新的热情，不但来自于对新探索精神的追求，更包含了将食物生产商业化的欲望。18 世纪末，制造业也出现了相同的趋势。工业革命从英国开始，然后扩展到欧洲、美国和日本。新的技术和动力资源被用于纺织业。新的纺织机和蒸汽机的发明，使英国转型为世界工厂。这种技术变革只是更广泛的贸易、经济关系和分工转变的一部分。1851 年，万国工业博览会在伦敦举行，目的是炫耀新成立的联合王国（英国）在工业、军事和经济方面的优势。然而这个世界霸权很快就面临竞争。所有强权都建立强有力的金融机构，世界各地的贸易商都能进入最好的市场，享受以合约进行交易的保障。

史蒂芬森的"火箭"号机车
这个突破性的设计在 1829 年成型，距离第一辆载客的蒸汽火车问世仅四年。铁路旅行改变社会形态，使货物运输更为容易。

铁桥
1779 年建于伊尔福德的桥，是全世界第一座铁桥。这座铁桥耸立在英国一个因钢铁和制陶业而转型的地区。

人物侧写

玻利瓦尔

玻利瓦尔（1783—1830）生于委内瑞拉，他使中南美洲大部分地方脱离西班牙的统治。这位"解放者"击败巴拿马、秘鲁、哥伦比亚、厄瓜多尔、玻利维亚和委瑞内拉的军队，成立总统制的政府。玻利瓦尔的梦想是统一西属美洲，建立一个共和国。不过他的独裁统治却招致反对。

进步的极限
技术的创新、贸易的改变、经济关系以及劳动分工，是促成 1851 年英国万国工业博览会的因素。

第一次世界大战
对欧洲来说，"世界大战"是场大灾难，这不只是指丧生人数，也包括被摧毁的经济。这场战争造成深陷种族对抗的小国林立。

转移的权力

欧洲君主制在 1815 年的维也纳会议获得重申，压制了对民族自由的渴望。希腊独立战争（19 世纪 20 年代）是个例外，或许因为它并未危及欧洲的新秩序，所以才能成功鼓动欧洲的自由意识。1848 年发生了一连串革命，再度压垮了追求民族自治的企图心，但意大利人为争取独立所做的努力却引人同情；他们在 1870 年完成统一。19 世纪末的德意志帝国涵盖中欧，俾斯麦使普鲁士成为这个帝国的核心。欧洲强权为帝国而战，以确保获得他们需要的原料、经济市场和战略路线。"非洲争夺战"于 1885 年热烈展开，不到 15 年的时间，非洲地图就完全改写。英国不再主导全球贸易与投资：美国本土的资产阶级与影响范围日益增加，德国的钢铁生产开始超越英国。为了追求竞争优势，各国很快就采取军事行动。俄国、英国、德国各自统治中国的部分地区，但是到了 19 世纪末因为美国和现代化日本的出现而备受威胁。在 1918 年以前，美国虽然免受欧洲战火摧残的影响，但它的势力仍不足以稳定、重建欧陆。所以，在德国被打败，而且沙皇制的俄国（旧秩序的守护者）变成苏联之后，中欧陷入了权力真空期。

瓜分
在这幅政治漫画里，英法两国正在瓜分世界。殖民扩张的规模和世界主要强权的对抗，是这个时代的重要特征。

起源

大萧条

　　20 世纪 20 年代短暂的经济繁荣，对全世界没有多大影响。接着，1929 年 10 月，华尔街股市价格崩盘，世界贸易萎缩。在随后的混乱中，投资者卖掉持股，公司倒闭，贸易成为泡影。经济停滞和失业潮造成贫穷和困苦，影响所及不只限于发达经济体，而是全球性的现象。到了 1931 年，美国（全球最大的经济体）已经有 1,300 万人失业。不过受害最深的是德国，当时德国社会尚未从 1918 年的军事失败，以及 20 世纪 20 年代初的革命动乱中恢复过来。德国的经济灾难，为国社党（纳粹）提供发展的温床，不只让他们取得权力，还因此得以维持这样的权力。希特勒无所不用其极地想要为他的第三帝国在新世界的秩序中取得优势地位，是造成空前野蛮行为的催化剂。

食物救济站
华尔街股市崩盘后，德国遭受灾难性的经济萎缩，许多人因此陷入贫困。

灾难性的一天
1929 年华尔街股市崩盘后，美国人在惊惶中走上街头。投资人卖掉所持股份，公司倒闭，失业率急速攀升。

第二次世界大战

　　希特勒在 1933 年成为德国总理，不出几个月便成立第一所集中营。原本为政敌设立的集中营，后来却成为非雅利安人（特别是犹太人）的坟墓。"纽伦堡种族法令"在 1935 年将长期存在的反犹太主义具体化，对犹太人的迫害在 1942 年通过"最终解决办法"（Final Solution）时达到顶点，以官僚式的效率执行种族灭绝。1939 年德国入侵波兰，重启强权间的嫌隙。与 1914 年的情况不同，这时德国不但扫除法军，还将英国人赶出欧洲大陆。虽然在不列颠战役失利，但德国最高统帅部还是在 1941 年 6 月冒险入侵苏联。同年 12 月，在日本轰炸珍珠港海军基地，使美国加入苏联、英国及其诸殖民地阵线之后，这场战争成为了世界性的事件。苏联红军和美国联手从武力及经济两方面打垮希特勒。1945 年 8 月，在美国以两颗原子弹摧毁两个日本城市之后，战争结束。

种族屠杀
1941 年，犹太人被要求佩戴黄星标志。到了 1945 年，欧洲已有 600 万犹太人遇害。

斯大林格勒战役
苏联红军与苏联人民英勇的奋战，使德国难逃战败的命运。这场战役是第二次世界大战的转折点。

原子弹
投在广岛的原子弹顷刻间杀死数万人；另有 14 万人死于辐射污染。蘑菇云状的图像一直是有关人类如何伤害自己和地球的有力象征。

曼德拉

南非白人政府从 1948 年开始针对所有南非黑人强制实施种族隔离政策。在南非非洲人国民大会长期种族对抗政府期间，曼德拉（1918—）是该组织的领袖人物。曼德拉在 1990 年终于获释，并且成为 1994 年非国大会第一次组织政府的总统。

资本主义之外的选项？

　　1945 年联合国成立，世界新秩序也随之诞生。资本主义主要势力的美国，与社会主义阵营的前苏联处于冷战敌对状态，并形成之后 40 年国际关系的框架。毛泽东领导的中国，一方面自外于主要世界资本主义经济体之外，一方面与前苏联渐行渐远，为发展中国家提供了另一种模式。此时的国际关系受美苏关系的框架规范。尽管有一些重大的政治危机（如 1962 年的古巴导弹危机），但直接冲突还是得以避免，世界经济得到了空前的扩张与成功。资本主义过去的缺点，如经济萧条与战争，赋予前苏联模式一些威信，许多殖民地的人都努力想要建立采用前苏联结构与语言的独立国家。在 20 世纪 60 和 70 年代看来，这种文化冲突可能导致西方社会的彻底革新。尽管事情发展未如预期，但阶层制度已受侵蚀，妇女角色也有所改变。1989 年前苏联与柏林围墙一起崩溃，但是这并未带来保障，冷战结束使许多人觉得更加不安。

打破藩篱
柏林围墙拆除与前苏联崩溃，并未带来预期中的繁荣或政治稳定。

	1925 年 美国发展出冷冻食品。	**1929 年** 华尔街股市崩盘，世界大萧条开始。	**1939 年** 第二次世界大战开始（1945 年结束）。	**1949 年** 南非开始施行种族隔离政策；毛泽东宣布中华人民共和国成立。	**1961 年** 建立柏林围墙。
	1920	1930	1940	1950	1960
1919 年 中国反帝爱国运动"五·四"爆发。	**1921 年** 中国共产党正式成立。	**1928 年** 英国弗莱明发现最早的抗生素：青霉素。	**1934 年** 中国工农红军开始长征。	**1945 年** 美国在日本的广岛与长崎投下原子弹。	**1947 年** "圣雄"甘地完成印度独立的目标。	**1960 年** 锡兰（现今的斯里兰卡）的第一位女性总理当选。

全球经济

国家之间经济、社会、技术交流日趋频繁，这就是所谓的"全球化"。人类通过技术能力，将世界缩小，因此造成经济与文化广泛地发生改变。由全球化所产生的"地球村"，不但发展不均衡，结果也不一定令人乐见。为了抗议对商业与利益的日益强调，许多人接受如环境主义等新的意识形态，有些人则质疑追求全球经济模型的必要性。矛盾的是，这些很有环境意识的想法，却被国际公司视为市场的新机会。全球化与反全球化的支持者，与旧有的意识形态左右派区别并不一致。全球化的支持者可能只支持资本主义成长，或相信西方介入对于全球民主有其必要性。同样地，他们也可能是发展中世界里的农民工人，所考虑的是筑路、建水坝或改良小麦品种。有些反全球化的支持者努力改革及废除资本主义与美国的优势，保护地球或帮助较为贫困的居民。其他则是保守主义者，目的是维系传统或自身受争议的经济或政治地位。全球化的趋势究竟是不可阻挡还是可以选择，将持续被争辩。

全球性的不安

议题

在不同群体紧密生活在一起的整段历史中，无论多么模糊，总有那么一点不安。冷战结束后，许多比较显著的全球性威胁已经消失，但不安依旧存在。虽然目前的情况不一定比过去严重，但冲突愈来愈常以恐怖主义的形式出现。恐怖主义何以能对集体心理造成巨大影响是值得辩论的议题。

对比鲜明的世界

在西方国家，全球市场往往意味着拥有丰富的选择，这些地方的超级大餐造成肥胖问题。同时，如苏丹等发展中国家，却无法满足本国人民的温饱。

一个世界？

对于西方文化传播造成同质性的全球化生活经验，有些人期待，有些人则感到害怕。

环境破坏

许多人宣称滥垦滥伐是全球化直接的后果，如木材公司砍伐林木。但一些本地的农夫其实也从事整地的工作。

技术的进步

20世纪90年代开始之初，曾被寄予厚望，许多人相信稳定与进步的新阶段已然到来，但这个希望却没有实现。有关人类未来的辩论，以全球化、美国的势力、全球互联网带来的交流机会，以及人类以科学干预基因结构的可能性为核心。互联网是最近的创新：1989年柏纳斯·李为他的欧洲公司制作一份内部报告，一年后他接到老板授权，要他写一个全球超文字系统。不到6个月，柏纳斯·李便创造出万维网。互联网的使用与规模呈指数性增加。互联网中包含可供使用的丰富资料，旅行费用降低与移动电话的普及也有助于缩小世界。大约一万年前，由于种植随机配种得来的禾草而产生面包小麦，在现在看来似乎微不足道，因为我们正尝试分辨人类的3万种基因，分析出构成人类DNA的30亿个化学碱基配对序列。我们现在有能力，能以前所未有的方式改变自然。然而，在某些方面，我们的演化或许兜了一大圈又回到原地；人类究竟要让自己新发现的力量带来进步还是自我毁灭，对于人类这个物种的未来，是很重要的课题。

航天飞机

便宜而平易近人的旅行，已经改变富人的生活；理论上，甚至到其他星球旅行也是可能的。

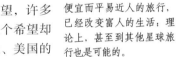

民族的迁移

真相

已开发世界的日益繁荣，开发中世界各地则还有着许多经济、政治问题，使得许多人到西方寻求新生活。此一趋势导致"人口走私"的新贸易，并造成已开发国家不满情绪升高。许多人认为移民和寻求庇护的人，比西方社会某些较弱势群体获得了更多利益；无论这种认知错得多严重，已经造成整个已开发世界有愈来愈多的人支持右翼团体。

改造自然

人类已经拥有改变自然的能力，这是我们梦寐以求的。我们甚至可以改造动植物的基因，如图中的基因改造棉花。

1963年
美国的马丁·路德金发表"我有个梦想"（I have a dream）演说；南非的曼德拉入狱。

1970年
中国第一颗人造卫星"东方红"上天。

1976年
协合式喷气飞机首飞伦敦到巴黎航线。

1981年
美国发现第一宗艾滋病病例。

1989年
柏林围墙倒塌。

1992年
邓小平发表"南方谈话"。

2003年
人类基因组计划在开始3年后完成。

1970

1980

1990

2000

1964年
日本发明新干线高速火车。

1969年
人类第一次登陆月球。

1976年
毛泽东、周恩来、朱德相继去世。

1978年
第一名试管婴儿在英国出生。

1986年
前苏联切尔诺贝利的核反应堆爆炸。

1990年
南非黑人政党合法化。

1997年
香港回归中国。

2012年
中国上天下海，独立掌握载人空间对接和7000米级深海探测技术。

起源

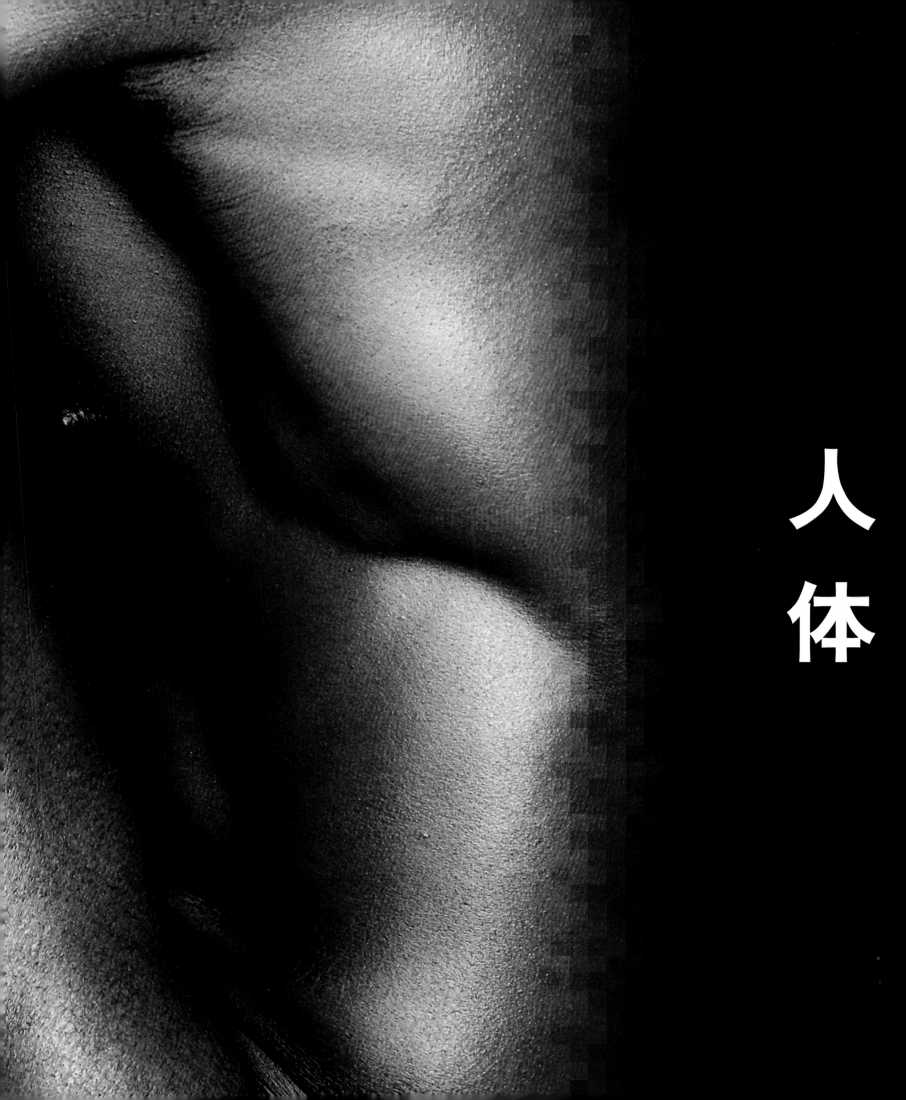

人体

人体

人类的身体有各种不同的形状和大小之分，然而除了两性间的少数差异，我们都是根据相同的解剖学蓝图构成。不论肤色如何，每个人剥去皮肤后，底下层叠的肌肉都处于相同的位置；再深入一点，每个人的骨头也都显然是一样的人骨：长长的脊椎让我们比其他动物站得更直，手和脚上有错综复杂连结的骨头，头骨上还有平坦的额平面。每个人的内脏，如脑部、心脏、肠等看起来也都很相似，其运作所循的内在步调也一致。

生命的开端
精子群集在卵子外，试图进入其中。如果一枚精子成功了，便能与卵子结合，很可能就此创造新生命。

我们是动物界的一部分，属于一群名叫灵长类的动物；猿类（我们血缘最近的亲戚）和猴子都包括在此范围。灵长类又隶属于另一更大群的动物：哺乳类。为了了解人类，不妨先看看我们和它们的共同特征，而我们和它们又有哪些重要的不同之处。

人类特征

人类具备哺乳动物特有的恒温与毛发。我们和几乎所有的哺乳动物一样，会生产活泼的下一代，并为之分泌乳汁。我们并非是唯一能使上身直立的灵长动物（不过我们用双腿平衡的能力无与伦比）。我们四肢骨头的结构和排列，与其他许多灵长动物类

似。其他灵长动物和我们一样，双眼在面孔前方，有立体视觉，而且许多灵长动物的视觉是彩色的，就跟我们一样。然而当数百万年前人类从这个血缘最近的亲戚分支出去，再经长时间的进化之后，我们人体的确有些重要的不同之处。人类的手经过特化而擅于执行许多任务，例如能熟练使用复杂的工具；人类的脚变得能负担整个活动身体的重量。最重要的是人类的脑部在进化过程中仍不断发展，其和身体大小的比例，远高出其他相似的动物。

了解人体结构

早在文明社会初期，人类就很好奇人体运作的原理。有好几千年的时间，宗教和文化禁忌上的限制，让人类无法把人体切开一探究竟。人体解剖学原理大多

心脏的功能
与古代医生不同的是，我们现在知道血液是如何由心脏进行收缩动作来输送的。

以解剖动物为准，外加诸多推测。一些早期科学家居然还描述得相当正确，尽管他们的想法在当时并不为人接受；例如早在公元前500年，希腊医师尔克迈翁便倡议脑部为思想和情绪所在。但在另一方面，错误观念比比皆是，其中最有名的来自盖伦，一位生于希腊、在公元2世纪于罗马行医的医生。盖伦相信肝脏有造血的功能，心脏里的一把火是我们活着的原因；而这些还只是逾数世纪都无人质疑的学说之一。直到科学知识在文艺复兴期间有了大幅进展之后，一些关于人体的真相才得以大白。第一位出书正确描绘人体结构的佛兰德斯医生维萨里（1514—1564），他所做的观

察将我们的见解领进新纪元。之后，每个世纪都有新发现。1628年，哈维证明血液是绕着身体循环；1775年，法国化学家拉瓦锡发现细胞以氧气为燃料；1842年，英国外科医生鲍曼首先叙述肾脏的功能与构造；20世纪00年代早期，发现了荷尔蒙。于是，人体结构便如被归纳入位的拼图一样渐渐地被拼凑出来。随着时间的推移，我们对人体知识不断加速增长，一直到21世纪都还没有减缓的迹象。

现代人体

在食物来源充足、基本卫生条件良好的国家，一般人的身体与前几世纪相比，体型都变得比较高大，且寿命也都更长久。人们对健康和人体运作更了解之后，开始学着要让自己的身体能一辈子都保持着良好状

考验身体的极限
人类就像这位年轻的霹雳舞者一样，总是不断地测试自己的体力和敏捷度，将人体推向能力的极限。

解剖学课程

尸体解剖的执行，一度被当作精心制作的舞台表演，而非解剖课。许多观众都只是好奇的旁观者，而非医学院学生。直到19世纪之前，解剖所用的尸体几乎全都来自处决的犯人。在这幅1751年的版画里，英国画家霍加斯讽刺一位解剖学家所做的公然示范。

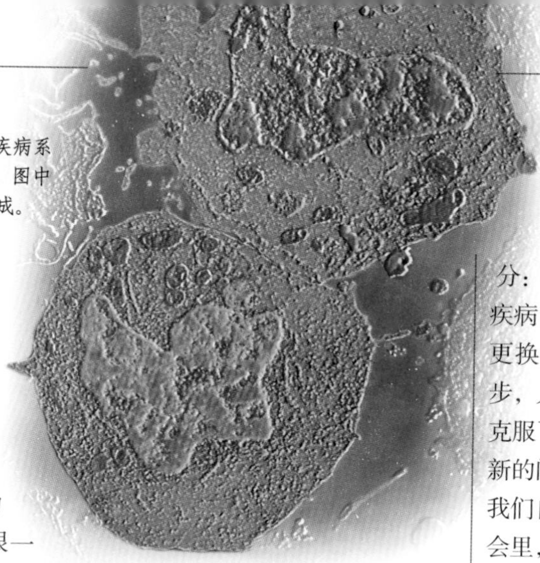

防御细胞

这些是淋巴细胞，属于身体对抗疾病系统中的一员，主要存在于血液中。图中的淋巴细胞刚经过单细胞分裂而形成。

态。虽然现代社会中人类的生活都倾向长期坐着，但我们还是想出了许多方法以满足身体定期运动的需要。很多社区提供各种运动设施，有些人则喜欢探索人体在改善体力方面的惊人能力。人体极限一直不断被延伸，运动员和体操选手每年都不断地创造人体在速度、体力、耐力方面的纪录。这些成就展现了人体在增进肺活量、促进心脏功能、增强肌肉与弹性方面的潜能。在其他方面，现代人体也在我们的控制之下。如果我们对自己的外表或体型不满意，有许多职业都是专门为了让我们的身体更苗条、更具吸引力或看起来更年轻而存在。我们甚至能限制自己的生殖能力，明智地选择是否要生孩子，同时也能改善创造新生命的机率。

脆弱的人体

虽然人体内部有个高效率的对抗疾病系统，但有时还是需要帮手。在发达国家能找得到各种复杂的药物，不仅为我们提供另一个重要的预备保护措施，也常能治愈突破人体自然防御能力的疾病。诸如天花或小儿麻痹症等疾病，曾在全

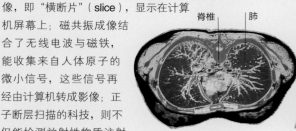

球害死数以百万计的人，但现代医学已经扫除或大幅降低这类疾病的发生率；同时当人体某些部分：如心脏、肝脏和关节等发生疾病、受损或磨坏时，也有可能被更换。但尽管有了这些长足的进步，人体仍然相当脆弱。我们虽然克服了旧有的威胁，却仍不断面对新的问题，而且这些问题有时还是我们自己制造的。在所有富裕的社会里，过量饮食和懒惰所导致的疾病不断增加。我们制造化学药品来摧毁食物链里的疾病，并提高食物产量，但有些化学药品却会逐渐毒害我们的身体。在某些地区，环境污染被认为是增加癌症与先天缺陷的一大因素。传染性病原体的抗药性愈来愈强，其危险性也比以前更

内耳细胞

近距离观察

电子显微镜揭露了内耳（上图）以及眼睛视网膜（右图）细胞的精密结构。

视网膜细胞

大。如人体免疫缺乏病毒、艾滋病和严重急性呼吸道症候群之类的新疾病不断出现，而我们对之完全没有自然抵抗力。更大范围和快速的国际旅行，更意味着曾经只是地方

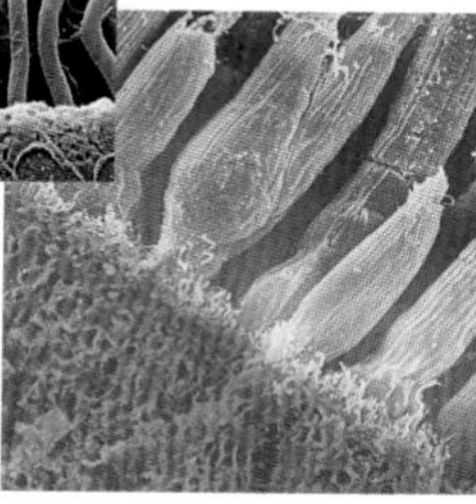

性的疾病，现在却能在几小时内传播到新的区域。

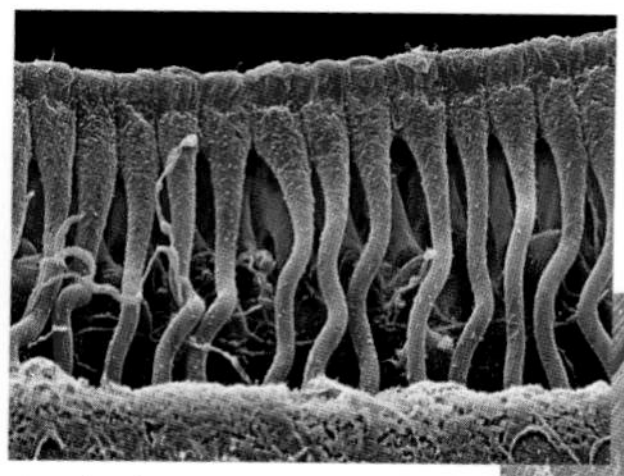

新发现

现在医生不用把人体切开，就能看到身体内部最深处。一些观察人体的科技，在数十年前根本就难以想像。多年以来，于1895年发现的X射线一直是不必开刀就能看见人体内部的唯一方法，而且只看得见硬组织（主要是骨骼）。但更新的影像科技不仅能显示软组织（如肌肉），还可以显示中空的器官，现在更能观察组织活动，以评估某个器官的运作情况（见本页下方的"一窥人体内部"专题栏）。另一项现代科技则是利用声波的超声波扫描，这种方式即使是用来观察子宫里未出生的婴儿也相当安全。重大的科技发展还创造了4D超声波，这种方式能制作出人体内部的动态立体影像。体内中空器官的检查，现在则常采取内视镜检查法：以管状光学仪器插入身体的开口（如口或肛门）。电子显微镜是最令人兴奋的发明之一，可用来详细检查人体组织样本；其放大倍数较光学显微镜高数千倍，使研究人体任何细胞的内部构造更为容易。

人体

真相

一窥人体内部

现代影像科技为我们提供身体内部可靠的图像资料。计算机断层扫描能用一系列的X射线照在人体上，制出截面影像，即"横断片"（slice），显示在计算机屏幕上；磁共振成像结合了无线电波与磁铁，能收集来自人体原子的微小信号，这些信号再经由计算机转成影像；正子断层扫描的科技，则不仅能检测放射性物质注射进人体后被吸收的量，其所制造出的彩色影像还能显示细胞的活动。

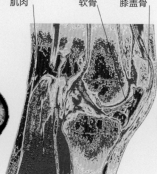

计算机断层扫描

此"横断片"是胸腔截面，能显示各种不同密度的组织，包括肌肉（红色）和骨头（绿色）。

肌肉　软骨　膝盖骨　活动组织　不活动的组织

脊椎　肺

磁共振成像

膝部的磁共振成像，以详细图像提供了关节部分的各种结构，包括骨骼、肌肉和软骨。

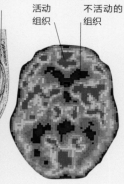

正子断层扫描

这幅扫描图所检测到的放射物，显示活动（红色）与不活动（蓝色）的组织。

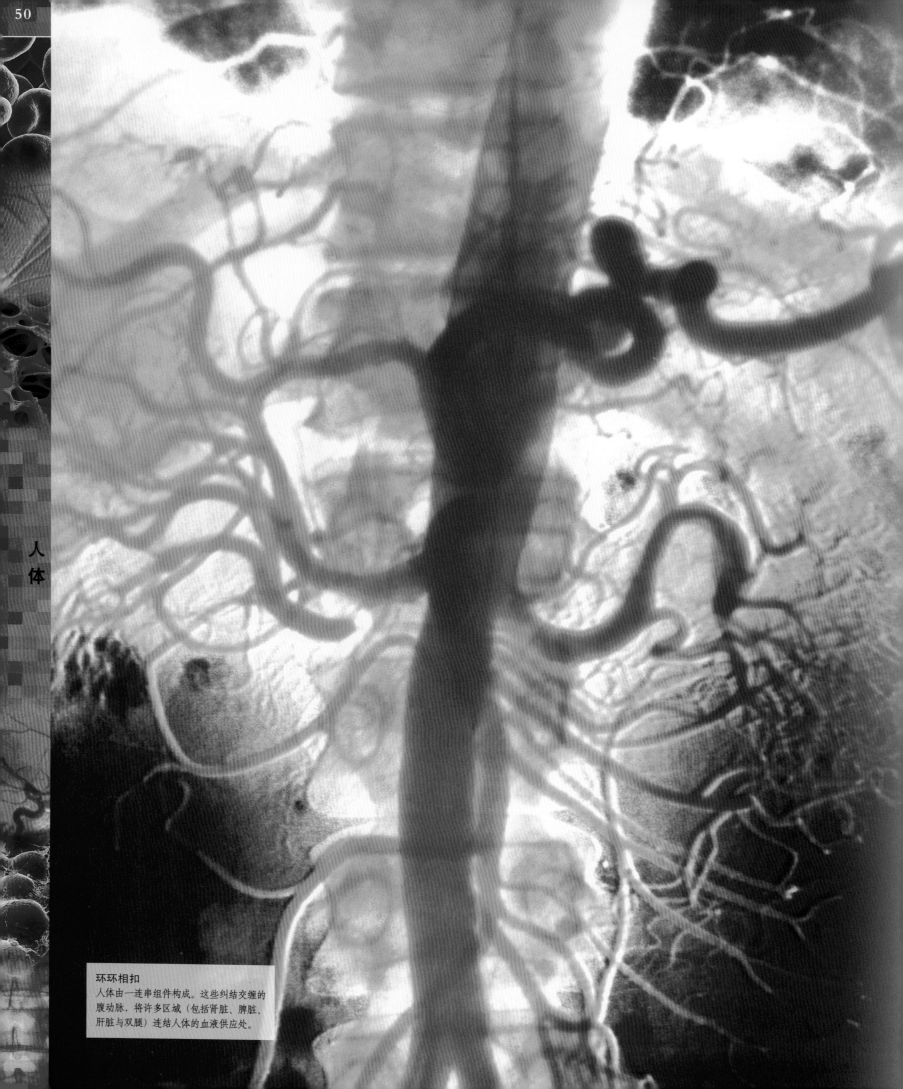

50

人体

环环相扣
人体由一连串组件构成。这些纠结交缠的
腹动脉，将许多区域（包括肾脏、脾脏、
肝脏与双腿）连结人体的血液供应处。

人体的构成

微小的细胞是人体和所有生命结构的基本单位。相同类型的细胞联合起来便会形成组织，也就是构成人体的材料；组织集合起来形成器官，即人体这个机器上的运转零件。而一连串执行人体同一主要过程或功能（如消化或血液循环）的器官，便形成系统。所有系统互相依赖连接，才能形成运作适当、完全的人体。

人体的基本成分是数以千计的各种化学物质，这些化学物质和一般食物中的基本物质相似，诸如脂肪、蛋白质、矿物质等。每个化学物质由许多名叫分子的单位构成，而每个分子又是由许多名叫原子的小粒子组合而成。我们身体的所有细胞内，都含有名叫细胞器的专门运作部分，而它们也是由化学分子组成的。

双螺旋

整个人体从细胞内部的细胞器到组织、器官和系统，这一切让我们生存并运作的机制，都是按照一种化学物质：DNA（脱氧核糖核酸）的指令而创造出来的。DNA 分子会紧密卷曲成螺旋状的细小结构：染色体，位于每个细胞的细胞核（也就是细胞的中央单位）内。长长的 DNA 分

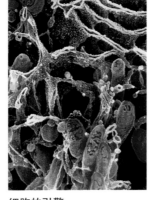

体细胞
体细胞的细胞核（深色部分）内含基因指令。细胞核周围的细胞质（绿色部分）则含细胞执行功能所需的结构。

子形状类似扭曲的梯子，梯级则是由叫做核苷酸碱基的基础物质构成，而这些碱基会再以特定方式两两配对。DNA 的片段便构成基因，其功能有二。首先，基因提供指令，使细胞制造蛋白质及其他分子，这些蛋白质和其他分

子控制了细胞的转化，一种人体所有器官和结构发育与生长所必需的要素；其次，基因也是生理及一些心理特征得以代代相传的方式。例如，某些基因的组合造就了我们眼球和头发的颜色，或鼻子的形状。当体细胞为了自我复制而分裂（这是人体全身自然发育的生长与修复过程）时，细胞内的 DNA 也会同时被复制一份，以确保新细胞内也含有一套相同而完整的指令。

活细胞

我们体内有数以兆计各种不同类型的细胞，而每个细胞都自成一个世界。细胞虽小到肉眼看不见的地步，但却能借由显微镜加以研究。现代仪器的高放大倍数，得以揭露细胞惊人的内在世

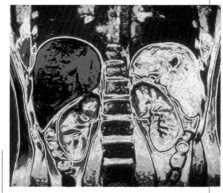

细胞的引擎
本图显示一个体细胞的内部。红色的结构是线粒体，为细胞动力的来源，可将食物转化成能量。

界。细胞这些微小的有机体内，充满了维持人体正常运作所需的零件。细胞核里有我们的遗传物质 DNA，细胞内、细胞外、细胞核外则充满了液体，液体内则精确分布着其他的重要细胞器，如制造生化能量的线粒体。虽然所

有细胞都有着许多共同的特点（例如所有细胞都会分解葡萄糖以释放能量，供细胞使用），但不同种类的细胞也都各有特定的功能，而且在外观上也常大不相同。例如，负责向脑部往来传递电流信号的细胞称为神经细胞，这种细胞外表相当容易辨认，因其具有叫做轴突的长触手，以作为将信号传送出去的路径；红血球细胞的功能则是将氧气输送至全身，其红色微凹的形状也是清晰易辨。细胞的寿命长短不一，有些细胞只能生存几个小时，有的则能用上一辈子。

构成人体

单独存在的细胞很脆弱，只有联合起来形成组织后才能构成人体。人体里有各种形态的组织，包括肌肉、仅存于脑部和脊髓的神经组织，以及连结体内所有结构的结缔组织。这些组织在维持我们身体结构和器官功能方面，都扮演着不同的角色。

在任何一群组织里，都会不断产生新细胞以取代旧细胞，以保持良好的修复。为使组织有效运作，需要一套能供应养分的生存系统，以及让组织与身体其他各处保持联络的通信系统。组织有直接的血液供应，能经由微小血管所构成的网络得到养分，并排出细胞活动所产生的废物。如果血液供应中

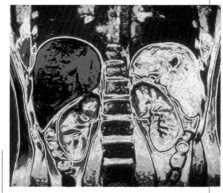

生命器官
肝脏（左侧深色组织）和肾脏（可见于脊椎两侧）都是在人体这个不断运作的机器中，最重要的器官之一。

断，组织便有坏死的可能。大部分组织还有神经线路穿梭其中，以和脑部之间往返传递信息（这也是我们能感觉疼痛的缘故）。

组织并非单独执行自己的功能。一个运作正常的器官如心脏、胃或肾脏，都是由各种不同的组织所构成的。例如，肌肉组织使器官能够活动（如肠的蠕动），而其他类型的组织则生产具有润滑与保护作用的黏液。

器官也和细胞、组织一样，是无法单独运作的，必须与其他器官联合起来以形成功能良好的系统。将氧气输入人体的呼吸系统和将废物排出人体的泌尿系统，都是很好的例子。

真相

组织工程

现在我们已经可以制造组织，以取代人体内受损的部位。有些替换的组织是完全人工合成的，另外一些则是以化合物"播种"于人体细胞后，再刺激细胞以长成组织。

新组织
这是眼角膜（位于眼球正前方）替代组织，是在实验室里以细胞培养而成。

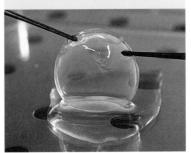

DNA
这些叫做染色体的结构，就是细胞内呈螺旋状的 DNA（遗传物质）。通常呈单股的染色体，在细胞分裂时则以"X"形结合。

DNA

DNA（脱氧核糖核酸）存在于每个细胞核内，紧密盘旋成叫做染色体的结构。DNA 是人体中最重要的化学物质，堪称生命之钥。它内含制造蛋白质的配方，为器官与构造的发育与成长所需。DNA 为遗传之本：由 DNA 构成的基因，携有让性状能代代相传的信息。

线粒体
含有少量 DNA 的结构。

细胞

细胞核
人体大部分的 DNA 位于此处，以染色体的形式存在。

着丝点
细胞分裂发生时，染色体的分裂点。

染色体
通常呈条状的染色体，在细胞分裂时变成"X"字形。

超螺旋结构 DNA
在细胞分裂之前，染色体卷曲得非常密实，形成一种更粗、更短的形态。

制造蛋白质

人体中的一些蛋白质，能组成如皮肤之类的构造，另外一些则为控制细胞活动的荷尔蒙或酶。DNA 的一项主要功能，便是提供制造蛋白质的指令。DNA 由一种叫做碱基的分子构成（见右图），而碱基的排列则成了组合蛋白质的模板。蛋白质由氨基酸构成；DNA 内组合氨基酸的指令，由叫做信使核糖核酸（mRNA）的化学物质，负责在基因转录与翻译的过程中传送。

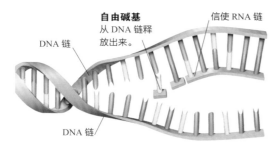

自由碱基
从 DNA 链释放出来。

信使 RNA 链

DNA 链

DNA 链

DNA 转录
DNA 双链的一段松开，自由碱基附着于一条 DNA 链的碱基而形成信息 RNA。这组携带着制造蛋白质指令的信使 RNA，进入包围着细胞核的细胞质。

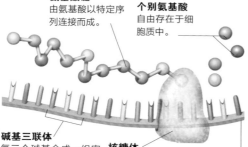

氨基酸链
由氨基酸以特定序列连接而成。

个别氨基酸
自由存在于细胞质中。

碱基三联体
每三个碱基合成一组密码，每组密码能形成一种特定的氨基酸。

核糖体
氨基酸接合处。

信使 RNA 链

DNA 翻译
一种名叫核糖体的结构，沿着信使 RNA 链一次移动三个碱基的位置。核糖体根据信使 RNA 三联体内的碱基序列，将氨基酸附着于适当之处。

完成的蛋白质
当核糖体抵达信使 RNA 链的末端，便脱离组合完成的氨基酸链；该氨基酸链接着会折叠起来，形成新完成的蛋白质。

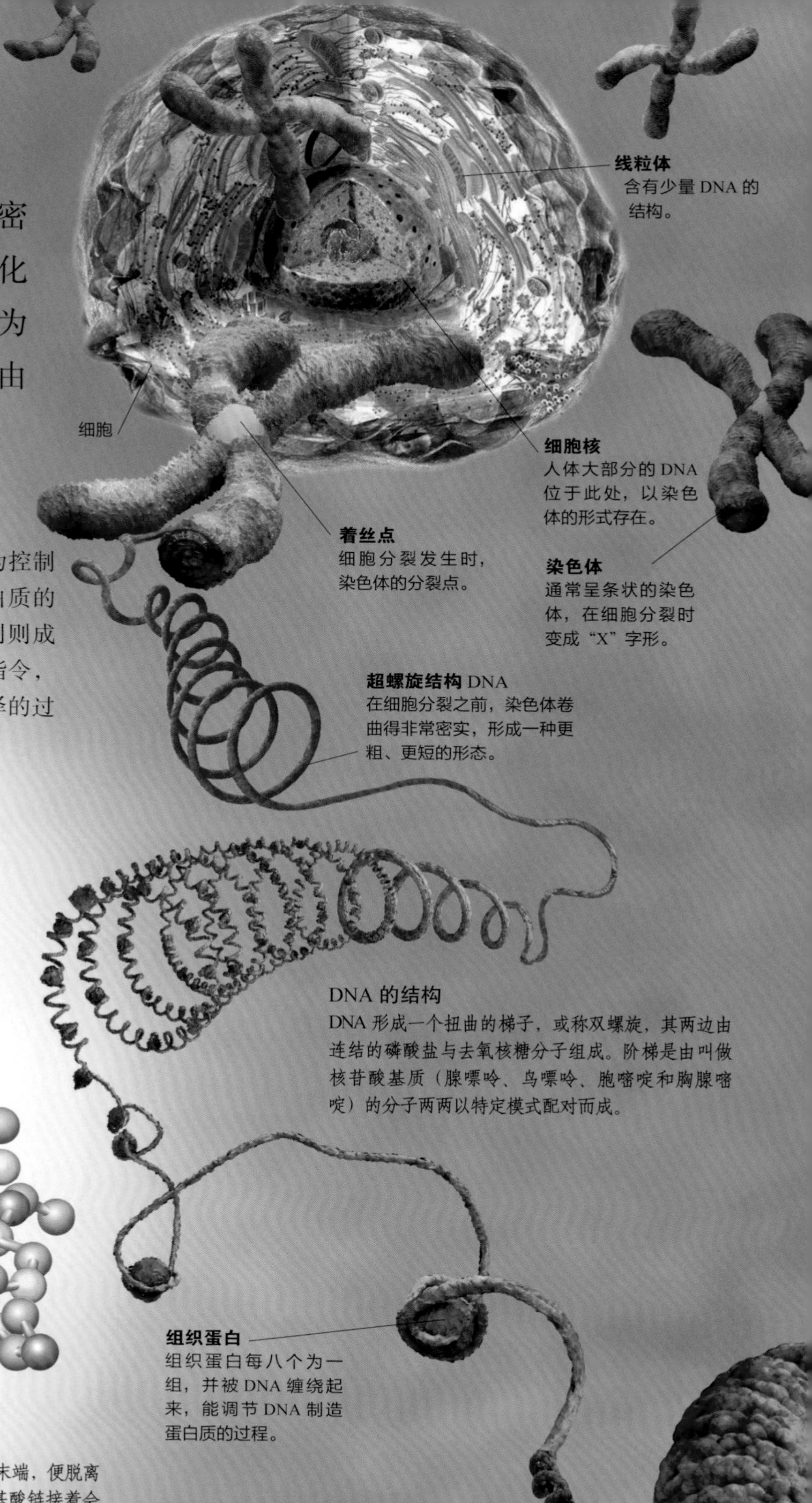

DNA 的结构
DNA 形成一个扭曲的梯子，或称双螺旋，其两边由连结的磷酸盐与去氧核糖分子组成。阶梯是由叫做核苷酸基质（腺嘌呤、鸟嘌呤、胞嘧啶和胸腺嘧啶）的分子两两以特定模式配对而成。

组织蛋白
组织蛋白每八个为一组，并被 DNA 缠绕起来，能调节 DNA 制造蛋白质的过程。

历史

沃森与克里克

1953 年，沃森与克里克这两位当时在英国剑桥一间实验室工作的科学家，运用查加夫的 DNA 碱基比例，以及同侪科学家威尔金斯和富兰克林的 X 射线晶体衍射，发现了 DNA 的结构。他们建立了双螺旋的 DNA 分子模型，以解释他们的发现。沃森、克里克、威尔金斯于 1962 年获得诺贝尔奖，富兰克林则在 1958 年死于癌症。

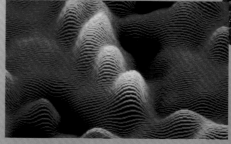

DNA 扫描图
此幅 DNA 显微图上的黄色"尖峰"，就是互相缠绕的 DNA 双链的卷曲隆脊：双螺旋。

DNA 主干
这两个形成 DNA 主干的阶梯，由磷酸盐和糖分子组成。

复制DNA

在生长以及为了补偿细胞的损伤期间，体细胞会一直不停地分裂。在细胞能分裂制造新的体细胞（这种过程叫做有丝分裂，见右图）或卵及精细胞（这种过程叫做减数分裂，见138页）之前，细胞内的DNA必须经过复制。DNA双链要像"解开拉链"一样地分开，才能进行这个复制过程；同时，原始DNA的双链会被用来当作复制模板，而产生两条新链。

第一阶段
原DNA的双螺旋沿着其长度在几个定点裂开；此过程产生了几个两链分开的区域。

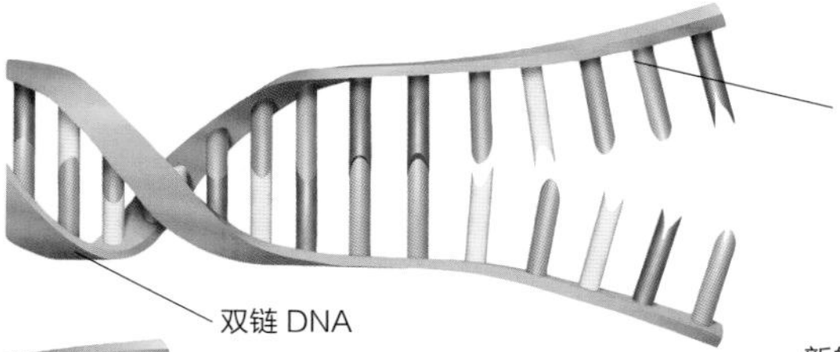

自由碱基
自由碱基加入单链上的碱基，形成特定的配对。

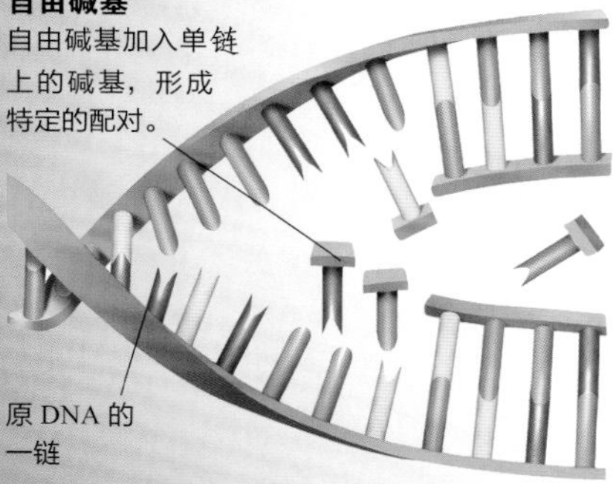

原DNA的一链

第二阶段
来自DNA链的自由碱基附着于两链DNA分开处。自由碱基加入DNA单链的顺序，取决于单链上已经存在的DNA碱基。

单链
双链DNA裂开。

双链DNA

新的DNA链

原DNA的一链

第三阶段
当碱基附上旧链之际，这两条新形成的双链开始扭曲。此过程沿着整条DNA进行，最后产生两条完全相同的双链DNA。

制造人体新细胞

在进行有丝分裂、制造新的体细胞之前，DNA必须先经过复制（见左图）。经复制的DNA所含的双份染色体，便能分裂形成完全相同的单份染色体。这样产生的细胞称做"子"细胞，与原来的细胞完全相同，而这些新细胞含有全套的染色体。此过程发生于每个细胞里的46条染色体，但为了简明起见，此处仅以4条染色体作为代表（见下图）。

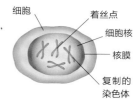

第一阶段
染色体内的DNA经过复制，形成完全相同且相连的DNA，相连处是一种叫做着丝点的结构。

细胞　着丝点　细胞核　核膜　复制的染色体

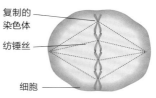

复制的染色体　纺锤丝　细胞

第二阶段
包围细胞核的核膜破裂，纺锤丝在细胞内形成。染色体排列在纺锤丝上。

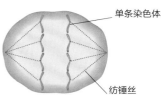

单条染色体

第三阶段
复制的染色体被纺锤丝拉开。单条的染色体移至细胞相对的两侧。

纺锤丝

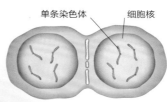

单条染色体　细胞核

第四阶段
核模形成于每套单份染色体的外围。细胞开始一分为二。

细胞核　染色体

第五阶段
两个新细胞形成。每个细胞核各有一套完全相同的染色体。

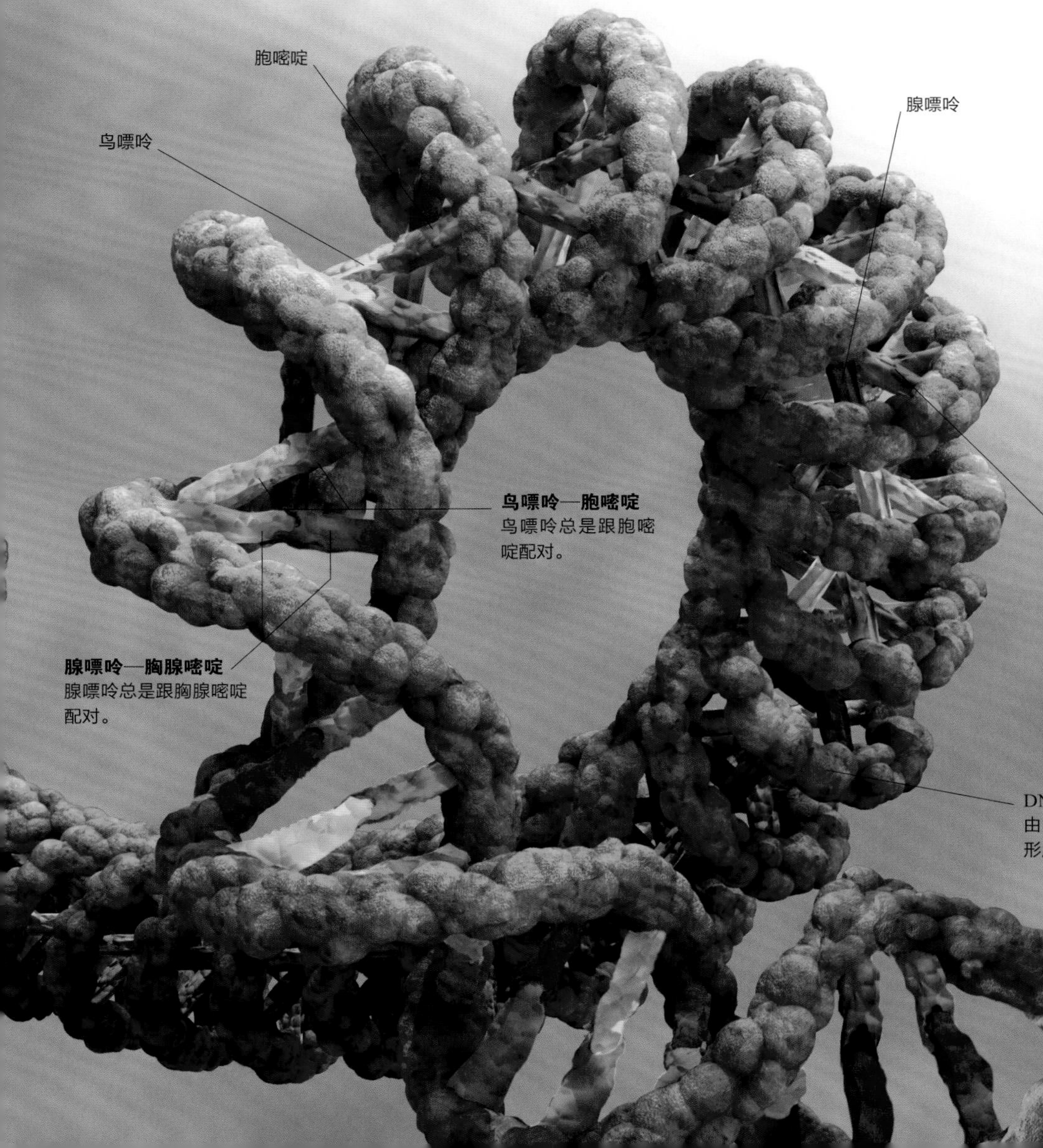

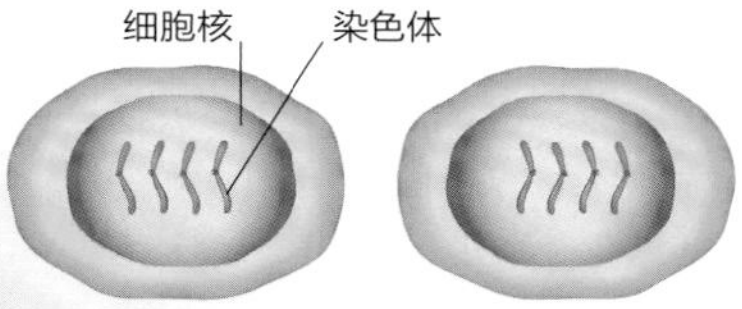

胞嘧啶

鸟嘌呤

腺嘌呤

鸟嘌呤—胞嘧啶
鸟嘌呤总是跟胞嘧啶配对。

腺嘌呤—胸腺嘧啶
腺嘌呤总是跟胸腺嘧啶配对。

胸腺嘧啶

DNA双螺旋
由双链互相缠绕形成双螺旋。

真相

线粒体DNA

线粒体（细胞内产生能量的结构）含有少量的DNA（下图红色部分）。线粒体DNA和细胞核内DNA不一样的地方是，前者只遗传自母亲，而后者则来自父母双方。复制线粒体DNA时出错，是少数遗传性疾病的原因。

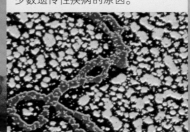

人体

由细胞到系统

人体结构由各种类型的细胞组成。细胞聚集成团或层而形成组织，且这些组织都经过特化以进行体内的各种任务。一些组织形成内壁（如器官内壁），另一些则提供架构、连结体内各部位、当作隔热材料或让人体能进行各种动作。两种以上的组织形成诸如心脏或胃等器官。一连串器官合作即构成了一个系统（如消化或神经系统），能使人体的主要功能得以进行。这些系统本身无法单独运作，而要与其他系统相连互动，形成整个运作的人体。

细胞质
一种胶状流体，细胞器漂浮其中；大部分由水组成，但也包含酶、氨基酸，以及细胞运作所需的其他分子。

生命的单位

细胞是生命的基本单位。我们的存在都是来自于一个快速增殖的受精细胞，而当我们达到成年期时，构成人体的细胞则达到约 75 兆之多。这些微小到只能在显微镜下分辨的结构，每个都装满了各司其职的组件。细胞内还含有 DNA（见 52 页），一种负责我们的身体发育及个别性状的遗传物质。有的细胞一辈子都不会坏，其他则过一两天就消逝，不然就是因损伤或疾病而牺牲。人体每天都在制造替换品（见"修护与替换"，104 页）。虽然每个细胞都能自给自足，却不能单独运作。细胞井然有序地集体行动，以便有效运作；它们之间通过化学信号彼此沟通。

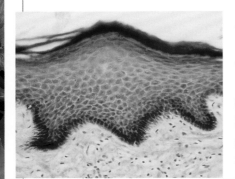

上皮组织
皮肤的最上层（上图彩色部分）是由上皮细胞构成的组织，其主要功能是作为人体的保护外层。

细胞骨架
细胞的内部架构，由细丝状的纤维组成。

过氧化物酶体
生产某些酶以及氧化一些细胞物质的囊泡。

溶酶体
含有强力酶，能分解有害物质并排除任何无用物质。

核糖体
小型颗粒状结构，在此附着于内质网上，是组合蛋白质的重要物质。

细胞的种类

人体内已被辨识的细胞形态约有 200 种。在人体发育过程的极早期，细胞便开始分化，为具有一定特别功能而经过特化。胚胎内原始的干细胞，会受到体内促进生长的化学物质的影响，快速经历各种不同阶段而抵达其终点，变成诸如红血球、神经细胞或肌肉细胞（见下图）等各种细胞。虽然细胞的外表和功能有很大的不同，但几乎都有着相同的内在成分（只有红血球例外，因为它们没有细胞核）。细胞也有许多相同的基本功能。举例而言，大部分的细胞都与从食物中制造能量的过程有关，这个过程让我们的器官正常运作。换句话说，就是让我们能活下去。

干细胞
所有的血球都来自骨髓里的干细胞。

精子
精细胞的鞭状尾巴驱使其逆女性生殖道而上。

卵（卵细胞）
卵细胞有一层保护膜，在受精之后会变厚。

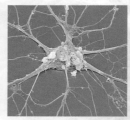

神经细胞
神经细胞之间的信号，经由叫做轴突的长细丝传递。

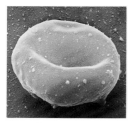

红血球
这些细胞赋予血液颜色，还能将氧气输送至全身。

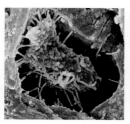

成骨细胞
这类骨细胞会沉积钙，以维持骨质强度。

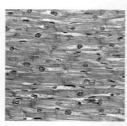

肌肉细胞
这些细胞能改变长度，进而改变肌肉收缩的力量。

上皮细胞
各种上皮细胞，会形成器官衬里或包覆器官的皮肤和组织。

真相

红血球

人体内平均约有 25 兆个红血球，占人体细胞估计总值的三分之一。这些双凹圆盘状的细胞，有很大的表面积，能够使肺尽量吸收最大量的氧气，但同时又有足够弹性以至于能够挤进微小的血管中，将氧气输送至全身各处。

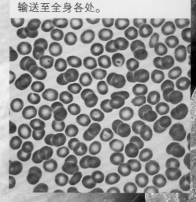

人
体

中心粒
位于细胞中央附近的结构，为细胞分裂的关键角色。

液泡
输送及储存消化物、废物、水分的囊泡。

线粒体
含少量 DNA，并制造三磷酸腺苷（ATP）。三磷酸腺苷能为许多细胞功能提供能量。

细胞核
细胞大部分的 DNA（遗传物质），以染色体的形式存在于此。

核孔
让物质进出细胞核。

分辨细胞

英国科学家胡克在他出版于 1665 年的巨著《显微图说》中，创造了"细胞"这个名词。这本书概述了他以显微镜观察各种生物体样貌的结果。这片软木上所看到像盒子一样的细胞，让他想起修道院中的单人小室（cell）。

光面内质网
帮助物质穿越细胞，同时也负责分解毒素，并且是脂肪代谢的主要场所。

粗面内质网
帮助物质穿越细胞，也是核糖体附着之处。核糖体对蛋白质的制造相当重要。

高尔基体
一堆扁平的囊泡，能接收来自粗面内质网的蛋白质，再将这些蛋白质重新包装后释放于细胞膜。

囊泡
此类小囊含有荷尔蒙或酶之类物质，这些物质会被分泌在细胞膜。

核仁
细胞核中心区域，对核糖体的制造很重要。

细胞膜
包覆细胞外层的薄膜，并负责调节物质的进出。

人
体

细胞的功能

细胞是忙碌的工厂，以井然有序且彼此合作的方式执行几千种不同的任务。每一种细胞都会特化出一种特定功能，但大部分的细胞都会分解葡萄糖，以制造能量，进而驱动各自的活动。每个细胞内有一种叫做细胞器的微小结构，负责执行细胞内的重要活动；细胞的控制中枢（细胞核）则负责协调各细胞器。细胞器的一项重要任务是制造蛋白质，蛋白质则为执行体内重要生化反应以及发育所需的物质。有些细胞器与消化过程有关，有些则能分解危险的化学物质，以防细胞受到可能的损伤。

细胞的特征
人体内大部分的细胞所含有体积更小的微结构，叫做细胞器；每个细胞器负责执行一项非常特化的任务。包围着细胞内含物的是一层薄膜，能调节物质进出细胞。

线粒体
这个细胞器是细胞的发电厂，呼吸和分解脂肪、糖类以转换成能量都发生于此。其内部皱褶含有制造能量的酶。

组织的种类

　　大量同类的细胞及其周围的物质形成组织。组织有四大类：上皮、结缔、肌肉、神经。上皮组织为人体器官提供衬里与保护的功能，其接合相当紧密，一般以层状出现，有时会有好几层的厚度。结缔组织是人体的支撑组织，包括硬骨、软骨与脂肪，其接合密度比上皮组织松些。胶原蛋白在赋予结缔组织的韧性上相当重要。肌肉组织有三种。骨骼肌附着于骨骼上，让我们能任意活动；平滑肌与非自主运动有关；而心肌则是调节心跳的特殊组织。神经组织包括神经细胞（亦称神经元），负责传递电脉冲；以及胶质细胞，是负责为工作中的神经细胞供应养分与氧气的后援细胞。

骨组织
骨松质骨组织填充在骨骼内部，其格状架构使骨质强韧而不失轻盈。

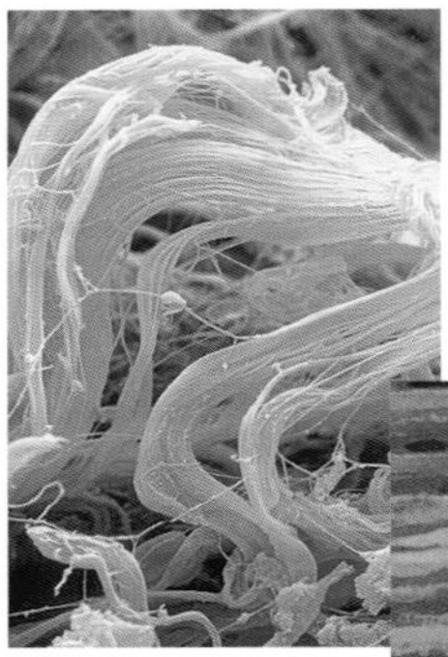

胶原纤维
坚韧的胶原蛋白，其弯曲的纤维在此腹部结缔组织上清晰可见。

脂肪组织
这种组织由贮存脂肪的细胞构成。此组织在皮下形成隔温层，还可储藏能量。

肌肉组织
平滑肌（右图所示）控制体内自动进行的反应，如血管与肠的收缩。

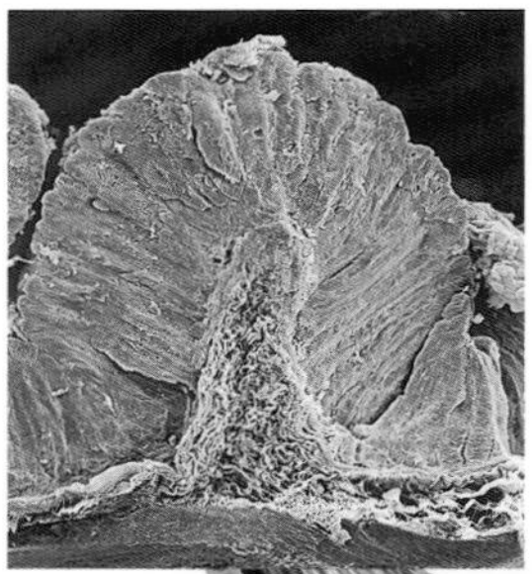

胃壁
此胃壁皱褶的横切面显示肌肉组织（左图底部）、结缔组织（左图中央锥状部位），以及上皮组织（左图包围锥状部位的区域）。

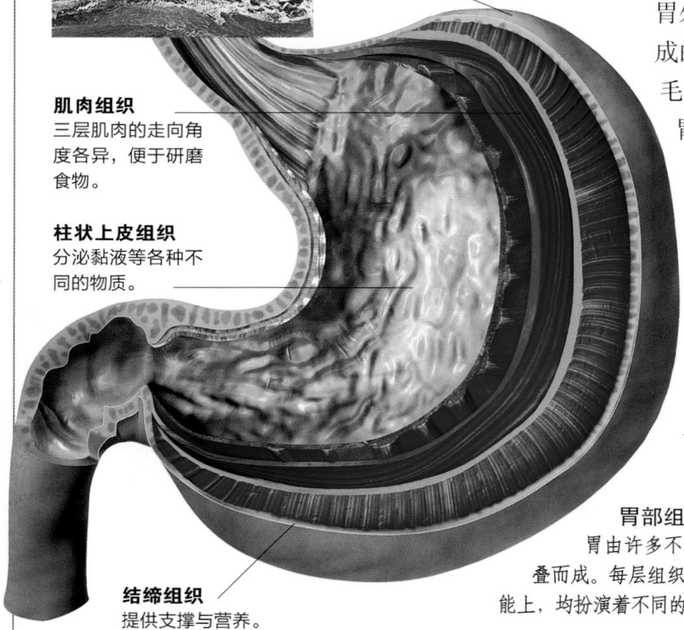

扁平上皮组织
提供保护以防摩擦。

肌肉组织
三层肌肉的走向角度各异，便于研磨食物。

柱状上皮组织
分泌黏液等各种不同的物质。

结缔组织
提供支撑与营养。

体内器官

　　器官就是人体内运作的零件，由两种或更多的组织构成。人体器官包括皮肤（人体最大的器官）、心脏、肺、胃、肝脏、肾脏与肠。形成器官的组织都经过特化，以便执行特定的功能。举例而言，胃要能够研磨食物，并分泌帮助消化的物质。胃外层的表面（绒毛膜），由一种扁平上皮细胞组成的上皮组织所构成，以防胃蠕动时受到摩擦。绒毛膜的内层为结缔组织，负责支撑上皮组织与向胃周围构造供给养分。三层平滑肌组织位于结缔组织层内侧，每层肌肉组织的走向都不一样，好为蠕动提供最大的指向性运动。单层柱状上皮组织形成叫做黏膜的胃壁；这种上皮组织由柱状细胞形成，所以在空胃状态时能形成皱褶，而必要时也能拉平容纳进来的食物。胃壁里的上皮组织，也是分泌酶和酸液以分解食物的腺体所在，而制造保护黏液的细胞也位于此。

胃部组织
胃由许多不同类型的组织层叠而成。每层组织在胃的结构与功能上，均扮演着不同的角色。

器官移植

体内坏死或受损的器官，可以用别人所捐赠的器官来代替。然而，每个人体内组织分子的化学结构都不尽相同，因此必须先找到"相配"（化学上一致）的器官，才能确保捐赠者的器官能为病人所接受。大部分的配对发生于家人之间。常见的移植器官包括心脏、肝脏、肾脏和肺；组织本身也能移植。

肝脏移植
等待移植的病人腹部切口被钳住，上方还有一块消毒布。捐赠者的肝脏置于消毒布的上面，准备移植。

人体系统

　　人体系统由一群组织与器官构成，它们共同合作以执行特定的功能，或是一系列的功能。举例而言，肌肉骨骼系统由硬骨、肌肉、软骨和肌腱组成，四者联合起来为身体提供支持，并让我们有行动的能力。每个系统的主要功能均列于右表，而其成分则描述于本书第57页。系统不能单独成事，每个系统都要靠其他系统来运作。例如，人体所有系统都依赖心脏血管系统运输养分以及充满氧气的血，以便提供人体运作所需的能量。神经系统与内分泌系统为人体的控制系统：两者不停地监控人体活动，并随时作出适当的调整。

人体系统
人体的每一个系统都有其特定的功能。除了履行这些功能之外，这些系统还要能相辅相成、共同合作，以确保整个人体的顺利运作。

人体系统及其功能

肌肉骨骼 提供人体骨架，并促进活动的达成。	**皮肤** 借由皮肤、毛发与指（趾）甲，提供对外界的保护。
呼吸系统 经由呼吸，将新鲜氧气送至人体组织，并排除二氧化碳。	**淋巴与免疫** 防卫并保护人体免受感染及一些癌症的侵害。
心脏血管 循环血液，将养分与氧气传送至所有的人体组织。	**神经** 感觉环境；经由神经冲动监控人体活动。
消化 借由分解食物及处理养分，为身体提供能量；也有排除废物的功能。	**内分泌** 借由腺体与组织分泌的荷尔蒙来控制人体。
泌尿 制造尿液以排除废物，有助于维持人体化学平衡。	**生殖** 借由生产荷尔蒙、精子、卵子来制造新的人体。

人体

人体全貌

　　想想真是惊人，我们复杂的身体竟然是由最简单的基础物质所构成：细胞。大小形状相近的各个细胞构成不同类型、各具特定功能的组织。器官（比如胃）则是人体这座机器的运作零件，由两种或更多类型的组织构成，合作执行特定的功能；举例而言，胃研磨食物，而卵巢则生产卵子。系统是一群执行同一人体功能（诸如消化或生殖系统）的组织与器官。所有系统相互依赖，创造出健康而功能正常的人体。

细胞
细胞是组成身体的基础材料，这个生物的最小单位能够执行生命所需的所有活动。

细胞膜
包覆细胞的外层。

线粒体
分解脂肪与糖类以制造能量的场所。

细胞核
含有 DNA
（遗传物质）。

黏膜

消化腺

黏液分泌细胞

唾液腺

嘴巴

食道

组织
构成组织的细胞群，各有其独特的任务。例如，胃壁黏膜由具保护功能的上皮组织形成，上皮组织里头则含有腺体以及黏液分泌细胞。

食道

十二指肠

黏膜

肌肉形成的胃壁

胆囊　肝脏　胃

胰

大肠

小肠

直肠

器官
由几个不同类型组织形成的器官，在每个人体系统中都很重要。胃在消化系统里负责研磨、贮存以及消化部分食物。

系统
每个身体系统都负责执行一项重要的功能。消化系统内的器官，在附属器官（如肝脏）的协助下，将食物分解成养分，并处理废物。

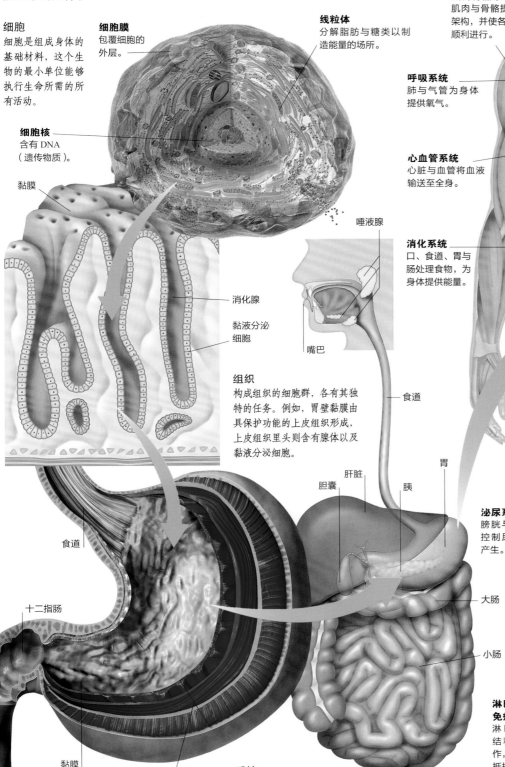

人体
在健康的人体内，所有的系统均有效地同步工作，使人体能够运作与繁殖。

肌肉骨骼系统
肌肉与骨骼提供人体的架构，并使各种动作能顺利进行。

呼吸系统
肺与气管为身体提供氧气。

心血管系统
心脏与血管将血液输送至全身。

消化系统
口、食道、胃与肠处理食物，为身体提供能量。

泌尿系统
膀胱与肾脏控制尿液的产生。

**淋巴与
免疫系统**
淋巴管、淋巴结和白血球合作，保护身体抵抗疾病。

神经系统
由脑部、脊髓及连结神经组成；控制其他所有体内系统。

内分泌系统
腺体（如甲状腺）分泌荷尔蒙，以调节人体功能。

生殖系统
男性的睾丸、阴茎、输精管，以及女性的卵巢、子宫、阴道，都与生殖过程有关。

外皮系统
皮肤及其腺体、毛发与指（趾）甲，有保护与调节体温的功能。

人
体

人体

全身运动
肌肉提供拉动的力量，以弯曲关节、抬动双腿，进而使身体前进。

支撑与运动

人类为脊椎动物，体内具有包含了一个中央脊柱在内的骨质"脚手架"。一层又一层的肌肉覆盖在这些骨骼上，形成皮肤下面结实的肉。骨骼相接之处有各种不同类型的关节，使这个不凡的结构得以自由自在地移动。虽然人类很有弹性，但坚固的中心架构与四肢，让人类特有的双腿站姿得以平衡。脑与肌肉之间的协调经过高度进化，使我们能够更进一步调整动作，这些动作的细微是其他动物都不能企及的。

骨骼、关节和肌肉彼此间息息相关。假如骨架没有肌肉的话，会像个少了绳子的傀儡一样，塌成一堆松散的骨头。若是没了关节，大部分的身体会变得僵硬，无法行动。然而有些关节，比如小腿骨之间的那种，提供的是稳定性而非弹性。

骨质架构

我们的脊椎骨连成一根长柱，随着重心轻微前后弯曲。这样的安排为脊椎提供更大的冲击

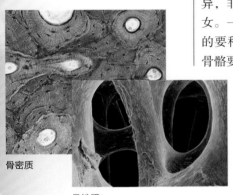

骨密质

骨松质

骨骼架构
长骨（如手臂中的骨头）有叫做骨密质的紧密外层，呈同心圆排列。名叫骨松质的内层，是由坚硬骨小梁构成的开放网络（见上图）。

恢复力，并稳定我们的站姿。人体内其他所有骨头，都直接或间接地与脊椎连接，而每根骨头的设计都有其特殊的目的。这些骨头是肌肉的固定点，也是被软组织包围的核心。有些骨骼，例如形成骨盆的骨头，是用来承重的；其他则具保护功能，环绕着心脏和肺等生命器官，或是盛装易受伤害的脑。

骨头有长有短，或扁或圆，还有其他各种不同的形状。成人骨骼从大小和其他形状上的小差异，非常容易就能辨出是男还是女。一般而言，男性骨骼比女性的要稍微大些、重些，因为这些骨骼要支撑的肌肉比较重。

不论我们常对骨头施加多少压力，骨头通常直到老年都能维持其强度与恢复力，这是因为骨头能够自我更新的缘故。每根骨头都含有处于缓慢但持续活动状态的活细胞，会不断地分解和修补组织。此过程在我们一生从不间断，让骨骼保持在良好状况。如果骨头裂了，其自我修护的成功率之高，只要

几个月的时间就能够完全恢复原有强度，而且不会留下什么损伤的痕迹。

灵活度

我们之所以能够做出许多惊人的肢体运动，是因为我们关节的活动方式相当多。关节是件非常复杂的工程部件，牵涉到能转动、倾

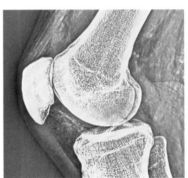

可动关节
活动的关节（如这张扫描图所示的膝盖）让我们的四肢和身体可以向许多不同的方向移动。

斜、滑动的骨骼，能拉动的肌肉，以及能将一切抓牢的坚韧肌腱与韧带。早自婴儿时期，我们就循序渐进地摸索出了这些关节让我们行动的方式。我们学会走路、跑步、踢球；之后我们进步到需要更精细控制与协调的活动，如弹钢琴或跳舞。少数特别人士，如运动员或体操选手，则训练其身体做出远超过常人灵活度与耐力极限的动作。

肌肉活动

让我们行动的肌肉叫做骨骼肌，其大小不一，小至使眼球在眼窝里转动的微小肌肉，大到背部与大腿的大型肌肉。肌肉组织既密且重；所有的骨骼肌联合起来，约占

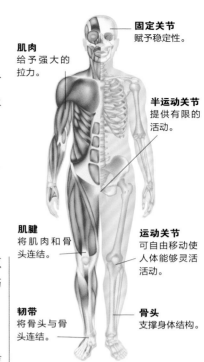

肌肉
给予强大的拉力。

固定关节
赋予稳定性。

半运动关节
提供有限的活动。

肌腱
将肌肉和骨头连结。

运动关节
可自由移动使人体能够灵活活动。

韧带
将骨头与骨头连结。

骨头
支撑身体结构。

活动的骨架
骨骼、肌肉、关节三者间受到精密控制的交互性关系，使身体能够活动与稳定。

我们全身重量的40%。

肌肉借由绳状的肌腱附着于骨头上，并借着施展拉力来移动骨头。肌肉通常成对工作，以便产生相对的运动。我们所做出的一切肌肉活动，不论是下意识或自主运动，都是由脑部所控制的，控制方式是由脑部发出神经信号至特定肌肉，而该信号会刺激肌肉纤维，使其快速收缩。然而在大部分的时间里，肌肉活动几乎完全不会被察觉。举例而言，当我们站在公车站牌旁时，我们或许感觉不到肢体上的任何力量，但我们的肌肉却正忙着干活：它们不断地自动做出细微的调整并修正张力，以便使脊柱保持直立，让头部不会软摊在颈项上，并且让体重平衡于双脚上。

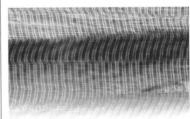

肌肉纤维
将骨骼肌纤维经过高倍放大，可看出条纹状的外观；这些肌肉附着于骨骼之上，让我们能够活动。

历史

人体动作定格画面

迈布里奇（1830—1904）这位开风气之先的英国摄影师，其作品首度揭露了人体活动的每个细节。在迈布里奇的动物运动研究创举引起全球注目之后，他将目标转向人类。他于19世纪80年代拍摄的许多连续照（如右图翻跟斗的人），捕捉了旁观者看不出的细微动作。

骨骼

  成人骨骼由 206 块骨头组成。这些骨头有各种不同的形状和大小，从内耳里只有几毫米的小骨头，到构成骨盆的巨型骨头不等。所有的骨头彼此相连，形成坚固又灵活的骨架，这样的结构是为了执行许多功能而设计的。整个骨骼支撑了人体的软组织，赋予我们一定的外形。特定类群的骨头，受到附着于其上的肌肉牵动，提供力量让我们能做出一系列协同动作。骨骼除了赋予我们形状和行动能力之外，还能保护体内的生命器官。

骨骼的作用

  我们的骨头被安排成左右对称的形式，并分成中轴骨与附肢骨这两个主要类别，且各有不同的作用。中轴骨由身体核心部位的骨头组成；这些骨头包括头骨、脊柱、肋骨与胸骨，总共是 80 块骨头。这类骨头主要负责保护作用，环绕着身体一些最脆弱也最重要的部分。头骨像是个头盔，将脑部完全包裹

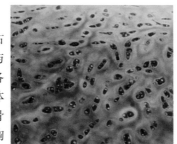

肋软骨
柔软易曲的肋软骨是结缔组织的一类，将上面十对肋骨接在胸骨上。此处的深色区域是正在发育中的软骨细胞，周围环绕着纤维蛋白。

起来，脊柱的骨头容纳着脊髓，而肋骨则环绕着心脏与肺形成胸廓。附肢骨共包含 126 块骨头，附着于中轴骨，其主要功能是提供人体的行动能力。这些骨头包括手臂与双腿的骨头，有许多关节。此外，附肢关节还包括了肩胛骨和骨盆，二者均为连接四肢与身体躯干的结构。

中轴骨骼

附肢骨骼

骨骼的类别
附肢骨（蓝色部分）包括双臂和双腿的骨骼，以及将四肢接到身体中枢骨架（中轴骨）的肢带骨。

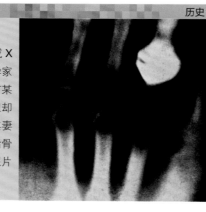

历史

早期 X 射线

人类骨骼在 1895 年头一次被拍成 X 射线照片，这项技术是德国物理学家伦琴的意外发现。伦琴观察到，有某种电磁射线能穿透身体软组织，但却无法穿透密实的骨头。当伦琴将其妻子的手放在该射线前方，她的手指骨以及戒指（如图所示），在照相底片上形成阴影图像。

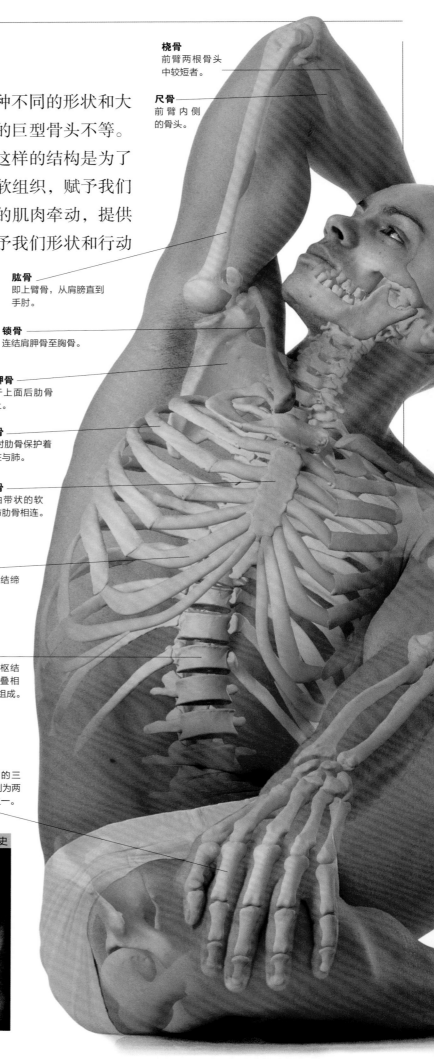

桡骨
前臂两根骨头中较短者。

尺骨
前臂内侧的骨头。

肱骨
即上臂骨，从肩膀直到手肘。

锁骨
连结肩胛骨至胸骨。

肩胛骨
位于上面后肋骨之上。

肋骨
12 对肋骨保护着心脏与肺。

胸骨
借由带状的软骨与肋骨相连。

肋软骨
具弹性的结缔组织。

脊柱
人体的中枢结构，由层叠相连的骨头组成。

指骨
形成手指的三根（拇指则为两根）指骨之一。

骨骼背面

骨骼背面图显示出脊柱和肋骨对的复杂结构。翼状的骨头是肩胛骨；这些骨头都借着盂状的关节窝，托住圆形的肱骨头（上臂骨）。

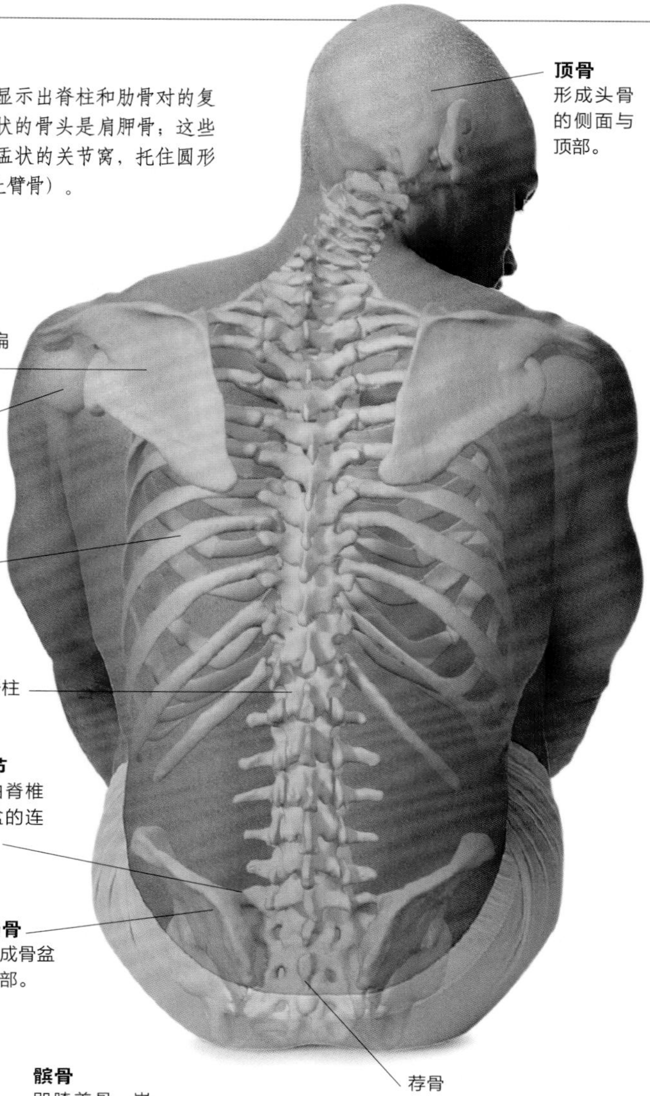

顶骨
形成头骨的侧面与顶部。

肩胛骨
形成肩膀的扁平骨。

肱骨头
位于肩胛骨的凹处内。

肋骨

脊柱

荐髂关节
将体重由脊椎传至骨盆的连结关节。

肠骨
形成骨盆背部。

髌骨
即膝盖骨，嵌在肌腱中。

荐骨

股骨
人体最长的骨头，从臀部直到膝盖。

弹性十足的支架

人体的骨架坚硬强壮，可稳定支撑身体的重量，并为重要器官提供严密的保护。虽然个别的骨头几乎或完全没有弹性，骨骼的架构却让我们能够轻易行动。

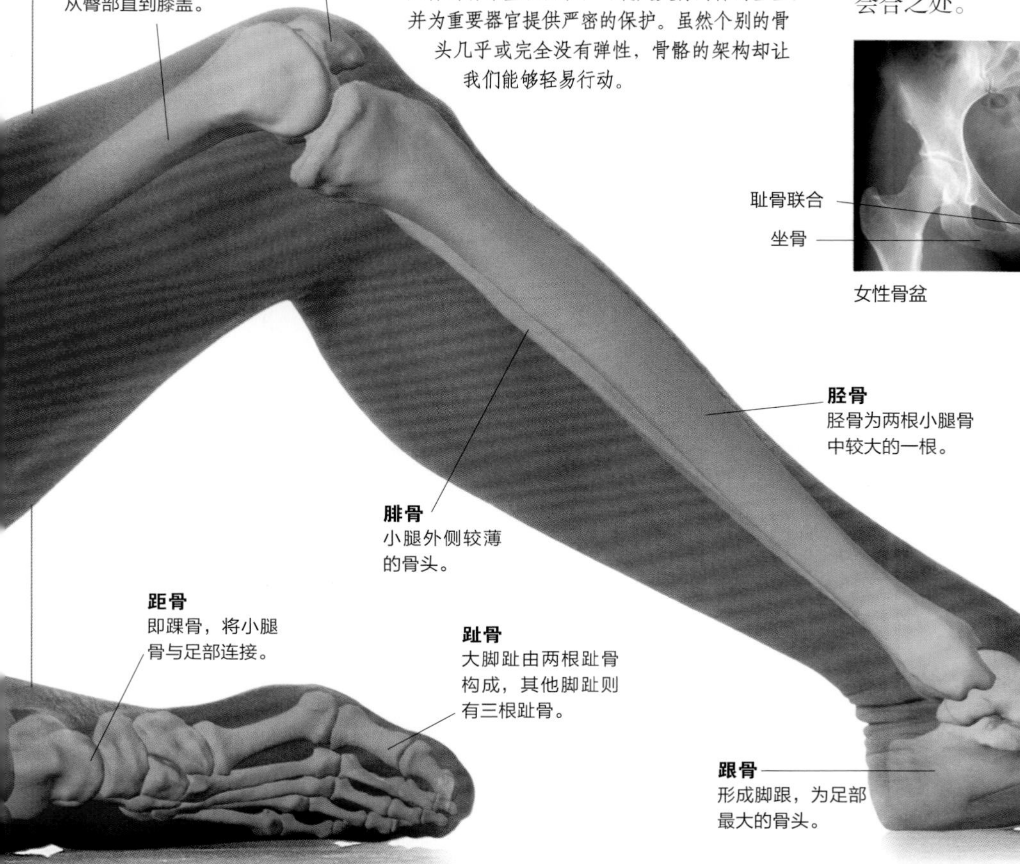

距骨
即踝骨，将小腿骨与足部连接。

趾骨
大脚趾由两根脚趾骨构成，其他脚趾则有三根趾骨。

胫骨
胫骨为两根小腿骨中较大的一根。

腓骨
小腿外侧较薄的骨头。

跟骨
形成脚跟，为足部最大的骨头。

舟骨
形成脚底的五根小骨头之一。

骨骼的类型

骨骼可分成四大类：长骨、短骨、扁平骨和不规则骨。长骨（如四肢骨）的骨干位于两骨（骨头的末端部位）中间。短骨大体上呈圆球状或立方形。扁平骨为薄板状，例如那些形成颅盖的骨头。不规则骨不属于上述任何一类，且形状变化相当得多。另外还有一类叫做籽骨，通常既小且圆，位于肌腱内。

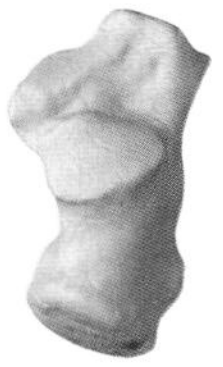

骨的形状

股骨（大腿骨）乃是典型的长骨。短骨包括跟骨（脚踵骨）。典型的扁平骨和不规则骨，则有顶骨以及头颅的蝶骨。髌骨（膝盖骨）则为籽骨。

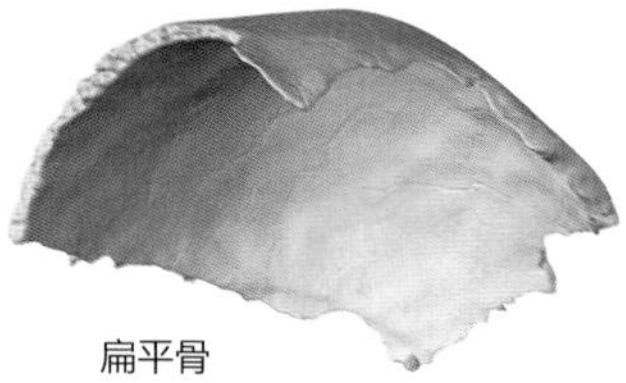

短骨（跟骨）

籽骨（髌骨）

扁平骨（顶骨）

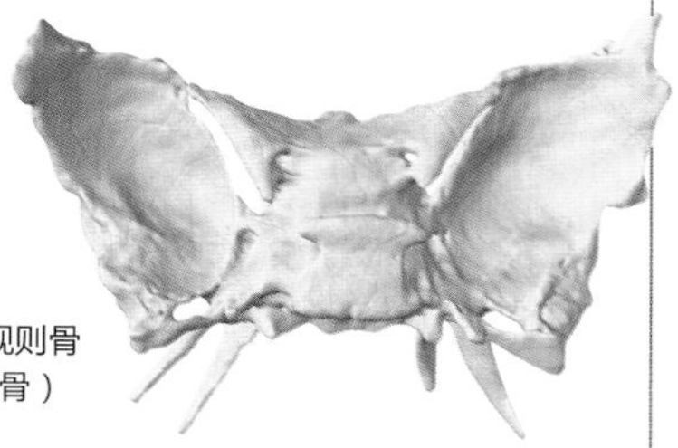

长骨（股骨）

不规则骨（蝶骨）

骨盆

由一圈大型骨组成的骨盆，赋予下半身的外形，并保护重要的消化、泌尿与生殖器官。此结构承载着上半身的重量，并为下肢提供附着点。骨盆由荐骨和两块肠骨组成。荐骨是由五块位于脊柱尾端的脊椎骨愈合而成的三角形骨头。每块肠骨有三个明显的区域：肠骨、坐骨和耻骨。骨盆正面的耻骨联合是个半可动的软骨关节，为两块肠骨会合之处。

骨盆的差异

两性骨盆的形状不同。女性的骨盆较男性的宽且浅，这样让中央的开口（骨盆入口）宽到足以容许婴儿头部通过。

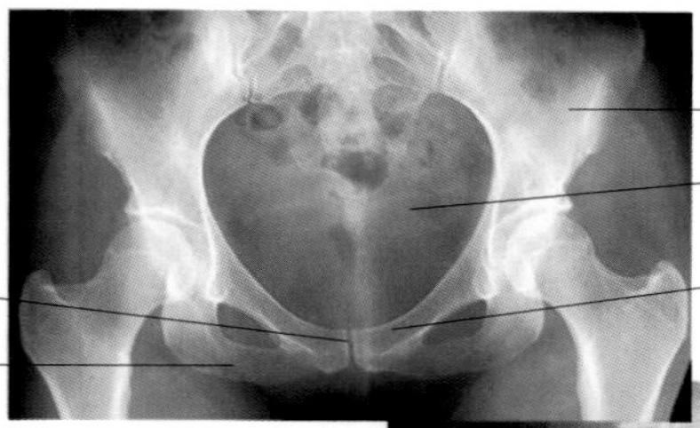

肠骨

骨盆入口

耻骨

耻骨联合

坐骨

女性骨盆

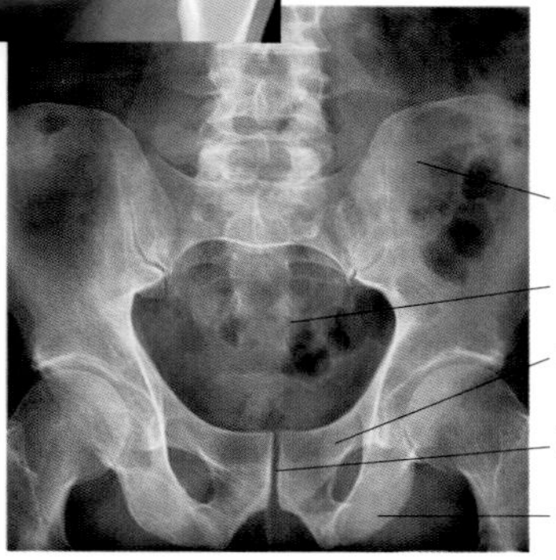

肠骨

骨盆入口

耻骨

耻骨联合

坐骨

男性骨盆

头骨

　　头骨最重要的功能是包裹并保护脑部，但它也赋予头部和颜面形状，还是感觉器官之所在，并形成双眼的眼窝、血窦腔和鼻腔。头骨由两套不同的骨骼形成。环绕脑部的 8 块骨头合称为颅顶，多为大型弧板状的骨头。另外 14 块形状大小各异的骨头，构成颜面的骨骼。在童年期间，头骨的骨骼会为了促进发育而变形，但到了成年之际，这些骨头除了下颌之外（见下图）全都会愈合在一起。

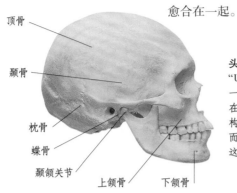

头骨运动
"U" 字形的下颌骨是头骨中唯一能移动的骨头。它嵌入颅顶，在齐耳处形成两个枢纽般的结构，让下颌骨能上下移动，进而使嘴巴开阖。下排牙齿也在这里。

顶骨
颞骨
枕骨
蝶骨
颞颌关节
上颌骨
下颌骨

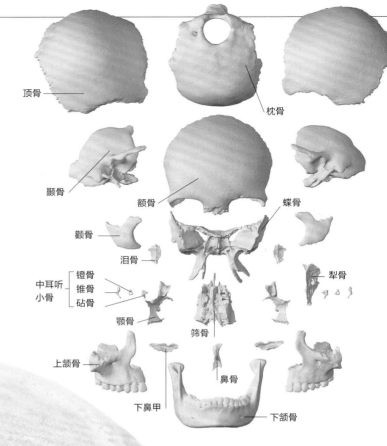

顶骨
枕骨
颞骨
额骨
蝶骨
颧骨
泪骨
中耳听小骨 ｛ 镫骨 锤骨 砧骨
犁骨
颚骨
筛骨
上颌骨
鼻骨
下鼻甲
下颌骨

头颅的骨头
头颅的骨头大小与形状变化相当大，从大而平滑且具弧度的顶骨和枕骨，到小而精细且呈锯齿状的中耳听小骨不等。中耳听小骨为人体中最小的骨头。

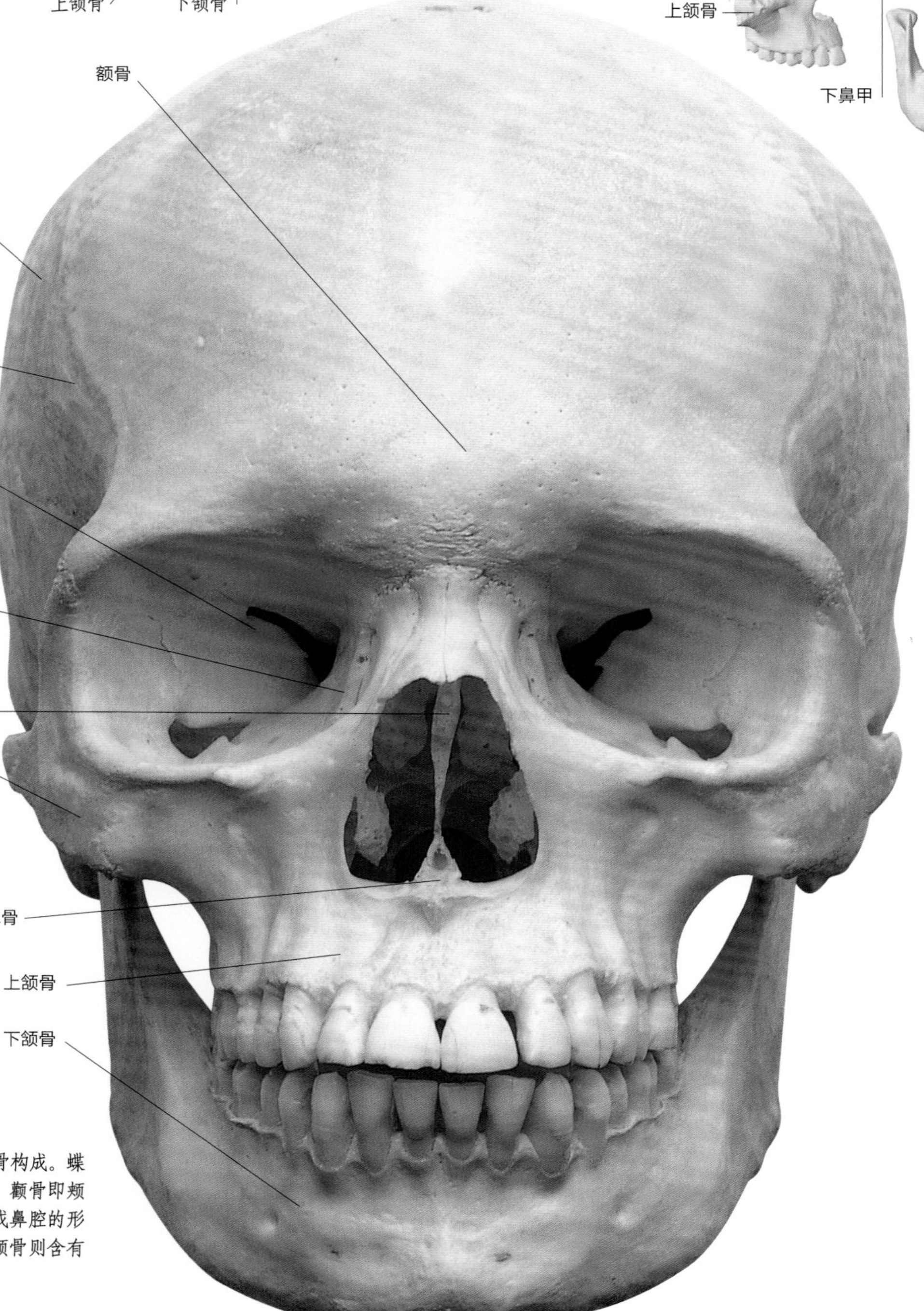

额骨
顶骨
颞骨
蝶骨
泪骨
筛骨
颧骨
犁骨
上颌骨
下颌骨

颜面结构
脸部的骨架由颜面骨构成。蝶骨与泪骨形成眼窝，颧骨即颊骨、筛骨与犁骨构成鼻腔的形状，而上颌骨与下颌骨则含有齿槽。

历史

环锯手术

　　环锯手术的施行，便是在一名活生生病人的头骨上钻洞，再移除一块骨头，使脑部的包膜毫无遮掩地显露出来。此做法在新石器时代很普遍，不过没人知道原因为何。也许是为了让灵魂进出脑部，或为了减轻头疼、感染和抽搐，甚至是作为精神错乱的疗法，或取出盘状骨供小饰物或护身符之用。不可思议的是，非洲部分地区与南美洲，直到今天都还有人做环锯手术。

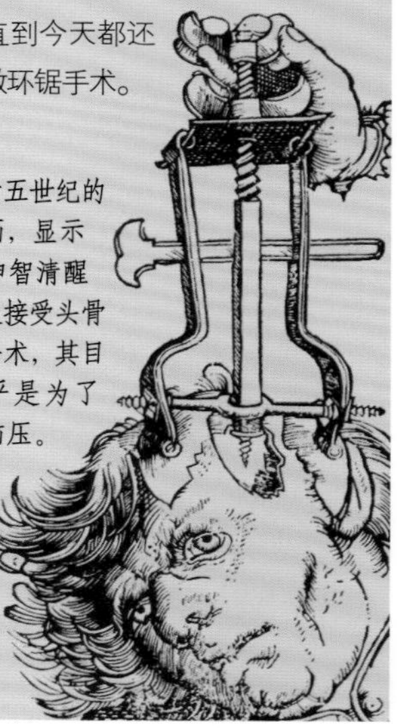

凿孔
这幅十五世纪的木刻画，显示一名神智清醒的病人接受头骨环锯手术，其目的似乎是为了减轻脑压。

脊椎

脊椎由 33 块脊椎骨构成，这些脊椎骨会连结成一串具有弹性的脊椎面关节。脊椎骨有三大类型：支持头和脖子的颈椎，稳固肋骨的胸椎，以及支撑大部分上半身体重的腰椎。一些愈合的脊椎骨，构成三角形的荐骨和尾状的尾骨，这些位于脊椎末端的骨头，为脊柱提供了坚实的基础。

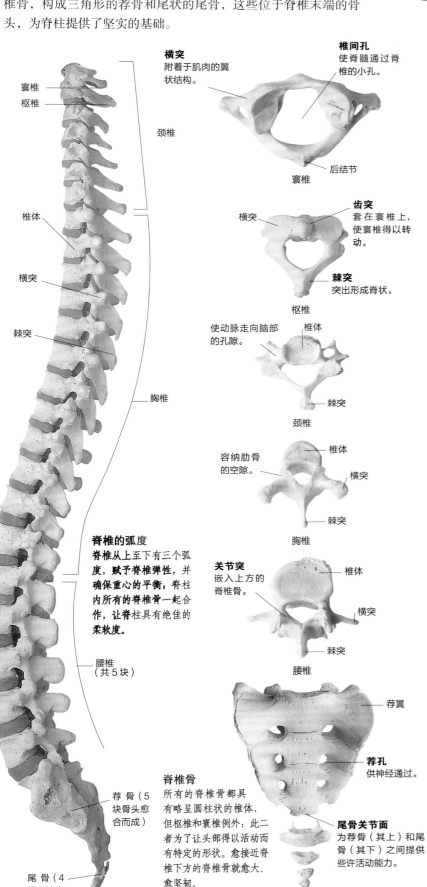

寰椎
枢椎
颈椎
椎体
横突
棘突
胸椎

脊椎的弧度
脊椎从上至下有三个弧度，赋予脊椎弹性，并确保重心的平衡，脊柱内所有的脊椎骨一起合作，让脊柱具有绝佳的柔软度。

腰椎（共 5 块）

荐骨（5块骨头愈合而成）

尾骨（4块骨头愈合而成）

横突
附着于肌肉的翼状结构。

椎间孔
使脊髓通过脊椎的小孔。

后结节

寰椎

横突

齿突
套在寰椎上，使寰椎得以转动。

棘突
突出形成脊状。

枢椎

使动脉走向脑部的孔隙。

椎体

棘突

颈椎

容纳肋骨的空隙。

椎体

横突

棘突

胸椎

关节突
嵌入上方的脊椎骨。

椎体

横突

棘突

腰椎

脊椎骨
所有的脊椎骨都具有略呈圆柱状的椎体，但枢椎和寰椎例外：此二者为了让头部得以活动而有特定的形状。愈接近脊椎下方的脊椎骨就愈大、愈坚韧。

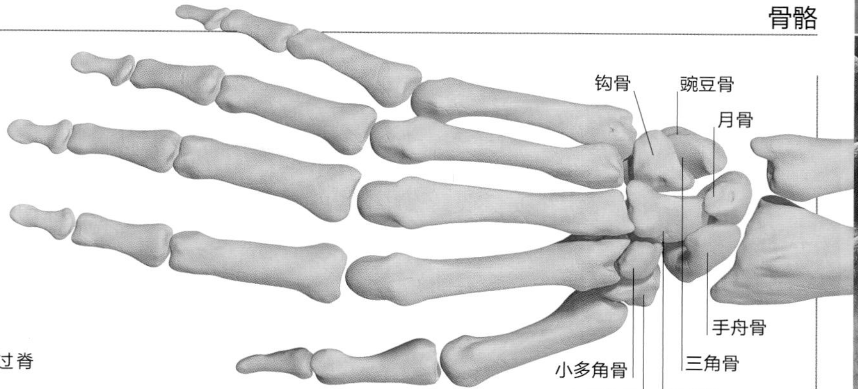

荐翼

荐孔
供神经通过。

尾骨关节面
为荐骨（其上）和尾骨（其下）之间提供些许活动能力。

荐骨和尾骨

钩骨
豌豆骨
月骨
手舟骨
三角骨
小多角骨
大多角骨
头状骨

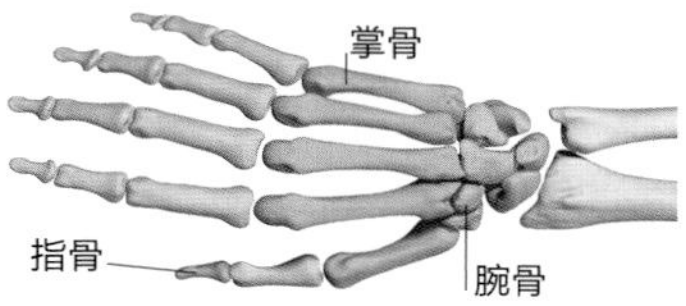

手骨

手（图中所示为手背）由三种不同类型的骨头形成：14 块指骨，5 块掌骨，和 8 块腕骨。

掌骨
指骨
腕骨

手骨与足骨

手足的骨骼构造类似，二者均由互相连接的小骨头排列在一起，形成扇状结构。手是个多功能的工具，能够执行精细的操作和有力的紧握。其 27 块小骨头的排列，使手部能有各种不同的运动。特别是使拇指尖与其他手指（其他手指的施力方向与大拇指相对）相碰的能力，赋予人类独特的灵活度。脚和脚趾在身体移动的时候，能支撑并推进全身的重量；而当身体不动的时候，则能在变换姿势时帮助保持平衡。每只脚有 26 块骨头，形成强壮又有弹性的平台，以支撑整个身体。

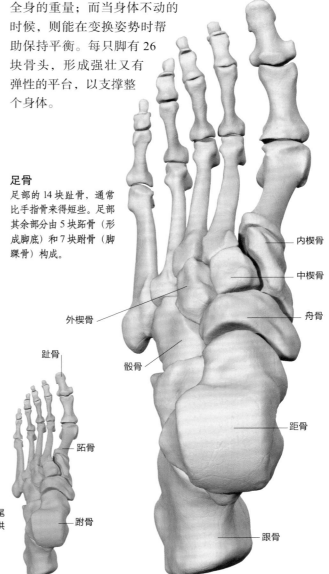

足骨

足部的 14 块趾骨，通常比手指骨来得短些。足部其余部分由 5 块距骨（形成脚底）和 7 块跗骨（脚踝骨）构成。

内楔骨
中楔骨
舟骨
外楔骨
骰骨
趾骨
趾骨
跖骨
距骨
跗骨
跟骨

骨骼结构与成长

虽然骨头看起来很坚固，结构也极为结实，重量却出人意外的轻，还具有轻微的柔软度以在冲撞与震动发生时，发挥保护作用。这些特质都要归功于骨头卓越的构造，以及其弹性蛋白纤维的结构。骨头并非处于完全停滞的状态，而是经常不断地重建，即使在我们完全发育成人之后也是如此。骨头的重要活动之一，便是制造我们大部分的血球。骨头也是诸如钙、磷等各种矿物质的储藏所。

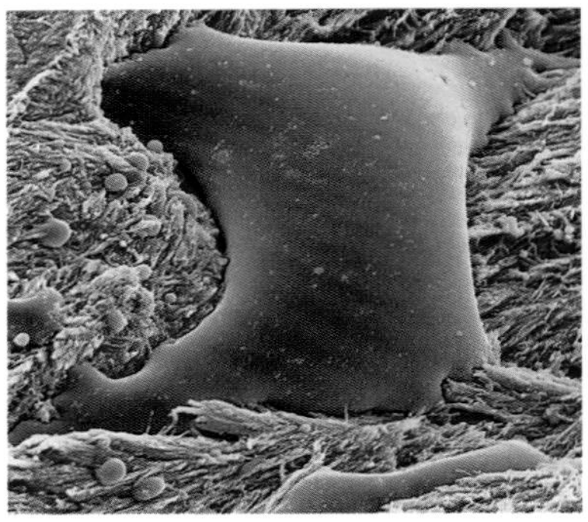

血管

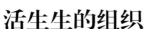

破骨细胞
这种大型骨细胞会一直不断分解骨组织，以便能用新组织来将之取代。

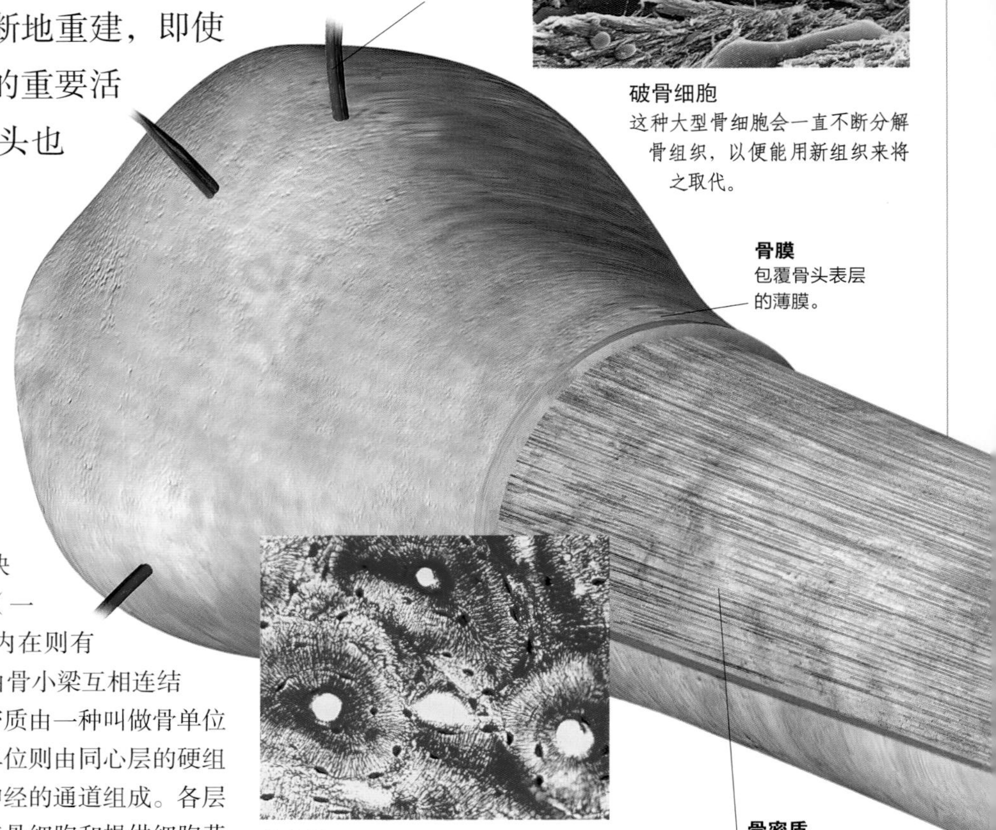

骨膜
包覆骨头表层的薄膜。

活生生的组织

骨头由活细胞、蛋白质、矿盐类和水组成。骨细胞有两大类：制作新骨头的成骨细胞，以及分解骨头的破骨细胞。这项终身进行的过程，使我们的骨头永远保持于更新的状态，并有助于将磨损降至最低程度，一直到我们年老才停。不论形状或大小，每块骨头外面都有一层骨密质（一种密实质重的组织），而内在则有一层质轻的骨松质（一种由骨小梁互相连结而构成的开放网络）。骨密质由一种叫做骨单位的短柱形单元体构成，骨单位则由同心层的硬组织环绕着一条含有血管和神经的通道组成。各层之间有微小的空间，容纳着骨细胞和提供细胞营养的液体。在骨松质里，骨髓填满了骨小梁之间的空隙，此处在一些骨头里是制造血球的地方（见83页）。

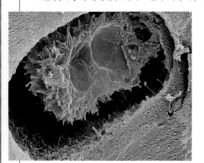

成骨细胞
此图中的成骨细胞封在骨密质中的一个空腔内。这些制造骨头的细胞，有保持骨骼强度的功能。

骨密质
骨密质的单元体（骨单位）呈环状排列。白色区域是血管和神经的通道。深色区域为含有骨细胞的空间。

骨密质
骨头密实质重的外层，为人体中最坚硬的材料之一。

骨骼发育与成长

当初期胚胎体内的骨架开始发育时，其构造全是坚韧有弹力的软骨。然而当婴儿出生之际，大部分的软骨均已硬化成骨组织。软骨转化成硬骨的过程叫做骨化，始源于长骨骨干内的初级骨化中心。新生儿的骨干虽已完全硬化，但骨头两端叫做骨骺的部分却仍是软骨。在这些软骨端内，硬骨会逐渐在次级骨化中心形成。在骨干和骨骺之间有个区域叫做生长板，能产生更多的软骨使骨头变长。骨化过程一直持续到大约18岁左右；到了成人期，发育和骨化过程都已完成，而骨干和骨骺也已成为一体的骨头。

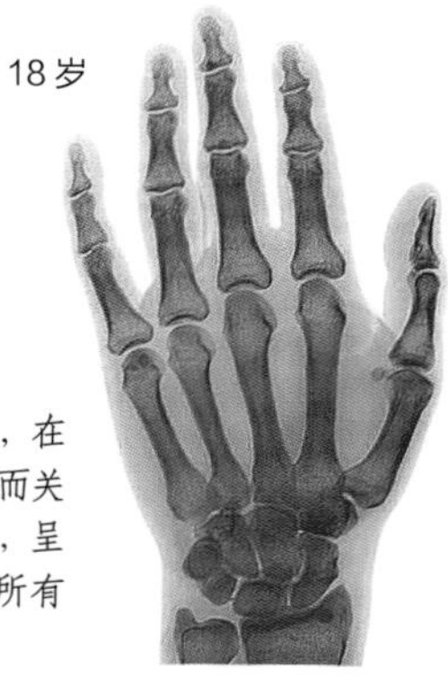

关节软骨
保护骨头末端的平滑组织。

18岁

2岁

手的生长
两岁小孩的骨化手骨骨干，在X射线片上呈不透明状；而关节间明显的空隙则为软骨，呈透明状。到了18岁时，所有的骨头都已骨化完成。

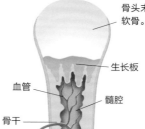

骨骺
骨头末端为软骨。

血管

生长板

髓腔

骨干

新生儿的长骨
骨干的大部分是硬骨，而末端则由软骨构成，这些软骨会逐渐硬化。

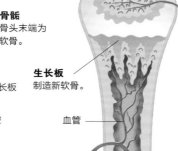

次级骨化中心

生长板
制造新软骨。

血管

孩童的长骨
骨头在骨端的次级骨化中心形成。靠近骨头两端的生长板则会再制造出新的软骨。

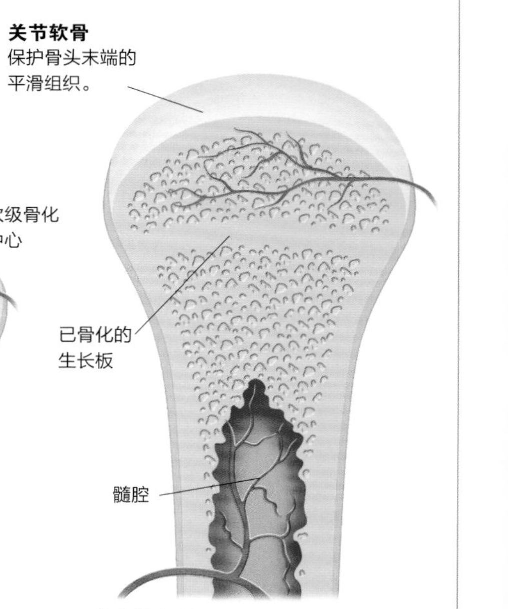

已骨化的生长板

髓腔

成人的长骨
骨头的生长到18岁已经完毕。骨干、生长板、骨头末端都已经骨化，并愈合成一根连续不断的骨头。

骨的修复

　　骨折之后的骨头，有着惊人的自我修复能力。在骨折发生后数分钟，当血凝过程启动之际，这项愈合的过程便开始了（见105页之修护损伤）。骨细胞迅速开始在损伤处周围建造一堆新的海绵组织，叫做骨痂，这种组织会逐渐变成密实的骨密质。长骨（如腿或手臂）发生骨折时，成人一般需要6周的时间方能愈合，孩童的愈合过程则通常比较快。愈合后几个月的时间里，骨折处仍有肿胀。这块变厚的地方，会逐渐被专门分解骨组织的破骨细胞削薄，使得骨头最终恢复其正常的形状。所以，发生骨折的断骨必须放回、并保持在其正确位置，以便断骨处两端能够适当重接。由于这个因素，愈合中的骨头有可能需要以石膏或树脂固定，直到愈合过程完毕为止。如果骨折的情况严重，断处可用金属钉或金属板钉合。

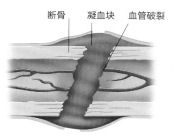

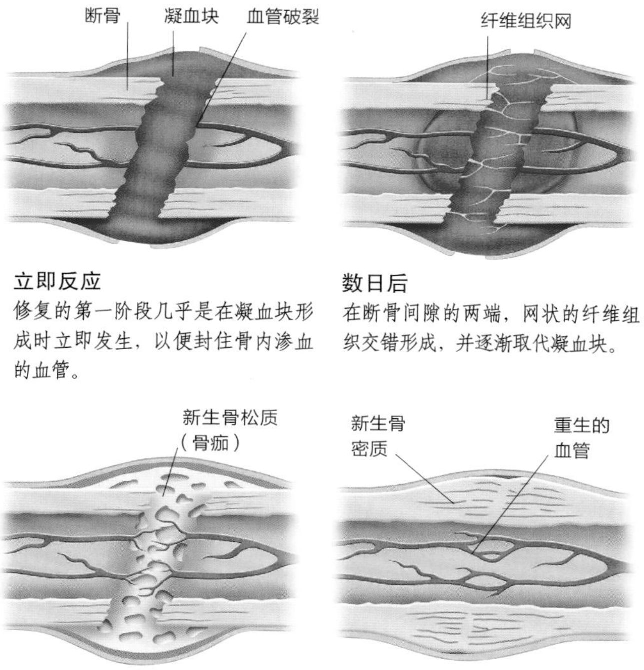

断骨　凝血块　血管破裂

立即反应
修复的第一阶段几乎是在凝血块形成时立即发生，以便封住骨内渗血的血管。

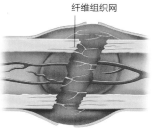

纤维组织网

数日后
在断骨间隙的两端，网状的纤维组织交错形成，并逐渐取代凝血块。

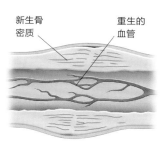

新生骨松质（骨痂）

1～2周后
在纤维组织所构成的架构上，会长出新生的软质骨松质（骨痂），以填满间隙，最终将两端接合。

新生骨密质　　重生的血管

2～3个月后
修复工作几乎全部完成。密实的骨密质取代骨痂，而血管也已长回。骨头上凸起部分也会慢慢地消散。

骨质疏松症

人们随着年岁的增长，骨组织更新的速度也减缓。到了70岁的时候，大多数人的骨骼厚度和重量，约较40岁时少了三分之一。这种骨头密度的减损叫做骨质疏松症，会使骨头变得脆弱且容易断裂。此症状与性激素量减少有关，而停经后妇女所受的影响通常最严重。

脆弱的骨头
下图所示的骨松质组织，受到了骨质疏松症的影响。其骨小梁构成的网状结构已变得多孔且易碎。

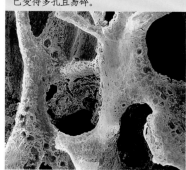

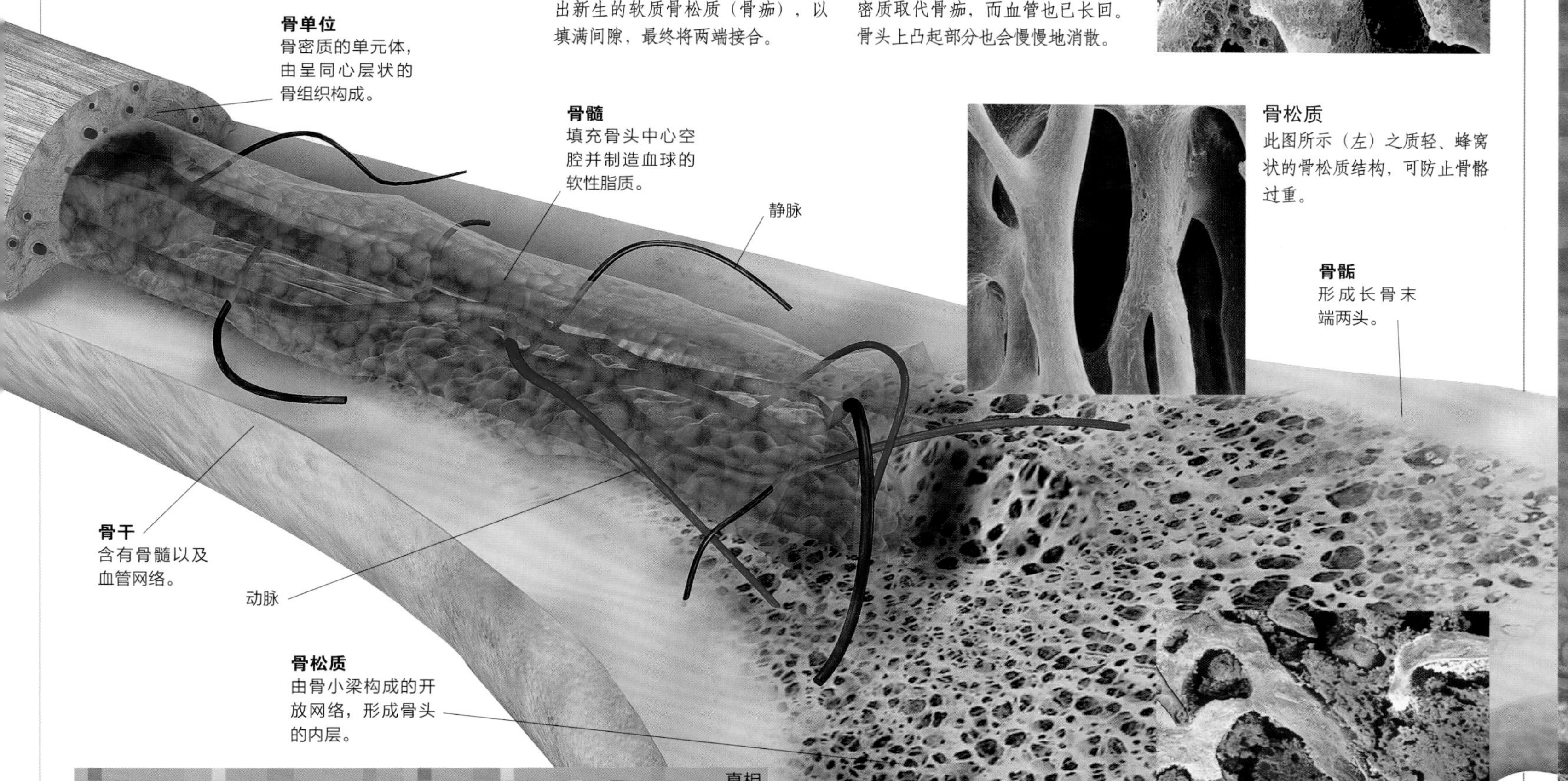

骨单位
骨密质的单元体，由呈同心层状的骨组织构成。

骨髓
填充骨头中心空腔并制造血球的软性脂质。

静脉

骨松质
此图所示（左）之质轻、蜂窝状的骨松质结构，可防止骨骼过重。

骨骺
形成长骨末端两头。

骨干
含有骨髓以及血管网络。

动脉

骨松质
由骨小梁构成的开放网络，形成骨头的内层。

古老的骨头

因为骨头非常坚硬，可以在人死后数百年都不腐坏。要是经过一段悠长的岁月，骨头则会变成化石，其组织被更坚硬的矿物质所取代。化石骨通常能完好地维持其原有形状，所以即使经过长时间仍能一眼就辨认出其原貌。这副12,000年前的克鲁马努人骨骼，让古生物学家得以重建我们古早祖先之一的面貌。

长骨的结构
长骨（如股骨）中心有条充满软骨髓和血管的管道。这条管道由一层骨松质所包围，而骨松质外则被一层坚韧的骨密质包裹。包覆骨头表面的，是一层叫做骨膜的薄膜。

骨髓
此处可见骨松质内骨小梁之间的空隙，由骨髓所填满。

人体

关节

　　两根骨头相接之处叫做关节。关节依照其构造或活动方式来分类。滑膜关节可自由活动，其接触面叫做关节面，能够彼此轻易地滑动。半活动关节（如脊柱内的关节）的连结则更牢固些，也提供了更多的稳定度，但柔软度较小。有些关节（如头骨的关节）则完全不能活动。

完全活动关节

　　人体内大部分的关节，均为完全可动的滑膜关节。这些关节借由关节内壁所分泌的滑液润滑，使得关节面活动时的摩擦减至最小。枢轴关节和铰链关节的活动仅限于一个平面（例如左右或上下移动），而椭圆关节则能在两个互相垂直的平面方向活动。大部分的关节能在两个以上的平面方向活动，使其活动范围相当广泛。属于球窝关节的肩膀，是人体中活动性最大、也最复杂的关节之一，能够上下前后移动，甚至可以旋转，使手臂得以转动一整圈。

最上层颈骨间的关节

枢轴关节
一块骨头在另一骨头形成的轴环内旋转。最上层颈骨间的枢轴关节让头得以转动。

拇指基部的关节

鞍状关节
两根马鞍状的骨头末端以直角相接，可以旋转以及前后移动。鞍状关节位于拇指的基部。

膝关节

铰链关节
骨头的圆柱状表面与另一骨头的沟槽相嵌，容许弯曲与伸直的活动，如膝盖关节。

肩关节

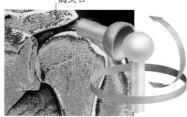

球窝关节
一根骨头的球状末端嵌入另一骨头的盂状浅窝，使许多活动（如肩膀的动作）得以完成。

位于舟骨与桡骨之间的关节

椭圆关节
一根骨头的椭圆状末端嵌入另一骨头的盂状浅窝，容许各种不同的活动，但能旋转的范围不大，如手腕处的关节。

足关节

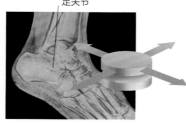

平面关节
几乎完全平坦的表面，彼此前后左右滑动。足部与腕部的一些关节便属平面关节。

半活动与固定关节

　　人体内的关节，并非全都像滑膜关节一样，可以完全自由活动。半活动关节的关节面愈合在一块坚韧的软骨上，只容许少量的活动。脊柱内的关节和骨盆基部的关节均为半活动关节。其他的关节则不容许任何活动，位置也完全固定不变。构成头骨的板状骨，在孩童阶段各自分开以容许其发育，但到了成人期，一旦发育完毕之后，便愈合在一起。脊柱底部的荐骨，则是另一个关节愈合的例子。该处的各块脊椎骨形成一个坚实的三角形，提供稳定性和支撑力。

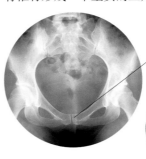

耻骨联合

半活动关节
耻骨联合的关节，连结骨盆正面的两半，属半活动关节，仅容许骨盆前方有限的活动范围。

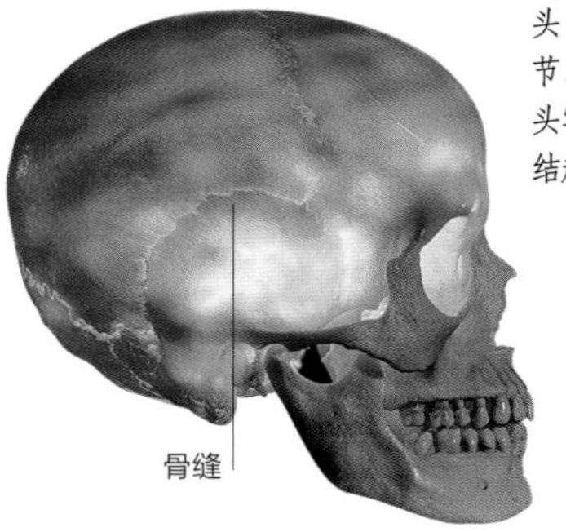

固定关节
头骨上的骨缝关节，将头颅上的骨头牢牢地固定或连结起来。

骨缝

保持关节的稳定

　　人体的滑膜（完全可动）关节需要保持稳定，同时又要容许最大的弹性。大部分的关节由韧带提供稳定度，这是一种有弹性的纤维质结缔组织所形成的坚韧带状物。外韧带分别附着在关节两侧的骨头上，形成一个完全裹覆关节的纤维性包荚。此纤维性包荚能保护关节不受损伤，并使其保持稳定的同时仍富有弹性。膝关节除了外韧带之外，还有内韧带。内韧带俗称十字韧带，为厚而富纤维的带状物，在关节内部交叉连结两骨的末端。人体内的一些关节如脚踝和手腕，还有层层加厚的结缔组织（支持带）像袖口似地包覆着肌腱。支持带的功能在于抓住肌腱，使其在肌肉收缩变短时不会弯曲。

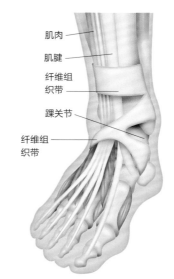

肌肉
肌腱
纤维组织带
踝关节
纤维组织带

稳定带
纤维结缔组织形成的带状物叫做支持带，包覆住脚踝以提供关节最大的稳定度。

柔韧的关节

脊椎骨（背部的骨头）具有惊人的活动能力，能在必要时使我们保持稳定与直立，并让我们能够向前或后（见下图）拱身弯曲。个别的脊椎骨虽然既刚硬又不能活动，但互相连结后的整体则能团结合作，赋予脊柱柔韧度。互相交错的韧带网，连结骨头及其周遭的肌肉，提供关节所需的支持，并控制肢体运动。

人体

肌肉痉挛

在剧烈的运动当中，可能突然发生肌肉痉挛。其常见成因，是一种叫做乳酸的废物累积在肌肉细胞内。当身体缺氧时，此废物便囤积体内。氧气经由细小且不断分支的毛细血管（见下图）传送至肌肉纤维，对肌肉活动非常重要。如果肌肉的氧气用尽（例如赛跑时），便以无氧方式制造能量，乳酸便由此产生。

神经接合点
来自脑部的神经脉冲引发肌肉活动，经由神经末梢（绿色部分）抵达肌肉纤维。

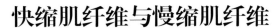

神经系统控制

　　人体运动不仅有赖肌肉与骨骼之间的机械性互动，也要靠来自脑部和神经的信号来完成。骨骼肌的收缩通常为不自主运动，但也有可能是有意识思考下的产物。一旦我们的脑部决定要活动某个部位，比方说向前迈出一步或弯曲手臂，便送出电流信息，此信号会沿着神经途径被送至肌肉。当信息抵达适当的肌肉，肌肉纤维内的肌丝便以收缩的方式来回应。如果来自脑部的信息停止，肌肉纤维不再受到刺激，该肌肉便松弛下来。脑部和人体运动之间的另一关联，是一种叫做本体感受的内部监测系统。本体感受器是位于肌肉和肌腱内的各种感觉接受器，负责收集全身肌肉和肌腱伸展度的资料。该资料传送至中枢神经系统（脑部和脊髓），有助于赋予我们平衡感以及身体各部相对位置的感觉，使我们协调地完成各种动作与运动。

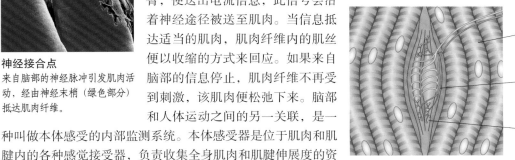

肌肉纤维

环旋神经末梢

喷雾型神经末梢

本体感受器
肌肉本体感受器有两种形式：一种是为环旋感觉神经末梢，缠绕着肌肉纤维；另一种是喷雾型神经末梢，位于肌肉纤维上面。

快缩肌纤维与慢缩肌纤维

　　骨骼肌由快缩与慢缩两种肌肉纤维构成。快缩肌纤维会急剧收缩，使人能够爆发剧烈的活动，如急奔或举重。然而这些纤维也很快就会疲累。慢缩肌纤维的收缩较为缓慢，但可以持续很长一段时间。举例而言，马拉松长跑选手利用慢缩肌纤维，以便长距离持续平稳不倦的步伐。这两种纤维类型的相异处，在于为肌肉收缩制造能量的方式不同。形成慢缩肌纤维的细胞，含有许多线粒体，这种结构会利用人体吸收的营养和氧气，来创造活动所需的燃料。快缩肌纤维也含有线粒体，但较慢缩肌纤维少且小，且不需氧气便能够产生能量，只是产生的能量并不多。大多数人骨骼肌内的快缩肌纤维和慢缩肌纤维比例大约相等。然而一些顶尖运动选手的体内，似乎一种纤维的比例大于另外一种；这种先天的遗传素质，可能对他们特别的才能有所帮助。短跑健将或篮球选手可能有较多的快缩肌纤维，而长跑选手则有较多的慢缩肌纤维。

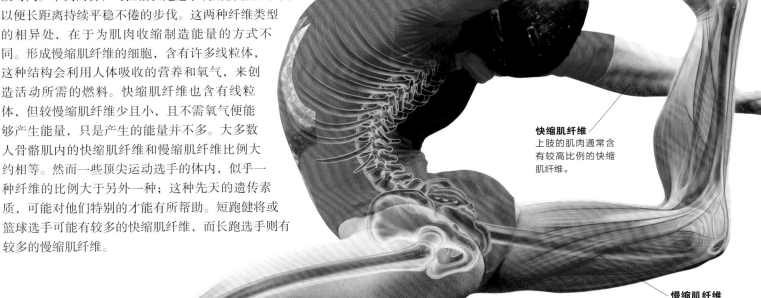

快缩肌纤维
上肢的肌肉通常含有较高比例的快缩肌纤维。

慢缩肌纤维
保持姿势的肌肉（如下肢的肌肉）通常含有较多的慢缩肌纤维。

能量制造者
慢缩肌纤维内有大量制造能量的线粒体（照片中间部分）。

纤维的类型
这位体操选手就跟众人一样，肌肉里有快缩肌纤维和慢缩肌纤维的混合。她需要快缩肌纤维来执行快速的动作，而慢速肌纤维则能为她提供较持久的表演。

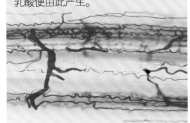

速限

所有的哺乳动物，包括人类在内，都是用相同的机械原理来活动。然而各个物种各自特化出的适应性变化，可以造成非常不同的生理表现。人类不管特训多久，都没办法跑赢地球上最快的动物——猎豹。猎豹颀长的腿与脊椎，以及肌肉的收缩之快，让它能够达到每小时100千米的速度。

人体

耗用氧气
泳者破出水面大口吸气。人类如果不补充其氧气来源的话，便会活不过几分钟的时间。

呼吸与血液循环

　　动物需要不断有氧气供给，少了这种维持生命所需的气体，动物很快就会死亡。氧气能将我们从食物中摄取营养所得之能量释出，以保持身体细胞的正常运作。呼吸带来大量的氧气，但我们需要一套有效的运输系统将氧气送至全身。这项任务由心脏和循环全身的血液来执行。呼吸和血液循环的另一重要功能，是排除体内细胞所产生的废气，即二氧化碳。

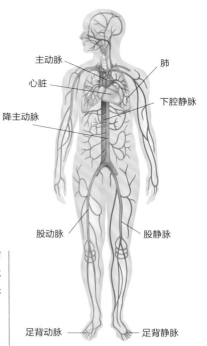

主动脉　肺　心脏　下腔静脉　降主动脉　股动脉　股静脉　足背动脉　足背静脉

　　呼吸，这项人体与大气之间循环氧气和二氧化碳的方式，不仅仅是吸进和呼出气体而已，而是牵涉到体内每一个细胞。这项复杂过程中的大部分，都能在没有任何意识指挥的情况下进行，但需要许多身体部位与功能的配合与协调。脑部、呼吸道和肺部、心脏、血液、血管，都是重要的环节。

吸入的空气

　　没有人能够好几分钟不吸气还活得下去。大部分的时间里，我们并不感觉到呼吸的动作，但我们每天要呼吸两万次以上。这种随着肺部的舒张与收缩而生的规律反射动作，是由脑部控制的。呼吸的深浅与快慢会自动调整，以应付不同

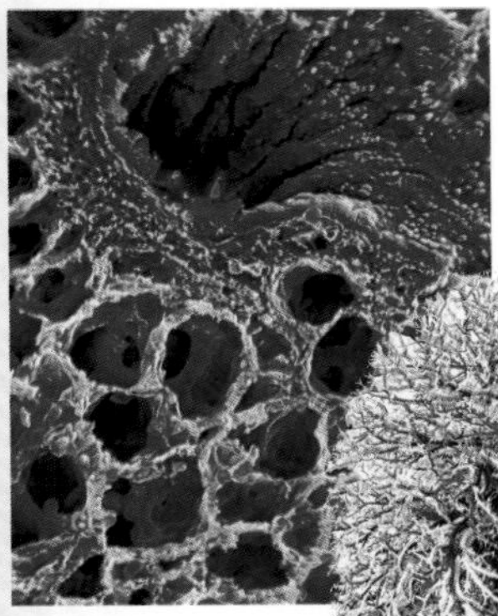

肺脏剖面图
由剖面图看来，肺脏的内部呈海绵状。此图所示的细微呼吸道为细支气管（图片上方）与肺泡（下方）。

支气管树
这座树脂模型显示，肺部内的气管分支（支气管）形成错综复杂的网络。

的劳动程度。只有在呼吸有困难，或当我们刻意试图控制的时候，呼吸才会变得明显。

　　我们吸入的每一口气，在流通鼻腔时会经过过滤、加温、湿

润等步骤。在往下通过咽（喉咙）与气管之后，吸入的空气沿着不断分支的通道，直到深入肺的海绵组织为止。肺潮湿的内部，为氧气提供了湿润的表面，使其能轻易扩散而抵达血液。肺内有成串微小的气囊（肺泡），联合起来提供极大的表面积，从而能达到最高的氧气吸入量。废弃的二氧化碳，逆着氧气送入人体的路径离开人体，也就是由肺泡进入肺，之后在我们呼气时自呼吸道排出。

维持生命必需的交换

　　人体之大，光靠气体在肺部进行简单的气体扩散，既来不及将氧气送至我们数以十亿计的细胞，也无法及时预防二氧化碳囤积的危险。因此我们体内双重循环的血液，便提供了必要的服务。当血液流通肺部时，气体经由肺泡的薄壁进行交换。血球收集氧气，同时释出二氧化碳。来自肺部的充氧血流向心脏，再由心脏压送至全身。充氧血由动脉（我们最大的血管）负责输送，然后分送至愈来愈小的管道，最后抵达所有的组织。血液一旦进入组织，便将其所含的氧气释放至有需要的细胞中，然后收集细胞废物，即二氧化碳，然后血液再经由血管网络回到心脏，整个循

环至此完成。接着血液被压送回肺部，以便释出二氧化碳，收集更多的氧气，整个循环过程于此重新上演。

血液循环

　　在显微镜下可见，血液由各

血球
图中的血液样本，显示出各种不同的细胞：红血球运送氧气，白血球抵抗疾病，而细小的血小板则有助凝血。

种细胞所组成，这些细胞会悬浮于一种水状流体中。血液的颜色来自于数以百万计的红色圆盘。这些圆盘为红血球，具有能够在肺部内收集氧气、并将之释入身体组织的特殊功能。血液的其余组成与输送氧气无关。供细胞悬浮的流体（血浆）负责运送营养，白血球则有助于身体对疾病的防御，而血小板则

氧气循环
在肺内收集富含氧气的血液，由心脏压送入动脉（红色部分）抵达全身。缺氧血经由静脉（蓝色部分）流回心脏，再被压送至肺部。

与凝血有关。

　　为了将足够的氧气送至体内全部器官，所有的血液每分钟都必须至少流经肺部与全身一次。为使这种循环运作不息，血液需要快速流动，因此必须用力使之通过血管。心脏是使血液流动的泵机；这个位于肺叶之间，稍微朝身体左方倾斜的中空肌肉囊，不停不倦地工作着。以规律节奏扩张与收缩的心脏，先充满了血液再将之压出送至肺部，继而下送至全身如迷宫似的血管中。特殊的心肌自行跳动，产生了听诊器听得到的独特声音。虽然心脏的动作出于自发，心跳的速度则由来自脑部的信号调节。

人体

真相

强而有力的肺

运动可增加肺泡（气囊）的容量，这表示每吸一口气可使更多的氧气进入体内。自行车选手如兰斯·阿姆斯特朗（见右图），由于经过严格的训练，他们大于常人的肺活量是运动医师都已知的。一些职业选手的纪录，是每分钟吸入高达8升的空气，而体能状况普通的一般人，则只有5～6升的肺活量。

呼吸

呼吸有两个目的：使氧气进入体内，以及将体内细胞产生的二氧化碳废气排出。每分钟大约有 5 ~ 6 升的空气进出肺部。来自空气的氧气进入肺部，扩散至血流中，经由循环被压送至全身所有的细胞。氧气和二氧化碳废气在身体组织中进行交换，二氧化碳经循环送回肺部，然后被呼出体外。

肺

健康的肺呈粉红色，质软似海绵。右肺分成三叶，但左肺因与心脏共用胸腔空间，故只有二叶。空气经由鼻、口、气管以及一连串其他的呼吸管道（支气管与细支气管）进出肺部。这些呼吸管道在肺内分支，形成由小管子组成的大规模树状网络，这些小气管最后都会通往肺泡（微小气囊）。肺本身很容易受损，但胸廓、脊椎和一种叫做胸膜的双层膜，这三项结构能使肺部不受伤害。

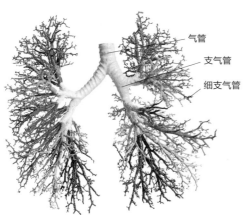

气管
支气管
细支气管

肺内的呼吸道
呼吸系统中最大的呼吸道是气管。气管分支成两个较小的支气管，支气管进一步分支，则是细支气管。

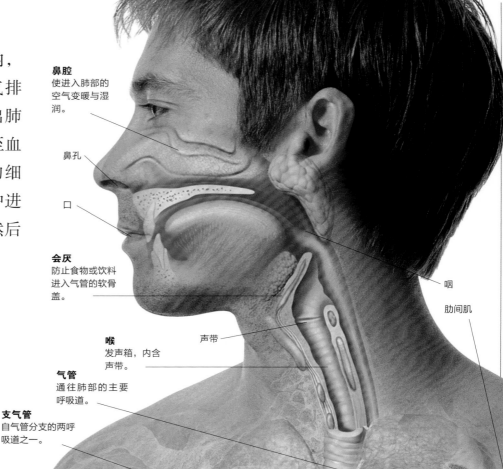

鼻腔
使进入肺部的空气变暖与湿润。
鼻孔
口
会厌
防止食物或饮料进入气管的软骨盖。
咽
肋间肌
声带
喉
发声箱，内含声带。
气管
通往肺部的主要呼吸道。
支气管
自气管分支的两呼吸道之一。
心脏
肺
含有上百万的气囊，气体便在这些气囊内交换。
肋骨
横隔膜
帮助呼吸的一大片肌肉。

呼吸道
鼻腔与咽（喉咙）形成上呼吸道。喉（发声箱）、气管、支气管和肺部构成呼吸道的下部。

健康

咳嗽与喷嚏

咳嗽和打喷嚏时大声又爆破的力量，是清理呼吸道和防止有害刺激物（如尘埃、花粉、黏液等）进入肺部造成损伤的有效方法。打喷嚏和咳嗽常是病毒感染（如流行感冒）和普通感冒症状。咳嗽也可能来自于更严重的毛病，如肺炎或吸烟导致的呼吸道与肺组织伤害。

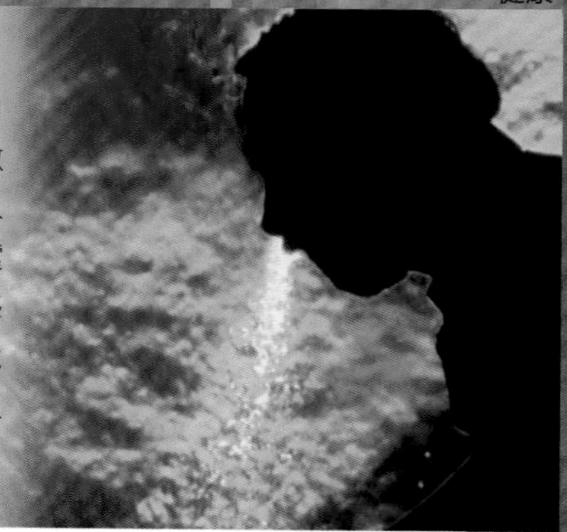

气体交换

肺内的微小气道通往上百万个肺泡，肺泡这些薄壁气囊是空气和血液交换气体的所在。氧气进入肺泡之后，在湿润的内壁中溶解，扩散渗透薄壁而进入邻侧的毛细血管。此过程的发生非常快：在休息状态的呼吸率，毛细血管中血液与肺泡内空气接触的时间只有 0.75 秒，但约这段时间的三分之一，便足以使之完全充氧。一旦氧气进入血液，便与红血球内的血红素结合（一小部分的氧气也会在血液中自由流动），然后被运输至心脏，再由心脏压送至身体组织。二氧化碳依循的路径与氧气相反，而其运输速度则为氧气的 20 倍左右；二氧化碳从毛细血管渗出、进入肺泡，再由肺部呼出。

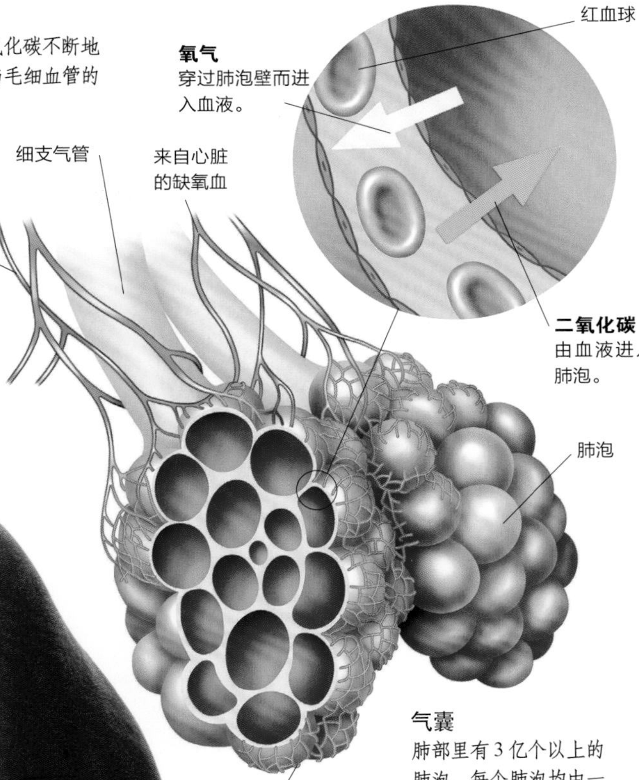

肺泡
氧气与二氧化碳不断地经由肺泡与毛细血管的薄壁交换。

输往心脏的充氧血

细支气管

来自心脏的缺氧血

红血球

氧气
穿过肺泡壁而进入血液。

二氧化碳
由血液进入肺泡。

肺泡

气囊
肺部里有 3 亿个以上的肺泡。每个肺泡均由一细小血管网络包围。

毛细血管网络

自由潜水

进行自由潜水这项运动的人们，会在心理和生理上训练自我，只靠深吸一口气在水中存活。静态自由潜水（在水中尽可能延长保持静止的时间）的纪录为女子 6 分钟以上，而男子则为 8 分钟以上。南太平洋的珍珠潜水员，有时可在 40 米深的海水中，在没有呼吸装备的状况下奋力游泳长达 2 分钟。

将空气送入肺中

当我们吸气的时候，肌肉使胸部扩张。最大的扩胸肌为横隔膜，一层位于胸廓下方的组织。处于休息状态的横隔膜会向上拱起成圆顶状，使胸部与腹部分离。收缩时的横隔膜则变平，将腹内器官往下推，并增加胸腔内的空间。位于肋骨之间的肋间肌，也同时将胸部提高和托出。肺变大，其内压降低使空气迅速涌出。呼气通常不用身体出力。横隔膜和肋间肌需要放松，以回复至其休息时的位置。此举使肺部和胸壁像松紧带一样地弹回；而在此同时，肺内的压力增加，而空气则被排入大气中。

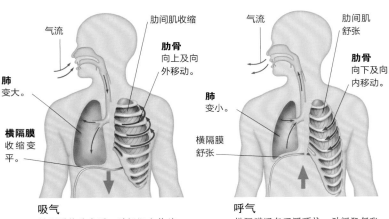

气流

肋间肌收缩

肋骨
向上及向外移动。

肺
变大。

横隔膜
收缩变平。

吸气
横隔膜收缩变平，肋间肌亦收缩。随着胸廓的扩张，肺内压力降低而使空气涌入。

气流

肋间肌舒张

肋骨
向下及向内移动。

肺
变小。

横隔膜舒张

呼气
横隔膜回复至圆顶状，肋间肌舒张。肺内压力上升而将空气挤出。

肺结核

肺结核是最严重的肺部疾病之一。这种细菌感染的疾病有可能致命，也可能散布至身体其他部分。症状包括持续性咳嗽、喘不过气、发烧。20 世纪 80 年代起，全球肺结核病例有增加的趋势，这有部分原因是因为对抗生素具有抵抗力的肺结核菌（见下图）被传染扩散了之故。

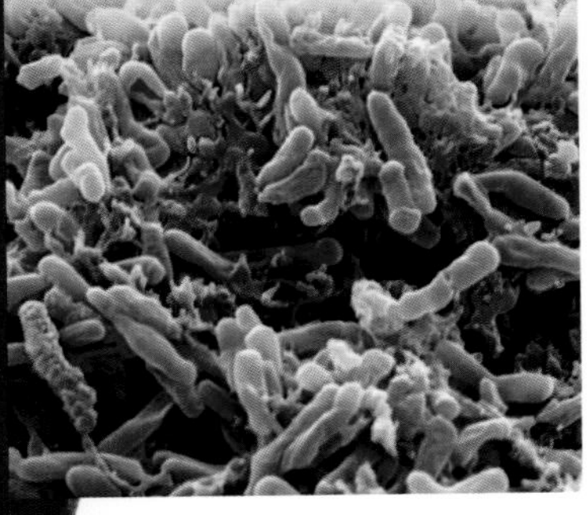

发声

虽然肺的演化与将氧气送至人体有关，空气通过喉咙却也有发声的效果，这是因为声带这个位于喉（发声箱）内的双褶黏膜之故。当我们说话时，喉内肌肉收缩，将声带拉近，而空气则自肺部挤出。这股气流挤进声带之间的小缝，使薄膜震动而创造出人类说话的声音。当这些肌肉舒张时，声带移开彼此，遂无声音发出。声带的长度和紧度影响音高。由于人类男性与女性生理结构的不同，便产生了男性和女性不同特质的声音。男性的声带较长，且其震动频率较女性为缓，所以男性的声音较低沉。声音的大小，要看空气挤进声带之间的力量而定。

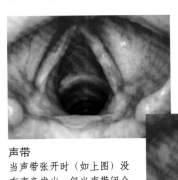

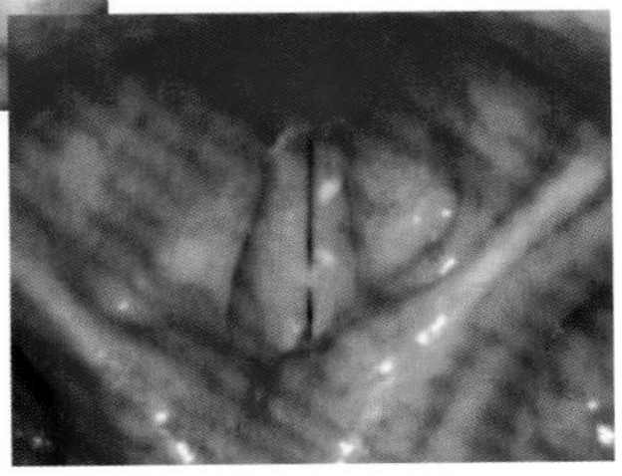

声带
当声带张开时（如上图）没有声音发出，但当声带闭合（如右图），空气在其彼此间震动，从而发出人声。

血液循环

　　血管携带充满养分与氧气的血液，从心脏送往身体各处，再将用过的血液送回。血管有三种主要类型：动脉、静脉、毛细血管。主动脉是最大动脉，从心脏出发，分支成更小的动脉，这些动脉组成网络将血液送至全身。最小的动脉形成毛细血管，为氧气、养分与二氧化碳、细胞废物交换处。毛细血管与小静脉接合再连上较大静脉，将血液带回心脏。

动脉

　　动脉是为身体供应血液的主要来源，会将血液送离心脏，自肺部收集氧气，然后将充氧血送至身体的各个不同部位。这些大血管有着厚且有弹性的肌肉管壁。一些主要动脉（如颈动脉）会借着规律的收缩，协助心脏把血液压出，使之一波波输送至全身。人体最大的动脉是主动脉，能将血液带离心脏左半部，其弹性特佳，口径几乎跟一般花园用的橡皮水管一样宽。

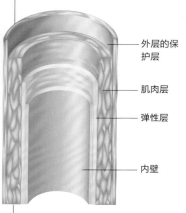

外层的保护层

肌肉层

弹性层

内壁

动脉结构
动脉有着厚而有肌肉的管壁，能够抗拒一波波来自心脏的高压血液。

静脉

　　静脉负责将缺氧血由身体其他各处带回心脏。因为静脉并非将血液送离心脏，故无需处理像动脉般高的血压，所以其管壁也薄得多，弹性较小，所含的肌肉纤维也较少。此构造意味着静脉通常较肌肉性动脉来得扁平，好让其周遭的肌肉对其施力，帮着将缺氧血挤回。人体内的主要静脉（如颈静脉和腿内的主要静脉）里含有单向瓣膜，保持血液朝心脏的方向流动而不会回流。

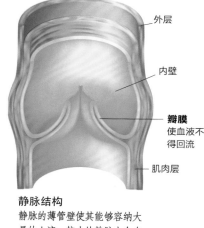

外层

内壁

瓣膜
使血液不得回流

肌肉层

静脉结构
静脉的薄管壁使其能够容纳大量的血液。较大的静脉内含有瓣膜。

毛细血管

　　携带氧气的动脉分支成较小的血管，叫做小动脉；后者本身又分成细小的血管，便是毛细血管。毛细血管连结起来形成微静脉，后者再接合形成静脉。静脉将缺氧血携回心脏。毛细血管在循环里扮演着非常重要的角色，因为网状的毛细血管床正是氧气和养分与废物交换之处。毛细血管非常细小和薄弱，其管壁只有一个细胞的厚度；十根毛细血管才抵得上人类一根头发的厚度。毛细血管壁上的细孔和空隙，让养分和废物得以交换。

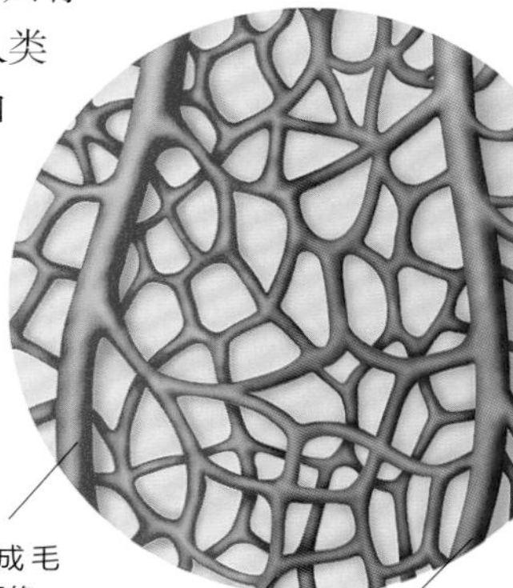

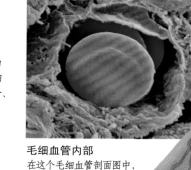

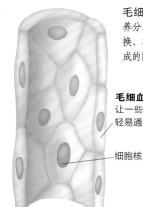

毛细血管床
养分、氧气、废物的交换，在这些毛细血管形成的网络中进行。

毛细血管壁
让一些物质得以轻易通过。

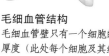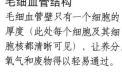

细胞核

小动脉
合并形成毛细血管网络。

小静脉
毛细血管合并形成小静脉。

毛细血管

毛细血管结构
毛细血管壁只有一个细胞的厚度（此处每个细胞及其细胞核都清晰可见），让养分、氧气和废物得以轻易通过。

毛细血管内部
在这个毛细血管剖面图中，单独的红血球清晰可见。

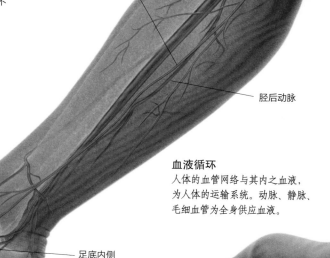

胫后静脉

胫后动脉

血液循环
人体的血管网络与其内之血液，为人体的运输系统。动脉、静脉、毛细血管为全身供应血液。

足底内侧动脉

哈维

英国医师哈维（1578—1657）率先证明，血液是在封闭的循环管道里被压送至全身，而无渗漏或被器官消耗的情形（这是之前的观念）。哈维的发现导致新疗法，将健康捐血者的血液，输入因失血或疾病而有性命之忧的病人静脉中。哈维的努力导致了医界开始采用输血。

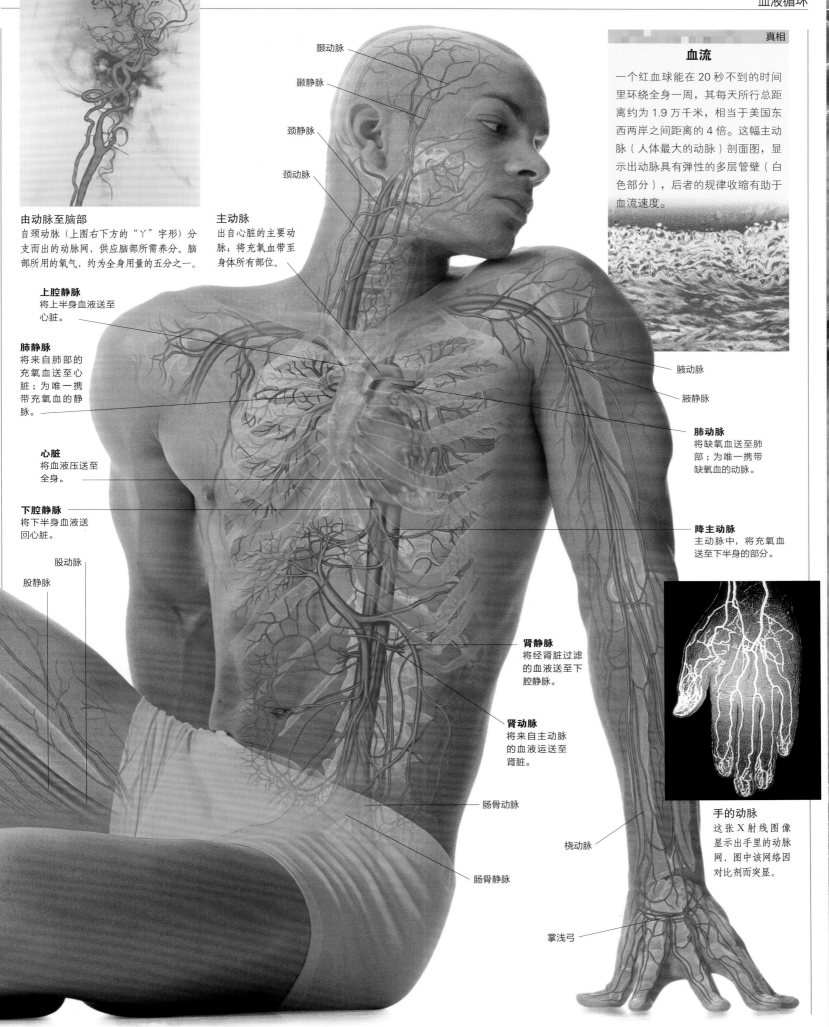

颞动脉

颞静脉

颈静脉

颈动脉

由动脉至脑部
自颈动脉（上图右下方的"丫"字形）分支而出的动脉网，供应脑部所需养分。脑部所用的氧气，约为全身用量的五分之一。

主动脉
出自心脏的主要动脉；将充氧血带至身体所有部位。

真相

血流
一个红血球能在 20 秒不到的时间里环绕全身一周，其每天所行总距离约为 1.9 万千米，相当于美国东西两岸之间距离的 4 倍。这幅主动脉（人体最大的动脉）剖面图，显示出动脉具有弹性的多层管壁（白色部分），后者的规律收缩有助于血流速度。

上腔静脉
将上半身血液送至心脏。

肺静脉
将来自肺部的充氧血送至心脏；为唯一携带充氧血的静脉。

腋动脉

腋静脉

心脏
将血液压送至全身。

肺动脉
将缺氧血送至肺部；为唯一携带缺氧血的动脉。

下腔静脉
将下半身血液送回心脏。

降主动脉
主动脉中，将充氧血送至下半身的部分。

股动脉

股静脉

肾静脉
将经肾脏过滤的血液送至下腔静脉。

肾动脉
将来自主动脉的血液运送至肾脏。

肠骨动脉

桡动脉

肠骨静脉

手的动脉
这张 X 射线图像显示出手里的动脉网，图中该网络因对比剂而突显。

掌浅弓

人体

心脏

心脏是身体的动力来源。这个强而有力的器官，大小如一紧握的拳头，位于肺叶间，朝身体左侧微倾。心脏不停运作，将血液送经肺部及全身（速率约为每分钟 5 升），使氧气能抵达每一个细胞。在人的一生里，总心跳数超过 30 亿次。心脏的特殊肌肉能自动收缩，无须来自脑部的指令。

控制血液流量

心房和心室之间的血流是由单向瓣膜所控制。离开心脏的血管开口也有瓣膜。每个瓣膜由 2 或 3 个纤维组织形成的杯状盖口构成，这些盖口叫做尖瓣，能预防血液逆流。当心房收缩时，其中的血液冲向通往心室的瓣膜，迫使尖瓣张开。当心室充满而开始收缩，瓣膜另一边的血压上升，而将尖瓣紧闭。同样地，离开心室的血液也使压力增加，以便关闭心室出口的瓣膜。心脏瓣膜的关闭造成听诊器听得到的熟悉"怦怦"心跳声。

肺动脉瓣
肺动脉瓣的 3 个杯状尖瓣紧密关闭，以防止离开右心室的血液逆流。

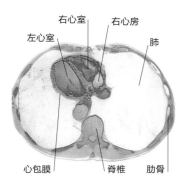

心脏的位置
心脏（此为俯视图）为肺叶包围，并由心包膜（一双层厚膜）所裹覆。

身体之泵

当循环的血液流进心脏时，会经由心肌收缩的压送，涌入并穿梭于一连串的空腔中。位于上方的两个空腔叫做心房，位于下方的两个空腔叫做心室。右心房充满着已经在全身释出氧气的回收血液，左心房则收集来自肺部的充氧血。此二心房填满时便收缩，将血液挤入其下方的心室。心室的任务较心房为辛苦，因此其内壁也较厚，尤其是在心脏左侧。这些空腔会猛烈收缩，力道足够将血液由心脏推回血管。来自右心室的血液流经肺动脉而抵达肺部。左心室则将充氧血送至全身各处。

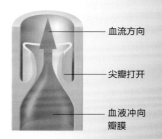

心瓣膜打开
当心脏空腔收缩时，会将血液冲向瓣膜，迫使尖瓣打开。

心瓣膜关闭
瓣膜外的血压增高，使尖瓣紧闭，防止逆流。

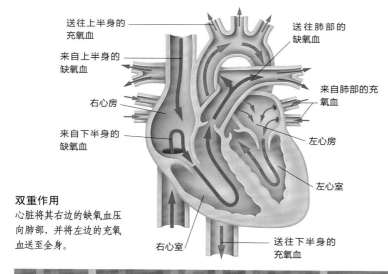

双重作用
心脏将其右边的缺氧血压向肺部，并将左边的充氧血送至全身。

心脏的血液供应

心脏就跟身体任何其他器官一样，随时都需要有充氧血的供应，以确保其有效运作。然而心脏无法直接吸收其不断压送过空腔的血液，而需要自己单独的血液供应。一套称为冠状系统的血管网络，便因此而分布于心脏表面。心脏的主要血液供应路线是两根冠状动脉；这些动脉由全身最大的血管（主动脉）分支出，再进一步分成更小的血管，深入心肌。一旦氧气送至心脏，冠状静脉便将使用过的血液带走，送回右心房。

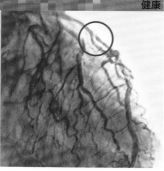

冠状动脉疾病
心脏病发作最常见的原因之一，是供应心脏血液的冠状动脉变窄（见图片中圈起部分）。冠状动脉疾病通常是由于动脉管壁上的脂肪沉积所致。此疾病常与肥胖、高脂饮食、缺乏运动、吸烟以及家族（基因）遗传有关。冠状动脉疾病在西方社会出现的频率较高。

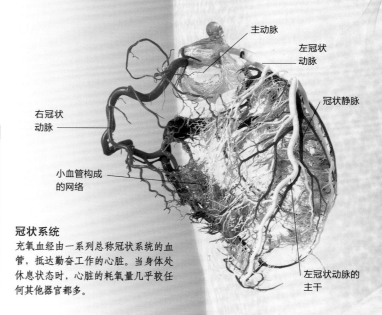

冠状系统
充氧血经由一系列总称冠状系统的血管，抵达勤奋工作的心脏。当身体处休息状态时，心脏的耗氧量几乎较任何其他器官都多。

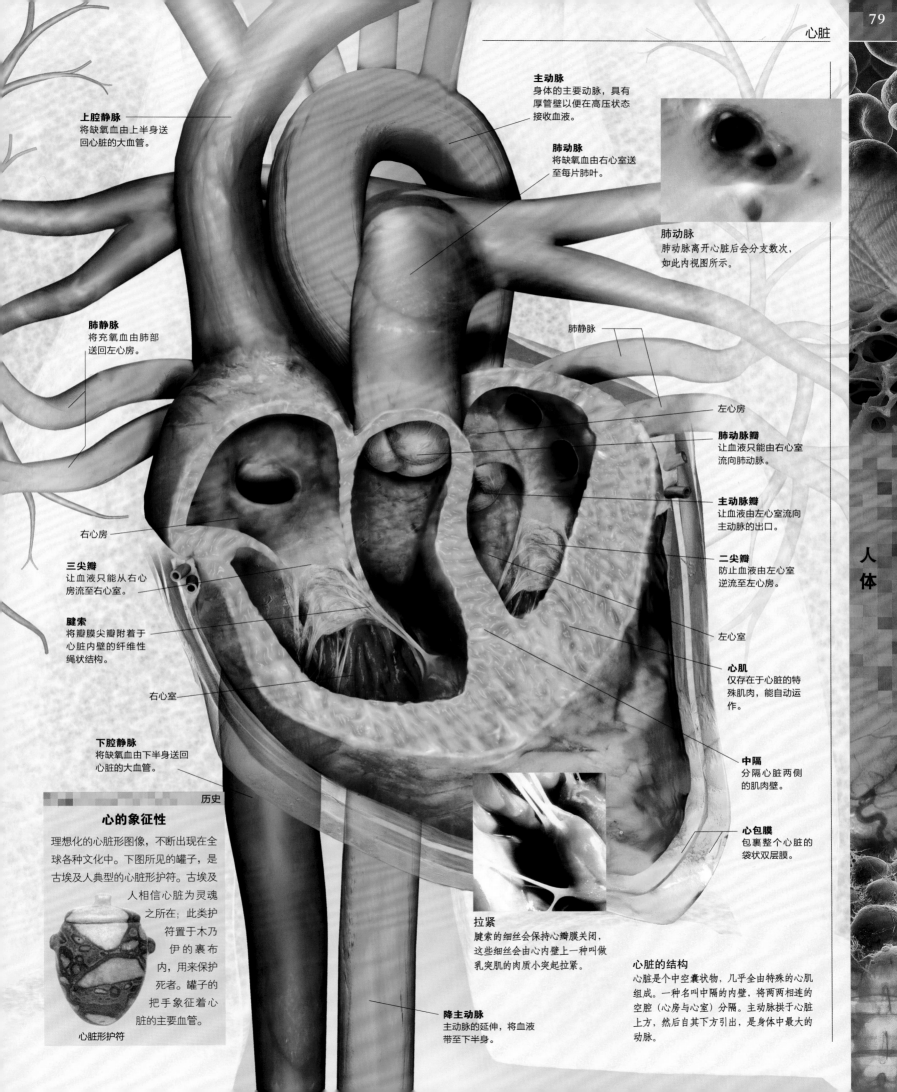

上腔静脉
将缺氧血由上半身送回心脏的大血管。

肺静脉
将充氧血由肺部送回左心房。

右心房

三尖瓣
让血液只能从右心房流至右心室。

腱索
将瓣膜尖瓣附着于心脏内壁的纤维性绳状结构。

右心室

下腔静脉
将缺氧血由下半身送回心脏的大血管。

主动脉
身体的主要动脉，具有厚管壁以便在高压状态接收血液。

肺动脉
将缺氧血由右心室送至每片肺叶。

肺动脉
肺动脉离开心脏后会分支数次，如此内视图所示。

肺静脉

左心房

肺动脉瓣
让血液只能由右心室流向肺动脉。

主动脉瓣
让血液由左心室流向主动脉的出口。

二尖瓣
防止血液由左心室逆流至左心房。

左心室

心肌
仅存在于心脏的特殊肌肉，能自动运作。

中隔
分隔心脏两侧的肌肉壁。

心包膜
包裹整个心脏的袋状双层膜。

拉紧
腱索的细丝会保持心瓣膜关闭，这些细丝会由心内壁上一种叫做乳突肌的肉质小突起拉紧。

心的象征性

理想化的心脏形图像，不断出现在全球各种文化中。下图所见的罐子，是古埃及人典型的心脏形护符。古埃及人相信心脏为灵魂之所在；此类护符置于木乃伊的裹布内，用来保护死者。罐子的把手象征着心脏的主要血管。

心脏形护符

降主动脉
主动脉的延伸，将血液带至下半身。

心脏的结构

心脏是个中空囊状物，几乎全由特殊的心肌组成。一种名叫中隔的内壁，将两两相连的空腔（心房与心室）分隔。主动脉拱于心脏上方，然后自其下方引出，是身体中最大的动脉。

心脏的周期

　　心脏每压送血液一次的行动，是为心跳一次。当人休息的时候，其心跳为每分钟 60~80 次，但在剧烈运动时可上升至每分钟 200 次。在心脏内部有单向瓣膜防止血液被逆向压送。心脏特有的"怦怦"声，是这些瓣膜紧闭所致。心跳分成三个阶段。在心脏舒张期，心脏舒张；在心房收缩期，两心房（上半部的二空腔）收缩；而在心室收缩期，两心室（下半部的二空腔）收缩。窦房结（心脏天生的心律调节器）借由送至心房和心室的电脉冲，负责调节各阶段的时间。以下，电流活动显示于心电图上。

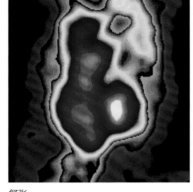

舒张

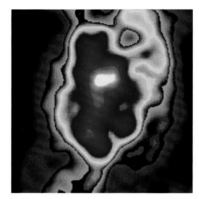

收缩

血液的分布
这两张心脏扫描显示，心脏压送周期的不同阶段里，血液分布（红色）也各自不同。上图的心脏舒张，处于充血的过程。其下的心脏收缩，处于挤出血液过程。

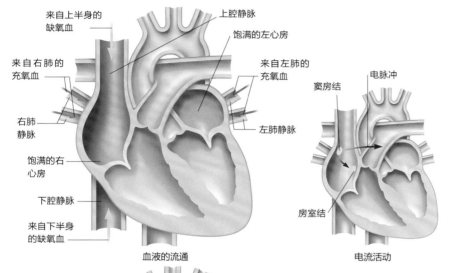

导电纤维
心脏壁中的特殊肌肉纤维，传导调节心跳的电脉冲。

血液的流通　　　　电流活动

来自上半身的缺氧血
上腔静脉
饱满的左心房
来自右肺的充氧血
来自左肺的充氧血
右肺静脉
左肺静脉
饱满的右心房
下腔静脉
来自下半身的缺氧血
窦房结
电脉冲
房室结

心肌舒张

心电图描画

心肌舒张期
心肌松弛，血液由肺静脉及腔静脉流入左右心房。在此阶段快结束时，窦房结送出电脉冲。

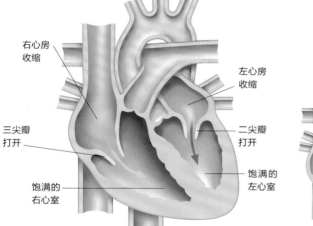
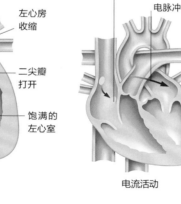
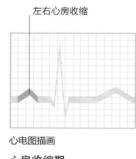

血液的流通　　　　电流活动

右心房收缩
左心房收缩
三尖瓣打开
二尖瓣打开
饱满的右心室
饱满的左心室
房室结
电脉冲

左右心房收缩

心电图描画

心房收缩期
来自窦房结的电脉冲遍布二心房，使其内壁收缩，将血液挤入二心室。该脉冲于是抵达房室结。

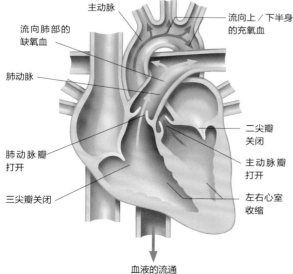
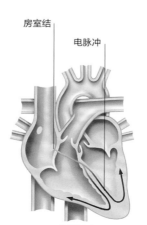
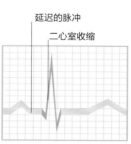

血液的流通　　　　电流活动

主动脉
流向上／下半身的充氧血
流向肺部的缺氧血
肺动脉
肺动脉瓣打开
二尖瓣关闭
三尖瓣关闭
主动脉瓣打开
左右心室收缩
房室结
电脉冲

延迟的脉冲
二心室收缩

心电图描画

心室收缩期
这股电脉冲在房室结延缓，然后传遍二心室内壁，使二心室同时收缩，将血液挤入主动脉和肺动脉。

心律调节器

　　不规律的心跳，可借由手术在胸内植入心律调节器来治疗。该装置插入胸部皮下（通常会在皮肤上造成肉眼可见的小鼓起），经由电线将规律的电脉冲送至心脏，使心跳保持规律。心律不齐的成因，可能是窦房结（心脏中引起心跳之处）失常，或其脉冲的传送被阻碍（如：被周遭受损的组织所阻碍）。

心律调节器的位置
这张彩色 X 射线影像显示，由两根电线（蓝色和红色）附着于肥大心脏的心律调节器（右下方）。

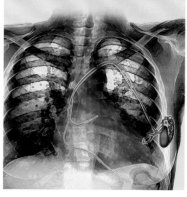

人体

血液循环

　　血液在两个相连的回路中循环：将血液送至肺部充氧的肺循环，以及将充氧血供应至全身的体循环。从心脏带着血液出发的动脉，分支成较小的血管，是为小动脉，然后再分支成毛细血管，这便是氧气、养分和废物交换之处。毛细血管联合形成小静脉，后者则再联合形成静脉，将血液带回心脏。肝门静脉并不将血液携回心脏，而是将之带到肝脏（见 92 页）。心脏为肺循环和体循环供给动力，如以下右图所示。在肺循环中，缺氧血（图中蓝色部分）行至肺部，在该处吸收氧气之后再回到心脏。此充氧血（图中红色部分）经由体循环压送至全身各处。身体组织吸收血液中的氧气后，将缺氧血送回心脏，以便再度被压送至肺部。

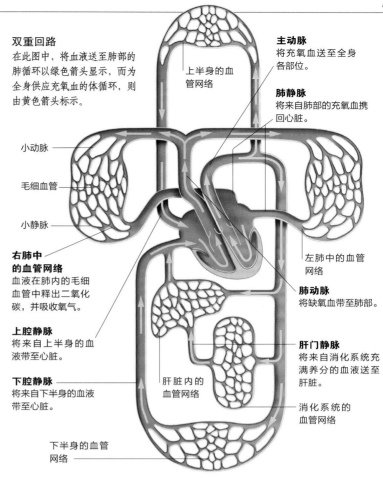

双重回路
在此图中，将血液送至肺部的肺循环以绿色箭头显示，而为全身供应充氧血的体循环，则由黄色箭头标示。

上半身的血管网络

主动脉
将充氧血送至全身各部位。

肺静脉
将来自肺部的充氧血携回心脏。

小动脉

毛细血管

小静脉

右肺中的血管网络
血液在肺内的毛细血管中释出二氧化碳，并吸收氧气。

左肺中的血管网络

肺动脉
将缺氧血带至肺部。

上腔静脉
将来自上半身的血液带回心脏。

下腔静脉
将来自下半身的血液带至心脏。

肝门静脉
将来自消化系统充满养分的血液送至肝脏。

肝脏内的血管网络

消化系统的血管网络

下半身的血管网络

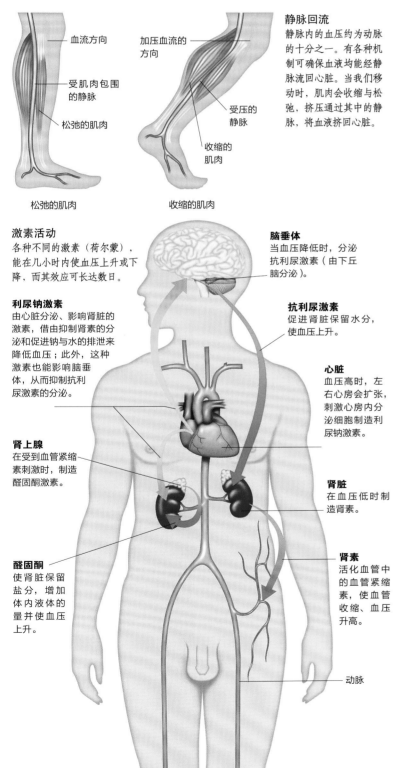

静脉回流
静脉内的血压约为动脉的十分之一。有各种机制可确保血液均能经静脉流回心脏。当我们移动时，肌肉会收缩与松弛，挤压通过其中的静脉，将血液挤回心脏。

血流方向

受肌肉包围的静脉

松弛的肌肉

加压血流的方向

受压的静脉

收缩的肌肉

松弛的肌肉

收缩的肌肉

激素活动
各种不同的激素（荷尔蒙），能在几小时内使血压上升或下降，而其效应可长达数日。

脑垂体
当血压降低时，分泌抗利尿激素（由下丘脑分泌）。

利尿钠激素
由心脏分泌、影响肾脏的激素，借由抑制肾素的分泌和促进钠与水的排泄来降低血压；此外，这种激素也能影响脑垂体，从而抑制抗利尿激素的分泌。

抗利尿激素
促进肾脏保留水分，使血压上升。

心脏
血压高时，左右心房会扩张，刺激心房内分泌细胞制造利尿钠激素。

肾上腺
在受到血管紧缩素刺激时，制造醛固酮激素。

肾脏
在血压低时制造肾素。

醛固酮
使肾脏保留盐分，增加体内液体的量并使血压上升。

肾素
活化血管中的血管紧缩素，使血压收缩、血压升高。

动脉

血压控制

　　动脉血压必须经过调节，以确保各器官有足够的血液（也就是氧气）供应。如果动脉压力过低，抵达身体组织的血液量便会不足。而从另一角度来看，如果该压力过高，则有可能使血管和器官受损。血压的急速变化（如因大量失血或姿势变化所致），在数秒钟之内便会引起神经系统的反应。这些自主性的神经反应，与脑部的意识反应无关。长期的血压变化（如因神经压力所致），多是由激素影响肾脏排出体液量来调节。激素的反应能持续几个小时的时间。

血压周期
当心脏充满血液时，动脉压力较低（舒张压），但当心脏将血液压出时便会升高（收缩压）。血压测量单位是毫米汞柱（mmHg）。

血压（毫米汞柱）

120
110
100
90
80

收缩压

舒张压

0　0.1　0.2　0.3　0.4　0.5　0.6　0.7

时间（秒）

真相

高血压

持续的高血压可能损害动脉和心脏，此状况在中年和老年人身上最常发生。遗传因素是部分原因，其他生活形态因素（如超重和饮酒过量），也都有关系。

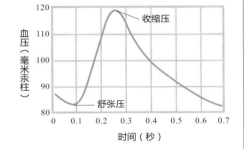

窄化的动脉
此动脉（红色）壁上，因为高血压的缘故，已出现脂肪的积聚（棕色）。

血液

在我们的动脉与静脉网络中流动的红色液体有许多任务。血液是一条供应线，负责输送使身体有效运作所需的一切事物。血液不停地在肺部与全身循环，将氧气与糖、脂肪、蛋白质等养分带至全身所有组织，还能带走细胞所产生的有毒废物，并有助于体温保持正常。血液的另一项重要功能，是作为自然防御系统的一部分，能将可抵御疾病的细胞迅速送至受到危险有机体威胁之处。

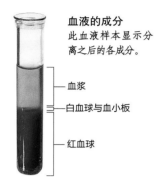

血液的成分
此血液样本显示分离之后的各成分。

— 血浆

— 白血球与血小板

— 红血球

血液成分

血液由一种浅稻草色，叫做血浆的液体组成，其中悬浮着数十亿个红白血球与血小板。血浆约占血液体积的一半，大部分由水组成，但也含有各种溶解物质，包括蛋白质、电解盐和激素。红血球是数量最多的血球，负责输送氧气，并带走体细胞所产生的废物二氧化碳；无色的白血球是体内防御机构的一部分；血小板是形状不规则的细胞碎片，与凝血有关。

氧气输送者

一滴血中约含有五百万个红血球，这些血球携带着红色的血红素，这便是其颜色的由来。每个血红素分子携带着能在肺部内吸引并与氧气结合的铁原子。随着红血球行经全身各处，其携带的氧气便被释放至组织中。这些伸缩自如的细胞，能挤进最细小的血管，以便抵达身体的每个部位。和身体大部分细胞不同的一点是，红血球没有细胞核。

铁原子

肺部里的氧气

血红素
红血球内有上百个的血红素分子。血红素与氧气结合形成含氧血红素，并使血液暂时变成鲜红色，直到氧气释出为止。

和铁原子结合的氧气

血红素

释入体内组织的氧气

含氧血红素

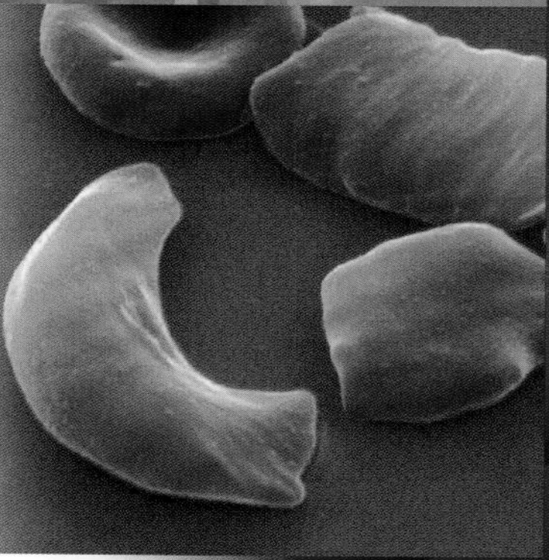

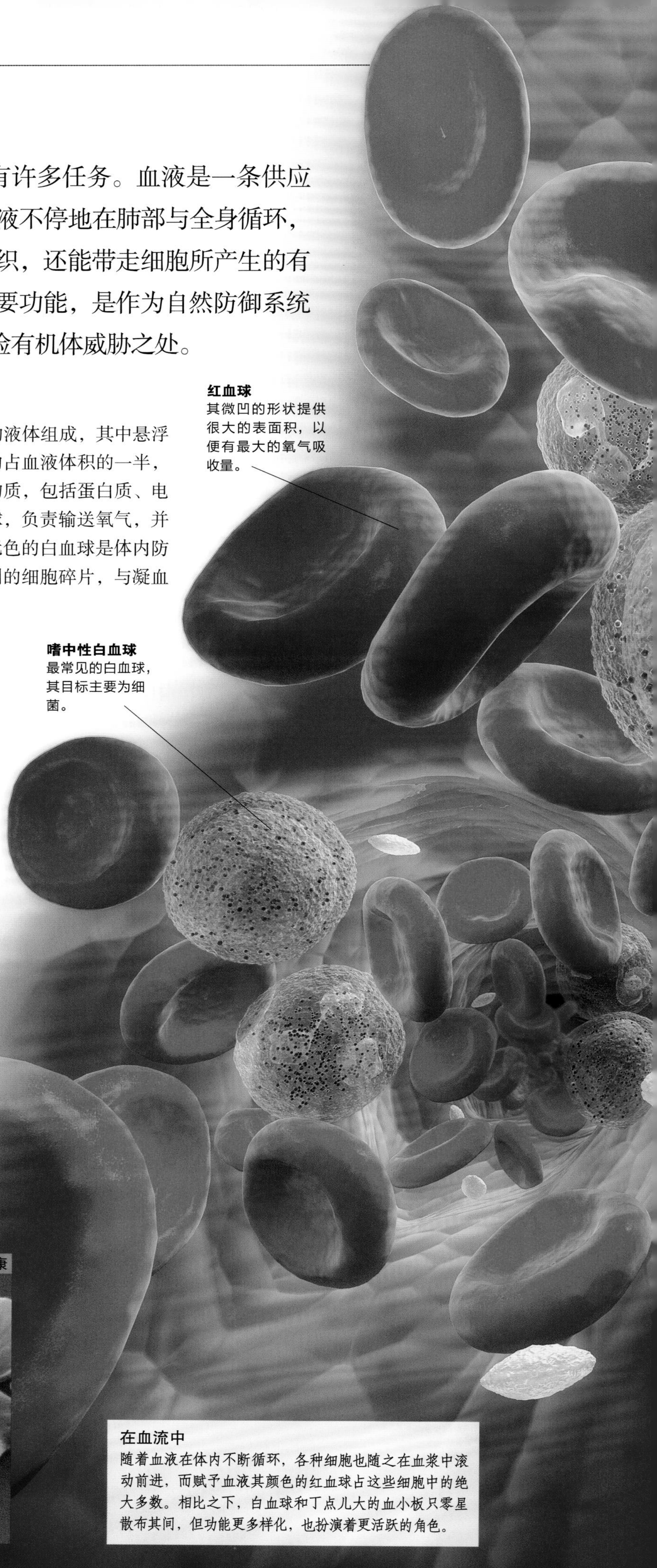

红血球
其微凹的形状提供很大的表面积，以便有最大的氧气吸收量。

嗜中性白血球
最常见的白血球，其目标主要为细菌。

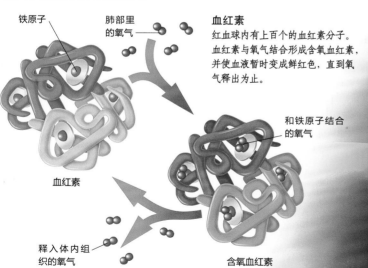

健康

镰刀形红细胞贫血病

此处所见的畸形红血球，是由一种遗传性血液疾病——镰刀形红细胞贫血病所致。由于制造血红素（专门集聚氧气的色素）过程上的一个缺陷，导致红血球变得较为薄弱，在血液氧气量低时扭曲成镰刀形。这些镰状血球会堵塞狭窄的血管，引起疼痛并使氧气无法被送至体内组织。此疾病最常发生在非洲裔美洲人身上。

在血流中
随着血液在体内不断循环，各种细胞也随之在血浆中滚动前进，而赋予血液其颜色的红血球占这些细胞中的绝大多数。相比之下，白血球和丁点儿大的血小板只零星散布其间，但功能更多样化，也扮演着更活跃的角色。

人体

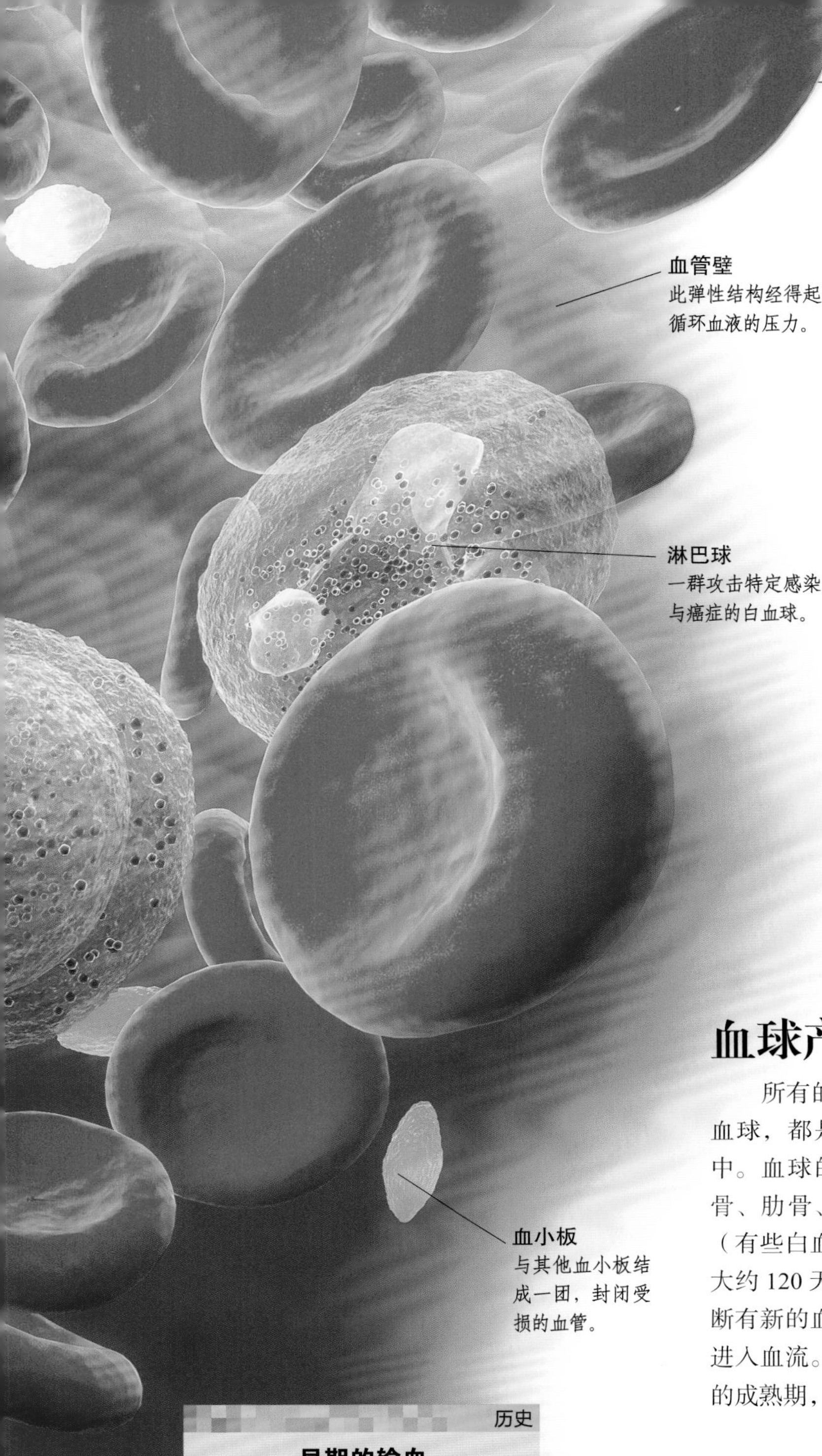

防御细胞

　　数十亿个特化细胞在血液中循环，为人体防御机构的一部分（见"防御与修护"，96~106 页）。各种不同类型的白血球，任务为搜寻并摧毁有害生物。这些血球在血液中移动，有的会吞噬并消化细菌和外来异物，其他则攻击癌细胞和特定的感染。白血球比红血球大，并具有细胞核。它们的分类与其任务和外观有关：主要的类型有嗜中性粗细胞、嗜酸性粒细胞、淋巴细胞、嗜碱性粒细胞，以及单核粒细胞。血液防御军队的其他成员则还包括了血小板。血小板并非真正的细胞，而是微小的盘状细胞碎片；它们和红血球一样没有细胞核。当血管受损时，血小板便采取行动，凝聚成团以堵住缺口止血。

血管壁
此弹性结构经得起循环血液的压力。

淋巴球
一群攻击特定感染与癌症的白血球。

血小板
与其他血小板结成一团，封闭受损的血管。

血小板
一颗血小板伸出尖长且具有黏性的触角，抓到并紧黏住一颗红血球，准备参加凝血的过程。

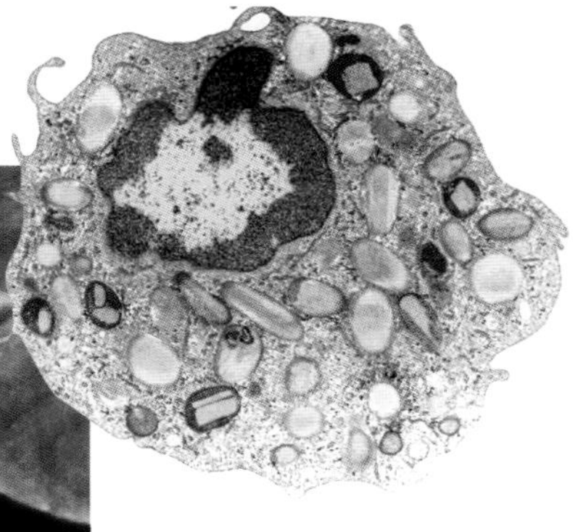

嗜酸性粒细胞
上图所示的白血球类型，含有许多的酶颗粒（绿色部分），能对细菌之类的外来生物起反应。

血球产生的方式

　　所有的红血球和血小板，以及大部分的白血球，都是在骨髓中形成，之后再注入血流中。血球的主要制造地点位于扁平骨，如胸骨、肋骨、肩胛骨和骨盆。血球的寿命很短（有些白血球只能持续几个小时，而红血球在大约 120 天之后便已疲惫不堪），因此需要不断有新的血球供应。每分钟有上百万个新血球进入血流。刚进入血液的红血球，要经过几天的成熟期，才能够充分运作。

骨髓
髓质这个填充骨骼中央空腔的柔软脂质，是制造新血球的工厂。

早期的输血

人类最早接受的输血发生于 17 世纪，远在人们了解有不同的血型存在之前。当时情景如下图所示，是 1667 年一位医师首创以一只羊为捐血者。这位病人虽然得以生还，但这种实验还是以致命的居多。

血型

　　每个人都属于一种血型。血型的鉴定方式有很多种类，其中大家最耳熟能详的是 ABO 系统。此系统借由红血球表面的标记（抗原），将血型分成四类：A 型、B 型、AB 型和 O 型。人体的免疫系统利用抗原，来辨识其本身与外来细胞之间的差异。在输血过程中，必须使用具有正确抗原的血液，不然免疫系统会将新来的红血球当作侵入者而展开攻击。在每种血型里，血浆中的蛋白质（抗体）附着于外来血球之上，作为攻击的标示。血型的另一种分类方式，是辨识 Rh 抗原。85% 人口的红血球上都有这种抗原。

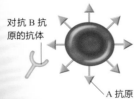

对抗 B 抗原的抗体　　A 抗原

A 型血型
此血型的红血球上有 A 抗原，而血浆中则有对抗 B 抗原的抗体。

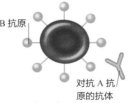

B 抗原　　对抗 A 抗原的抗体

B 型血型
B 型血的红血球上有 B 抗原，而血浆中则有对抗 A 抗原的抗体。

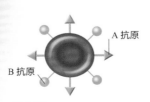

A 抗原　　B 抗原　　对抗 A 抗原的抗体　　对抗 B 抗原的抗体

AB 型血型
罕见的 AB 血型的红血球上有 A 与 B 抗原，而血浆中则没有抗体。

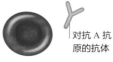

对抗 A 抗原的抗体　　对抗 B 抗原的抗体

O 型血型
O 型血不含抗原，有对抗 A 与 B 两种抗原的抗体。

人体

摄取能量
食物的色和香，刺激唾液流入口中，并使
胃分泌消化液，从而启动消化过程。

为身体补充能量

身体内的每个运作过程，都是由食物中的能量来供应燃料。我们吃喝下去的东西能建立保持人体有效运作，并能满足儿童成长所需的构造。食物不能直接供人体使用，而必须先分解成较简单的成分，这便是消化道的任务。经由消化取得的营养能供细胞利用，或储存起来供日后之需。消化以及由食物制造能量的细胞反应会产生废物；固体废物经由消化道排出，而水状的废物则由泌尿器官处理。

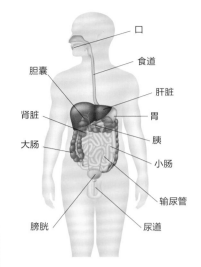

一旦我们吃下了食物，人体便自动开始将之利用，并排出废物。脑部控制了消化和泌尿器官，以确保分解食物的消化液在正确的时间和地点分泌、消化道肌肉进入活动状态，还有让我们知道废物何时该从体中排出。

饮食需要

为了让身体正常运作，我们平日的饮食需要包括各种不同的成分。人体需要大量的糖类（碳水化合物）、脂肪和蛋白质。糖类在消化时会分解成葡萄糖，是我们主要的能量来源。脂肪为发育与修复所需新细胞的制造所需，也被储藏起来作为备用燃料。当蛋白质分解成其组成成分的酸类时，能制造建筑细胞结构和组织所需的全新蛋白质，且在有必要时也可当作能量来源。

虽然维他命和矿物质的所需量相当小，但对我们的健康很重要。这些物质有许多不同的用途，小至与神经系统的运作有关，大至可作为骨骼与牙齿的关键成分。我们饮食的另一重要部

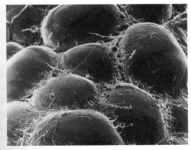

脂肪细胞
来自食物的过剩营养，被贮存在脂肪细胞里，形成体脂肪的形态。这些细胞在皮下形成厚厚的隔热层，以作为备用燃料。

分是水，各种化学反应和将其他物质输送至全身都需要它。

消化道

人体消化的主要地点是一根管子，长约7米，从嘴巴一路延伸至肛门。当食物从身体的一端移向另一端时，各种其他器官（包括唾液腺、肝脏、胆囊和胰）也对其

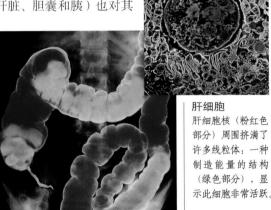

大肠
在大肠中，尚未消化完全的食物便形成粪便。肠壁周围的肌肉带会借着收缩和松弛的动作，将废物沿着消化道推进。

缓慢的分解有很重要的贡献。

消化过程自牙齿和唾液中的化学物质开始，好让食物能够轻易滑下狭窄的食道而进入胃部。在胃里和足以溶解金属的强酸搅拌混合几个小时之后，食物转变成一种浓稠的液体。然后此液体便被释入小肠中，这是消化道最重要的一段。

在这条曲曲折折的长管子里，几乎食物里一切有用的成分都被吸收了。肠子内壁里一波波的收缩，使食物不断地前进，而消化液内的化学物质则完成分解

过程。这些化学物质中，有的是肠壁内部所制造，有的则来自胰腺和肝脏。待食物移到消化道的下一阶段（大肠）时，大致上只剩下无用的物质与水分。

大肠是一条远比小肠宽敞的管子，其功能相当简单：将水分从消化过的食物中吸收殆尽，而剩余的废物则形成粪便，定期由肛门排出体外。

肝细胞
肝细胞核（粉红色部分）周围挤满了许多线粒体：一种制造能量的结构（绿色部分），显示此细胞非常活跃。

废弃液体

除了排出粪便之外，人体还有另一个排除废物的系统——排尿。尿道能排除多余的水分，但其主要功能在于清除细胞内化学过程所形成的废物。泌尿器官包括肾脏、膀胱、及其相连管道。压送至全身的血液中的25%会被送至肾脏，肾脏会将无用的物质由血液中滤出，再将之以尿液的形态排出。

肾脏会调节其制造尿液的分

消化与排泄
消化道及其相关器官，负责分解食物和排泄固体废物。泌尿器官过滤血液，再将废物与多余水分作为尿液排出。

量与组成，以使体内的液体和化学物质保持在正常的水准。尿液经由输尿管从两颗肾脏涓滴而下，储存于可扩张的袋状膀胱中。除了非常年幼的孩童之外，将膀胱排空系受我们意识的控制。

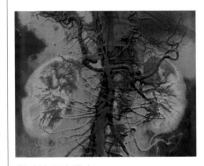

肾脏的血液供应
这幅彩色血管造影照片上的肾脏（黄色部分），显示出供应肾脏大量循环血液的主要动脉。

真相

多变的饮食

人类能适应非常多样化的饮食。许多不同类型和组合的食物，都能提供人体健康、成长、能量所需的营养。世界各地的饮食均因传统和当地所能取得的材料而不同。在曼谷一家餐厅里，这些串好准备拿来烤的多肉肥虫，容易消化又有极高营养价值，富含蛋白质与脂肪。

人体

分解食物

　　食物主要由水、蛋白质、糖类、脂肪等养分所组成。在这些养分能够为人体所利用之前，其庞大的分子必须先在消化系统内分解成小到能使人体吸收的单位。剩余的固体也得包装好，以粪便的形式排出体外。食物的分解始于口中，在胃和肠中一路延续到肛门，并从该处作为粪便排泄出来。

消化过程

　　食物的分解是个物理和化学过程。从口中开始，那里的牙齿扮演着重要的角色；经由食道下达胃部，胃部再将食物搅拌成半液态的食糜。大部分的营养吸收在小肠内部进行，并有胆汁和胰液协助分解。大肠进一步将营养吸收，并开始包装废物，以便由肛门排出。

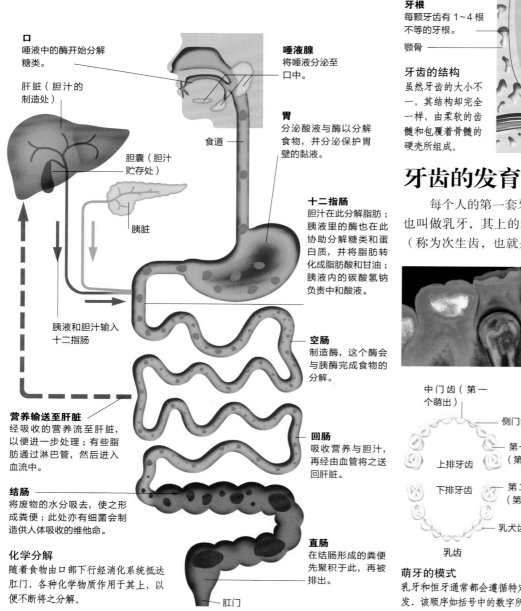

口
唾液中的酶开始分解糖类。

肝脏（胆汁的制造处）

胆囊（胆汁贮存处）

胰脏

唾液腺
将唾液分泌至口中。

食道

胃
分泌酸液与酶以分解食物，并分泌保护胃壁的黏液。

十二指肠
胆汁在此分解脂肪；胰液里的酶也在此协助分解糖类和蛋白质，并将脂肪转化成脂肪酸和甘油；胰液内的碳酸氢钠负责中和酸液。

胰液和胆汁输入十二指肠

营养输送至肝脏
经吸收的营养流至肝脏，以便进一步处理；有些脂肪通过淋巴管，然后进入血流中。

空肠
制造酶，这个酶会与胰酶完成食物的分解。

回肠
吸收营养与胆汁，再经由血管将之送回肝脏。

结肠
将废物的水分吸去，使之形成粪便；此处亦有细菌会制造供人体吸收的维他命。

直肠
在结肠形成的粪便先聚积于此，再被排出。

化学分解
随着食物由口部下行经消化系统抵达肛门，各种化学物质作用于其上，以便不断将之分解。

肛门

牙齿的功能

　　牙齿主要的功能在于碎裂食物，使之便于消化。它们的形状因各自的功能而不同。正前方的门齿锐利似凿，用来割断及抓住食物。门齿两旁有较长也较尖的犬齿，用来撕裂食物。接下来是前臼齿，其表面上的两排脊状隆起便于磨碎食物。口腔后部最大的牙齿是臼齿，其咀嚼表面上有四或五个齿尖，也是用来磨碎食物。

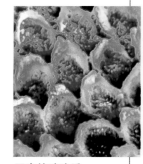

牙齿的珐琅质
牙齿珐琅质上的钙质沉积，在此图中排列呈规律的排列。

珐琅质
覆在牙冠表面，具有保护作用的坚硬无感物质。

象牙质
一种坚韧的物质，有来自牙髓组织的血液与神经。

牙髓
内含神经与血管。

牙根
每颗牙齿有 1~4 根不等的牙根。

颚骨

牙齿的结构
虽然牙齿的大小不一，其结构却完全一样，由柔软的齿髓和包覆着骨髓的硬壳所组成。

牙冠
显露于牙龈之上的部分牙齿。

牙龈

牙周韧带
将牙齿与颚骨、牙龈相连接。

牙骨质
包覆牙根，并且固定牙周韧带的纤维。

血管

神经

牙齿的发育

　　每个人的第一套牙齿称为初生齿，在 6 个月大到 3 岁之间萌出，也叫做乳牙，其上的珐琅质相当软。随着下巴的长大，第二套牙齿（称为次生齿，也就是恒牙）在 6 岁至 21 岁之间萌出。乳齿通常在 13 岁之前脱落，长出的恒牙便会替换在原来乳牙的位置。有些人的第三大臼齿（或称智齿）不会长出来。

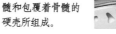

萌牙
在此图中，一颗尚未萌出的恒牙（紫色部分），在一颗乳牙（蓝色部分）下面呼之欲出。

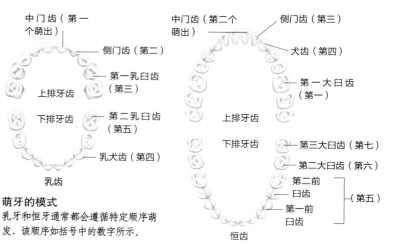

中门齿（第一个萌出）

侧门齿（第二）

上排牙齿

第一乳臼齿（第三）

下排牙齿

第二乳臼齿（第五）

乳犬齿（第四）

乳齿

中门齿（第二个萌出）

侧门齿（第三）

犬齿（第四）

第一大臼齿（第一）

上排牙齿

下排牙齿

第三大臼齿（第七）

第二大臼齿（第六）

第二前臼齿

第一前臼齿

（第五）

恒齿

萌牙的模式
乳牙和恒牙通常都会遵循特定顺序萌发，该顺序如括号中的数字所示。

人体

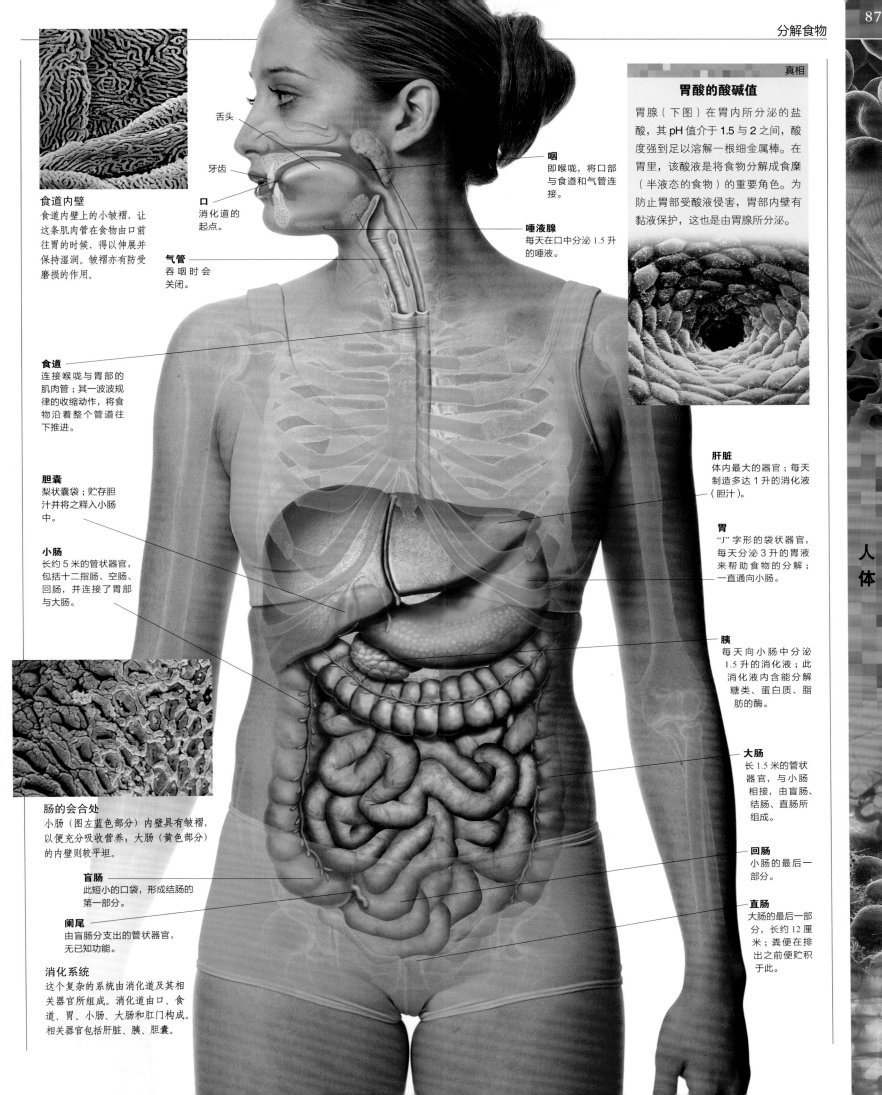

食道内壁
食道内壁上的小皱褶，让这条肌肉管在食物由口前往胃的时候，得以伸展并保持湿润。皱褶亦有防受磨损的作用。

舌头

牙齿

口
消化道的起点。

咽
即喉咙，将口部与食道和气管连接。

唾液腺
每天在口中分泌 1.5 升的唾液。

气管
吞咽时会关闭。

食道
连接喉咙与胃部的肌肉管；其一波波规律的收缩动作，将食物沿着整个管道往下推进。

胆囊
梨状囊袋；贮存胆汁并将之释入小肠中。

小肠
长约 5 米的管状器官，包括十二指肠、空肠、回肠，并连接了胃部与大肠。

肠的会合处
小肠（图左蓝色部分）内壁具有皱褶，以便充分吸收营养；大肠（黄色部分）的内壁则较平坦。

盲肠
此短小的口袋，形成结肠的第一部分。

阑尾
由盲肠分支出的管状器官，无已知功能。

消化系统
这个复杂的系统由消化道及其相关器官所组成。消化道由口、食道、胃、小肠、大肠和肛门构成。相关器官包括肝脏、胰、胆囊。

胃酸的酸碱值
胃腺（下图）在胃内所分泌的盐酸，其 pH 值介于 1.5 与 2 之间，酸度强到足以溶解一根细金属棒。在胃里，该酸液是将食物分解成食糜（半液态的食物）的重要角色。为防止胃部受酸液侵害，胃部内壁有黏液保护，这也是由胃腺所分泌。

肝脏
体内最大的器官；每天制造多达 1 升的消化液（胆汁）。

胃
"J" 字形的袋状器官，每天分泌 3 升的胃液来帮助食物的分解；一直通向小肠。

胰
每天向小肠中分泌 1.5 升的消化液；此消化液内含能分解糖类、蛋白质、脂肪的酶。

大肠
长 1.5 米的管状器官，与小肠相接，由盲肠、结肠、直肠所组成。

回肠
小肠的最后一部分。

直肠
大肠的最后一部分，长约 12 厘米；粪便在排出之前便贮积于此。

人体

由口至胃

消化道的上半部，包括口、食道、胃，让我们能够迅速吃下大量的食物。一旦我们开始咀嚼，唾液腺便释出唾液以湿润并溶解食物，消化过程也随着展开。舌头将湿润的食物送至口腔深处，引发一连串非自主的过程。当我们吞咽食物，为下一口食物挪出空间时，喉咙会自动容纳被吞下的食物，并使之进入食道。食道肌肉壁的反射动作，则会将食物推往宽敞的胃袋。

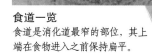

食道一览
食道是消化道最窄的部位，其上端在食物进入之前保持扁平。

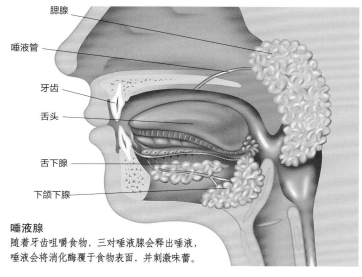

唾液腺

腮腺
唾液管
牙齿
舌头
舌下腺
下颌下腺

唾液腺
随着牙齿咀嚼食物，三对唾液腺会释出唾液，唾液会将消化酶覆于食物表面，并刺激味蕾。

口腔内部

我们用（前面的）门齿和犬齿来切割食物，而用（后面的）臼齿来咀嚼。咀嚼增加食物的表面积，使其更容易与唾液混合。口中的三对唾液腺每天经由一连串的管道，释出多达 1.5 升的唾液。此液体能湿润并软化食物，并展开消化的过程。唾液的 99% 为水分，但亦含有黏液（能润滑食道）、抗体（形成身体抵抗感染的部分防线）和酶（有助于在食物被吞下之前进行部分分解）。舌头是能将食物堆成软食团（球状）的肌肉结构。当食团要被吞咽的时候，舌头便将之推向口腔后方。

吞咽

吞咽一开始是自主动作，将食物送至口腔后方；但从此开始，该过程便全为自动。食团的出现引发许多不自主反应。会厌这个位于舌根的软盖组织，向下倾斜以封闭气管。此举能避免食物进入呼吸道导致窒息。与此同时，软颚（口腔后上方）会上提而关闭喉咙与鼻腔之间的通道。当喉咙内壁肌肉收缩，将食物推进食道（一条长约 25 厘米、通向胃部的管子）之际，呼吸暂时停止。食物继续向下移动，由食道壁内两组肌肉所产生的一波波收缩（蠕动）所推进。食团借由重力以及食道内壁上黏液的帮助，大约 8 秒钟就能完成到胃部的旅途。

幽门环束肌
此肌肉环为胃部末端与小肠起点之间的单向瓣膜。

幽门环束肌

十二指肠
小肠的第一部分。

结肠

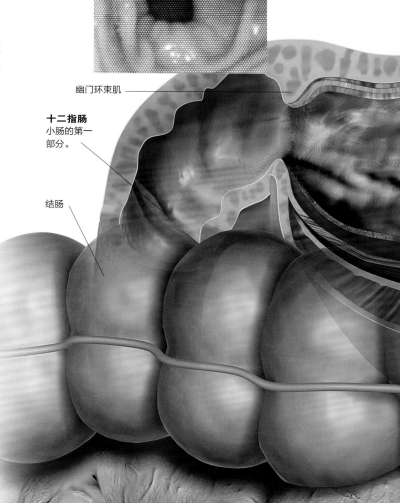

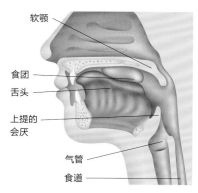

软颚
食团
舌头
上提的会厌
气管
食道

快要吞咽前
在食团到达口腔后方之前，会厌自其正常位置上提，让空气能从鼻腔自由流通至气管。食道松弛。

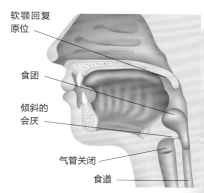

软颚回复原位
食团
倾斜的会厌
气管关闭
食道

吞咽中
随着吞咽的反射动作接手剩下来的工作，会厌倾斜将气管关闭，而软颚上扬封住鼻腔。食物进入食道，被向下推挤。

食道
将喉咙连向胃部的肌肉管。

人体

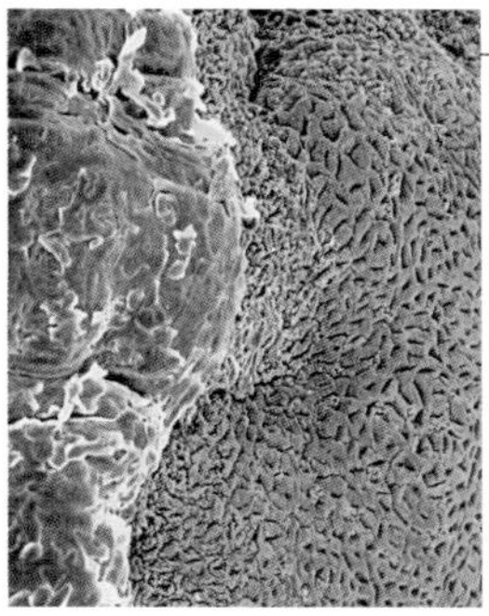

交接地带
食道内壁（紫色部分）与胃壁（黄色部分）的交接处，因二者不同的质地而清晰可辨。

黏膜
一层制造黏液的细胞，可使胃免受胃酸的损坏。

肌肉层
三个运作角度各不相同的肌肉环，会轮流收缩以搅拌食物。

下食道括约肌
控制食物进入胃部的肌肉环。

在胃内混合食物

食物的色、香、味，甚至光是想到食物，就能激起胃部的反应。对食物的期待会引起胃部分泌更多强烈的胃液。当食物进入胃中，胃壁内的肌肉开始收缩；这些肌肉搅拌食物，使食物与胃液混合并将混合物分解成食糜（一种半消化的液体）。当食糜消化得差不多了，环绕在胃出口的肌肉环（幽门括约肌）开启，将此液体断续释入十二指肠，也就是小肠的第一部分中。食物通常在胃中停留约四小时，而高脂肪食物的停留时间最长。

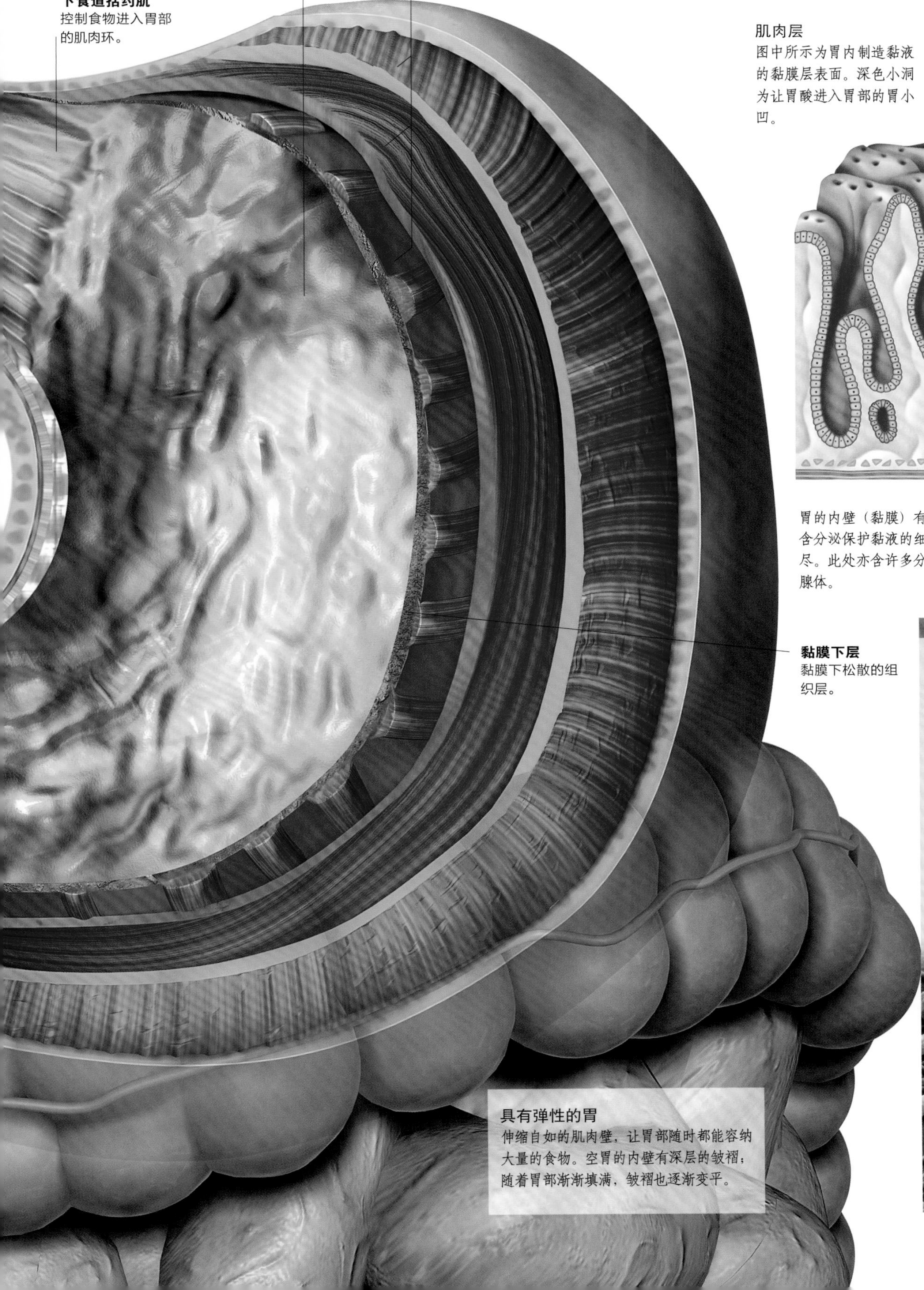

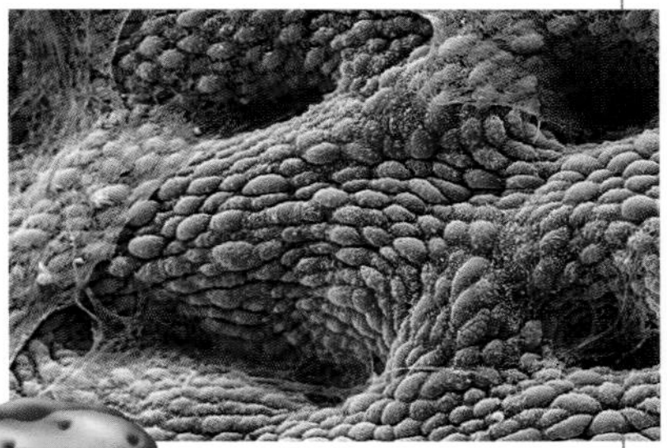

肌肉层
图中所示为胃内制造黏液的黏膜层表面。深色小洞为让胃酸进入胃部的胃小凹。

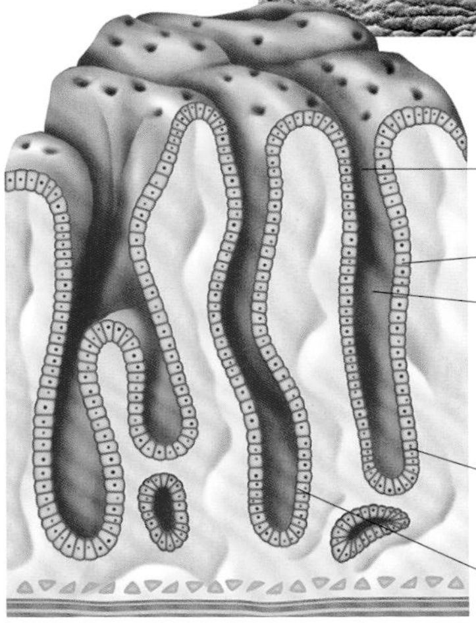

胃小凹
这些孔隙的底部含有胃腺。

制造黏液的细胞

胃腺
分泌组成胃液的酸液与酶。

制造酶的细胞

制造酸液的细胞

胃的内壁（黏膜）有着厚褶的结构。此内壁包含分泌保护黏液的细胞，以免胃将本身消化殆尽。此处亦含许多分泌消化酸液与酶的细胞和腺体。

黏膜下层
黏膜下松散的组织层。

幽门杆菌感染

胃所制造的强酸可以杀死大部分的细菌，但有一种细菌（幽门杆菌）不但能够存活，据说还感染了全球一半的人口。这种杆状细菌（见下图）在胃的黏膜层孳生。在大部分的病例中，幽门杆菌没有症状，但此细菌可损害胃壁，而当内壁受消化液侵蚀，则会导致疼痛的发炎（胃炎）或胃溃疡。

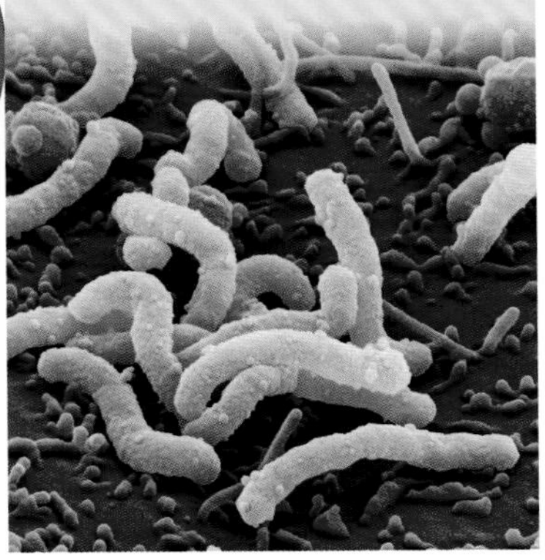

具有弹性的胃
伸缩自如的肌肉壁，让胃部随时都能容纳大量的食物。空胃的内壁有深层的皱褶；随着胃部渐渐填满，皱褶也逐渐变平。

人体

吸收营养

食物离开胃部之后，必须经过一连串的过程，将有益的营养吸出，并把废物包装以供排泄。小肠内的酶会继续进行消化，并借由来自胆道系统输入的胆汁，完成食物的化学分解。营养经由小肠内壁吸收而进入血流。剩余的物质（主要是废物）则进入大肠形成粪便。

迂回的消化道
迂回的小肠能连结胃部与大肠上部（结肠），图中以钡染料突显出小肠的样貌。小肠约有 5 米长。

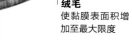

小肠

小肠的表面积约和一个网球场相当。此器官由三个主要部分组成：十二指肠、空肠、回肠。十二指肠为短小呈马蹄铁状，肝脏和胰所分泌的消化液便在此释出。空肠和回肠二者都是长且卷曲，但空肠比回肠肥短些。食物经过胃部成为半液态的食糜，食糜在小肠中会再被胰液、来自肝脏的胆汁以及小肠分泌物所分解，以吸收利用食糜中的营养。小肠内壁上有上百万个叫做绒毛的小突起。每根绒毛含有一根乳糜管（淋巴管），以及细小血管所构成的网络，用来提供营养。每根绒毛亦均由上皮组织（或称细胞层）所覆盖。上皮细胞会吸收营养，其本身便有许多的小突起，叫做微绒毛。绒毛和微绒毛联合起来，能增加小肠表面积的总和，以充分有效地吸收营养。

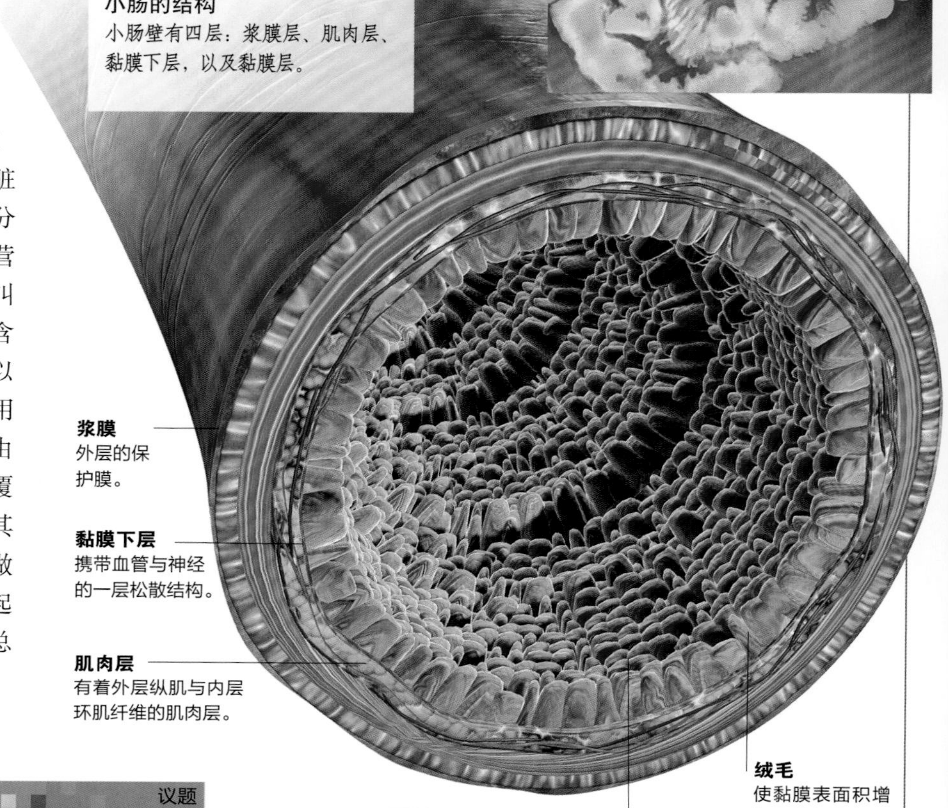

小肠的结构
小肠壁有四层：浆膜层、肌肉层、黏膜下层，以及黏膜层。

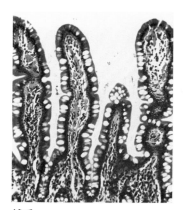

绒毛
这些数以千计像手指一般的小肠绒毛，由能吸收营养的上皮细胞（上图所见白色部分）所覆盖。

浆膜
外层的保护膜。

黏膜下层
携带血管与神经的一层松散结构。

肌肉层
有着外层纵肌与内层环肌纤维的肌肉层。

绒毛
使黏膜表面积增加至最大限度

黏膜
借由叫做绒毛的突起吸收营养的内层结构。

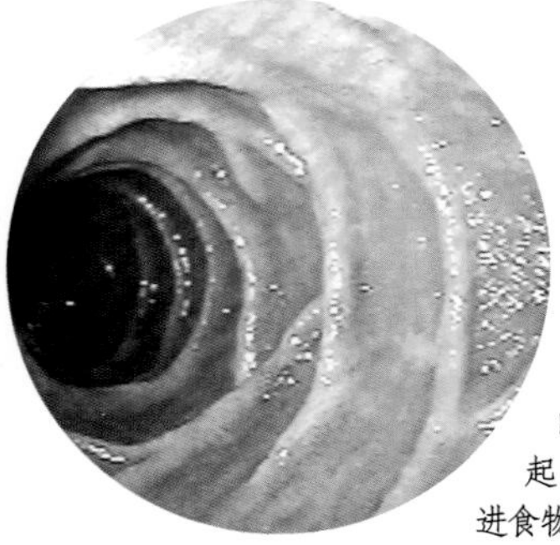

十二指肠的皱褶
十二指肠是小肠与胃连接后的第一部分，这些形状的隆起，称做环状皱襞，有助于推进食物向前。

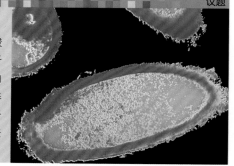

益生菌　　　　　　　　　　　　　　议题
所谓的有益菌，诸如此图所示的嗜酸乳酸杆菌，天生就寄居在小肠内。其作用就在于降低有害菌的数量，并且创造一个健康的环境。有些人相信服用有益菌的膳食营养补充品（即一般所称的益生菌），有助于促进小肠的功能与健康。然而，这些说法尚无科学根据。

蠕动

食团被一连串规律的肌肉收缩（称做蠕动）推动通过小肠。小肠的肌肉壁从食物后方挤动，以便将之向前推至小肠下一段肌肉松弛的部位。小肠肌肉层的柔韧度能促进这项活动的进行。强烈的肌肉收缩使食物能顺利通过小肠内许多的拐弯和皱褶。蠕动也在食道中出现，其他类型的肌肉活动会在胃中搅拌食物，以及在结肠（大肠的主要部分）中制造粪便。

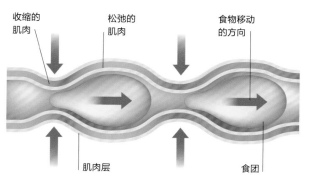

收缩的肌肉　　松弛的肌肉　　食物移动的方向

一阵阵的收缩
小肠肌肉会分节进行间歇式的松弛与收缩，不断地将食物往前挤。这种有节奏的活动叫做"蠕动波"。消化道较上方的食道以及较下方的结肠也具有此功能。

肌肉层　　　　　　食团

胆道系统

　　胆道系统的作用在于贮存肝脏所制造的胆汁（见92页），并在消化过程中将之送入小肠。胆道系统由胆管、来自肝脏的肝管，以及胆囊（一个位于肝脏下方的小囊）构成。胆汁在消化过程中用来分解脂肪。肝管将胆汁由肝脏输送至胆囊，在那里浓缩储存。当食物吃下肚之后，胆囊将胆汁挤入总胆管，再由该处进入十二指肠。

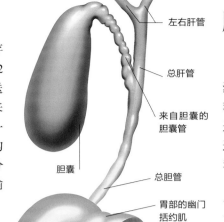

左右肝管

总肝管

来自胆囊的胆囊管

胆囊

总胆管

胃部的幽门括约肌

胆道系统的结构
当消化有需要时，胆汁便经由胆囊管离开胆囊，然后通过总胆管。此管与胰管在肝胰壶腹、也就是十二指肠的入口处汇合。

十二指肠

肝胰壶腹所在（乏特氏壶腹）

胰

胰

　　胰是大型的"L"字形腺体，位于肝脏下方、胃的后面。其最宽处（头部）依偎在十二指肠的弯曲处，而主要部分（体部）向左延伸逐渐变细（尾部）。胰有两个重要的功能：释出强力的胰液帮助消化过程，以及分泌能调节体内葡萄糖浓度的激素（见118页）。当食物抵达消化道时，胰液便经由胰管释入十二指肠之中。胰液含有各种酶，这些酶能合作分解脂肪、蛋白质、糖类，并含有碳酸氢钠，能用来中和胃酸。

胰的结构
胰为一细长腺体，含有一团团会生产酶与激素的细胞。

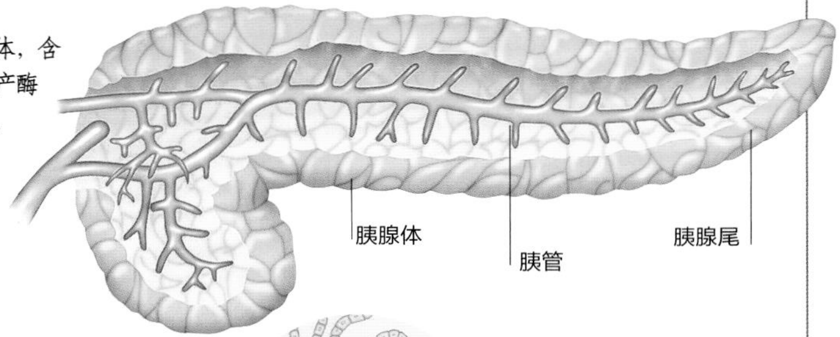

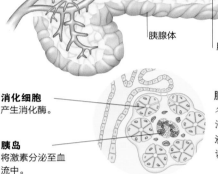

胰腺体

胰管

胰腺尾

消化细胞
产生消化酶。

胰岛
将激素分泌至血流中。

胰腺细胞
名叫胰腺细胞的葡萄状消化细胞团，能产生消化液与酶；而胰腺则会产生调节血糖浓度的激素。

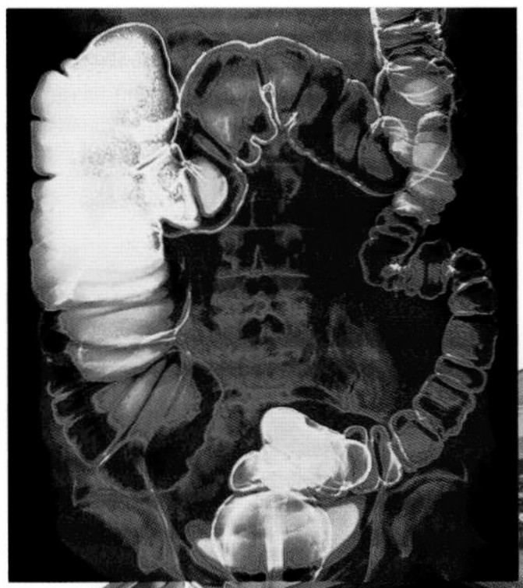

大肠的曲线
盲肠和结肠的第一部分，在此处为清晰可见的鲜黄色部分（左边）；大肠接着便依着顺时钟方向蜿蜒抵达直肠（下方）。

大肠

　　粪便在由盲肠、结肠、直肠所构成的大肠内部形成，然后自肛门排出体外。盲肠是连接小肠与结肠的短小口袋；结肠为大肠的主要部分，其主要功能是将来自小肠的液态食糜转化成粪便。水分经由结肠自食糜中抽取之后，便被吸收回到人体内。结肠内数十亿的细菌所产生的维生素，也在此处吸收。长管状的结肠有着一圈圈的肌肉，能够推挤粪便；其内壁会分泌黏液，以润滑肠道使粪便容易通过。粪便在直肠堆积后，经由肛门排出。

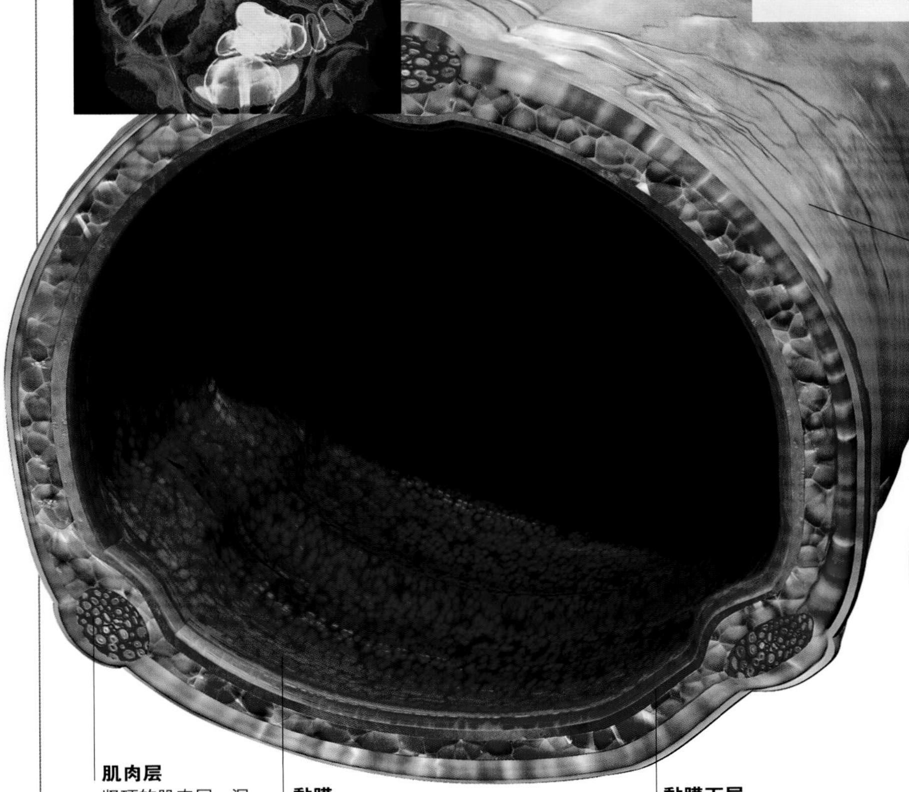

大肠的结构
口径比小肠宽的大肠，其肌肉层较不发达。

浆膜
外层的保护薄膜。

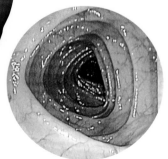

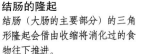

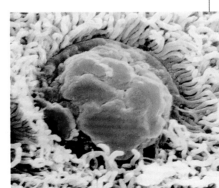

肌肉层
坚硬的肌肉层，混合粪便并将之推进。

黏膜
分泌黏液、具吸收性的内壁。

黏膜下层
血管与神经之所在。

结肠的隆起
结肠（大肠的主要部分）的三角形隆起会借由收缩将消化过的食物往下推进。

具润滑性的杯状细胞
嵌入大肠内壁的杯状细胞（上图橙色部分），会持续分泌具润滑作用的黏液，以利粪便的通过。

肝脏

　　具有诸多功能的肝脏是人体中化学活动最活跃的部位之一。这个大型且非常了不起的器官，位于腹腔上半部，据估计具有 500 种以上不同的功能，能帮助维持人体的化学平衡。肝脏的一项重要功能，便是其在营养加工过程中所扮演的角色，尽管它并不与消化道直接连接。肝脏的再生能力非常强，能在受损或患病之后自我修复。

肝脏的位置
这张"切片"是由下往上看的腹部扫描，显示出位于右手边位置的肝脏。

脾　　脊椎

肝脏

与消化道的连结

　　肝脏在消化过程中所扮演的角色，是将经由血液送达肝脏的食物营养再加工处理。在消化过程中，营养会在消化道中被吸收，经由密实的毛细血管网络注入血液中。之后血液由毛细血管流向更大的肝门静脉，送至肝脏进行加工。肝门静脉分成许多微小的分支，将血液输送至肝脏内的个体加工单位：肝小叶（亦见次页之"肝内血液的流动"）。

肝门系统
来自肠胃富含营养的血液，经由毛细血管系统进入较大的血管，最后抵达肝门静脉再流至肝脏。

肝脏　食道
胆囊
肝门静脉的横支
胃
脾
肝门静脉
小肠
大肠
阑尾
直肠

肝静脉

胆管

化学工厂

　　肝脏内部由许多个肝小叶组成，这些微小的加工单位协力使肝脏这座化学工厂正常运作。肝小叶的大小，肉眼勉强可辨，形状则略呈六方柱形。每个肝小叶是由数十亿个立方形的肝细胞所形成，后者自中央静脉向外辐射呈柱状排列。

　　肝细胞是非常勤勉的细胞，其主要任务之一是将营养物改变成能够储存于肝脏内或分布全身用作能量的形态。肝细胞也能分泌胆汁，这是一种黄绿色的液体，流入消化道后可分解脂肪。肝脏其他的功能还包括清洁血液以除去细菌和受损细胞；还有分解有毒物质（如酒精等），使之变成较为无害的形态；以及储存维生素和矿物质。

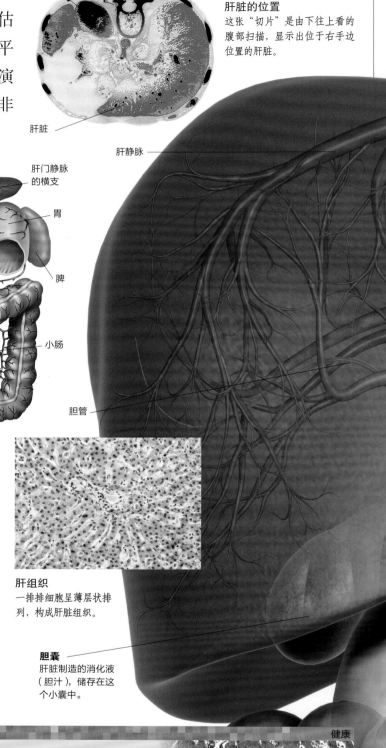

肝组织
一排排细胞呈薄层状排列，构成肝脏组织。

胆囊
肝脏制造的消化液（胆汁），储存在这个小囊中。

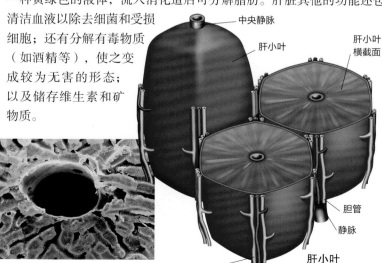

中央静脉
肝小叶
肝小叶横截面
胆管
静脉
动脉

肝小叶
肝小叶是肝脏的加工处理单位，周围有血管和胆管环绕。

肝小叶内部
每个肝小叶中央的静脉（此处所见之黑色圆圈），将血液携回心脏。

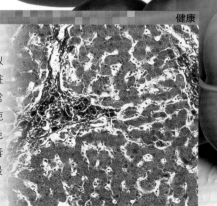

健康

肝硬化
在发达国家中，肝硬化是 45 岁以上民众的第三大死因（仅次于心脏疾病和癌症）。肝硬化患者的正常肝组织已毁损，而由纤维化的结疤组织替换形成结节（图片中的深色区域）。这些损伤可能由肝炎病毒感染而造成，但在发达国家中，最常见的原因则是饮酒过度。

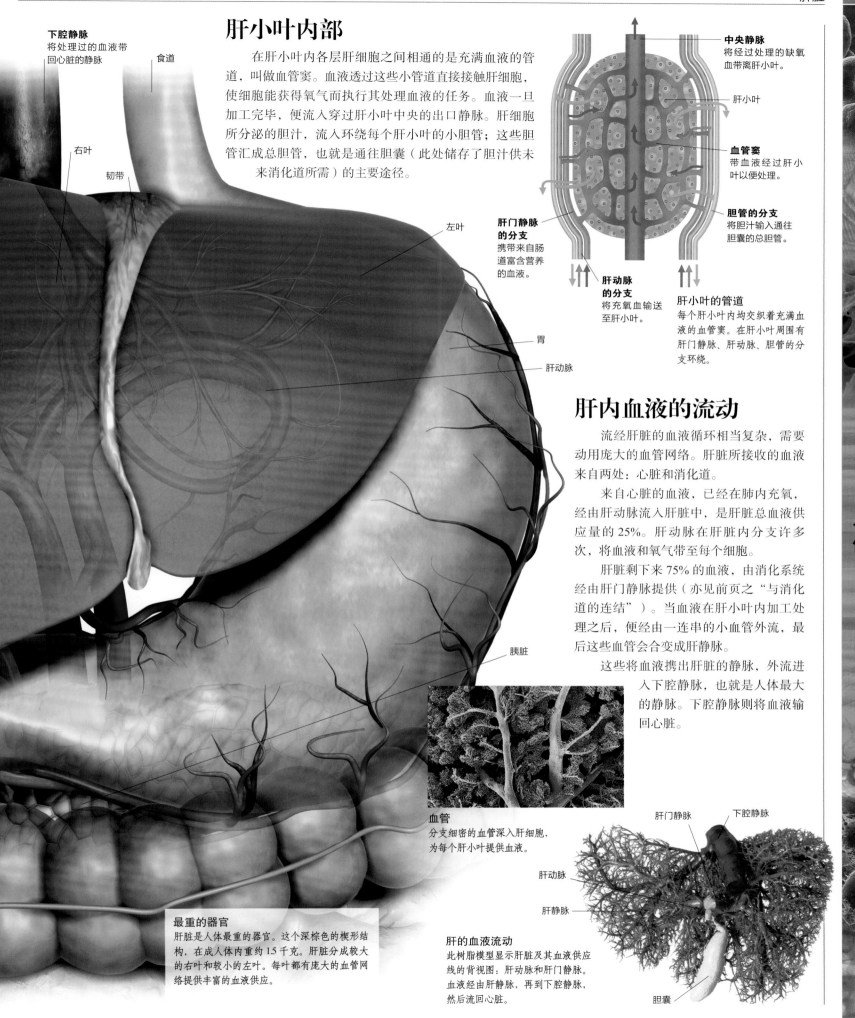

肝小叶内部

在肝小叶内各层肝细胞之间相通的是充满血液的管道，叫做血管窦。血液透过这些小管道直接接触肝细胞，使细胞能获得氧气而执行其处理血液的任务。血液一旦加工完毕，便流入穿过肝小叶中央的出口静脉。肝细胞所分泌的胆汁，流入环绕每个肝小叶的小胆管；这些胆管汇成总胆管，也就是通往胆囊（此处储存了胆汁供未来消化道所需）的主要途径。

下腔静脉
将处理过的血液带回心脏的静脉

食道

右叶

韧带

左叶

胃

肝动脉

胰脏

中央静脉
将经过处理的缺氧血带离肝小叶。

肝小叶

血管窦
带血液经过肝小叶以便处理。

胆管的分支
将胆汁输入通往胆囊的总胆管。

肝门静脉的分支
携带来自肠道富含营养的血液。

肝动脉的分支
将充氧血输送至肝小叶。

肝小叶的管道
每个肝小叶内均交织着充满血液的血管窦。在肝小叶周围有肝门静脉、肝动脉、胆管的分支环绕。

肝内血液的流动

流经肝脏的血液循环相当复杂，需要动用庞大的血管网络。肝脏所接收的血液来自两处：心脏和消化道。

来自心脏的血液，已经在肺内充氧，经由肝动脉流入肝脏中，是肝脏总血液供应量的25%。肝动脉在肝脏内分支许多次，将血液和氧气带至每个细胞。

肝脏剩下来75%的血液，由消化系统经由肝门静脉提供（亦见前页之"与消化道的连结"）。当血液在肝小叶内加工处理之后，便经由一连串的小血管外流，最后这些血管会合变成肝静脉。

这些将血液携出肝脏的静脉，外流进入下腔静脉，也就是人体最大的静脉。下腔静脉则将血液输回心脏。

血管
分支细密的血管深入肝细胞，为每个肝小叶提供血液。

最重的器官
肝脏是人体最重的器官。这个深棕色的楔形结构，在成人体内重约1.5千克。肝脏分成较大的右叶和较小的左叶。每叶都有庞大的血管网络提供丰富的血液供应。

肝门静脉

下腔静脉

肝动脉

肝静脉

胆囊

肝的血液流动
此树脂模型显示肝脏及其血液供应线的背视图：肝动脉和肝门静脉。血液经由肝静脉，再到下腔静脉，然后流回心脏。

过滤废物

　　我们身体内发生化学反应之后所产生的废物，聚集在血液中。为了让我们保持健康，这些废物必须滤出排泄。泌尿系统（或称尿路）便负责执行这项任务：过滤血液，而废物和多余的水分则变成尿液排出体外。泌尿系统包括两颗肾脏、膀胱、连接肾脏与膀胱的输尿管，以及提供通路让尿液离开人体的尿道。泌尿系统在过滤血液之际，也同时调节体内水分，并维持体液和其中物质（如盐分）的平衡。

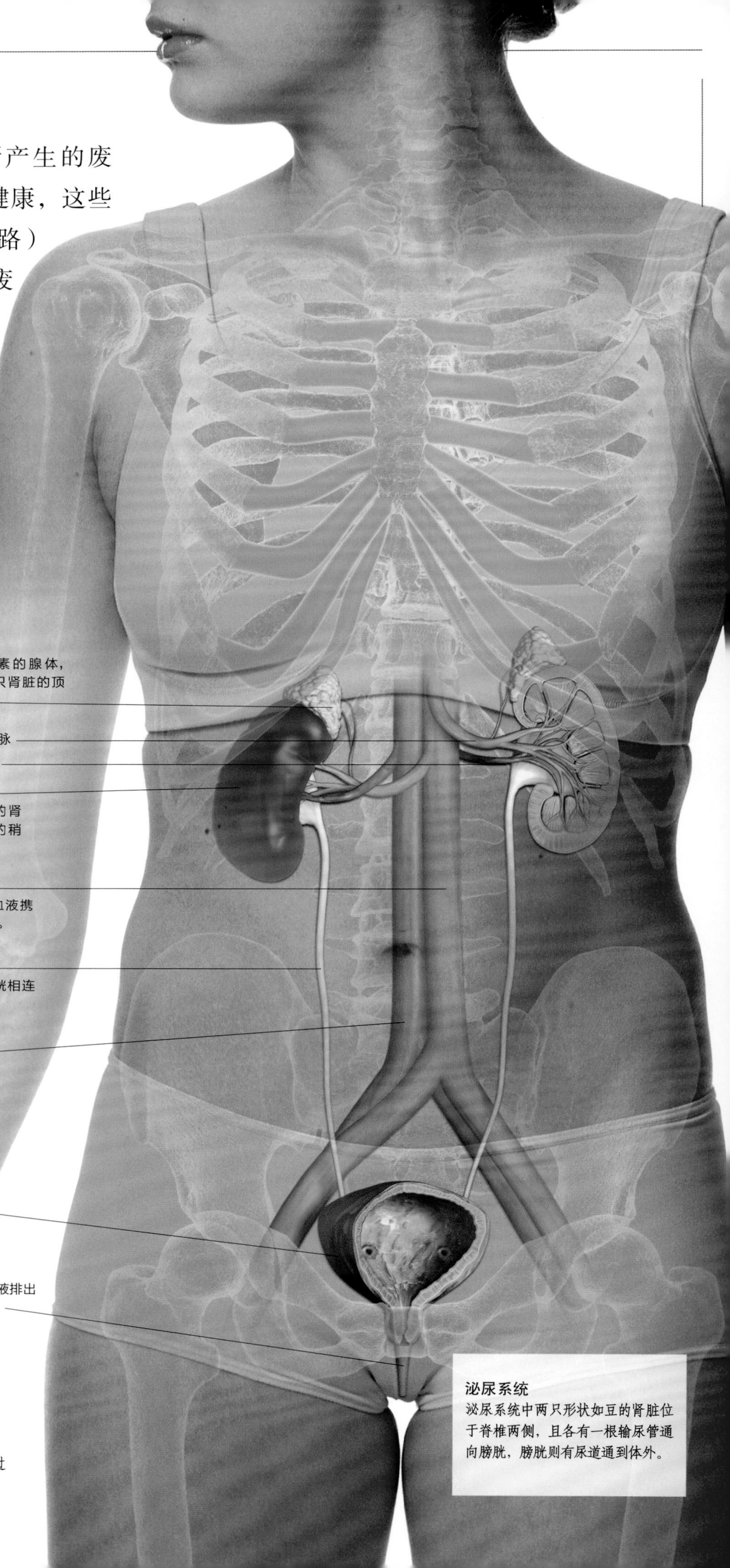

人体

健康

膀胱结石

如果尿液中的废物结晶化，便会在膀胱内形成结石。男性发生膀胱结石的机率为女性的 3 倍，而在 43 岁以上的人口则更加普遍。大型的结石（如这张彩色膀胱 X 射线影像上的 5 颗结石）通常需要手术移除；较小的结石则能被破坏成碎片，再从尿液排出。

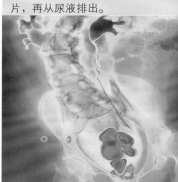

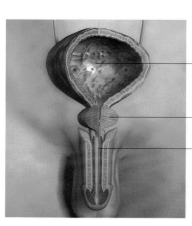

膀胱

前列腺

尿道

男性的膀胱与尿道
男性尿道起自膀胱，通过前列腺，抵达阴茎末端。

肾上腺
制造激素的腺体，位于每只肾脏的顶端。

肾动脉

肾静脉

肾脏
人体右边的肾脏比左边的稍微偏低。

主动脉
将来自心脏的血液携至全身其他各处。

输尿管
将两只肾脏与膀胱相连的管子。

下腔静脉
将全身各处的血液送回心脏。

膀胱
具有肌肉厚壁的中空器官，为暂时储存尿液之处。

尿道
将膀胱中尿液排出的管道。

泌尿系统
泌尿系统中两只形状如豆的肾脏位于脊椎两侧，且各有一根输尿管通向膀胱，膀胱则有尿道通到体外。

肾脏

　　两只肾脏的主要功能是制造尿液，一种含有许多人体废物的液体。肾脏借着调整尿液的浓度和组成，得以维持体内稳定平衡的环境，确保人体内液体平衡始终正确无误。肾脏有三个区域：皮质、髓质、肾盂。外层的皮质含有许多肾元，而肾元即为肾脏功能的基本单位。每个肾元由一个肾小球和一根肾小管组成，如果将肾元内所有肾小管展开并头尾相连的话，其全长可达 80 千米。中间的一层是髓质，由收集尿液的管子组成锥状体。位于内部区域的肾盂，分支成肾大盏和肾小盏等空腔。肾小盏收集来自髓质的尿液；尿液接着再被肾大盏收集，然后汇集至输尿管，准备输送至膀胱。

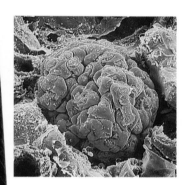

肾小球
这团由毛细血管紧密裹成的小球，是肾元的一部分，叫做肾小球，是肾脏中过滤血液的主角。

制造尿液

　　血液经肾脏的肾元过滤之后，剩下无用的物质构成尿液。血液经由从肾动脉分支的小动脉进入肾元，由紧密的毛细血管团（肾小球）过滤；接着滤出液进入肾小管，管内则进行着复杂的分泌与再吸收过程。在这个过程中，有益的物质（如葡萄糖）便被再次吸收以供人体使用，而血液的酸度气经过调节，水的分量也要经过调整。这个过程所产生的废物，便是一种名叫尿液的液体。

肾小球
主要过滤地点。

肾元
由肾小球和肾小管组成的过滤单位。

肾小管
复杂的分泌和再吸收之所在。

毛细血管
环绕肾小管。

肾动脉
将来自主动脉的血液携至肾脏。

肾静脉
将来自肾脏的血液携至下腔静脉。

肾盂
收集来自肾盏的漏斗状管道。

肾锥体
含有上千个集尿管的锥状体。

输尿管
将尿液携至膀胱。

肾小套
覆盖肾脏的保护外层。

集尿管
将来自肾元的尿液携至肾盂。

动脉

静脉

海氏套
隶属肾小管的一部分，此环深入髓质。

肾大盏
与肾小盏相连的空腔。

皮质
肾脏的外层，约含一百万个肾元。

髓质
肾脏中层，由一种叫做肾锥的构造组成。

肾元

肾小盏
收集来自肾锥的尿液，并将之导入肾大盏。

肾脏内部
此剖面图显示了由各种管道和构造形成的精密网络，使肾脏得以执行许多功能。此处放大的肾脏切片，显示了肾脏的过滤单位——肾元。

膀胱的控制

　　当膀胱饱和之际，膀胱壁中的神经会将信息送至脊髓。大一点的儿童和成年人可以调整排尿的时间，这是因为此过程受脑部控制之故。膀胱壁内由骨骼肌形成的括约肌（瓣膜）位于尿道开口附近，能够紧缩以防止尿液的排出。（婴儿缺乏此项控制，其膀胱在饱和时便随即排空。）当一人做好排尿的准备时，脑部便将信号送至膀胱。在排尿之前的几秒钟，骨盆底肌和腹底其他肌肉放松，而膀胱壁上的括约肌也松弛。然后膀胱壁收缩，将尿液排出。

经过肾元的路径
来自肾小球的滤出液流经肾小管，后者分做三个阶段：近曲小管、海氏套、远曲小管。

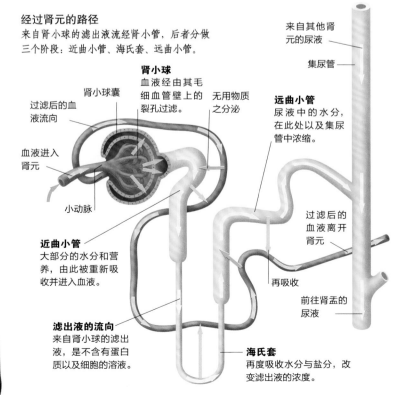

肾小球囊

过滤后的血液流向

血液进入肾元

肾小球
血液经由其毛细血管壁上的裂孔过滤。

小动脉

近曲小管
大部分的水分和营养，由此被重新吸收并进入血液。

滤出液的流向
来自肾小球的滤出液，是不含有蛋白质以及细胞的溶液。

海氏套
再度吸收水分与盐分，改变滤出液的浓度。

无用物质之分泌

远曲小管
尿液中的水分，在此处以及集尿管中浓缩。

过滤后的血液离开肾元

再吸收

前往肾盂的尿液

来自其他肾元的尿液

集尿管

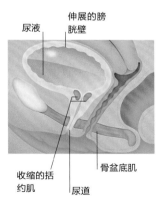

饱和的膀胱
当尿液注入膀胱时，膀胱壁的伸展引发神经脉冲前往脊髓，送出膀胱需要排空的信号。

伸展的膀胱壁

尿液

收缩的括约肌

骨盆底肌

尿道

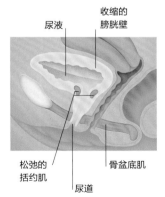

排空膀胱
排空膀胱时，膀胱壁肌肉收缩，括约肌也同时松弛，将尿液挤出膀胱并下流至尿道。

收缩的膀胱壁

尿液

松弛的括约肌

骨盆底肌

尿道

进攻
巨噬细胞（紫色）这个与人体防御有关的保护细胞，发现了被视为外来侵入者的癌细胞（黄色），正试图将之摧毁。

防御与修护

我们随时都暴露在许多潜在的危害中。我们呼吸的空气、我们触摸的每一样东西，以及我们所吃所喝的饮食，都充满了可能引起疾病的微生物。我们的身体可能会因意外伤害而受损，就连我们自己的细胞也可能因为功能失常而造成疾病。除此之外，人体还得应付老化带来的影响。可幸的是，我们的身体也内藏了防御与修护机能，有助于保护我们不受疾病和身体机能退化的伤害。

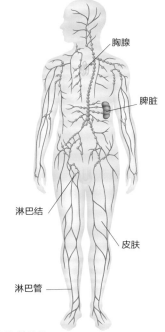

人体的防御
人体有内外两种防御。皮肤是抵御感染的第一道屏障，在体内则有特殊血球以及淋巴系统的腺体和淋巴管来提供保护。

人体会自动试着避免任何明显的威胁。大脑监控其从感官所接收的信息，并就特定的情况引发反射动作来回应。举例而言，我们会在痛苦的来源面前退缩，并本能地避开气味或味道不好的食物。而其他许多感官无从察觉的有害媒介，人体便借由物理和化学屏障来对付。

危害的来源

感染是对我们健康最大的威胁。有各种被我们统称“病菌”的细菌和病毒，能够进入人体做怪；还有许多不同种类的寄生物（如真菌和肠内寄生虫），能在组织和器官中形成族群，损害细胞并吸取重要的营养。我们也被许多环境灾害所环绕，而这通常

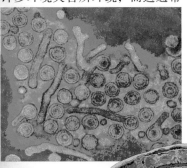

B 型肝炎病毒

嗜肺性退伍军人病菌

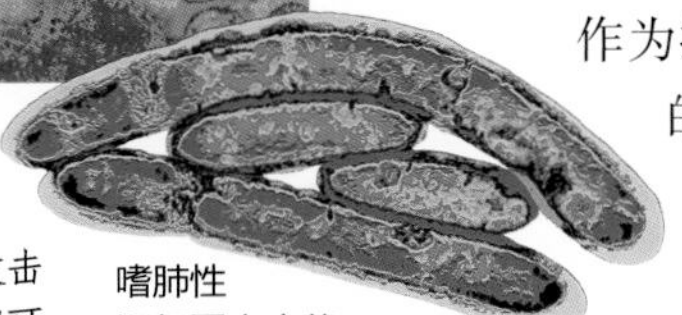

感染
人体的防御机制，已为攻击病毒和细菌做好准备，但可能无法轻易克服传播迅速的B型肝炎病毒（上图所示之蓝色圆圈）和造成退伍军人病的嗜肺性退伍军人杆菌。

是难以避免的情况。阳光和我们脚下的岩石都可能发出无形但有害的辐射，而有害化学物质也可能进入食物链或污染大气。此外，还有可能会发生意外，例如烫伤或摔伤等，且有时人体也会对其本身造成危害，而攻击自己的组织或对无害的物质（如花粉）起反应。另外，人体的正常细胞复制过程，有时会因为让人体组织处在一种过度加速修复的情况下而造成癌症。

屏障防御

若是少了皮肤的遮覆，我们便失去了抵御外来伤害的主要防线。皮肤能保护内部器官，而其

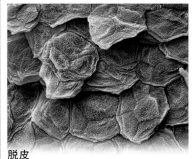

脱皮
这些皮肤表面的细胞层已经老旧，正在逐渐脱去。其下层形成的新细胞，将会上移而取代这些老旧的细胞。

敏感的特性让我们能够警觉疼痛冷热的危险程度。其他有效的防护还有为身体开口处（如鼻子和嘴巴）衬里的薄膜。人体亦将毛发和具保护作用的化学物质等，作为抵挡传染性生物体的屏障。此外，人体内外还有许多有益的细菌族群，它们并不会致病，反而对入侵的病原有遏阻的功效。

免疫反应

人体能够经由复杂的机制反击疾病，这些机制合称为免疫系统。免疫系统的防御机制，牵涉到特殊的白血球以及淋巴系统的作用。淋巴系统由淋巴管和淋巴结（组织的小结节）形成的网络所构成，遍布全身并且充满了淋巴液（一种水状组织液）。免疫系统视感染物为“外来异物”，如果这种外来异物通过了外在的屏障，人体有许多方式可以回应，以使外来物无法发挥破坏作用，或直接消灭这些外来物。免疫系统中有部分的作用方式是释出特殊的蛋白质（抗体）以摧毁细菌，另一种免疫反应则是由白血球直接行动，锁定并摧毁癌细胞或受病毒感染的细胞。

免疫系统有一项惊人的能力，便是能记得曾经进入体内的特定感染。如果人体再度碰到某种生物体时，便可以快速产生应对的反应。

通常，某些症状能让我们得知免疫系统正在反击感染。体温升高便是一项指标；而如果是体外部分遭受感染，则皮肤可能会发红肿胀。免疫系统有时会反应过度，对明显无害的物质产生抗体。此反应可能造成各种不同的症状，如打喷嚏或出痒疹。

生长与修复

某些人体细胞的寿命有限；它们可能会被摧毁、被人体自然蜕除；或根本一开始就已预定在一定时间内死去，有时甚至只有为时几个小时。人体每天制造上百万个新细胞，用以替换老旧、受损或失去的细胞。大多数类型的细胞，都有自我复制的能力。

这项过程叫做有丝分裂，其速率在童年期最快，以确保儿童完全发育。有丝分裂在成人期仍持续进行，不过其步调较缓；如果不产生新细胞来保持皮肤、骨骼、器官的良好修护，人体会受日常磨损的侵蚀。然而，并非所有可替代的身体部位都是由活组织构成的。例如，毛发和指（趾）甲便是死去的扁平细胞经角蛋白硬化而形成。

细胞的复制使伤口得以愈合，因为新细胞会逐渐填入受伤的部位。在受损组织开始修复之前，人体会启动凝血机制，以堵住破裂的血管。

毛干
迅速分裂的细胞死去之后，经由皮肤中的毛囊向上推出，便慢慢形成一根根的毛。

历史

病菌的发现

法国化学家巴斯德（1822—1895，其照片如下）是第一个发现某些类型微生物能致病的人。一旦这种所谓的“病菌理论”普遍为医师与科学家接受，一些重大疾病（如白喉和霍乱）的成因便能够找出来了。

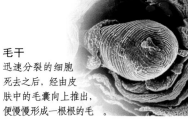

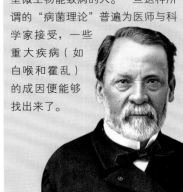

第一道防线

　　人体抵御潜在危害的第一道防线是皮肤，其能在我们与周遭环境之间提供一层保护屏障。在没有皮肤包裹的身体开口处，有薄膜为衬以防有害生物的入侵。人体会制造化学物质来润滑清洁这些屏障，并进一步提高其效能。在皮肤表面以及体内器官中，有无害的微生物与病原体竞争生存空间，是我们的盟友。

皮肤

　　人体的体表主要分成二层；表皮与真皮。位于上层的表皮，是一种坚韧的保护组织，其表面由死细胞构成。这些细胞会不断地脱落，使微小的生物体不易停留在皮肤上。制造黑色素的黑色素细胞便位于此层。黑色素便是使皮肤在阳光下会被晒黑的原因。阳光中具有会导致皮肤癌的紫外线，黑色素有助于预防阳光中这类辐射的伤害。天生肤色深的人具有大量的黑色素，对于阳光的抵抗力也很强；肤色浅的人抵抗力则较弱。

　　表皮之下是真皮，皮脂腺即位于此层，能分泌油质的皮脂至皮肤表面。皮脂能润滑皮肤，并可抑止微生物的生长。皮肤的另一项重要功能，在于保护人体不受极端温度伤害。利用特殊血管和汗腺工作的体温调节系统，在我们太热时使我们冷却，而在体温开始下降时则会节约使用热量。皮肤亦含有数十亿个感觉细胞，能警示我们温度冷热、压力，和疼痛（见触觉，128 页）的有害程度。

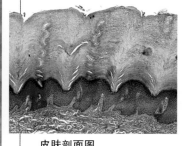

皮肤剖面图
这片来自手指的皮肤，清晰显示其组织层次；最上层的是表皮（紫色部分）。

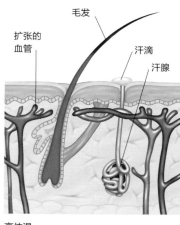

高体温
体温调节
要冷却身体时，血管会扩张以使更多血液抵达皮肤，汗腺则会产生汗液。要节约热量时，血管会收缩，竖毛肌也会将毛发拉直以防温暖流失，因而形成鸡皮疙瘩。

扩张的血管　毛发　汗滴　汗腺

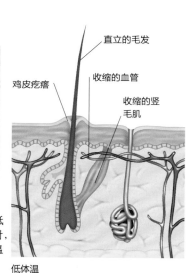

直立的毛发
鸡皮疙瘩
收缩的血管
收缩的竖毛肌

低体温

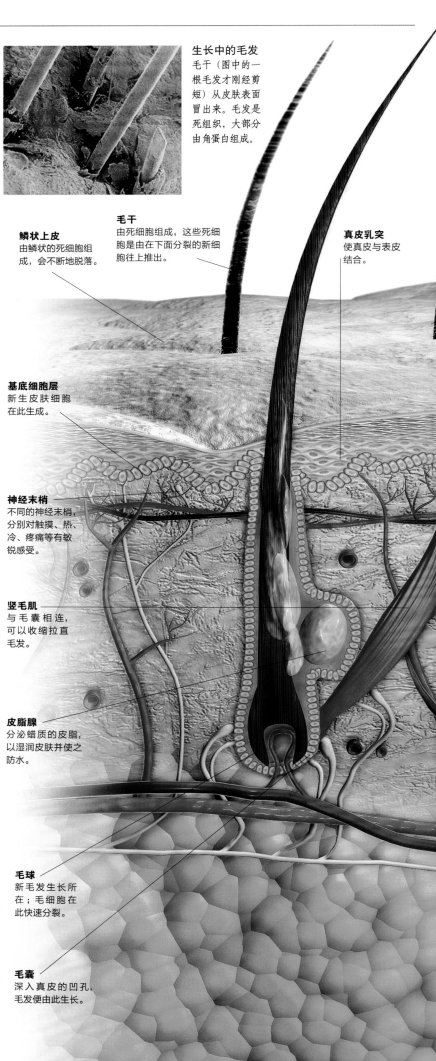

生长中的毛发
毛干（图中的一根毛发才刚经剪短）从皮肤表面冒出来。毛发是死组织，大部分由角蛋白组成。

鳞状上皮
由鳞状的死细胞组成，会不断地脱落。

毛干
由死细胞组成，这些死细胞是由在下面分裂的新细胞往上推出。

真皮乳突
使真皮与表皮结合。

基底细胞层
新生皮肤细胞在此生成。

神经末梢
不同的神经末梢，分别对触摸、热、冷、疼痛等有敏锐感受。

竖毛肌
与毛囊相连，可以收缩拉直毛发。

皮脂腺
分泌蜡质的皮脂，以湿润皮肤并使之防水。

毛球
新毛发生长所在；毛细胞在此快速分裂。

毛囊
深入真皮的凹孔，毛发便由此生长。

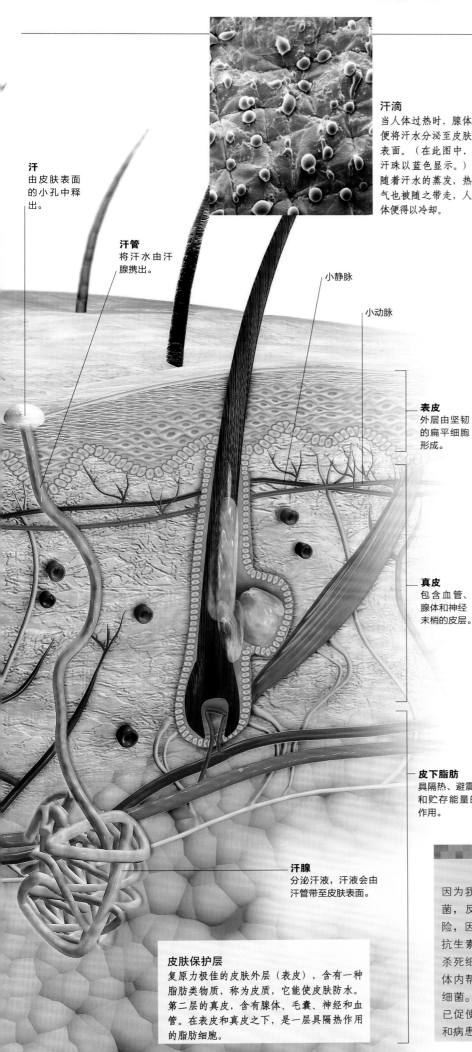

汗滴
当人体过热时，腺体便将汗水分泌至皮肤表面。（在此图中，汗珠以蓝色显示。）随着汗水的蒸发，热气也随之带走，人体便得以冷却。

汗
由皮肤表面的小孔中释出。

汗管
将汗水由汗腺携出。

小静脉

小动脉

表皮
外层由坚韧的扁平细胞形成。

真皮
包含血管、腺体和神经末梢的皮层。

皮下脂肪
具隔热、避震，和贮存能量的作用。

汗腺
分泌汗液，汗液会由汗管带至皮肤表面。

皮肤保护层
复原力极佳的皮肤外层（表皮），含有一种脂肪类物质，称为皮质，它能使皮肤防水。第二层的真皮，含有腺体、毛囊、神经和血管。在表皮和真皮之下，是一层具隔热作用的脂肪细胞。

内部屏障

人体的一些部位，如口、鼻、眼、肛门、尿路和阴道，其内部组织会暴露于外部环境。这些部位会有其各自的化学与物理屏障来加以保护。口中腺体产生的唾液，是一种黏液与抗菌物质的混合物；泪水则能清洗与保护眼睛；有办法深入胃部的细菌，则会被强酸摧毁；生殖道内的黏液，能绊住生物体和细小颗粒；鼻内的毛发和黏液，有着相同的作用；呼吸道中的微小毛状突起（纤毛），则能将困在黏液中的尘埃和微生物扫到喉咙里，自该处咽下或咳出。耳朵也有保护的屏障：耳垢和外耳道中的耳毛，可绊住尘埃与生物体。

在鼻内
鼻管内的黏液与毛状细胞可绊住细菌（黄色部分）。

在肠内
大肠中的一种特殊杯状细胞（黄色部分），会分泌黏液以润滑肠壁并避免其受损。

有益的微生物

并非所有在人体内外生长的生物体都是有害的；其中有一大部分肯定是有益的。举例而言，二种住在人类肠中的细菌（乳酸杆菌和双歧杆菌），便负责制造非常重要的维生素。这些"有益"细菌也在肠道中维持健康的酸平衡，以抑制致病细菌数量的增加，并改善人体的免疫功能。人体中尚有其他各种不同的生物体，它们通常不会造成为害，但却是入侵生物体的竞争对手。这些阻碍包括住在大肠里的大肠杆菌；然而某些大肠杆菌的种类，却可能导致疾病。白色念珠菌这种真菌主要位于口腔和阴道，是另一种有时可能会致病的保护性生物体。

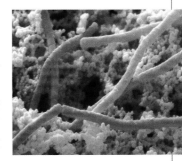

有益细菌
这些乳酸杆菌（粉红色部分），有助于抑止有害细菌在肠道中过度繁殖。

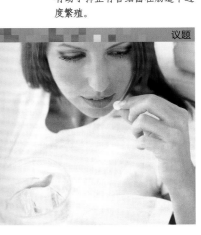

议题

抗生素处方
因为我们过于努力消灭一些有害细菌，反而使得这些细菌愈来愈危险，因为这些生物体开始对常用的抗生素产生抵抗力。抗生素是用来杀死细菌的药物，却也会摧毁我们体内帮忙攻击疾病的许多"有益"细菌。对滥开抗生素问题的关注，已促使世界各地的卫生机关向医生和病患提出此类药物的使用准则。

人体

与疾病作战

每天都不断有传染性生物体侵入我们体内。辨识并使这些"病菌"失去破坏力或将之杀死，是免疫系统（由特化细胞和化学物质组成的复杂网络）的任务。我们的天然防线能帮助保护人体，避免受到病毒、细菌及其产生的毒素，甚至一些癌症的危害。依据危害本身的不同特性，免疫系统有各种不同的应变之道。免疫防御的主要组成部分为淋巴系统与特化白血球。

淋巴系统

淋巴系统与携带血液的循环系统紧密相连，是个由遍及全身的管道构成的网络。这些管道携有淋巴液，一种由血液渗入人体组织的水状液体。大部分的淋巴液经由毛细血管回流至血液，其余的则进入淋巴管。淋巴液借由肌肉收缩保持循环，而淋巴管内的瓣膜则可预防淋巴液逆流。淋巴管上的淋巴结，会将有害的微生物自淋巴液中滤出。过滤后的淋巴液经由淋巴管进入血液，以维持体液的平衡。

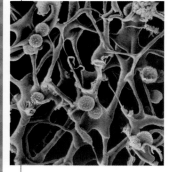

淋巴结内的组织
循环体内的淋巴液，在淋巴结内由纤维网状的组织过滤。

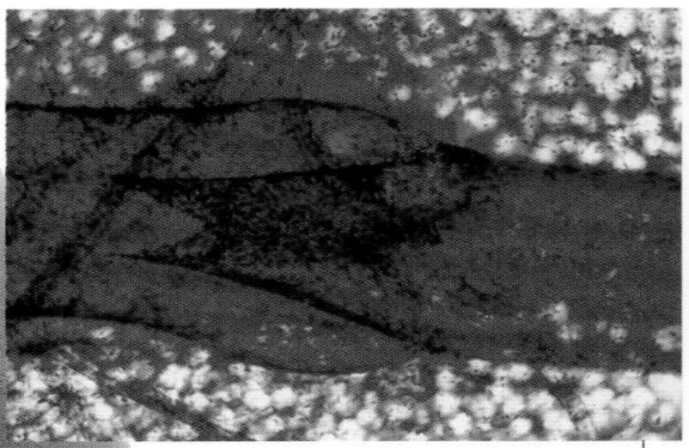

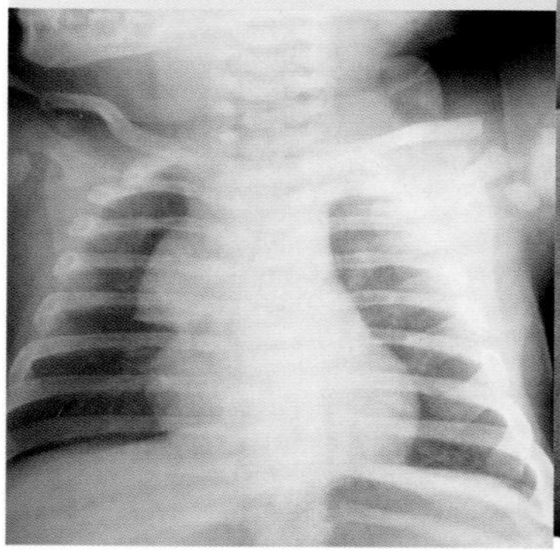

淋巴管
此淋巴管（红色）的叉状构造是个单向瓣膜，可预防淋巴液的逆流。

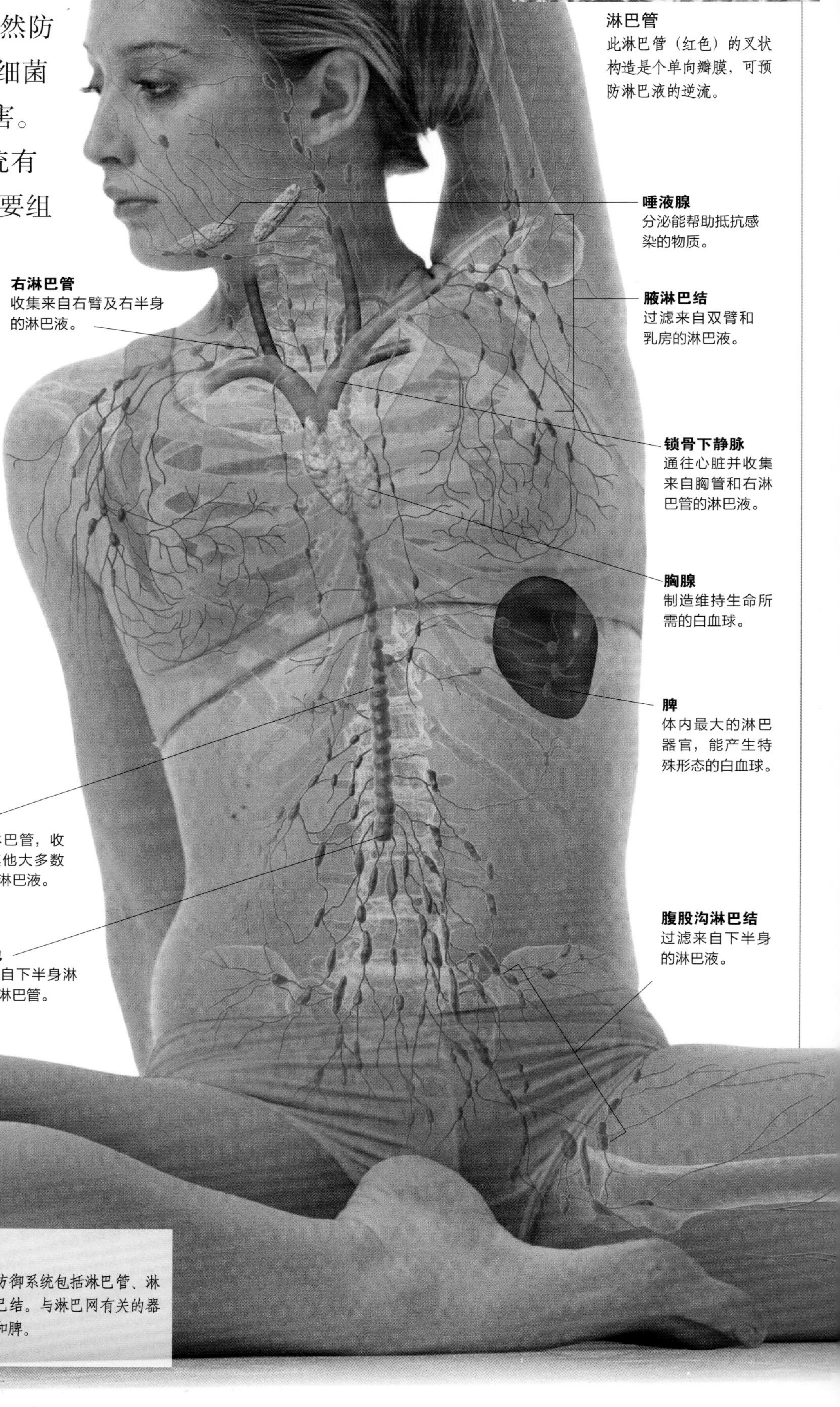

唾液腺
分泌能帮助抵抗感染的物质。

腋淋巴结
过滤来自双臂和乳房的淋巴液。

右淋巴管
收集来自右臂及右半身的淋巴液。

锁骨下静脉
通往心脏并收集来自胸管和右淋巴管的淋巴液。

胸腺
制造维持生命所需的白血球。

脾
体内最大的淋巴器官，能产生特殊形态的白血球。

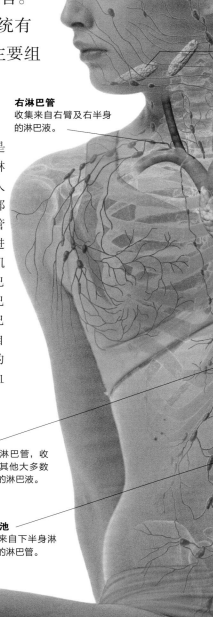

胸管
最大的淋巴管，收集体内其他大多数淋巴管的淋巴液。

乳糜池
收集来自下半身淋巴管的淋巴液。

腹股沟淋巴结
过滤来自下半身的淋巴液。

> **真相**
>
> ## 婴儿的免疫力
>
> 为了求生存，婴儿必须迅速对感染产生免疫力。位于胸骨下方的胸腺（见下图锁骨下的白色区域），可助一臂之力。胸腺制造的白血球，在免疫系统中扮演着重要的角色。胸腺是婴儿出生时体内最大的腺体，但会随着成长而逐渐缩小。
> 婴儿的胸腔 X 射线影像

淋巴网
这个人体的防御系统包括淋巴管、淋巴组织和淋巴结。与淋巴网有关的器官包括胸腺和脾。

人体

淋巴液的过滤方式

淋巴液的过滤单位为豆状淋巴结，在腹股沟、颈部、腋下，以及膝盖后方集结出现。每个淋巴结都充满着网状组织构成的网络，此类组织含有装满特化白血球（淋巴球）的窦腔（空腔）。当淋巴液缓慢流经窦腔并被过滤时，细胞碎片、致病微生物，以及肿瘤细胞等便会被白血球困住、吞噬和摧毁。当人体某部位受感染时，附近的淋巴结便会变得肿胀疼痛，以限制感染的蔓延，有时淋巴结甚至会变大到明显可见的程度。

瓣膜

窦腔
腔内的结节。

淋巴输入管
将淋巴液携入淋巴结的管道之一。

白血球
吞噬外来或死去的物质。

生发中心
含有淋巴球的区域。

外膜
包围淋巴结的坚韧纤维组织。

动脉

淋巴输出管
将过滤后的淋巴液携出。

淋巴结
淋巴液在通过淋巴结时的流动速度，会因窦腔内的纤维网而变慢，让白血球有机会工作。

静脉

免疫系统的细胞

血液含有五大类粒细胞：嗜中性粒细胞、单核细胞、嗜碱性粒细胞、嗜酸性粒细胞，以及淋巴球。嗜中性粒细胞隶属于吞噬细胞，会在血液中巡逻并吞噬外来生物体；单核粒细胞亦属于吞噬细胞，会在人体组织中执行类似的扫除功能；嗜碱性粒细胞能释放化学物质，引起发炎反应；嗜酸性粒细胞则与过敏反应有关。淋巴系统组织中的淋巴球数目较血液中的多。这些淋巴球细胞各以特定的传染生物体（如病毒）为目标，同时能够锁定并摧毁癌细胞。

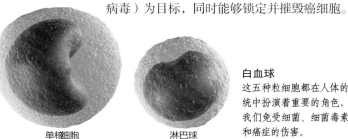

白血球
这五种粒细胞都在人体的免疫系统中扮演着重要的角色，有助于我们免受细菌、细菌毒素、病毒和癌症的伤害。

单核细胞

淋巴球

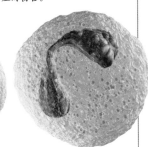

嗜中性粒细胞

嗜碱性粒细胞

嗜酸性粒细胞

发炎反应

当传染生物体从受损的皮肤或其他组织进入人体时，免疫系统便会采取发炎反应的行动：受损组织会先释出化学物质，吸引噬菌细胞这类能对抗感染的白血球来到受损部位；此外，这些化学物质亦会使伤口附近的血管扩张，增加血液流量，并使血管的渗透力更大。这些反应会再引来更多的噬菌细胞，并让这些噬菌细胞轻易穿透血管壁。于是噬菌细胞会包围、吞没，并摧毁入侵的微生物。发炎反应有立即而明显的功效，会在感染部位造成红、痛、热、肿等表征。

受伤的皮肤　　外来生物体　　释出的化学物质

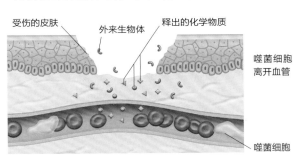

噬菌细胞离开血管

噬菌细胞

外来生物体进入人体
外来生物体在皮肤受损后进入人体。受损组织会立刻释出能吸引噬菌细胞来到受伤部位的化学物质。

噬菌细胞吞噬生物体　　　　　发炎的组织

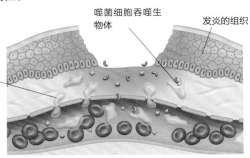

引发发炎反应
血流增加，血管扩张（变宽），使噬菌细胞得以离开血液进入受损组织，在该处摧毁外来生物体。

腘淋巴结
过滤来自双腿与双脚的淋巴液。

淋巴管
将淋巴液由组织携往主淋巴管的众多管道之一。

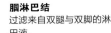

淋巴瘤

有时保护我们免受癌症侵害的白血球，反而会变成跟癌症一样无法遏制地生长。这种癌症叫做淋巴瘤，共分成两大类：霍奇森氏淋巴瘤与非霍奇森氏淋巴瘤。淋巴瘤从淋巴结开始蔓延至其他淋巴结与组织。症状包括淋巴结肿胀发烧、体重下降。早期治疗通常都很成功。

淋巴瘤剖面图

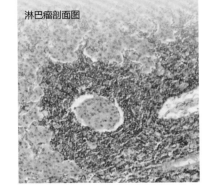

人体

抗体反应

抗体反应是免疫反应的一种，以入侵人体的细菌和毒素为目标。当细菌进入人体，噬菌细胞会将之包围，再把它们领向名叫 B 淋巴球（B 细胞）的白血球。一些 B 细胞具有能够锁定细菌抗原（细菌表面的蛋白质）的特殊形状。这些能和特定细菌结合的 B 细胞，随即会增殖制造两种细胞：浆细胞与记忆 B 细胞。浆细胞会释出能锁定细菌抗原的抗体，并将这些抗体散布在入侵生物体的表面，使其无法正常运作，而且这些抗体还会产生能分解细菌的酶，并吸引噬菌细胞将变弱的细菌吞没。记忆 B 细胞的作用是能够记得细菌的抗原，所以如果人体再次受到此类细菌入侵，便能被立即辨识出来。

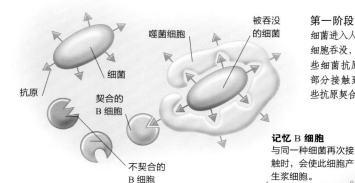

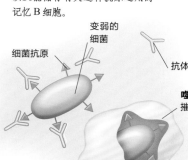

第一阶段
细菌进入人体后，有的会被噬菌细胞吞没，接着噬菌细胞会将这些细菌抗原带往和 B 细胞接触。部分接触到的 B 细胞，能与这些抗原契合。

记忆 B 细胞
与同一种细菌再次接触时，会使此细胞产生浆细胞。

第二阶段
和抗原契合的 B 细胞增殖，制造能产生抗体以摧毁细菌的浆细胞，以及能储存有关这种抗原之用的记忆 B 细胞。

第三阶段
浆细胞所释出的抗体，会锁住细菌抗原并使细菌变弱，还会吸引更多的噬菌细胞来摧毁细菌。

噬菌细胞
摧毁细菌

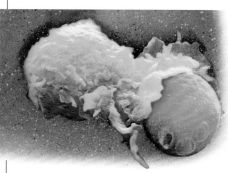

摧毁入侵者
一个名叫噬菌细胞的白血球（蓝色部分），正开始要吞噬外来生物体。为了摧毁该生物体，噬菌细胞释出酶将之分解。

大肠杆菌
如果有害细菌（如大肠杆菌）进入人体，很快便会启动免疫抗体反应。

细胞反应

细胞的免疫反应以病毒、寄生物和癌细胞为目标。其所依赖的是叫做 T 淋巴球（T 细胞）的白血球。在辨认出外来抗原（蛋白质）之后，T 细胞便会增殖以对抗受到感染的细胞或癌细胞。受到感染的细胞或是癌细胞会被噬菌细胞所吞没，再使这些抗原与 T 细胞接触，而接触到的 T 细胞中，有些能与这些抗原契合。能契合的 T 细胞会增殖，以产生各种不同类型的细胞，其中包括含有毒性蛋白质的杀伤 T 细胞，以及储在体内以保护人体免受同样入侵者再次伤害的记忆 T 细胞。杀伤 T 细胞会锁定表面具有已知辨识出抗原的感染细胞，并释出毒性蛋白质来摧毁该细胞。

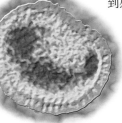

流行性感冒病毒
该病毒上的蛋白质，使其能够附着并感染呼吸道内壁的细胞。

人体免疫缺陷病毒与艾滋病

人体免疫缺陷病毒（HIV）进入血液中，会感染 T 细胞，并在 T 细胞内迅速增殖，再进一步毁灭这些细胞。如果感染后没治疗，最后将失去抵抗感染和癌症的能力，这就是获得性免疫缺陷综合症，也称为艾滋病。

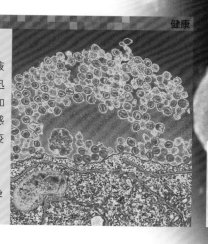

抽芽
HIV 病毒颗粒（紫色部分）的群集，从感染的 T 细胞表面抽芽，导致该细胞的毁坏。

健康

癌症杀手
杀伤 T 淋巴细胞（橙色部分）已附着于癌细胞（紫色部分）上。T 细胞释出酶摧毁这个癌细胞；而癌细胞上浮出的圆球能显示其临死的挣扎。

过敏

过敏是指对一种通常无害的物质（过敏原）产生了不当的免疫反应。常见的过敏原包括植物花粉、室内尘螨、来自动物的毛发或皮肤小颗粒（皮屑），以及坚果的蛋白质。头一次接触过敏原时，免疫系统会使人体对其感到敏感，之后再次接触时，便会出现过敏反应。位于皮肤、鼻腔内壁，和其他组织中的肥大细胞会被启动，而释放出一种会引起发炎反应的物质：组胺，以刺激人体组织，并产生诸如皮疹或呼吸问题等症状。过敏反应的程度轻重因人而异。

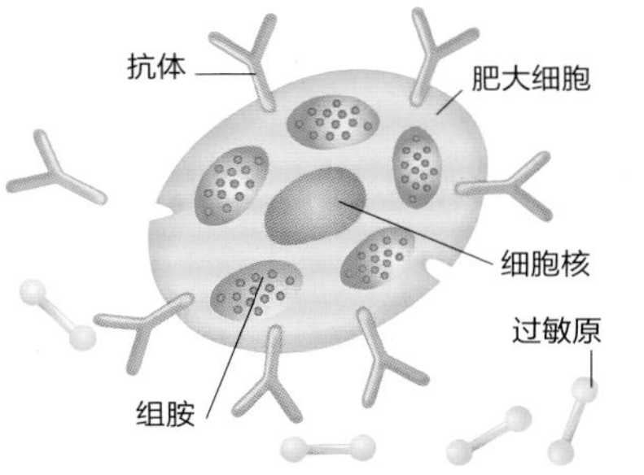

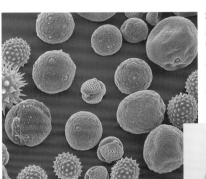

花粉
对花粉颗粒过敏（左图），并因而受呼吸道疾病（花粉热）之苦困扰的人数愈来愈多。空气里的花粉数目（花粉量）因季节而异，所以受其影响的人在一些特定时节会更难受。

室内尘螨
这些尘螨以室内灰尘中的人类皮屑为食，很多人对其留在灰尘中的残骸和粪便过敏。

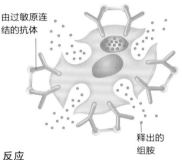

接触
当人体再次接触同一过敏原时，前次接触所产生的抗体附着于含有组胺的肥大细胞表面。

反应
过敏原与两个或以上的抗体结合，并将之连接，使细胞释出内部的组胺。组胺引起过敏症状。

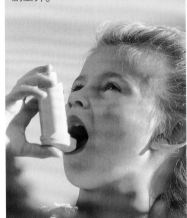

议题

过敏病例有增加趋势
全球气喘和花粉热之类过敏案例的增加，已被归咎于诸如交通带来的空气污染等环境因素。此外，在幼年期所接触的感染（这类感染能为之后的人生提供更多样性的免疫力）不够多，也是过敏个案增加被归咎的原因。研究显示过去十年来，因过敏反应而入院的人数已急剧上升。

免疫疗法

为预防严重疾病（如麻疹）的突然爆发，或是保护特别容易受某些感染（如流行性感冒）侵袭的人，可以采取免疫疗法的措施。免疫疗法可分为主动与被动二类。主动免疫疗法是在尚未接触某疾病或感染之前，人工制造人体对该疾病或感染的"记忆"，方式是将含无害抗原的疫苗注入人体。这些抗原与有害生物体（病原体）相当类似，因为疫苗通常是死亡或减弱的病原体，但还是能刺激免疫系统，使其制造可抵御病原体抗原的抗体和记忆 B 细胞。这种疫苗所提供的免疫力能持续许多年。被动免疫则是提供即时短暂的免疫力。如果没有主动免疫疫苗可用，或者急需迅速获得保护以避免受到生物体感染时，便可采用此法，方式是从曾经受感染并已经有抗体的人或动物体内抽血（抗血清），再将之注射到有需要的人身上。如果该生物体存在于人体中，抗血清中的抗体便会马上展开对抗行动，并可存活数周的时间。

历史

接种疫苗
下图是英国医师詹纳（1749－1823）为病人注射疫苗的情景。詹纳发现挤牛奶女工在受牛痘（有轻微症状）感染后，便对天花（一种能致死的疾病）免疫，遂发展出首批有效的疫苗。他从挤牛奶女工的牛痘脓包上刮下脓液，注入一个男孩的手臂伤口。6周后男孩生了牛痘，但却没有天花。詹纳称这种新方法为"疫苗"。

主动免疫
将疫苗引进体内（通常是以注射的方式）以刺激抗体的形成。如此免疫系统便会保有对该疫苗（抗原）的记忆，当该生物体再度入侵时便能采取行动。

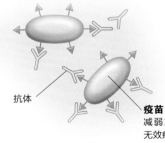

疫苗
减弱或死亡的无效病原体。

保护

毁坏的生物体

感染生物体

反应

被动免疫
来自已具有免疫力的人类或动物的抗体，被引进另一个人体中。当抗体与感染生物体接触时便能将之摧毁并提供短期的保护。

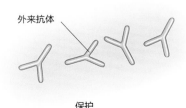

外来抗原

保护

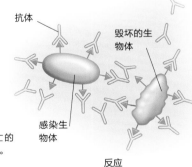

被摧毁的感染生物体

抗体

反应

修复与替换

　　人体的再生能力相当惊人。我们的细胞处于不断变化的状态，以促进生长（如毛发和指甲），并替换因磨损或受伤而损坏或失去的细胞。每种细胞类型的寿命长短都不同：有的能正常运作数年，有的在几周内便会衰亡。每个细胞都要被替换，这个分裂和复制的过程则叫做有丝分裂。

有丝分裂的各阶段

　　生长发育的过程，需要依赖人体细胞不断地分裂与增殖。细胞也得借由不断地分裂来替换用旧的细胞。有丝分裂是使新细胞与原有细胞完全相同的细胞分裂。此过程分成几个阶段（见下图）。在细胞分裂之前，其染色体是蜷曲起来的，并会被复制成完全相同的双链 DNA（遗传物质）。包裹细胞核（内含染色体）的核膜破裂，而细丝状的纤维则在细胞内形成。双份染色体在丝状纤维上排列，接着这些丝状纤维会收短并将染色体拉向细胞两极。之后细胞两侧分别形成核膜，而整个细胞则在中央束紧，然后一分为二，形成两个一样的细胞。

细胞膜
因细胞开始分裂过程而分解破裂。

纺锤丝
连接每个染色体的中心。

着丝点
成对的染色体于此分裂，形成单个的染色体。

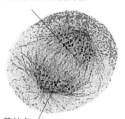

细丝将染色体（遗传物质）拉至细胞两极

着丝点

有丝分裂后期前段
在有丝分裂的第一阶段中，细胞产生数条丝状纤维（蓝色部分），然后丝状纤维开始将含有遗传物质的染色体拉开。但只看得出染色体中央的着丝点（红点部分）。

分裂线形成

有丝分裂后期后段
在有丝分裂后期的后半段，随着丝状纤维持续将染色体拉向细胞两极，遗传物质亦随之被分向细胞的两极。帮助此项动作进行的蛋白质是动力蛋白（紫色部分）。

有丝分裂末期前段
当拉动的动作持续进行以分离遗传物质之际，便会出现明显的裂沟。两组染色体周围各自形成薄膜，而两半细胞则开始变成两个独立个体。

裂沟变窄

有丝分裂末期后段
两个独立的细胞彼此拉开，活动的丝状纤维随着细胞外膜的封闭，分别松弛下来并回到两个细胞中。接着形成新细胞核，染色体也被拆散在两个新细胞内。

两个新细胞互相拉离

中心粒
由中空管形成，在细胞分裂之前复制。

细胞器
位于细胞质内的特化结构；细胞器在细胞分裂期间会被拉向两极。

皮肤细胞的代换

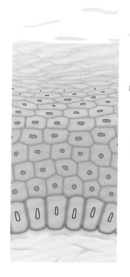

表层细胞
表面的扁平死细胞形成保护层。

粒状细胞
细胞结构于粒状细胞层开始消失。

棘细胞
这些细胞上的钉状突起使其彼此紧附，给予皮肤韧性。

基底细胞
这些细胞不断分裂以制造新细胞。

　　借着表面死细胞的蜕去和底下新细胞的生长，皮肤不断地自我更新。因用旧、受损，或疾病而失去的表面细胞，遂得以迅速替换。新细胞在皮肤上层的表皮形成，这是一层坚韧且具保护作用的外层。在人体大部分的区域覆盖，表皮可分成四层。在最底下的是基底层，此处的细胞会不断分裂以制造新细胞。随着新细胞往表面移动，其结构也随着改变，以形成中间的棘细胞层（含有钉状突起）与粒状细胞层（其细胞结构开始消失不见）。细胞需要 1~2 个月的时间，才能抵达表面。表面最上层是由扁平的死细胞构成，并会不断地蜕去。一个人平均每分钟要蜕去大约 3 万个此类细胞。

皮肤的生长
随着皮肤的生长与更新，细胞会向上移动通过四层表皮，其结构亦因距离表面愈来愈近而有所改变。

新细胞的形成
此处所示是有丝分裂末期的前段，在细胞分裂形成两个完全相同的新细胞前，中央裂沟形成于其中央。在你读完这段句子之前，你身体里已经有超过五万个细胞以这样的方式死去及更新。

人体

裂沟
细胞开始分裂之处。

染色体
含有细胞大多数的遗传物质。

毛发的生长

　　每根毛发都是从皮肤中叫做毛囊的凹孔中长出来的，这是表皮的一种特化区域，一路深入至真皮。毛发由毛囊基部毛球内迅速分裂的细胞所产生。位于毛球下方的区域叫做毛乳突，内有富含营养的血管。每个毛囊的生长期和休止期相互交替；然而各个毛囊的生长阶段并不同步。这表示在任何时间里，都有一些毛发在生长，也有其他毛发在脱落，这也是我们通常不会注意到掉发的缘故。一根头发一个月的生长速度，约在 6~8 毫米之间。

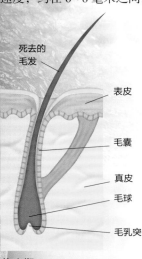

死去的毛发

表皮
毛囊
真皮
毛球
毛乳突

休止期
毛乳突和毛球内的细胞活动减缓，最终完全停止。然后毛发便死去。

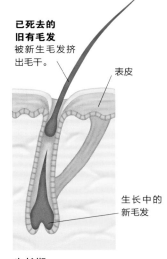

已死去的旧有毛发
被新生毛发挤出毛干。

表皮

生长中的新毛发

生长期
细胞在毛球内急速分裂，形成新生毛发，将旧有毛发向外推出。

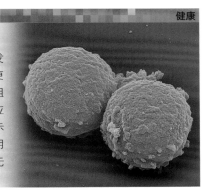

健康

干细胞疗法

人体内所有的细胞都是从干细胞发展而成。因为干细胞能够自我更新，还能形成任何一种形态的组织，科学家正在研究要如何将之应用于组织修复上。类似图中所示（来自脐带血）之干细胞，可以用于治疗组织和器官已遭损伤，且无法由人体再生的疾病。

修复创伤

　　当一人体部位受伤时，损害之处通常会自我修复，并在此过程中替换失去的组织。受伤皮肤的痊愈分成一连串的阶段；死去或受损的组织会被先换成疤痕组织，最后由一批全新的健康细胞替换（见右图）。如果创伤深透皮肤层，痊愈之后可能会留下明显的疤痕。骨头也有在受伤后有效自我修复的能力（见骨的修复，65页）。有的神经被挤压或部分切割之后，也能再生（见神经再生的方式，117页）。某些组织如心肌，不能轻易形成新细胞来替换疤痕组织；这表示疤痕组织通常会留下来，进而有可能影响心脏机能。

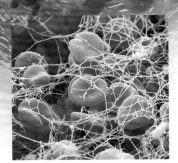

血块
当血管受了伤，血纤维蛋白的黏丝会形成一张网，使红血球陷入网中形成血块。

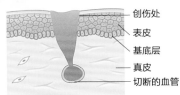

创伤处
表皮
基底层
真皮
切断的血管

皮肤受伤
破皮的时候，真皮中的血管可能受损，造成创伤处的流血。

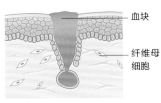

血块

纤维母细胞

凝血
血液形成血块，而许多修复细胞，包括纤维母细胞在内，均前往受创处。

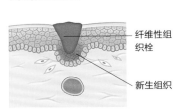

纤维性组织栓

新生组织

血栓
纤维母细胞在血块内产生纤维性组织构成的血栓。在血栓保护下开始形成新组织。

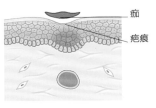

痂

疤痕

结痂
纤维性血栓硬化形成痂。痂块最后会脱落，但有可能在原处留下疤痕。

人体

精微控制
我们人类之所以可以做出诸如拨动吉他琴弦之类的精细动作，是因为有高度复杂的神经系统将脑部与身体其余部位连接。

调控身体

人体恒常处于活动状态，就连我们睡觉时也不例外。光是要让我们活着，就有为数众多的无意识（非自主性）活动进行，如心脏的不断跳动，以及消化期间肠壁的收缩等。我们也能感受得到外在环境，并在其间活动，这需要用上自主与不自主运动——而这些过程都需要经过协调与控制。

人体的控制完全在于内部沟通；身体各部位需要彼此"交谈"，以引起自主或不自主的功能及运动。体内系统运行过程与人体运动的调节和控制，是两个系统的责任：由脑部、脊髓、神经组成的神经系统，以及由能制造激素的特化腺体组成的内分泌系统。

神经连结

神经系统借由脑部（人体的控制中枢）和身体其余各处之间的神经连结来促进沟通。神经纤维自脑部出发，并且延伸许多分支至上半身，其余则进入脊髓形成一粗神经束。神经从脊髓向外分支，以便照应躯干和四肢所有的部位。

神经系统分为两个部分：脑和脊髓构成的中枢神经系统，而从中枢神经系统延伸出来的神经，则进一步组成周围神经系

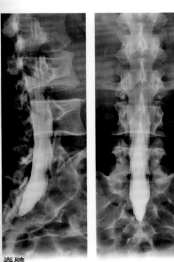

脊髓
脊髓是一粗神经束，见侧面图（左）和背面图（右）中的白色部分。脊髓在脊柱骨骼的保护之下贯通全身。

统。整个神经系统因为这些数以亿计的神经细胞（或称为神经元）的活动，而有了生气。

光是脑部的神经细胞就有一千亿个之多。神经细胞连结起来，形成复杂的网络，而它们彼此之间则靠着电性神经冲动来沟通。神经细胞受到刺激会"发射"信号，然后信号会再沿着神经纤维，传导至其他的神经细胞。

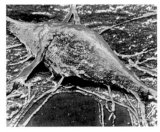

神经细胞
神经系统内的沟通，靠神经细胞的活动来达成；后者向外分支形成电流网路。

神经冲动借由一种名叫神经传导物质的化学物质，在神经细胞之间传递。举例而言，当手碰到烫热的表面时，神经细胞便会对此刺激做出发射信号的反应，并将神经冲动沿着神经网络传至脑部。脑部于是处理该信号，并送回手部抽离的信息。这项传信过程虽然复杂，但却是在瞬间发生；神经冲动沿着神经纤维的行进速度，可高达每小时400千米。

脑力

脑是体内所有功能和活动的中心。人类的大脑比其他动物要复杂得多，不但能促进复杂的内部功能，还让我们得以执行精细的动作，以及使我们能够实现思考、记忆、理解和计划等所谓的"高等"功能（见"思想"，144～181页）。

脑中不同的区域和结构，各自有其特别的角色。皱褶密布的脑表面（或称皮质），为"高

等"功能发生之处，也是精细动作的调节与控制所在。科学家已经能够在脑皮质上定义出诸如理解语言和决定动作先后顺序等高等功能发生的区域。"低等"功能则是在脑内部特定的结构上发生。例如，脑干控制了呼吸和心跳快慢等功能。

激素

除了利用神经沟通，人体也使用化学信使物质。这种传信方式由激素达成，而激素则是一种由体内特化的腺体和组织（此二者构成了内分泌系统）所产生的化学物质。这些激素释入血流中，随即被带到体内有需要的特定部位，以控制人体内各种不同的过程。举例而言，颈中的甲状腺会制造甲状腺素，而甲状腺素则能调节人体制造能量时所使用氧气的多少；而腹内的胰是制造胰高血糖素和胰岛素的大型腺体，此二激素对

反应迅速的激素
图中的肾上腺素呈结晶状。此激素由肾上腺所制造，能在面对压力时引发"打或跑"的反应。

于调节血糖浓度非常重要。

最重要的腺体是位于脑基部的脑垂体，它能调节激素活动，刺激其他腺体制造激素，并在需要时储存激素。

甲状腺
调节新陈代谢与钙质浓度。

脑
人体的控制中枢；脑垂体之所在。

脊髓
贯通脊柱的神经束。

肾上腺
影响能量的使用以及对压力的反应。

胰
调节血糖浓度。

睾丸或卵巢
分泌性激素。

周围神经
将脑和脊髓与身体其余部位连结。

控制系统
神经系统包括脑、脊髓与周边神经，而内分泌系统则由制造激素的组织与腺体组成。

人物侧写

贝尔

苏格兰解剖学家暨外科医师贝尔（1774—1842），率先证实神经并非单一个体，而是由许多个别的纤维结成束状、包裹于鞘中。他也证明一根神经纤维只能传递运动或感觉刺激两者之一，不能两者兼任，而肌肉必须拥有这两种纤维，才能达成自主性与非自主性运动。

人体

神经系统

　　脑和脊髓以及由此二者发出的神经形成神经系统，是人体最复杂的系统。神经向外分支抵达全身各处。此系统同时调节上百个活动。神经系统是我们意识、智力和创造力的来源，并让我们得以沟通和感受到情绪。它也监控几乎所有的身体运转，从我们几乎意识不到的自动功能（如呼吸），到与思考和学习有关的复杂活动（如演奏乐器）不等。

结构

　　神经系统可分为两部分：由脑和脊髓组成的中枢神经系统，以及由从中枢神经系统发出并遍布全身的所有神经构成的周围神经系统。中枢神经系统的作用在于借由处理与协调神经信号来调节人体活动，而周边神经系统的工作则是在中枢神经系统和身体其余部位之间传递这些信号。

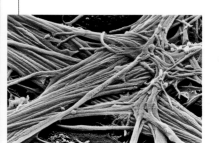

神经纤维
电流信号流经这一类的神经纤维，将信息带至全身。

健康
麻筋

为了防止受伤，大部分的神经都深埋在人体内，只有细小的分支才会伸向皮肤表面。手肘的尺神经是个例外，其位置相当靠近皮肤的表面。稍微轻敲上臂肱骨形成肘关节的部位（俗称"麻筋"的地方），会使整支手臂酸麻难当。

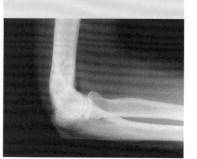

脑

脊髓

神经连结
脑和脊髓形成中枢神经系统（黄色部分）。所有从这些结构发出的神经，则形成周围神经系统。

周边神经

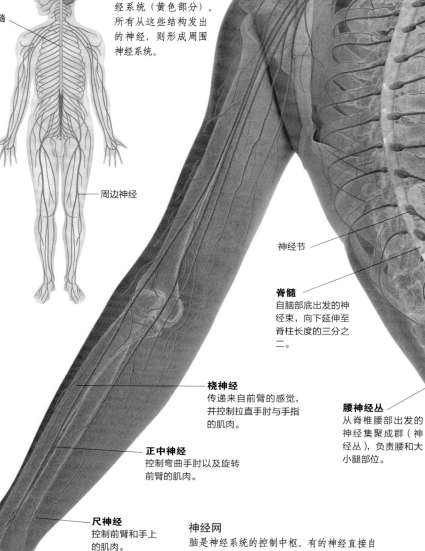

大脑

小脑

面神经
让脸部肌肉能够活动。

迷走神经
分支至许多主要器官，并有助控制心跳速率。

神经节

脊髓
自脑部底出发的神经束，向下延伸至脊柱长度的三分之二。

桡神经
传递来自前臂的感觉，并控制拉直手肘与手指的肌肉。

正中神经
控制弯曲手肘以及旋转前臂的肌肉。

腰神经丛
从脊椎腰部出发的神经集聚成群（神经丛），负责腰和大小腿部位。

指掌侧总神经
控制手掌内的肌肉。

尺神经
控制前臂和手上的肌肉。

神经网
脑是神经系统的控制中枢。有的神经直接自脑部延伸，主要负责头、颈与上半身。自脑部延伸的神经纤维形成束状的脊髓，神经便由此向外分支至身体其他部位。

股神经
控制伸直膝盖的肌肉。

神经

每条走遍全身的神经，均是由数条上百根神经纤维紧箍成的神经纤维束所形成。这些神经纤维大多数受一种叫做髓磷脂（见116页）的脂状物质构成的鞘所包裹。神经纤维束本身，被坚韧而具弹性的神经束膜所包裹，此组织将神经群结合在一起。外层的神经外膜将数条神经纤维束、血管和含有脂肪的细胞包围起来。神经外膜提供了保护作用，使神经纤维免受损伤，并使神经得以弯曲，以便顺利通过体内的弯道。

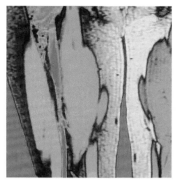

坐骨神经
坐骨神经（绿色部分）显示于这张大腿核磁共振成像图。在人体所有的神经中，这些神经的直径最大。

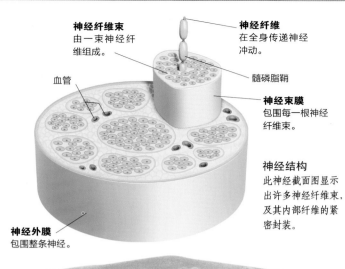

神经纤维束
由一束神经纤维组成。

神经纤维
在全身传递神经冲动。

髓磷脂鞘

血管

神经束膜
包围每一根神经纤维束。

神经结构
此神经截面图显示出许多神经纤维束，及其内部纤维的紧密封装。

神经外膜
包围整条神经。

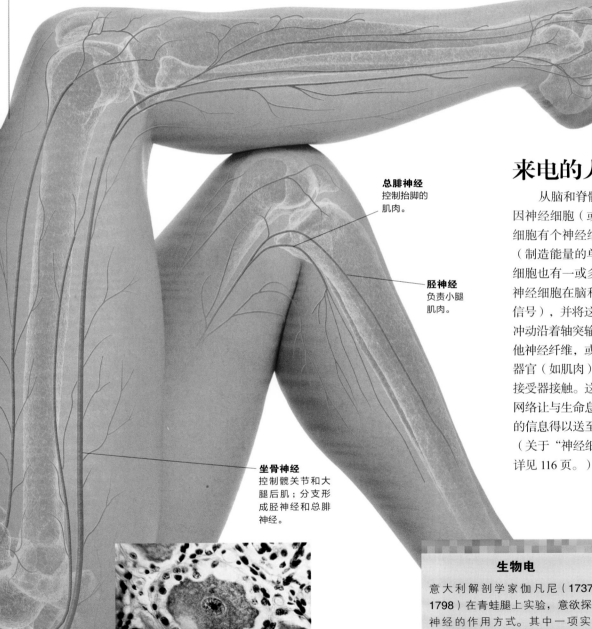

外侧跖神经
让脚趾得以伸缩弯曲。

总腓神经
控制抬脚的肌肉。

胫神经
负责小腿肌肉。

坐骨神经
控制髋关节和大腿后肌；分支形成胫神经和总腓神经。

来电的人体

从脑和脊髓分支出去的精密神经纤维网，让人体因神经细胞（或称神经元）的活动而能够运作。神经细胞有个神经细胞体，其中含有细胞核和比如线粒体（制造能量的单位）之类的其他结构。大多数的神经细胞也有一或多支突起（轴突）自细胞体向外延伸。神经细胞在脑和身体其他部位之间携带电脉冲（或称信号），并将这些神经冲动沿着轴突输送至其他神经纤维，或与目的器官（如肌肉）或感觉接受器接触。这个电流网络让与生命息息相关的信息得以送至全身。（关于"神经细胞"，详见116页。）

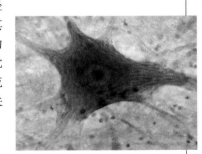

神经细胞
从神经细胞本体（中央深色区域）分支出去的蜘蛛脚状突起，互相连结形成电流网络。

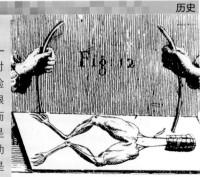

脊神经节
在脊柱两侧有成群的神经细胞体（上图大型棕色区域）形成的神经节。

历史

生物电

意大利解剖学家伽凡尼（1737—1798）在青蛙腿上实验，意欲探讨神经的作用方式。其中一项实验（右图），是使两根金属棒（一根是银，另一根是青铜）相接触，而导致蛙腿的抽搐。伽凡尼以为这是青蛙神经和肌肉组织中的电流活动所引起，但伏特于1880年证明，是这两根金属棒造成了电荷。

人体

人体

脑与神经连结

脑是意识、思想和理解之源。这个极其复杂的器官协调来自身体各部位的资讯，并做出适当的反应。脑与上半身之间有直接的神经连结，但它与身体其余部位之间的主要联系则是脊髓。脊髓就像是一根电缆，从脑底部出发下贯脊柱，负责传递并接收信息。神经沿着整条脊髓向外成对分支，携带脑部送出的信号，以便启动身体动作并将和感官相关的资讯带回脑部。

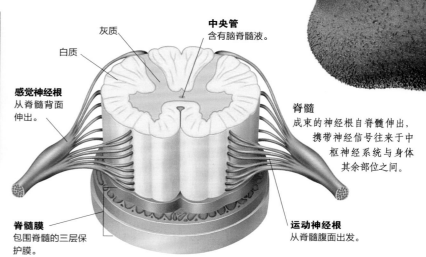

小脑
此截面图显示在小脑内回绕的组织层。小脑为位于脑底的控制区域。

大脑
脑部大部分有意识机能的发生处。

外部的脑子

脑最大的部分是其巨大的外围结构：大脑。大脑有着厚重皱褶和凹凸不平的外观，由中央纵裂分成两半，称为大脑半球。每个半球又分成四叶：额叶、顶叶、枕叶与颞叶。大脑外层是大脑皮质（亦称灰质），负责控制包括思想之类的高等脑部机能，内层由俗称白质的神经组织构成。塞在大脑底下的是两个较小的结构，其中之一是脑干，负责控制诸如心率和呼吸之类的基本生命体征；另外一个结构是小脑，负责肌肉协调。

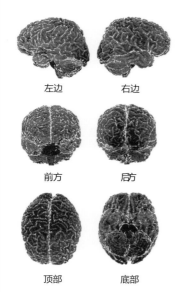

左边　　右边

前方　　后方

顶部　　底部

纵览脑部
这一系列扫描图显示由各角度所见的脑部外观。俯视图中的大脑两半球清晰可辨。

脑部各叶
大脑四叶根据覆盖它们的骨头而命名。每叶各司不同的脑部机能。

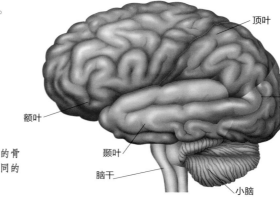

顶叶

枕叶

额叶

颞叶

脑干

小脑

中风

如果脑组织失去了血液供应，便不能正常运转。此状态叫做中风，是人类的一大死因，在发达国家中特别常见。导致中风的原因包括血块堵塞脑血管与颅内出血。中风的症状发展极其迅速，可能包括麻木、瘫痪和口齿不清等严重残疾。

受损的脑组织
这幅扫描图显示中风成因：因血液供应受阻而导致的受损脑组织（红色区）。

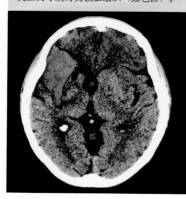

脊髓

从脑干直达下背的脊髓，是一条在成人体内长约45厘米、由神经组织形成的缆索，粗细与小指相仿。脊髓和大脑一样，由灰质和白质所组成。其中央是灰质，一种大致上由神经细胞本体构成的组织；白质环绕于灰质的周围，含有来往脑部携带信号的神经纤维。神经由脊髓成对发出，延伸至身体与四肢（见"脊神经"，113页）。脊髓有脊柱保护；脊髓受损可能导致身体部位的麻木或瘫痪。

脊髓截面
脊髓由两种组织构成：灰质与白质。灰质（此截面图中染成橙色的部位）主要由神经细胞本体组成，白质（黄色部分）则由神经纤维构成。

灰质

白质

中央管
含有脑脊液。

感觉神经根
从脊髓背面伸出。

脊髓
成束的神经根自脊髓伸出，携带神经信号往来于中枢神经系统与身体其余部位之间。

脊髓膜
包围脊髓的三层保护膜。

运动神经根
从脊髓腹面出发。

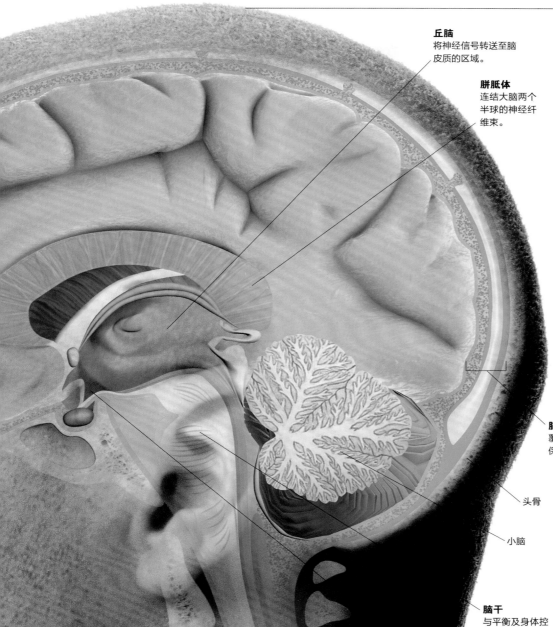

丘脑
将神经信号转送至脑皮质的区域。

胼胝体
连结大脑两个半球的神经纤维束。

脑膜
覆盖脑部的保护膜。

头骨

小脑

脑干
与平衡及身体控制有关。

下丘脑
控制人体制造激素的内分泌系统。

脑的结构
具有层叠皱褶的大脑是脑中最大的部位，分成两半，并由胼胝体连结。其他结构还包括脑干、小脑、丘脑和下丘脑。

保护

脑和脊髓抵抗震荡和打击的保护措施相当周全。除了被骨头包围之外，它们也都有分成三层的脑膜覆盖。脑和脊髓的组织还受到一层循环流动的液体所衬垫，那就是脑脊髓液（Cerebrospinal Fluid，简称 CSF）。脑脊髓液由脑内的特化细胞所制造；此液体大多由水构成，但亦含比如果糖之类的营养，以供脑细胞使用。CSF 充满脑内空腔，并在外脑区域循环，流入里面两层脑膜之间。CSF 每天被重新吸收入血液中更新 3～4 回。

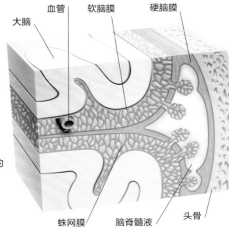

大脑　血管　软脑膜　硬脑膜

蛛网膜　脑脊髓液　头骨

脑膜
三层膜环绕着脑与脊髓：形成外层的硬脑膜、位于中间的蛛网膜（此层膜具有网状的延伸物），和位于内层的软脑膜。

饥饿的脑

为了能够供应燃料予其复杂的机能，脑部总是渴求着血液中制造能量的氧气。在人体中循环的充氧血，有五分之一会为了满足这项需求而进入脑组织。血液由 4 根在脑底形成动脉环的动脉运输。毛细血管是脑中最小的血管，有着结构紧密的内壁，叫做血脑屏障。此屏障控制进入脑中的血流，还会阻挡可能损伤脑内脆弱组织的有害病原体（如病毒）之进入。

血管

脑部的血液供应
血管延伸至脑部各处（见上图）。这些血管在动脉环（见右图）进入脑部。

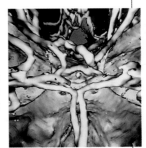

动脉环

人体

脑的内部

大脑从外面看起来，像是一团皱巴巴的油灰，但大脑切片显示，在外层的灰质（大脑皮质）下方，是嵌有小岛状灰质（叫做基底神经节）的白质。这些结构在帮助控制行为方面很重要。大脑底部深处是一群叫做边缘系统的结构体，在情绪（见 164 页）和诸如"对抗或逃避"反应的求生行为上，扮演重要角色。边缘系统的某些结构，则与记忆有关（见 156 页）。

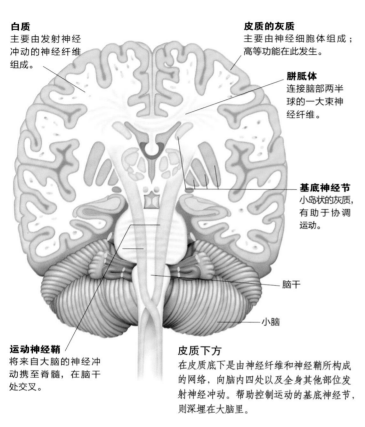

白质
主要由发射神经冲动的神经纤维组成。

皮质的灰质
主要由神经细胞体组成；高等功能在此发生。

胼胝体
连接脑部两半球的一大束神经纤维。

基底神经节
小岛状的灰质，有助于协调运动。

脑干

小脑

运动神经鞘
将来自大脑的神经冲动携至脊髓，在脑干处交叉。

皮质下方
在皮质底下是由神经纤维和神经鞘所构成的网络，向脑内四处以及全身其他部位发射神经冲动。帮助控制运动的基底神经节，则深埋在大脑里。

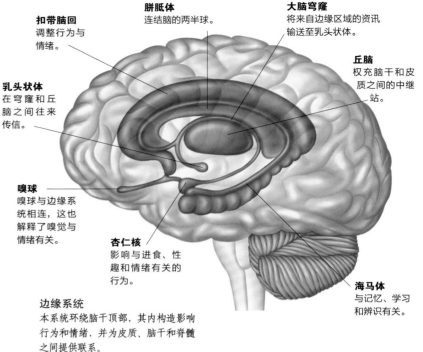

扣带脑回
调整行为与情绪。

胼胝体
连结脑的两半球。

大脑穹窿
将来自边缘区域的资讯输送至乳头状体。

丘脑
权充脑干和皮质之间的中继站。

乳头状体
在穹窿和丘脑之间往来传信。

嗅球
嗅球与边缘系统相连，这也解释了嗅觉与情绪有关。

杏仁核
影响与进食、性趣和情绪有关的行为。

海马体
与记忆、学习和辨识有关。

边缘系统
本系统环绕脑干顶部，其内构造影响行为和情绪，并为皮质、脑干和脊髓之间提供联系。

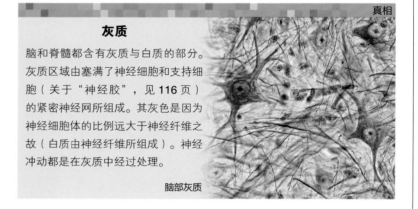

真相

灰质

脑和脊髓都含有灰质与白质的部分。灰质区域由塞满了神经细胞和支持细胞（关于"神经胶"，见 116 页）的紧密神经网所组成。其灰色是因为神经细胞体的比例远大于神经纤维之故（白质由神经纤维所组成）。神经冲动都是在灰质中经过处理。

脑部灰质

脑的规划

神经科学家能够大致确定，大脑皮质（大脑的外层）部位专司处理与特定"高等功能"（如智力和记忆）有关的神经冲动。主要和察觉神经冲动有关的皮质区域，一般称为主要区；与分析神经冲动有关的部分则称为联区。比方说，主要视觉皮质区接收来自眼睛的神经冲动，其形式为一连串的垂直线、水平线和曲线；而视觉联合区则将这些资料形成影像，使这些垂直线、水平线和曲线变成我们认得的苹果。

运动前区皮质
协调复杂的行动顺序。

运动皮质区
传信至肌肉，以起始自主运动。

主要体觉皮质区
接收来自皮肤、肌肉、关节与器官的感觉资料。

前额叶皮质区
与行为及个性的各方面有关。

感觉联合皮质区
分析与感觉有关的资料。

布洛卡氏区
对语言的形成非常重要。

视觉联合区
分析视觉资料，以形成影像。

主要听觉皮质区
辨识声音的微妙特征：如音高和音量。

主要视觉皮质区
接收来自眼睛的神经冲动。

听觉联合皮质区
分析与声音有关的资料，以便认出字句或旋律。

韦尼克氏区
理解口头与文字上的语言。

解译语言
在这张扫描图中，橙色"发亮"的区域为脑部在理解语言和说话时最活跃的部分。这些叫做韦尼克氏区和布洛卡氏区的部分，位于左半脑。

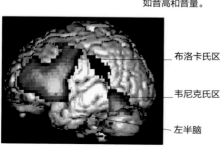

布洛卡氏区

韦尼克氏区

左半脑

脑的规划
皮质上不同的区域，各有其特定的功能，而皮质表面则可依此规划分区。科学家尚未发现额外的意识区。

脑神经

12 对脑神经直接自脑下侧分支，这些神经大多负责头部与颈部，并含有体觉与（或）运动神经纤维。体觉纤维接收来自外界或内部器官的信息，而运动纤维则启动随意肌的收缩。唯一的例外是负责胸腹部某些特定器官的迷走神经，其含有自主神经纤维，能调节不自主功能。

嗅神经（Ⅰ）
将来自鼻内关于气味的信息传递至脑内的嗅觉中心。

视神经（Ⅱ）
将来自视网膜视觉受器（杆状细胞与锥状细胞）的神经冲动传出。

动眼神经（Ⅲ）、滑车神经（Ⅳ）与外旋神经（Ⅵ）
调节眼肌与眼睑的随意运动、控制瞳孔放大以及聚焦时水晶体的改变。

三叉神经（Ⅴ）
含有将来自眼睛、面部和牙齿信号转送至脑部的体觉神经纤维；运动神经纤维刺激与咀嚼有关的肌肉。

前庭耳蜗神经（Ⅷ）
传递关于声音与平衡的资料，并传达头部方向感的信息。

面神经（Ⅶ）
将来自味蕾及外耳皮肤的信息转送至脑部；照管眼睛的泪腺和某些特定的唾液腺；也控制面部表情所用到的肌肉。

舌喉神经（Ⅸ）与舌下神经（Ⅻ）
包含与吞咽有关的运动神经纤维，以及将味觉、触觉，和舌头与咽部热度等信息转送至脑部的体觉神经纤维。

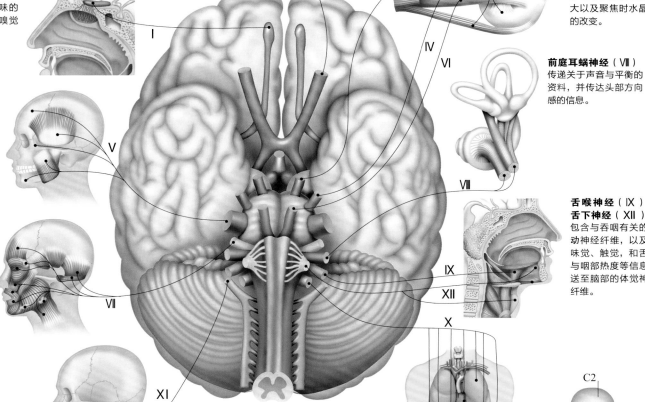

脑神经功能
12 对脑神经将来自外界的感觉转送至脑部，或传信以启动主要在头颈部的肌肉收缩。有些脑神经也负责传达肌肉张力的信息。

脊髓副神经（Ⅺ）
为头与肩膀带来运动；刺激咽喉内的肌肉；与声音的产生有关。

迷走神经（Ⅹ）
与许多重要生命机能的控制有关，包括心跳和胃酸的形成。

脊神经

脊神经一共有 31 对，自脊髓发出，穿过脊椎骨之间的空隙向外分支，每根神经会陆续分化形成许多旁支。主要的两大分支负责身体前方和后方受该神经刺激的区域。脊神经的命名，乃依照其自脊髓发出的部位而定：颈椎区（颈部）、胸椎区（胸部）、腰椎区（下背）与荐椎区（荐骨与尾骨）。颈神经彼此互相连结形成两个网络（或称神经丛），刺激头、颈、肩膀和横隔膜的背后。胸脊神经与肋间肌、深层背肌群以及腹部的一些部分相连。腰脊神经负责下背、大腿和一些小腿部分。荐神经刺激大腿、臀部、双腿双脚的肌肉与皮肤，以及生殖器与肛门部位。

颈椎区（C1-C8）
刺激头、颈、肩膀、手臂、手和横隔膜的背后。

胸椎区（T1-T12）
与肋间肌、深层背肌群以及腹部的一些部分相连。

腰椎区（L1-L5）
负责下背、大腿和一些小腿部分。

荐椎区（S1-S5）
刺激大腿、臀部、小腿、双脚和生殖器与肛门部位。

脊髓的分区
从脊椎不同区域分出的脊神经，各自负责人体特定的区域。

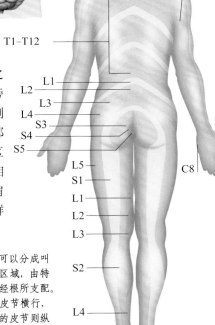

皮节
皮肤表面可以分成叫做皮节的区域，由特定的脊神经根所支配。躯干上的皮节横行，而四肢上的皮节则纵走。这些感觉区域会稍稍重叠。

人体

周围神经的功能

脑神经和脊神经隶属周围神经系统，负责将信息往来传递于脑和脊髓（中枢神经系统）之间。周围神经由成束的神经纤维组成，而这些纤维可能各自执行三种不同功能之中的一种：感觉、运动或自主。感觉神经传递关于体内感觉以及外界发生事件的信息。运动神经将来自中枢神经系统的信息送至骨骼肌，造成随意运动。自主神经纤维传令给器官与腺体，且不受意识的控制。自主神经分成两类：刺激器官并使身体应付压力的交感神经，以及影响器官使其保持能量，或放松以恢复能量的副交感神经。

交感

副交感

自主神经
交感自主神经刺激身体产生行动，副交感神经则有镇静作用。瞳孔在此二者的控制下放大或缩小。

运动神经
自主运动（如打字）乃由运动神经促成，后者由中枢神经系统传送至骨骼肌。

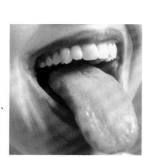

感觉神经
关于外来刺激如味觉、触觉、嗅觉、视觉和听觉等信息，均由感觉神经传送至中枢神经系统。

周围神经病变
脑神经或脊神经受损，通常是因糖尿病而致，但有可能与感染有关。受损的神经可能会影响感觉（特别是在身体肢端如手和脚）、运动或自律机能。

受损的神经纤维

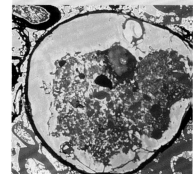

自主与非自主反应

神经系统对刺激的反应有非自主与自主之分。自主神经系统的反应是全自动的，可控制体内环境，并有助于调节如血压之类的生命机能。两类自主神经（交感与副交感），有着完全相反的效应（见右表）。自主活动主要与脑部有关：脑部会送出运动神经冲动以控制行动。这些信号可能由意念而启动，也可能是因感觉刺激而生反应。举例而言，对体位的视觉和感觉，有助于协调走路的动作。反射主要影响通常受到自主控制的肌肉，但此类动作是对刺激的非自主反应，如将手抽离火焰等。

受影响的器官	交感反应	副交感反应
双眼	瞳孔放大	瞳孔缩小
肺	支气管扩张	支气管收缩
心	心跳速率与强度增加	心跳速率与强度减小
胃	酶减少	酶增加
肝	释出葡萄糖	储存葡萄糖

两种反应类型
交感与副交感神经对特定器官产生不同的反应。在压力大的时候，交感反应为身体做好应变的准备。副交感反应有助于保存或恢复能量。

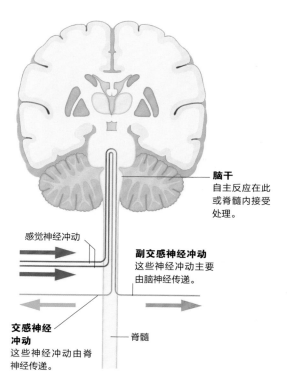

脑干
自主反应在此或脊髓内接受处理。

感觉神经冲动

副交感神经冲动
这些神经冲动主要由脑神经传递。

交感神经冲动
这些神经冲动由脊神经传递。

脊髓

自主反应
内受器所收集的信息，沿着感觉神经送到脊髓与脑干。交感与副交感反应信号则有个别的通路。

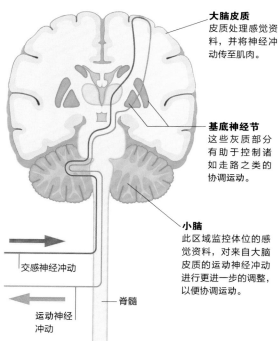

大脑皮质
皮质处理感觉资料，并将神经冲动传至肌肉。

基底神经节
这些灰质部分有助于控制诸如走路之类的协调运动。

小脑
此区域监控体位的感觉资料，对来自大脑皮质的运动神经冲动进行更进一步的调整，以便协调运动。

交感神经冲动

脊髓

运动神经冲动

随意反应
脑中有许多区域负责处理负责引发随意反应的感觉神经冲动；后者行经的神经通路相当复杂。

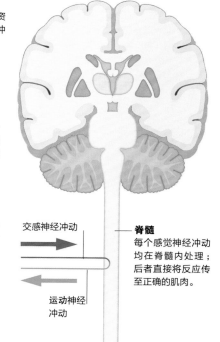

交感神经冲动

脊髓
每个感觉神经冲动均在脊髓内处理；后者直接将反应传至正确的肌肉。

运动神经冲动

反射
虽然有的反射在脑中处理，大部分却是在脊髓内处理的。这是最简单的神经通路，因为感觉和运动神经元在脊髓内相连。

运动与触觉

控制运动与感受触觉的脑皮质区域，横跨脑的表面分成两条连续的纹带。处理运动信号的"条纹"叫做运动皮质，横跨大脑顶部。而紧接在运动皮质后面的"条纹"为感觉皮质，负责处理触觉信号。脑部左右两半与身体反向的左右两半相连，交叉处位于脑干。复杂动作的区域（如手和手指），或者是对触觉极端敏感的身体部位（如生殖器），都配有较大比例的运动或感觉皮质（较其大小而言）。整体而言，能够执行复杂运动的身体部位，对触觉也有很高的敏感度。

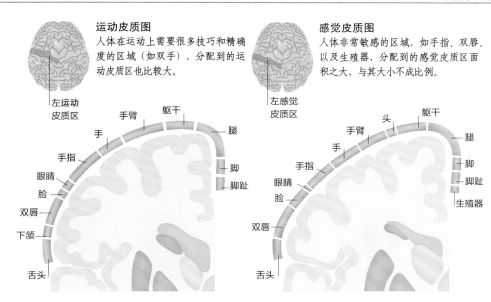

运动皮质图
人体在运动上需要很多技巧和精确度的区域（如双手），分配到的运动皮质区也比较大。

感觉皮质图
人体非常敏感的区域，如手指、双唇、以及生殖器，分配到的感觉皮质区面积之大，与其大小不成比例。

左运动皮质区

运动皮质图标签：躯干、手臂、手、手指、眼睛、脸、双唇、下颌、舌头、腿、脚、脚趾

左感觉皮质区

感觉皮质图标签：头、躯干、手臂、手、手指、眼睛、脸、双唇、舌头、腿、脚、脚趾、生殖器

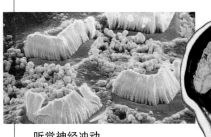

听觉神经冲动
这些毛细胞为内耳中柯氏器的一部分，将声波转换成神经冲动送至网状活化系统。

脑桥

脑桥内部
脑桥自脑干前方凸出。听觉与视觉神经冲动，便在此处理及传送。

保持警醒

我们之所以能够保持清醒与警觉，是因为网状结构活动之故。网状结构是一种纤维纵横交错的神经组织网状核心，纵走脑干全长。网状结构所管理的"醒觉系统"（网状活化系统），负责使脑部保持清醒与警觉。比方说，网状活化系统内的神经纤维通路，察觉到来自耳朵或眼睛的感觉信息，这些神经纤维便将活化信号经由中脑送至大脑皮质，以便保持清醒的状态。网状活化系统的损伤，有可能导致不可逆的昏迷状态。

人体

睡眠循环

脑中的神经细胞从来都没有休息的时候。在典型的8小时睡眠期间，它们执行着与清醒时不同的活动。睡眠的阶段可分为梦境发生的快速动眼睡眠，以及分阶波动且无梦的非快速动眼睡眠。非快速动眼睡眠的模式可分为四阶段。我们在第一阶段介于清醒与睡眠之间，而且很容易被叫醒；此时产生的脑波（脑中可测量出来的电流活动）还很活跃。第二阶段的脑波稍微减缓。在第三阶段，随着睡眠开始加深，脑波快慢交错出现。在第四阶段，脑部只产生慢波；此时眼睛不动，也没有肌肉活动。随着睡眠的加深，体温逐渐下降，呼吸速率减缓，血压也跟着降低。

非快速动眼睡眠：第一阶段

非快速动眼睡眠：第二阶段

非快速动眼睡眠：第三阶段

非快速动眼睡眠：第四阶段

快速动眼睡眠

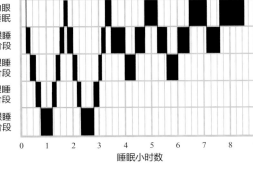

睡眠阶段标签：清醒、快速动眼睡眠、非快速动眼睡眠第一阶段、非快速动眼睡眠第二阶段、非快速动眼睡眠第三阶段、非快速动眼睡眠第四阶段

睡眠小时数 0 1 2 3 4 5 6 7 8 9

典型的一觉
一晚的睡眠周期，由为期愈来愈长的快速动眼睡眠（梦境在此出现），和分成四阶段的非快速动眼睡眠所构成。周期的一、二阶段是浅眠期，此时人们容易被叫醒；三、四阶段是熟睡期，不容易被唤醒。

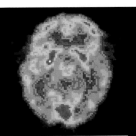

睡眠充足
睡眠充足的人脑中有许多活跃的区域（红色部分），显示高脑波活动与警觉性。

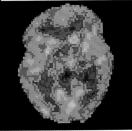

睡眠不足
睡眠不足的人脑中有许多怠惰的区域（蓝色部分），导致迟钝与健忘。

健康

睡眠实验室
睡眠受到影响的问题非常普遍，而且会使人异常衰弱。睡眠实验室（或称睡眠研究中心）内所做的研究，有益于诊断及治疗睡眠障碍。睡眠研究可以在夜间或白间进行。当病人躺在床上睡觉时，有睡眠技术人员观察其身体反应与活动。除了监测脑部的电流活动之外，也会一并观察呼吸、心跳速率、眼球跳动、四肢的动作与鼾声等信息。

神经细胞

神经系统的活动由神经元发起与执行。神经元是将神经冲动以电流信号方式传送的神经细胞。每个神经元与其他上百个神经元连结，形成绵密的沟通网络。有的神经元接收到来自身体感官的信息（比如视、听、触觉）后，可直接反应，然后会迅速发射出神经冲动，再由其他神经元传递下去。这些信号送至其最终的目标，也就是肌肉、器官或腺体内的细胞，使身体做出相对的反应。除了神经元之外，神经系统还含有许多其他种细胞，用来助长及保护神经元。

轴突
由细胞本体发出的神经纤维突起，传递神经冲动。

传导神经冲动

神经冲动以电流信号的形式沿着神经元传送，在轴突（神经纤维）上行走的速度高达每小时 400 千米。如果神经元轴突上覆有髓磷脂这种具有隔热作用的脂状物质的话，神经冲动的传送可达到最高速。为了能够在神经元之间游走，这些信号借由突触跨过细胞间的微小空隙。神经冲动会刺激突触，以释出神经传递质（化学信使），神经传递质会再将神经冲动传至下一个神经元。而从细胞本体分支出的短小突起：树突，则准备接收神经冲动。神经冲动于是从一个个神经元接连不断地传下去，直到抵达目标（如肌肉细胞）为止。

抵达目的地
此处的神经纤维终止于某一肌肉内。纤维末梢的小球向目标组织发射神经冲动。

神经传递
神经冲动沿着轴突下移，进入细微分支的终点纤维。神经冲动使神经传递质（化学信使）从神经末梢释出；神经末梢横过神经元之间的空隙，刺激下一个细胞发射出神经冲动。

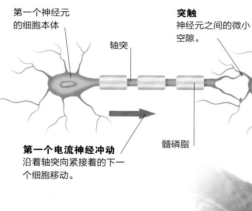

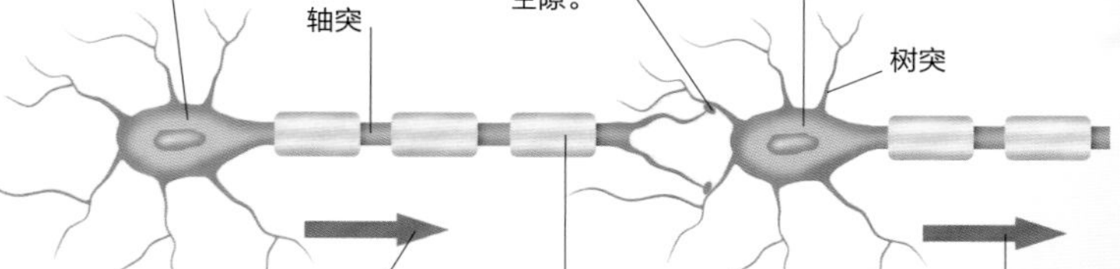

第一个神经元的细胞本体　　　突触　神经元之间的微小空隙。　　第二个神经元的细胞本体

轴突　　　　　树突

第一个电流神经冲动
沿着轴突向紧接着的下一个细胞移动。

髓磷脂

第二个电流神经冲动
由神经传递物质所引发。

化学信使

神经传递质贮存在神经末梢的小囊：囊泡中。当电流信号抵达神经末梢时，便使囊泡将其内容倾入突触，于是信使横越空隙和下一个神经元细胞膜上的受器嵌合。有些受器如同一扇扇小闸门，会打开让离子（带电的粒子）进入，此举会进而引发其他离子通道的开启，并建立新的电脉冲以传至下一个神经元。

穿越空隙
当神经传递质横越突触时，便开启下一个细胞的通道，使离子得以通过。

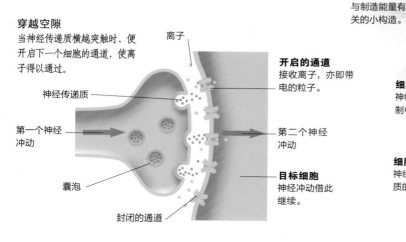

离子

开启的通道
接收离子，亦即带电的粒子。

神经传递质

第一个神经冲动

第二个神经冲动

囊泡

目标细胞
神经冲动借此继续。

封闭的通道

线粒体
与制造能量有关的小构造。

细胞核
神经元的控制中心。

细胞本体
神经元所需物质的制造处。

人体

人体

支撑细胞

中枢神经系统的一大部分，是由不会传导神经冲动的细胞所组成的。这些胶细胞也叫做神经胶，负责保护和支撑神经元。神经胶有许多类型：星状细胞存在于脑组织中，数目比脑中的神经元还多，有着长而纤细的突起与血管连结，能调节神经元与血液之间养分与废物的流量；寡树突胶质细胞在脑和脊髓中的神经纤维四周形成具有隔热作用的髓鞘；许旺细胞则在周边神经系统中执行相同的任务。最小的胶细胞是微胶细胞，负责摧毁有害的生物体。

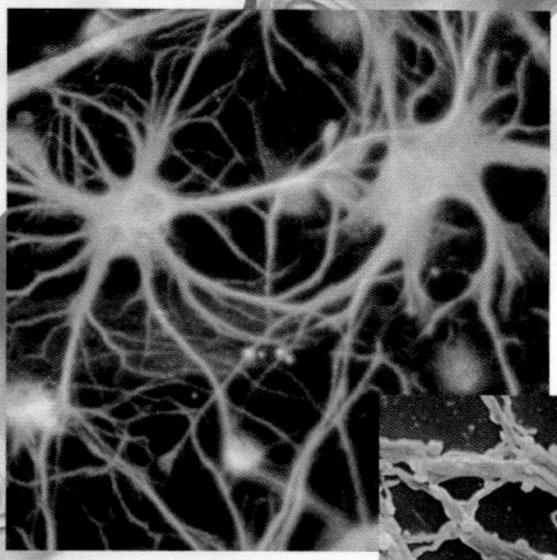

星状细胞
这些细胞构成50%以上的脑组织，给予神经元结构上的支持，并使神经元与毛细血管相连。

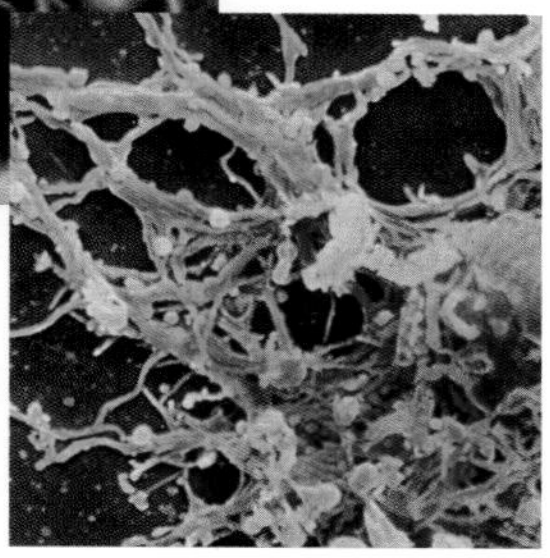

寡树突胶质细胞
这些细胞浆状的延伸物，裹住神经元而形成髓鞘。

神经的再生方式

当神经被切断或压碎时，受损部位的下游会因为神经纤维与细胞本体失去接触而逐渐死去。身体受影响的部位可能会丧失感觉，并无法正常运作。然而神经有时能自我修复，将原有的通道重新长回来。如果纤维外部的髓鞘仍然完整无缺、能够引导新生纤维正确的生长方向的话，其再生便较易成功。如果髓鞘受损，纤维可能会结块，造成疼痛。神经纤维的再生速率可达每天3厘米。脑和脊髓神经受损时会形成结痂组织，因而无法再生。

许旺细胞核

郎飞氏结
轴突髓鞘上的空隙，有助于神经冲动的传导。

髓鞘
一些神经细胞轴突上具有隔热作用的脂状裹层，能加速神经冲动的传递；在周边神经系统里，由许旺细胞形成这层鞘。

突触小球
轴突分支的终点，含有传递神经冲动的化学物（神经传递质）。

树突
一个神经元可能有200个此类小突起，以便接收来自其他神经元的神经冲动。

神经元
神经元就和大部分的细胞一样，细胞本体也含有细胞核以及各种不同的内部构造（如制造能量的线粒体）。神经元通常有一个长而分支、可传递神经冲动的突起（轴突），以及许多可接收神经冲动的较短分支（树突）。

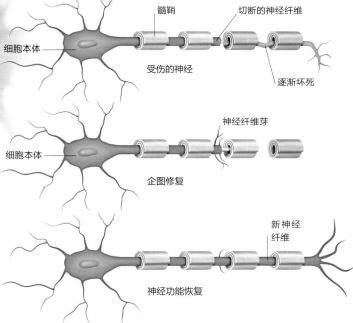

髓鞘 　　切断的神经纤维

细胞本体

受伤的神经 　　　　逐渐坏死

神经纤维芽

细胞本体

企图修复

新神经纤维

神经功能恢复

重生
在神经受伤之后，受损部位下游的纤维和髓鞘便会坏死。细胞本体因为试图修复，而刺激新神经芽从剩余的纤维上生长。如果这些新芽其中之一与伤口重新接上的话，一条新纤维便有可能长成，进而恢复神经的功能。

真相

神经细胞晶片

这团人体神经细胞（黄色部分）生长于硅晶片上。此实验试图借助活神经组织与计算机科技的结合，创造出一电子回路。这类研究计划最终可能会发展出能够植入脑中的晶片，用以取代受损的神经网络。

激素

　　除了使用神经信号之外，人体还有另一个控制方法：内分泌系统，是以化学物质来刺激细胞。这些化学物质叫做激素，由全身的特别腺体和组织所制造，直接释入血流中送至特定的目标。激素活动能稳定人体内部环境，并调节发育与生殖等功能。

腺体枢纽

　　脑部基底一个豌豆大小的结构，常被称做腺体的枢纽，控制着人体大部分的激素活动。这就是脑垂体，其本身则受脑部另一区域：下丘脑所产生的激素控制。下丘脑吊在来自下丘脑的一根短柄上，柄内含有血管与神经纤维。下丘脑分成两个区域：前叶分泌生长激素，并刺激其他腺体生产激素；后叶接收来自下丘脑的激素，如抗利尿激素与催产素，并将之储存待日后释出。

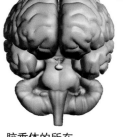

脑垂体的所在
脑垂体（图中的小型绿色结构）悬吊在脑部基底的一根短柄上。

脑垂体内部
脑垂体的两内叶释出各种不同的激素，影响全身许多部位。

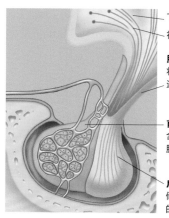

下丘脑

神经纤维

脑垂体柄
将脑垂体与下丘脑连接。

前叶
含有制造激素的细胞与血管。

后叶
储存接收自下丘脑的激素。

甲状腺与副甲状腺

　　分成两叶的甲状腺位于颈部，像蝴蝶领结般包围气管。甲状腺后方是四颗密切相关的副甲状腺。甲状腺制造甲状腺素，甲状腺素能调节人体细胞制造能量时的耗氧量。甲状腺还会制造另一种激素：抑钙素，可借此减缓骨骼钙质流失，以控制血钙的浓度。副甲状腺分泌副甲状腺素，后者与抑钙素合成，使血钙浓度维持于正常范围之内。副甲状腺素于血钙浓度降低时释出，以便使血钙浓度回升。

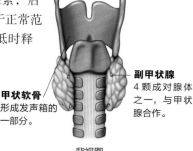

甲状软骨
形成发声箱的一部分。

副甲状腺
4颗成对腺体之一，与甲状腺合作。

背视图

甲状腺
制造甲状腺素的两叶球状体。

气管

正视图

腺体构造
甲状腺由两叶组织构成。4颗副甲状腺包埋于甲状腺背后。

肾上腺

　　成对的肾上腺位于肾脏上方的脂肪堆内。这些腺体所产生的激素，在人体制造与使用能量，以及对压力的反应方面，都扮演着重要的角色。每个肾上腺有两个主要部分：皮质（外层）与髓质（中间部分）。皮质所制造的激素中，有影响能量生产的皮质类固醇，以及调节盐量平衡的醛固酮。肾上腺髓质在压力大或兴奋时释出肾上腺素；这种化学能能极快发挥作用，借由增加心率调节流向肌肉的血液，来为身体采取行动做好的准备。

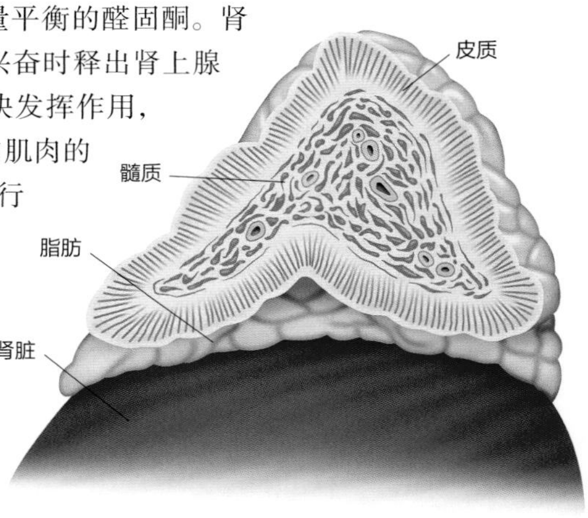

皮质

髓质

脂肪

肾脏

成对的腺体
每个肾脏上方都有一个肾上腺。肾上腺有两层，每一层均会制造其各自的激素。

胰

　　在腹部深处胃后方的胰脏，是一个具有两种功能的长形腺体。功能之一是产生消化液，另一个功能则是分泌激素。胰内制造激素的细胞集结成群，叫做胰岛，这些细胞制造胰高血糖素与胰岛素，而这两种激素会合作将血糖浓度维持在正常范围之内。当血糖浓度偏低时（也许是运动过后或缺乏食物所引起），胰高血糖素刺激肝脏释出葡萄糖，而提升血糖浓度；当血糖浓度偏高时（也许是用餐后），胰岛素刺激体细胞吸收葡萄糖以贮存能量，以降低血糖浓度。

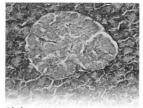

胰岛
这些胰细胞群（淡紫色部分）制造了控制血糖浓度的激素。

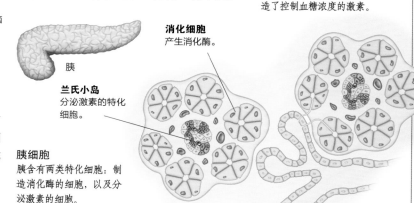

胰

消化细胞
产生消化酶。

兰氏小岛
分泌激素的特化细胞。

胰细胞
胰含有两类特化细胞：制造消化酶的细胞，以及分泌激素的细胞。

胰岛素与糖尿病

　　如果胰所制造的胰岛素量不够，或是人体无法正确使用胰岛素的话，体内的血糖浓度便会失控上升，便会导致糖尿病，其症状包括多尿与口渴。饮食控制和定期注射胰岛素可以治疗糖尿病，但无法将之根除。像图中所示的笔状器材（如右图示范），能计量正确的胰岛素剂量。

人体

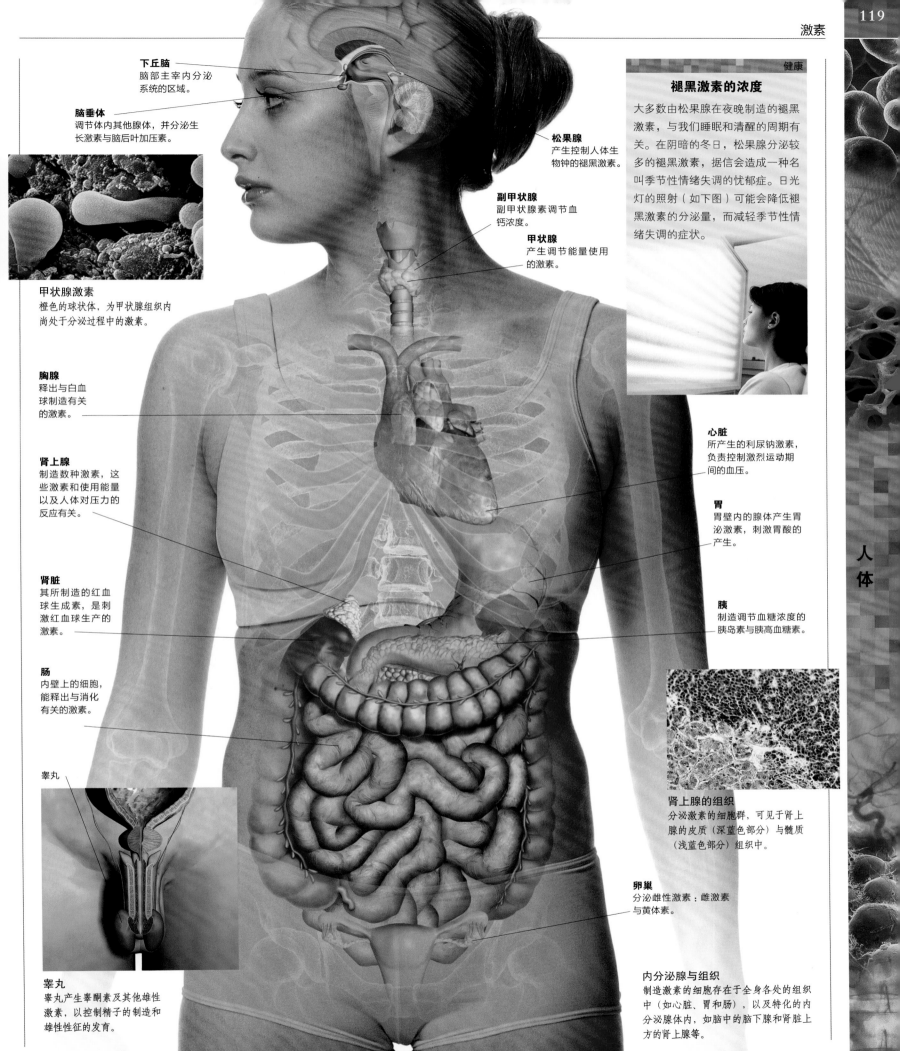

下丘脑
脑部主宰内分泌系统的区域。

脑垂体
调节体内其他腺体，并分泌生长激素与脑后叶加压素。

松果腺
产生控制人体生物钟的褪黑激素。

副甲状腺
副甲状腺素调节血钙浓度。

甲状腺
产生调节能量使用的激素。

甲状腺激素
橙色的球状体，为甲状腺组织内尚处于分泌过程中的激素。

胸腺
释出与白血球制造有关的激素。

肾上腺
制造数种激素，这些激素和使用能量以及人体对压力的反应有关。

肾脏
其所制造的红血球生成素，是刺激红血球生产的激素。

肠
内壁上的细胞，能释出与消化有关的激素。

睾丸

睾丸
睾丸产生睾酮素及其他雄性激素，以控制精子的制造和雄性性征的发育。

健康

褪黑激素的浓度

大多数由松果腺在夜晚制造的褪黑激素，与我们睡眠和清醒的周期有关。在阴暗的冬日，松果腺分泌较多的褪黑激素，据信会造成一种名叫季节性情绪失调的忧郁症。日光灯的照射（如下图）可能会降低褪黑激素的分泌量，而减轻季节性情绪失调的症状。

心脏
所产生的利尿钠激素，负责控制激烈运动期间的血压。

胃
胃壁内的腺体产生胃泌激素，刺激胃酸的产生。

胰
制造调节血糖浓度的胰岛素与胰高血糖素。

肾上腺的组织
分泌激素的细胞群，可见于肾上腺的皮质（深蓝色部分）与髓质（浅蓝色部分）组织中。

卵巢
分泌雌性激素：雌激素与黄体素。

内分泌腺与组织
制造激素的细胞存在于全身各处的组织中（如心脏、胃和肠），以及特化的内分泌腺体内，如脑中的脑下腺和肾脏上方的肾上腺等。

人体

人体

感受世界
我们的五大感官让我们知道我们还活着。
我们眼见、耳听、口尝、鼻嗅和感觉的所
有事物，让我们了解周围的世界。

感觉

所有的生物，甚至包括如细菌和植物等生物体，都有各种感觉，使其对周遭环境做出反应。人类与其他哺乳类动物一样，有五大感觉：视觉、听觉、触觉、味觉和嗅觉。虽然这些感觉通常能称职地帮助我们生存，但从某些角度看来，我们的能力似乎相当有限。我们的听力和嗅觉不如许多动物敏锐，眼睛也不像猛禽能辨认出数里以外的事物。然而我们有着脑容量大的优势；当我们接收到感觉的输入时，大脑分析信息的程度，实在是无与伦比。

脑部不断地受到体外感觉信息的疲劳轰炸。这些信息来自许多不同的管道：眼、耳、鼻、口与皮肤。这些区域上的特化受器，会对各种不同形式的刺激做出反应，并将信息传过神经通道，送至脑部。每个人的脑子都不一样，对世界所产生的感觉也不一样，对引起其注意的万物更都有其各自不同的诠释。

视力

对大多数人类而言，视觉是最强势的感觉。我们眼睛所见的，通常会掩盖过接收自其他感官的绝大部分信息。

我们看得到的眼球部分，和视觉的机制其实并没有太大的关系，不过该部分能让光线进入，乃视觉所必须。双眼是复杂的感觉器官，收集我们周围事物所反射的光，将之聚焦后，以信号将其所接收光线的强度与颜色传送至脑部。眼睛内部有透明富弹性的水晶体，能调整而将光线聚焦于感光度极高的薄膜，亦即眼底的视网膜。此处有两类感光细胞，在受光照射时作出反应，向脑部送出神经信号。脑部每秒钟会分析数千个此类来自双眼的信号，再将所收到的信息转译成我们认得的影像与颜色。脑部还会

眼睛
由眼睛前方进入的光线，首先由半球形的眼角膜聚焦，次由水晶体（黄色部分）再度聚焦。

借着诸如洞察力之类的工具为线索，以及过往的经验，拼凑出完整的画面。有的时候，脑部完全要靠臆测来诠释我们看到的东西；猜错了就可能会造成奇怪的视觉幻象。

听力与平衡

我们所听见的声音是由一连串的振动所组成，这些振动会沿着极多条神经纤维传至脑部以供

内耳细胞
内耳的毛细胞（黄色部分）因声波而摆动，引发神经信号传送至脑部。

解读。脑部利用这些信息来帮我们做许多事。举例而言，我们能够辨认声音，并找到发出该声音的物体或动物之所在；还能了解言语，以及注意到音乐的节奏与旋律。我们的听觉器官也是平衡器官，位于我们的头内部。此处有一个由骨骼（包括人体内最小的骨头）与薄膜构成的精微网络，将声音的振动深入传至内耳盘绕如蛇状的空腔。附着于内耳感觉细胞上的细小毛发，受这些振动而摆动，引发神经信号传至脑部。我们脑部所记下的声音，可

能和我们听到的是两回事。我们还有能力过滤掉不想听到的背景杂音，以挑出我们要听的声音。

触觉

触觉是让我们找出周遭事物大小、形状、质感和温度的重要感官。这项感官也让我们感受到疼痛。若是少了触觉，日常生活将会几乎无法进行。我们便无法把笔握好、与别人握手、摸黑走路，而且也会更易受伤。我们的触觉位于皮肤之中，包含了各种不同的神经结构，每当我们与任何事物有实质接触时，便将信息送至脑部。

味觉与嗅觉

基本的味道有四种：咸味、酸味、甜味与苦味。侦测这些味道的感觉细胞遍布口舌各种不同的区域。尽管这些感觉器能告诉我们口中食物的味道，但味觉也需大量依赖其他的感官：我们眼见和手摸的感觉，会影响到我们对味觉的期望，但对味觉影响最重要的是我们的嗅觉。很少人能够不靠鼻子的协助，就能分辨出最熟悉的味道（如

合并感觉
这位职业品茶专家需要能闻到他的样本。如果他没有嗅觉，那么即使是迥然不同的味道，也很难尝得出来。

巧克力、咖啡和大蒜）。我们嗅觉的灵敏度是味觉的好几倍，还能察觉出上千种不同的气味。极多种不同类型的嗅觉受器位于鼻腔顶，而每一种都对不同的化学物敏感。所有我们认得的气味与口味，都是来自于口鼻的合并资料，收集在脑中。

味觉和嗅觉通常被认为是较不重要的感官，却是生存所必须的，能引导我们找到适合吃下的食物，并帮助我们避免受到伤害。这些感官也会影响我们的心情和情绪的健康。

敏感的手指
手指具有高密度的触觉受器，为人体最敏感的部位之一。

联觉
有的人会体验到感觉的交错，把他们所见、所听、所嗅、所尝的信息混淆，这种现象叫做联觉。举例而言，一个人可能会在听到音乐的同时，也把各种声音看成某些色彩。他们可能闻得到颜色或尝得出字眼。联觉通常在年幼时出现，而其成因尚不十分清楚。此状况无法治疗，但鲜少造成困扰。

人体

视觉

　　我们靠视觉给大脑提供周遭世界大部分的信息。只需看我们就能研判事物的大小和质地、触感、对我们是否有害及其距离的远近。人体感觉受体有七成集中在双眼，能将信息传送至大脑分析。至于我们对所见的感受则和个人观点有关，世上没有两个人会对相同的物件产生同样的看法。

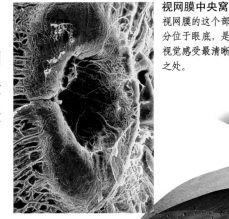

视网膜中央窝
视网膜的这个部分位于眼底，是视觉感受最清晰之处。

视觉的发生过程

　　眼睛的运作和照相机类似。其前方有一扇透明的窗口，也就是眼角膜，负责收集和折射（弯曲）我们视线所及一切事物所反射的光线。眼角膜背后是透明富弹性的水晶体，能够自动调整形状，以便将光线更进一步聚焦。这束光线经过眼球内部抵达眼球的后方，在一层叫做视网膜的薄膜上面映出一幅上下颠倒的影像。视网膜上有为数一亿二千六百万以上的神经细胞，这些细胞全都能感光，其中有的专门用来辨别颜色。这些神经细胞即时感光之后，将视网膜上的影像转换成神经冲动；神经冲动经由双眼背后的神经通路，瞬间传送至大脑。大脑内的视觉转移中枢辨认这些光点和颜色，把上下颠倒的影像还原给我们看。

进入眼睛的光线
富有弹性的水晶体靠着极其细微的纤维支撑，悬吊在眼球前方，负责弯曲进入眼睛的光线。

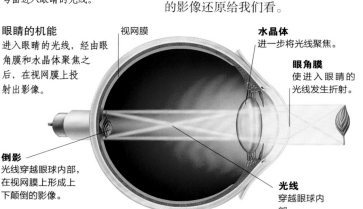

眼睛的机能
进入眼睛的光线，经由眼角膜和水晶体聚焦之后，在视网膜上投射出影像。

视网膜

水晶体
进一步将光线聚焦。

眼角膜
使进入眼睛的光线发生折射。

倒影
光线穿越眼球内部，在视网膜上形成上下颠倒的影像。

光线
穿越眼球内部。

视网膜中央窝
光线在视网膜上聚焦最清晰之处。

视神经
将神经冲动由视网膜传至大脑。

视神经盘
来自视网膜的神经纤维集聚形成视神经之处。

视网膜
位于眼睛最内层，进入眼睛的光线在此转换成神经冲动。

眼肌
每个眼球周围有6条肌肉，能使眼球往任何方向转动。

保护眼睛

　　精致脆弱的眼球有眼睑保护，就像是照相机快门一样，能够保护眼球不受异物的伤害。眼泪提供更进一层的保护，不仅能洗去眼内污物，还具天然杀菌功能，以防感染。泪水由泪腺分泌，泪腺位于每只眼球的上方，就在眉毛底下。这些泪腺不停地分泌微量的碱性水状液体，经由泪小管渗出，借着每分钟好几次的眨眼动作，以泪水冲洗眼球表面。

玻璃体
一种透明胶状物质，填满眼球后方，具有保持眼球形状的功能。

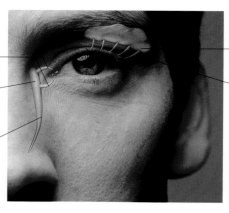

泪小管
收集从眼角小孔流出的泪水。

泪腺
分泌泪液以保持眼睛的清洁与湿润。

泪囊
将泪水导向鼻中。

泪管
将泪水自泪腺引出。

鼻泪管
通向鼻腔。

泪器
泪水从泪腺渗入眼中，流进泪囊，再经由鼻泪管流入鼻腔。

眼睛的构造
眼球由三层薄膜所包围。最外层是白色的巩膜，在眼球正前方的部分则形成透明的眼角膜。中间一层是脉络膜，为水晶体及眼球上大部分血管之所在。最内层是视网膜。眼睛里有两个空腔，水晶体前方的空腔内，充满了称做"水样液"（或称"房水"）的液体；后方较大的空腔内，则充满着胶状的玻璃状液。

巩膜
形成眼白的坚韧外膜。

平衡感

内耳中的几个结构合称前庭器，能帮助我们直立和移动，并且不致失去平衡。此器官包括三个互相垂直、里面充满液体的回路（半规管），感觉毛细胞便位于其基底叫做壶腹脊的小结构内部。其他与平衡有关的结构为两个空腔（椭圆囊和球囊），位于充满液体的前庭内。此二空腔均含有听斑，这也是一种充满毛细胞的感觉结构。关于速度及头部动作方向的信息，从半规管和听斑经由毛细胞以神经冲动的形式传至脑部。

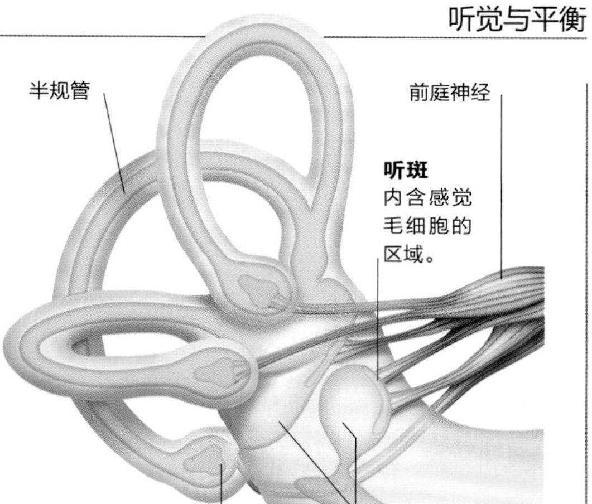

健康

眩晕

如果内耳精微的器官受到扰乱，平衡感便有可能受影响。失去平衡会导致眩晕，造成一种动态的假象，或者会产生周围一切事物都绕着自己打转的不愉快经验。眩晕的成因包括前庭器感染，通常在感冒或流行感冒病毒之类的感染后发生。眩晕也是美尼尔氏综合征的一种症状，这是一种内耳液体过多的毛病，其成因不明。

半规管
充满液体，为与平衡有关的结构；一共有3个。

镫骨
振动卵圆窗。

砧骨
接收来自锥骨的振动。

韧带
固定锥骨的位置。

锤骨
将来自耳膜的振动传出。

颅骨

前庭神经
将平衡信息讯送至脑部。

耳蜗神经
将神经冲动由内耳送至脑部。

耳蜗横截面

前庭小管

耳蜗管

鼓室管

耳蜗

卵圆窗
振动经由此薄膜进入内耳。

耳道
将声波导向耳膜。

耳膜
因声波而振动的薄膜。

前庭
充满液体的空腔，侦测头部位置。

耳咽管
使中耳与鼻腔后方连接，控制耳内的压力。

圆窗
振动经由此薄膜离开耳蜗。

半规管

前庭神经

听斑
内含感觉毛细胞的区域。

前庭器
在内耳中的前庭与半规管含有感觉区（听斑与壶腹脊），形成我们的平衡感。

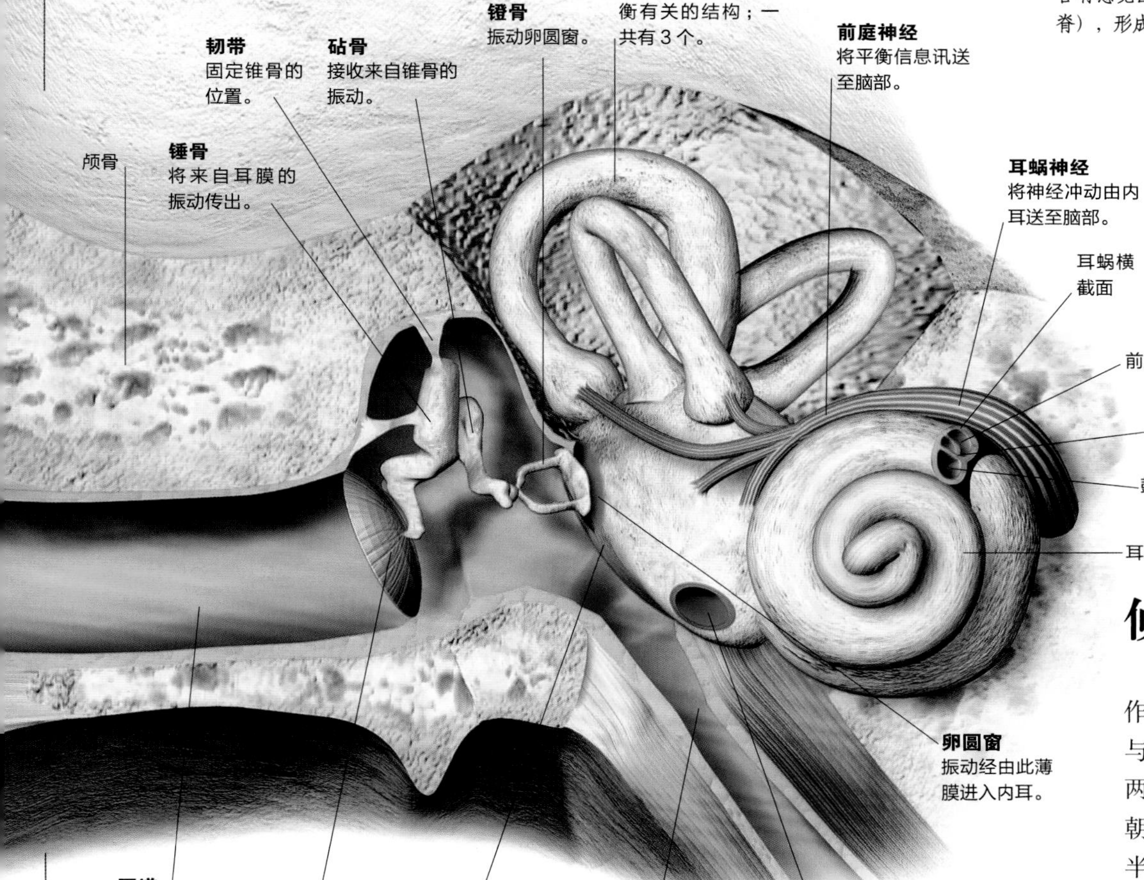

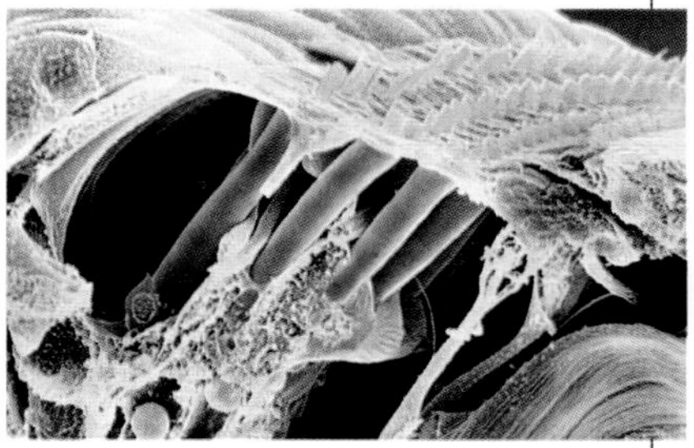

壶腹脊
充满纤毛的感觉受器。

前庭
具有两个空腔的结构，每个空腔都含有一个叫做听斑的感觉区。

柯替氏器
此听觉受器含有带感觉毛（黄色部分）的毛细胞（粉红色部分），将振动转换成神经冲动。

侦测头部动作

内耳的结构能探测出数种不同的头部动作。线性加速（譬如当我们乘车或搭电梯时）与头部与地心引力的相对位置变换，由前庭内两个听斑内的毛细胞所察觉。转动运动（当头朝任何一个方向转时）由至少一根充满液体的半规管内之感觉受器（壶腹脊）所察觉。当头转动时，耳内结构的液体弯曲感觉毛细胞，刺激它们产生神经冲动。

线性运动
当头部直立时，嵌于胶质膜的毛细胞感觉毛保持直立的位置。歪斜的时候，地心引力的拉力使胶质膜移动。该动作拉动毛细胞，使之送出神经信号。

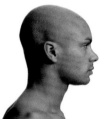

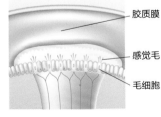
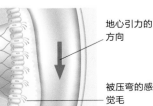

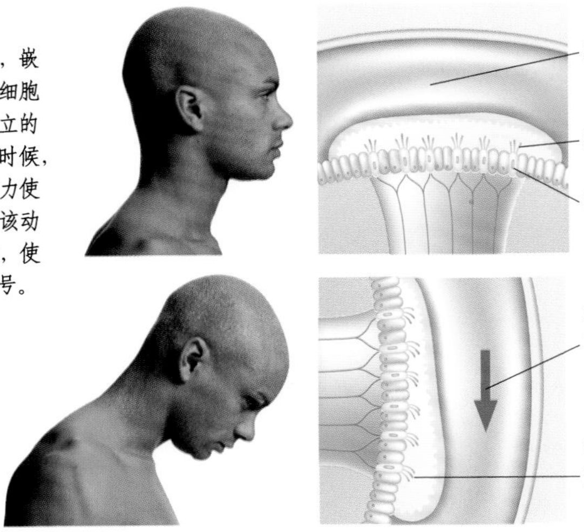

胶质膜

感觉毛

毛细胞

地心引力的方向

被压弯的感觉毛

转动运动
每个壶腹脊内的毛细胞都嵌在锥状的胶状物：顶帽上。头部静止时，半规管中液体没有移动，顶帽呈直立状。当头部转动时，液体移动使顶帽移开，压弯感觉毛而使之产生神经冲动。

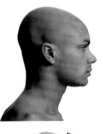

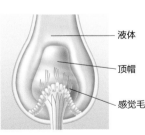
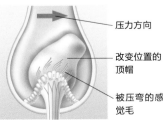

液体

顶帽

感觉毛

压力方向

改变位置的顶帽

被压弯的感觉毛

人体

触觉、嗅觉与味觉

触觉和其他感官不同的地方是，它在全身各处都有。触觉让我们了解周遭环境，并让我们得知是否碰到了有害物质。触觉以及与之并存的痛觉，是我们寻求生存所必需的机制。对我们的安全和享受人生同样重要的，是息息相关的嗅觉与味觉。此二感官犹如化学物质侦测系统，负责察觉气味与味道的分子，并对之作出反应。嗅觉可以独当一面，但味觉少了嗅觉的合作，则等于没有成效。

畅通的鼻子
这些微小的毛发（纤毛）位于鼻腔内壁上，扫除鼻子里的黏液或粒子。如果鼻子阻塞，气味分子便无法抵达鼻腔内的嗅觉受器。

触觉

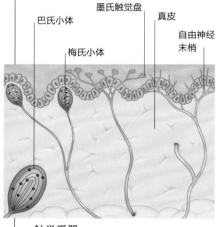

巴氏小体　墨氏触觉盘　真皮
梅氏小体　　　　　自由神经末梢

触觉受器
皮肤的层次中充满着触觉受器。有的受器装在囊中，有的则为自由神经末梢。

我们经由皮肤感受触觉；皮肤的真皮（皮肤第二层）各处及其下面，含有数以百万计的感觉受器。这些受器能察觉压力冷热，并传递关于疼痛的神经信息。受器主要有四大类。最常见的是像树枝一般在真皮各处分支的自由神经末梢，负责侦测不同程度的触觉。其他类型的受器，在神经末端上都有一种由蜷曲的神经纤维或细胞群所形成的结构。这些受器均依照最先描述它们的人而命名：墨氏触觉盘、梅氏小体和巴氏小体。墨氏触觉盘位于皮肤表面之下，负责感应持续的轻触与压觉。梅氏小体坐落于表皮（皮肤最上层）和真皮之间，主要位于如指尖等无毛区，对轻微的触觉有反应。巴氏小体位于皮肤深处的脂肪层上，负责探测振动与深层压力。

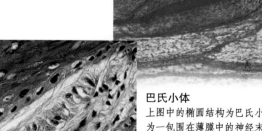

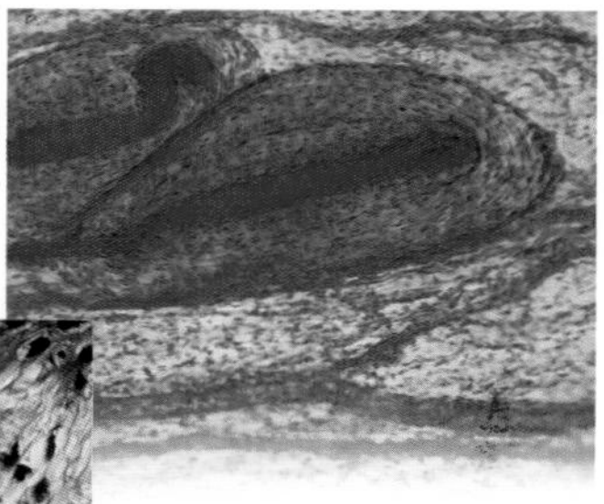

梅氏小体
此类触觉受器（图中所示绿色结构）在指尖和脚底的皮肤中很常见。梅氏小体对轻微的触觉有反应。

巴氏小体
上图中的椭圆结构为巴氏小体，为一包围在薄膜中的神经末梢（深色线条部分），负责侦测压觉与振动。

嗅觉

有气味的物质会将气味分子释入空气中。当气味分子被我们吸入时，便与鼻梁后方，鼻孔顶端的两个脂肪组织区接触。这些区域叫做嗅区，约含有 500 万个神经细胞。这些细胞带有插入鼻黏膜层的纤毛，会受特定气味分子的刺激。当这些细胞受到气味的刺激时，便将电流信号送至脑部基底的嗅球。嗅球再将信号送至脑部更深处。这些区域中之一是负责情绪的边缘系统。此关系正是稍纵即逝的味道也足以引发强烈回忆与情绪的原因。

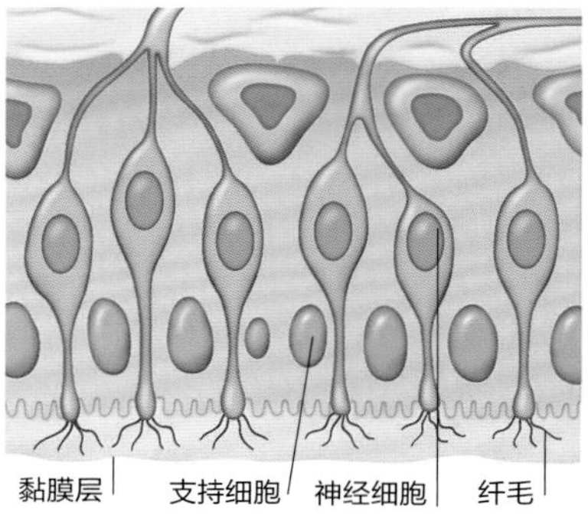

嗅觉受器
当气味分子进入鼻子时，会刺激神经纤维的纤毛，使信号送到脑部。

黏膜层　支持细胞　神经细胞　纤毛

味觉

味觉器官为味蕾，在口中约有 10,000 个。味蕾主要位于舌头表面，但有些则星罗棋布于上颚、喉咙和扁桃腺上。每个味蕾有 50 个左右的味蕾神经细胞纤维，集结容纳于一个毛孔中。当食物或饮料放进嘴里时，便经由唾液溶解，而释出的化学物质便刺激味觉细胞上的细小味毛。这些细胞沿着神经纤维将神经冲动送至脑部。舌上的味蕾依味觉的类别而分组。我们用舌尖尝甜味，这便是我们舔冰淇淋之类食物的原因。咸的食物大多在舌头前缘尝出，酸味蕾位于舌的两侧，而苦味蕾则在舌根。

味蕾
舌面上的味蕾（橙色部分）埋在尖尖的乳突（小结）中。

感觉味道
食物与饮料在口中分解时所释出的化学物，进入舌头毛孔抵达味蕾上的细小味毛。这些味毛对味道起反应的方式，是产生神经冲动，将信息送至脑部味觉区。

舌表面细胞
味毛
味蕾细胞
支持细胞
神经纤维

真相

疼痛的成因

疼痛是个复杂的感觉，在皮肤内特化的感觉神经末梢（疼痛感受器）活化时出现。如果组织受损，便会释出化学物质（如组织胺和摄护腺素），刺激疼痛感受器向脑部送出疼痛的信号。有些疼痛感受器只对严重的刺激起反应，如割伤；有些则对坚实的压力敏感，如捏掐。我们所能感受疼痛的限度非常主观。

人体

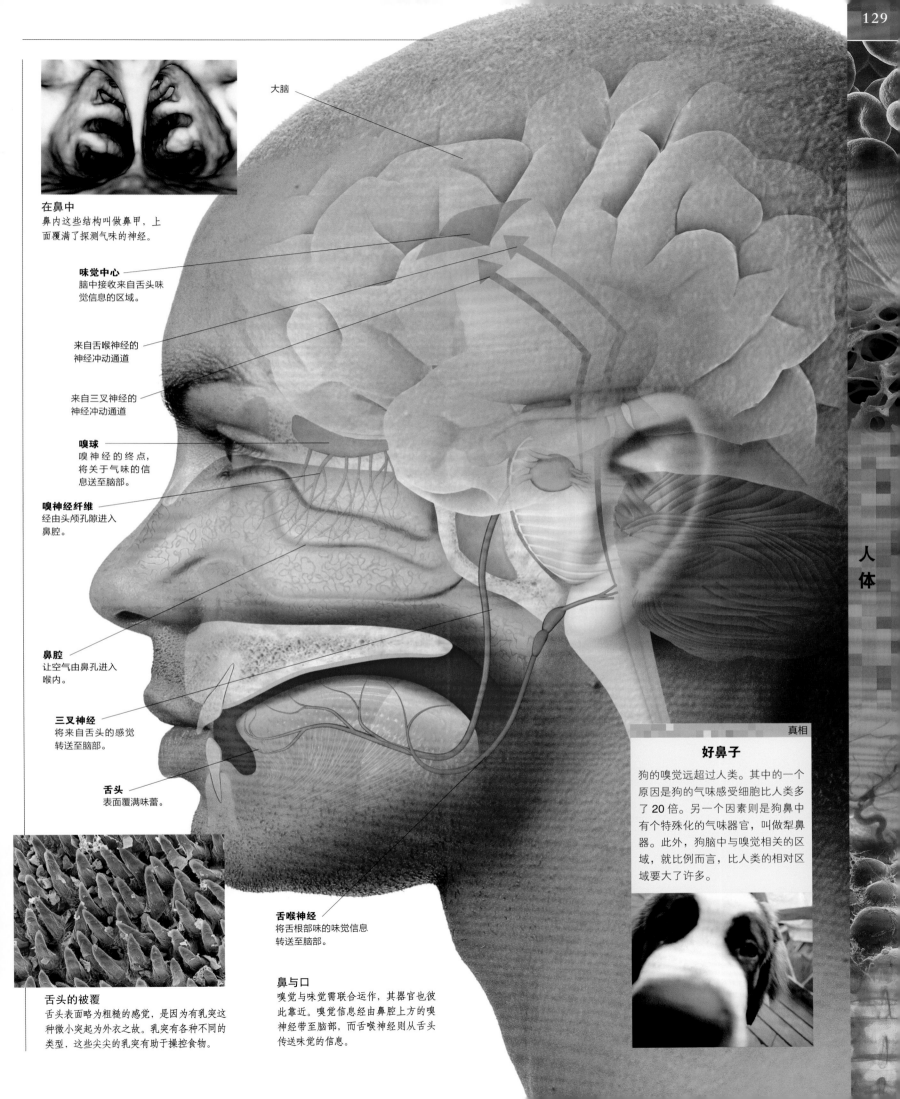

在鼻中
鼻内这些结构叫做鼻甲，上面覆满了探测气味的神经。

大脑

味觉中心
脑中接收来自舌头味觉信息的区域。

来自舌喉神经的神经冲动通道

来自三叉神经的神经冲动通道

嗅球
嗅神经的终点，将关于气味的信息送至脑部。

嗅神经纤维
经由头颅孔隙进入鼻腔。

鼻腔
让空气由鼻孔进入喉内。

三叉神经
将来自舌头的感觉转送至脑部。

舌头
表面覆满味蕾。

人体

舌头的被覆
舌头表面略为粗糙的感觉，是因为有乳突这种微小突起为外衣之故。乳突有各种不同的类型，这些尖尖的乳突有助于操控食物。

舌喉神经
将舌根部味的味觉信息转送至脑部。

鼻与口
嗅觉与味觉需联合运作，其器官也彼此靠近。嗅觉信息经由鼻腔上方的嗅神经带至脑部，而舌喉神经则从舌头传送味觉的信息。

真相

好鼻子
狗的嗅觉远超过人类。其中的一个原因是狗的气味感受细胞比人类多了 20 倍。另一个因素则是狗鼻中有个特殊化的气味器官，叫做犁鼻器。此外，狗脑中与嗅觉相关的区域，就比例而言，比人类的相对区域要大了许多。

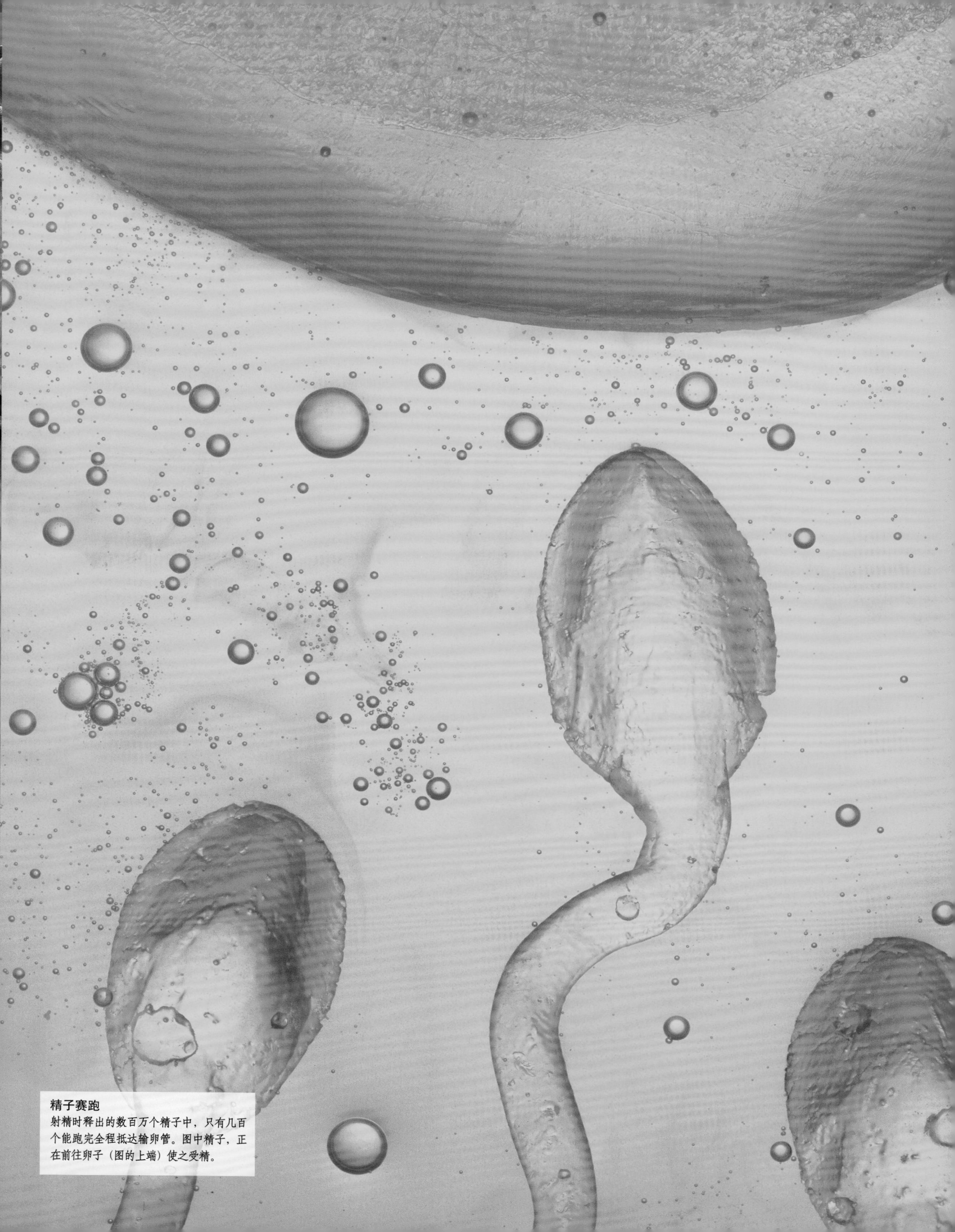

人体

精子赛跑
射精时释出的数百万个精子中，只有几百
个能跑完全程抵达输卵管。图中精子，正
在前往卵子（图的上端）使之受精。

繁衍生息

人类和所有的动物一样需要生殖。每一代的男性和女性，借着结合彼此的遗传物质来确保他们后继有人。虽然和大多数生物种类比起来，人类的生殖寿命较长，受孕周期也要频繁得多，但我们的生殖速度却相当慢：怀孕期要持续好几个月，而且女性一次生出两个孩子以上的机会非常罕见。人类为了情绪以及生殖原因而性，这在动物之中更是非常少有。

男性在生殖中所扮演的角色，是制造精子并确保其与女性卵子的接触。女性储存卵子，并有可能执行一项更复杂的功能。一旦女性进入了可孕年龄，她每个月都有可能让一颗卵受精，进而导致怀孕。如果这个情形发生的话，她的身体便自我调整，以为发育中的婴儿提供住所与营养，然后分娩将之生出。

创造新生命

受精是精子与卵子融合的时刻，也是生命的开端。在这能实现之前，必须先发生一连串重大的事件。女性必须在排卵期间，以便有成熟的卵子在适当的地方

生命初期
这个卵细胞在受精后几个小时内，已经一分为二。这些细胞一面继续分裂，一面向子宫移动，以便在该处着床，开始怀孕。

待命；精子必需进入女性体内，所以性交也有必要；而精子需要处于健康的状况，因为它们眼前有一场艰难的赛跑；时机更一定要恰当，因为如果受精没有发生的话，精子和卵子都无法久存。虽然通常一次只有一颗卵子会被释出受孕，跑来和它碰面的精子却有上百万个。大多数的精子在

途中就死去了，但受精只需一个精子抵达卵子、突破其外面的保护层即可成功。

在过去几十年里，一些国家中的妇女有控制其受孕力的选择，得以决定何时怀孕以及是否要怀孕。男性和女性也都能借助外力来控制。

遗传基因

每个人都有其独特的外表，不过他（她）有可能从其父母遗传某些明显的特征，诸如身高、眼珠颜色、下巴形状等。我们都有着与旁人完全不同的生理特征。我们独一无二的特征，以及我们的性别，都是在精细胞与卵细胞结合受精时得来。这些生殖细胞各自携带制造一个新生命所需染色体（含有遗传物质的结构）数目的一半；一旦此二细胞融合，便创造出一个含有全套染色体的新细胞，其中一半的染色体带有来自父亲的基因，另一半则携带来自母亲的基因。新细胞几乎立刻开始自我复制遗传

共有的遗传
当一个受精卵细胞形成两个胚胎时，便发展成同卵双胞胎。此类孩童有着相同的基因，外表极为相似。

信息。人的性别，由授精精子所携带性染色体所决定。

怀孕与生产

在精子进入卵子之后极短的时间里，稳当着床于子宫的受精卵细胞，已经变成了拥有自己营养补给的胚胎。不久这个微小的生命形态便有了所有重要器官的雏形。到第一个月底之前，部分成形的心脏已经开始跳动。短短

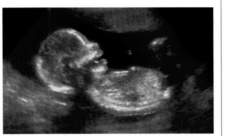

子宫内部
此扫描图显示出：20 周大的胎儿，所有的内部器官都已经就位，双臂与双腿也已经成形。脊椎为图中所见黄色弧线。

数周之后，胚胎已成为胎儿，很明显地是个人类的小生命。母体日益改变的外形，正是她子宫中所发生事件的证明。随着九个月怀孕期的推移，女性的乳房肿胀、子宫扩张，将其他内部器

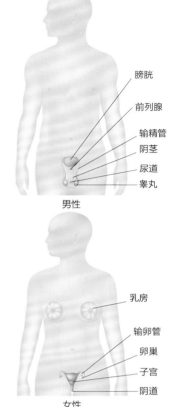

男性

女性

生殖系统
男性生殖器官制造并运输精子。女性生殖器官储存精子并为胎儿提供生长的环境。乳房产生乳汁，也有着性方面的角色。

官向旁挪移，以便容纳胎儿日渐成长的身体和愈来愈长的四肢。当婴儿做好进入外在世界的准备时，便启动了一连串挡不住的事件。当子宫用力收缩将婴儿挤下产道，以便离开母体之际，便是分娩的开始。

真相

基因指纹

下图所示的条纹图案为俗称的基因指纹，是一个人基因的计算机分析。其制作方式是从人体组织采取脱氧核糖核酸（DNA）的样本，将之打碎后利用电荷来分类。因为一个人的指纹图案是独一无二的，此科技也可用来辨识身份。

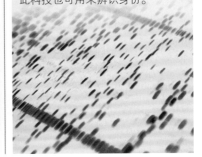

人体

女性生殖系统

　　女性的生殖器官让女人能够进行性交、怀孕和生育。几乎所有的性器官都在体内，而非暴露于外。其中最重要的是卵巢，这是两个内含卵子的腺体，位于子宫的两侧。中空的子宫有厚肌肉壁来保护胎儿，并能在分娩期间用力收缩将婴儿推挤出体外。阴道肌肉也具有弹性，将子宫连向外在的女性器官：敏感阴蒂和呈皱褶状阴唇组织。

输卵管　卵巢　子宫
子宫颈
阴道

正面观

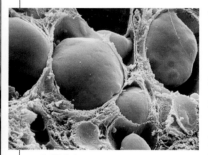

卵巢内部
图中可见各自位于卵巢滤泡内、成熟阶段各不相同的卵子。

制造卵子

　　人类的卵便是女性的生殖细胞，在出生之前便已经于子宫中发育。女婴出生之际，其子宫内已有为数 200 万左右的卵子。每个卵都各由滤泡这种含有营养细胞的囊泡所包覆。在童年早期，卵子还不成熟，大批的卵子便退化死亡。女童到达青春期时（通常在 10 至 14 岁的年龄），剩下的卵子约有 30 到 40 万个。在这些幸存者之中，只有 400 个左右会完全成熟。青春期女性激素的增加，引发了卵的成熟以及月经的开始，后者将持续至女性的生殖寿命结束为止。每个月都有几个卵子开始发育，通常有一颗卵成熟而离开卵巢，其余的则死去。如果成熟的卵子在输卵管内遇到精子的话，便有可能在该处受精发展成胚胎。

脊椎

直肠

月经周期

　　在一个大约每隔 28 天重复一次的周期中，一颗卵会离开卵巢，而子宫则会为可能发生的怀孕而作准备。这个每月一次的周期由数种激素的复杂互动来调节。在周期开始的时候，由脑内脑垂体所释出的促滤泡激素引发卵巢内滤泡的发育。滤泡制造雌激素，此举则造成促黄体激素的遽增。黄体生成素刺激已经成熟的卵子，使其突破卵巢进入输卵管。剩下的空滤泡叫做黄体，则分泌孕酮，使子宫壁变厚，以准备接收受精卵。如果受精未能发生的话，变厚的子宫壁便脱落成为经血。

排卵
排卵时，成熟的卵子（粉红色部分）从破裂的滤泡冲出，在卵巢的表面出现。

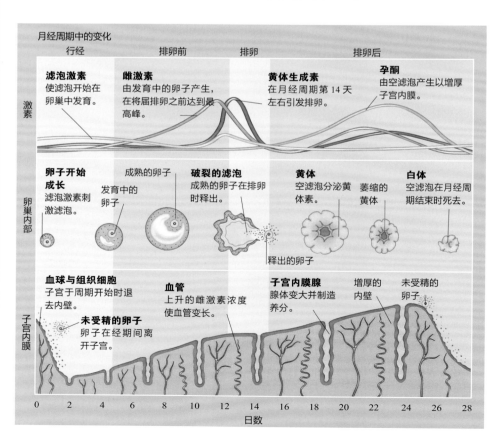

月经周期中的变化

行经	排卵前		排卵	排卵后

激素

滤泡激素
使滤泡开始在卵巢中发育。

雌激素
由发育中的卵子产生，在将届排卵之前达到最高峰。

黄体生成素
在月经周期第 14 天左右引发排卵。

孕酮
由空滤泡产生以增厚子宫内膜。

卵巢内部

卵子开始成长
滤泡激素刺激滤泡。

成熟的卵子

发育中的卵子

破裂的滤泡
成熟的卵子在排卵时释出。

黄体
空滤泡分泌黄体素

白体
空滤泡在月经周期结束时死去。

萎缩的黄体

释出的卵子

子宫内膜

血球与组织细胞
子宫于周期开始时退去内壁。

未受精的卵子
卵子在经期间离开子宫。

血管
上升的雌激素浓度使血管变长。

子宫内膜腺
腺体变大并制造养分。

增厚的内壁

未受精的卵子

0　2　4　6　8　10　12　14　16　18　20　22　24　26　28
日数

未成熟的滤泡
还没开始成熟。

成熟的滤泡
充满液体的结构内含有完全成熟的卵子。

空滤泡
在月经周期末退化。

韧带
将卵巢与子宫连结。

卵子

卵的成熟
在女性的生殖寿命全程中，每个月随着卵巢中的滤泡成熟，她的身体就会为着可能发生的怀孕做好准备。

人体

输卵管
每个卵巢均有个紧靠着的管子，接收成熟的卵子并将之送至子宫。

伞部
羽毛状的卷须，在排卵期间将新释出的卵子引入输卵管内。

输卵管内壁
在输卵管内有细微的毛状细胞（图中所见的黄色丛簇），将卵子推向子宫。

卵巢
含有许多滤泡，每个月经周期内有一个滤泡会成熟，在排卵时释出。

子宫
其肌肉壁能伸展容纳成长的婴儿。

议题

荷尔蒙补充疗法

利用荷尔蒙补充疗法来降低更年期症状及预防骨质疏松症（骨组织的流失），可能会稍微增加一些严重疾病的风险。这些风险据信包括了乳腺癌与深部静脉栓塞，大多和长期使用荷尔蒙有关。然而许多专家认为，只要疗法考虑到女性个人病历，荷尔蒙补充疗法对女性身体健康还是有好处的。

荷尔蒙补充疗法药片

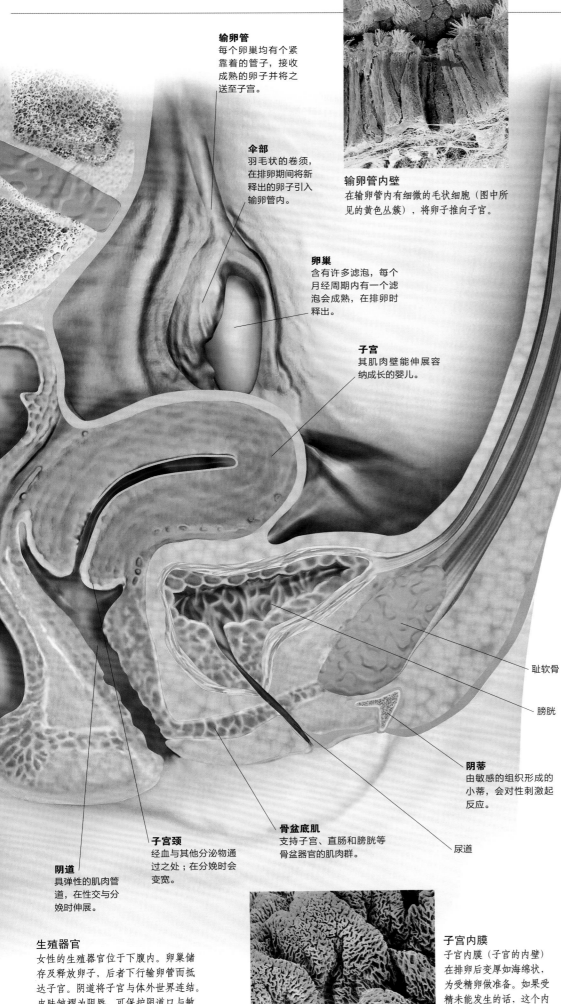

更年期

卵巢随着年岁的增加，对脑垂体所释出的激素愈来愈不易起反应。能在每个月经周期内发育的卵泡变少，而卵巢所制造的雌激素量也递减。结果是排卵与行经愈来愈不规律，直到卵巢完全停止运作，而女性也面临了最后一次的行经。这就是更年期，通常发生在 45 至 55 岁之间。荷尔蒙在更年期之前、当中和之后的大起大落，会导致许多的症状，包括热潮红、盗汗、阴道干涩，以及情绪波动等。妇女在更年期后罹患骨质疏松症（骨组织的流失）和心脏性疾病的风险更大。

耻软骨

膀胱

阴蒂
由敏感的组织形成的小蒂，会对性刺激起反应。

骨盆底肌
支持子宫、直肠和膀胱等骨盆器官的肌肉群。

尿道

子宫颈
经血与其他分泌物通过之处；在分娩时会变宽。

阴道
具弹性的肌肉管道，在性交与分娩时伸展。

生殖器官
女性的生殖器官位于下腹内。卵巢储存及释放卵子，后者下行输卵管而抵达子宫。阴道将子宫与体外世界连结。皮肤皱褶为阴唇，可保护阴道口与敏感的阴蒂。

子宫内膜
子宫内膜（子宫的内壁）在排卵后变厚如海绵状，为受精卵做准备。如果受精未能发生的话，这个内壁便会脱落。

正常　　　　　　热潮红
热潮红
通常在上半身和头部感觉最烈的突袭热潮，是更年期常见的症状。在这两幅红外线热影像中，白色和黄色区域代表升高的皮肤温度。

人体

男性生殖系统

男性主要的生殖器官位于体外。睾丸是一对制造精子的腺体，悬挂于骨盆下的阴囊内。经由一连串的管子，精子得以输送至阴茎。当男性在性交中射精时，数以百万计的精子从尿道泄出，尿道是一条由膀胱连接至阴茎末端的管子。精子进入女性体内，并有可能与卵子结合。精子的生产始于青春期，通常可一直持续至老年。

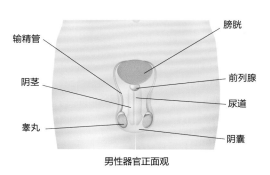

输精管　膀胱
阴茎　前列腺
睾丸　尿道
　　　阴囊

男性器官正面观

人体

男性的发育

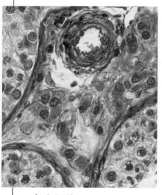

睾丸细胞
在此睾丸组织显微图中，蓝色的轮廓包围着制造激素的大型细胞。

发育中的睾丸
睾丸直到出生前两个月均位于腹内，之后便下降经过腹股沟而至体外。如果睾丸下不来的话，就有可能需要以手术矫正其位置。

随着男性胎儿在子宫内发育，其尚未成熟的睾丸于下腹内部形成并逐渐下降。大部分的男婴出生时，睾丸已经位于体外，不过有些儿童的一个睾丸尚未下降（或者两个，不过此现象相当罕见）。男童要到了青春期（约 12 至 15 岁的年纪）才开始制造精子。精子生产的动力，来自在睾丸内分泌男性激素：睾酮的递增。此激素的增加，来自脑中其他激素生产的刺激。睾酮会引起生理上的改变，诸如生殖器的增长、体毛与胡须的生长，以及声音变低沉等。

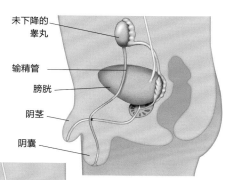

未下降的睾丸
输精管
膀胱
阴茎
阴囊

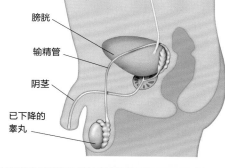

膀胱
输精管
阴茎
已下降的睾丸

已下降的睾丸
当睾丸下降时，两者各自将血管、神经与输精管随之带下，形成精索。睾丸位于体外可保持凉爽，以利于精子的制造。

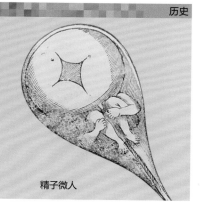

历史

精子微人

科学家于 17 世纪末叶发现精细胞。当时的科学圈相信精子含有具体而微小的人类，称作精子微人。他们以为精子微人在经过射精进入女性体内后，就会孵化而长成婴儿。直到 19 世纪 40 年代，科学家才了解精细胞会穿透女性的卵子，而且胚胎是在受精之后才发育的。

精子微人

睾丸与阴囊

如果睾丸滞留于腹内，其温度将会过高而无法产生精子，因为精子需要较凉的环境。悬挂在体外的阴囊之中，让睾丸的温度得以保持在摄氏 34 度左右，稍微低于体温，正是制造精子的最佳温度。阴囊壁里的汗腺以及阴囊的薄皮，共同合作保持此温度的恒常。在天暖的时候，阴囊壁内的肌肉松弛，使阴囊能够稍微离开身体悬挂，以便睾丸能维持在适当的温度。天冷的时候，阴囊便较靠近身体。每个睾丸里大约有 1,000 个紧密卷曲的管子；这种称为曲精小管的结构，是制造精子的地方。每个睾丸背后的蜷曲小管为副睾，负责储存精子，并将之带到输精管这条连至射精管的管子。

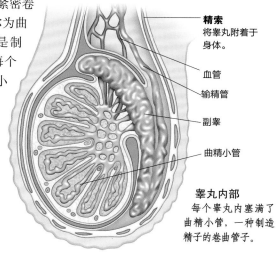

精索
将睾丸附着于身体。

血管
输精管
副睾
曲精小管

睾丸内部
每个睾丸内塞满了曲精小管，一种制造精子的卷曲管子。

发育中的精子
这些精子在曲精小管中成熟。图中精子的尾部指向中心。

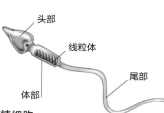

头部
线粒体
体部
尾部

精细胞
精子的头部含有脱氧核糖核酸（遗传物质），体部含有制造能量的结构（线粒体），而尾部则以螺旋方式推动精子前进。

制造精子

从青春期开始，男性每天可制造的精子多达 1.2 亿个。精子一开始是不成熟的细胞，叫做精原细胞，会不断地复制。其中大约半数抵达发育的下一阶段，成为精母细胞，然后开始分裂。精母细胞所产生的成熟精细胞，各含有 23 条染色体，为创造人类所需遗传物质的一半。制造一个精子约需时 75 天。新精子从曲精小管经过一连串的管子来到副睾，在该处储存。从这里开始，精子转向输精管，有可能在那儿待上好几个月的时间。前列腺以及一对叫做储精囊的小囊所分泌的液体，与精子混合形成精液。未射出的精子最终会死去。

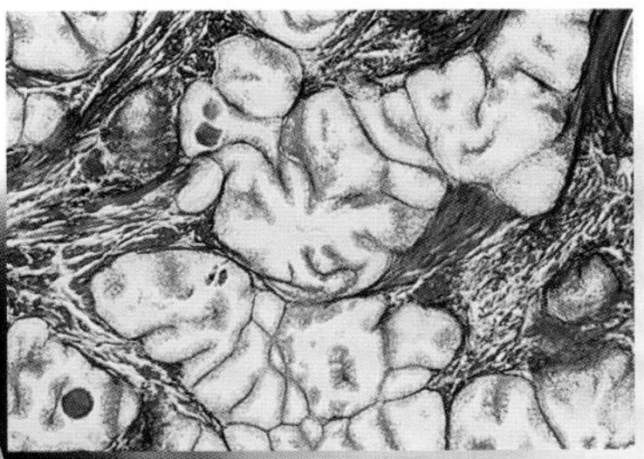

前列腺组织

此前列腺组织剖面图中的橙白色区域，含有分碱性液体（形成精液的一部分）的细胞。

议题

日益降低的精子数

男性精子数似乎从 20 世纪 30 年代起便一直在持续下降，而精子也可能较不活跃。精子质与量的低落，是不孕的一大肇因。没有人知道理由，但吸烟与环境中的化学药物如杀虫剂，可能是罪魁祸首。食物中模仿女性激素活动的物质，也有可能损害精子。

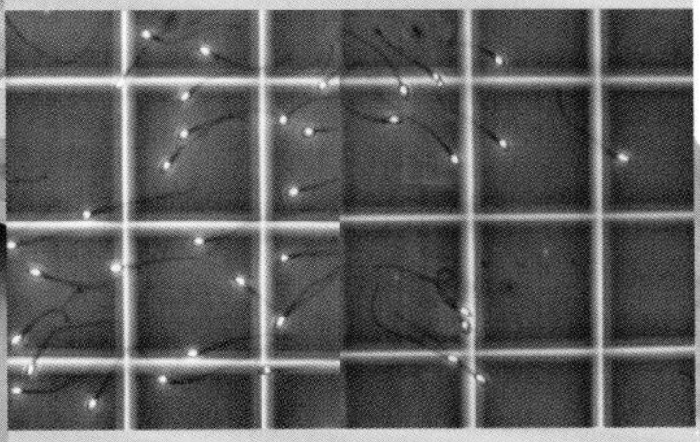

正常　　　　　过少

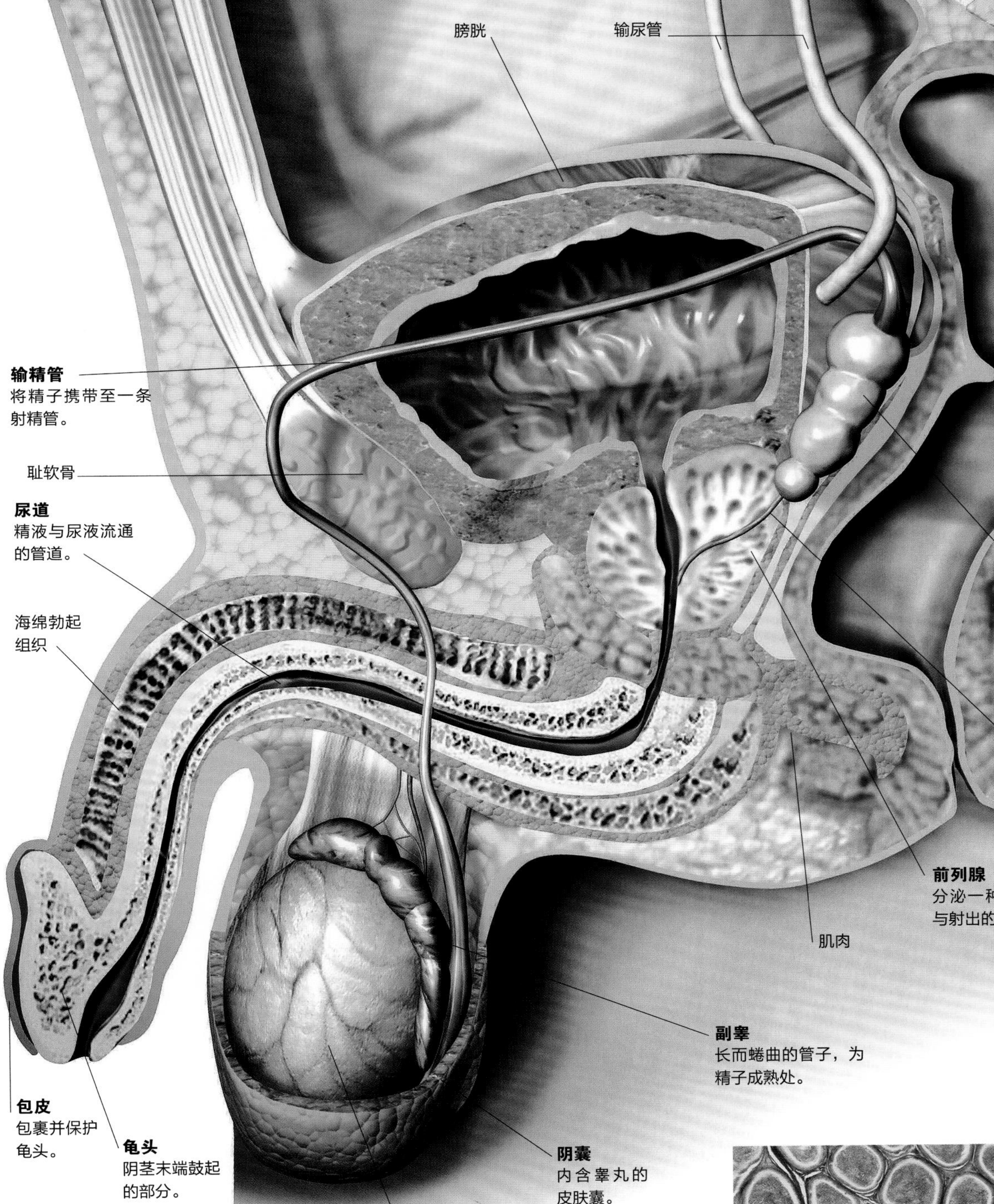

膀胱

输尿管

输精管
将精子携带至一条射精管。

耻软骨

尿道
精液与尿液流通的管道。

海绵勃起组织

直肠

储精囊
分泌液体与养分，使之在射精时加入精子。

射精管
两条短管之一，将精子输送至输尿管。

前列腺
分泌一种乳状液体，以与射出的精子混合。

肌肉

包皮
包裹并保护龟头。

龟头
阴茎末端鼓起的部分。

副睾
长而蜷曲的管子，为精子成熟处。

阴囊
内含睾丸的皮肤囊。

睾丸
制造精子的一对腺体之一。

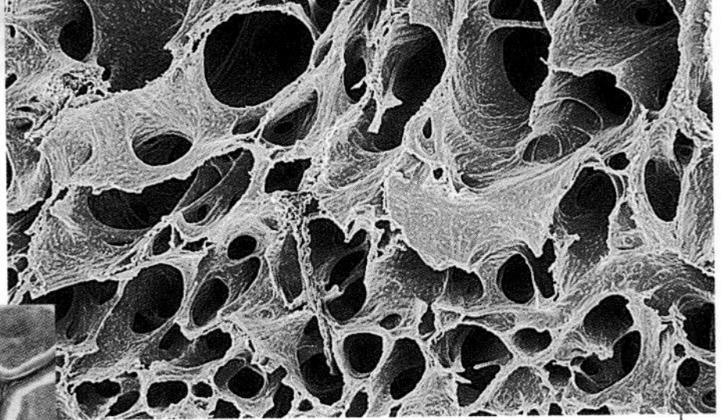

男性生殖器官

阴茎与阴囊为可见的男性生殖器官。体内尚有各种管道与腺体所组成的系统，为制造、储存精子，使之与液体混合或在性交时将之射出体外的所在。

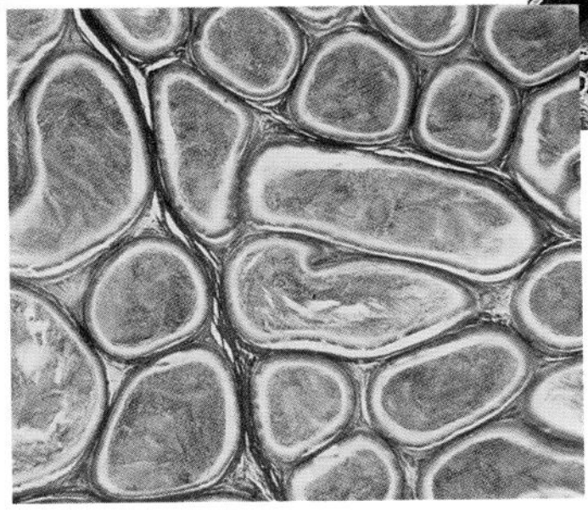

副睾

图中所示为这根储存精子的蜷曲小管之截面。棕色部分为精子，将在副睾中存留至成熟为止。

海绵勃起组织

阴茎内含有数条柱状的海绵组织。性冲动期间，血液冲向阴茎，将海绵组织内的空隙填满，造成勃起。

人体

人体

性与受孕

迫切想要繁殖的生物欲望，是最强烈的基本欲望之一。制造新生代以确保品种的延续，履行了人体的主要功能之一。然而性交不仅是男性与女性繁殖的手段，亦是情绪表达的发泄途径，而且通常是非常愉悦的一项活动。因此性关系能在维持配偶感情以及灌输个人安乐意识方面，扮演重要的角色。

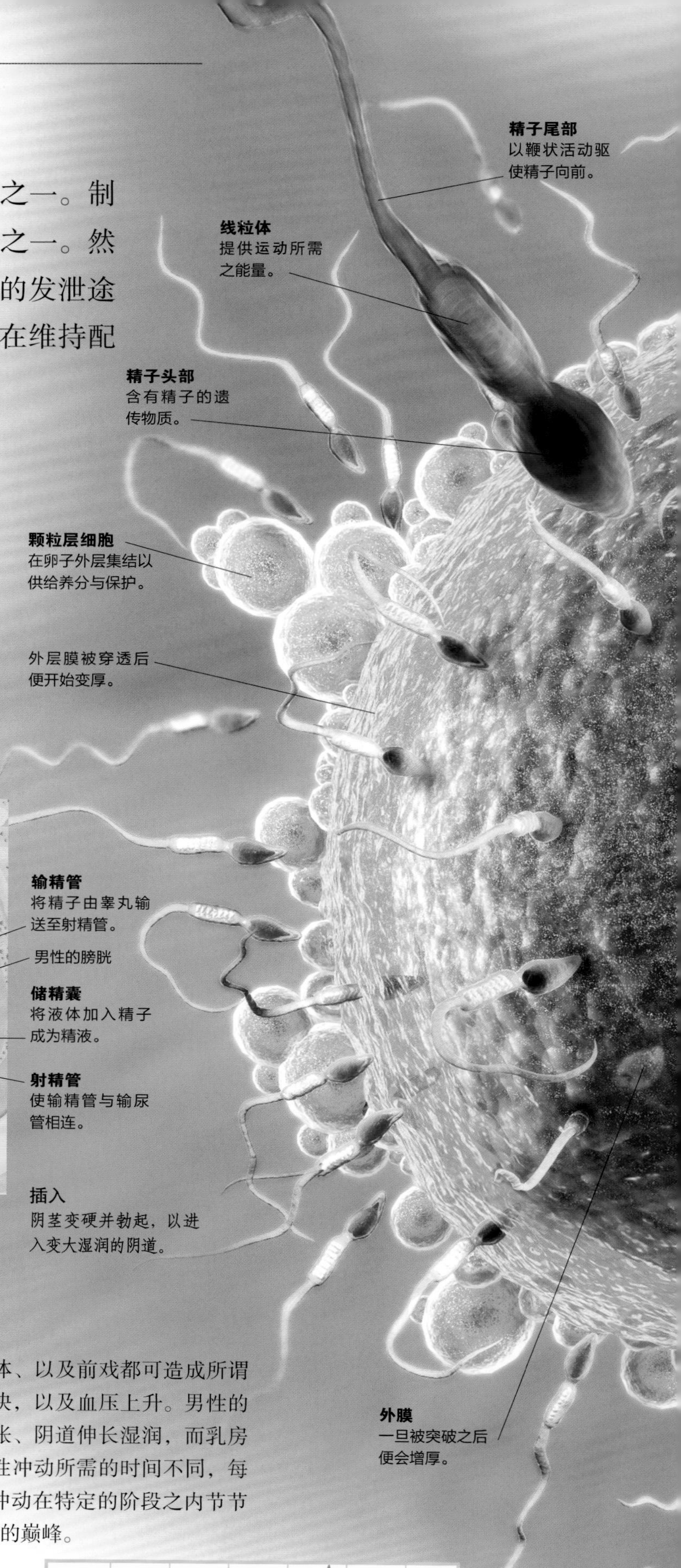

性交

性交牵涉到许多生理与情绪上的反应。当性冲动产生时，往生殖器方向的血流增加，引起男性阴茎与女性阴蒂的肿胀。充血的阴茎勃起，使其能够进入阴道。阴道湿润变宽，为插入做好准备。一旦插入发生，阴道便环着阴茎收紧，而后者在阴道内前后移动产生摩擦。在高潮之际（这可能出现在男女双方，或者同时，或者相继出现），男性射精，而女性的阴道内壁则有韵律地收缩。

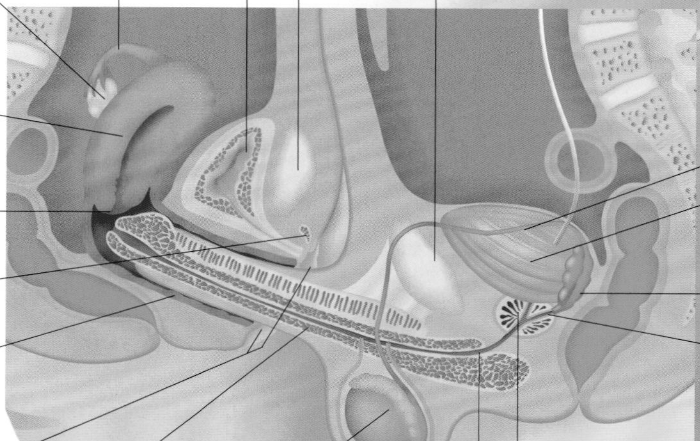

精子尾部
以鞭状活动驱使精子向前。

线粒体
提供运动所需之能量。

精子头部
含有精子的遗传物质。

颗粒层细胞
在卵子外层集结以供给养分与保护。

外层膜被穿透后便开始变厚。

卵巢

输卵管

女性的膀胱

女性的耻软骨

男性的耻软骨

子宫
上提以便延伸阴道。

子宫颈

阴蒂
变大。

阴道
变宽与湿润。

阴唇
充血并肿胀。

阴茎
变硬以便插入。

睾丸
睾丸靠近身体。

男性的尿道
将精液送至阴茎末端。

前列腺
将分泌物加入精液中。

输精管
将精子由睾丸输送至射精管。

男性的膀胱

储精囊
将液体加入精子成为精液。

射精管
使输精管与输尿管相连。

插入
阴茎变硬并勃起，以进入变大湿润的阴道。

外膜
一旦被突破之后便会增厚。

睾酮浓度

男性体内的睾酮可达女性的 10 倍。此激素（下图所示为其结晶形态）对皮肤、器官、肌肉与骨骼的发育都有贡献，并和性欲的关系最为密切。这正部分解释了男性的性欲可能较女性强的原因。

性冲动的各阶段

和性有关的意念、看到配偶的身体、以及前戏都可造成所谓的性冲动。兴奋使呼吸急促、心率加快，以及血压上升。男性的阴茎变硬勃起；女性的阴唇和阴蒂肿胀、阴道伸长湿润，而乳房则稍微胀大并对触碰极端敏感。男女性冲动所需的时间不同，每个人的情况也不一。但一般而言，性冲动在特定的阶段之内节节升高，而在性高潮时抵达其生理与心理的巅峰。

男性与女性的性冲动
男性的性冲动急速上升之后达到高原地带，女性的性冲动则为较渐进的过程。两性的性冲动都在性高潮达到巅峰，但并不一定同时发生，之后则急遽下降进入消退期。

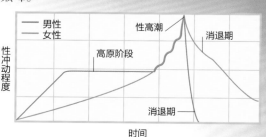

男性
女性

性高潮

消退期

高原阶段

性冲动程度

消退期

时间

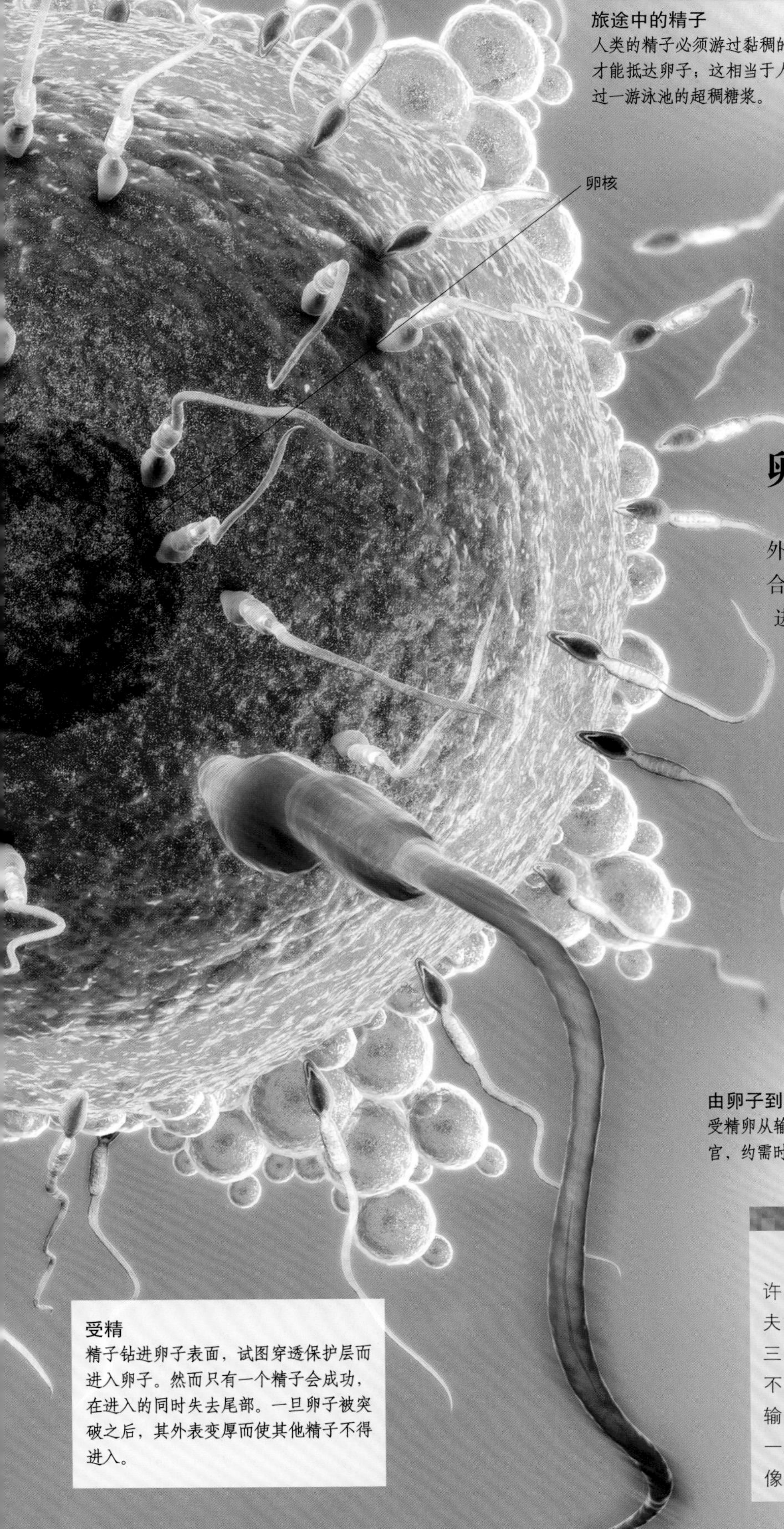

精子的旅程

射精后约有 2.5 亿个精子，开始在女性生殖道上行的旅途。然而因为其中许多精子半途死去或迷路，只有 200 个左右成功抵达卵子。精子前后猛力摆动尾部，加上阴道与子宫内壁收缩的协助，将其自身向前推进，可能需时一个钟头才能到达输卵管。一旦精子抵达卵子之后，便试图穿透卵子的外膜；精子释出有助于分解外膜的酶，来协助其进入卵子。

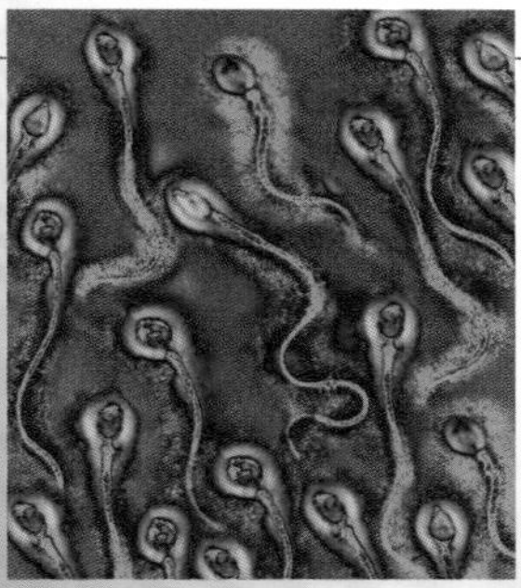

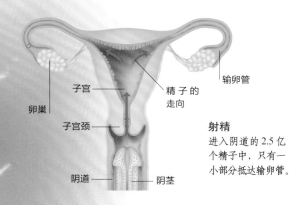

旅途中的精子
人类的精子必须游过黏稠的液体，才能抵达卵子；这相当于人类游过一游泳池的超稠糖浆。

卵核

子宫
卵巢
子宫颈
阴道
精子的走向
输卵管
阴茎

射精
进入阴道的 2.5 亿个精子中，只有一小部分抵达输卵管。

卵子的旅程

怀孕在卵子遭精子受精的那一刻展开。精子与卵子于输卵管较外围之处相会融合，受精于焉发生。卵子一旦与精子融合，便成为合子，也叫受精卵。受精两天之内，受精卵受输卵管肌肉活动的推进，开始前往子宫的旅程。在合子移动的同时，其细胞逐渐分裂形成叫做桑椹胚的细胞团。4 至 5 天之后，该细胞团内发展出一个空腔，而此时该个体则叫做囊胚。囊胚抵达子宫，在子宫内壁着床。怀孕至此正式开始，而该囊胚则叫做胚胎。

合子
精子与卵子结合形成合子。

分裂中的合子
合子在受精后开始分裂。

输卵管
卵巢

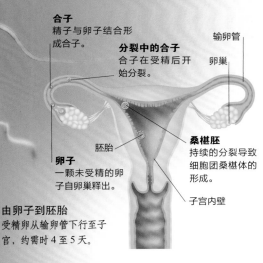

桑椹胚
持续的分裂导致细胞团桑椹体的形成。

胚胎
卵子
一颗未受精的卵子自卵巢释出。

子宫内壁

由卵子到胚胎
受精卵从输卵管下行至子宫，约需时 4 至 5 天。

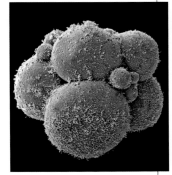

细胞分裂
合子在受精不久之后便开始分裂。其前往子宫的同时，也继续不断地分裂，形成叫做桑椹胚的细胞团。

受精
精子钻进卵子表面，试图穿透保护层而进入卵子。然而只有一个精子会成功，在进入的同时失去尾部。一旦卵子被突破之后，其外表变厚而使其他精子不得进入。

不孕
许多夫妇均深受不孕之苦。在这些夫妇之中，一半是因为女性不孕，三分之一为男性不孕，其余的原因不明。图中对比显影所示，受损的输卵管，这是女性不孕的成因之一。其中一根输卵管堵塞，没有成像；另一根则过窄且扭曲。

人体

基因与遗传

基因控制人体内每个细胞的生长、修复与功能。它们是成段的 DNA（脱氧核糖核酸），一种位于细胞核中长而卷曲的化学结构，以一种叫做染色体的结构形态存在。基因排列于 22 对相同的染色体，以及两个性染色体上。基因是父母的特征得以传给子女的方式。DNA 也为细胞提供制造人体所需蛋白质的指令。

人类的核型
人体含有 23 对染色体。它们合起来叫做梁色体组型。

人类基因组

人类基因组是每个人各自的基因组成，其整套基因的总和。个人的基因组由其母亲一半的基因以及父亲一半的基因组成。人类基因组一共约含 30,000 对基因，全都排列在染色体上，并可以色纹的形式来表达，在染色体的"腿"上形成许多色环（见右图）。人类基因组内的基因决定了每个人的特征，诸如发色、身高、鼻子大小、某些方面的行为以及许多异常。

Y 染色体
此染色体的存在显示此人为男性。男性还有一个更大的 X 染色体。

减数分裂

人体内每个细胞都是由一种叫做有丝分裂的过程所制造（见 104 页），除了男性的精子和女性的卵子以外。这些细胞由一种叫做减数分裂的细胞分裂所制造。在此过程中，新细胞的 DNA（遗传物质）数目经过两次细胞分裂而减半。该过程确保卵子与精子融合时，能获得一套完整的基因。在减数分裂期中，每对染色体随机交换遗传物质；由此形成的精子或卵子细胞，便各自拥有着与彼此稍微相异的基因混合。以下仅显示 4 个染色体，来说明减数分裂的各阶段。

复制的染色体

细胞核

成对的染色体
染色体接触的地方，可能发生 DNA 的交换。

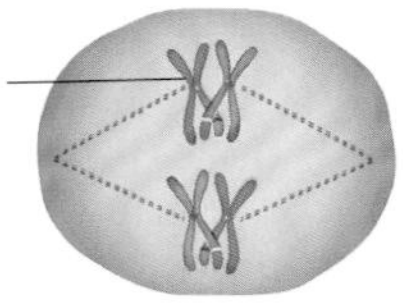

第一阶段
在细胞核中，染色体上的 DNA 复制形成"X"字形的双份染色体。

第二阶段
核膜消失。成对染色体随意接触，并可能交换遗传物质。

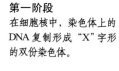

复制的染色体   纺锤丝

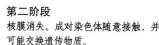

复制的染色体

第三阶段
每股复制的染色体拥有混合的遗传物质。纺锤丝将成对的染色体拉开。

第四阶段
细胞分裂形成两个新细胞。每个新细胞拥有复制于原始细胞的 23 对染色体。

核仁
细胞核内的特化区域，与合成蛋白质有关。

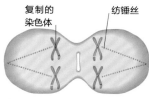

纺锤丝

单链染色体
被纺锤丝拉开

染色体

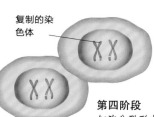

第五阶段
复制的染色体排成一列，更多的纺锤丝将每个染色体拉开，形成 2 个单链染色体。

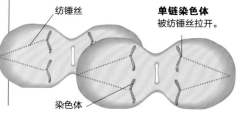

染色体   细胞核

第六阶段
来自原始细胞的两个新细胞，分裂形成 4 个细胞，每个细胞内含有一半的遗传物质。

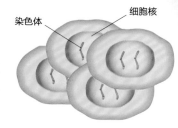

细胞内的染色体
此细胞核内的染色体带有 DNA（遗传物质）。在这些染色体中，X 染色体与 Y 染色体（比染色体小很多）清晰可见，这表示此人为男性。

人体

核膜孔
使物质得以进出细胞核。

基因
位于染色体特定的区域，以彩色的条纹区显示。

着丝点
成对的两股染色体连接之处。

X染色体
比Y染色体大上许多的X染色体，遗传自母方。

卷舌

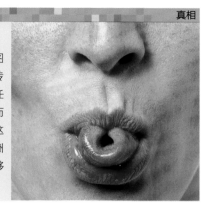

人们将舌头卷成"U"字形（如图所示）的能力，被认为是一种遗传特征。卷舌基因为显性；从父母任一方遗传到此基因者能够卷舌，而没有遗传到此基因者则不能够做这个动作。研究显示有数据表明欧洲血统的人口之中，约有 **60%** 能够卷舌。

遗传特征

生理上的特征、许多异常以及行为的某些方面，至少有部分是由父母传给子女的基因所决定。每个特征的基因，均位于同样染色体上的同一部位。在受精时，卵子细胞和精子细胞里的 23 条染色体，配对形成全套的 46 条染色体，拥有双份的基因。孩子的基因一半来自母亲，一半来自父亲。

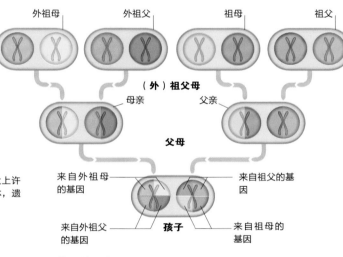

基因的组成
孩子的基因是其父母与（外）祖父母的基因混合。一个孩子的整套基因中，约有四分之一来自每一位（外）祖父母。

性别的决定

决定性别的性染色体有 X 和 Y 两种。除了其他 22 对染色体之外，女性还有两个 X 染色体，而男性则有 X 和 Y 染色体各一。所有的卵子都有一条 X 染色体（因为来自女性），而精子则有可能含 X 或 Y 染色体其中之一。孩子的性别取决于使卵子受精的精子，其性染色体为 X（女孩）或 Y（男孩）。因此，男性的精子才是其子女性别的决定因素。

伴性异常

大多数伴性异常来自 X 染色体上的隐性基因。因为男性只有一个 X 染色体，如果他们遗传到该基因便会受到影响。然而因为女性有两个 X 染色体，她们将不会具此异常（但会成为携带者）。伴性异常的一个例子便是色盲，一种混淆颜色的异常疾病。在此测验中（见右图），无法分辨红、绿色的人，将会看到数字。

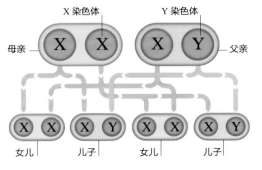

男孩或女孩？
男孩所有的细胞里，都有一个 X 染色体和一个 Y 染色体，而女孩则有两个 X 染色体（除了其他 22 对染色体之外）。因此 Y 染色体的存在显示其为男性。

人体

怀孕

　　漂浮在液体里、受母体衬垫保护的新生命，在与外界隔绝的子宫中成长。在约 270 天里，卵子这个单细胞会发育成一个人类婴儿，准备降临人世。怀孕最重要的期间为胚胎期，这是婴儿所有主要器官以及身体系统形成的阶段，发生于受精后 8 周内；对如此复杂的事件而言，这段时间短得惊人。此后胎儿开始看得出人形，而在子宫剩下的时间，便用来使胎儿发育更趋完善。

在子宫内着床
受精卵表面的指状突起钻进子宫内壁，而怀孕就在这里展开。

人类的成形

　　在怀孕最初 8 周内，一个叫做胚盘的构造从受精卵形成。胚盘随后发育出一系列的皱褶，产生出将会变成头和四肢的芽，以及一个最后成为脐带的肉柄。胸中一层薄薄的细胞开始不规则跳动，这将于日后成为心脏。在 8 周大的时候，内部器官已经形成（虽然它们尚未成熟，却在迅速发育中），而胚胎则成为胎儿。到了 12 周大时，胎儿从头到臀约为 6 厘米长，并已经大到开始扩充子宫的程度。在此阶段的胎儿已开始活动四肢，而此后其精力会变得愈来愈充沛。然而女性通常早在能感觉到胎儿活动之前，就已经意识到自己怀孕。受精发生后大约 3 周，她的乳房可能会变得较平常肿胀且较易疼痛。接着她的经期不再出现，还可能开始经历诸如疲劳、恶心、呕吐、厌恶某些特定食物或味道等症状。

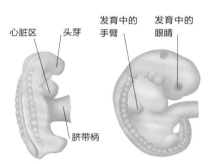

心脏区　头芽　发育中的手臂　发育中的眼睛

脐带柄

在最初 3 个月中，一个微小的细胞团变成发育完好的胎儿，有着面貌特征、四肢和跳动的心脏。在第 12 周，皮肤为透明的红色，而头部为身长的三分之一。

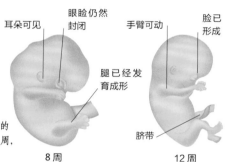

耳朵可见　眼睑仍然封闭　手臂可动　脸已形成

腿已经发育成形

脐带

8 周　　　　　　12 周

乳头

乳腺叶（制造乳汁的腺体）

胃

变动的腰围

小肠

结肠

发育中的胎儿

子宫

膀胱

尿道

第 12 周
腰围稍微变动。乳房变得较肿胀且一碰就痛；其表面的静脉明显可见，而乳头周围的皮肤颜色也变深。

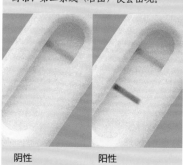
滋养胎儿

　　生长中的胎儿经由一个神奇的器官来获取养分，那就是胎盘。这是从受精卵（见"卵子的旅程"，第 137 页）形成的细胞团发育出的组织盘。当此细胞团附着于子宫上时，微小的指状突起（绒毛）长进子宫内壁里。

绒毛会有分支，而一个由细小血管所组成的精细网络，则在绒毛之间成长。在此同时，母体组织在每一根入侵绒毛的周围，形成另一个血管系统。胎儿经由脐带与胎盘相连。母亲与胎儿的血液并不会在胎盘中混合，而是由一层叫做绒毛膜的薄膜分开，此薄膜使氧气、抗体和养分得以由母亲传至胎儿。

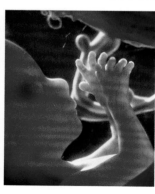

维生系统
胎盘能够满足胎儿所有的营养需求。将胎儿连向胎盘的脐带约为 60 厘米长。

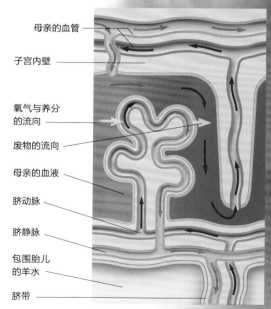

母亲的血管

子宫内壁

氧气与养分的流向

废物的流向

母亲的血液

脐动脉

脐静脉

包围胎儿的羊水

脐带

血液交换
在胎盘内，氧气和养分从母亲的血液传至胎儿的血液中。来自胎儿血液中的废物，则以相反方向传送。

人体

待产的身体

　　怀孕对身体造成许多压力。妇女受孕前重约 50 至 100 克的子宫，增长到重约 1,100 克。日益成长的胎儿，为母亲的心脏与血液循环加诸沉重的负荷。为了能够维持流向胎盘的血流，母亲的血液量增加了 50%，每分钟的脉搏也增加了 15 下左右。为了满足胎儿的氧气需求，呼吸变得更深，呼吸频率也增加了。在怀孕后期，胎儿在最后的成长陡增阶段变大，以便将骨盆几乎完全填满。此举会挤压母体的心脏、胃、膀胱和其他器官，造成些许不适。胎动的感觉也日益强烈、急切。

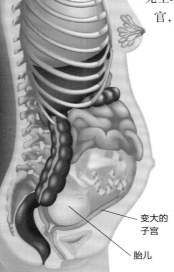

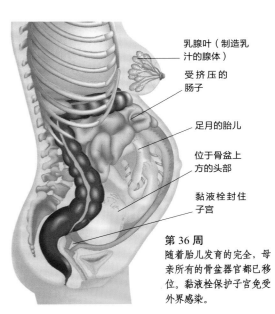

乳腺叶（制造乳汁的腺体）

受挤压的肠子

足月的胎儿

位于骨盆上方的头部

黏液栓封住子宫

变大的子宫

胎儿

第 24 周
母亲的肚子持续胀大。乳房可能会分泌出黄色的初乳。

第 36 周
随着胎儿发育的完全，母亲所有的骨盆器官都已移位。黏液栓保护子宫免受外界感染。

乳房的改变

　　和其他哺乳类动物相较，人类女性的乳房原本就相当大，但在怀孕期间其生长与发展甚至更为显著。在没有身孕妇女体中毫不活动的乳腺叶（制造乳汁的腺体），怀孕第 24 周时数量开始增加。每个乳腺叶内部的腺泡（小囊），随着制造乳汁的细胞增多而扩大。乳房可能开始分泌初乳，这是一种富含蛋白质与抗体的澄清黄色液体。初乳在产后仍然持续制造，为新生婴儿提供高营养的第一样食物。乳汁在婴儿出生后 3 天左右开始分泌。

准备制造乳汁
怀孕前的乳腺叶小而尚未发育，在怀孕期间则变大且数量增多，形成状似葡萄的大串。

乳腺叶

怀孕前

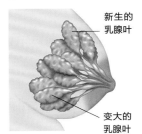

新生的乳腺叶

变大的乳腺叶

怀孕期间

人体

真相

多胎妊娠

　　人类一胎生出 3 个或以上的婴儿并不寻常，但每 80 次妊娠之中就有一对双胞胎。这些双胞胎中约有三分之一为同卵双胞胎，亦即受精卵分裂为二。其余为异卵双胞胎，这是两颗卵子分别受精的结果。年长妇女较易怀异卵双胞胎，因为每个月有可能释出一个以上的卵子。

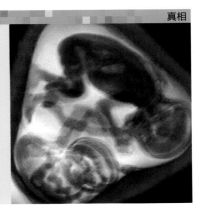

子宫内双胞胎的磁共振造影

胎儿的感觉
婴儿还在子宫时，就能感觉到四周的环境。到了 16 周，婴儿已听得见，围绕着他的母亲的声音、心跳和胃所发出的声音。味觉和嗅觉也在出生前便发育完全。

分娩

能准时在预产期当天出生的婴儿非常少。没有人能够预测生产何时会开始，但此过程一旦展开就无法回头。和其他动物的分娩过程相较，人类的分娩既漫长又困难；这是因为婴儿头部颇大，而母体骨盆开口狭窄。生产过程分为三个阶段。在第一阶段，子宫猛烈收缩将子宫颈上提，使子宫颈开口变宽到足以容纳婴儿头部通过的地步。第二阶段是将婴儿生出，而第三阶段则是由婴儿出生持续至胎盘排出体外为止。

新生
婴儿出生后由助产士为之清除血迹和黏液，钳住脐带，戴上识别名牌，并为婴儿的状况做评估。

准备出生

在分娩前数周，婴儿的头便会下坠至骨盆中，几乎占据了所有可用的空间。此时孕妇腹部的隆起位置变低，而她的膀胱所受压力更大，所以需要更频繁的排尿。子宫的肌肉可能早已收缩了好几个星期，这些演习性质的"宫缩"现象，会随着产期的逼近变得更强烈也更频繁。子宫颈变薄并开始扩张，封住子宫的黏液栓因而脱落，这便是俗称的见红。在生产过程开始之际，96%的婴儿在子宫内的胎位为头位，其余则大多为臀位（臀部先出现）。极小部分的足月婴儿则为斜位或横位。

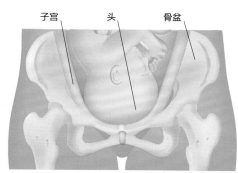

固定之前
固定乃指分娩前婴儿的头下坠至孕妇骨盆上半。在头一胎的时候，婴儿头部可能在分娩前2～4周便已固定；接下来的几胎，固定可能会直到生产过程开始才发生。

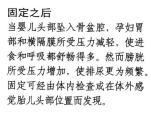

固定之后
当婴儿头部坠入骨盆腔，孕妇胃部和横隔膜所受压力减轻，使进食和呼吸都舒畅得多。然而膀胱所受压力增加，使排尿更为频繁。固定可经由体内检查或在体外感觉胎儿头部位置而发现。

头部坠入骨盆

胎心监护　健康

婴儿的心脏在生产过程中全程都受到密切的观察；心率的改变可能表示胎儿窘迫。心脏可以用手提式超音波监测器做间歇的观察，或以一条与机器（胎心监视器）相连、系在腹部的皮带来持续观察。如果判读婴儿窘迫的话，便将一只电极贴在其头皮上，以便能够准确地监测其心跳。

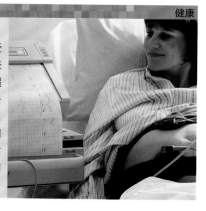

进入生产过程

生产过程的开始，是因为导致子宫收缩的激素分泌之故。起初的阵痛可能尚属温和，频率也不大；但随着生产过程的进展，阵痛变得愈来愈强烈痛苦，持续的时间也更长（可长达一分钟），出现时间间隔也有规律。每次的阵痛会对婴儿使出向下的压力，并同时将子宫颈上提，逐渐扩张其开口，直到宽度约为10厘米左右，足以容纳婴儿的头部。在子宫内包围婴儿、充满液体的羊膜囊，其薄膜通常在此一阶段破裂，这就是俗称的破水。此时会有液体涌出，而宫缩也变得更强劲。生产的第一阶段可能只有短短一两个小时，也有可能长达24小时以上，其时间长短通常取决于该孕妇之前生过几胎。

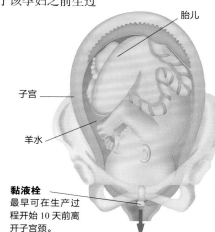

胎儿

临产前
婴儿头朝下位于子宫中，而子宫颈开始变软扩张，为分娩做好准备。生产即将开始的早期征兆之一为"见红"，即从孕妇子宫颈排出的沾血黏液栓。

子宫

羊水

收缩中的子宫
逐渐将婴儿头部推进子宫颈。

黏液栓
最早可在生产过程开始10天前离开子宫颈。

宫缩开始
生产过程第一阶段的表征，便是愈来愈强烈的宫缩。宫缩将子宫颈上提，使之变短成为一片薄薄的组织，子宫颈开口也变得更宽。

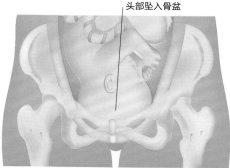

扩张的子宫颈
宫缩强度增加，使子宫颈扩张。

鼓胀的羊膜囊

收缩中的子宫
继续将婴儿向下推挤。

破水
随着生产过程的进展，宫缩愈益强烈，婴儿也被推挤到更下面。通常在生产过程的第一阶段中，包围婴儿的薄膜会破裂而使一股液体涌出。如果有必要时，助产士可以人工方式将羊膜弄破。

扩张的子宫颈
完全张开时的宽度约为10厘米。

人体

产出

生产过程的第二阶段，是从子宫颈口全开，到婴儿生出为止。婴儿头部给予骨盆底压力，让孕妇迫切想要努力使劲压挤；她必须配合阵痛使劲，帮助婴儿的头沿着产道移动。当子宫颈口全开之际，婴儿的头通常在骨盆内往一旁下坠，使头骨最宽处与骨盆最宽处对齐。婴儿后来将会转向面对母亲脊椎，使肩膀得以通过骨盆。当婴儿头部出现在阴道口时，称为露顶，此时生产即将发生。一旦头部出来了，通常婴儿身体其余部分便能迅速轻易产出。接着胎盘自子宫内壁剥落，经阴道排出体外。

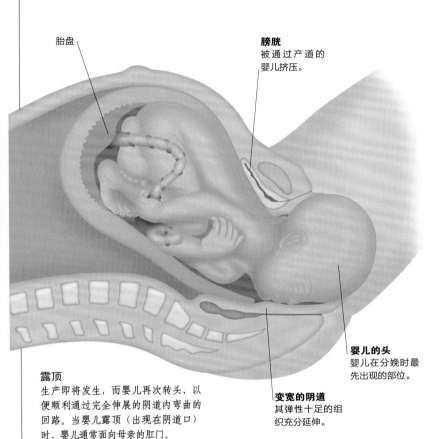

胎盘

膀胱
被通过产道的婴儿挤压。

露顶
生产即将发生，而婴儿再次转头，以便顺利通过完全伸展的阴道内弯曲的回路。当婴儿露顶（出现在阴道口）时，婴儿通常面向母亲的肛门。

变宽的阴道
其弹性十足的组织充分延伸。

婴儿的头
婴儿在分娩时最先出现的部位。

子宫恢复至常态

分娩之后，子宫开始缩回正常的大小。在此历时数周的过程中，妇女可能会感受到轻微的腹绞痛。这些疼痛通常在喂母乳时最为明显，因为婴儿吸吮的动作引起催产素（一种刺激收缩的激素）的释出。产后六周内，子宫会排出带血的分泌物，叫做恶露，这是胎盘曾经附着的子宫碎片。

增厚的子宫

伸展的阴道

一周后
此处的子宫仍然肥大，不过其大小已经是刚生产完的一半了。

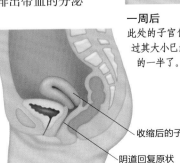

六周后
子宫已回到原位，不过尚未恢复怀孕前的大小。

收缩后的子宫

阴道回复原状

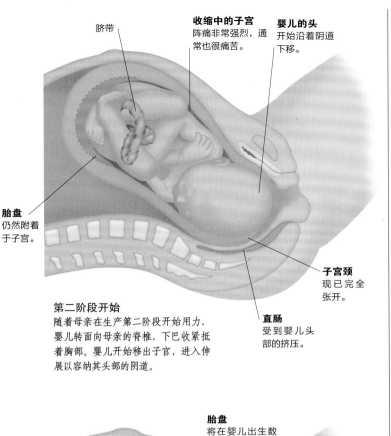

脐带

收缩中的子宫
阵痛非常强烈，通常也很痛苦。

婴儿的头
开始沿着阴道下移。

胎盘
仍然附着于子宫。

子宫颈
现已完全张开。

直肠
受到婴儿头部的挤压。

第二阶段开始
随着母亲在生产第二阶段开始用力，婴儿转面向母亲的脊椎，下巴收紧抵着胸部。婴儿开始移出子宫，进入伸展以容纳其头部的阴道。

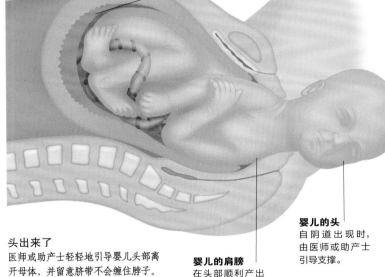

胎盘
将在婴儿出生数分钟之后娩出。

头出来了
医师或助产士轻轻地引导婴儿头部离开母体，并留意脐带不会缠住脖子。婴儿的身体通常能轻易滑出。

婴儿的肩膀
在头部顺利产出后随着出现。

婴儿的头
自阴道出现时，由医师或助产士引导支持。

剖腹产

名为帝王切开术，意指切开母亲腹部产子，据说其命名来自于罗马帝王凯撒（右图）出生方式。这项传说可信度有待商榷，因为当时很少妇女能在经过这样重大手术之后得以幸存。历史上首次成功的剖腹生产纪录，发生于 **1500** 年的德国，是一位阉猪人为其妻子所执行的。

人体

心智

心智

脑，是人类最大的资源。大多数科学家相信，我们所知的心灵和脑，其实是单一的实体，但"心智"一词通常用来指涉脑的高等功能，如信息收集、储存和处理等。心智被视为情绪、意识、语言和智能等脑部功能的整合，而不只是呼吸之类的纯生理功能。人类的心智长期以来备受误解；甚至到现在，我们大多数人都还太低估了它的能耐。

鱼学会到特定地点找食物，老鼠学会走迷宫，鸟记得它们把数百个不同的食物碎片储存在何处，甚至如海参这样低等的生物，如果反复给予同一刺激，也能学会不再对此产生反应。

人类独有

让人类与其他生物产生差异的地方，在于人类有能力去思考："思考"某事、能把不同时间、地点发生的事件组合在一起，能形成抽象概念，能思索实际上没见过或做过的事情。人类的思考能力不仅限于由当前状况直接引发的事物，还能够不经过主动的错误尝试过程，就找出问题的解答。人类可以用不同的方式对信息进行

人类

猴子

鸽子

超大的脑容量
人类的脑在头部里面所占的比例，相较之下，远超过所有其他动物。

分类、规划思考方式、权衡事情利弊，以及缅怀往事。文化资讯的传递会跨越不同世代，从这一个人传到下一个人，从这一个群体到下一个群体，让每个人都可以累积并传递大量的事实真相、技能技巧和知识学问。我们不需要自己重新发明轮子、学会如何烤巧克力蛋糕或者重新算出毕氏定理。大多数其他物种必须借由直接经验，储存到掌管记忆的神经系统之后，才能获取事实真相与知识技巧。

早期的观念

我们总是本能地想了解脑的运作，以便让我们更了解自己。数千年前，心灵被认为是独立于身体之外，以一种液态、气态或者无形的"精神"状态存在。后来，希腊哲学家恩培多克勒（公元前5世纪）相信血液是思想的媒介，智慧则仰赖血液的组成。同时代的德摩

"知识"银行
人类有丰富的共享知识为基础，可以借此更上一层楼。在我们学习化学以前，不必自行重新发明元素周期表。

克利特则认为，人类的灵魂是由光所构成，这些迅速移动的原子，会散布在身体里，但主要集中在脑部。同一时代，在东方流行的观点，则是以心作为身体的智能中心。

希波克拉底和他的追随者（公元前5至公元前4世纪）相信脑是黏液质的源头；黏液质属于四种体液之一，这些体液被认为对人类的情绪、认知和感觉极为重要。然而，他们对于大脑的功能所知甚少。盖伦（公元前2世纪）属于第一批创造出详细脑部解剖图的人，他是根据大夫的经验绘制。他发现脑中的三个脑室（大而充满体液的空间），并且相信大脑的高等功能是根基于脑室周遭的固体部位。到了公元17世

一具复杂的机器
虽然经过数百年研究，许多脑部之谜还有待破解。然而，成像技术如磁共振成像（上图）有助于增进我们的了解。

纪，许多解剖学家认为心智功能其实是定位于脑室中。随着研究进展，研究者对于脑部皮质（外层）的兴趣也日益增加。

进一步的了解

心智的研究转移到科学领域，以显微镜的发明和神经细胞的研究，标示出主要的转折点。19世纪早期有过一次进展，把脑部按照不同功能区分为不同脑叶，就好像身体器官各自有着不同角色。某个特定脑叶受损，会导致某种特定功能的丧失，例如左前额皮质的布罗卡氏区受损会导致语言失能，即推导出语言功能定位于此。现代的观点则更加复杂。当功能分割到某种程度时，这些功能也会透过彼此关联复杂的网络，分布在整个脑中。举例来说，语言牵涉到大脑的两个半球，而不只是左侧皮质。

多年来，科学家依赖脑部损伤的证据，了解了大脑的各种部位有何功能。然而新发展出来的成像技术，使我们得以观察到动态的脑。计算机断层扫描和核磁共振成像提供脑部的解剖图像；而正子断层扫描，则能显示脑部组织的化学与代谢活动。功能性核磁共振成像是最近的新技术，能让我们看到心智运作中的状况。它能显示出当一个人

真相

演化迎头赶上

人类的心智是在非洲稀树草原里演化出来的，我们的祖先在那里形成狩猎采集的小群体，心智能力帮助他们从历史的挑战中存活下来。现代生活大为不同，但基因需要花些时间才能适应，人脑目前基本上仍跟祖先及其表亲（如右图的尼安德特人）差不多，但某些方面进化压力减少，人脑现在可能不需那么辛苦了。

尼安德特人的颅骨

亚里士多德的假说
希腊哲学家亚里士多德（公元前4世纪），认为心是思想和意识知觉的源头。

颅相学

在19世纪，医生开始试图划定出负责特定功能的脑区。

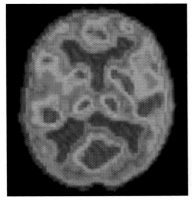

听音乐、阅读、说话或思考时，脑中发生了什么现象。

目前的脑部研究，涉及各种领域的专家，包括放射学家、心理学家、药学家、神经学家，甚至还有计算机学家。对于大约一个世纪前提出的某些问题，我们已有解答，但从19世纪晚期到20世纪早期发展出的许多领域仍然将其作为研究的焦点。

有意识的思想

著名的精神分析学家弗洛伊

技术上的进步

正子断层扫描能显示出我们进行某些特定工作时活动的脑区，借此帮助我们了解脑部。在这幅某人思考中的扫描图里，呈现红色与黄色的区域有着高度的活动。

德（1856—1939）深刻地影响了我们对人类思想的认识。虽然他的许多说法后来被证实没有根据，但他确实有件事大致言中：很多发生在脑中的事，是在意识表层之下进行的。科学家从那时开始就采纳了弗洛伊德的观点，并加以扩充。我们对自我的意识，似乎掌控着我们的"自由意志"，实际上可能并不比狂人心中的幻觉更高明，也可能只不过是一阵阵的脑部神经活动，就是这些活动作出了所有真正的决定。人类思想的特别之处，在于有能力弄清楚其他人在想什么，以便操控或预测他们的行为。这

种独特而层次较高的意识，让我们不只沉浸在自己内在的思绪中，还能考虑别人的想法，可能是人类自觉意识的一项延伸。

会说话的思想

人类具备发展和使用语言的本能，并且能够使用语法。语言的出现使我们发展出成熟的文化，其中包含了高度复杂的工具、技术和精神信仰。因此，人类之所以在演化上得以成功，语言或许是一个关键因素。假使缺乏语言，人类思想是否还能存在，一直是广受争论的问题，因为语言应是思考的一个关键。当我们专心一意时，似乎是以一种内在的声音与自己对话。如果我们缺乏对语言的掌握，某些现在正设法解开的心智之谜，将永远无法直探谜底。

都一样？

人脑的内部运作基本上是相同的，但如何运用我们的心智以及我们在"它们之中"是什么感觉，任何两个人都完全不同。这种独特性正是个体性的最核心之处。每个人都可以感觉到自己思想的产物，还有对自己心灵的掌

控。即使知道其他人有着同样的思想运作方式，并乐于彼此分享，我们仍觉得没有其他人可以了解自己的感觉。或许更矛盾的是，我们之间最大的一个共通点，就在于彼此之间的不同。很显然，不同的人所具备的人格、智能和身份认同差异相当大。然而，借由对这些差异的研究，我们对于思想的普遍特质及其运作方式仍有许多可以学习之处。

尚待发现的世界

人脑可能是整个宇宙中最复杂的机制。人脑的科学研究只有短短150年的历史，却取得了可观的进展。活在今日的我们，对人类思想运作的洞见，甚至是我们祖辈年轻时连作梦都想不到的。

虽然如此，要触及思想最深、最幽暗的谜底，仍然有很长的路要走。特别是关于意识的议题，仍然像过去一样的难缠。某些科学家相信，我们还是错失了"重大观念"；换句话说，一旦发现关于思想的"$E=mc^2$"，我们看待世界的眼光就会改变。当然，对我们自己的看法亦然。

健康

精神的力量

我们可借由与疗效有心理关系的事物，来增进健康。在药物测试中，许多人仅是服用糖果药丸，仍然觉得自己变得更健康，这种"安慰剂效果"是治疗方式之一。"期待状况将会好转"，使药物在进入血液循环以前，就已开始"见效"。得知药物副作用的病人，通常也会有这些症状；遭到误诊的人，也会变得身体不适。

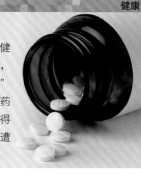

锻炼思想

我们所做的一切，从呼吸到感觉情绪，都仰赖脑部的力量。比如学习写字或解决问题，都必须依靠有意识的思想。

心智

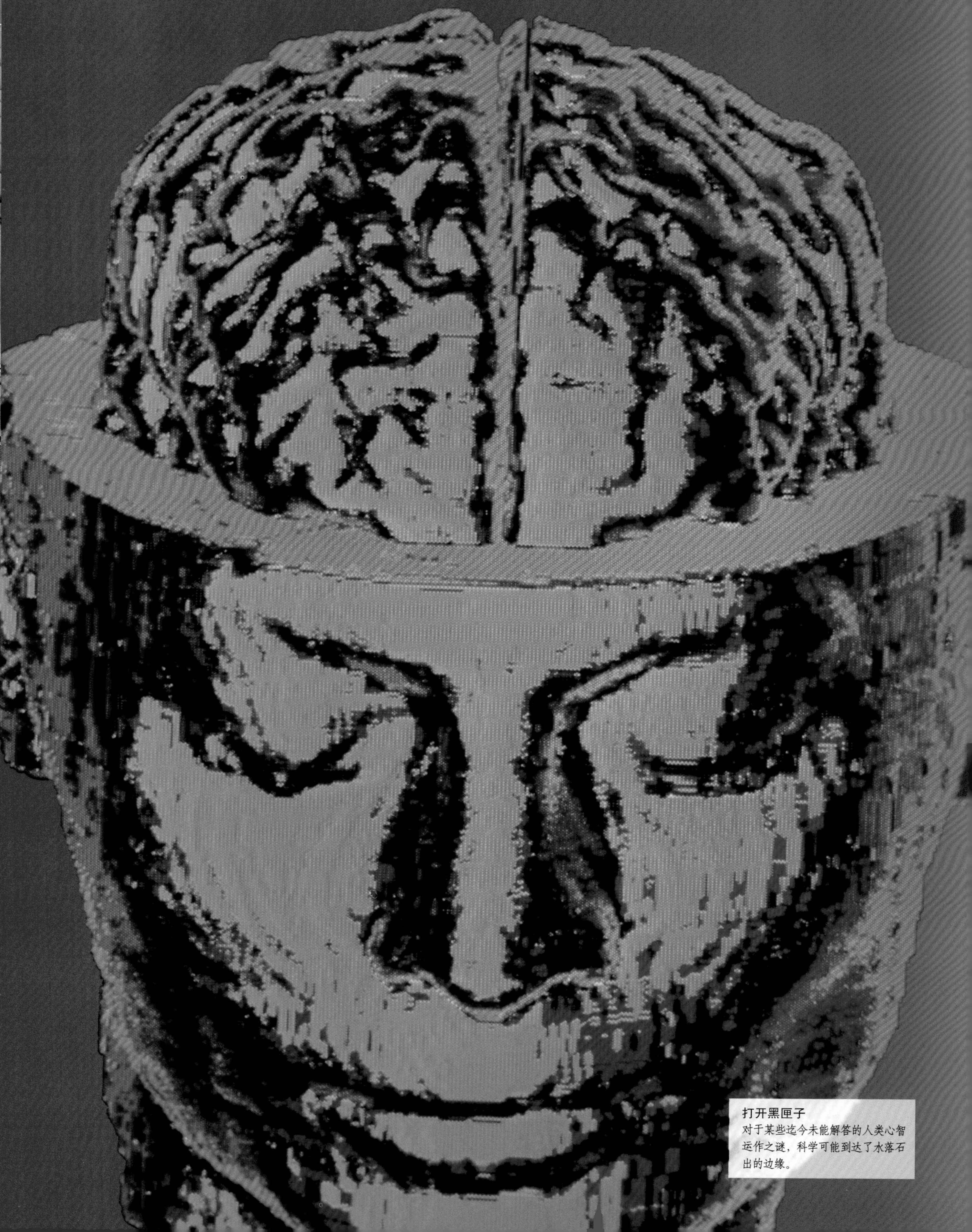

心
智

打开黑匣子
对于某些迄今未能解答的人类心智
运作之谜，科学可能到达了水落石
出的边缘。

心智如何运作

大脑不只是人体内最重要的器官，甚至很可能是宇宙中最复杂的构造。我们用来理解心智的最佳工具，正是心灵本身，但某些哲学家把这个观点视为一种悖论，让我们不可能真正了解心智的运作方式。虽然如此，科学可能终究到了打开大脑"黑匣子"的关键时刻。新发展出的研究途径，正开始解答人脑的更多秘密，并显示出心智功能是如何由无限复杂的串连网络所控制。

我们脑部的解剖构造跟其他动物有许多共同点，主要在于所谓的"低等"结构，像是位于脑部深处的脑干、边缘系统和小脑。这些区域对于日常生活极为重要；事实上，如果身体不再从脑干接受命令，身体的功能会停止并且死亡。

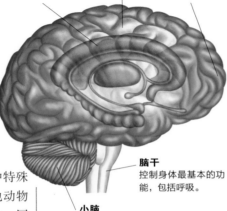

边缘系统
牵涉本能和心情的表达。

皮质
在高等心智功能中占有一席之地。

前额叶皮质
对于有意识的思考过程极为必要。

脑干
控制身体最基本的功能，包括呼吸。

小脑
负责身体姿势和协调运动。

高等和低等的脑
脑的皮质（表层）是意识功能（例如推理）的所在地。其他低等脑区则处理情绪和无意识的过程。

精密的脑

然而，人脑必定有某种特殊之处。我们可以做一些其他动物都做不到的事：计划未来、同情、欺骗、说话、发明复杂的工具，并提取一些共享的储备信息和技巧。我们具备额外能力的线索，似乎在于人脑面积大增的皮质（表层）。前额叶皮质具有特别的重要性，因为这里是理性思

神经信号
所有透过感官进入的信号，在人脑中的处理，比起在其他动物脑中都更加深入。

维的发源地。脑部是从基层往上发展。"最低"的区域是最先发育成熟之处，掌握身体的总管功能（进食、呼吸、消化、排泄及其他），主要以脑干作为根据地。第二组成熟的是负责冲动、本能和原始情绪的边缘系统，以及控制自主运动的小脑区。最后成熟的"最高等"的区域，和我们的认知经历有关。这也是为什么儿童显得如此冲动而情绪化，因为他们脑中的高等功能区，特别是前额叶皮质，都还没发展到足以控制其基本冲动与本能。

信息处理

人脑把许多力气花在处理不断从感官涌入的信息，并决定身体对这些信息作何反应：要释出哪种化学物质、移动哪些肢体、移动哪些脸部肌肉等等。信息处理在人类心灵中比在其他动物脑中更加深入。人脑除了在控制身体的生理层面上所扮演的角色外，也涉及存放和提取记忆、处理思想和语言、产生情绪、并提供独特的自我感受和内在的意识知觉。举例来说，我们可以立即辨识出耳朵所接收到的声波，是否为有意义的语言。

我们对于脑部所进行的工作，大多是毫无所觉的，但在少数情况下，我们可以察觉到自己积极地使用脑部来处理信息，像是开始搜寻记忆要回想起一个字、一个名字，或者解开一个复杂数学问题的时候。

制造连结

尝试去理解心智的方式有两种。采取由上而下的途径，则问题在于心灵做些什么，还有为什么这么做：什么是记忆、意识和思想？它们是如何演变出来的？它们位于脑部何处？采取由下而上的途径，则会将脑部拆解开来，并探究其内在运作：神经细胞、脑内化学物质，还有让这一切奇妙之事发生的回路。这两种途径之间的鸿沟正逐渐缩小，但仍然存在。

人类皮质是由大约100亿个微小的神经细胞组成；某些专家认为，这个科学难题中缺失的环节，就在于神经细胞间形成的连结。在我们生活、体验并学习的时候，几乎无限多地连结在脑细胞之间发

内在电路
专家相信，人类心智的关键在于脑部许多细胞互相连结产生的性质。

展，脑中可能出现的连结数量，比整个宇宙中所有的原子还要多。这些复杂的连线回路在储存并处理信息的速度与细致程度方面，连目前最先进的计算机都赶不上。

这样的神经连结，让脑部得以同时承担最基础和最困难的任务，例如在诠释最基础的感官输入资讯后，再对世界的运作方式做推理。某些科学家相信，这种所谓的"连结论"，是所有脑部运作的基础。

心智

意识

跟我们所知与了解的其他事物大不相同，意识是一种特别难以确切说明的概念。某些人称之为"最后一个活生生的谜"。恒星与行星、鱼与老虎、岩石与原子等都是客观物体，我们可以进行测量、研究，并产生一致意见。另一方面来说，意识却是私有并主观的。对于意识实际上是什么、如何运作，还有坐落的确切位置何在，已经有许多争论，而且将会继续下去。

什么是意识？

意识一词被用在许多不同方面。我们意识到我们的身份和我们的周遭环境；我们有意识地努力做好我们的研究；我们变得很有政治意识；而且我们会说到自己无意识地做了许多事。但对意识最佳的形容是：这种功能让我们能够察觉到自己的存在，并思索自己的思考过程。在"外面"的世界跟我们"里面"的世界之间，似乎有一道鸿沟，没有一种物理测量方式可以捕捉到一项个人经验里的内在感受。大多数人倾向于把心灵和脑视为不同的东西，要接受我们的意识经验可能只是脑中神经细胞放电的结果是很困难的。

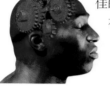

只是这样吗？
多数人相信他们意识到的感受与经验，不只是简单的脑部活动。

我们的心灵剧场 历史

意识可以让人感觉像是一个剧场，每个人在其中看着自己的专属表演。笛卡尔这位17世纪的哲学家，有个著名的主张，认为脑处理感觉输入，以便随后让心智个别检视。这个理论以"笛卡尔式剧场"见称。多数现代科学家拒绝这种心脑分离的看法，但许多人还是相信脑中有个中枢地带，每样东西都在那里"整合在一起"。

为意识定位

神经科学家从未能定位出一个"破坏后，除去意识却仍能保持其他功能"的单一脑区。科学家对脑了解得越多，越认为它是个大范围、综合性的系统，信息在其中透过复杂的并行路径输入、输出。例如：在视觉方面，关于色彩、形状、位置、动作和大小的信息都是分别处理的；脑中并没有一个把所有信息综合起来的区域。因此，要找到一个意识"发生"的特定区域，似乎也是不可能的。甚至就算科学家接受有特别的意识区域存在，仍然难以解释为何该区域的脑细胞会引起意识经验，而其他地区的同类脑细胞却没有办法。仍有人还在持续寻找对应我们意识经验的脑部活动，但批评家认为这种研究走错方向了。他们相信，就算找到相关的脑部活动，我们还是不会找到一个独力负责意识的区域，或者更确切地说，不会找到任何形态特殊的神经细胞。

进入意识
当我们的大脑记录了某样东西，例如一只朝我们跑过来的狗，感觉上就像是这项经历的所有方面，都借由心智连结在一起了。

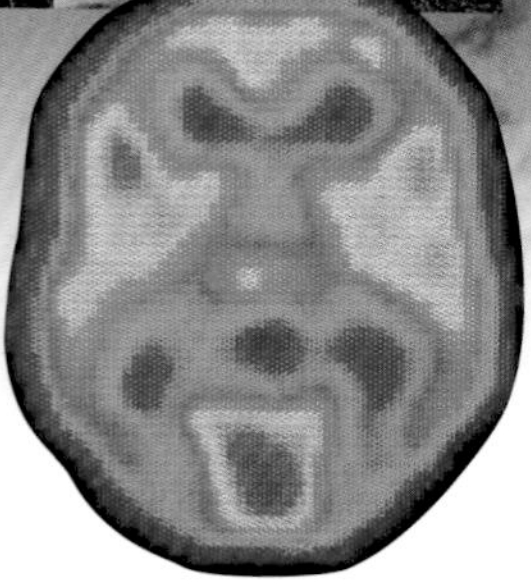

没有一个中枢"总部"
脑部接收到的每一个信息（如动作、色彩和形状）都是在个别区域里处理的；但有同步处理相同信息的不同区域，如右图的红色和黄色区块。

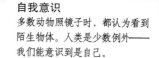

自我意识
多数动物照镜子时，都认为看到陌生物体。人类是少数例外——我们能意识到是自己。

自由意志

我们每个人都觉得自己是做着有意识的抉择，以特定的方式行动。但事实上，没有任何经验（甚至是自由意志）在本质上超出脑部活动的范畴。我们确实在思考过后行动，但我们倾向于假设这个有意识的想法导致了行动。事实上，行动的意图和行动本身可能都肇因于更早的脑部活动。某些尚有争议的研究，认为有意识的决定是无用的事后产物，只是让我们能够将自身行为合理化。

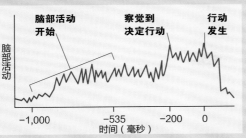

有意识的意志
一项研究结果显示，一个意识到的行动决策，是在脑部已经开始策划行动后才发生。

我是谁？

成年人类有着强烈的自我感受。当我们照镜子时，看到的是独特、有意识的个体，每一个人都有自己的意见、信念和经验。我们觉得好像有个内在的"自我"栖息在体内，并控制着身体。然而这个自我是如何从脑部接收信息，或者如何执行控制工作，还是没有解释。事实上，对于脑部的运作方式，我们学得越多，脑中另有一个控制者的想法就越没有存在空间。许多科学家与哲学家相信，一个有意识自我的概念只是个有用的幻觉，让我们的生命有意义；脑部在所有故事里都告诉自己有那个"我"，然而并没有任何东西实际对应到"我"。虽然所有科学证据都指出这一点，但多数人很难接受没有所谓的"自我"。事实上，世界上大多数的民族仍然在灵魂或精神中找寻安慰；灵魂或精神让一个人的生命有一惯性，甚至可能会在人死后持续存在。

肿大的肝

对灵魂的信念
阿兹特克人相信肝是人类灵魂的所在地。这个雕像塑造的是阿兹特克死神，其特别大的肝，强调了他的灵魂。

没有自我？
佛教徒否认有一个不变的"自我"存在。他们相信我们的身份认同就像河道，总是受到发生事件的重塑。

自我的发展

我们不是生来就感觉到自我。婴儿如果冷或者饿就会哭泣，由此表现出一定程度的自利，但是他们并没有体现出其他人的观点、信念或欲望。事实上，婴儿直到迈入第二年时，才开始朝自觉之路发展。初步发展之一是有能力跟别人注视的目标：大约一岁左右，当一个大人指向某项物品，婴儿还是只会注视那根手指；在一岁半到两岁之间，孩童开始用"我"和"你"指涉人；到三岁的时候，他们可以说出自己和别人的偏好。然而三岁小孩可能把头藏在枕头底下，大叫着"我躲起来了"，因为他们还不了解其他人不能看见他们所看见的。到大约四岁，小孩掌握到其他人可能有跟他们不同的信念；而到五岁时，多数人会完全发展出自我感。然而，还是有些人无法成功地建立自我，例如受到自闭症影响的小孩，他们可以辨认自己和自己的意图，却很难把"自我"的观念应用在别人身上，因此无法跟其他人进行良好的互动。

其他动物有自觉意识吗？
如果像某些论点所述，自我意识只会随着语言发展，这只海豚就不可能分享我们的自觉意识。

不只一个自我

分离性身份疾患，过去称为多重人格。根据一项最近的研究报告，具有分离性身份疾患的人平均有13个人格；某些精神医学家觉得这种状况并非真正存在；其他人则相信，罹患此症的病人童年可能拥有受虐经验，因而创造出其他的自我，以逃避痛苦。

发展中的自我
幼小的孩子相信如果他们遮住自己的眼睛，就没有人可以看到他们。学到事实并非如此，是他们朝向自觉的一大步。

心
智

议题

健康

接收信息

脑部从感官接收到大量的信息，在利用之前必须先分类。相机可以聚光，但它却无法解释影像；麦克风也无法得知收到的声波是交响乐的旋律、还是小孩的哭叫；没有一个回转仪能够体验到头脚倒置的感觉，也没有任何化学检测仪器可以闻到花香。但我们可以。人脑非常善于把由感官输入的信息，转变成普通的经验。而这些脑部看似毫不费力便能解决的任务，实则规模庞大。

更胜机器人
人类科技已能模拟我们的感官，但面对未能预期到的事物时就没辙了。

注意力周期

在我们能够运用信息以前，得先凝聚我们的注意力，这涉及许多锁定在一个回路中的许多脑区。丘脑这个脑部深处的结构，把感官信息转送到脑部皮质（外层）的适当部分以便处理——在视觉输入方面，就是送入视觉皮质区。信息接着就进入短期记忆，储存在前额叶皮质（见 156 页）。让我们对自己的身体有实体与空间感的皮质区——顶叶，也涉及这段过程。

儿童的注意力短暂，因为他们的脑部还未发育完全。转移注意力和凝聚注意力两种能力同样重要；少了转移能力，一个人无法接收新的感官输入，也无法快速适应新的处境。某些人很容易察觉他们整体感官范围中发生的事，或者能够快速地在不同事件之间转移注意力；其他人则无法这么快就注意到新信息。造成这些能力差异的原因，迄今不明。

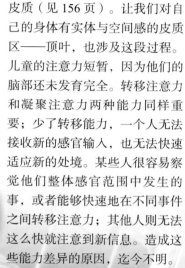

注意力的焦点
少了聚焦的能力，学习会变得困难，记忆维持不久。

专门技术
一位有经验的医生能够忽略扫描图上大部分的细节，只集中注意相关的部分。

过滤输入

这个世界给予大脑的信息多过它所需要的；初期处理步骤之一，就是先过滤信息。所以我们倾向于在看见复杂细节以前，先感知到整个物体。例如我们看见的是整张脸，而不是脸上的个别特征。因为我们的脑擅长只聚焦于感官输入中的一小部分，必要的时候我们可以略过更清楚的信息，只注意微弱的输入信息。举例来说，如果我们参与一个派对中的对话，但房间另一头有个更有趣的讨论引起我们的兴趣，我们可以过滤掉近处对话的细部信息，专注在更远处的对话。忽略次要信息的能力是很重要的，否则我们会持续处于完全警醒的状态。也因此，一个人在建筑工地听到意料外的物体坠落声会吓一跳，但仅限于第一次。

知觉的模糊
我们清醒的每秒钟，都有大量的感官信息麦炸我们的脑袋。脑部必须分辨这些资讯中有哪些部分是重要的，哪些部分又无关紧要。

范畴化和熟悉感

当我们注视一个人、一样东西或者一幕场景的时候，脑部立刻把所有细节拣选到少量的范畴中。比如我们看见一栋由窗户和门构成的房子，如果更靠近点，可能会看见门把、钥匙孔和信箱，并且能够同时确认每件物体的颜色或形状，但这种非必要的细节很快就会被剔除。换句话说，如果我们只是想开个门，我们不需要记录门的颜色，只要确认那是门就行了。这个范畴化的过程，对于语言认知也是必要的（见 169 页）。就算四周声音通常都会造成干扰，人还是能察觉到清楚的辅音；若是少了这种能力，我们会永远无法理解口语。在同样的方式下，我们把某些生活经验标记为"熟悉的"，将某些人、物、地点，视为情绪上较亲近的对象。但在卡普格拉综合征中，这种感觉消失了。患者可能会把一位亲戚视为冒牌货，而不是原先那位在感情上有所关联的对象。这样的问题，也可能影响人对某些宠物或自家住宅的熟悉感。

感觉剥夺

脑部要停止知觉是很困难的，所以在感官输入被剥夺时，脑部会自己创造。比如在失明初期，人可能会苦于强度不等的幻觉。我们可以借由称为"浮槽"的放松装置，刻意导致感觉剥夺。浮槽里的人躺在温暖的盐水中，处于完全的黑暗与静默，这种愉快的经验可能会导致温和的幻觉。不过，它也可以被用来当作一种折磨。

真相

填补鸿沟

虽然这个世界经常给我们太多信息，却也有可能给得太少。经验让我们能够填补信息鸿沟，就好像我们受到大量不相干信息袭击时，经验也以类似的方式帮助我们集中注意力。外界有许多事物是我们必须察觉的，尽管它们可能只有很微小的迹象。我们的脑必须把片段的信息拼凑起来，以便侦测到这些事物。比如说，在一片丛林里，我们可能会听到小树枝在脚下断裂，看见振动的动作，还有树叶间有一抹黄色。从这些线索，我们会突然间看到一片绿色中藏着一只老虎。人类有内建的机制，能找到各种信息之间的关联，即使这些关联并不是真正的存在。因为误认有某样东西，总比疏忽隐藏的危险来得好。

生或死

在战斗中，生存靠的经常是从细微线索察觉危险。

大脑的鸽子笼

要让脑袋能一再使用相同的信息，或者要把任何东西储存在记忆里，我们需要把感知到的东西做范畴分类。

看得到吗？

"找找看"图形游戏因为提供的信息有限，可能很困难。

范畴的作用

范畴让人类能够应用骑某一匹马的经验来骑乘其他马匹，而不受马匹颜色、年龄或大小的影响。

心智

学习

学习随着经历而产生，这种过程在生命中时时可见：我们学习忽略不重要的事物，如来往车辆的闷响或者办公室墙壁的颜色，并且学会预测可预测之事——一辆车开过水洼时，如果我们站得太靠近，就会被水溅湿。我们学习如何让好事发生，以及如何避免会造成伤害的事物。记忆对于学习是绝对必要的，少了这种能力，我们就得在生命中的每一天一再学习同样的事情。在脑部处理的大量信息中，我们只保留一小部分。

透过生活学习

脑部在子宫中经历极端迅速的发展，有时候一分钟可以增加高达 25 万个神经细胞。一出生，脑就有约 1000 亿个神经细胞。学习的第一阶段是取消这些细胞之间的既有连结，只保留相关的连结。脑部成长发生得很迅速：在我们学到事实、经验和关联之后，就会形成新连结，在最初的 3 年脑部重量就变成原来的 3 倍。孩童必须学到他们的身体与外在世界之间的界线，物体在他们看不到的时候仍旧存在，以及行为会有特定的结果。多数儿童经历同样顺序的运动神经发展，最后达到相同的水准，表明了有一个先天的发展程序在此展开。但是练习显然加速了进步，缺乏正常经验则会延缓发展。当然，对于必须刻意学习获得的知识（科学、音乐、户外运动等等），经验扮演的角色更为重要。学无止尽，我们在生命中的每一天都需持续地获取新的知识、技术与经验。

惊奇感
婴儿和幼童面对的主要挑战，就是逐渐了解他们周围的世界。

终身学习
总是有新事物可学，老年人实际上也可以从年轻人身上学得许多。

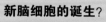

议题

新脑细胞的诞生？

直到最近，科学家都认为人所有的神经细胞都在出生时就出现了，即使有损伤也无法被取代。然而近期的研究显示，脑部可以制造新的神经细胞。当老鼠接受一项必须用到海马回（一种与学习和记忆有关的脑部结构）的学习任务时，新的神经细胞便会出现。这表示学习可能与新脑细胞的诞生有关，不过针对人类的同类研究还未完成。

相关经验
在学习阅读时，一个小孩要把书写文字和他（她）已经开始熟悉的口语关联起来。

建立关联

人类能够在经验、感受、物体与事件之间建立关联，这种能力是多数学习的基础。相互连结的神经细胞交织成经验体系，而在接触到其中的某一点时，会随之带动整批的相关观念。我们把新经验联结到我们已知的事物上，随着年龄增长，我们学会把自己的观念调适得与他人的经验更加雷同。我们倾向于把所学的新技能跟先前已掌握的事物联结在一起，尤其是成人特别擅长这类的学习；如果是学习一个跟先前所知无关的新技能，成人的表现就会较差。

条件作用

条件作用可让我们学习到两个事件间具有直接关联——某事件总是随着另一事件而来；或者为了得到预期结果，我们得要做些什么。透过条件反射（作用），我们得以从经验中获益。人类和其他动物都有可能无意识受到制约，我们也可能在自己浑然不觉的状况下制约其他人。举例来说，父亲或母亲在孩子顽皮时会集中注意力，然而他（她）乖巧时就不予理会，这等于很不理智地教会这个孩子以捣蛋争取关注。一项近期的研究指出，未出生的孩子甚至也可以产生条件反射：研究发现，母亲最喜欢的肥皂剧主题曲旋律，能诱导出新生儿的放松反应。

一朝被蛇咬，十年怕草绳
人类从经验中学习，如果我们在童年时被黄蜂蜇过，我们就学会避开黄蜂；同样地，如果一个行为能带来可喜的结果，我们倾向于重复这么做。

巴甫洛夫的狗

1920 年，俄国生理学家巴甫洛夫正进行着狗消化系统的研究。由于每次喂狗时，蜂鸣器都会响起，后来即使没有食物，狗听到蜂鸣器响也一样会分泌唾液，这就是条件反射。如果患癌儿童在接受化疗以前都会吃到冰淇淋，冰淇淋就会逐渐与治疗后的恶心感联结。

从模仿中学习

人类能够精确地模仿一个行为，并与他人的行为比较，来琢磨一种技巧。这种模仿始于幼年的简单姿势，比如举起玩具电话佯装聆听。模仿会逐渐变得更复杂——一个小孩摇晃洋娃娃哄它睡觉，或是 4 岁小孩会站在"家家酒"玩具旁假装做晚餐。脑部的镜像神经元是近年来最令人兴奋的发现之一。当我们执行一项行为时，会激发一个特定的镜像神经元；而当我们看到其他人也做出相同行为时，同样的神经细胞也会有反应。镜像神经元是要让我们把别人的行为直接对应到自己身上，连刚出生的婴儿也可以做得到。这种内建设定对于从模仿中学习大有帮助，我们不必先学会如何模仿。

模仿
非常小的孩子在假想游戏里，会花上好几小时模仿成人的动作。

镜像神经元
人类有宝贵的能力，可以在面对面站立时互相模仿彼此的行为。

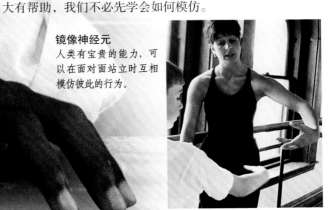

学会学习

人类学会有意识地学习技巧，是通过教导和练习这两种途径。首先学会的就是某些我们特别注意的经验和事实，比起只是粗略登录的事件更容易保留。比如说，如果读者把一切阻隔在外，只在书中某段字句的意义上集中精神，就比较可能记住该段。我们发现，精神集中在本质有趣的某件事上比起专注于无聊之事容易，所以我们强迫自己从事较为无趣的活动时，只要在这些事情和个人更有兴趣的事之间创造心理联结就行了。例如一个摩托车迷要记住英国的国王与女王，可以想象他们是摩托车的不同型号。只要我们对于往哪找信息或者哪些信息可以忽略的知识越丰富，我们的学习策略就越进步。

熟能生巧
要把技巧熟记在心，重复是最有效的方法。

6×7 = 42
7×7 = 49
8×7 = 56
9×7 = 63
10×7 = 70
11×7 = 77
12×7 = 84

死背学习
处理乘法表这类知识，最好的办法是不断反复，牢牢嵌入长期记忆中。

记忆

记忆是心智能力的一项关键，通常会让人联想到图书馆。当一本书到馆时，首先必须决定是否要永久保存。若需保存，此书会被登记、归档、互相参照，并置于某个书架，未来这本书可能会被重新取出。现代人见过更多脸孔，造访过更多地方，知道更多事实，讲过更多故事，而记忆还是一天天地储存着。问题在于我们如何在需要时找到特定记忆。换言之，书就在那里，但我们不确定在哪个书架上。

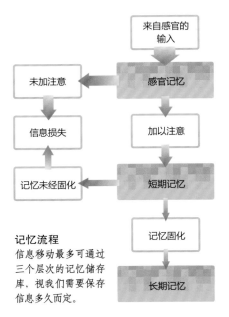

记忆流程
信息移动最多可通过三个层次的记忆储存库，视我们需要保存信息多久而定。

三种记忆储存库

记忆处理并不是在所有情境下都采取相同方式。如何运作，视我们需要储存信息多久而定——记住一秒、几分钟、几小时、几年，甚至永远。最短促而暂时的记忆储存方式是感官储存，其中包含了感官捕捉到的所有信息。视觉记忆可以延续大约十分之一秒；听觉记忆至多保留几秒钟。我们的注意力处理过程从感官储存库里只捕捉到一小部分项目，并且把它们移到短期记忆中，同时所有未捕捉到的项目就都遗失了。短期记忆更持久，而且包含一个人在任何一刻里想到的任何项目。在这个储存库中的项目易于取得，但多数会迅速消失。只有通过背诵或者与其他既有记忆联结而固化的记忆，才能进入最后的储存不受限制的长期信息储存库。

短期记忆

经历是一连串的事件，多数事件的消失与出现一样迅速。然而我们需要让事件记在心里足够久，才能回应。举例来说，要了解一句话，我们得记住前几个字，直到我们听完这句话为止。少了这个保留信息的能力，我们甚至连最简单的行为都做不到。脑的短期记忆系统，容许我们在抛弃记忆或编码成长期记忆之前，得以暂存记忆。当我们试图在脑中解决问题时，我们用我们的短期"便笺本"记住部分解答，并且把来自长期记忆与现有经验的不同观念与事实整合起来。如果负载量过大，我们可能会用纸上涂鸦来支援这个便条本，但通常短期记忆就够了。未经背诵的项目大约在 20 秒后就会遗忘。长期记忆可以重新提取，在短期记忆里进一步处理，然后再储存。

擦黑板
短期记忆空间极为有限；要储存新信息，其中内容必须抛弃或者转移到他处。

辛勤工作的记忆
平常每件吸引我们注意力的事物，比如一个特别的车牌，或汽车保险杠上的凹洞，都会进入短期记忆中。

真相

情绪增强记忆

在情绪激动时经历到的事件可能会被记得。一个曾身陷火场的人，可能对普通的小细节有鲜明记忆，比如他（她）在现场拿到的杯子形状。增强的记忆不是因为事件本身的情绪，而是当时脑部正处于情绪化的状态。脑部在强烈情绪下的化学变化，增强了所有的神经活动，让最小的细节也都留下记录。在对强烈的感情经历形成记忆时，会有极多的细节留下来，让人觉得每次重温这些经验时，时间仿佛放慢了。

形成长期记忆

进入记忆的资讯必须经过一组独特的阶段，以便转换后永久性地编码到脑部。一个长期记忆——不论是一个地点、生活事件、技能、事实或者其他的东西是在某个特定形式的神经活动进入短期记忆后，一再反复所形成的。要让某个神经活动形式重复出现，相关的神经细胞必须通过记忆固化过程（见下图）。然后，每次特定形式的神经细胞被激发时，整个系统就更加耐久。一旦一个"记忆体系"受到完全的固化，这个体系就可能永远保有，但如果体系被活化得不够频繁，还是会慢慢消逝。在某个记忆里有越多的神经细胞丛集和途径，这个记忆就会越容易提取——每个细胞丛集代表记忆中经验的一个不同方面，而且功能如同一个"手提包"，可以提取整个记忆。

掌握的技能
少了长期记忆，我们永远都不能做出以前学会的技能。

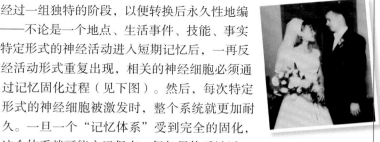

值得回忆的事件
许多生活经历保存在脑中长期记忆储存的体系里。

记忆如何受到固化

刺激
神经细胞
电流信号
电流信号
暂时连结
电流信号
永久连结

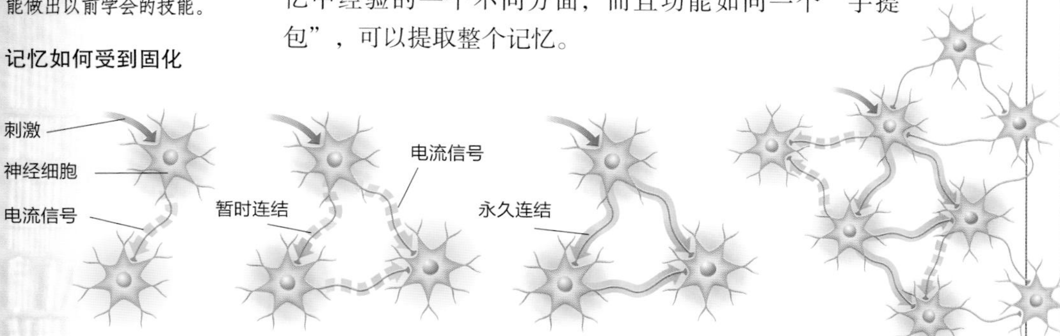

连结
当一个独立神经细胞接收到一个足够强的刺激，它会发出一个电流信号到邻近的神经细胞。

连结形式
一个暂时的联系在两个细胞间形成；将来它们很可能一起激发。更进一步的激发会把其他邻近细胞也拉进来。

更强的连结
借由重复激发，神经细胞变得彼此紧密相连。不管哪一个细胞先受刺激，它们会永远作为一整组激发。

扩张的网络
透过持续的激活，其他神经细胞丛集也被拉进这个网络里。整个网络代表某一单独的记忆。

前额叶皮质
储存短期记忆。

壳核
储存学习获得的技巧以及程序。

皮质
储存个人生活事件的记忆。

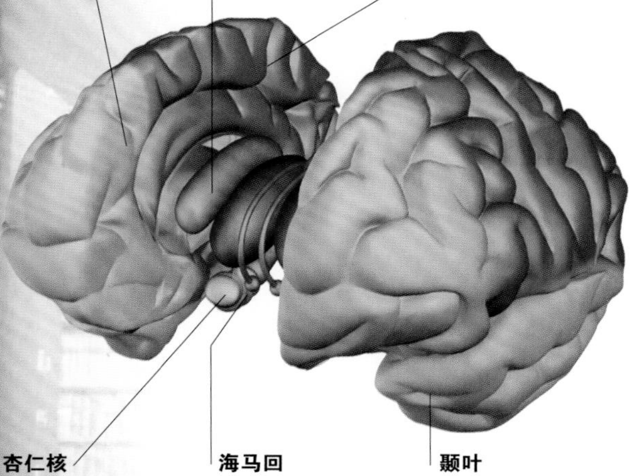

杏仁核
储存无意识的情绪记忆。

海马回
储存空间记忆。

颞叶
储存学习获得的事实与细节。

我们靠哪里记忆？

在把某些事物传递到记忆中时，所使用到的重要脑部结构，是海马回（脑部中央的一个结构）和其周围的大脑皮质（脑部的外层）。在学习中，不同的皮质区，比如视觉皮质和听觉皮质，会处理来自我们看见、听见或闻到的等不同范围经历的信息。记忆，特别是关于个人生活经历的记忆，可能是由极为多样化的这类元素构成，所以一个记忆在皮质区的散布范围可能相当广。海马回在记忆固化方面的大致功能似乎是提供一个交互参照系统，负责连接记忆，并在重新提取记忆所需的状况下，把一个记忆的所有不同方面从脑部各处整合起来。就像皮质一样，海马回也和储存某些类型的记忆直接相关，且与壳核和杏仁核一同处于脑中深处（见左侧图）。

脑部的记忆储存所
虽然个别记忆的确切位置从来未能被成功地定位，但据我们所知，不同形态的记忆储存在脑部的不同区域。

心智图书馆
就像书籍一般，记忆被编码并储存，以备将来查询，如果相互参照系统有效，就能重新取得，最后再归还到"书架"上。

心
智

取得记忆

　　面对记忆诱发物时，会出现再认现象，这就是多选题之所以比申论题还容易解答的原因。我们不太可能靠记忆描述出所有的交通号志，但我们能即刻认出它们。回忆所涉及的处理过程比再认更多：我们必须在判断哪个答案"合适"之前，先产生出多种答案。给予刺激暗示，能增加回忆信息时的效率。暗示可能是不自觉的——一首歌可能让我们回想起另一个人事物，然后启动一连串的追忆。甚至在学习脉络已经丧失而我们所知之事依旧存在时，脉络线索仍会让资讯浮现出来。当我们面对一个好的记忆诱发物时，相关的"记忆网络"会激发，把那个记忆抽出来；在该网络中的连结愈多，重获记忆的机会愈大。

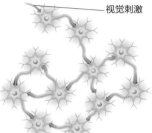

触动回忆

　── 视觉刺激

一条回忆路径
关于一个老朋友的回忆，可能通过这个网络的任何一部分被"钓出来"。在此，触发物是看见一个过去一起拜访的地方。

嗅觉刺激

其他触发物
同样的记忆，也可能透过网络中其他的神经簇取得，例如某熟悉的香水味。

再认
再认比起回忆简单得多，而且让部分学习得以补足——就是基于这个原则，警方让嫌犯排成一排供人指认。

建立嫌犯合成照
拼凑印象以回忆一个人的面孔，比再认一张脸来得复杂。

为什么我们会忘记？

　　我们只能忘记先前曾经编码过的信息，所以有时候"不记得"，是因为信息没有进入我们的长期记忆。更常见的是我们失去通往某个记忆的路径：书还在，但能告诉我们书在哪个架子上的档案卡已经不见了。偶尔我们能够接触部分已储藏的信息，感觉到某件事"呼之欲出"，甚至可能想到那个单词是"B"开头的。在这种情形下，信息有可能稍后就从脑中跳出来。当有另一个使用相同暗示刺激的记忆加以干扰时，再提取的问题就更为常见。大多数人可以记得自家的电话号码，也可能记得以前的，但更早之前的呢？我们曾经一度非常熟悉，但现在的号码干扰了较旧的记忆。回忆困难也可能是因为脑中的连结阻塞，信号因为与那个记忆缺乏关联而消失或者受到创伤。当记忆不能再被唤起，就会开始消逝，直到无影无踪。

刺激

破损的连线

电流信号被阻断

通往记忆的道路只有一条？
当一个连结逐渐减弱或受损，又没有其他途径可以完成这个网络，这个记忆就无法再接触到了。如果在所有相关神经细胞之间有许多连结形成，记忆通常都可以再次被激活。

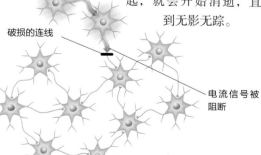

它在哪里？
无法记起事情，通常是因为我们不知自己把记忆"放"到哪里去，而不是它已经完全消失。

顺行性遗忘

顺行性遗忘（无法形成长期记忆）是因海马回受损所致。当患者一停止思索某件事，那件事就消失了。他们几乎记不住脑部损伤之后的任何事件；一个男人听到自己儿子的死讯可能会很震惊，不管别人告诉他几次都一样。较早形成的记忆则还可以提取。

不同年龄的记忆

真相

太年轻，记不住

几乎没有成人会记得生命中头两年里的事情，在五岁以前的记忆也很难触及。多数人如果是在三岁以后才有弟弟妹妹，才可能会有关于弟妹出生的记忆。既然参与拼凑各部分长期记忆的海马回在三岁之前不会成熟，一个幼童自然无法建立清楚的记忆。对于童年失忆症的其他可能的解释是：幼童没有语言、组织技巧，甚至也没有自我意识来帮助建立有结构的记忆。他们也无法背诵某些项目，以便储存在记忆中。

幼童的短期记忆是非常局限的。学步期幼儿之所以用短句子，是因为他们无法构思长句，并且要用行动来支援记忆——表演出故事而不是重述它们。年纪较长的人有胜过年轻人的另一项优势：他们有更多的记忆，也因此在记忆"网络"中有更多连线。然而随着年龄的增长，人们通常会发现记住新事情和忆起旧事愈来愈困难了。在记忆方面的困难，可能是起因于老去的大脑比年轻的大脑更缺乏"弹性"——神经细胞更紧密地以熟悉模式连接着，所以需要更大的刺激以形成新连线。短期记忆在青少年晚期达到巅峰，长期记忆则在 30 岁达到巅峰；两者随后都会逐渐下滑。多数超过 40 岁的人都知道他们的记忆不再像过去那样好了。他们更容易忘记某样东西摆在哪里，并且不一定都能记住名字。随着老化，学习新技能或者兼顾多项工作也变得更难，然而不管什么年纪，我们对生活经验和自己赋予的任务，记性都一样好。保持使用状态，记忆可以维持得很好。旧有记忆可以借此重复来保存，新记忆则可借着频繁接触令人兴奋而新奇的经验来保存。

"有可塑性"的记忆
年轻人比年长者更能够学习并完整记住新事物。

一心多用
这位大厨能够计划并同时操作不同工作，因为他有高效能的记忆，较年长的人会开始发现这种工作更困难了。

随年龄而来的智慧
这位年长的纳米比亚讲故事人在他的社会中受到高度尊敬，因为他有长久而强大的记忆，还有累积的知识财富。

记忆辅助器材
在这张密克罗尼西亚航海图里，对角线和曲线状木棍代表的是起浪。水手用这张图自我提醒他们的位置所在以及不同岛屿的方位。

惊人的记忆

人类的记忆有不可思议的能耐。某些人可以记起鲜明的细节，但是借由某些技巧，我们都能更加善用记忆。人会创造出押韵句、在手帕上打结、设定警铃、把事情写在纸片上的记忆方法，善于使用这些的年长者通常比年轻人更擅长记事情。"记忆大师"多明尼克·欧布莱恩用了更精巧的方法，让他只要看过一次，就能再想起 2,808 张扑克牌的序列，其间只有 8 个错误。某些人可以将经常走过的一条路线视觉化，把该记得的东西"放在"路上，一旦要忆起它们，便回溯那条路。有些人则想出故事或运用记忆口诀，例如以事物的头一个字母来记忆。Richard Of York Gave Battle In Vain（约克的理查打了一场徒劳无功的仗）是彩虹颜色的提示句——红（red）、橙（orange）、黄（yellow）、绿（green）、蓝（blue）、靛（indigo）、紫（violet）。

记忆口诀的价值
记忆口诀是记住细节（例如彩虹颜色的正确顺序）的一种好方法。

思考

当我们思考时，我们用既有的信息来产生新信息。人类思考的方式让我们跟其他动物有别：我们可以把信息分类到一个以上的范畴中，反复琢磨并回忆。但让我们更加与众不同的，是我们去思考关于"思考"这件事的能力，以及联结不同事件、形成抽象概念、假设未见之事等能力。因为我们并非只能思考直接经历到的事物，我们不必经历漫长的错误尝试过程，就能找出问题的解答。人在解决问题时经历的心理阶段、创造性、在不同选择间所做决定以及推理，是目前研究的焦点。

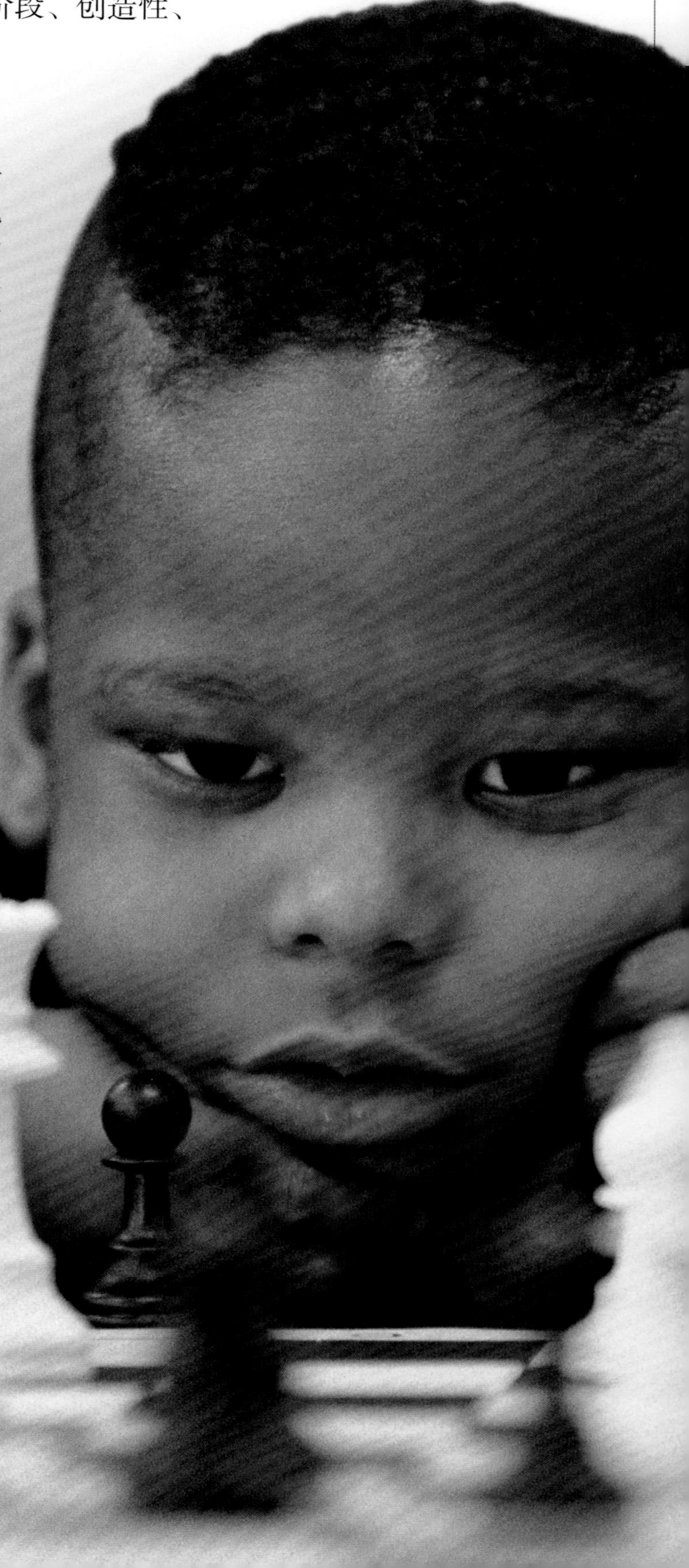

思考与脑

所有高层次处理都牵涉到遍及脑部皮质（外层）的活动，但位于脑部前方的前额叶皮质，对思考是特别重要的。大脑区分成两个半球，这在人类（其他动物就不同）的思考上扮演了重要的角色。现有研究已经注意到某些功能上的差异：多数人的左半边脑负责语言，右半边则负责空间信息。然而这两半并非独立运作，而是通过称为胼胝体的数百万神经纤维互相联络。有些研究以癫痫病患为对象，切断他们左右半脑间的连结，以便阻止严重的痉挛，结果证实两边各有不同的能力在掌握口语和空间工作，而且两个半脑还可以在分开之后独立工作。这样的研究导致一种联想：每个人有两副"思维"；右边是直觉的、创意的、空间性的，而且"令人兴奋"；左边则是分析的、逻辑的、口语的，而且"乏味"。多数科学家相信，思考涉及协调跨越多个脑区的活动。整个脑都有良好神经连结的人，是最有效率的思考者。

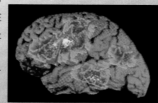

活跃的大脑
参与思考的脑区视思考的主题而定，但前额叶皮质（最左边）总是会用到。这幅某个人想到并说出动词的扫描图，以橘色显示血液流入最多的活跃区。

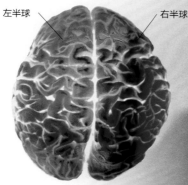

左半球　　右半球

两个半球
一个太过简化、备受争议，却很流行的理论认为，脑的两边有不同的思考风格，左边比较理性，右边则具创意。

真相

人工智能

建造"智能"机器人与机器的尝试，既显示出人类心智的复杂，对于我们是如何解决问题又能提供洞察之见。其中一项研究在最近跨出一大步：以真正脑部回路为模型的计算机网络，已经在程序设定下破坏他们"细胞"之间的连结，而创造出新连结。他们因此可以"学习"，学着去进行从踢足球到辨认葡萄酒香等行为。

机器杯
智能机器人在年度足球赛事中竞争。主办者希望到2050年能组成一支机器人团队，足以打败世界上最佳的人类队伍。

心智

有意识和无意识的思考

思考可分成有意识和无意识的思考。有意识的思考只是一个片段——这是察觉到的，因此极端受限。无意识的思考不断地持续着，并且决定许多行为。有意识的思考倾向于有逻辑性、连续性并缓慢地处理，其结构是根据因果关系而来，而且与"此时此地"直接相关。

相对地，无意识的思考出于直觉、非连续性、迅速、难以解释，而且更容易在许多不同片段信息之间制造出联想。本质上来说，无意识思考在"多工处理"方面比有意识思考更有效率，而且范围不限于现有脉络。最理性的思维，包括决策和推理，都落在"有意识思考"的范畴中。

解决问题通常是有意识与无意识思考的混合。在脱离意识察觉的领域之外时，创意思考最有效。然而有意识的处理过程，在创造力中仍然是极其重要的因素，因为意识的处理有助于排除脑中产生不切实际或无法实现的念头。

冰山一角
有意识的念头只是冰山的顶端而已。体积庞大的无意识思考都还潜藏在表面之下。

议题

何谓天才？

天才不是指学得快或智商高。一个天才会发现新的思考，会以许多不同的方式看问题。如果有人问他 11 的一半是什么，他（她）可能会说出："1 和 1"、"X 和 I"（XI），以及"5.5"。多数人想法僵化，没能看出问题的独特，总是把它们跟先前的问题作比较。爱因斯坦并没有发现能量、质量或光速，但他把这些概念重新结合，能看见他人所不能见。

深思熟虑
一个国际象棋手只需想出几种可能的棋步序列，就可以选出一步好棋，但计算机或许只能靠检索数百万种可能性才能达到这一步。

可转换的技巧
解代数问题所需的技巧看似特殊，但跟我们用来解决任何问题的技巧相同。

解决问题

所有的思考都牵涉到"解决问题"。对一个问题进行初步尝试时，人通常会采取许多不必要的步骤。他们心里想出少数几个可能的方向，只在一个有限范围内思考接下来的事。这种形态的"错误尝试"，是一种虽受欢迎却不太有效率的技术。许多专家相信，要解决一个问题时，我们得先厘清其中所有要素之间的关系。我们可能需要改变自己看这些要素的角度，若是成功做到这点时，可说是有了"洞察力"；执着在一种途径上可能导致缺乏洞察力。数学家高斯小时候被问及从 1 到 100 的相加总数，他很快就给出答案"5,050"。他注意到数字可以配成对，每对加起来都等于 101（1 和 100，2 和 99，3 和 98）。因为有 50 个这样的配对，答案是 101 乘以 50 等于 5,050。一个同样形态的洞察力在现实生活中也很必要。在繁忙道路上方的高架桥悬挂了一个人，你要怎么拯救他？如果从下面救援的尝试失败了，救援者应该在心里重构这个问题，也许换成试着从上方救人。解决问题的"信息处理"理论，基础就在于重构和洞察力。这种做法涉及：界定问题，形成某个范围的可能解答，然后评估它们。令人惊讶的是，我们比计算机更能有效地运用这个做法；在可能解答中我们也许只考虑到几种，但我们倾向于想到对的那一些。

你能解决吗？
试着找出一个方式，用 4 条直线串连左图全部 9 个红点，且需一笔画完。（解答见 163 页）

专家对菜鸟
在许多领域，包括机械学在内，专家会花时间评估一个问题，然后迅速解决它。新手则倾向于一头栽入，延迟解决时机。

环绕着问题思考
如果显而易见的解答不可得，我们需要再想一下。左图中通往矿坑的主坑道已经封死，救援者试图找出到达受困矿工所在地的其他方法。

心智

理性思考

  "理性思考"指的是决策和推理。得到理性的结论，通常比我们想象得更困难。要做到这一点，我们既要有充足的相关信息或备选项，还要有足够的时间去使用逻辑。人通常会偏离理性思考，某些人在机率只有 1,400 万比 1 的情况下仍希望赢得彩票；某些人在刚发生空难后会不敢坐飞机，因为他们受到偶然事件的过度影响。研究显示，当人类试图获得某些东西时，倾向于避免风险，但为了避免损失却会选择主动冒险。如果问某人要选择确定得到 80 英镑，还是得到一张极可能赢得 100 英镑却有极小可能性一文不值的彩票，多数人会选择拿确定的 80 英镑。然而，如果选择是"确定"损失 80 英镑，还是"极"有可能损失 100 英镑，多数人会赌一下。我们倾向于寻求证据来验证假设，然而在过程中却未考虑那些挑战假设的事物。奇怪的是当我们试图察觉一个人是否破坏了规则或在某种程度上欺骗，我们就能更容易地进行理性思考。许多专家相信，我们有种内建的"欺骗侦测"机制，但亦有一说认为我们是在成长过程中习得欺骗侦测技巧。

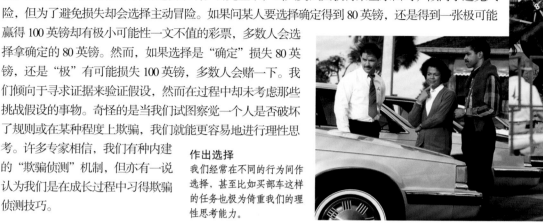

权衡轻重
许多人在赛马场押注时完全偏离理性思维，但老练的赌客会在他们的计算中应用理性，以降低他们的赌博风险。

作出选择
我们经常在不同的行为间作选择，甚至比如买部车这样的任务也极为倚重我们的理性思考能力。

创意思考

  得到有用的崭新观念的过程，被视为人类思考的顶峰。珍贵的创造性想法在生活中随处可见，轮子的发明、电话的出现、毕加索的杰作，还有甘地促成政变的非暴力方法，都是范例。创意思考通常涉及好几个阶段：有意识的思考、酝酿（问题被搁置在一旁）、突然的灵感，以及对于这个想法的发展与评估。无意识的酝酿期似乎是关键，但该时期扮演的确切角色还不清楚。这可能牵涉到问题的无意识处理、搁置误导性的方法，以及逐渐激活长期知识库、最后取得相关的资讯。偶然事件在一些科学突破中起一定作用，包括青霉素的发现、X 光以及橡胶的化学处理（硬化处理）。某些人也会刻意利用偶然：美国作家威廉·巴勒斯剪下报纸，随意地安排这些碎片以制造出惊人的字汇组合。一些人相信，社会日益依赖科技和少数专家，就表示多数人都不再需要创意性思考。而且，我们愈是强调理性思维，这个世界就会变得更缺乏创意。人类必须愿意使用无意识心智的创造力，以便回应我们面对的所有新挑战。

"我发现了！"
虽然阿基米德在把自己泡进浴缸里时偶然发现了排水量理论，但这灵感并非凭空而来。他已经花了大量时间评估这个问题。

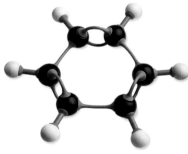

睡醒再解答
1865 年，德国化学家奥古斯特·凯库勒在试图解开苯的分子结构时，梦见一条咬住自己尾巴的蛇。这个灵光一闪的洞见告诉他，苯原子必定形成了一个封闭的环。

时间：伟大观念
观察日月的循环运动，导出时间是可以测量的观念。这个观念在全世界的不同社会中分别发展出来。

全新的设计
伊甸园计划的"网格球顶"灵感来自两种结构，分别是约 30 平方厘米能容纳最大容积的结构和以最少重量发挥最大承载力的结构。

维可牢的发明

1948 年，瑞士发明家乔治·德·梅斯特拉尔遛完狗回家，发现他和他的狗身上都覆盖着芒刺。梅斯特拉尔在显微镜下观察芒刺，发现它是以小小的倒刺勾在裤子织料的小线圈上。他灵机一动：何不做出一种有两侧的扣件，一侧是牢固的小倒钩，就像芒刺一样，另一侧则是柔软的线圈？虽然一开始遭人嘲笑，然而梅斯特拉尔坚持下去。现在，维可牢已经是价值数百万元的工业了。

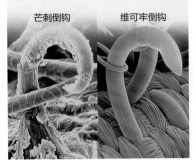

芒刺倒钩　　　维可牢倒钩

一种听觉想象
心理表征是不需要视觉的。举例来说，一个作曲家可能经历过鲜明的听觉"心象"，并借此写下音乐。

视觉化
许多思考都涉及视觉意象。艺术家并非总是画下他们眼前所见，某些人的作品，画的是他们脑中的景象。

想象力

　　思考牵涉到操控因情境而生的心理表征，而想象力指的则是发展及有创意地操作这些表征的能力。

　　不同的人发展能力也有很大差别，某些人比其他人更善于想象。然而，即使是善于在脑中操控想法的人，也喜欢在思考时做笔记或涂鸦，因为以较为具体的东西进行考虑时，会比较容易弄清楚事物的关系和重构问题。

　　许多人的想象思考是基于视觉形象：他们在"心眼"中看到事物；事实上，曾经历过鲜明视觉想象的人通常相信，舍弃心理图像来思考是不可能的——你无法在替某人指路之前，不先在脑袋里画出路线图。然而，有意识思考所依赖的表征并不必然是视觉的。一些人声称没有视觉想象力，然而也有来自言语的（内部言语）、听觉的（或许是心理的音乐）甚至是嗅觉的（气味）内心体验。

　　一个永久失去某种感官的人，可能会经历到关于那个感官的加强版心理表征。例如说，在一个强烈联结到某种特殊味道的场合，比如喝咖啡时或者春天走在公园里，某位失去嗅觉之人可能会唤起嗅觉"意象"，此意象在性质与强度上都类似于先前体验到的实际气味——一种"嗅觉记忆"。

增强思考力

　　头脑风暴是加强创造力的积极方式。参与者被鼓励在实际评估之前产生尽可能多的想法，不管多奇怪都行。研究指出这个技术对于解决问题来说是最有效的，此技术需要许多备选方案（例如说："尽可能替一块砖头想出各种用途"）。作为一种团体工作程序，参与者必须在评估阶段之前不去批评其他人的想法，某些想法自然会被挑出来发展。研究显示，个别头脑风暴、全体评估想法，通常会比一开始就集体工作想出的点子更好，因为某些人太过羞怯，无法把他们的想法推上台面。

　　"横向思考"是另一种激发创意的技术，涉及从尽可能多的角度看一个问题以及对所有想法保持开放的心态。另一种有用的技巧是专注于一个终极目标，然后从该目标倒回来做，这样成功到达目标的机会比我们试图往前一路到底还大。以不用大脑的体能练习让我们身体忙碌，可以释放我们的心灵，发挥创意——我们愈是伸展心灵，脑中就有愈多新的连结路径，让我们将来处理事物、操作想法时会更有效率。

头脑风暴
研究显示，头脑风暴是让新鲜想法浮现的最有效办法之一。这种方法可以由个人或一个团体而实现。

高能思考
某些人发现当身体忙于重复性的体力活动时，心灵得以自由而更有创意地思考。

睡觉时也思考吗？

脑部的视觉区在做梦时是活跃的，负责我们基本情绪的区域亦然，但处理理性思考和注意力的区域却保持安静。这可能是梦境由视觉化而情绪化，但缺乏一致性与逻辑之因。做梦可能是心灵处理信息的方法，通过测试我们在没有理性思维时的应对，帮助我们做决定并解决问题。做梦可能通过让我们连结清醒时不会扯在一起的想法，提升创意思考。

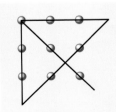

161 页的解答
多数人无法跳脱条框思考模式，试图把线画在方块范围内。

撒大网
侧面思考涉及在解决问题时拥抱大范围的想法。这个方法比起专注于一个想法更有效果，就像用渔网比用钓竿更能捕到鱼。

情绪

人类并非一直在思考，但我们总是对周围的刺激时时保持警觉。在一个平常的日子里，一则新闻可能使我们愤怒，一首喜欢的歌可能引起喜悦，而和好友的争执可能让人沮丧。少了情绪，我们的世界会显得麻木而灰暗，也少了意义和积极性。然而直到最近，科学界仍较重视思考，而较少注意情绪，甚至视之为无理、原始且不必要的东西。然而我们现在知道，情绪经验是我们身为人类如何运作的一个重要部分——也是我们与其他动物分享的一种特质。

什么是情绪？

情绪是一种复杂的经验，同时涉及脑与身体。在我们暴露于某样对个人有意义的东西之前（比如看到信封上有个熟悉的邮戳），就会产生一种情绪。我们能察觉到生理上的激动，比如心跳变快了一点；我们也在心理上评估这个刺激，已决定身体的初步反应是否"理性"：那封信里是不是有个职缺，有个缴税通知，或者是来自老朋友的消息？情绪可以用许多方式表达，比如微笑、皱眉、咒骂或者一股撕开信封的冲动，但我们本能的反应，有时候可能会被压制。我们最强烈的情绪经验，往往发生在情绪的三大组成要素（生理兴奋、意识觉察和外在表现）协调得刚刚好时。一个情绪延续的时间，要视激发它的刺激保持多久而定，所以通常很短暂。心情往往会比情绪维持得更久，本质上来说是形成了滤色镜，让我们的情绪经验染上色彩。心情可以维持好几小时、好几天，甚至更久。喜悦和苦恼是情绪；快乐和悲伤是心情。悲伤的心情会在所有情绪上投下阴影；快乐的心情则加强了喜悦的时刻，减少了苦恼的时刻。

议题

快乐和脑部

由美国心理学家理查德·戴维森指导的突破性研究，显示出个人一般的心情和脑部两半球的相关电位活动之间互有关联。他的研究指出，在脑左半球有较高电位活动的人通常更开心、更热情也更积极，

右半球电位活动较高者相比之下则较易焦虑与孤僻。

真相

提振心情

改变某些脑中化学物质（如血清素）的浓度，可以对人的心情造成深刻的影响。处方用药 Fluoxetine（百忧解的主要成分）的效果就是基于这项原则。通过提高脑部某些区域的血清素浓度，该药物降低了沮丧感，甚至有人说带来非抑郁者那种"心情轻松"之感。某些草本制剂，像圣·约翰草，也有众所周知的提振心情功效。提振心情并非总是正面的事，因为这可能让人过度自信，而对于自己的处境缺乏充分了解。

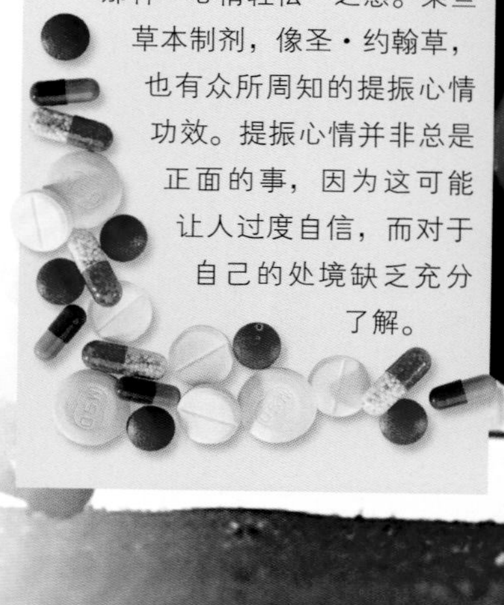

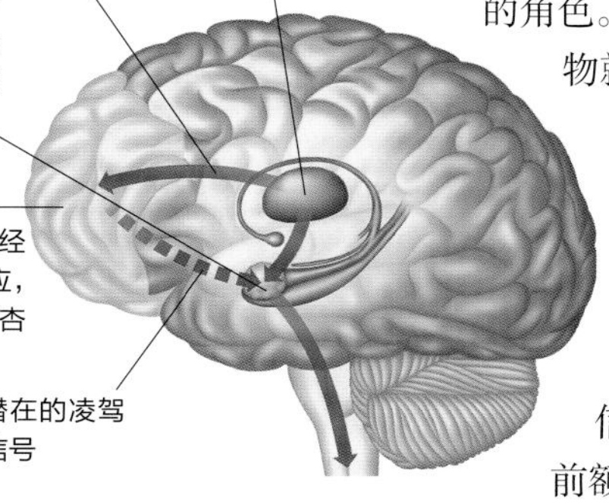

两种情绪回路

对恐惧的研究，告诉我们许多关于脑部在情绪中所扮演的角色。当我们碰到某些令人害怕的事情时，刺激物就记录在脑部中央的丘脑里，这是感官输入的一个中继站。丘脑把信号送进脑部的杏仁核，这个结构把信息传送到位于肾脏表面的肾上腺体。这些腺体释出荷尔蒙，会直接导致身体开始准备行动。与此同时，当信号被送到杏仁核，丘脑也会送出一个信息，通过感觉皮质到达位于脑部前方的前额叶皮质，在此整理出一个较慢、较深思熟虑的反应。通过杏仁核，身体的恐惧反应可能已经开始，但如果这个恐惧看似不合理，从皮质层来的信号可能盖过这个反应。举例来说，在灌木丛里一阵巨大的沙沙响声可能让杏仁核激发一个恐惧反应，但如果前额叶皮质推论这个响声只是猫弄出来的，我们就可以控制恐惧并放松。

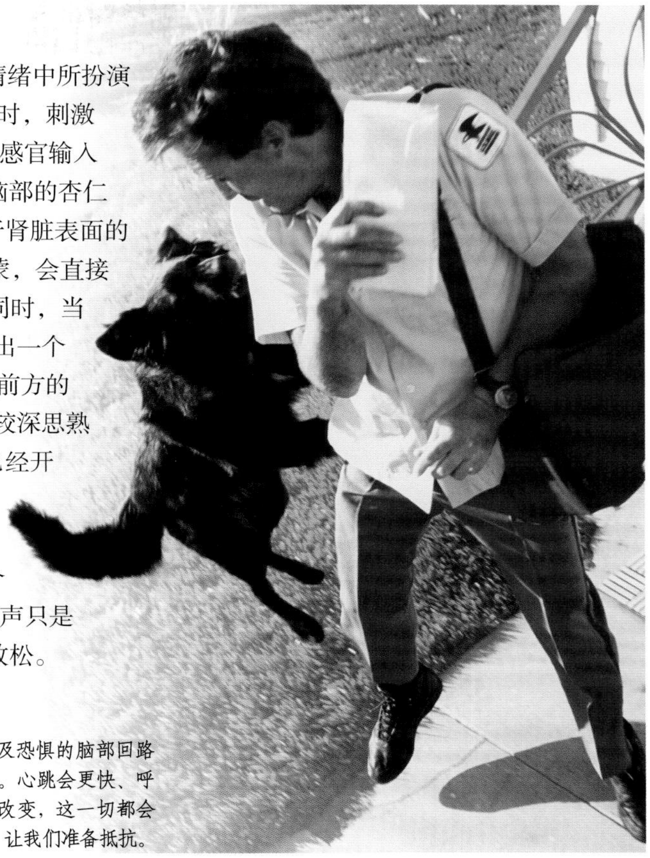

自动发送信号
丘脑
接收恐惧信号。

杏仁核
把信号送到肾上腺体，此处会激发荷尔蒙分泌。

前额叶皮质
整理出较慢且经过推理的反应，可能会凌驾于杏仁核的反应。

潜在的凌驾信号

恐惧的分析
大脑中的回路参与了我们对恐惧的反应，直接的身体反应是由杏仁核所激发的。然而，如果前额叶皮质推理这种恐惧是不必要或不合理的，就可能压制这种反应。

恐惧反应
如果我们被一只狗吓着了，涉及恐惧的脑部回路会导致肾上腺素被注入血液中。心跳会更快、呼吸率增加，而且血液循环形态改变，这一切都会把富含氧气的血液送到肌肉中，让我们准备抵抗。

控制情绪

脑部皮质的参与，确保了在情绪经验中会有判断和决策的元素。前额叶皮质在人超过 20 岁前都不会发育完整。这或许可以解释为什么小孩子会大吵大闹，青少年可能比成人更冲动。然而情绪控制因人而异，某些人总是会在愤怒时爆发出来——在这种状况下，来自皮质的"冷静"信息可能太微弱，无法调整杏仁核的直接情绪反应。程度适中的情绪亢奋可以让知觉更敏锐，增进表现，但过度强烈的情绪会导致注意力减弱。一般来说，我们可以学会控制愤怒和其他过当的情绪。对于脑部皮质和杏仁核之间的连结，可以透过比如呼吸课程、冥想和瑜珈等技术加以强化。

不受拘束的情绪
与大人相比，孩童因为前额叶还没有发展完全，尚无法完全控制他们的情绪。

解除愤怒
控制愤怒的一种有效方式，是把自己从愤怒的源头抽离，并且"数到 10"。

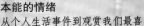

本能的情绪
从个人生活事件到观赏我们最喜爱的球队比赛，人类对相当大范围的事物都有强烈的情绪反应。

心智

健康

恐惧症

恐惧症是对一种通常无害的刺激物有过多的恐惧的病症。某些引起恐惧症的对象可能偶尔造成某种威胁，比如蜘蛛、狗、高度、老鼠或封闭的空间。有恐惧症的人无法控制恐惧，即使他们没有危险时亦然。当人脑无法发送信号以阻止恐惧反应时，恐惧症便发生了。让患者在安全环境下暴露恐惧对象之前，能够有效地治疗某些恐惧症。

愤怒
愤怒是我们感觉到了威胁而所作出的反应，身体借此准备好以面对威胁。

喜悦
喜悦是我们基本情绪中最正面的，可能也是生活中最重大的推动力。

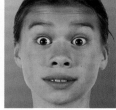

惊讶
我们扬起眉毛以便对未曾预期之事作出反应，睁大眼睛以便尽可能了解状况。

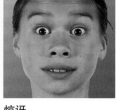

恐惧
恐惧或许是最原始的情绪，与愤怒有紧密关联，但会使我们在威胁前退缩。

苦恼
一个令人心乱的事件会让胸口感到沉重，眼中含泪，喉咙仿佛哽咽了东西。

厌恶
厌恶是由脑部皮质的一小片区域所产生，导致作呕或嘴唇皱起。

六大情绪

心理学家对于如何对情绪分类有长期的论战。现在许多人同意有六种"基本"、常见（普通）的情绪（恐惧、愤怒、喜悦、苦恼、厌恶和惊讶），由深埋在脑中的线路所产生（见 165 页的"两种情绪回路"）。基本情绪瞬息即逝，在参与情绪的脑区受到适当刺激激活时发生。我们无法直接以意识掌控这些情绪；当有人偷偷从我们背后接近时，很难不觉得惊讶。基本情绪的典型表情是举世都能辨识的，甚至能跨越非常不同的文化。它们可能是在人类演化早期演变出来的，有相当大的求生价值。基本情绪也被认为是内建于哺乳动物脑中，但个别经验和文化因素也影响人类情绪的发展。

历史

早期的情绪理论

所有人类都有着同一套独特情绪的理论，是由达尔文在 19 世纪第一次提出。在他的著作《人类与动物的情绪表现》（1872）中，达尔文把特别的脸部表情和特定情绪联结在一起。他相信典型的恐惧脸部表情就呈现在这幅版画中。之后，美国心理学家保罗·爱克曼曾进一步发展这个理论。

复杂情绪

人类的情绪经验比起六大基本情绪要来得更复杂、分支也多。我们也有一套将近 30 种的其他情绪。除了愤怒，我们也经历过恼怒、罪恶感、羞耻、激愤，还有一整批不愉快的情绪变化。喜悦则与满足、幸福感、狂喜、骄傲、感激和爱相关。一些人相信这些所谓的"复杂情绪"跟基本情绪相比差不多复杂，它们只是在人类演化过程中稍晚才出现的。而其他人则相信复杂情绪是混合了六大基本情绪的其中两种或更多种。例如说，罪恶感可能被视为厌恶（对自己的）和恐惧（对后果的）的结合，就像是蓝色和红色混合后产生紫色。按照类似的想法，警觉可能是混合了恐惧和惊讶。比起基本情绪，复杂情绪需要脑部皮质更多的处理，而且一般认为是其他动物所没有的。它们可能是在人类社会本身变得日益复杂后演化而成，以便帮助人在其中得以生存。

混合
复杂情绪可能是六大基本情绪的混合——就像从六色调色盘里可以调出一系列的不同色调。

生活伴侣
之所以我们和能够自由表达复杂情绪（不管是同情、罪恶感还是嫉妒）的人更轻易地建立起个人和事业上的伙伴关系，是因为我们觉得他们可受人信任。

发展中的道德感
幼童在被双亲之一斥责时会感到羞耻；我们都是通过这种情绪或其他复杂情绪，才学到情感关系和是非感。

议题

我们为何哭泣？

哭泣是专属于人类的。其他动物的落泪只是为清洗眼睛。某些证据显示，情绪之泪和保持眼睛健康的泪液不同，或许情绪性的眼泪把紧张的荷尔蒙排出体外，所以"好好哭一场"之后我们会觉得好多了。喜极而泣可能是因为喜悦和参与苦恼的脑中回路有某些重叠。眼泪是一种原始的情绪反应，不易造假。

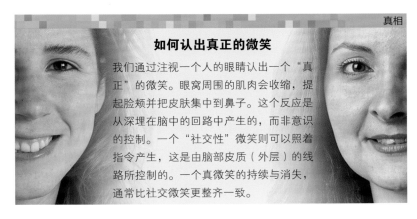

如何认出真正的微笑

我们通过注视一个人的眼睛认出一个"真正"的微笑。眼窝周围的肌肉会收缩，提起脸颊并把皮肤集中到鼻子。这个反应是从深埋在脑中的回路中产生的，而非意识的控制。一个"社交性"微笑则可以照着指令产生，这是由脑部皮质（外层）的线路所控制的。一个真微笑的持续与消失，通常比社交微笑更整齐一致。

情绪的表现

手势、身体、表情和目光，让我们对他人知道更多，也更明白他们对我们的观感。站得近可能是情感兴趣的表现，也可能是侵犯个人领域；耸肩可能表示轻蔑、厌烦或不尊重。在对话中保持目光接触传达出真诚、兴趣或者专心，然而强烈的眼神接触可能带有敌意。情绪表现为对话添加色彩：我们可能一拳抡向桌面以强调一个论点，或者在惊讶、愉悦或难以置信中扬起眉毛。控制情绪不容易，但我们通常能够控制我们表现的程度，就像硬挤出一个微笑或压制一个厌恶的表情，由此可以帮助我们彼此传达或掩饰自己真正的情感。

眼睛的接触
眼睛在我们所有情绪表现中都会用到——当它们是看得到的唯一特征时更加有用。

手势强化
近距离眼神接触和强调性的肢体语言，显示某人正热烈地参与一场争论。

解读情绪

人类对于解读彼此的脸部表情很灵敏，这解释了我们反映他人情绪的倾向。研究显示，当我们看着一张笑脸时，我们的脸部肌肉会开始收缩。但我们侦测"假"情绪的能力又是怎样的呢？有些人对于一个脸部表情何时与其他肢体语言不相称很敏感；有些人则发现真诚的情感比较难以察觉。然而无法轻易彼此解读，在社交上可能让我们的人际关系能运作得更顺畅。测谎仪评量情绪的生理组成元素，比如增加的心跳率、呼吸率和流汗。其理论根据在于神经系统反应比起任何相关的脸部表情改变容易侦测，又较难假装。然而，测谎仪现有的形式还不可靠。某些人表现出情绪反应，只是因为他们觉得尴尬或紧张。更严重的是，常说谎的人在撒谎时情绪可能不会失控，所以测谎仪无法分辨他们是不是表现出作假的情绪。

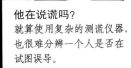

他在说谎吗？
就算使用复杂的测谎仪器，也很难分辨一个人是否在试图误导。

反映
看某人哭，即使是在看电影，也会导致哽咽，或者眼眶含泪。

性别与情绪

一般相信女性无论是表达、认同或了解情绪，都比男性容易。近期研究指出男性与女性脑部之间有某些差异，让女性能分辨更细微的情绪变化。女性大脑两半球都有语言和情绪功能，但男性可能只集中在某一边。另一个现在争议中的理论，则说女性有较宽大的胼胝体，这个带状组织把资讯从脑的一边传到另一边。这可能有助于情绪（通常在右半边产生）和语言及思想（与左半边有关）结合。然而在许多文化中，女性表现情绪较男性就是比较容易能被接受。

情绪的两极
男性与女性表示情绪的方式差异，是因为生物性和文化性两方面的因素。

语言

　　如果不考虑语言的巨大影响力，要了解人类行为是不可能的。语言是人类跨越世代、与同辈、甚至是和自己分享信息时的主要方法。以口语思考并表达自己，能让我们的控制力无限延伸到整个世界：我们不仅能够理解现在，也能理解过去和未来。通过对文字的掌握，我们能够交流复杂而新颖的观点，并且学习没有见过或经历过的事情。人类也围绕着语言建构关系；语言帮助我们发展对心灵的自觉，也是影响我们周遭的有力工具。

为语言而设

　　凭借语言详尽沟通的能力，让人类与所有其他物种出现差异。我们有高度特化的语言器官。在喉咙里的喉头包括声带，相合或分开以改变从中穿过的空气。我们也有非常灵活的脸部肌肉，能让我们塑造出精确的声音。然而真正通往语言的关键，是掌控我们语言器官、诠释语言、并把符号和文字联结起来的复杂脑袋。人脑想着要说什么，就可以转译成文字；而其他所有动物发出的任何噪音，都无法组合形成像人类语言这样复杂的东西。听、说或者读仅仅一个字，也牵涉到大约 100 万个神经细胞的电流活动。保罗·布洛卡和卡尔·韦尼克在 19 世纪发现脑左半边的两个语言区，他们分别研究其中一个语言区受伤病人的语言缺损现象。韦尼克氏区能理解我们听到的口语和读到的文字，布洛卡氏区处理我们自己的口语和书写。

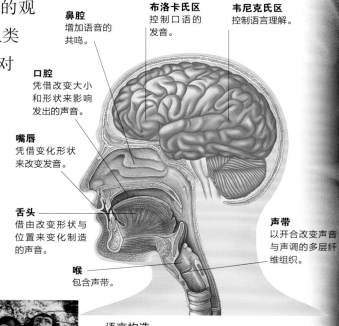

鼻腔
增加语音的共鸣。

布洛卡氏区
控制口语的发音。

韦尼克氏区
控制语言理解。

口腔
凭借改变大小和形状来影响发出的声音。

嘴唇
凭借变化形状来改变发音。

舌头
借由改变形状与位置来变化制造的声音。

喉
包含声带。

声带
以开合改变声音与声调的多层纤维组织。

语言构造
人类生来就有特别的构造，让我们能够制造并诠释语音。脑部控制了所有的语言器官。

黑猩猩能说话吗？
我们的最近亲可以学习有限的词汇，但它们没有人类那种对语言运作的内在天赋。

人物侧写

诺姆·乔姆斯基

1928 年生于美国的诺姆·乔姆斯基，是当代最受尊敬的语言学家之一。他因"普遍语法"理论而知名：人脑有内置的程序，让儿童可以不需教导就习得语言。他认为特定语言的规则和词汇并非是天生的，反而认为所有人类都有辨认口语不同部分的能力（比如名词和动词），并了解它们之间的关系。虽有争议，却得到广泛的接受。

"内建"语言

　　儿童在短时间内就进展到能说可理解的语言，表示人类可能内建了学习语言的能力。以使用母语的精确程度，来学习区别并重复出一个语言的不同声音，这种能力的关键期发生在生命早期。新生儿的脑中包含数百万个神经细胞，对于人的每个声音都很敏感。常受到婴儿所属社群语言模式和语音激发的细胞，会形成更复杂的连结。到了 4 岁，未受激发的那些神经细胞会开始死去。几乎每个孩子都只靠着听人说话和与他人互动，就毫不费力地精通了母语。然而，如果在早期时缺乏这些刺激，孩童很可能会有学习说话的困难。"金妮案例"阐明了这个现象；在 1970 年早期，这个 13 岁的女孩从极端缺乏刺激的环境中被解救出来。金妮一直生活在紧闭的房内，在她被解救出来前，她几乎没听过一句话，也几乎没说过话。经过教导，金妮学到了不少词汇，但她从来无法掌握如何有意义地组合字句。这可能部分要归咎于她所受的情绪虐待，但也可能是因为要让金妮未曾使用的语言区发挥正常功能，为时已晚。

早期学习
口语开始发展的时间非常早，此时儿童吸收语言并开始重复他们听到的声音。

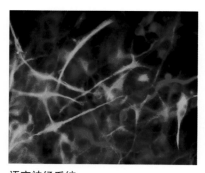

语言神经系统
人一出生时，脑部拥有数百万个对所有语音敏感的神经细胞。只有那些经常被一种熟悉语言激发的细胞会持续发展成系统。

自由交流的语言
儿童本能地开始把词汇串在一起，在唱歌和游戏中应用语法原则。韵律和重复性能够加强语言的学习。

心智

文字的力量
人类是极强社会性的动物。语言给我们一个非常优越的互动方法，得以借此传达并分享信息。

言语感知

言语由句子所形成，句子可拆解成词语（单词）、音节，然后是辅音和元音。人类如何辨认言语的理论之一是：在听到声音时，我们无意识地体验制造这些声音的活动，再借此体验辨认言语。看得见嘴唇动作，确实让言语比较容易"听"懂。事实上，我们所见的可能改变我们所听到的。如果一个人说"叭叭"的声音被配上他说"嘎嘎"的影片，观众会听到介于前述两者之间的"答答"。基本的语音总是被听成"纯粹"的声音。例如说，两个像是 b 或 d 的子音可经过电子合成，以制造一连串介于其间的声音，但人只会听到 b 或 d 的其中一个。脉络对辨识语言也很重要。词汇如果是对话中的一部分，就易于辨认，但如果被单独撷取出来就比较难辨识。只有 30% 的词汇在单独呈现时能被辨识；反过来说，如果对话中的某些子音被随机噪音取代，词汇还是能够被辨识出来。

听力辅助
没看到说话者可能很难理解口语，有些人甚至说他们没戴眼镜就没办法听。

感觉口语
海伦·凯勒在很小的时候就失聪又失明，她学会用泰德马方法"听"口语，这是一种感觉说话者嘴唇运动和声带振动的方法。

真相

快速理解

人类每秒大约可发出 12 个语音。然而，即使是加速到每秒 50 个语音，我们还是可以了解自身母语中的谈话内容。如果一个喀嗒声每秒重复 20 次或者更多次，我们就没办法听出一串各自分离的声音，只会听到连续的低鸣。所以，在口语速度快到我们根本无法把全部组成声音区辨出来时，如果我们知道谈话的脉络，大脑便能够自行"填补"可辨识语音之间的"空隙"。

进行一段对话

　　每当人涉入任何一种谈话时，其脑部便处于一阵持续的活动中。当我们倾听某人说话时，我们的脑必须吸收并理解无数片段信息：不只是语音，还有重要的视觉线索，如嘴唇运动、脸部表情和手势等。为了产生口语回应，我们的思绪必须整理清楚，并以正确的语法顺序转换成可理解的文字串。大脑需对控制喉头、唇形与舌头以便发出语音的肌肉发出精确的指令。这一连串活动需要依赖许多不同脑区以闪电般的速度来运作，而这些区域之间的协调合作是绝对必要的。然而对于脑袋里发生的所有复杂过程，我们大部分还是一无所知。

运动区
把信号送到产生口语的肌肉去。

神经信号的路径

视觉区
从眼睛接收并分析神经脉冲。

听觉区
侦测并分析口语的声响、音高和语调。

布洛卡氏区
把口语反应组合在一起。

韦尼克氏区
接收并诠释视觉和听觉输入。

清晰发音的脑
在处理语言时，感觉信号是由脑部皮质（外层）的视觉区与听觉区接收，然后传送到韦尼克氏区进行解释。布洛卡氏区接着产生口语计划，最后由运动区来执行。

诉诸语言
寻常的谈话也许不是辛苦的工作，但它给予脑部语言中枢的负担，就跟紧张的商业讨论一样多。

印刷文字
一个孩子在学习把页面上的印刷文字跟口语联结起来时，经历了多种不同阶段。

阅读障碍

> 健康

因为学习读写有困难而导致某种语言失调的状况，称为阅读障碍。这些孩子可能无法分辨某些字母，比如 b 和 d，或者可能把字写反，pot 写成了 top。未被诊断出来的孩子虽然智力正常，但在学校的学习进度可能会落后。阅读障碍可能来自于听力问题（可能与听觉系统的结构性差异相关），或者和脑部视觉与听觉路径的问题有关。

学习阅读

　　多数孩童在四或五岁时都准备好学习阅读，到这个时候他们已经凭本能学会大量词汇，并对文法已有基本掌握。口语和书写文字之间的联结就没那么自然。多数儿童一开始习得一点点词汇，记得整个的"形状"——只要辨识得出一组字母形态或笔画组合，就能够读自己的名字。然而，对书写文字的完整理解，只有在发现如何理解组合成文字的书写符号之后才会得到。拼音文字中，字母和声音几乎有着一对一的对应关系，就像西班牙文；其他文字如英文，因为多数声音可以用好几个字母加以描述，而且多数字母可以有多种发音方式，所以比较复杂。这个过程在非拼音字母文字中更加艰辛，比如中文的字或部首可能和好几个意义单位有关，而非与声音有关。然而全世界的小孩学习阅读的方式都一样：他们把书写文字分成较小的部分（先分为字母群，然后是单一字母；或者先分成部首，再分成笔划），再把它们重组回来。

提示卡
许多儿童一开始认字时，是凭借联结这些字形和相关的图像。

学习另一种语言

如果一个小孩从小浸染在不同语言中，要流利地使用多于一种的语言并不难。幼年时脑中的神经网络经过细微调整，能够分辨存在的每种语音。在这个阶段，学习第二种语言并不比第一种困难，一个由各讲不同语言的双亲抚养长大的孩子，可能同时学到两种"母语"。这个孩子可能在讲其中一种语言时偶尔会用到另一语言的单词（词汇），但这样的问题会随着时间而消逝，孩子内心会渐渐搞清楚不同语言的界线。然而这种学习语言的能力会逐渐消失，之后（比如开始上学，或者成年人搬到新国家时）要学会一种新语言会困难得多。虽然许多更年长的人变得娴熟于一种外语，他们还是不可能完全精确地重现口音，因为脑部已不再对声音作这样细致的区别。精通第二语言有赖于接触到新语言的年龄和浸润于此语言中的程度。某些成人似乎比其他人更善于学习新语言，其中理由还不清楚，但有可能关系到脑部语言处理区的大小差异。一些专家相信，有些人的这一脑区较大，是因为小时候较常使用。

年轻的优势
这个小男孩有可能比较容易掌握中文的复杂性，因为他是在这么小的时候学的。

多语能力
许多文化在日常生活中习惯用多种语言——耶路撒冷的道路标志，是以希伯来文、阿拉伯文和英语写成的。

成人识字
通常一个成年人要学会新的语言技巧，会比小孩难得多。

在双语环境中长大
父母说不同语言的孩子有很好的机会，可以在很小的时候不费力地变成双语人士。

非口语语言

口语不是沟通的唯一方式。在全世界，有许多人使用手语，这是一种通过手部运动沟通的正式方法。如果一个人用手语作为主要语言，它会和使用口语时一样激发脑部的语言区。正式的手语，比如北美式手语，也和口说语言一样，有一套特别的语法架构；这种隐含的语法让复杂的观点得以表达。把手语当成第一语言学习的听力受损儿童，经历与正常儿童一样的语言学习阶段。然而因为他们不能把书写符号和声音联结在一起，在学习阅读方面可能会遇到更多困难。近期研究显示，要学会手语也跟学其他语言一样，有一个"关键时期"。虽然未经训练者可能看不出来，但手语确实在视觉上与它们所代表的东西有关联——例如"树"字，北美式手语打法是描绘树干与地面的垂直关系；在丹麦手语中则强调树叶构成的树冠；中文手语里则显示树往上生长的样子。其他形态的非口说语言是被设计出来用在特殊领域中，如计算机科学和数学。

敏感的手指
盲人点字法是一种书写系统，以凸起小点的图样为基础，让盲人得以阅读。

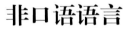

使用手语
图中这些美国原住民在使用一种传统的手语。这种语言曾在某段时期里，能帮助不同语言族群的人无障碍地互相沟通。

和动物交谈
动物，比如海豚，可以接受训练学会解读并回应人类用手势下达的命令。

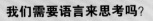

我们需要语言来思考吗？

我们拥有某些不具语言表达的思绪。婴儿能够掌握简单的概念，比如某个玩具的柔软性质，但他们没办法讨论它。要理解一连串抽象的想法，少了语言几乎是不可能的。没有一个科学或宗教观念，在缺乏我们用来表示它们的词汇时还能成形。我们显然会寻找词汇表示已经用到的概念，但我们描述某些事物（如空间或颜色）的方式，也有可能影响我们的世界观。

心智

心智

个体性
同样的生活经验和教育，对于每个个体
有不同的影响。这种现象既是我们独特
天性的结果，也是原因。

个人心智

心理学家经常问起：如果我们分享了同样的基本心灵结构和独特的人类特征，我们如何能够在自己的人格、动机、选择、能力和兴趣每个方面，都这么特别？多数人相信他们之所以是这样子，是因为个人生活经验和遗传基因偏好的结合。天性和教养确实在童年时期共同合作，塑造出我们后来变成的大人，但那不表示我们的行为是"既定的"——我们仍然有能力凌驾于自然本能。

人类特质的复杂结合，让某人成为他（她）所是的这个人。这些特征中最显著的或许是一个人的人格、智能、性别认同和性倾向。人性的这些重要方面，每一面都是源于心智，同时也对心智施加了深刻的影响。

个体性面面观

每个人会倾向用某种不同的方式来反映生活经验，这种方式就是人格。智能涵盖大范围的各种因素——从艺术创造性到高超数学本领，从空间认知到良好语言技巧都包括在内；最聪明的人在所有这些领域中，具有高水平的能力。我们对自己的性别作何感想，发现自己受何人吸引，还有这些非常个性的特征如何适应所处社会的"规范"，也都是塑

个体性的价值

西方文化倾向于强调个人的独特性。在许多东方文化里，个人可能只被评估为社会的一部分。在这样的文化里，表现个人情绪被视为粗俗之举；一个人应该跟人打成一片，而非鹤立鸡群。

社会或个体性？
西方宝宝通常一出生就独自睡觉，巴厘岛小孩却习惯和父母睡。

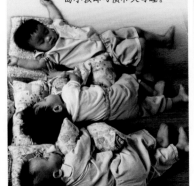

都在基因里
根据对同卵双胞胎的研究，我们的人格和智能，绝大部分取决于基因。

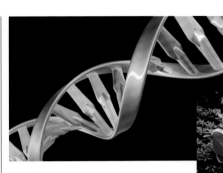

教养出个体性
在成长阶段与周围所有人的关系，还有生活中发生在身边的事情结合起来，把我们塑造成所长成的个人。

造我们成为个人的重要因素。

天性与教养

个体性是以基因（天性）、生活经验（教养），或许还有偶然的机会作为基础。基因遗传塑造身体，构建脑部，并建造神经线路，给我们一种语言本能、一整套情绪以及绝大部分的人格。经验随后架构在所有这些元素之上，容许脑中多余的神经线路渐渐死去，新的神经连结成形。偶然机会则扮演了一种不可见但或许很重要的角色。

天性对教养的议题在20世纪变成了一个备受争议的领域。然而，这两者之间有着难解的联结，无法截然分开。研究指出我们的人格、性别认同、智能和性倾向中有许多是受基因影响。事实上，居住于类似环境的人之间，有大约一半的行为与心理差异，被认为该归咎于他们基因上的差别。所以基因确实可以影响智商、性格、情绪掌控等。然而，教养也在个人发展中扮演了一个重要角色。在成长阶段围绕在我们身边的人，他们带给我们

的生活阅历及他们出现时我们所处的年岁，深刻地塑造出我们的个体性。某些被狼群掳走抚养的婴儿，长大后不会说话，也不能用两腿走路，有某种程度类似犬类的本能，如超强的嗅觉等。这似乎表示，教养在某种程度上把儿童的大脑塑造成了狗的头脑。

能改变自己吗？

人脑曾被描述为"是具可塑性的"，因为它可以重新塑造自己。这种可塑性并不表示我们可以一夜之间改变我们的人格、智能、性别认同或性倾向，但我们可以控制自己心智的某些方面。我们可以通过适当的付出、练习和坚持，推动自己达到更高的成就，琢磨技巧，并强化我们的神经回路直至完美。

我们如果真的了解自己，就更有机会塑造我们的心智。虽然我们有这些假定的自觉，但是我们对别人的看法通常比对自己的还要清楚。弗洛伊德的观点是，人格的主要决定因素在于无意识，这是我们无法进入的一块心灵领域，而人类自我欺瞒的能力毫无上限。如果这是真的，要求人"认识"自己然后加以改变，注定会失败。我们都愿意相信其他人受到了无意识欲望的驱使，并且对于他们自己的动机严重地自欺，但不是那么愿意接受我们自己可能也是同样受到驱使与欺瞒。

心智

再创新高
人可以成就壮举，这绝对不是随手可得，而是结合了练习、奉献精神和周围之人的鼓励。

人格

　　虽然我们都可以感觉到快乐或紧张，但会吓着某个人的某样东西，可能让另一个人很开心。人类倾向于对生活经验有一致的反应，但不同的人对事物会有不同的反应方式，这就是人格的核心。心理学家不是把人格视为"特质"的独特集合，就是认为它能归入数量有限的某几个"形态"。气质跟人格有密切的关联，它是一个人的特有倾向，不但受到许多事物的影响，也为我们所有的生活经验增色。

人格特质

　　一些心理学家认为，所有人格都是由少数几种人格"特质"所形成的，如同我们能从三基色中生成各种色调。通过要求受访者描述自己和他人，并以问卷形式将结果标准化，这些特质已经被确定下来。因为个人特征无法定位到清楚的丛属，我们没办法确切地说到底总共有多少特质；某位专家可能会声称有 16 个特质，而另一位却认为只有 2 个。这种异议并不是什么问题。有时，我们可以由此得到更简单、涵盖更广的分类；有时可以由此得出更精确的分类。大多数专家认同有 5 种浮动量尺；量尺的不同"位置"连结起来，形成无限多种人格。一个人可能落在"外向性"量尺的善于社交那端，在"开放性"中为较顺从的一端，却处在"神经质"量尺的中间位置，等等。无论如何，每个人格都是独特的。

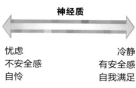

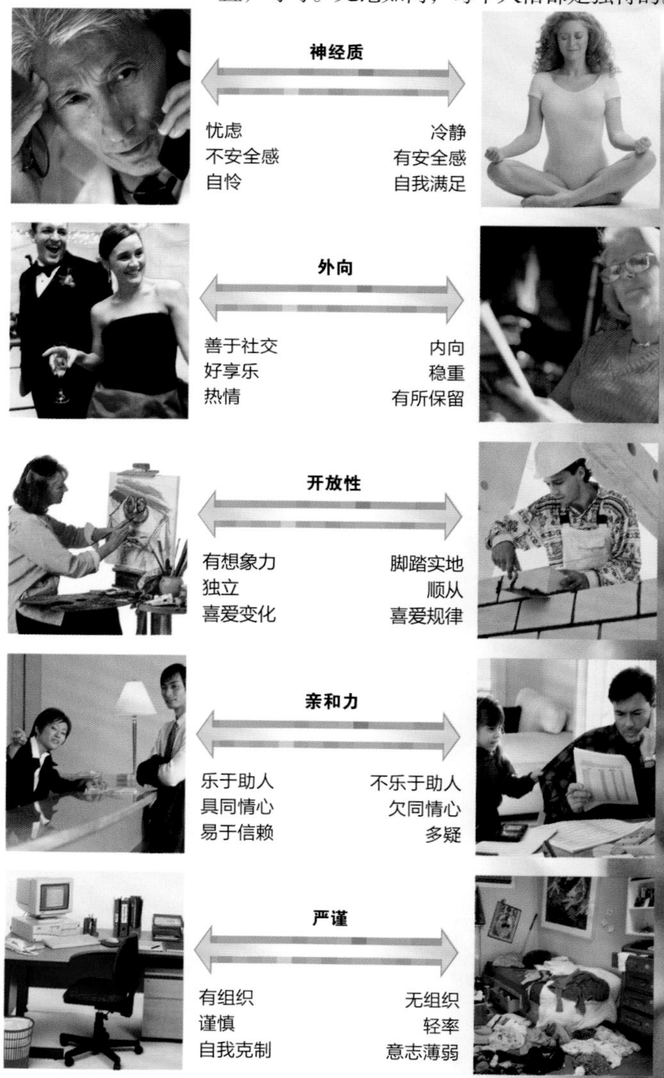

神经质

忧虑	冷静
不安全感	有安全感
自怜	自我满足

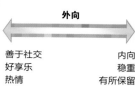

外向

善于社交	内向
好享乐	稳重
热情	有所保留

开放性

有想象力	脚踏实地
独立	顺从
喜爱变化	喜爱规律

亲和力

乐于助人	不乐于助人
具同情心	欠同情心
易于信赖	多疑

严谨

有组织	无组织
谨慎	轻率
自我克制	意志薄弱

"五大"人格特质
大多数专家现在认同有五个不同的特质，其中每一个都有个浮动量尺。一个人可能在每个量尺的不同端点上，但极少有人处于任何一个极端。

与众不同
不同的人碰到相同的处境时，各自有不同的行为方式，此为人格概念的核心。

心智

人格形态

　　人格形态理论跟"浮动量尺"式的特征理论研究思路相比，是更加二维的、"全有或全无"的研究思路。形态理论中一个广为人知的范例，就是 A 型 B 型模式。"A 型人"被归类为渴望成功与关注的个人，他们会发现自己很难放松。他们有很强的动力企图达成目标，通常精力旺盛、有效率、容易有挫折感。"B 型人"则是另一极端：通常很放松、不急躁但脚踏实地。他们可能工作也很努力，但很少像 A 型人那样动力十足。A 型人格与增加的心脏病发病风险有关联。然而 A 型 B 型模式现在被视为过于简单的人格衡量方法，其他的"形态理论"已经变得更受瞩目。"曼布二代类型指标"是较近出现的形态理论，以瑞士心理学家卡尔·荣格（1875—1961）的理论为基础。这种理论把人区分到四个向度的某一端（外向内向，感知直觉，思考感受，判断观察），给出总共 16 种可能的人格形态，其中某些形态比其他形态更普遍。现在各机构评估雇员和他们的工作相关表现时，广泛运用"曼布二式"测验。

不同的形态
一个现在流行的理论认为，每个人都可以被归入 16 种基本人格形态之一。

四种体液

公元前 400 年左右的希腊思想家，主张人格是由四种体液中主导的那一种来决定。一个"血液质"的人被认为有高浓度的血液；"黏液质"的人则有高浓度的黏液；"黑胆质"的人则多黑胆汁；"胆液质"的人则黄胆汁较多。希波拉底是把这个想法应用在医学上的第一人。然而，最后发现黑胆汁根本不存在。

旧理论
这幅 19 世纪的插图描绘了希腊人指出的四种人格形态。

性情

　　性情指的是一个人在回应时所表现出来的气势。这是评估幼童的一种有效方式，因为幼童的人格还没有发育健全；研究显示，在最初几周，婴儿的行为倾向就已经在某种程度上透露出他（她）成人时会变成什么样。婴儿期的反应被当作成年后的影射；爱笑、好相处的婴儿通常可轻易断奶、更容易上床睡觉或洗澡；易怒的儿童在这些情境里往往都会有困难。多数专家同意，性情既来自天生，也来自家庭对待孩子的方式。如果孩子的羞怯会激怒父母，和那些在父母协助之下面对陌生人和环境的小孩相比，他们更可能在成年后保持退缩。

心平气和或麻烦多多？
所有的小孩，甚至还是婴儿时，对同样情境就有非常不同的反应。一个婴儿的性情中某些方面会持久不变。

定终身？
5 岁时的性情已经很类似于成人时期的状态了。

互动

　　我们高度个性化的人格，让我们都比较容易跟某些人合得来，跟另一些人则不太融洽。不同人格的互动方式，使生活多姿多彩。了解自己和他人的人格，有助于增进我们的人际关系，而基于这个原因，人格测验在工作场所中愈来愈受欢迎。研究显示，由相似人格形成的群体会较快做出决定，但也会由此而产生错误，因为不是所有意见都得到恰当呈现。另一方面来说，在一个人格组成差异极大的团队里，可能难以相互理解，更别提共识。由多元且心胸开放的人所组成的团队，能够赏识其他人不同风格的计划，在长期来讲这样通常冲突较少，而且更容易达到平衡而令人满意的结果。

领导者与追随者
一些人凭冲动行事，其他人则比较小心。团队合作练习的目标在于让这些根本差异达到最佳平衡效果。

弗洛伊德

奥地利精神分析学家西格蒙德·弗洛伊德（1856—1939）对于人类心智提出了伟大而深刻的见解。他以"人格三元素理论"而驰名，但现今已经没有人承认这些元素的存在。"本我"需要立即满足它的冲动；"自我"是实际的，起于经验；"超我"则是道德性的。弗洛伊德相信这三个部分常常存在冲突，但在一个平衡的人格里，自我对这三个部分保持严密的掌控。

全家福

对于人格的各个方面是否会代代相传，有很多的辩论。

基因与遗传

已有研究通过比较双胞胎、血亲、领养儿童及其原生家庭和领养家庭的人格相似性，来调查人格差异中有多少可以归因于基因因素。结果显示有几乎一半的人格差异可以追溯到基因上。然而后天教养可能也占了一席之地，例如某个 20 世纪 70 年代早期的美国研究显示，新生男婴比新生女婴好哭，要求也比较多，但在英国的同类研究则没有相似的结果。割包皮在此时的美国已是惯例，并没有被视为一种造成伤害的手术。多数医生现在同意割包皮是会痛的，动过手术的婴儿会哭得比较厉害是因为他们会感到痛。因为妈妈一开始就对哭泣的儿子反应迅速，她们的儿子因此学到用这种长期有效的方式争取注意。

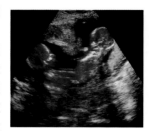

天生一对

已有一些研究显示，分开抚育的同卵双胞胎之间有不可思议的相似性。

天性的影响

人格受到环境的塑造。研究显示同卵双胞胎并非总是以同一种方式反应，就算是一起长大也一样，这明确地指出后天教养在人格方面有主要的影响力。我们从出生起就受到自身家庭的影响。随着成长，同龄人和我们置身其中的文化也扮演了重要的角色。发生在生活中的事件，诸如疾病、失去所爱的人或转学，以及这些事件发生时的年龄（在 5 岁时失去双亲之一和 15 岁时丧亲会有不同的效果）也有重大的影响。甚至对于我们还在子宫中时发生的"事件"，也可能影响我们如何发展成一个人。因为我们是具有社会性的物种，其他人的观点与行为也会直接地（通过训练、奖赏和建立遵循的"标准"）或间接地（通过增进或减低我们的自尊）影响我们如何发展。

生活变迁

搬家对于幼童来说是极为重大的经历；少了适当的支持，可能会影响到人格发展。

人格违常

在人格特质（见 174 页）的极端和人格违常之间，有着已知的关联。这种失常分为三个大类。第一类的特点是异常的行为，如偏执狂；第二种类型特点在于戏剧化的行为，就像表演欲强的人总是渴望刺激；第三种类型的人，诸如有强迫精神官能症的人就会显露出焦虑。人格违常在紧张时刻可能会变得特别明显。

健康

强迫症

有强迫性神经官能症的人很难控制他们的行为，例如某些人可能会执着于保持清洁。

慈母

许多人相信母子关系是后来人际关系的模板，而这个早期联结的崩溃会有长期的影响。刚开始，有大量案例支持这个假设：如果孩子在出生头两年就面临母亲死亡、长期住院或者入狱，他们都会有同一模式的失落感和沮丧感。几乎没有人怀疑，长期缺乏母爱可能会对儿童的发展有不利的影响，在没有其他大人可以提供类似联结的状况下尤然。然而现在，多数人不认为短期的剥夺——比如妈妈出外上班会导致同样的效果。最近的研究显示，短期的剥夺可能造成不快乐，但如果小孩受到良好的日间照护、或者有母亲以外的人提供关爱，很少对孩子发展有延续性的影响。曾经严重被剥夺母爱的孩子，如果最后还是得到充分的关注与爱，也可能不会有太多长期影响。

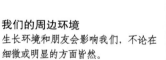

我们的周边环境

生长环境和朋友会影响我们，不论在细微或明显的方面皆然。

家庭中的地位

根据许多专家的说法，一个孩子在家庭结构与位阶中的位置，能够帮助他/她界定自己是什么样的个人。

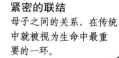

紧密的联结

母子之间的关系，在传统中就被视为生命中最重要的一环。

短期分离

跟普遍的看法相反，在成长期的某段时间跟妈妈分开，不太可能对这个人的性格造成长期的影响。

不同的影响力如何互相作用

　　我们都像是特别的蛋糕，综合起来构成我们的成分包括基因、环境和生命经验，但我们只会看见最终产品。要分别指出构成我们的个别因素——特别是每个因素的相对重要性——是不可能的。人格跟着我们一起经历每种经验；反过来说，我们对某特定经验如何反应（恐惧、淡漠或兴奋），也为经验增色，并让经验的影响变得充满个人色彩。例如被对手击败时，有人还会挺身对抗，有人却会丧失自信。我们有理由相信，对抗经验教会我们如何对抗。在这个状况下，挺身对抗者将来更能够应付敌对者，失去自信的人则更可能崩溃。要研究人格所受到的相对性影响，得在不同群体的人之间作许多比较。一些群体中的成员有部分或全部相同的基因；一些人则在环境上有很多共通性；另一些人则不具备上述两组条件或同时具备上述两组条件。这种比较的结果，让心理学家可以发现天性与教养如何在幕后互动，创造我们独特的人格。

不同成分的混合
我们的人格是由许多不同的成分构成的，而且一旦完全发展后，不可能指认出所有个别影响。

培养人格
生命经验与基因元素结合起来影响我们成为什么样的人，还有举止如何。一个快乐的童年会让一个人更有安全感而自信。

通通都一样？
同卵双胞胎可能全部的基因都相同，然而他们几乎都会长成两个完全独立的人，就算他们坚持穿得一模一样。

心智

议题

攻击性的根源

　　某些幼童在家中体验到攻击性。他们可能用大叫或打架争取他们想要的，或者看着他们的父母这样做。一个小孩对同龄人所展现的攻击性，与父母的表现有显著的关联。痛楚和不适也会影响攻击性：常生病的婴儿更容易变成攻击性强的大人。然而不同程度的攻击性也有基因基础，被领养儿童通常与他们的原生家人较为相像。来自脑部前额叶的微弱信息（见"控制情绪"，165页）和低浓度的血清素，可能也和攻击性有关联。

智能

　　我们在高级心理功能方面的普遍能力，包括学习、记忆和思考，被称为"智能"。这个词用在人类时，用法就像形容车子的"性能"一样。这两个词指的都是整体效能：智能是一个人的创造性、口语和空间技巧总和；性能是一辆车的加速、刹车和燃料效能总和。某些人可能非常擅长数学，但口语技巧很差，总体智能的测量——诸如包含解决问题项目的智能商数测验就会把这些变量列入考量。

智能形态

　　直觉上，我们会根据一个人如何应付需要心智能力处理的情境，而视其为"聪明"或"愚蠢"的。我们也能体会到，一个心算厉害的人可能无法妥善安排车子行李箱的空间。在每个智能领域里都有颇具能力者，可说是有很好的"一般智能"。研究显示，一般智能影响一个人做的每件事，虽然多数人还是比较擅长做某一些事。我们所具备的特殊天赋会有些差异，有些人有优秀口语能力但空间技巧欠佳，有些人刚好相反。智商测验中的某些问题会用到先前具备的知识（晶体智力），其他问题则需受试者处理全新的问题（流体智力）。在生活中，我们也必须处理涉及情绪的情境。有人指出，感同身受、与他人合作的能力，还有体会并了解我们自身情绪的能力，两者构成了"社会智能"。事实上，很少有实质证据能证明这种形态的智能存在。

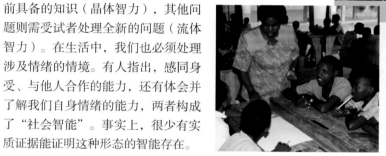

回想事实
动用我们一般知识的猜谜节目，显示出我们的晶体智力程度。

社会智能
某些人认为，感同身受以及与他人合作的能力，是智能最重要的形式，许多其他形式的智能以此为基础。

空间和口语能力

多数男人在空间能力方面表现较好，比如停车、看出某样东西在不同角度会是什么样子，还有组合形状。女人则在口语能力上表现较好。这种差异不大，而且在两性之间大幅重叠。数学能力和空间技巧相关，有证据显示男性平均的数学能力胜过女性的平均表现。然而这种性别差异在最近 40 年里已经消弥，这表示教学方法以及女性对数学的态度皆有影响。

特殊天赋

　　身为"我们"自己，有个重要部分就是我们能做的事。我们可能学术性强、有音乐倾向、具运动力等等。某些技能似乎很自然地出现在我们身上；其他的能力则需要我们努力获得。一些专家论证，可以区分出七种类型的能力：语文的、音乐的、逻辑的、数学的、空间的、身体的、内省的（察觉我们自己的感受），还有社会性的。关于神童的文献中，充满许多天赋异秉孩童的故事。记载中有很早出现的语言技能：有个孩子据说在六个月大就有 50 个单词，到三岁就能说五国语言。神童也存在于音乐、科学与艺术的领域。一些人，比如莫扎特，后来也表现辉煌。孩童的特殊技能中最明显的例子是绝对音感——能够指出并唱出某个特定音符，而不必先有其他参考音符。然而很少有证据显示，多数才华受人景仰的成人在童年就已经展露出独特的天赋。"神童"确实有特殊能力，但他们也几乎总是在早年就接受了大量的教育和训练。在某些领域，诸如音乐能力方面，基因因素的影响很大。然而来自基因的倾向本身还不够充分，这种倾向必须受到父母与老师的强化。

训练的作用
"神"童，包括特别优秀的年轻体操选手，确实有特殊天赋，但他们通常接受大量的个人关注和训练。

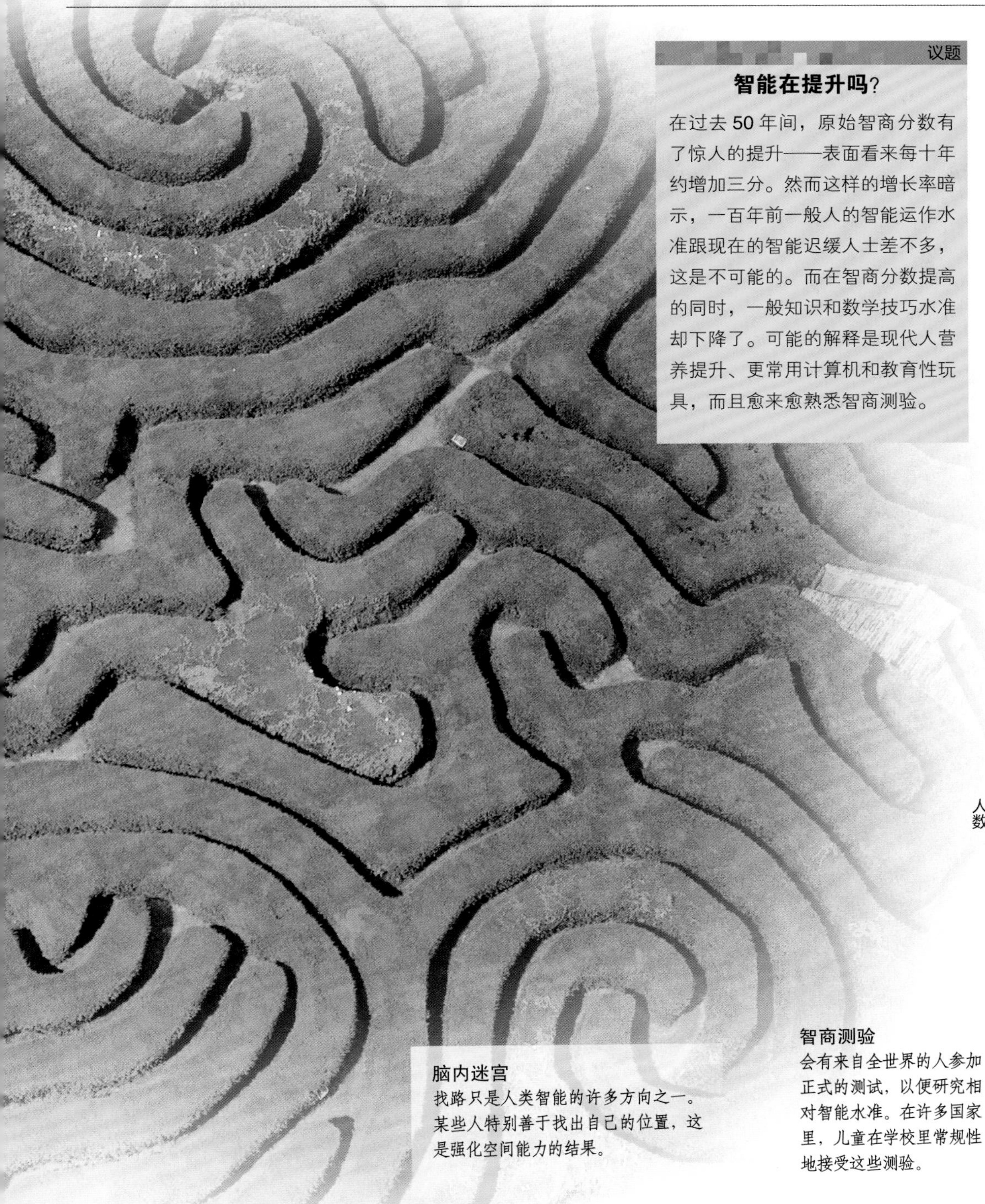

智能在提升吗？

在过去 50 年间，原始智商分数有了惊人的提升——表面看来每十年约增加三分。然而这样的增长率暗示，一百年前一般人的智能运作水准跟现在的智能迟缓人士差不多，这是不可能的。而在智商分数提高的同时，一般知识和数学技巧水准却下降了。可能的解释是现代人营养提升、更常用计算机和教育性玩具，而且愈来愈熟悉智商测验。

智商测验

第一个实际的智能商数测验是由法国心理学家在 1904 年发展出来的，用以找出可能无法从一般学校教育中获益的儿童。简单的任务要求孩童用眼睛跟着手指动，或者和测试员握手；比较困难的项目包括叫出身体部位名称、找出字的韵脚和复述一连串的数字；某些问题与社交技巧有关。分数以心智年龄来表示：如果一个七岁男孩通过的项目跟七岁儿童平均值相同，则他的心智年龄和他的实际年龄相同；一个七岁孩童跟五岁孩童平均值相同，则有五岁的心智年龄。从心智年龄分数可以产生一个智能商数，并作为相对智能的指标。平均智商是 100。更晚近的智商测验都是奠基于这种原始模型，但测试的能力范围更广。然而这些测试很少涉及社交技巧。智商测试相当可靠：如果重新测试，甚至在很多年过后，受试者多半做得跟第一次一样差或一样好。在这些测验中表现良好的人，也较能在生活中成功。

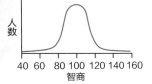

智能商数
就像这个典型钟状曲线所显示的，大约 80% 的人智商落在 80 到 120 之间。

心

智

智商测验
会有来自全世界的人参加正式的测试，以便研究相对智能水准。在许多国家里，儿童在学校里常规性地接受这些测验。

脑内迷宫
找路只是人类智能的许多方向之一。某些人特别善于找出自己的位置，这是强化空间能力的结果。

对智能的影响

智能中确实有显著的基因构成要素，由分开抚养的同卵双胞胎却有相同智商就可以佐证——这个论述实际上通常比一起抚养的异卵双胞胎还相近。然而，环境和教养对智商高低也扮演相当关键的角色：一个没机会受良好教育或吃营养膳食的小孩显然更为不利。

有个较具争议性的主张：基因因素会导致不同种族群体间的智商差异。然而，没有可靠的证据足以证明这一点；任何在测验中显示的差异，都很可能是环境因素的结果。例如澳洲原住民的空间能力远超过白种澳洲人，但除了基因因素之外，同样也可能是抚育方式差异的结果。

培育智能
一个小孩如果有上心的大人在成长期间加以鼓励，更有可能发挥出更多的智能。

杰出的空间技巧
研究显示澳洲原住民有比白种澳洲人更好的空间知觉能力。

自尊的作用

相信我们可以做到，以及知道其他人相信我们做得到，都让我们更可能成功。被告知他们擅长数学的小孩，在数学测验中得分会较高。研究显示，在自己国家被视为较劣等的社会群体在校表现较差，但当他们移居到并不认同他们"劣根性"的文化中时，表现就比较好。

性别与性倾向

性别与性倾向是很多人避免探问的问题。然而我们自觉是何许人、如何举止，以及受何种人吸引，对于生命都有重大的影响。性别角色（男人和女人应有何种行为举止）、性别认同（"我是个男人/女人"）和性倾向（我们受什么人吸引），甚至在到达青春期前就已深植于心灵之中。如果我们对这些个人议题的感受与身处社会的特殊"规范"相符，我们就不太可能注意到这些议题。然而有些人觉得，"他们的身份"无法和这个社会对性别与性倾向的观点配合得宜。

性别角色

性别角色多半通过社会对男性和女性行为的"规则"加诸于个人，这些规则本身又是我们在生物构造上的基本差异所导致的。角色区别在某些社会里非常严格，但在今天开放的西方社会里性别角色趋向于较大的重叠，尽管某些分别犹在。性别角色是在早年无意识地塑造出来的。孩童通过观察家庭、媒体和社会中的男女行为举止来学习；性别角色通常会逐渐受强化，直到变成第二天性为止。成人强烈地影响小孩的性别角色发展：他们经常用"男孩"、"女孩"这样的字眼来描述儿童，据此强调性别差异；他们鼓励儿童玩"适合性别的"玩具；与女生相比，男生通常被鼓励去参与更刚猛的游戏。家务也经常随着性别界线来分配：在世界的多数地区，女生被敦促帮忙烹饪，男生则帮忙打猎、捕鱼或耕作。一般社会中，通常会比较注意肯定男性，女生则受到更多的保护，而且社会更能接受女性表现情绪。有些人会反抗社会赋予他们的性别角色；而其他人则简单地认为这个性别角色只是不适合他们"格格不入"。渐渐地，严格的性别角色无法再反映社会内部的多元性与个人主义。

角色模型
在观察大人时，小孩对于他们可能被期待要满足的性别角色会学到许多；很多幼童试图确认这些角色。

文化对性别的影响
苗族女子（见452页）从小就被培养缝制精致衣服。一个能编织、刺绣出最复杂花纹的女孩，会成为社群里最多人追求的新娘。

打破刻板印象
这些女性健美选手，选择以一种传统上被认为较"男性化"的方式锻炼她们的身体。

"男性"脑和"女性"脑
英国心理学家西蒙·巴伦－柯恩论证，女性的脑"易于移情"，男性脑则"系统化"。他不是指所有男人都如出一辙，所有女性处于另一极端并且彼此相似，而是指出一种普遍倾向。他认为自闭症是男性脑的极端版本。巴伦－柯恩还谈到基因可能在决定脑部形态时起作用，但批评者认为他不够重视社会与文化因素。

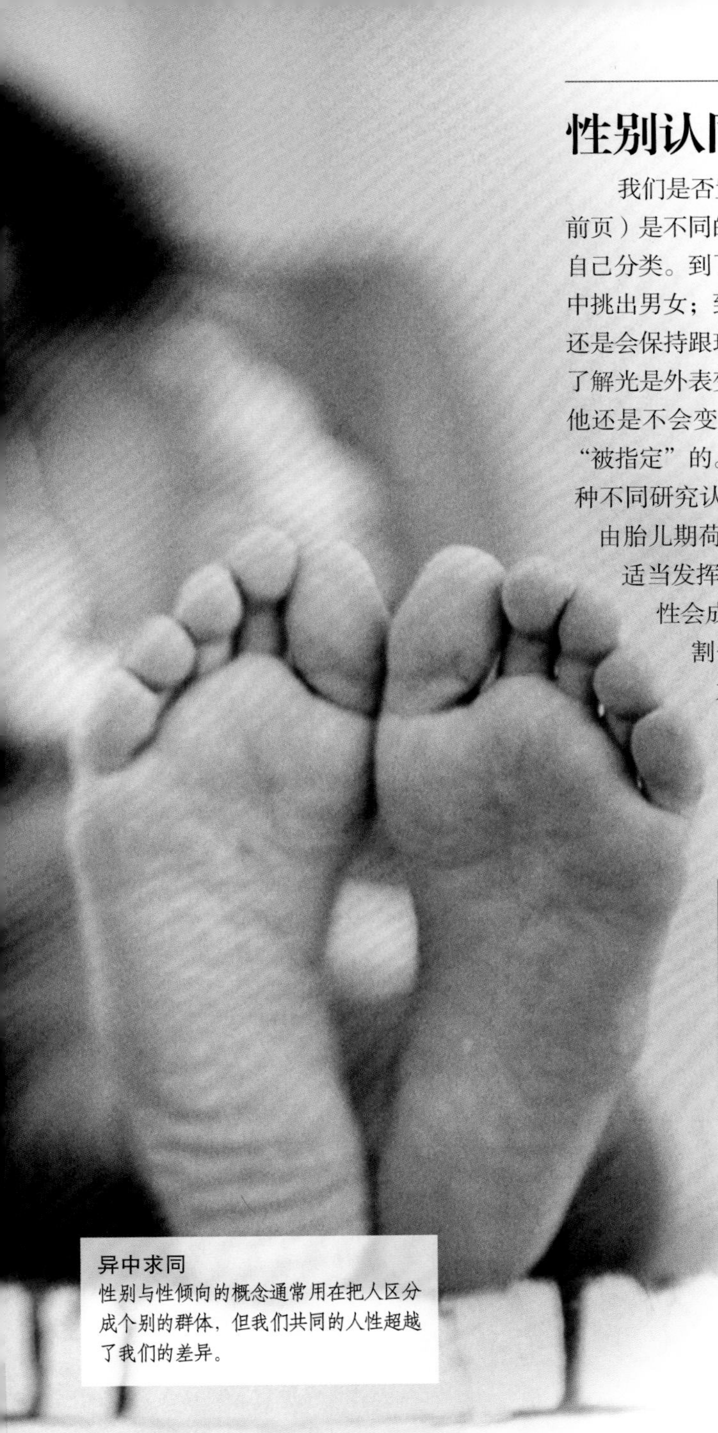

性别认同

我们是否置身于正确的身体之内的感觉，与性别角色（见前页）是不同的。早在儿童会说话前，他们就会通过性别来为自己分类。到了 2 岁，他们知道自己的性别，而且可以从图画中挑出男女；到了 3 岁或 4 岁，他们会了解即使长大了，他们还是会保持跟现在一样的性别；然后到了 6 岁或 7 岁，他们会了解光是外表变化不能改变性别——如果一个男孩穿上女装，他还是不会变成女孩。性别是一出生就根据婴儿的生殖器而"被指定"的。但我们属于某个性别的那种感觉是哪来的？多种不同研究认为，男性性别认同发展就像男性身体一样，是由胎儿期荷尔蒙设定的，特别是睾固酮。如果这种荷尔蒙适当发挥功能，小男孩似乎就会成长得自觉是个小男孩；当其功能不彰时，一个基因上的男性会成长得自觉如女性。曾有许多例子是把健康的男性婴儿以女孩身份养大，可能是因为割包皮时意外割除阴茎，或者外生殖器未发育；医生有时决定进行变性手术割掉睾丸，并且让外生殖器看起来像女性生殖器。在这样的案例里，幼童接受女性认同，但这种认同很少能延续到青春期。多数人最后恢复当男性，因为这是他们首要的性别认同。某些按照正确基因性别养大的人，也可能对他们的性别认同感到迷惑，但这种情况的原因何在尚不清楚。

早期的分类
在婴儿能说话前，他们似乎就对跟自己同性别的小孩比较感兴趣。

异中求同
性别与性倾向的概念通常用在把人区分成个别的群体，但我们共同的人性超越了我们的差异。

不同的身份认同
上图里的主角出生时是生物上的男性。他们现在选择像女人一样生活，某些人还接受了变性手术。

古人的态度

对于性倾向的态度随着时代与文化而改变。在古希腊，男性双性恋只是学习过程中的一部分，年长男子会变成青少年的"导师"。而早期罗马男性在社会化过程中，必须在生活各层面都占优势，性被视为征服与屈从的关系。被迫"屈从"的年轻人无法继续主宰世界。因此，虽然和奴隶或娼妓的同性恋关系是许可的，但年长男子和年轻男孩之间的关系是违法的。后来，罗马文化变得跟希腊文化一样了。

心智

性倾向

多数男性有男性性别认同，多数女性则有女性性别认同。性倾向则相对没那么清楚，牵涉到情欲吸引力、浪漫吸引力、性行为和自我认同的混合，一个人可以分别处于这些量尺的不同端点。性欲从只对同性产生欲望的一端，直到只对异性产生欲望的另一端，中间能有许多不同阶段。事实上，多数人可能不会落在任何一个极端，就算他们在性行为上确实如此。性倾向有清楚的基因基础：超过一半的同卵双胞胎（基因完全相同）有同样的性倾向，然而只有 22% 的异卵双胞胎性倾向相同。也有某些证据说明男同性恋与男异性恋的脑部差异，取决于胎儿时期的荷尔蒙。然而生物因素可能只是其中原因之一。在很多情况下，儿童对于他们早期环境的反应方式似乎是：在好几条生物内建的发展模式里选一个"最适当的"。当然，后天养育也对性倾向有所影响。

生活伴侣
世界上大多数的社会是环绕着一对一异性恋伴侣关系而架构起来，身在其中者会期待关系维持终生。

同性相吸
多数非异性恋者说，他们在青少年时期就知道自己是同性恋或双性恋，这似乎足以排除简单的性倾向后天论。

童年期

从出生到成年的这段期间，是心智与身体发生最根本变化的时期。一开始是完全无助的新生儿，经过一连串阶段，儿童才达到身体成熟独立的状态。虽然变化剧烈，但需历经一段漫长的时间才逐渐完成。在所有动物里，人类依赖父母的时间最久。随着急剧变化的青少年期与青春期到来，童年阶段才告一段落。

结束子宫中的九个月后，新生儿进入全然不同的环境——外在世界。婴儿在母亲的子宫里得到滋养与温暖，呱呱坠地之后，婴儿必须面对许多新挑战，首先是与父母建立关系，让他们照顾自己。幸运的是，这是人类"与生俱来"的本能，在人生最初几年间与父母的关系是最重要的。

早期的依赖

与许多其他动物不同，人类的婴儿无法独立存活；他们的身体仍非常不成熟。新生儿无法调节自己的体温，无法自己进食，对自己的动作控制能力也很弱。新生儿视力很差，出生当天只有模糊的视力：双眼的水晶体都还无法有效控制。小马在诞生45分钟后就能走路，但人类婴儿却要大约1年后，才能踏出最初的这

接受喂食
人类婴儿完全依赖父母的喂食与照顾。他们在出生第一年间摄取的食物，有一半以上是提供脑部发育所需的能量。

几步路。就如同部分不成熟的身体系统，脑（身体其他部分的控制中心）一开始也只能控制基本的维生功能：认识世界或完全控制身体的能力尚未发展出来。婴儿出生后脑部即开始快速发展，

小宝宝接受的每个新刺激（如声与光）都会驱动这个过程。

成长与发展

从最初的婴儿期到18岁左右进入成年期，人的身体经历许多变化。在最初的几年当中，心智与身体的进展几乎每日都可以看到变化。第一年身体成长迅速，

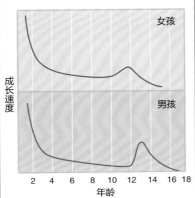

成长速度
儿童出生后第一年成长速度最快。在此之后，成长速度会降低，直到青春期的快速成长期，女孩的青春期约为11～13岁，男孩则晚2～3年。

接着进入比较稳定的时期，直到进入青春期，另一波快速成长才开始启动。人类成长是受到激素刺激，但要充分发挥长高的潜力，则有赖适当的营养和良好的健康。在各个阶段，都会有某个身体部位比其他部分长得快，这是造成童年期身体比例变化的原因。在10岁以前，男女生长速度差异很小。

青春期的快速成长是由性激素触发。女孩的快速成长期始于10岁或11岁，她们在这段期间会长高约25厘米。男孩会长高28厘米左右，但要晚两年才进入快速成长期，而这两年之间他们已

经又长高了一些，这是成年男女平均身高约相差13厘米的原因。

进入青春期之后增加的身高，大部分可归因于长骨（如股骨和胫骨）的增长。这些骨头成长的部位，是软骨末端一个称为骨骺的部位。一旦骨骼长成，骨骺便会融合（见64页，"骨骼的发展与成长"）。

童年也是学习与发展的阶段。所有健康儿童都经历相同的发展阶段：学走、说话、与人玩耍、结交朋友和自己思考。发展仰赖脑中如爆炸般快速的变化。

婴儿刚出生时，脑中有数十亿个彼此相连的神经元（神经细胞）。儿童长到2岁时，每个神经元可能有高达1.5万个名为突触的连结点（见116页）。每个新的经验都能刺激另一个新的连结形成。神经连结随着孩子的经验成长而日益增加。经验（如说话）重复次数愈多，连结就愈持久稳固。有些神经连结因为不再使用而消失。学习与神经连结的再生是持续终身的过程，不过以婴儿期速度最快。

青少年的活力
许多青少年从肢体的高度运用与挑战获得刺激，他们的体能发展达到巅峰，也不在乎冒险。

历史

古埃及的游戏

考古学家在探勘埃及坟墓时曾经发现几种游戏，从这些发现看来，埃及儿童显然也玩一些与目前类似的游戏。他们的玩具包括陀螺和棋戏。"蛇棋"或许是现知最早的棋戏之一：石制棋盘描绘身体盘绕、头在中心的蛇。参与者将石头从外圈移到中心，由最先将棋子绕着蛇移到中心的人获胜。

蛇棋

迈向成年

在开始完全承担成人的责任前，要先经过数年青少年期，虽然许多传统社会并未区分出这个阶段。一个人前一天还被视为孩子，第二天（或一星期后）就被当作成人了。在男孩、女孩发展出生育能力的青春期那几年，传统社会常会为其举办庆典和仪式。仪式完成就晋身为成人，从此必须承担成人的责任，其中包括工作、劳动、甚至结婚。

在多数工业化社会，进入成年期的时间点通常来得比较晚，约在18～21岁。

生命周期

出生与幼儿期

所有新生儿都是不成熟并且无助的，他们必须依赖自己的父母。与一些出生几个小时后就能站立，而且在几个月内就能独立的动物不同，人类的婴儿需要持续的照料。在往后的几个月到几年间，才慢慢学会走路、说话、玩耍、结交朋友的能力，并开始认识世界。小孩子获得这些技巧的时间或许有差异，但所有健康的孩子都要经历相同的阶段。

出生

在正常状况下，婴儿在子宫中以头下脚上的方式，随着收缩愈来愈强，被推挤、扭转，经过产道（见 142 页）出生。对婴儿来说，这是一趟艰辛的旅程，因此新生儿的肾上腺素浓度非常高。这趟旅程从婴儿呱呱坠地开始面对光线与温度的突然改变，开始第一次呼吸的瞬间，达到戏剧性的尾声结束。生产的程序并不全然相同，如生产地点（在家里或医院），就因婴儿出生的地理位置、传统和国家提供的医疗护理而有不同。

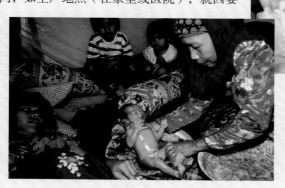

在家出生
在印度尼西亚农村，经验丰富的助产士会帮助妇女在家生产。

在医院出生
许多国家妇女的正规生产地点是医院，以应对任何问题或紧急事件发生时所需的医疗支援。这名婴儿是通过剖官产的方式生产，危急时可以利用这种方式快速分娩。

新生儿

尽管在子宫中待了 9 个多月，新生儿的脑和身体系统依然尚未完全发育，无法立刻运作。这是因为婴儿必须在头大到无法通过产道前出生。为了在生产过程中可以重叠，主要的几块颅骨尚未密合（因此有时新生儿的头形显得很怪）。婴儿头顶颅骨尚未完全密合的地方，有两个清晰可见的柔软部位，称为囟门。新生儿起初因无法控制动作而显得颤颤巍巍，随着脑部发展，他们的动作会变得更加自如。婴儿的骨骼也不成熟：其中很大一部分是软骨而非骨头，软骨会在几年间骨化（转化为骨头）。新生儿的眼睛通常呈灰蓝色，但在几周后可能随色素的产生而改变。新生儿开始就具有视力，但辨色能力很差，而且最初几天是无法聚焦的。然而，他们很快便认得父母的脸。婴儿对脸和动作最有兴趣，而听觉的发展优于视觉。

婴儿的特征
成人天生受婴儿的特征吸引，如他们圆滚滚的脸颊、大眼睛，以及与身体相比较大的头。

真相

不可思议的反射作用

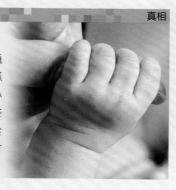

新生儿有几种反射动作（无需有意识地通过脑部传递讯息的自发动作）的能力。抓握反射是我们原始祖先所遗留的痕迹（小猿在妈妈背它时会抓住妈妈的背）。有些反射动作明显有助于生存，如用嘴搜寻食物（脸颊被抚摸时会转头）和吸吮，即有助于婴儿寻找母亲乳头进食。

新生儿的视力
新生儿看得最清楚的距离是 20～30 厘米。他们天生喜欢看脸，有助于母子关系的建立。

喂母乳
除了提供婴儿需要的养分之外，喂母乳也有助于增进母子关系。

喂食与营养

在生命最初的几周，婴儿需要浓缩的滋养品，以应付极快的成长速度。大量蛋白质和脂肪，对脑部与神经系统的发育和良好运作尤其重要。包含90%水分和10%蛋白质、脂肪、糖、维他命和矿物质（如钙、铁和锌）的母乳，完全符合新生儿的营养需要。除此之外，母乳中还包含消化母乳所需的酶和帮助婴儿对抗疾病的抗体。配方奶粉的营养比例与母乳相同，却未提供对抗疾病的抗体。

随着婴儿长大，只摄取乳汁已经无法满足所需要的能量，因此到6个月大时，多数婴儿都会开始吃固体食物。最早摄取的固体食物种类因文化而不同，但通常都是粥、米饭、水果泥和蔬菜等清淡、易消化的食物。大人逐渐喂食不同种类的食物，让婴儿仍不成熟的消化系统有机会适应。某些食物会造成特殊问题：如果太早给婴儿吃蛋类和贝类，会造成过敏，此外婴儿的肾也还无法处理大量的盐分。到了3岁，无论何种文化，多数小朋友都可以吃与父母类似的食物。

副食品
多数儿童在6个月时开始吃固体食物。一开始的食物通常清淡、柔软、易消化。

成长

小朋友在出生第一年的成长速度，远超过往后的任何阶段。婴儿第一年可以长25～30厘米，较刚出生时足足增加了三分之一。除了身高体重明显增加之外，身体比例也有改变。刚出生时，婴儿的头部大概占身体全长的四分之一，但到了两岁时，头部只有身长的六分之一。婴儿的手臂和腿，与躯干比起来相对较短，同样地，这种比例在两岁以后也会改变。起初婴儿的骨骼主要由比骨头软的软骨构成。随着童年期的发展，软骨开始随着名为"骨化作用"（见64页）的过程变硬，不过骨头末端会继续维持软骨的构造数年，以利持续成长。虽然儿童成长有赖适当的营养，但到了两岁半时，多数儿童的身高都会有成年身高的一半左右。

骨头
软骨
手腕

骨头的成长
在最初几年，软骨会形成硬骨。图中一岁小朋友的手腕只有两块骨头。成年时，腕部将有九块骨头。

长大
儿童的身体比例会随成长而改变。两岁以前，小朋友的手臂与身体其他部位比起来相对较短，举起来几乎不比头高。

新生活
迎接新生儿的方式有很多，图中一位助产士正在为这名非洲新生儿举行涤净仪式，清洗之后才将他交还给妈妈。

踏出第一步

在一周岁前后，小朋友通常已经准备好不靠旁人跨出第一步了。走路是发展的重大进展，使他们更能自由探索。

早期发展

　　脑的重量在出生第一年间几乎增加了 3 倍，重量近 1 千克，神经周围会发展出绝缘鞘（见 116 页），脑将信号传递到身体其他部位的速度因此大为增加。密集的神经传导路径系统，在整个脑的神经细胞彼此"连结"起来时迅速发展。在特定路径确立之后，婴儿开始发展新的技巧。一般而言，婴儿 3 个月大时可以自己抬头，6 个月时可以不靠外力支撑自己坐着，7 ~ 8 个月大时会用单手抓玩具，10 个月大时可以扶着站起来，12 个月大时可以走路和说几个字。虽然完全符合理论发展的孩子并不多，但这些重要历程发生的顺序通常都大同小异，而且不受大人操控。即使父母在某方面给予强化训练，还是要等到适当的神经传导路径准备好后，小孩才会有反应。不过一旦小朋友准备好，父母的鼓励和刺激将对他有所帮助，尤其是需要靠模仿来学习的语言能力。小朋友对文字很有兴趣，据说 3 岁的孩子一天可以学 10 个新字（见 168 页）。

开始自行移动

爬行通常是开始自行移动的第一阶段，一般发生于 8 ~ 9 个月大时。

避免疾病

　　白喉、麻疹等传染病，在过去是 5 岁以下儿童的主要死因。如今针对这些疾病的预防注射的普及，意味着发达国家的婴儿死亡率已经显著减少。小朋友在出生第一年通常都会注射白喉、破伤风、百日咳和小儿麻痹疫苗。预防注射不普及的地方，死亡率则高出很多。

灵巧的手

到了 3 岁，多数孩子都已经发展出足够的灵巧度和控制精细动作的能力，能够从事诸如扣钮扣和绑鞋带之类的动作。

逐渐显现的人格特质

　　儿童从 1 岁左右开始显露出人格特质。有些小孩自信而大胆，有些则较为胆怯；有些小孩躁动不安，有些则比较沉静。幼儿的人格一部分源自遗传，一部分由环境塑造。孩子和主要照料者之间的感情关系非常重要。与不受疼爱、吹毛求疵而紧张的环境下长大的孩子相比较，感受到爱和安全感的小孩，比较可能发展出快乐与自信的人格特质。儿童和兄弟姐妹的关系对发展中的人格也有影响。有些研究指出，婴儿在子宫时接触到特定激素，可能影响他们的人格。例如，如果母亲在怀孕的过程中遭遇困难或有压力，成长中的胎儿可能接触到高浓度的压力激素皮质醇，这种激素与日后儿童忧虑、易怒的脾气有关。睾酮（雄性激素）的影响也很大：如果女婴在子宫时，接触到高于平均浓度的睾酮，长大后可能比其他女孩更男性化。

自信

有些儿童天生比其他人外向，他们的个性还会打扰到周围的人，甚至包括哥哥！

冷静的性格

尽管有例外，但细心、冷静的父母，通常也有类似气质的孩子。这与遗传和父母的管教方式都有关。

游戏与探索

幼儿发展出移动能力后，清醒时会花很多时间探索世界；1～3岁的儿童整天动个不停是很正常的。婴儿和学步的幼儿在探索过程中，不断对世界提出假设再加以验证。看似不经意的玩耍，其实是相当有系统的实验。例如婴儿在将饭碗推下餐桌、伸手抓玩具或敲打婴儿床围栏的过程中，发展出自己有别于外在世界的概念，同时发现自己的每个动作都会有特定结果。儿童天生就有想去了解事物的欲望，即使最简单地把玩具藏在坐垫下的游戏，都能提供学习经验。8个月大的婴儿相信藏起来的玩具已经不存在了，10个月大的婴儿则知道翻开坐垫，玩具就会出现，这个概念称为"物体永恒性"，幼儿很喜欢一再测试这个发现。游戏也有助于语言发展，在1～2岁之间，儿童开始能做象征性的思考：他们了解一个东西可以代表另一个，如鞋子可以当作船，地毯可以当作海。他们也了解文字可以代表物体。透过游戏探索世界，不但使他们更了解周围世界，也有助于他们在社会与情感方面的发展。缺乏这种自由的儿童，其往后童年的发展可能会遭遇问题。

假扮的游戏
打扮和角色扮演游戏，是帮助幼儿发展人格与性别认同的好办法。

探索世界
为了充分发展潜力，小朋友需要足够的自由去探索世界，并发现自己的行动会造成某些结果。

一起玩耍
儿童透过一起玩耍，学习如谈判和合作等社交技巧。这些技巧对他们往后的生活非常宝贵。

仪式与庆祝

传统上，新生儿诞生时会举行仪式与庆祝活动为孩子命名，并欢迎他们加入社群。这些仪式的性质因文化而异。犹太社群的男婴要行割礼；传统印度教文化中为婴儿剃头是诞生仪式的一部分。有时候婴儿出生后，要等候一段时间才庆祝。例如西非的阿坎巴人会等3天才杀羊并为孩子命名。延后庆祝是为了在命名前，先确认孩子是否健康且能存活下去。其他文化则是在孩子一出生就庆祝。为孩子命名是给他身份与归属的一种方式。名字可能早在出生之前就已经取好（欧美常见的作法），或视出生时的情况决定。例如，在非洲某些地方，小孩的名字可能反映他（她）出生当天是雨天。

诞生礼物
传统习惯以银饰当作庆祝婴儿诞生的礼物。

给男孩蓝色

许多地方在送礼物或衣服给男孩时，都习惯选择蓝色。这项传统源于古代，当时将男孩视为比女孩更宝贵的资产，而蓝色被视为天堂的颜色，因此有保护作用。为男婴穿上蓝色的衣服，能发挥最大的驱邪效果。某些文化更会为男孩佩戴蓝色饰物。

庆生
世界各地的人以不同方式为儿童庆生。特别的食物、生日蛋糕和蜡烛表示小朋友又长了一岁。

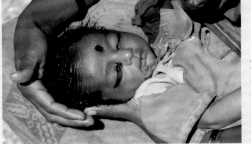

第三只眼
在身体上画上标记是出生后常见的仪式。尼泊尔人会用黑灰在婴儿额头中间作记号，当作驱邪的护符。

生命周期

诞生仪式
伊斯兰教的奉献词

概要：伊斯兰教婴儿出生不久后，大人会在他们的双耳念诵经词，引领他们入教。

伊斯兰教婴儿通常在出生数小时内就成为教徒。伊斯兰教社群的长者轻声在婴儿右耳念诵经词，在左耳念伊斯兰信条。这么做是为了确保婴儿出生后，首先听到的就是神的名号。通常，长者会把一小片嚼过的枣子放进孩子的嘴里。这个动作象征希望长辈的智慧能传给孩子。

轻念伊斯兰信条
新生儿出生后数小时内，他的父亲或同社群的长辈就会念《古兰经》经文给他听。

诞生仪式
印尼的各种仪式

概要：保护与祝福婴儿的仪式，在出生后72小时举行。

具保护作用的米制糕点
出生后不久，大人会在孩子头上放置被称为"布罕"的米糕和香草，直到自行掉落为止。

在印度尼西亚某些地方，婴儿出生后不久的诞生仪式上，会在婴儿头上放置米、香草以及谷粉制成的糕点"布罕"（buhung）。如果是女婴，米制糕点一掉下来就要放在大门上方，希望她早婚而且多子多孙。在另一种仪式中，会用泡过酸豆角的水清洗胎盘（胞衣），然后用布包起来。此外还会在那块布里放一些象征性的东西：铅笔和纸象征鼓励孩子读书；缝衣针象征健康；米象征幸运；钱币象征财富。

命名仪式
沃达贝人剃头仪式

概要：西非的沃达贝游牧民族在为孩子命名以前，会先举行剃头仪式。

对西非尼日尔与尼日利亚的沃达贝游牧民族来说，新生儿的命名仪式是童年最重要的仪式。首先，他们会宰杀一头羊庆祝新生命诞生。接着为婴儿和母亲

剃头，据信这么做可以强化母子间的关系。剃前额据信也可以加强脸部的美感。举行仪式当晚，村子里的长老会为孩子命名。当孩子被命名时，父母不能说出他（或她）的名字，以免被恶灵听到。

为婴儿剃头
沃达贝社会相信剃发后的头是美丽的。他们为新生儿和母亲举行剃头仪式，象征他们之间的紧密关系。

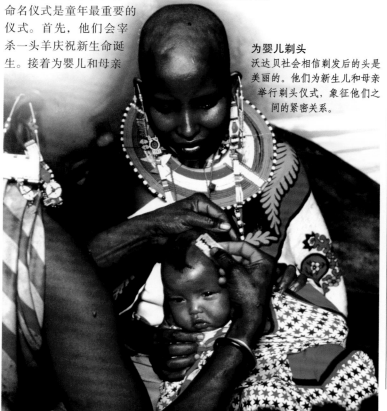

诞生仪式
啤酒仪式

概要：这是北乌干达的仪式，象征新生儿与社群结合的重要性。

在北乌干达，婴儿刚出生尚未放进妈妈怀中之前，大人会先放一滴家酿的杂粮或香蕉啤酒到孩子嘴里。喝啤酒是整个东非的"全民运动"，被视为社群生活的象征。一出生就先让孩子喝啤酒，强化了社群对孩子的重要性，表示孩子不只属于家庭，还属于更广泛的人群。

所以未来每当有人自私自利，长辈就会提醒他们出生时喝过的啤酒，告诉他们"啤酒先于乳汁"，意思是要"想到自己时别忘了他人"。

诞生仪式
印度的清洁仪式

概要：这是印度社群的仪式，据信清洗和按摩可以涤净新生儿。

印度教认为新生儿在子宫内时曾受污染，因此是不纯洁的。新生儿的母亲或助产护士会用油为他们进行一连串的按摩和清洗仪式。印度教徒相信按摩可以促进循环、排毒并帮助消化系统发展。他们通常会用柔软的生面团蘸杏仁油和姜黄为小婴儿按摩。这样的按摩会从第三周起每日进行，至少持续到婴儿3个月大。

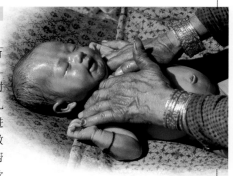

按摩仪式
一位传统的印度助产士用杏仁油混合姜黄为新生儿按摩。这个过程据信可以帮孩子排毒。

命名仪式
基督教的洗礼

概要：为孩子浇圣水、划十字，迎接他们进入基督教的信仰。

洗礼象征进入基督教信仰，代表洗刷旧生命，许诺遵循耶稣教诲的新生。根据《圣经》记载，现知最早的洗礼是为成人举行的，他们在仪式中整个没入水中，然后采用新的基督教教名。从基督教历史早期就已经发展出为婴儿施洗的仪式。

基督教各种分支信仰的仪式有所不同。东正教的教士会先将婴儿浸入圣水盂中3次，再为他们涂抹圣油。这种油也用于天主教会的洗礼仪式中。英国国教的教士会把祝圣过的水倒在婴儿的额头上，接着教士手划十字，为孩子取基督教教名。

圣水盂
放置教堂入口的圣水盂，里面装有基督教施洗用的水。

圣水
教士将水倒在婴儿头上，象征洗刷旧生命，进入基督教信仰。

命名仪式
割礼

概要：犹太教仪式为男婴举行割礼，并给予正式命名。

犹太教在男婴8天大的时候，为他举行割礼并给他希伯来文名字。这个习俗可以回溯到3,700年前上帝给亚伯拉罕的训示。截至目前，男性行割礼（割除阴茎的包皮）仍被视为犹太教文化与宗教认同的象征。

犹太人选择在婴儿出生后第八天为他们举行割礼，因为犹太人相信这时候婴儿已经有足以承受这项仪式的体能与精神力量。割礼总是在白天举行，在犹太教会堂或家里由受过训练的割礼师执行。婴儿被放在垫子上，由父母选择的教父（母）扶着，然后由割礼师以双刃刀切除包皮。教父（母）旁边留有一个空位给先知以利亚，犹太教徒相信他会亲临每一场犹太教割礼仪式。

行过割礼后，孩子的父母和割礼师迎接男孩成为教徒，为他祈求健康、婚姻和善行作为祝福。新生儿会被喂一滴酒，然后由割礼师宣布他的正式名字，接着举行一场庆祝餐宴。

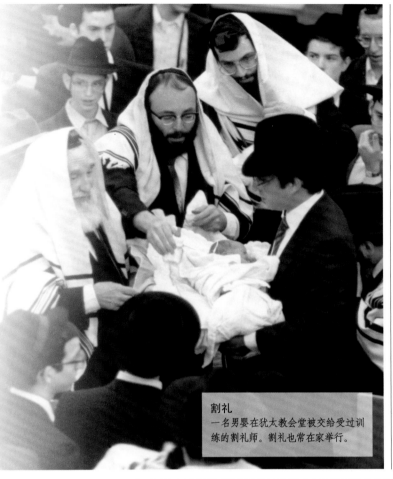

割礼
一名男婴在犹太教会堂被交给受过训练的割礼师。割礼也常在家举行。

标记仪式
伊斯兰教的割礼

概要：割礼（割除包皮）可能在出生不久或稍后的童年期间举行。

伊斯兰教男孩行割礼，是为了追随先知穆罕默德的典范。这个仪式被视为真正归属于伊斯兰教信仰的象征。男孩行割礼的年纪不一，但大多都在青春期之前，通常是8岁之前，同时可能举行派对。行过割礼之后，男孩就可以完全投入所有宗教仪式和禁食活动。

贵宾
马来西亚一名刚行过割礼的男孩参加庆祝派对。

命名仪式
巴厘岛的命名仪式

概要：巴厘岛人在婴儿3个月大时，会举行仪式正式为他命名。

印度教徒在印尼巴厘岛人数众多，他们会在孩子诞生的第一年，陆续为他举行一连串仪式。正式命名是在婴儿3个月大的时候。在此之前，婴儿不被视为人，亲友常以"小老鼠"称之。

命名仪式最重要的部分，是将孩子抱到一碗水上方，水中放着代表智慧的叶片、代表财富的钱币、代表勤勉的米粒和玉米粒，以及代表欲望的珠宝。

婴儿以右手在水中抓取的东西，据说代表孩子未来的人生。仪式过后，婴儿才可以开始被放在地上，在此之前都不允许碰触地面。

真相
亲从子名制

在巴厘岛以及许多其他地区，父母会采用第一个孩子的名字，从此以这个名字处世。这个名字称为"亲从子名"。斐济的夫妻可以用原来的名字称呼彼此，但其他人必须称呼他们为"某某的父母"，某某指的是第一个孩子的名字。东非的作法相反，夫妻必须称呼彼此为"某某的妈"或"某某的爸"，其他人则可用这对父母的本名称呼他们。

巴厘岛人的黄金
巴厘岛人在为孩子正式命名的时候，常会佩戴黄金饰品，代表希望未来富裕。这位小女婴头上的黄金圆盘可以保平安。

标记仪式
剃头仪式

概要：这种印度教仪式据信能涤净孩子，象征解开孩子与母亲的连结。

印度教剃头仪式是在家中为孩子剃头。这个仪式在孩子单数岁（通常是3岁）时举行。据说剃头可以清洁孩子的身体和灵魂；胎毛被认为与孩子在子宫中的时期有关，代表不洁。剃头也象征解开孩子与母亲的连结，父亲开始参与孩子的人生与教育。

举行仪式时，父母和孩子会坐在火前。孩子洗过澡、穿上了新衣之后，父亲会口诵印度教真言（带有象征意义的短句）以及请理发师温柔对待孩子的诗句，为孩子剃下第一绺头发。接着由理发师继续把头发剃完，但会在后脑勺留下几束头发，留下几束则依家族传统而定。剃下来的头发要和牛粪混合埋葬或丢入河中。他们相信必须要以这种方式丢弃头发，以免有人拿头发对小孩"作法"。

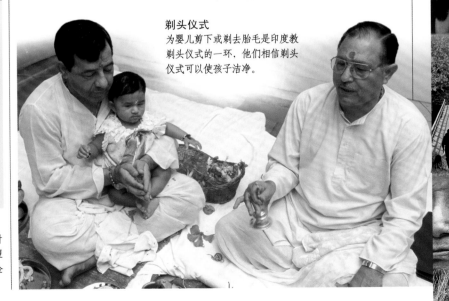

剃头仪式
为婴儿剪下或剃去胎毛是印度教剃头仪式的一环，他们相信剃头仪式可以使孩子洁净。

保护仪式
烟熏仪式

概要：澳洲原住民用具香味的烟洁净他们的婴儿和幼儿。

澳洲原住民有定期为婴儿过烟的习俗，因为他们相信如此可以保护孩子，增加抵抗力。他们相信大地是人类的母亲，人生于大地，死后也将回归大地，因此有这样的仪式。

原住民传统认为人一生沾染污垢，死后回归大地，这样的污染可能伤害土地。因此涤罪和洁净，对人和他们的土地都很重要。

"烟熏仪式"通常由婴儿的祖母进行，她们用香草和叶片生火，然后抱着婴儿过烟，在烟雾上方停留

烟薰仪式
澳洲原住民抱着孩子烟熏，每次在燃烧芳香叶片制造出来的烟中停留数秒，涤净孩子并给他保护。

几秒，再为他按摩。烟会消除小朋友和附近的不洁。病童也能以这种方式洁净，在为孩子涂抹木炭糊治病之前，他们会先每天为孩子过烟，以增加疗效。

保护仪式
锻炼

概要：俄罗斯人相信定期将身体浸泡在冷水中，能增加人对疾病的抵抗力。

俄罗斯人传统上相信应该定期浸泡于冰冷的水中，才能避免在寒冷气候中生病。这种泡冰水的仪式称为"锻炼"。婴儿的父母会将仅数个月大的孩子泡在冰水中，每次数秒。

锻炼9个月大的婴儿

护符
诞生护符

概要：世界上许多地方都有人佩戴护符，据信如此可以保护孩子不受伤害。

护符这类小饰品据信可以抵挡厄运。非洲的诞生护符是传统治疗师以神圣草药制成的。大人将护符绑在孩子的腰或手腕，或两处都绑，保护他们免于厄运或遭人嫉妒。菲律宾人把这种护符称为"比格奇斯"（bigkis），意思是"强烈的连结"，由妈妈帮孩子绑在身上，增加母子之间的联结。伊斯兰文化将《古兰经》选文绑成小包裹系在项链上。

孟加拉的护符
图中妈妈将护符绑在婴儿的腰上，自出生起就佩戴护符避邪。

早期照料
以襁褓包裹

概要：据信紧紧包裹婴儿能安抚孩子，许多社会都有这种作法。

以襁褓包裹（指用布或毯子将婴儿紧紧包住）是东欧、中东和亚洲常见的做法。某些地方的孩子甚至要这样包上一年。

以襁褓包裹有助婴儿睡觉时好好躺着，一般相信这种睡姿可以降低婴儿猝死症的发生。最近研究显示，用襁褓包裹的婴儿晚上睡得较安稳，

紧紧包裹
新生儿被护士紧紧包起来。这是亚洲医院常见的作法，如照片中的蒙古医院。

早期照料
睡眠环境的安排

概要：婴儿可能和父母、妈妈或兄弟姐妹同睡一房或一床，也可能独睡。

婴儿睡觉的地方可能依习俗、收入、家庭成员多寡或房屋风格决定。一般家庭没有足够空间给孩子单独的房间，世界各地许多婴幼儿都和父母或兄弟姐妹同睡一床。最常见的安排是母亲与孩子睡一张床，而父亲睡另一张床。

美国和欧洲大部分地区的婴儿，往往单独被安置在另一个房间的婴儿床入睡。某些社会习俗对睡眠安排有严格的规定。就蒙古游牧民族

保暖
在温度常低于零度的地方，用襁褓包裹有助于婴儿保暖。图中这些蒙古婴儿便受到很好的保护。

因为他们比较有安全感，而可能使婴儿醒来的惊吓反射也会减少。美国专家也发现，以襁褓包裹的婴儿沉睡程度比未包裹的婴儿高两倍。

被玩具围绕
许多西方社会的父母会让孩子自己睡，由玩具陪伴。

来说，家庭帐篷（又称蒙古包）分为男女两边。所有儿童一开始都是睡在女生那边，不过男孩在5岁时，就要搬到男生那边去睡。

舒适的阿拉斯加婴儿床
阿拉斯加婴儿可能拥有自己的婴儿床，像图中这张铺着驯鹿皮的床，不过婴儿床总是放在靠近父母睡觉的地方。

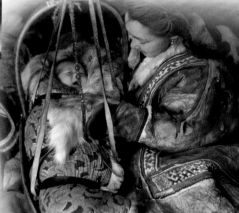

早期照料

喂母乳

概要：关于喂母乳，有各式各样的见解；包括母亲的饮食变化、喂母乳的频率和对初乳的看法。

喂母乳并不是母亲或孩子的本能。如果是在医院生产，护士往往会指导母亲喂母乳；而在许多传统社会，这个角色往往由产妇的母亲来扮演。

对于喂母乳的诸多方面，如初乳（产后3天所分泌的乳汁）好坏、喂食频率和哺乳期间的饮食，有各式各样的看法。有些国家的人认为初乳对婴儿有害；如中国某些地方的人会把初乳舍弃，在最初几天先由其他妇女哺乳；索马里人则会喂婴儿骆驼奶；孟加拉人在母亲开始分泌真正乳汁前，会先让孩子喝蜂蜜水。日本妇女会按摩胸部，加速分泌初乳转变为分泌真正乳汁的过程。

妈妈们可以选择随时应孩子需要哺乳（只要孩子一哭就将他们抱到胸前喂）或定时哺乳。非洲南部的昆族随时带着孩子，只要孩子需要就喂食，平均13分钟一次。尼泊尔乡下的母亲往往忙于繁重的农务，孩子必须由其他妇女照顾，因此当地的母亲每隔几小时才回家哺乳一次。

融入生活
喂母乳可以在任何地方进行。这位厄立特里亚的年轻妈妈一边读英文一边喂母乳。

自在喂食
在开始喂母乳的初期，妈妈可能会觉得未受干扰时比较容易哺喂。

议题

喂母乳或用奶瓶喂食？

世界卫生组织（WHO）建议在婴儿出生后最初6个月只喂母乳。对发展中国家来说，与配方奶粉或动物奶等其他选项比起来，喂母乳对婴儿比较安全。因为母乳不需要加水，在公共卫生条件差的地区，水或许包含可能造成痢疾的有害细菌。在有干净饮用水的国家，用奶瓶喂食是安全、方便的做法，其他人也能代劳。

共同哺育
在有清洁饮用水的地区，父亲也可以用奶瓶帮忙喂奶。

早期照料

携带方式

概要：人类使用许多不同方式携带婴儿，从简单的背巾到复杂的娃娃车都有。

在许多文化中，婴儿出生第一年大部分时间都由人背着，这个人可能是妈妈、祖母或姐姐。这样贴近身体有安抚的效果，而且背在身上可以让妈妈空下双手，继续操持家务。危地马拉的母亲用色彩鲜艳的棉线编织背巾，将孩子绑在胸前。越南的母亲用肩带支撑的正方形布巾把婴儿绑在背上。西方父母则愈来愈依赖设计精良的婴儿车。

背巾
肯尼亚的母亲用名为"基科伊"（kikoy）的鲜艳棉布将孩子绑在背上。

婴儿车
婴儿车可能很贵，不过许多人觉得这是搬运较大婴儿或学步幼儿的好办法。

早期照料

断奶

概要：婴儿从断奶到开始吃固体食物这段时间，可能持续数月，有些地方甚至持续数年。

断奶过程通常是渐进的，会先在母乳之外加上一些固体食物，直到以食物取代喂奶为止。这个过程可能长达4年。据说全世界吃母乳比例最高、断奶时间最长的孟加拉，平均断奶年龄是36个月。在某些社会，断奶时间由风俗决定，所有孩子都在同一个年纪断奶。莫桑比克在孩子

由母亲喂食
中国人最常以加了鱼类蛋白质的粥当作断奶食物。这种粥虽然清淡却很营养。

抓握食物
婴儿长到6个月大左右，就可以开始自己以手抓取食物进食了。

长到两岁时，会举行名为"玛札德"（madzawde）的断奶仪式。他们将助产护士请到家里来，由她将圣叶交给孩子的父母，接着孩子的父母将所有与哺乳期相关的东西都丢掉。从此以后，这个孩子便不再喝母奶，因为现在母乳已经归下一个孩子所有。当地人相信已经断奶的孩子再喝母奶会生病。

儿童晚期

孩子在 5 ~ 11 岁会继续发育成长，并与家庭之外的世界产生更强的联结。对多数儿童来说，入学是正式学习的开始，他们持续学习对成年生活有帮助的实用技巧。在这段时间，小朋友也开始了解其他人的情感和需要。他们同时发展自己的道德观，学习周围社会的价值取向。在某些社会里，这个年纪的孩子已经在照顾其他孩子或开始工作了。

童年期肥胖

小时候过胖，易导致成年后罹患糖尿病、心脏疾病的风险增高。全球社会日益繁荣，儿童肥胖比例随之增加。在 21 世纪，多数国家的儿童吃得较多，却缺乏运动。在美国，几乎有四分之一的儿童被界定为过胖，是 20 世纪 70 年代的 2 倍。同时期中国过胖的儿童增加五分之一，巴西则增为 3 倍。

身体技巧与发展

5 ~ 11 岁，也就是在青少年快速生长期开始之前，男孩女孩的生长速度一样快。随着脸部骨骼形状改变，额头和下巴变得更突出，他们的脸部构造也显得更成熟。第一副牙齿逐渐被第二副——恒齿所取代。到了 6 岁，头部和脑部的发育已经完成 95%。6 岁的儿童已经能走、跑、跳跃了。年复一年，他们的身体技巧愈来愈精确，小朋友的平衡感、协调感和空间技巧都愈来愈好，专注力也随脑的持续发展而进步。7 岁以上的孩子较为有耐性完成工作，也开始发展逻辑技巧，能自己解决问题。10 ~ 11 岁的孩子已经能分析问题，理解力也增加，因此能解决假设性的问题。在这个童年阶段的尾声，激素活动的急剧升高，开始启动青少年的快速成长期与性别发展。

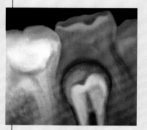

成熟的牙齿
恒齿通常在 6 岁时开始生长。这张 X 光片显示，恒齿已经准备好要取代一颗乳牙了。

平衡与控制
到了 7 ~ 8 岁，多数儿童已经发展出良好的平衡感，动作也能控制自如。学会骑脚踏车，而且不会因为分心而摔下来，是平衡感和灵敏度进步的象征。

学校与学习

许多儿童 6 岁左右开始上学，但他们不只在学校学习，父母和家人也是重要的学习对象。因为从幼儿期开始，小朋友就以他人为模范学习，直到 5 ~ 6 岁，在家庭以外的学习重要性才逐渐增加。研究显示，较早开始上学的儿童，日后成就较高，也相对不会辍学。这个年纪的重要成就之一，是学习读和写。这两项技巧与语言不同，需要教导和刻意学习。有些儿童轻而易举就学会阅读，有些则进步缓慢，充满挫折。有些语言的学习过程非常复杂，有些则相对简单。除了上学之外，小朋友也要学习实用技能，在一些社会里，这类技能的重要性不亚于在学校习得的技能。例如传统游牧社会，5 ~ 6 岁的小孩已经开始学习放牧，到了 7 ~ 8 岁就必须开始独自照看牲畜了。至于男女孩受教育的机会，则依居住地不同而有差异，像西方女孩所拥有的平等受教育机会并非全球普及。

生活技能
在某些社会中，实用技能或许比读写重要，例如，蒙古儿童很小就学会骑马。

正式教育
正式的学校教育通常始于 5 ~ 6 岁，是小朋友生活中很重要的一环。

与母亲一起学习
对儿童早期学习历程来讲，父母具有极其重要的影响力。

生命周期

玩耍
多数儿童都喜欢运动。这些小朋友精力充沛，玩几个小时也不见疲态。

友谊

　　童年友谊是向成年发展迈进的重要基础。5 ~ 11 岁形成的情感，有助于小朋友学习社会技巧、解决问题和发展自信。7 岁以上的孩子，开始发展比较长远的关系，因为这时他们已经能了解别人的观点。儿时的友谊是成年人际关系的训练阶段。例如，跟朋友玩可以帮助他们发展幽默感，以及诸如谈判等技巧。初期，友谊的建立和破裂常短于一天，但到了 9 ~ 10 岁，忠诚度与投入程度都会增加。有些小朋友交友广泛，有些则只喜欢跟一两个人作伴。出身大家庭的儿童，可能不觉得有必要交那么多朋友。有些小孩觉得交朋友很难，还可能成为恃强凌弱的牺牲品。

朋友
儿童喜欢和朋友一起尝试新鲜活动。这些美国男孩从钓鱼活动和相处过程中获得很大乐趣。

童工

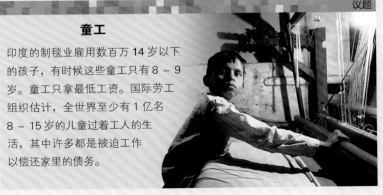

议题

印度的制毯业雇用数百万 14 岁以下的孩子，有时候这些童工只有 8 ~ 9 岁。童工只拿最低工资。国际劳工组织估计，全世界至少有 1 亿名 8 ~ 15 岁的儿童过着工人的生活，其中许多都是被迫工作以偿还家里的债务。

性别划分

　　5 ~ 11 岁的男孩、女孩往往受到非常不同的对待。在这段期间，会依性别进入不同的团体。虽然在美国和多数发达国家，女孩拥有和男孩平等的机会，但在许多传统社会里，女孩的待遇往往与男孩大不相同。当男孩自由在外面玩耍时，女孩往往要负担如照顾弟弟和妹妹、清扫、煮饭和打水等家务。

女孩的工作
印度女孩常要负担如打水等家务，她们很少有时间玩耍。

游戏

语言游戏

概要：押韵和其他语言游戏有助于增进儿童的语言发展。

全世界的儿童都喜欢重复无意义的韵脚，炮制无意义的语言。语言游戏也是一种文字游戏，根据规则以既有的文字创造新字。例如，巴西有一种称为"混杂语"的语言游戏，游戏方法是在每个母音前加一个字母p。瑞典和俄罗斯的语言游戏种类最多。小朋友不但把语言游戏当娱乐，还可以当作暗语彼此交谈，这有助于发展语言技巧。带动作的押韵诗也能增进语言发展：小朋友不需要了解意义也能学习，其后通过动作再帮小朋友将文字与意义衔接起来。

小朋友玩押韵诗游戏

游戏

逻辑游戏

概要：下棋等游戏可以帮助儿童发展逻辑与批判思考的技巧。

发展逻辑技巧的游戏已经存在数世纪，包括西洋棋、西方双陆棋、麻将和非洲魔石。现今盛行于欧洲的西洋棋始于5世纪的北印度，其他类似的棋戏则分别见于日本、中国和缅甸。中国儿童对下棋似乎有一种特别的天分，俄国也有特别卓越的棋戏发展史。俄国革命之后，新政府更设立专门弈棋学校来培养有天分的年轻棋手。非洲魔石是非洲各国都在玩的逻辑游戏，据说也

是全世界最古老的棋戏，古希腊神庙中就挖出非洲魔石的早期样本。棋手在对弈的过程中，要在凹处之间移动棋子，同时想办法吃掉对方的棋子。棋戏和非洲魔石都需要批判思考和解决问题的技巧。构思策略非常重要：棋手必须事先思考，对于如何保护自己的棋子，以及如何吃掉对方的棋子要有一套整体计划。

下棋
下棋有益数学技巧、专注力和逻辑思考。有些儿童在年纪很小时，便非常精通棋戏。

非洲魔石
非洲各地都有人玩这种逻辑战略游戏。除了以棋盘和棋子玩之外，小朋友也常在地上挖洞，然后拿小石头当棋子。

游戏

过家家

概要：模仿游戏帮助孩童了解大人的举动，学习生活中的不同角色。

多数儿童在游戏中进行角色扮演和假扮的活动。例如，小朋友借着扮演医生、妈妈、店员和士兵，模仿大人的行为与说话方式。借此，他们一方面凭着记忆重现各种情境，一方面开始了解生活中的各种角色。另有证据显示，角色扮演是儿童表现恐惧与焦虑，以及学习自我控制的有效方式。因此，假扮游戏或许有助于克服问题，对于遭受暴力或虐待的儿童可能有治疗效果。孩子在角色扮演中展现高度创意，也常借着创造理想化的幻想世界改善现实。

角色扮演
儿童观察大人的行为，然后将他们的观察结果加入游戏中。

游戏

团体游戏

概要：参与团体游戏对孩子的社交发展有帮助。

世界各地的儿童都从事足球、板球和曲棍球等球类运动。参与团体游戏有益于儿童的健康和社交发展。儿童心理学家建议，8岁是开始参加团体游戏的适当年龄。因为这个年纪的孩子已经能了解游戏规则和技巧，也有从事激烈运动的成熟体能。参与团体游戏能教导孩子有关合作、成就、运动精神和如何当个优雅的失败者等事情。不过，团体游戏也可能对身体和心理造成负面影响。美国每年都有7.5万

名儿童因为足球有关的伤害而就医。竞争过度激烈的比赛对孩子的自尊也有伤害。英国研究显示，小朋友原先因为好玩而开始踢足球，却会因竞争太激烈而退出。

竞争并非所有团体游戏的要素。刚果侏儒族的儿童虽然也参与团体

游戏，却没有求胜欲望，只是纯粹好玩而已。小朋友不一定要亲自参加团体游戏才觉得有趣，支持职业球队也能让他们产生认同感，有时候甚至变成一种生活方式。

美式足球（橄榄球）
儿童透过参与比赛获得极大的快乐与自信，如受到许多美国儿童欢迎的美式足球。

板球
板球等团体游戏能帮助儿童了解规则，学习合作。图中这些小朋友在印度泰姬陵附近打板球。

游戏

传统游戏

概要：许多游戏（如跳房子和跳绳游戏）是代代相传而来。

有些游戏的热潮经久不衰，而且广受全世界喜爱，如罗马人很早就开始玩打弹珠、保龄球、骨牌和

健康

久坐的童年

西方儿童花在看电视、上网和打电玩的时间愈来愈多。美国一般儿童平均每年花 1,023 小时看电视，每天有 6.5 个小时从事各种与媒体相关的活动，花在运动的时间则愈来愈少，这也是童年期肥胖案例增加的部分因素。

跳房子。最初，罗马人跳房子的方格长度超过 30 米，是强化士兵脚力的军事训练。据信罗马儿童就是模仿这个训练方法，自己画出比较小的格子，再加上计分方法，就成为后来的跳房子游戏。

法国称跳房子游戏为 marelles，德国称为 Tempelhüpfen，荷兰称为 hinkelen，印度称为 ekaria dukaria，越南称为 pico，阿根廷称为 rayuela。

名为"鲁多"、"蛇梯棋"的棋戏都起源于 16 世纪的印度（鲁多又称为 paschi），18 世纪时因为探险家将这些游戏带回故乡，而传到欧洲。

抛接子游戏是世界各地都常见的游戏。韩国人习惯在过年期间全家一起用尖头棍棒玩某种形式的抛接子游戏。无论老少都参与，输的人要罚钱。

每个文化都有代代相传的游戏。牙买加自古就有的"母牛抓小鸡"游戏，是母鸡保护小鸡以免被牛攻击

的追逐游戏。有些古老游戏历久不衰：例如已经有两千年历史的打弹珠游戏。玩家甚至用特殊字眼，如"指节贴地技巧"（knuckling down）或是"发射"来描述射弹珠的方法。

跳绳游戏

一边跳绳一边吟诗或唱歌，一直是小朋友最喜爱的娱乐。

跳房子

从法国、阿根廷到越南，许多国家的孩子都会玩这种极富传统的跳跃游戏。

学习

上学去

概要：每个社会都很重视正式教育，正式教育通常从 5 岁左右开始。

进入小学为孩子的人生带来巨大改变。上学意味他们大部分的时间将不在父母身边，而是和年纪相仿的同龄人在一起。对多数孩子来说，这是他们在学校经历第一次有组织的学习，而且要接受表现评估。儿童在学校学习的内容，大致由他们身处的文化背景决定。读写能力和计算技巧是多数教育体系的基础。小朋友通常会学到本国的文化与历史，许多学校也将宗教教育纳入课程中。体育是多数学校的标准课程，如印度儿童很早就学习瑜伽。有时候上学并不容易；如津巴布韦乡下的孩子，常常要走一个

难民学校

在不可能进行正式教育的情况下，成人会在户外设立机动性的临时学校。

半小时才到得了学校。有些发展中国家的老师，必须在树下、自宅或难民营等地方，以最少的器材经营学校。如果老师人数有限，可能缩短上课时数，以便让更多孩子能轮流上课接受指导。夏威夷当局发现穿制服（包

括鞋子）使孩子不愿上学，因此决定准许儿童赤脚上学。目前全世界有 1.13 亿的儿童未上小学。几个可能的因素是：有些家庭买不起书和笔；有些家庭需要孩子工作赚钱。有时候，大班教学和严苛的教育方法，也让某些家庭不愿意送子女入学。未上学的小学学龄儿童中，有三分之二是女生，她们的家庭不让她们入学，可能是出于文化因素或希望

寄宿学校

有些学校提供食、宿，孩子只在学校放假时才回家探望父母。

女孩子在家帮忙。这些孩子错失学校提供的帮助，人生无法取得较佳的起步。研究发现，低教育程度和读写能力与低健康水准有直接的关系。教育程度较高的人通常寿命较长，不容易罹患可预防的疾病。

议题

单性学校

证据显示单性教育对男女生都有好处。在单性学校受教育的女生，往往比较擅长表达自己，而且更有竞争力，她们不容易受到同龄人压力，自尊心也可能比较高。对男生来说，好处似乎在学术方面。有一项研究发现，男生通过语言考试的能力，在换到单性学校之后，从三分之一提升到百分之百。一些传统上会在特定年龄将男女生区隔开来的社会，单性学校给女生较长时间的受教机会。

在教室里学习

传统上，教室是学习的地方。教室因文化而异，从设备简陋的房间，到充满计算机器材的高科技环境都有。

生命周期

生命周期

学习

在家教育

概要：即使在国家教育普及的地方，有些父母还是选择在家教育孩子。

　　在家教育在美国，以及想让孩子接触本土课程的移民者之间很普遍常见。美国约有100万名儿童接

受在家教育，他们多数出身于拥有强烈基督教信仰，而且想在孩子的教育中维持强烈基督教精神的家庭。有些父母决定采取在家教育的方式，是出于社会因素，他们相信自己可以创造比地方学校更好的学习环境。在家受教育的孩子，学术方面表现良好，却可能错过发展社交技巧的机会，如与其他不同社会背景的孩子互动等。

个人的注意力
接受在家教育的好处是，孩子可能获得更多来自教导者（如私人教师或父母）的个人关注。

学习

宗教教育

概要：儿童可能在主流学校里，或在校外接受信仰教育。

　　所有宗教都有事先规划，让儿童得以了解或学习信仰，可能以校外活动的形式，或在宗教学校里进行。儿童通常很小就开始参加宗教仪式，他们随时可能开始正式学习，不过通常是五六岁左右。就基督教来说，除了正式的学校之外，父母可能选择送孩子去上"主日学"或查经班。家里信仰伊斯兰教的儿童可能到清真寺参加额外的课程，学习阿拉伯文和《古兰经》选文。日本儿童常到寺庙上课，学习佛教格言以及修行。许多犹太儿童会到犹太会堂上课，学习希伯来文。世界

各地都有努力从事儿童教育的宗教学校，从亚、非洲某些地方的宣教士学校，到伊斯兰名为"经学院"（以提供儿童伊斯兰相关宗教书籍、祷词和语言深入知识为宗旨）的宗教学校，都包括在内。

真相

佛教的僧侣

在佛教信仰的制度里，男孩可能要到僧院里当短期僧侣。例如泰国，在亲人过世时，可能会送儿子到僧院禅修以示哀悼，同时助念死者的灵魂进入极乐世界。沙弥要学习如何打坐，以及如何实践佛教的规范。有些人从此终身留在僧院，成为出家人，接受包括独身和守贞等佛教戒律。

在清真寺里研习
穆斯林儿童往往到清真寺学习阿拉伯文，以及《古兰经》经文。

主日学
基督教的宗教教育可能在主日学继续。儿童也可以由此加入唱诗班参与宗教。

学习

实用技能

概要：多数儿童透过模仿学习实用技能；这些技能对成年生活非常重要。

　　儿童日常的学习大多都不发生在教室里。相反地，他们向父母或其他成人学习实用技能，这些技能将使他们受用终身。五岁通常是孩子正式开始上学的阶段，也是父母

开始给他们一些小任务的年纪。这类技能从美国家庭常见的帮忙收拾饭桌上的盘子，到非洲某些地方让孩子放牧家里的羊群都有。

　　孩子透过观察和模仿学习各种技能。如肯尼亚的吉苏人，让孩子跟着兄长放牛。这些小男孩挥舞枝条，模仿赶牛前进的兄长。到了七岁时，他们就能实际放牧绵羊和山羊，九岁时开始负责牧牛的工作。其他如生火、设陷阱、射箭、捕鱼、松土整地、挑拣菜和打水等工作常常都是自学而成。五岁的小朋友一面观察他们的兄姊，一面开始

学习农务
在传统农村社会中，孩子帮忙赚钱或耕种，对家庭来说很重要。图中为菲律宾的这些孩子正在帮母亲种稻。

从事成人工作的迷你版，迅速累积经验。

对多数传统农村社会来说，儿童从事家务具有重要贡献。例如在中国农村，辍学的孩子80%是女孩，因为需要她们帮忙家中杂务或农务。有时候，孩子学习技能是为了帮忙赚钱养家。巴基斯坦的儿童学习如何编织地毯，然后将这些地毯拿去卖钱增加家庭收入。不过有些家境较宽裕的孩子，也会靠实用技能赚零用钱。

男女生操持的实用技能含有强烈的性别价值观，中东各地的女孩都要负责照顾弟妹、缝纫刺绣和帮忙烹饪，男孩则负责打水和捡柴。即使在美国，男生也比较可能从事户外工作，如倒垃圾、清扫庭院落

家务
父母鼓励孩子学习如清洗等实用技能。这些技能可以协助负担家务，成年以后也很有用。

叶，女生则专注于煮饭烧菜等室内持家技能。

照顾孩子
印度农村的这位女孩负责帮忙照顾弟妹。一般说来，传统社会的家务负担要比其他地方更吃重。

童子军活动
英国人贝登堡于1907年成立童子军，童子军活动后来成为世界上最大的志愿性会员组织。目前全世界有超过2,800万名男女童子军。贝登堡想以童子军活动补充正规教育之不足，帮助儿童充分发挥各种实用技能的潜力，并提供其他地方没有的挑战。

生命周期

驱赶动物
儿童透过模仿学习各种技能。美国科罗拉多州的这名男孩，用橡胶蛇代替棍棒，模仿父亲赶羊。

青少年期

个体性

在青少年期，年轻人可能觉得有必要表现他们的个体性。正如这位日本女孩一样，透过衣着来表现个体性。

青少年期很长，可能从 8 岁开始，然后一直持续到 18 至 20 岁，也就是西方视为成年的年纪。青少年期的英文源于拉丁文的 adolesco，是"我成长"的意思，表示一段发生许多变化的时期。其中最重要的变化是，青春期时的生殖力成熟。许多文化都以仪式和典礼庆祝进入青春期。有些社会将达到某个年纪的儿童视为成年人，无论是否已进入青春期。而青少年期也是进入身体与情感发展完成的最后阶段。

身体改变

无论男女，青春期的特色是身体经历一连串的改变。女生从 10 ~ 11 岁起，男生则是从 12 ~ 13 岁起，开始出现显著的快速成长期。四肢增加的长度多于躯干，身体累积更多脂肪，尤其是女生。女生身高约增加 25 厘米，男生则约增加 28 厘米（男生在快速成长期开始时已经比女生高）。一旦骨骼成长完成，长骨末端的骺骨就会融合（见 64 页）。青春期大部分的改变是受雌激素（见 132 页）和睾酮素（见 136 页）驱动。这些激素开启女生的生殖阶段，使她们每个月排卵一次，开始有月经，也就是所谓的初经。男生则可能精液初现而遗精，代表睾丸开始制造精子。其他显著的身体改变还包括女生胸部长大，以及两性都有的体毛。男生的声音改变通常约略发生在 14 到 15 岁之间。声带在一年间从 8 毫米长到 16 毫米，使声音降低好几个八度。

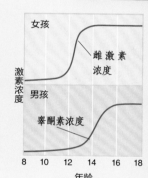

身高改变

在青少年期阶段，所有年轻人都发展出成人的身体特征。

激素浓度

女生的雌激素浓度在 12 岁左右剧增，在一到两年后达到巅峰。男生的睾酮素也有类似的剧增，不过开始时间较晚。

(图表：横轴 年龄 8 10 12 14 16 18；女孩 雌激素浓度；男孩 睾酮素浓度；纵轴 激素浓度)

情绪与行为

在儿童逐步转变为成人的过程中，性激素对情绪的影响与对身体改变的影响一样大。他们短时间内的情绪可能会有很大的波动。青少年往往会不顾一切想要试探所属世界的底线，对象包括父母、老师和自己的身体，这些试探有时候非常有创意，有时候则比较徒劳。这种实验的欲望，以及想要脱离父母呵护的需要，使青少年在许多领域冒险。实验（有时候是为了回应同龄人压力）是发育过程中很自然的一部分，可能包括尝试性行为、无照驾驶、喝酒、抽烟和吸毒。

冒险行为

青少年往往会忽略潜在危险，因此他们比成人更可能参加冒险活动。

成为女人

女生的青少年期经验依所处的社会而不同。女生在这个人生阶段发展出生育能力。

真相

混乱的脑

证据显示，青春期的脑会经历一些"重组"，脑中负责察言观色的部分会受影响。有一项研究让志愿受测者看快乐、悲伤和愤怒的脸，小朋友比青少年更能辨识情绪。脑部扫描显示，青少年脑中负责情绪控制的额前骨皮层部分会缩小。

生命周期

性别与情感关系

随着儿童进入青少年期，他们开始出现性自觉和对性的好奇。强烈的性冲动驱使男女生测试他们吸引异性、开始新的情感关系和尝试性经验的能力。性自觉可能造成高度焦虑，随之而来的是情绪波动和身体各部位是否有吸引力的忧虑。男女生都会挣扎于他们的身份认同、情绪、回归幼稚行为的倾向，并担心自己是否正常。青少年男女常有广泛的兴趣；年轻男孩常想表现"男子气概"，女生则可能关心该如何更具女性气质。这类行为虽然能帮助青少年界定自己的性别认同，却使他们难以开展彼此对情感的共识。在这个阶段，相容性、友谊、共同兴趣这些情感关系的支柱，都不如性冲动重要。某些文化将这个阶段的男女分隔开来；女生的衣着可能必须将全身包得密不透风，也可能被禁止与兄弟以外的男生独处。

初吻
青少年经历强烈的性冲动，他们第一段真正的情感关系在此时开始。

验孕

议题

青少年父母

少女怀孕的比例在世界各地都不同。多数发达国家的比例相对较低；女生被期望能完成学业，在二十多岁或年纪更长之后才生孩子，一般认为到了这个年纪，情感比较成熟。但在一些国家，少女怀孕是常态。例如在非洲和亚洲某些地方，16岁的小女孩可能已经结婚而且子女成群。在这些社会里，三代同堂和紧密的社群可以提供实际的支援。

亲密的友谊
在青少年阶段，许多友谊会更加巩固，还有新的友谊展开。尤其少女在与男孩展开交往前，通常会成群结党。

男性认同
衣服的风格往往被用来界定一个人的身份认同，表现他们属于特定团体的身份。这是青少年特有的行为，不分男女。

新的经验和责任

进入成熟期之后，社会鼓励青少年接受成人的责任，包括家庭生活、教育以及职场生活、宗教生活和个人关系。青少年在确定人生方向前，可能会先经历一些训练和职业以供选择。在某些西方社会，青少年从学校毕业到接受进一步教育之前，会先花一段时间探索周围世界。这些年轻的准大人第一次能够合法地学习开车、从事性行为、喝酒、投票、结婚和生小孩。成年生活意味自由度增加以及财务独立，可能会以重新确认宗教信仰的仪式作为代表。某些文化以一连串的仪式来宣示进入成年，包括隔离、考验（男孩），女生则要经历一段隔离期，并且利用这段期间学习成人的责任。

学习开车
对许多西方年轻人来说，学习开车是一种过渡仪式。不过可以开车的法定年龄各不相同。

宗教仪式
青春期可能是年轻人更积极参与宗教生活的阶段。许多宗教都有仪式，如犹太教"诫命之子"仪式。

成为男人
对男孩来说，青年期可能是起伏不断的阶段。虽然身体发生改变的时间比女生晚，转变仍是同样明显。

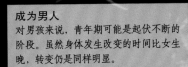

生命周期

生命周期

瓦努阿图的圣灵降临节弹跳

概要：男生从青春期开始参加圣灵降临节弹跳，他要从巨大的木塔上一跃而下，以考验勇气。

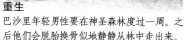

男孩在往下跳以前，高举双手。

太平洋瓦努阿图火山岛上的男孩，要经历戏剧性地一跃，才能成为男人。男孩在进入青春期那年的四月，要参加一年一度的圣灵降临节弹跳，从以枝条构成、高达 30 米的高塔上往下跳，只在脚踝上绑一根树藤以免直接坠地。

这场弹跳会在第一批红薯即将收成的时候举行，他们相信举行这样的弹跳仪式，将使土地在往后一年中保持肥沃。参加弹跳的男生，必须自己选择一段树藤，因为树藤必须绑在尽可能靠近地面的地方，所以长度非常重要。在准备跳跃的时候，男孩向天空伸展手臂，然后在全部乡亲面前一跃而下。

现代流行的高空弹跳，灵感便来自瓦努阿图的圣灵降临节弹跳。

"蹦极"
年轻男性从 30 米左右的高度往下跳，只以树藤绑住脚以免直接撞击地面。

澳洲原住民的启蒙仪式

概要：习俗包括象征仪式，以及由长辈传授奥秘的知识。

澳洲原住民的启蒙仪式可能持续几个月、甚至多年。这些仪式被视为一种哀悼儿童逝去，庆祝成年人

启蒙彩绘
一位男孩即将成年，他的父亲在儿子胸前画图，描绘代代相传的故事。

诞生的方式。除了启蒙仪式之外，男性长辈也会向男孩揭示奥秘的仪式知识，包括黄金时代，也就是原住民对于祖先如何诞生的宗教信仰；女性与外人不可以观看代代用以传递这些知识的歌舞。其他仪式还包括在男孩身上留下标记，所有启蒙的男人都必须留下永恒的成年记号，可能的方式有割包皮、纹身、仪式性地在胸前留下疤痕或拔牙等。男性长辈也会将打猎、在身上标记以及制作木器的知识传授给男孩。

巴沙里的启蒙仪式

概要：成群的男孩必须离开自己的村落，隔离一段时间，并参加仪式；几个月后以男人的身份重回村落。

塞内加尔南部的巴沙里人，以一种名为"科瑞"（Koré）的仪式来标示男孩过渡为男人的过程。仪式可能持续数月，在这段期间，男孩离家

重生
巴沙里年轻男性要在神圣森林度过一周。之后他们会脱胎换骨似地静静从林中走出来。

被带往村外的公社房屋，住进被视为神圣的森林，由较年长的成员照顾；他们相信男孩会在这里"死亡"。在整星期经历一连串的仪式之后，他们在恍惚状态下从森林里出现，彷佛婴儿一般地由他人喂食、洗澡。在这段期间，他们不能见人，或有任何感情表现。科瑞仪式的高潮是面具舞，在这个仪式中，新入会者要与戴面具的人对打。无论输赢，入会者都已经被视为男人。他会获得新的名字，在村民当中也有了新的地位。

对峙
巴沙里男性启蒙仪式高潮，是让新入会者与戴面具的男人对打。

马赛的割礼

概要：肯尼亚的马赛人相信割礼（割除包皮）象征重生。

对东非的马赛人来说，割礼是男孩变为男人，新手晋升为战士的最后阶段仪式。割礼通常在 15 到 18 岁之间举行。在此之前，男孩必须先独自牧牛一个星期，并洗冷水澡代表涤净，次日清晨再接受割礼。

同时，男孩的父亲则从战士变成元老，他会给男孩属于他自己的牛。割礼的痛苦被认为代表童年与成年之间的深刻区隔。仪式过后，新战士要持续八个月穿着黑衣。同时接受割礼的男孩会成为一个年龄段的成员，并终身受到忠诚与义务相互制约。

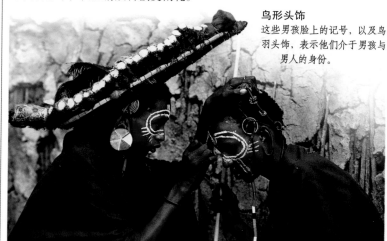

鸟形头饰
这些男孩脸上的记号，以及鸟羽头饰，表示他们介于男孩与男人的身份。

犹太教的诚命之子仪式

概要：对犹太教来说，男孩从 13 岁开始承担宗教责任，父母的责任也在此时减轻；这个变化会以宗教仪式来宣告众人。

犹太教以成年礼宣告犹太男孩步入成年，原文意为"诚命之子"，也用来描述此时举行的仪式。根据犹太律法，儿童不需要遵守各种与道德生活相关的诚命，尽管这些诚命是上帝的指示。不过，男孩长到 13 岁以后，就必须为自己的道德行为负责。父母对儿子行为的责任，也在此时减轻，父母在成年仪式中发表的祝福词反映了这一点："愿荣耀归于上帝，祂使我毋须再为这个人的行为负全责。"每个男孩过完 13 岁生日的第一个星期六，犹太社群会在犹太会堂举行一场仪式，表示男孩已经成年。男孩在仪式中要读一段《律法书》(Torah)，并吟唱祝福词。有时候还要发表演说，以"今天我已长成一个男人"当作开场白。

诚命之子仪式的课程

13 岁来临之前许久，犹太男孩就要参加犹太会堂的课程，学习希伯来文，为他们的成年礼作准备。

学习《律法书》
一名以色列男孩在耶路撒冷的哭墙前举行他的成年礼，他在仪式中读《律法书》选文。

诚命之女仪式

女孩的成年礼（相当于男孩的诚命之子仪式）始于 20 世纪 20 年代，当时犹太教曾经经历一段改革时期。女孩长到 12 岁，家人会为她举行派对，并赠送礼物。依见解不同，有些会众还会请女孩到犹太会堂朗诵一段《律法书》选文。女孩的成年礼以傍晚举行的烛光仪式为核心，她通常要点燃 14 根蜡烛，每根蜡烛向一位家族成员致意，从祖父母开始，而以她自己告终。每献上一根蜡烛都要颂唱一首诗或歌曲。

美国原住民的祈求幻象仪式

概要：有些美国原住民会举行一种仪式，让男孩在荒野中生活一段时间。

某些美国原住民步入青春期前后，会经历一种"祈求幻象仪式"。这包括身体磨练，以及在荒野中独处，希望能吸引来自神灵的幻象。

在纳瓦霍族的仪式中，男孩要在没有食物、饮水及遮蔽的情况下，在荒野生活四天，并一直维持清醒。纳瓦霍族相信男孩所见到的神灵是他们的守护神，会为他们带来歌曲和仪式，保护他们成年之后免于危厄。

根据传统，苏族祈求幻象可以在生命的各个阶段开始，不过通常是在成年期的阶段。

印第安苏族人的祈求幻象仪式
苏族人会把水牛颅骨举向天空。水牛在过去苏族生活中，曾扮演很重要的角色。

巴厘岛的凿齿仪式

概要：巴厘岛人相信凿齿可以消灭野鬼，他们在人生各个阶段都举行这个仪式。

巴厘岛的青春男女都要参加凿齿仪式，表示他们进入成年期。凿齿象征离开童年的"兽"性。成人应该能够控制色欲、贪欲、嫉妒、酒醉、怒气和困惑。凿齿仪式通常在七八月间由印度教僧侣举行。男女孩身穿代表纯洁的黄色与白色衣服参加仪式，他们会将凿下来的牙齿收集起来放在椰子壳里，然后埋在家庙后面。

一位婆罗门正在为人凿齿

阿帕切族日出仪式

概要：阿帕切族少女以象征健康、纯洁和力量的仪式庆祝成年。

在月经初潮后，美国阿帕切族的原住民少女和她们的家人，会举行一场持续整个周末的日出仪式。周五晚上，女孩的教母会替她穿黄色的衣服，戴鸵鸟毛（代表长寿、健康），并在额头上戴一块贝壳（代表纯洁）。从第二天日出起，女孩开始演出"涂白的女人"的故事，涂白的女人是阿帕切民间传说的核心人物。在表演这个故事期间，女孩要磨玉米粉、烤玉米饼。当晚她要保持清醒祷告，天亮

涂漆的脸
阿帕切族女孩在仪式中，演出"涂白的女人"（象征旺盛的繁殖力与长寿）的故事。

神圣的花粉

以后将一片玉米饼献给太阳，剩余的再分给家人和教父母。这个仪式象征承担女性职责。接着女孩的家人以花粉祝福她，他们相信花粉不但神圣，而且具有疗效。到了日出仪式的尾声，他们相信女孩已经表现出她的韧性，以及身为女人所需的决心。

女性的技能
阿帕切女孩在祖母的指导下烤玉米饼，这是青春期仪式的一部分。

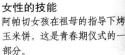

生命周期

巴厘岛人涤净仪式

概要：巴厘岛女孩的月经初潮，会以象征纯洁和繁殖力旺盛的仪式来宣告众人。

巴厘岛的女生在月经初潮的时候，必须在家里隔离一段时间，到了隔离的第五天，再进行一个涤净仪式。她要穿戴装饰华丽的衣服和黄金头饰，让人抬到庙里接受祝福，参加一套涤净仪式。

仪式中会使用代表繁殖力旺盛的棕榈叶和金雀花。印度教祭司透过蒸米用的篮子（米象征婚姻和旺盛的繁殖力），将水倒在女孩的手上。接着女孩以手抹头涤净自己，然后与家人回家举行宴会。

庙宇的祝福
年轻女孩站在巴厘岛的印度教庙宇里，参加她的涤净仪式。她头上戴着华丽的头饰。

创疤奉献仪式

概要：在身体某些部位（尤其是腹部）制造疤痕，常见于某些非洲社会。

许多非洲社会中，在身体和脸上制造疤痕的仪式都与年届青春期有关。埃塞俄比亚的卡罗人，习惯以创疤奉献仪式庆祝女孩的第一次月经。他们会拿刀割女孩的腹部，然后用灰搓揉割痕，留下突起的深色条状疤痕。他们相信这些疤痕可以强调女孩身体的曲线，增添她的美丽，使人注意她的腹部，并表明她已有结婚资格。经历划痕的痛苦，也表示这个女孩有女性勇敢与坚韧的特质。尼日利亚的约鲁巴族女孩，青春期时可能要在脸上制造疤痕。疤痕的花纹不只表

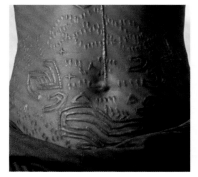

带疤的肚子
有些非洲社会把疤痕视为美丽的标记。这种疤痕是以刀割伤皮肤留下来的。

示她们作为女人的新身份，也可以看出她们所属的宗派和地区。博茨瓦纳的昆族人，在男孩杀第一头动物的时候，会为他们举行创疤奉献仪式。

克罗伯人隔离仪式

概要：经过三个星期的隔离期，克罗伯女孩会以女人的身份参加"出阁"仪式。

加纳东部的部落民族沙伊人和克罗伯人，会以三个星期的隔离期，宣告女孩从童年过渡到女人的阶段。一群同年龄的女孩会同时参加一个名为"迪波"的成年礼。

首先，这些女孩要丢弃旧衣服，然后穿上代表月经的红衣。她们要在一个象征清洁和涤净的仪式中剃头，抛弃童年。在往后三个星期，特别任命的"迪波"监护人（好几位"母亲"）会教女孩成为女人的种种，其中包括从烹饪到舞蹈等技巧。仪式

进行到某个阶段，一位女祭司会将这些女孩抱到一个名为"特克佩特"（*Tekpete*）的圣石上。他们相信透过这个仪式，女祭司就可以判断女孩是否为处女。之后，女孩被带往附近的河流进行沐浴仪式，以获得涤净。

隔离仪式会以出阁仪式结束。这些已被视为女人的女孩会表演舞蹈，向丈夫候选人炫耀新技巧。克罗伯人从11世纪就开始举行迪波仪式。

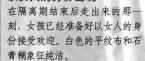

女性的割礼

尽管世界各国都有人大声疾呼反对，但某些非洲国家和世界其他地区的人，至今仍会将女性部分的生殖器割除。为年轻女孩割除阴蒂，又称为"女性阉割"（FGM），通常在青春期进行。这个措施对健康产生的立即影响包括严重出血和感染。此外还有其他长期性的后果，包括尿失禁和不孕，分娩时也可能出问题。

以女人的身份出现
在隔离期结束后走出来的那一刻，女孩已经准备好以女人的身份接受欢迎。白色的平纹布和石膏糊象征纯洁。

圣石
女孩由女祭司抱到圣石上，如此女祭司便知道女孩是否为处女。

舞蹈
在隔离仪式的最后，女孩要表演舞蹈表现她们的优雅。

女性的仪式
南印度的经期仪式

概要：印度南部泰米尔纳德地区的女孩在月经初潮时，要经历一连串的仪式，包括以姜黄净身、隔离和宴会。

印度南部泰米尔纳德地区的女生，在月经初潮时要经历一段持续九天、十一天或十三天的隔离期。她们住在一间由同一社群的女性以新鲜叶片搭盖的小屋里。

在隔离期间，有人负责指导女孩如何以姜黄水进行清洗仪式，其他女人则教导她经期中应采取的措施。由于经期被视为一段不洁的时期，因此女孩学到这段期间必须避免碰触食物、植物和花，在沐浴以前也不可以看鸟和男人，她们必须戴印度楝的叶片和铁器避邪。

在隔离与学习期结束之后，女人会举行大型宴会，并且送礼物给女孩。她们以姜黄、红赭石和石灰调成糊，在女孩脚上画红花纹。未来女孩结婚时也会以同样的粉糊装饰脚，因此这个仪式象征她成为女人，已届适婚年龄。

庆祝仪式
社交舞会与毕业舞会

概要：有些美国与欧洲的青少年，会以高雅的宴会宣告他们已经成年。

欧洲从 17 世纪开始举行初入社交界的舞会，有钱人家借着这个机会将女儿引介给社交界。这种"亮相"活动表示女孩已经成年，到达适婚年龄。在初入社交界的舞会之后数月，会有一连串的社交舞会与宴会，让年轻女孩有机会认识合适的男人，舞会上的男士是以卡片邀舞，女孩会在心仪对象的卡片上签名，表示接受邀舞，社交季节往往以宣布订婚的消息告终。今天，欧洲各国以及美国富有的精英阶级，仍然举行初入社交界的

舞会，但在澳洲和菲律宾则是比较普遍的庆祝活动。高中年级舞会是美国 20 世纪初的产物，是地方年轻人学习豪门礼仪与规范的途径。

今天，高中的年级舞会已经成为普遍的毕业庆祝活动。青少年盛装打扮，然后和自己选择的约会对象一同参加学校举办的舞会。

参加高中年级舞会
高中年级舞会是美国青少年成年仪式的一部分，年轻女孩和她们的男伴为这个活动盛装打扮。

维也纳的舞会
在奥地利，初入社交界的女孩会和她们挑选的男孩参加舞会，表示她们已经成为女人。

初入社交界的女孩准备好参加舞会
在英国某些地方，女孩仍借由参加社交舞会庆祝成为女人，同时认识年轻男人。

庆祝仪式
十五岁庆祝会

概要：拉丁美洲各地的女生都会庆祝 15 岁生日，表示进入成年期。

拉丁美洲各地的女生以"十五岁庆祝会"庆祝她们的 15 岁生日。她们穿上白色或粉色系的服装，由教父母和 15 名女傧相陪伴上教堂。女生坐在圣坛上参加感恩弥撒仪式，

十五岁庆祝会上的仰慕者
西班牙语系社群的女孩在 15 岁时，会以一场特别的弥撒和随后举办的宴会庆祝自己成年。15 岁被视为从儿童过渡到成年的时刻。

并获赠一个有天主教图像并刻着她的名字与生日的黄金勋章。在仪式的尾声，她会将花摆在圣母马利亚的雕像旁。在某些西班牙语国家的传统中，会在仪式中让女孩将平底鞋换成高跟鞋。小男孩以软垫将新鞋端过来，然后女孩在父亲的协助下换鞋。教堂仪式过后，女孩的家人会举办大型宴会或庆典，向自己的女儿祝贺。宴会以父女跳华尔滋开场，音乐、舞蹈和宴饮会持续整个晚上。在整个庆祝活动中，女孩的亲友庆祝她从女孩长成女人。

穿着和服的朋友
日本女孩穿传统和服庆祝自己长成女人。日本每年都庆祝特别的成人日。

传统和服。

成年活动在日本有悠久的历史。16 世纪就有专为女孩举办的墨齿仪式，她们会拔眉毛、染黑牙齿表示自己的成人身份，据信这么做可以增添她们的美。女孩会参加持续一整天的射箭比赛，据说是要测试她们的耐力。有些日本城镇，至今仍然会在成人日这一天举行比较简短的射箭比赛。

庆祝仪式
日本的成人日

概要：日本每年都有成人日，让年轻男女有机会表示他们已经成年。

每年一月第二个星期一，日本都有一个名为"成人日"的国定假日。所有在去年满 20 岁的人，都在这一天庆祝自己正式成年，从此可以投票、开车、抽烟和喝酒了。

到神社参拜祈福之后，这些 20 岁的年轻人会参加有歌舞和演说的地方庆祝会，接着再前往私人举办的派对。男生穿西装，女生通常穿

生命周期

成人的责任
人在成年期必须承担新的角色和责任。
为人父母或许是生命中最具有挑战性、
却也得到最多回报的任务。

成年期

　　成人的身体代表人类发展的巅峰状态，多数人在成年早期身体最健康，器官运作最有效率。从 25 岁左右身体状况开始逐渐走下坡，不过在个人和社会层面上，人在往后多年都还会继续提升。成人通常会建立持续终生的关系，可能结婚生子，也会承担工作等许多责任。这些经验带来年轻人少见的成熟与智慧。

控制中心
多数成人清醒时，至少有一半的时间在工作，而且通常是在十分紧张的环境里。这位钢厂的工程师整天在控制面板前工作。

　　成年代表必须承担新的责任，不再依赖父母，自己选择自己的生活方式。在许多（但并非所有）社会，这意味离开家庭。各种文化对于哪个阶段算是成年有不同的看法。

　　世界上某些地方，把 14 岁的人当作成人对待，但在多数西方社会，一个人要长到 18 至 21 岁才算成人。

巅峰与衰老

　　成年早期代表许多体能项目的巅峰。一般说来，体内器官在这个时期运作最有效率。

　　肺部功能在 21 岁时最好，到了 61 岁下降约三分之一。年轻成人的心脏最好，但心肌会随年纪改变，收缩力逐渐下降，造成心脏功能在往后 30 至 40 年下降约 20%。中年以后，身体免疫系统（自然抵抗力）效率会降低，这

达到巅峰的力量
肌肉的尺寸与强度在成年早期达到巅峰。构成肌肉的肌肉纤维数量会随年纪增长而减少。

是 50 岁以后比较容易患癌症和其他疾病的原因。人在 20 多岁时骨质密度最高，此后会逐渐下降。经常运动的人，骨质密度会比少动的人高。女人过了更年期（通常发生在 42 到 60 岁之间）后，骨质密度下降最剧烈（见 133 页），平常有助于维持骨质密度的性激素，从这时候开始减少。

　　对女人来说，停经表示不再有繁衍后代的能力。女人从很年轻的时候开始有生殖能力。就生理看来，最适合怀孕的年龄是 20 岁出头，在某些社会这是很寻常的现象。女人在 20 多岁时，通常能生产健康的卵子，生育力也值高峰期。

　　然而，西方社会的许多妇女，都将生产年龄延迟到事业稳定、财务独立之后，这时她们通常已经 30 多岁了。不过这时候受孕比较困难，不孕的比例提高，受孕的机率从 35 岁以后急剧下降。女人能自然怀孕的时间比较有限，男人随着年纪增长，精子

真相

心智能力

脑神经细胞（神经元）并不会因为年老而急剧减少。神经元在整个成年期都会制造新的连结，这对于学习记忆非常重要。老年心智能力如有降低，通常是疾病造成。根据一些实验，七八十岁的人记忆力只有些微降低。

脑中的神经细胞

的质量会下降，但他们能繁衍后代的时间比女人多很多年。

角色与情感关系

　　我们作为成人的角色与成年后建立的关系，比童年所经历的要复杂而持久。成人承担许多新的角色，他们成为丈夫或妻子、父母、最后成为祖父母。这许多角色的起点，是寻找一位终身伴侣。

　　在建立伴侣关系时，人类通常被视为一夫一妻制的动物，但在这个非常广泛的原则下，"配对"形态有许多可能性，有些文化容许一位以上的丈夫或妻子。传统社会鼓励人早婚。家庭生活因文化而异，生孩子的模式亦然。英国妇女第一次当妈妈的平均年龄是 29 岁，许多传统社会的女孩则在 16 岁就已经结婚生子了。

婚姻
对许多人来说，结婚是成人期的重要里程碑。

　　成为父母或许是成人期间获得最多回报、挑战最大的角色。在多数传统、非工业化社会中，三代同堂大家庭的人脉和可靠的社群会帮助成人面对这些挑战。然而，在多数工业化世界，因为家庭成员较少，社群的支援也普遍薄弱，因此养家比较辛苦。

　　工业化社会的人，每天花很多时间外出工作。除了提供收入之外，许多人也依自己的工作界定自己，工

作为他们带来地位与身份认同。

年老

　　许多人在中年重新定位自己的人生角色。他们或许不再感觉被子女需要；例如，孩子离家以后，母亲可能要重新定位自己的角色。有些人可能会考虑换工作或退休；多数工业化社会的人，可以退休享受几年闲暇时光。有些社会尊敬老年人，认为他们有智慧而知识丰富，但在变动迅速的工业化世界，老年人被视为负担的状况可能更多，尤其在平均寿命增加，老年人人数增长的状况下。

活跃的老年
巴基斯坦卡林马巴德的老人，继续操作织布机；并不是每个人都选择退休。

寻找伴侣

人与其他动物一样，天生都有建立性伴侣关系的驱力。这种驱力的生理基础，是生儿育女的需要：生孩子并将自己的基因传给下一代。我们择偶的方式，受到居住区域、信仰和文化影响。不过，生理上的冲动却是举世皆然。从青少年期以后，我们脑中的化学元素会使我们坠入情网。成年之后，多数人都会寻找伴侣。世界上某些地方，伴侣是由家庭代为挑选，甚至在童年就已经挑好。因为他们认为寻找伴侣实在太重要，不能靠运气。

邂逅伴侣的途径

西方社会通常透过邂逅认识伴侣，如在工作场所或透过亲友介绍。不过许多国家的人一开始可能都是由家人或职业媒人筛选对象。直到 50 年前左右，这些方法在全球都还很普遍。英国研究发现，最适合认识可能伴侣的环境，至少要有下列三项主要特征中的两项：共同的兴趣、酒和社交活动。许多地中海沿岸的国家，都有傍晚散步的古老传统，这个传统为当地的年轻男女提供了邂逅的机会。不过在现今变动日益频繁的工业社会里，寻找终身伴侣可能很难。愈来愈多人求助于专业的媒介机构、广告或互联网络寻找适合的伴侣。网络约会在欧美很盛行，在印度和巴基斯坦也逐渐流行起来。

快速约会
现在许多团体都举办一种活动，让人能在酒吧或俱乐部一次与三十几个对象约会，每个对象只持续几分钟。快速约会是愈来愈受欢迎的邂逅途径。

偶遇
许多年轻恋人是透过朋友介绍，或在酒吧和舞会认识的。在社交场合偶遇往往是新恋情的起点，尤其在城市地区。

年度节日
尼日利亚与尼日的乌达比男人，在追求结婚伴侣时不但化妆还会戴珠宝。他们在名为"基瑞沃"（geerewol）的比赛中表演舞蹈和挤眉弄眼的技巧。

日本的媒人   历史

12 到 14 世纪期间，实行动建制度的日本，往往将婚姻当作政治、外交手段，维持封建诸侯之间的和平与团结，因此有媒人（称为"仲人"）制度的建立。媒人受雇于两家，安排最恰当的婚配，本人也会出现在婚礼中（见右图）。日本的一些家庭目前仍聘用"仲人"。

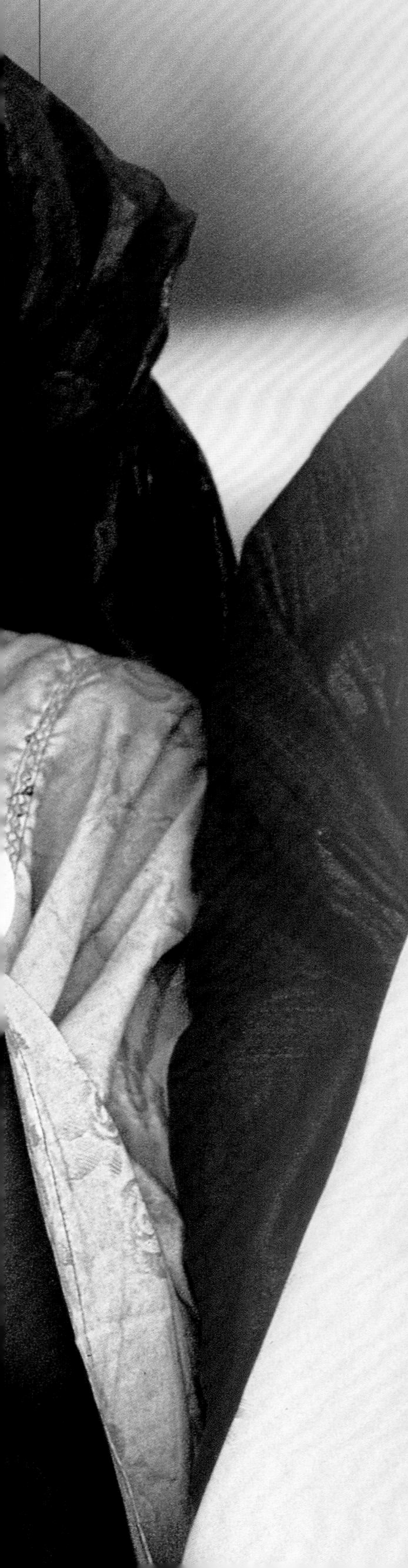

美

与世界各地的女人一样，北非图瓦雷格部落的这名女子，也以珠宝和化妆品增添自己对潜在伴侣的吸引力。图瓦雷格妇女可以自由选择未来的夫婿。

吸引力的法则

无论是否意识到，我们从青少年期开始就会放出许多有助于吸引"配偶"候选人的信号。其中最简单的一种是身材，女人的细腰丰臀对男人非常具吸引力，因为那是生育力强的指标。对女人来说，身体特征或许比较不重要。她们比较会被有能力供给孩子所需的人所吸引，因此力量、成熟度和资源（换句话说，就是财富）比外貌姣好更重要。影响吸引力还有更微妙的因素。费洛蒙是身体制造的化学物质；目前已经针对动物作过充分研究，结果发现费洛蒙影响雌性动物是否具有性吸引力。科学家发现人类也会对这些化学物质起反应，只是效果比较微妙。暴露在少量费洛蒙中的男女，会觉得有费洛蒙气味的人更具性吸引力。对女人来说，费洛蒙也会对情感状态和情绪产生微妙而正面的影响。

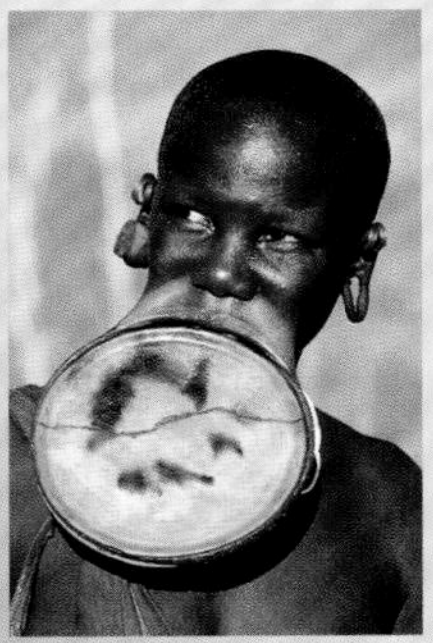

高价值

埃塞俄比亚的苏尔马族人会配戴大型的唇盘；从唇盘的大小可以看出迎娶她所需的牛只数。

丰臀

梦露以她沙漏型的身材闻名。就演化的观点来说，这是生殖力旺盛的观察指标。

拜金

财富是有吸引力的，就演化的观点来说，财富是男人养家能力的现代象征。

議題

体味与吸引力

科学家发现个人对体味的喜好非常不同。有一项研究发现，男人几乎总是偏爱与自己免疫系统非常不同的女性的体味。其中原因或许非常合理：免疫系统不同的父母所生下来的孩子，最可能自行对抗疾病。

坠入情网

关于坠入情网的科学研究和理论有许多。其中一种指出，爱情有三个阶段：肉欲、吸引和依恋。肉欲驱使我们寻找伴侣，吸引帮助我们将注意力集中在一个合适的伴侣身上，依恋则确保伴侣能一起养育孩子。针对脑所做的研究显示，有吸引力的脸会刺激脑的快乐中枢，人坠入情网时，脑会放出一种类似安非他命的化学物质，这可以解释恋爱时那种刺激的恍惚感、加快的心跳、没有食欲和睡不好的现象。遇见恋爱对象最初数月或数周的快感通常并不持久，研究者发现，吸引的阶段会持续18个月到3年。这段时间之后，在一起意味建立在利益、友谊和承诺基础上的依恋关系已然形成。就生物学观点来说，这表示3年以后，所有孩子都已经发展到稳定阶段，必要时他们的父母可以分手、各自再出发。

恋爱中的骑士

人往往会被外貌与自己相似并有同类兴趣的伴侣吸引。

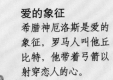

爱的象征

希腊神厄洛斯是爱的象征，罗马人叫他丘比特，他带着弓箭以射穿恋人的心。

婚姻

几乎所有的社会都以婚姻正式去认可配对关系。婚礼的庆祝仪式可能持续数分钟或数日。虽然各国有不同的传统，但婚姻还是有一些共通性，尤其是新婚夫妻在亲友面前许下的承诺。婚礼前可能有一段订婚期。新人在婚礼仪式中订下誓约，交换承诺，承认婚姻的永恒性。仪式中总是充满如爱、忠贞与富裕等各种象征。

黄金戒指
黄金结婚戒指代表永恒，钻石订婚戒指则象征忠诚。

誓词与婚约

在许多文化中，新人结婚时必须立下某些誓言，并且签署契约。结婚誓词通常将重心放在这对男女在一起时，要为彼此做什么事，以及他们对彼此的爱意。结婚契约则强调婚姻的法律与经济层面，罗列婚姻失败时两方各自的权利。犹太人的婚契（或称"喀图巴"）已经使用逾两千年。东正教的犹太人至今仍使用原始的阿拉姆语文本，概述犹太律法中有关丈夫对妻子的义务。有些其他现代犹太人社群，将原始文本校定改写，使它更适合现代夫妻。穆斯林的婚契也有悠久的历史，里面除了详细记载夫妻的权利与义务，还会保护妻子的利益，注明万一离婚时，妻子应得的财产。

婚姻的种类

多数婚姻都是一夫一妻制，也就是一男一女的组合。不过在某些文化中，男女其中一方会有一个以上的配偶，即所谓的多偶制。多偶制有两种形式：一夫多妻制指一个男人有一个以上的妻子，一妻多夫制则是指一个女人有一个以上的丈夫。后者虽不多见，但的确存在于尼泊尔和中国西藏。非洲有些一夫多妻制的家庭，全家人都住在同一个屋檐下，有些则让妻子们分开住，丈夫会分别与她们共处。虽然在伊斯兰世界也不常见，但《伊斯兰教教法》允许男人娶四个妻子。

多妻
尼日利亚这些穿着相同的妇女都嫁给同一个男人。一夫多妻制在非洲非常盛行，这有助于确保人口增长。

犹太人的婚契
犹太婚礼中签署的契约称为"喀图巴"。婚契通常装饰精美，新婚夫妻会把它放在新家中展示。

签署婚契
在多数婚姻中，夫妻会签署一份契约。这位马来西亚新娘在证人面前签署婚契。

历史

结婚礼服

西方人长期把白色视为结婚礼服的传统颜色，但结婚礼服并非一直是白色的。在1840年与表兄艾伯特结婚的英国女王维多利亚，是最早穿白色礼服的人之一。白色象征财富，因为它只能穿一次。后来白色结婚礼服也用来代表女人的贞操，白色被视为纯洁的象征。

19世纪的结婚礼服

婚礼

结婚典礼种类繁多并各不相同，这些仪式各自具有许多不同层次的意义。有时候，仪式的原始意义已经失传，但仪式本身却留存下来。生殖力与永恒的象征是常见的主题。在印度，新娘穿的传统红色纱丽代表旺盛的生殖力。西方人在婚礼尾声时，有让宾客将米和五彩碎纸撒在新娘、新郎身上的习俗，象征希望这对新人多子多孙。古代的新娘会佩带香草植物，当时的人相信香草和香料强烈的气味能够抵挡与驱除邪灵、厄运和疾病。后来，花朵变成各种文化的婚礼共同特色，而且各自有不同的意义。例如，香橙花象征幸福与生殖力旺盛；常春藤象征忠诚；百合代表纯洁。对印度教徒来说，在宾客面前交换花环代表终身的承诺。交换戒指、或在新人手腕上绑一根线，是许多婚礼的重头戏。这两种习俗都象征长久的连结关系。西方人常在婚礼之后举行喜宴，其中常包括具有象征意义的结婚蛋糕。

结婚蛋糕
有异国风味的蛋糕是婚宴的共同特色。这个作成宝塔状的传统法国结婚蛋糕，是以包着奶油的泡芙制成。

礼金
根据柬埔寨传统，宾客参加婚礼时，会在新娘手腕上缠一根线。这位举行佛教婚礼的新娘也收到红包。

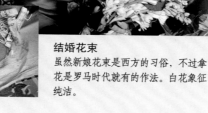

结婚花束
虽然新娘花束是西方的习俗，不过拿花是罗马时代就有的作法。白花象征纯洁。

结婚日
将五彩碎纸撒在新人身上的习俗，可以回溯到东方更古老的撒米传统；米象征多子多孙。

嫁妆与聘礼

　　对多数文化来说，一对男女结婚时会有金钱上的往来，最可能的方式就是交换聘礼或嫁妆。聘礼指新郎或新郎家支付给新娘家的赠礼。世界各地许多地方（尤其是非洲）都很常见；非洲常以家畜支付。新郎"购买"他对妻子劳动与孩子的所有权，后者尤其重要。嫁妆指新娘与丈夫建立新家庭时必须随身带来的财物，这种风俗在欧洲和印度最常见，可能包括现金或家用品。

给新娘的现金
在中东，新娘的家人可能会付出一笔现金作为嫁妆，有预先继承财产的意味，旨在帮助新婚夫妻建立新家。

婚姻家庭

　　一对男女婚后常会建立自己的新家。新婚夫妻有三种选择：住在新郎父母家附近（从夫居），住在女方父母家附近（从妻居）或到全新的地方（新居）。非洲最常见的作法是从夫居，新婚夫妻往往在新郎父亲的大宅院里建立新家，以三代同堂大家庭的形式住在一起。世界各地的多数现代社会与城市，另建新居已经成为常态；这意味新婚夫妻从父母身边独立，另外建立自己的家。

搬家
定居埃塞俄比亚高地的哈莫族新娘，婚后会被接到新家与公婆同住。

真相

分居与离婚

20 世纪 50 年代以来，西方离婚率已增加一倍以上。在美国约有半数婚姻以离婚收场。在许多社会中，离婚已经比较容易，但对某些地方或信仰的人来说却非常困难。如果一对夫妇能提出证明，或许天主教会可以宣告他们婚姻无效，但天主教一般并不认可离婚。在信奉天主教徒的意大利，离婚率只有 12%。而古巴却有 75% 的离婚率。伊斯兰教虽然不鼓励离婚，但有针对离婚而制定的准则。

世俗婚礼
概要：没有宗教信仰的男女可以采取公证结婚，自行拟订誓词。

无关宗教的婚礼
愈来愈多男女举行无关宗教的婚礼，但他们仍交换誓词，并与朋友分享这个时刻。

如果想要举行没有宗教意涵的合法婚礼，可以参加公证处或其他领有执照的场所举行的公证结婚。

世界上有许多地方将户外婚礼视为不合法，因为有执照的场所必须是有遮盖的固定地点。

让新人自行拟订誓词的人本主义或称"自助式"婚礼，可以上山下海到任何地点举行，不过还是要经由公证结婚背书才有法律效力。

基督教婚礼
概要：所有基督教婚礼的共同点是交换戒指；可能也会宣读誓词。

西方和东正教教会的基督教婚礼在教堂举行。新人要交换戒指，而新娘依照传统方式穿象征纯洁的白礼服。根据英国国教的传统，新婚夫妻要交换誓词，承诺在面对生命的各个阶段，无论康乐或贫病都要坚贞不移。念过誓词之后，牧师会宣布这对男女已经是夫妻。希腊

真相
面纱的意义
结婚面纱的起源，或许可以追溯到很久以前：当时新郎抓到选中的女人时，会将毛毯丢到她头上，然后掳走。面纱对媒妁之言的婚姻也很重要，新娘的脸被盖住，直到男人在仪式中许下承诺之后才掀开。

印度教婚礼
概要：传统印度教婚礼包括许多象征性的动作和若干步骤。

传统印度教婚礼中，新娘和新郎分别视为代表财富的吉祥天女和毗湿奴的化身。在仪式进行的过程中，新娘会将脚放在婚礼篷一隅的石头上，然后由新郎告诉她未来要像岩石或山一样坚强。新郎新娘会被绑在一起，绕着圣火走四圈，代表人生的四个目标：责任、财富、快乐和在生老病死中找到心灵的自由。前三圈由新郎领新娘走，象征他将带领妻子达成这些目标，最后一圈由新娘领新郎走，象征人生的

传统舞蹈
某些地方的女性印度教徒，在婚礼庆祝会之后，会拿棍棒在街上表演传统舞蹈。

东正教会的婚礼不宣读誓词，而是以一些象征性的动作代替。首先，教士在教堂门口祝福两只结婚戒指。接着新人的教父母会帮新人交换戒指三次。"三"代表基督教信仰核心的圣父、圣子、圣灵三位一体。圣坛上的新人会得到以缎带连结的花冠，然后共饮一杯酒，再绕圣坛走三圈，表示婚姻的旅程。最后教士会祝福新人，将他们的手分开，象征唯有上帝能以死亡拆散他们。

白色婚礼
许多行基督教婚礼的新娘都穿白纱。这场婚礼在菲律宾马尼拉举行，新娘刚抵达教堂，她的父母和朋友在为她整理裙摆。

东正教的婚礼
这场伴着烛光的东正教婚礼在波兰举行，新娘、新郎站在教士身后。

心灵探索独立于其他三者。接着这对新人要走七步，彼此立下誓言，在走最后一步的时候，举头望着日月和诸神，请他们见证两人的婚姻，让这个婚姻像繁星一样长久。接着他们把供品放在圣火上，然后僧侣

红色与金色
红色是印度新娘的传统色。婚礼持续整日，坐在一起接受祝福是仪式的一部分。

会给予祝福。最后新郎、新娘将手放在对方胸前，承诺真心相待。他们也会承诺供养彼此，这个承诺完成之后，一整天的禁食就此结束，象征这对夫妻将会同甘共苦。

把钱钉在新娘礼服上
在某些基督教地区，新人的亲友有在婚礼过后把钱钉在新娘礼服上的传统。

中国婚礼

概要：中国婚礼通常选在吉日举行；他们的习俗包括奉茶。

中国婚礼习俗会随着地域、财富、社会地位而异。然而，对多数中国人来说，提亲和结婚的日子都很重要；中国人往往会请算命先生依星象挑选吉时良辰。

结婚当天早上，习俗上新郎要和同伴一起乘着装饰过的车到新娘家，接新娘到婚礼现场。新郎进门前必须先回答伴娘的问题，甚至要表演情歌或做伏地挺身证明自己的体力。接着新郎要给伴娘礼物，然后才进入新娘家。这时新娘正在屋里奉茶给她的家人，随后她才会离家去参加婚礼。

在婚礼中，新人要拜天地，并且祭拜新郎的祖先。婚礼后新娘要奉茶给新郎的家人，接着这对新人会收到用红纸包的礼物。

他们会找一个小男孩拿代表好运的红橘子给新娘，接着女性长辈会带新娘到洞房去等新郎。新郎在洞房里掀起新娘的盖头，夫妻系着红线的小酒杯喝酒，接着双方交换酒杯，手臂交错，啜饮第二口酒。

传统的船上婚礼
在周庄，新娘要搭运河船去自己的婚礼会场；婚礼也可能在船上举行。

新娘奉茶
新娘为宾客奉茶是婚礼的一部分。新娘戴的红色头饰是瑶族的传统装扮。

装饰过的车
婚礼当天早晨，新郎的朋友要以花装饰礼车。礼车是用来接新娘参加婚礼的。

韩国婚礼

概要：传统韩国婚礼采用若干繁殖力的象征；婚礼通常在新娘家举行。

交换礼物
根据传统，韩国的新郎新娘结婚时要交换礼物。礼物可能是戒指、珠宝或手表。

传统韩国婚礼在新娘家举行，新人站在一张桌子的两端宣读誓词。桌上放满象征物品：代表坚贞的竹子和针，代表长寿的栗子，代表忠诚的公、母鹅（鹅一生只有一个伴侣）。红色和蓝色的蜡烛则象征男人和女人。桌下有一只公鸡，早晨的鸡啼代表一段新婚姻的开始，另外还有一只母鸡，母鸡生蛋象征多子多孙。仪式后新人会在有纸门的房间里待三天，朋友会在纸门上钻孔窥视房间的动静。

神道教婚礼

概要：传统日本神道教婚礼，以仪式象征婚姻的长久。

喝清酒是日本神道教婚礼很重要的一部分。新人进入举行婚礼的神龛，站在神坛两侧。祭司挥舞纸棍涤净新郎新娘的家人，接着问他们是否同意这桩婚姻。这时几位穿着红色与白色衣服的女孩会带来三杯清酒来让新郎新娘轮流喝，每杯喝三口，这个仪式必需重复三次。日本人相信"三"这个数字很重要，因为三是无法对分的。接着这对新人要跟着覆述忠诚与顺从的誓言，然后让宾客分享清酒。完成这个步骤以后，新郎新娘便进入本殿，献上常绿植物的细枝，这个仪式象征持久的婚姻。

有象征意义的衣服
新娘戴的帽子被认为可以隐藏"忌妒的角"，而身上佩带的仪式用小刀则代表她令丈夫蒙羞时应当自杀。

犹太人的婚礼

概要：犹太人的婚礼通常在天篷下举行；其他习俗则依地方而异。

犹太婚礼在名为"彩棚"的天篷下举行，彩棚象征新人结婚组成的家。戴着面纱的新娘到天篷下与新郎会合，绕着新郎走七圈。念过婚礼诫命之后，就表示双方同意法律婚契，新娘于是接受新郎给的戒指。接着新人要念七段祝祷词，赞美上帝和他们的婚姻。他们会共饮一杯酒，之后新郎以脚踩碎这只酒杯，象征圣殿被摧毁以及婚姻的脆弱。最后这对新人在整日禁食之后一起进餐。

正统派犹太教婚礼
拉比正在念婚契。犹太教的婚礼可以在任何场所举行；他们会搭天篷象征新婚夫妻的新家。

结婚戒指

交换结婚戒指原本是罗马人的习俗，后来包括犹太教等许多宗教都予以采纳。过去一些犹太社群会将华丽的戒指出借给新娘，这种戒指有小房子装饰，而且刻着"恭喜"或"祝福"的字眼。

古代婚戒

生命周期

婚礼

穆斯林的婚礼

概要：穆斯林的婚礼包括颂读《古兰经》选文；不过其他方面则世界各地有所不同。

穆斯林婚礼通常包括打扮新娘、正式的婚姻协议和引介新郎新娘。这些仪式之后还有可能持续一到数日的家族庆祝会。

在巴基斯坦和印度，女性会参加一个称做"曼海蒂"（mehndi）的庆祝会，她们在这个庆祝会中唱歌，同时以姜黄和指甲花装饰新娘的手。北非马利的游牧民族图瓦雷格人，会请据信有神祕力量的铁匠，将黑砂抹进准新娘的头发里。含印度的南亚地区，称正式婚契为"尼卡"（nikaah）；由新郎的父亲提亲，

面纱之下
巴基斯坦的新娘和新郎在婚礼前，都要戴精致的帽子和面纱遮住脸。

准备结婚
北非的图瓦雷格族会在新娘的头发上抹黑砂粉末，然后编成辫子。最后再将混合红色染料的黄色糊状物抹在她脸上。

新娘的父亲应允。伊玛目（祭司）颂读《古兰经》经文，并负责协调双方男性成员，讨论新郎应付给新娘的聘礼数额，聘礼称为"梅哈尔"（mehar）。结婚条件谈妥之后，双方要写结婚契约，并请当事人过目同意。

虽然新娘新郎在结婚前通常已经见过面，不过仍有把双方视同首次见面的正式引介仪式。在南亚的某些地方，如菲律宾，新郎见到新娘时会摸她的头。新人在婚宴中坐在一起，不过应该表现得

结婚礼物包

结婚的行列
列队行进是穆斯林婚礼常见的步骤。印尼的这对新人正穿越稻田，走向结婚礼堂，参加结婚典礼。

闷闷不乐，新娘尤其要表现出为离家而伤心的样子。阿富汗人在引介男女双方时，会让两人盖着头并排坐，中间放一部《古兰经》。男女双方会各自拿到一面镜子，通过镜子看对方的脸。如果女方要嫁的人因为定居国外而不在现场，也可以用照片替代。印尼男女在经过正式引介之后，会由浩荡的队伍引导到一个礼堂，那里有亲友等着以豪华的宴会为他们庆祝。

在穆斯林的婚礼中，男宾与女宾通常无论座位安排、用餐或跳舞都分开，而且传统上要举行两场宴会：一场是新娘家为女儿饯行的宴会，随后才是新郎家庆祝新娘进门

指甲花染料图案

穆斯林的准新娘会以深棕色的指甲花糊装饰手脚，这种染料稍后会变成深红色。精致的指甲花染料图案，是由新娘的女性亲友为她画上的，其中也包含新郎的名字。穆斯林相信皮肤上的染料颜色愈深，代表这对准夫妻之间的爱也愈深。

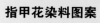

的宴会。

北非以骆驼比赛、读诗和唱歌作为结婚派对的特色。根据图瓦雷格族的传统，宾客会每天为新婚夫妻搭帐篷、拆帐篷，而且愈盖愈大，象征家族愈来愈兴旺。

新娘必须等新郎家的宴会结束后才可以回娘家。苏丹妇女婚后第一次回家必须带羊、米、奶油和糖等礼物，表示她是嫁到富裕的人家。

贺客临门
北非的图瓦雷格游牧民族骑着骆驼和驴抵达婚礼现场，男人骑骆驼，女人则是骑驴。

非洲部落婚礼

概要：非洲的部落婚礼有几种形式，不过通常都有象征离开父母家的仪式。

非洲部落婚礼最重要的部分，是象征新娘离开娘家，开始与新郎家人同住的仪式，以及附带的庆祝活动。在纳米比亚，新郎家要"绑架"新娘（通常会先安排），为她穿皮衣、涂奶油。东非马赛人的新郎要到新娘家接新娘，这时新娘的父亲会对新娘吐口水，作为告别的祝福。新娘的夫家会以宴会和舞蹈欢迎她。

在祖鲁的婚礼中，新娘会拿一把刀，象征性地切断她与娘家的关系，然后走向新郎。在完成婚礼的这个步骤之后不久，新郎要经历表现其男子气概的仪式。他必须用棍棒跟同龄人打斗，接着又要为他们治疗他所造成的伤，代表他守护、保卫同胞的责任。索马里的婚礼一直持续到这对新人的第二个孩子诞生为止。

打扮新娘
马赛战士以天然颜料为准妻子的脸装饰图案，准备参加婚礼。

祖鲁新娘
许多社会都以面罩盖住新娘的脸。这位祖鲁新娘戴着以红白线结成的面罩。

祖鲁的结婚队伍
在一场祖鲁婚礼中，新郎新娘的家人和其他社群成员组成了一支游行队伍。

同性婚姻

概要：少数国家已经将同性伴侣的婚姻合法化。

1998年，荷兰成为最早解除同性婚姻禁忌的欧洲国家，给他们与异性婚姻平等的地位。虽然挪威、瑞典、丹麦准许同性恋人登记配偶关系，也给予同性配偶合法的共同抵押、纳税和离婚等资格，但他们仍然不能收养孩子、采用共同姓氏或寻求生育治疗。丹麦同性配偶可以在教堂庆祝他们的法定关系，但没有为他们设定的宗教仪式。

一对同性恋者在丹麦结婚

集团结婚

概要：某些社会会为了经济或象征性的理由鼓励集团结婚。

韩国的统一教在包括美国等许多国家都有信徒，这个宗教以举办集体婚礼闻名。1995年，统一教领袖文牧师亲自为3.5万对男女配对结婚。中国举行的集体婚礼，可以让许多人在十月少数特别吉利的日子结婚。集体婚礼也可能为凸显政治事件而举办，例如伊拉克前领导人萨达姆就曾经在2000年时主持一场婚礼，纪念入侵科威特。举行集体婚礼也可能出于经济理由；如叙利亚政府就举行集体婚礼鼓励结婚，让大家不必担心因此负债。

穆斯林的集体婚礼
在孟加拉达卡举行的一场集体婚礼中，身穿结婚礼服的女人正在等待她们的新郎。这类婚礼如苏丹和巴基斯坦等其他国家也都很受欢迎，可能由政府举办、出资。

集体的白色婚礼
在中国台湾省举行的这场婚礼有上百对男女参加；集体结婚可以减轻家庭负担。

生命周期

家庭

　　夫妻生下子女以后，将新一代带入因血缘、婚姻、同居和收养而形成的人际网络：家庭。世界各地组织家庭的方式非常不同。特定的亲属关系受到不同程度的重视，彼此应对的方式及相互的义务也有不同的规则。除此之外，家庭生活意义也有各种不同的宗教诠释。西方人眼中的"家庭"，可能指住在同一个屋檐下，由父母与兄弟姊妹组成的小单位，但非洲人所谓的"家庭"则可能是指崇拜同一位祖先的一大群人。不过两者之间还是有共同点：大家都把自己的家庭当作最大的情感与经济支柱，当支柱崩解时，就会觉得世道更加艰难。

真相

生育率

某些生育率（每个女人生育的子女数）最高的国家，也是全世界最穷的国家。在非洲如马里、卢旺达、索马里等地区，平均每个女人有七名以上的子女。但这些国家五岁以下婴幼儿的死亡率，也是全球最高的。在这些国家从事教育、医疗的国际组织有许多目标，其中之一便是减少婴儿死亡率。

生儿育女

　　女人怀头一胎的年龄差异很大，因此平均生育人数也不同。在非洲与亚洲许多地方，为数众多的孩子与乡村生活方式（乡下孩子为家庭提供重要的经济贡献）以及早婚息息相关。孟加拉女性半数在 18 岁就已经结婚生孩子。生育率最低的国家是俄罗斯、爱沙尼亚和捷克，平均每个女人生 1.2 个孩子。发达国家的生育率正在降低，妇女的生育年龄也愈来愈晚。这通常是由于晚婚、生育孩子的花费提高，以及妇女愈来愈重视事业的缘故。妇女最佳的生育年龄是 18 至 24 岁；到了 30 岁，妇女的生育力已经降低 30%，到了 40 岁则降低 60%；停经则为自然生育力画上休止符（见 133 页）。

年轻的父母
亚洲许多地方的妇女，如图中的这位孟加拉妇女，年纪轻轻就开始生育，她们通常子女众多。大家庭对乡村社会来说是好事，因为孩子可以帮忙照顾土地和牲畜。

家庭焦点
即使家庭的定义和种类在世界各地有所不同，但家庭的确是多数人日常生活的核心，图中的蒙古家庭表现了家庭生活的亲密性。

年长的父母
近年来许多发达国家的夫妻有延迟生育的趋势，许多人等到 30 岁以后、甚至到 40 出头才组织家庭。

历史

基布兹的生活

基布兹是以色列特有的乡村社群，设立之初，理想主义者相信核心家庭已经过时，儿童应该离开父母，与其他儿童一起被人抚养，他们相信公社应该像一个大家庭。直到 1970 年，公社里的孩子晚上都由特别指定的人照顾，睡在儿童之家。不过，无论父母或孩子都觉得这样的制度非常令人困扰。目前所有基布兹的孩子在十几岁以前都和自己的父母一起睡，儿童之家已经变成日间托儿和活动中心。

家庭的类型

　　西方夫妻会搬离父母家组织自己的核心家庭，有时候也有若干有亲戚关系的核心家庭同住一个屋檐下的状况；也就是所谓的"复合式家庭"。在许多社会中，配偶的一方会搬去与姻亲同住，组成包括一群兄弟姊妹、他们的配偶、儿女和祖父母的三代同堂大家庭。在容许多配偶制婚姻的社会里，也会形成由一个男人和若干妻小同住的大家庭。除此之外，还有许多其他的家庭形态，如母系家庭（由一位母亲和她与不同伴侣生的孩子同住），在加勒比海就很常见。许多西方人根本不与家人同住：根据调查，2001 年英国的独居人口便超过核心家庭的人数。

大家庭
在印度拉贾斯坦很普遍的大家庭，为拥有好几个孩子的妇女提供支援。

家庭关系

文化价值会影响兄弟姐妹、父母、祖父母和堂表亲之间的关系，使某些关系比其他关系更显重要。例如，西非的约鲁巴文化就会让所有的孩子离开父母，与祖父母同住一段时间，以确保他们的道德发展健全。在秘鲁的盖楚瓦族社群里，孩子与外公的关系，远比他与爷爷的关系更重要，因为小孩只由母亲这一边获得继承。许多社会都会区分叔、伯与舅舅等关系：父亲的兄弟通常称为"父"，以显示与父亲这边的关系较优先。许多文化都认为姻亲关系特别容易出问题，有些文化会对男性、女性或男女方姻亲的互动设限，以免冲突。例如，在澳大利亚原住民社群中，丈夫不能接近丈母娘或说她的名字。在巴布亚新几内亚，丈夫则不能说出任何妻子亲戚的名字，甚至必须避免直视他们。

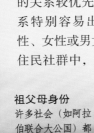

祖父母身份
许多社会（如阿拉伯联合大公国）都珍视祖孙关系。

双胞胎
双胞胎彼此之间或许是所有关系中最密切的，双胞胎有时候会觉得彼此心灵相通，甚至不需要其他人。某些文化将双胞胎视为特殊而令人崇敬的。

手足关系
兄弟姐妹是现成的玩伴，他们的关系是所有亲属关系中最持久的。

继承权议题

人类喜欢将自己的财产，包括土地、牲畜、房屋、家具、珠宝、金钱、知识和权力，保留在自家人手上。世界上多数社会都有规范继承权的法律。在实行父系继承制的社会里，财产由父亲传给儿子。在母系社会里，如加纳的阿散蒂族，儿子则是继承母亲家的财产；确切地说，是母亲兄弟的财产。在某些文化里，所有孩子都有平等的继承权，其他文化则由长子继承一切（这种作法称为长子继承制）。有时候，如中墨西哥的特拉克斯卡拉族，则以幼子为主要继承者（这种习俗称为幼子继承制）。

继承的土地
世界某些地方（如英国），习惯将土地一代传一代，传统上由长子继承。某些社会则会有明显不同的继承法则。

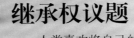

收养外国儿童

收养外国孩子通常要经过旷日废时的手续。瑞典（与美国）收养外国儿童的比例最高。在瑞典约三万五千名登记在案的外国收养儿童中，有70%是女生，而且大部分来自亚洲。研究显示有四分之一的外国收养案例后来会发生语言发展、学习困难和严重的自我认同危机等问题。

生命周期

独生子女
一对夫妇只生一个孩子，已是现代中国的常态。

核心家庭

中国家庭

概要：中国家庭受到法律限制，只能有一到两名孩童。

1980 年开始，中国为了抑止人口过快增长而实行计划生育。都市家庭通常只能生一个孩子，乡村家庭能生两个孩子。据估计实行计划生育以来，减少约两亿五千万新增人口。

随着城市化与现代化，中国家庭已由传统的大家庭逐步改变为以父母孩子为核心的现代小家庭模式。但仍与父辈保持紧密的联系。

核心家庭

因纽特族家庭

概要：约有四分之一的阿拉斯加因纽特族儿童受到收养，在家庭间形成极强的联系。

在阿拉斯加的因纽特族社群中，约有 25% 的孩子被生父母所属社群的人收养。因纽特人认为收养可以确保每一对（包括因为不孕或年纪太大不适合再生育的）夫妻都

养父母
许多因纽特族儿童由祖父母收养，当作生父母的弟妹来抚养。

有孩子可养。收养也被视为分担育儿工作的方式，确保每个孩子都能得到所需的爱与关注。最常被收养的往往是第一个孩子，因为他们相信母亲要到生第二胎时，才有更充分的为人母准备。通常第一个孩子是由母亲的父母收养，意思是这个孩子会成为母亲的"弟弟"或"妹妹"。收养彼此孩子的夫妻，关系会因此变得更紧密，养父母会致赠金钱、或资助孩子的生父母。因此，收养制度让家庭的纽带向外扩延，

因纽特族母子

将因纽特族社群连结在一起。

核心家庭

伊班族家庭

概要：伊班族家庭分别住在公社式长屋中的房屋单位里。

马来西亚与婆罗洲的伊班人住在公社式的长屋里，长屋通常建在河边。每间长屋都由许多间套房构成，每个套房住着不同的家庭，这些套房以走廊相连，走廊是共用的空间。"比莱克"（bilek）这个字同时被用来指称家庭和长屋里的一个套房。

新的长屋由兄弟姊妹和他们的

配偶组成的团体兴建，当他们的孩子结婚另组家庭时，会在原来的长屋旁兴建新的套房。因此，在一个大长屋里，占据中心位置的家庭，彼此的关系往往比住在末端的家庭密切。

新婚夫妻可能住在新郎或新娘家的套房，直到他们自己的孩子诞生为止。为了有资格获得属于自己的套房，

伊班人的长屋
马来西亚沙劳越的传统长屋通常建在河边，是整个社群的家。

成为真正的"比莱克"，夫妻必须先拥有一架织布机。妻子会为丈夫织花纹寝具。伊班人相信他们编织的花纹来自天上，丈夫获得的手织寝具能让他在梦中到达天堂，因此纺织让夫妻关系和未来一家人的心更加紧密。

伊班人的套房
许多不同的核心家庭，分别住在传统长屋的个别单位里。

大家庭

摩门教家庭

概要：少数摩门教徒过着多配偶制的生活，一个丈夫娶好几个妻子。

多妻
虽然多配偶制（也称为复婚）在美国许多州并不合法，但这类法律很少被严格执行。

摩门教从 19 世纪中叶开始实行一夫多妻制。当时他们的创办人史密斯提倡多配偶制，他说多配偶制是一种"天赐的婚姻"。从当时开始，摩门教已经因为这个议题分裂多次。目前多数摩门教徒遵循美国的法律规定，采行一夫一妻制。在居民多数为摩门教徒的犹他州，约有 5% 的摩门教徒采行多配偶制，这是不被法律认可的非正式作法。这些摩门教徒离群索居，而且不愿张扬他们的生活方式。

大家庭

中国藏族家庭

概要：有些中国藏族家庭是由一名妻子、数名丈夫以及他们所生的孩子组成。

中国的藏族曾有一种全球最稀有的家庭结构：一妻多夫制，即兄弟数人共有一个妻子。通常长兄有掌控弟弟的权威，然而一旦弟弟成年后，兄弟即成为性关系的伙伴。西藏人认为这种不寻常的家庭制度有几项好处：在知道妻子有人照顾的状况下，某几位兄弟可以长期离家放牧牲畜。此外，农田也可以保留在一整个家庭单位手中，而不是由男性继承人瓜分。尽管时代发展了，但这种婚姻形式在中国藏族某些地方依然保存。

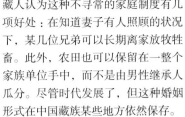

夫妻
一名藏族女子与她的六名丈夫之一（图左）在家里。喜马拉雅山的家庭不全都是一妻多夫制，也有一夫多妻制存在。大家庭有助于利用土地贫乏的资源。

真相

许多父亲

中国藏族一妻多夫制家庭的子女，往往不知道亲生父亲是谁（虽然他们的母亲可能知道）。家中所有的孩子都称母亲最年长的丈夫为"父亲"，称她的其他丈夫为"父亲的兄弟"。孩子长大以后，可能重复相同的模式，娶同一个女子为妻，因此这些孩子会有许多父亲和祖父。

大家庭

索马里家庭

概要：索马里人以概述家族背景的方式相互问候。

家族和血统在索马里的重要性，可以从他们的日常问候语"您出身哪一家？"看出。索马里人会回答自己来自哪一个大家庭，以及属于哪个共同祖先的家族。即使小朋友都被要求明白回答他们的血统，以及在家族结构中的位置。在索马里，每五桩婚姻就有一桩是多配偶制，也就是一个男人娶一个以上的妻子。每个妻子在家族大院里都有自己的房屋，丈夫则定期到各间房屋过夜。

索马里妻子
索马里家庭的家长通常是男人，但养儿育女和家务却由女人负责。

大家庭

地中海地区的家庭

概要：地中海国家（如希腊和意大利）的家庭，通常人数众多而且关系紧密。

地中海国家（如希腊和意大利）家庭的亲戚通常都住得很近，他们常在一起吃饭、讨论家庭事务。这些文化非常重视婚姻，在所有欧洲国家中，同居不结婚和单亲家庭的人数，以希腊和意大利最少。家庭规模也很重要，地中海地区夫妻的子女人数往往比欧洲其他地区多。不过潮流正在改变，愈来愈多年轻人搬出家里，选择不婚，或生育较少子女。

家族聚餐
地中海地区的人经常举行家族聚餐。午餐可以持续整个下午，彼此闲话家常。

家族聚会
这个缅甸大家族齐聚一堂，庆祝一个男孩进入僧院见习。

大家庭

缅甸家庭

概要：缅甸的扩展家庭不但住在同一栋房子里，而且会一起庆祝佛教节日。

大家庭在缅甸所有族群团体都很常见，每个家庭可能包括丈夫、妻子、他们的子女、叔伯、舅舅、婶婶、舅妈、伯母、姻亲、堂表亲和祖父母等。宗教十分重要，佛教习俗和仪式将家庭连结在一起。根据佛教教义，儿童要将父母视为崇高无上，他们最重要的崇拜行为是对父母孝顺。在点灯节那个月（即守夏节尾声），小朋友遇到父母时必须鞠躬，表现得比平常更恭敬；家庭也会每天在家中的神龛拜拜。

缅甸的大家庭会因为宗教庆典等场合而聚在一起，男孩进入寺庙学佛是其中最重要的家庭活动。所有亲戚在他开始入寺习佛时，都要来向他祝福。

近年来，缅甸的政治动荡对家庭生活造成多方压力。许多缅甸人沦为难民，家庭分崩离析。因为许多丈夫和父亲都死于政治冲突，因此以女性为家长的家庭增加。贫穷迫使许多家庭将孩子卖给别人帮佣、还有的甚至沦为妓女。

日常生活

　　睡觉、洗涤、烹饪、进食、工作和休息，是许多成人每天从事的活动。但从事每件事的时间长短，却有很大的差异。一个人所属的国家、地位、性别、收入、兴趣和对家庭的投入程度，都会影响每天准备食物时间的多寡，以及是否有余裕从事娱乐。宗教团体成员、具强烈信仰者，或基本教义派国家的人民，可能以礼拜为生活重心。印度乡下的女人每天都花很多时间捡柴、烹饪和耕作。相对地，日本的"白领阶级"则很少待在家里：他们每天花数小时搭乘公共运输工具通勤，晚上还要和同事应酬。

家庭生活

　　家可能是一个人消磨许多时间的建筑，也可能只是睡觉的场所。家可能有专供礼拜的地方，也可能同时是办公室或家庭工厂。可能整个社群共用一栋建筑，几代同堂住在一起，或与一位没有亲戚关系的女性同住，由她协助照顾孩子、烹饪和清洁工作。对西方男人来说，家是培养嗜好或维修汽车和房子的地方。传统上，女人被视为家庭主妇，即使有些女性抱持不同的期待，往往也难以免俗。因为无论西方或发展中国家，托儿的费用高和托儿对象难寻，或许加上配偶拥有更强的挣钱能力，都使女人必须照顾家庭和管理家务。在苏丹，两性之间的区隔更大。例如，苏丹东部贝札族的习俗或法律，不但禁止男女公开自由相处，更进一步将这种作法延伸到家里，男性、女性有分别的专属区域。许多文化也都要求妇女在男人用过餐后才能进食。

用河水洗涤
在没有自来水的家庭里，女人每天可能要花很多时间汲取饮用水。印度妇女用河水清洁衣服和身体。

生命周期

打谷
非洲某些地区的妇女每天花好几小时为家人收集食材、准备食物。非洲马里这些门迪族妇女正用大型研杵和研钵磨谷粒。

整修房子
20世纪80年代以来，"自己动手做"变成许多欧洲和北美家庭的周末消遣，男女都会参与。

议题

身兼职业妇女的母亲角色
经济情况、个人选择和社会压力，都影响母亲生产后是否或间隔多久才重回职场。在发达国家，女人无论在孩子还小就回去工作，或不回去工作，都可能感到罪恶感。职业妇女可能雇人照顾家人，或将孩子送到托儿所，如此一来，妇女就可以继续发展她的事业了。

上市场
泰国当能沙朵市场里，是以水上摊贩的形式买卖民生必需品的买卖。

工作

多数人在 16 到 65 岁之间，每天至少花 8 小时待在工作场所里。这样的投入程度影响他们如何安排生活、别人如何看待他们，也决定他们有多少闲暇以及收入多寡。然而，工作对不同的人来说，有不同的意义。印度的乡村女子白天可能都在路边打工，但如果她在西方出生、受教育，就很可能在办公室里用电脑设备工作。对于一个人是否该从事某种工作，家庭或社会可能给予压力（见"种姓制度"，262 页）；一个国家的经济状况或工人的性别，可能会进一步限制选择。从事极低薪工作的人，可能要兼职，才能赚得温饱。在西方，传统的"终身职"已经愈来愈少，多数人都签短期合约，或同时为几位雇主工作。弹性上班制虽然十分受雇员欢迎，不过企业对这种制度的优点仍然存疑；将有许多人通过互联网在家工作的预言，也尚未成真。

采茶者
在茶园采茶的多半是女性。不但劳力密集，而且工作时间长、工作辛苦。

向退休迈进
许多国家的人直到无法工作才退休，然后由家人照料。西方国家则可能以法律规定退休年龄。

健康
轮班工作的影响

轮班工作（尤其是夜班）可能危害健康，疲劳、压力和睡眠失调都是常见的现象。轮班可能影响感情与交友状况，因此造成情绪或社会问题。研究也显示，与其他雇员相较，轮班工作者发生心脏疾病的比例比其他雇员多 40%，肠胃比较容易出毛病，也比较可能早逝。

救护车工作人员
救护车组员等紧急救难人员提供全天候的服务，但轮班工作可能影响他们的健康和人际关系。

闲暇

在发达国家，闲暇时间极为宝贵，是放松、与朋友相处和从工作的紧张与压力中恢复过来的机会。在西方，加入健身房或运动俱乐部会员，被许多人当作久坐工作或搭车通勤的调剂。然而，工作与闲暇时间的区别可能已经开始模糊了。责任重、工作压力大的雇员，可能要签约同意随时与公司保持联络，甚至包括下班或假日期间。某些文化对于工作和居家场所并未做明显区分。许多社会的社交生活都围绕着大家庭进行。从希腊到中国等许多国家，咖啡店和茶馆都是男人闲暇时的去处。运动也是举世欢迎的活动，足球受欢迎的程度，使它成为一种能跨越语言藩篱的通用语。

玩游戏
在地中海地区和中东，男人闲暇时常会和其他男性上咖啡馆。西方双陆棋（如图）是受欢迎的游戏。

上电影院
在世界许多地方，上电影院是很受欢迎的休闲活动，无论个人、情侣、夫妻、朋友或一家人都爱一起看电影。

生命周期

准备餐点

概要：某些社会仍将准备餐点视为女人的工作，而且可能要花费一整天的时间。

准备食物
印度乡下的女人每天要花大半天为家人准备食物，其中包括煮食和生火的步骤。

在印度或非洲乡下地区，为家人准备伙食可能要花费大半天，相反地，西方都市人家准备一餐，可能只要花费几分钟。利用微波炉，现成食物从冰箱拿出来到端上餐桌，可能只要几分钟。然而在印度乡下，在没有电力和自来水的状况下，则可能花上5个小时。在许多发展中国家，女人要负责准备所有的食物。她们常要捡柴、汲水、起火，然后才可以开始煮食。煮米的时候，还要先经过打谷、碾米和洗米的步骤。

进餐安排

概要：许多社会对于每个人吃饭时的座位和时间安排，都有严格的规范。

安排进餐方式往往反映一个团体的阶级制度；伊斯兰社会的男女往往分别进食；马尔代夫女性要先帮男人洗手、上菜、看他们进餐，然后才轮到自己吃。在整个南亚，用餐座位能反映地位，最尊贵的人坐在面对门口、但离门口最远的位置。中国人习惯安排比较重要的客人坐在主人右边，而非常正式的欧洲晚宴上，贵宾会坐在首席，也就是桌上摆盐罐的地方。相对于座位位置，非洲许多地方都以高度代表地位：男人坐在桌前的

家族聚餐
中国人通常一起进餐，从共同的碗盘中取食。图中是四川典型的香辣菜肴。

椅子用餐，妇孺则坐在地垫上。在玻利维亚，进餐是社交活动，一个人独自吃喝是不礼貌的行为。

一起进餐的男人
在非洲马里，中产阶级和朋友吃午餐。大家都只用右手进食。

照顾儿童

概要：双薪家庭的小孩可能需要托育照顾，但安排托儿并不容易。

在多数发达国家，愈来愈多的妇女在生育后快速重回职场。美国有61%的学龄前幼儿都是由母亲以外的人照料，通常扮演这个角色的是祖父母，但还有日间托育中心和保姆。

然而，在非洲社会，许多母亲在处理日常杂务时，都将孩子带在身边。等孩子长大后，再托付给"保母"，这位保姆往往是出身较贫穷家庭的女性亲属，她们可能是辍学来照顾孩子。

一对卢旺达母子

家庭清洁

概要：家庭清洁工作不只有实用的功能，也有象征性的意义。

在安第斯山地区，每日天刚破晓的第一件工作就是清扫家里。妇孺拿着扫帚打扫大院里扫也扫不完的灰尘。这项工作可以保持身体和精神的洁净，他们相信扫地可以除去趁着黑夜闯进屋里的邪灵。

打扫房子也象征除旧布新。在全世界庆祝中国新年的地方，家家户户都要做春季大扫除，为这个特别的日子作准备。

辛苦的清洁工作
西非几内亚比索的妇女打扫时不借助省力的工具。

保持清洁

概要：某些文化认为沐浴除了卫生目的之外，还有宗教与社会功能。

即使在最贫穷的社会，肥皂也是基本家用品，不过这些地方无论洗澡、洗头、洗衣都用同一块肥皂。在发达国家，则有一系列产品供各种用途使用。肥皂是公元前2800年在巴比伦发明的，当时混合油与灰制造肥皂的配方，我们至今仍在使用。罗马人将沐浴引进欧洲，

建造豪华的澡堂，这些澡堂很类似伊斯兰国家至今仍使用的土耳其浴（蒸气浴）室。多数宗教都有关于身体卫生的律法。例如，穆斯林礼拜前必须净身，如果没有水，可用沙代替。此外，流汗和蒸气可与肥皂和水达到相同的清洁效果，这就是北美印第安式蒸气浴、俄式蒸气浴、芬兰桑拿浴所使用的技术。在芬兰，500万人口即拥有200万个桑拿浴室。

蒸气浴
许多社会至今仍流行蒸气浴场（如伊斯坦布尔这一座）。浴场不只是供人清洗的地方，也提供放松和交谊的机会。

在河里洗衣服
纳米比亚的希姆巴人有所谓"洗涤日"，即到河边去的日子。当地妇女用石头敲打衣服，再将洗净的衣服放在太阳底下晒干。

健康

取得干净的水

对某些人来说，饮用水可能是致病和死亡的原因。有10亿以上的人口无法取得清洁安全的饮用水，而必须仰赖发臭、污染的水源。这些水通常含有可能造成腹泻的微生物，或可能进入血管的寄生虫，好比会造成血吸虫病（裂体吸虫病）的寄生虫。

工作
耕种与收成

概要：科技可以改变农业产量，却无法保证一定丰收。

全球有数十亿人每天忙于耕种与收成，供自己和家人食用，或以此赚取收入。耕种食用作物、饲养动物和捕鱼常需要体力劳动，农夫和渔民往往要长时间作业。耕作的模式很多，从亚、非许多地

方仅供糊口的小范围耕作，到欧美一些地方的大规模机械化商业农场都有。

在传统农村社会，全家都要参与耕种，女性负责照顾作物，小男孩负责照顾牲畜。一天可能从凌晨三四点开始，到日落时结束。世界各地的渔民往往晚上捕鱼，接着将鱼货带上岸，准备在早晨的市场贩卖。

科技发展改变许多人的日常生活，例如在苏丹，原本过游牧生活的人，因为学会使用牛犁，而成为能耕种更大片土地的农夫。过去他们用锄头松土，有了牲畜的帮助，使耕种变得较不费力，而且作物产量也足以拿来出售。相对地，古

巴在"苏东风波"，大规模机械化农场随之崩溃后，农民又必须回到传统的农耕方式。例如，1980年古巴有1,000对犁田的牛，到了21世纪初则有30万对。

渔民的鱼获量
渔民出海捕鱼几个小时后，回到码头将他们鱼获分类。上图是中国台湾海峡澎湖岛上的人。

葡萄收成
在大片葡萄园里，机械收割机加快了收成的速度，减少短暂收割季对人手的需求。

动物劳工
越南普遍使用牛来犁田，让农夫可以耕种比以往更大片的土地。

工作
劳力工作

概要：有些人可能不得不从事劳力工作，对有些人则是不错的机会。

在印度，种姓制度（见262页）规定较高阶的种姓不可以从事劳力工作。因为劳力工作被视为有失身份而污秽的，只有比较低阶的种姓才能做，甚至他们的名字都与特定工作有关，如"鞣皮工"、"铁匠"或"清洁人员"。在发达国家，劳力工作也被视为低级的职业，令人联想到危险的环境。在加拿大，劳动业（包括采矿、林业和建筑）只占14%的工作比例，职业伤害却高达33%。英国的农业劳力工作者人数已经下降，现在同样的工作由较少的

人来做，造成工时延长。工人可能筋疲力尽，而疲劳会增加发生意外的可能性。农业是英国所有产业中安全记录最差的，平均每周有一人死于农耕意外。然而，劳力工作也可能代表一个人改善状况的大好机会。每年有数以千计的尼泊尔移民劳工，参与美国濒墨西哥湾各州的建筑工程，在那儿工作一季所赚的钱，比在家乡做同样工作一辈子赚得还多。所有工作都有风险，但全世界最长寿的夫妻（两人分别是100岁和101岁）将他们的健康和长寿的秘诀，归功于一辈子在泰国稻田里劳动。

身体劳动
印度男女受雇为筑路工人。当地机械很少，这种工作既费体力又危险。

生产线
需要巧手的工作，以聘请女性雇员为主。这些女人在中国香港的电子装配线上工作。

血汗工厂

许多要卖给工业化国家人民的衣服，都在发展中国家（如印度和孟加拉等）未加规范的纺织厂制造。这些生产中心的工作条件，连工业化国家最基本的健康、安全规范都达不到。孟加拉约有150万人在纺织业以及这类工厂里工作。这些雇员每周可能工作长达70小时，却还是只拿到最低薪资。

工业环境
大型管线可以传送化学药品、水和废料。有健康安全规范的国家，会要求工人穿戴防护衣和头盔。

生命周期

抗老

老化的生理影响可以透过如运动和调节饮食等特定生活形态因素来降低，持续活动筋骨和四处走动有时候可以延缓老化效果，活到很老依然非常活跃的实例很多。有些社会的人过着比西方人更劳累的生活，因此得以避免西方人常患的老年疾病。同样地，均衡并能降低心脏疾病与肥胖风险的饮食，或许也能帮助人维持健康直到老年。不过，基因和老化也有关，长寿往往会遗传。根据可靠记录，在世界上最长寿的人当中，有一位名叫卡尔门的法国女性，她在1997年过世时已经122岁了。这位女士有一则最为人津津乐道的故事：话说卡尔门的律师与她做了一笔房地产交易，原本想从中获利，却比她先过世。她85岁开始学习击剑，100岁开始骑脚踏车，121岁的时候录制一张饶舌CD。证据显示人类寿命的极限大概是120岁。

100 岁的滑雪者
日本的三浦敬三（Miura Keizo）从14岁开始每年都去滑雪。他在滑雪坡道上庆祝自己的100岁生日。

在公园里打太极拳
在越南许多人打太极拳。对于任何年龄的人来说，这都是有助维持体力和弹性的传统运动。

最长的寿命

许多中国台湾老人都过着活跃的生活，直到九十或一百多岁都能独立生活。他们的长寿部分归功于低热量、低脂肪和大量蔬果的饮食。其他重要的生活因素还包括运动、强烈的宗教信仰和坚定的社会家庭关系（有助于降低紧张）。与北美洲人比起来，琉球人罹患乳癌和前列腺癌的机率少80%，罹患卵巢癌和结肠癌的比率则不及一半。研究也发现，琉球人的动脉比较健康，也少罹患心脏疾病的风险。

改变中的角色与照顾

老年人有时候会被视为家庭与社会的负担，但也不尽然如此。在工业化以前的时代，老年人可能会享有比现在更高的地位。世界各地，如亚洲的许多地方，老人被视为累积学问与智慧的宝库。在过部族生活的非洲，老人在社群里有非常确定的长老地位。

西方世界中，年老后都会被鼓励或强迫退休，丧失他们的社会角色与地位。在财力降低而且健康不佳的状况下，老人最后往往变得消沉，感觉自己不被需要，然而却也不必然如此。例如日本老人不但受敬重，而且是被纵容的。

大家普遍相信老年人一定会受到照料，通常负担这项工作的是媳妇。当人年老后需要照料时，可能由家庭或社群提供照顾。越来越多西方社会老人在无法照顾自己的时候，需要居家照护服务。

祖父母的角色
许多老人会成为祖父母，甚至曾祖父母。他们可能在协助照顾孙子中找到自己的角色。

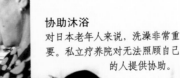

协助沐浴
对日本老年人来说，洗澡非常重要。私立疗养院对无法照顾自己的人提供协助。

享受晚年生活
印度人的平均寿命约61岁，只有4%的人活过65岁。许多国家的女人都比男人长寿。

死亡

多数西方人在成长过程中都会受到保护，不必去面对死亡这件事，许多人直到父母或祖父母往生才目睹死人，甚至这时候往往都还回避着。过去多数人在家中死亡，死亡被视为人生中很寻常的一件事。传统社会至今仍是如此，但在欧美，至少有 70% 的人在医院过世。死亡可能在意料之中发生，如在罹患致命的疾病之后，或突然发生意外事故，会使所爱之人大受震惊。对死亡的态度，以及对死亡和死后之事的信念，深受我们的宗教信仰与文化影响。

最后遗嘱
人往往在生命的某个阶段立下遗嘱，表明自己死后财产应该如何处理的意愿。

准备死亡

在西方，多数成人会避免深入讨论或思考死亡，因为将死亡视为遥不可及的概念比较容易逃避现实。但死亡终究无可避免，而当死亡发生时，文化仪式变得尤其重要。为死亡作好准备，意味接受死亡这个定局，确定个人的意愿会被遵行。这些意愿往往透过遗嘱表达，遗嘱是一种法律文件，预先安排个人死后财产的处理方式。多数西方人从生命的某个阶段开始立遗嘱。在某些国家，如美国，罹患慢性或致命疾病的人可能立"生前"遗嘱，表明在什么样的状况下不愿意接受急救。我们很难知道临终者的想法和感觉，面对死亡的方法和态度会因为个人的精神与宗教信仰而异，在多数社会里，家人会聚在一起给临终者安慰与支持，有些文化会让孩子参与这个过程，有些则认为这是成人的事。

家庭聚会
有亲近的家人在身边，对重病或临终者是一种安慰。但有些人死得突然，使家人没机会聚在一起。

议题

濒死经验

许多人宣称曾经拥有濒死经验（NDE），一时以为自己已经死亡。这些人表示当时有一种强烈的喜悦或平静感，许多人都说他们感觉自己在尽头有光的隧道里旅行。不过科学家提出解释，认为这类经验是脑在"作怪"。眼睛视野的中心比边缘活跃，可以解释所谓隧道的效果。脑中也可能充满像吗啡一样的天然物质，则解释何以有喜悦的感觉。

死亡的瞬间发生了什么事？

当心脏停止跳动，脑部活动停止，就是死亡的时刻。在这一刻即将发生之前，呼吸会变得很不规律，忽短忽长。高血压会将体液挤进入肺部。当心脏停止跳动，空气便不再进出肺部，组织一旦缺氧便无法继续运作，缺氧不超过 10 秒，脑部的电波活动便会降低，4 分钟内就会受到无可挽回的损伤。眼睛的瞳孔迅速放大，对光不再有反应。体温从正常的 37℃ 下降，肌肉在 4～6 小时内变硬。疾病致命的因素在于心肺衰竭，或如肝或肾等其他重要器官严重受损所造成心肺停止运作，究竟是哪个器官衰竭，不一定能确定。有时候可能几个器官同时失灵。

死亡原因	百分比
心脏疾病	38.7%
感染	19.0%
癌症	12.2%
受伤	8.9%
呼吸道疾病	6.3%
出生立即死亡或不久即夭折	4.4%
消化疾病	3.5%
其他	7.0%

死亡原因
心脏疾病在全世界都是主要死因。死亡原因排序因国家而异。

真相

守灵

守灵是爱尔兰的传统，原本是为了"看守遗体"而举办。因为有人看守，所以亲友在丧礼前的夜晚随时可以来访，而且由于他们往往是远道而来，因此丧家也会提供便餐。守灵是丧礼前的仪式，后来成为现代丧礼后举办宴会的先驱。"守灵"（the wake）这个词来自古英文的 waeccan，也就是苏醒的意思。望文生义，"看守"就是要确定逝者已死，不会在守灵时苏醒过来。

有关死亡的信念

一个社会或一群人举行丧礼的方式，反映他们对死亡（包括阴间或来生）的信念。基督徒相信如果他们遵守耶稣的教诲，死后将可以上天堂。佛教徒相信生命循环不息，依生前的行事方式，死者将在不同的"道"中再生。对犹太教徒来说，死亡后必须立刻埋葬整具遗体，这样灵魂才能在审判之日上天堂见上帝。印度教徒相信他们死后会转世化身，因为不再需要身体，所以印度教徒选择火葬的方式，然后将骨灰投入水中涤净。对某些人来说，死亡意味结束：无神论者参加丧礼只是为了向死者致敬。

葬礼的祝福
某些宗教偏好土葬。在越南举行的这场基督教葬礼，穿着传统白衣的哀悼者在棺木下葬前献上一个祈福经文。

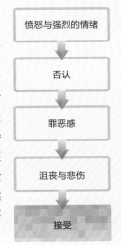

火葬
印度教通常将死者火化。这种处理尸体的方式，反映死后不再需要这个身体的信念。

服丧与哀悼

许多文化都遵守一套流程固定的服丧期，在特定期间里表达他们的哀伤。例如，穆斯林在亲人死后40天内不剪头发。印度教徒则在家人死亡七日间不在家里下厨，仰赖朋友为他们提供食物。某些传统社会的人，会在丧礼结束一段时间后，举行特别的哀悼仪式。近几年来，公开追悼变得愈来愈普遍，例如在国家领袖或君主过世后，人民会把花放在特定地方致哀。心理学家相信人在失去亲人后，会经历几个哀悼的阶段（见右表）。最后的接受阶段可能要经年累月才能达到。然而，多数人可以通过亲友或特殊咨询的协助度过悲痛。

```
愤怒与强烈的情绪
    ↓
   否认
    ↓
  罪恶感
    ↓
 沮丧与悲伤
    ↓
   接受
```

哀悼的阶段
心理学家将哀悼分为五个阶段，但并非每个人在失去亲友后，都会经历所有的阶段。

公开表达哀伤
流露哀伤之情，是面对死亡的共同反应。在某些社会中，公开表达哀伤是正常而受鼓励的行为。津巴布韦哈拉雷的这些妇女，在一场丧礼上一起表达哀恸。

献花
意大利维内托地区的一名女子在墓前献花。这种缅怀的举动有助于接受所爱之人已经过世的事实。

缅怀死者
墓碑是向死者致敬，使他们长存于生者记忆中的方式。如图中德国霍姆斯的圣沙犹太教公墓的墓碑。

生命周期

佛教丧礼

概要：佛教徒相信再生以及灵魂的重要性；火葬是常见的方式。

　　多数佛教徒以火葬的方式处理死者的遗体，因为他们相信佛陀也采用火化的方式。各地的仪式不同，泰国人会在死者家中聚会三天，饮食、玩牌下棋、举行追思仪式，到了第三天再把遗体送到火葬场。送葬队伍往往由拿白色旗帜的人带头，紧接着是年纪较长、带着花和银碗的男性，然后是八至十名僧侣。到了火葬场，由僧侣诵经，接着将棺木放在柴堆上。哀悼者把蜡烛、香和薰香木材丢在棺木底下。对盛行于中国的大乘佛教

多数佛教徒选择火葬：死者的灵魂被看得比身体重要。棺木前放着一张死者的照片。

来说，紧接在死亡之后，名为"中阴"的期间有其重要性。在身体"投胎"前这段期间的某些行动可以影响转世的形式。因此服丧者会诵经并举行仪式，帮助灵魂找到比较好的道路。

越南的送葬行列
在这场华丽的越南送葬行列里，死者的遗体被放在覆盖蕾丝的棺木里，由20多位护棺者移灵。

中国藏族的天葬

中国藏族人处理遗体最常采用名为"天葬"的仪式，就是让鸟将遗体吃掉。穿白袍的男人将遗体带到野外的山顶上。兀鹫很快便蜂拥而至，到只剩骨头的时候，那些男人会将骨头磨成粉，加上大麦粉混合，再给等在一旁的乌鸦和鹰。遗体到最后会丝毫不剩，全部由鸟儿带到天堂。

穆斯林的丧礼

概要：遗体在过世后24小时内埋葬，坟墓会朝向麦加。

　　穆斯林会尽快将死者的遗体埋葬，最好在死后24小时内。遗体首先由亲人清洗（男性亲人洗男性身体，女性亲人洗女性身体），清洗可能在家里或清真寺进行，一边洗一边念丧礼祷词，接着以白布将遗体包起来，然后带到埋葬地点。挖坟墓时，要注意坟墓必须朝向麦加，死者头部放在最靠近圣城的那一端。穆斯林丧礼非常简单，多数穆斯林的坟墓会放一块简单的墓石。

处理遗体
女性穆斯林会对故去亲人的遗体表达哀悼之意。葬礼通常在死后24小时内举行。

儒家的丧礼

概要：生者为死者收尸、洗尸、举行隆重丧礼，送他们到另一个世界。

韩国的丧礼
领导丧礼行列的人，唱着哀伤的送葬歌曲，后面则有拿着彩色丧礼旗帜的人。

　　儒家又称儒学，是中国古代最有影响的学派，儒家的丧礼非常繁复。在多数人都奉行儒家思想的韩国，丧礼会持续好几天。首先捆绑死者身体、手脚，然后盖上一块布。第二天再清洗，为丧礼作准备。他们会在死者口中放三汤匙的米和一个铜板，然后穿上名为寿衣的传统麻或丝制衣服，再放进棺木。接着是三天的哀悼期，到了第三天，会有一场盛大的游行，将遗体送到埋葬地点。生者先为墓地驱邪，然后将棺木下葬。死者家属回家后，会挂上死者的照片，继续三天的哀悼日。

基督教的丧礼

概要：虽然仪式有所不同，但基督教丧礼包括教堂仪式，以及其后的葬礼或火葬仪式。

　　基督教丧礼的确切进行方式各地不同，也因教派而异，但仍有某些共通点：都包括一段在家服丧期、教堂仪式和在墓旁举行的简短仪式。因为基督徒相信死者会复活，因此丧礼上的许多演说或布道都会提到这一点。

　　虽然许多基督徒选择埋葬他们死去的亲友，但有些人还是偏爱采用火葬的方式。天主教丧礼通常包括一场弥撒。首先，他们会清洗死者的身体，通常会加上防腐处理。

教士引领送葬行列
抬棺者将死者遗体放在棺木里抬着走。在弥撒仪式之后，生者将棺木带到墓地埋葬。

　　接着遗体可能放在打开的棺木里，供访客瞻仰并做最后致意，称为"守灵"。对许多国家的人来说，守灵时也举办宴饮聚会。他们以盛大的行列护送遗体到教堂（可能用车或徒步），然后进行弥撒仪式，接着将棺木带往墓地下葬。这时教士通常会发表有关死者的演说，回顾他们生前的事迹，把土撒向棺木时，常会一边念祝福词。新教丧礼的变化往往比天主教大，通常由死者的家人设计，

包括读《圣经》、赞美诗、布道和一段演说。在全世界许多地方，基督徒的丧礼习俗都已经与地方丧礼习俗融合了。

墨西哥丧礼
墨西哥丧礼有许多人参加，所有参加者都会加入前往墓地的送葬行列。

多贡族的丧礼

概要：多贡族人将死者放在洞穴里；戴面具的舞者追赶灵魂，将他们逐出村落。

马里西南部的多贡族人，会举行盛大的丧礼。他们相信人往生后，灵魂会脱离身体，而将死者灵魂引出村落避免鬼魂作祟，是非常重要的事。因此，多贡族人丧礼的重要目的之一，就是驱逐灵魂，帮助他们踏上通往灵界的道路。

传统上，多贡族人会将死者遗体埋在比居住村落还高的悬崖洞穴里，他们以绳子将遗体拉到岩洞里，使其自行腐烂。多数多贡族人的丧礼包括假的战斗仪式，目的是要将死者灵魂逐出村落。男性村民以矛和枪武装自己，然后在村子里四处追逐，同时对空鸣枪。多贡族人的丧礼总是少不了面具舞者的仪式，这些仪式通常持续三至五天，面具舞者在死者家屋顶、村里的广场和周围的原野里跳舞。女人不但不可以参加这类的舞蹈，而且必须保持安全距离。多贡族人使用许多不同的面具（见右图），有些代表特定灵魂和祖先，其他则代表男人、女人和动物。舞蹈象征世界秩序，以及在死亡引起骚动之后，恢复世界秩序的努力。

墓穴
在马里西南部多贡族人村落里，一位长者的遗体被人用裹尸布包着，吊进比村落高的悬崖墓穴里，那是他最后的安息地。

多贡族人的死亡面具

面具是多贡文化中很重要的一环，据说是生者与灵界间的主要连结。在多贡族人的丧礼上，有戴面具的舞者表演舞蹈，引灵魂离开人间，前往灵界。每场丧礼中都可能用到数以百计的面具，而萨亭浦是每次都会出现的一个面具，她代表多贡人的第一位女性祖先雅希吉。

萨亭浦的面具

多贡族人的洞穴
墓穴建在悬崖上，据说是多贡族人在此落脚前，由当地原住民所建造的。

墓穴的地面
多贡族人在马利邦贾加拉悬崖上的墓穴，建造于数世纪前，许多死者骨骸被遗留在洞穴里，已经好多年了。

加纳丧礼

概要：加纳人会为死者的人生举行欢宴，他们往往将棺木制作得十分精美。

加纳（尤其是阿散蒂人）的丧礼，除了哀悼死者过世之外，也是对其人生的礼赞。他们相信举行一场美好的丧礼，将使死者永远留在世人心中。多数丧礼都在星期六举行，以方便亲友往返。与平日生活寒酸的用度相反，丧家会在吃、喝与音乐上的花费巨大。死者的身体经过清洗，然后穿上他们最好的衣服供人瞻仰。因为目前多数亚善提人都是基督徒，所以他们的遗体会被放在棺木里，游行送到教堂，在教堂举行弥撒仪式、讲故事。遗体通常采用土葬，丧礼后，亲友们会举行宴会直到深夜。

花样繁多的棺木
加纳人的丧礼日益花哨，大家开始设计鱼、动物、汽车等造型的精致棺木。

汽车造型的棺木

柏柏尔人的丧礼

概要：戴面具的舞者在丧礼上表演，将死者的灵魂驱离身体，前往阴间。

柏柏尔人住在布基纳法索的上伏塔，他们的丧礼是由面具舞者所主导的盛事。当地的人相信，死后灵魂必须被驱赶到阴间。首先，戴面具的舞者会将遗体带到墓地。在某些柏柏尔人居住的地区，舞者会戴着木制面具出现在墓地旁，大家必须给他米酒，接着整个村落进入一段长达数周或数月的服丧期，开始实行一些仪式性的限制规定。这些限制在丧礼时解除，戴面具的舞者在丧礼中劝死者的灵魂离开村庄，前往祖先的国度。在完成这个仪式之后，柏柏尔人便相信村子已经涤净，可以恢复正常了。

丧礼舞蹈
一位戴面具的舞者在丧礼仪式上表演，劝死者的灵魂离开人间，寻找通往灵界的路。

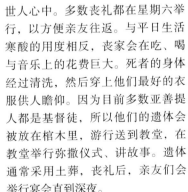

生命周期

生命周期

丧礼

印度教的丧礼

概要：印度教徒往往以火化的方式处理遗体，而且最好能把骨灰撒在圣地。

印度教丧礼的作法因社群类型而异。然而，印度、印尼、马来西亚和尼泊尔的丧礼还是有些共通点。

印度教徒相信轮回转世，在人死后通往涅槃的过程中，灵魂会离开原来的躯体，以另一个身体回到人间。印度教丧礼的种种作法，多数是为了帮助死者的灵魂顺利完成这个再生的过程。为了这个目的，多数印度教徒都选择火葬，他们相信火焰可以使灵魂从身体解脱，因此火葬是这个旅程重要的第一步。

在印度，人刚死后到火化之前，会有一段短暂的服丧期，让亲人守在遗体周围。尤其女人会聚在一起啜泣或痛哭，同时死者的儿子们会带礼物去给僧侣或婆罗门，希望能以此除去父亲的罪。因为印度教徒相信接受礼物的人，将同时接受死者的罪，所以死者的儿子通常必须支付大笔金钱来说服僧侣接受礼物。不久，经过清洗的遗体，被穿上传

马来西亚的行进队伍
印度教相信公牛是神圣的动物。图中两条公牛拉着一辆载有圣坛的车，通过马来西亚的街道，这个队伍正要载遗体到火葬场火化。

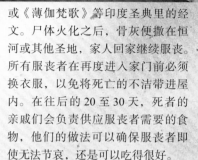

印度的丧礼
印度新德里的一个送葬行列以花覆盖遗体，遗体会从住家送到举行火葬的地方。

统白衣。当天稍后，丧礼的柴堆已经准备好，他们也可能会将遗体送到火葬场。如果死者的家距离圣城瓦拉纳西不远，那么他的家人可能把遗体带到通往恒河的阶梯上去燃烧，他们相信这条大河可以涤净所有罪孽，确保灵魂顺利轮回转生到来世。

长子必须负责点火，并为死者的灵魂祈福。僧侣会诵读《吠陀》或《薄伽梵歌》等印度圣典里的经文。尸体火化之后，骨灰便撒在恒河或其他圣地，家人回家继续服丧。所有服丧者在再度进入家门前必须换衣服，以免将死亡的不洁带进屋内。在往后的20至30天，死者的亲戚们会负责供应服丧者需要的食物，他们的做法可以确保服丧者即使无法节哀，还是可以吃得很好。

处理遗体，尼泊尔
长子正在处理遗体，他将遗体放在木筏上，接着点火燃烧，让木筏顺着河流而下，这样据信可使死者的灵魂得到解脱与净化。

真相

喂食灵魂

印度教徒相信往生后的最初十天，是死者灵魂的过渡期。虔诚的信徒相信死者的灵魂在这段期间要寻找（或有时候要创造）一个新躯体，以便展开新生。在这段过渡期间，死者的孩子要举行虚拉达（Shraddha）丧礼仪式，每天奉献品达（pinda）饭团，这种食物据信能提供灵魂在这个辛苦阶段所需要的营养。

撒骨灰
骨灰通常撒在如恒河等圣地。亲人若无法自己进行，可以付钱请神职人员执行这个仪式。

生命周期

巴厘岛的火葬场
在信仰印度教的巴厘岛，避免灵魂回家是非
常重要的事。当地人以大拖车将遗体运到火
葬场，到达时再将遗体移到动物型的棺木
里，并加以火化。

哀悼与服丧

哈莫人的风俗

概要： 哈莫人会举行大规模的聚会，向死者致哀，这个聚会可能持续一整天。

埃塞俄比亚的哈莫高地在有人往生时，通常会举行名为"耶侯"（yeho）的哀悼仪式。死者亲属将遗体埋葬后，村民都会到公共哀悼场，来自几个不同社群的男女一起游行，男人手里拿着矛，口里唱着战歌，女人则流泪、痛哭。男人在哀悼场

来回奔跑，一边唱歌一边挥舞他们的矛。每次可能有多达 5,000 人同时在哀悼场上四处奔跑，死者的近亲应该表现得比其他人更加悲痛，他们以捶胸、抓身体或倒在地上表达自己的哀伤；这个哀悼仪式可能持续一整天。

悲伤的兄弟
哈莫族男人在举行"耶侯"仪式的哀悼场里冲锋奔跑。死者的兄弟被拴住，让一位父系亲属牵着。

哀悼与服丧

犹太教仪式

概要： 哀悼仪式延续 7 天；此后每年都会点一根蜡烛纪念死者。

犹太人死后，家属会在 24 小时内埋葬遗体。持续 7 天，名为"施瓦"（shiva）的服丧期从这时候开始。死者的父母或子女会在家里举行祷告会，近亲坐在特制的矮凳子上，以撕破自己的衣服来表达悲痛，亲友在这段期间来访，跟他们一起祷告。在最初 7 天，丧宅通常会有很多人来，这会缓和失去亲人带来的震惊与痛苦。7 天的服丧期结束后，哀悼就成为比较私人的事；正统派犹太人在家人刚过世的这一年，不会参加派对或听音乐。每年到了亲人的忌日，都会点一根特制的忌辰蜡烛作为纪念。

忌辰蜡烛

追忆死者

日本习俗

概要： 纪念亡者习俗，包括特定周年忌日举行的特殊法会。

日本文化非常重视死亡，传统上会举办纪念法会，全国各地都有特有的风俗与仪式。

纪念法会在特定的间隔日举行，通常是在人过世后的第 7 天、第 49 天和第 100 天。家人多半也会在死者过世后第一周年举行仪式，接着在每逢有 3 或 7 这两个数字（3、7、13、17 等，依此类推）的周年举行仪式，直到死者过世满 33 周年为止。特别虔诚的人每个月还会为死者举行仪式，由亲人付钱延请僧侣举行特殊仪式。

地藏菩萨
佛教中的修验道信徒，会礼拜这些小石像来纪念死去的孩子。

纪念风俗

马达加斯加捡骨仪式

概要： 捡骨仪式是为了与祖先保持联系而举行；马达加斯加人会将遗骨取出再重新放回坟墓里。

马达加斯加中部的梅里纳族和贝西里欧族，会定期举行仪式与死去的亲人保持联系。他们相信人死后会成为"拉札纳"（razana），意思是祖先。祖先是一切生命的源头，因此生者和死者维持良好关系非常重要，要维持这种关系，就包括称为"法马迪哈纳"（famadihana）的捡骨仪式。家人在仪式中将遗骸从坟墓取出，然后用新的裹尸布包起来或放进新坟墓，同时唱歌、跳舞和宴饮。

处理遗骨
亲友带着死者遗骸绕行村落，以维持生者与死者的关系。

纪念风俗

集体纪念

概要： 多数社会都有纪念集体死亡的集体纪念仪式或纪念物。

许多国家都有集体纪念仪式或纪念物，纪念造成大量死亡的灾难事件，可能以有形建筑（如雕像或博物馆）的形式存在，或可能定为周年纪念日，纪念日通常伴随着相关的纪念象征。

世界各地有许多战争纪念碑，有些罗列所有已知阵亡者的名字，如华盛顿特区的越战纪念碑。日本广岛的平和纪念公园，则是为了纪

怀想广岛
日本广岛这里有许多以色纸折的成串纸鹤，象征和平与希望。

念广岛遭轰炸期间罹难者而兴建。除了由国家或社群建造的大型纪念碑之外，大家也常常自行前往著名地点致意（如献花）。

越南之墙
一群越战老兵聚在华盛顿特区的越战纪念碑前悼念。

历史

纪念的罂粟花

包括美国、加拿大、澳洲和英国等许多国家，都以罂粟象征在两次世界大战期间罹难者。罂粟与战争的关连，来自加拿大诗人麦卡雷在第一次世界大战期间写的一首诗：

"佛兰德斯原野上罂粟盛开／在十字架间，一排又一排……"

干罂粟花
这朵来自第一次世界大战战场的罂粟花，被一位老兵所收藏着。

年度节日

中国的清明节

概要：每年春天，中国都有长达一个星期的节日，向死去的亲人致敬；他们将食物和其他供品摆放在墓前。

每年冬至之后的第106天，中国人都要过清明节（就字面上来说就是"清朗而明亮"的意思）。传统上，人们重新投入工作之前，会先祈求祖先保佑，因此清明节定在四月，也就是春天正式开始的时候。

春天被视为新开始的季节，也是最需要祖先保佑的时节。

全家人前往亲人的墓地，将坟墓扫干净，摆花、点蜡烛、并献上食物供品。通常这一天会变成家族野餐，而且往往气氛愉快。清明节也被称为"扫墓节"或"春祭"。

在坟墓前摆放供品
在长达一周的清明节期间，家人会找一天至坟前祭祖。

年度节日

盂兰盆会

概要：在这个长达三天的节日里，据信祖先会再度造访自己的家人。

参加盂兰盆会的家族
在盂兰盆会的最后一天，一家人将死去亲人的灵魂引回坟墓。

盂兰盆会源于佛教，是日本民族的重要传统，生者在这时候祈求祖先的灵魂安息，他们相信祖先会在此时造访自己的家人。在节日的第一天，大家会清扫家里，在家中的小神坛献上供品，接着他们会点燃屋里的灯笼，然后到亲人的墓地招魂回家，随后三天则以食物、酒和舞蹈来"欢迎"祖先，最后再列队将灵魂引回墓地。有些地方的人会制作放蜡烛的小船，或浮水灯笼来引导死者的灵魂。

年度节日

迎灵治病祭

概要：在这个一年一度的巫毒教节日里，数以千计的人在海地街道上游行。

海地一年一度的巫毒教节日——迎灵治病祭，以一场大游行为核心，数以千计的人在此时穿白衣走过街头。海地人相信死者的灵魂会借着"附身"生者参加游行，被附身的人进入一种恍惚状态，开始以鼻音说话，随着游行进行，音乐和鼓声愈来愈大，被附身的人也愈来愈多。他们相信祖先的灵魂可以借着游行治愈疾病和解决问题。

巫毒教的恍惚状态
在每年一度的迎灵治病祭里，数以千计的人游行过街。许多人都相信自己被附身，进入恍惚的状态。

年度节日

墨西哥的亡灵节

概要：墨西哥每年11月都要过亡灵节，特色是节庆和在墓园以烛光守夜的活动。

亡灵节又称鬼节，是墨西哥最重要的节日之一。事实上，这个节日会持续两天，也就是11月1日（万圣节）和11月2日（万灵节）。这是欢庆的时刻，生者以喜悦的心情缅怀他们死去的亲人，他们相信死去亲人的灵魂会在这时候回来造访生者。传统上，第一天是纪念早夭的孩童，第二天则是纪念死去的成人。家人会在屋里清出一块地方迎接灵魂，摆放特制的神坛，然后将各种供品放在神坛上。可能包括死者最喜欢的食物、甜点、蜡烛、花、小塑像和照片，有些人甚至会摆放毛巾和肥皂，供祖先饭前洗手，还有供他们餐后享用的龙舌兰酒和香烟。

墨西哥人会利用这时候清扫、装饰坟墓。有些地方的人会到坟地去守一整夜，白天则穿与死亡有关的奇装异服演奏音乐、跳舞和游行。

电话卡
墨西哥文化非常重视亡灵节，因此如电话卡等日用品可能以死亡的象征来装饰。

骨头游行
音乐、舞蹈与游行是墨西哥各城市过亡灵节的重头戏。骨头被视为欢乐的象征。

守夜
墨西哥某些地区的人会带着食物和蜡烛到坟地守一整夜，看守过世的亲人。

社
会

社会

人类生来就是社会性的动物，总是想让自己融入群体，无论家庭、权力、宗教或贸易等人际互动，都建立在共同法则以及人脉的基础上，以此构成称为社会的社群组织。尽管某些社会规范，如鼓励婚姻等伙伴关系、有关乱伦的禁忌和依性别或年龄分工等，是所有社会共通的现象，但各族群的风俗习惯却有很大的差别。

人类从最远古开始，就已经以社会团体的形态生活与工作了。家庭是最基本的社会组织，以无限多种形式向外延伸关系。然而，我们的祖先却学会住在更大的团体里，更能较有效满足物质与精神需要，也较有利于对抗威胁。因此由十几个家庭组成村落，一起过着自给自足的农耕或放牧生活，这种理想的社会结构至今仍然存在。

复杂化

社会改变的方式有时候可说是"机会主义式的"，换句话说，社会会因应物质或社会形态变迁，以适应环境。这种自然发生的适应使社会变得更复杂。一万两千年前，因为人逐渐驯化动植物——即农业出现的催化剂（"早期农业"，见34页）——而开始有这种社会改变发生。种植食物的能力意味更多人可以定居在某个地方，靠耕种养活自己，世界人口因此增加了20倍。而由于人口增加，因此有必要以中央集权控制，来规范大量人口之间的冲突，并组织生产以供养众人所需的食物。

生产食物的方法出现，导致食物过剩，角色专门化的"非生产性"团体出现，如僧侣、工匠（生产货物）、官僚（负责税金的收集和管理）和军人（抵抗敌对团体，并开拓疆土）等。这些新角色有高低不一的权威，造成社会阶层出现，取代过去比较平等的关系。一个比较晚近的"机

自给自足的社会
小村庄由家庭团体构成，这种社会透过基本的分工，达成自给自足的目的。

会主义式"社会改变，发生在18世纪的欧洲北部，工业革命（见"经济革命"，43页）造成大批人口从乡村迁徙到城市，而资本主义和快速的技术进步则导致现代国家的发展。

社会化

学习适应社会，或称社会化，是从家庭开始，其后是在同龄人团体，再较正式地由教育工作者施教。一个人在成长的过程中，会学到社会中的社会规范：即有助于建立共同行为、价值和目标的行为准则。这些社会与其次团体所

反抗或顺从
在拒绝遵循社会规范的状况下，街头帮派的成员还是难免社会化——尽管他们加入的是一种"反社会"形式的社会团体。

遵循的规范，影响其成员生活的各个层面，从宗教、政治观点到道德判断、房屋形式、服装风格、甚至对食物的喜好以及进食方式等。

只要人共同生活，就会有社会区隔和利益冲突，而且并不是每个人都愿意永远遵守规范。好比年轻人可能出于反叛而加入"反社会"的团体，好比与外界社会难以相容的街头帮派。

当规范被"打破"时，如有人偷窃或杀人，社会就会予以制裁，以恢复社会和谐，制裁从舆论谴责到坐牢甚至死刑，严重程度不一。然而，社会规范也不一定公正，在社会发展的过程里，如种族隔离等建立在不平等基础上的社会结构，会被认为难以接受而面临挑战。

混合的文化

今天少有完全孤立的社会；从最传统纯朴的小村民，到最老于世故的城市居民，全世界的人都透过各种技术和经济制度，与自己所属团体或其他团体发生关连。然而，尽管移民人口日益增

议题
社会孤立
发达国家有家庭单位崩溃的趋势，造成这种现象的原因仍有争议，但有些人（尤其老年人）因此觉得愈来愈被社会孤立，却是事实。精神崩溃或经济困境可能使人完全从社会退缩，有时候寂寞或孤立的感觉，可能使既有的精神状况恶化，最极端的甚至导致自杀。

加，但对多数人来说，全球化社会的观念意义不大。我们通常只关心直接影响我们的事物，如所属次文化的习俗、宗教、价值与生活形态。

然而，今日全球化的社会中，在某个社会成长的人，可能选择到另一个（甚至不只一个）地方生活。这种迁移为移民者、他们的子

改变效忠对象
新归化的美国公民向国旗发誓，表现对归化社会的效忠。

女以及他们所加入的社会带来挑战。移民会造成认同与忠诚的问题，而每个社会对忠诚和同化的程度要求不同，即使是看似欢迎、鼓励多元文化的社会，在调和许多不同族群时也会发生问题。

社会角色

我们可以将社会视为一个多功能的大型组织，它能生产成员所需的货物和服务、维持秩序、提供健康服务、教育和保护。为了让社会运作顺畅，个别成员必须扮演不同角色；我们不可能人人都是企业家或领袖，但每个人

专门化的角色
一个社会愈大、愈复杂，它的成员就愈需要拥有不同的技巧，才能够满足各种不同的岗位所需，从擦鞋匠到位高权重的生意人都是如此。

无论担任清洁工或工厂生产线工人，都是社会根本的组成分子。

除了社会行为之外，一个人的教养、社会地位和所受教育，多少也会决定其社会角色。种族和性别也会影响一个人可以选择的角色。

在世袭阶级（见262页）不严格的社会里，个人通常拥有在某些范围里改变角色的机会。然而，比较有名望而且收入较高的职业，如法律和医学等，往往需要长时间的正式学习。其他职业则需要以技职训练的形式作准备，可能在技术学院完成或采用"边做边学"（职业训练）的学徒制。

社会中的权力

现代社会已高度组织化；然而要维系这种结构需要属于这个社会的威望和权力。这种权威通常由各种政府机关共同掌握，包括法官、政治人物、公务员、产业资本家和高级军官。虽然社会秩序最明显的塑造者是政治人物和国家，其他

身后的成功
有些人在身后获得的名声、成功甚至于地位，远非生前所能比拟，尤其如果他们过世得早的话。荷兰画家梵高（1853—1890）就是一例。他一生贫困，艺术成就也不被认可，但其优异的作品和早亡的遭遇，却确保了他在史书中的地位，成为全世界最受推崇的画家之一。

人还是可以在幕后影响政府和舆论，以非正式的方式行使权力。例如商人、电视台主管和报纸编辑，可以透过他们的财富或对大众媒体的掌握施展权力。而有些个人的权威影响范围则小了许多，如一个学校的校长。

虽然使用武力的状况很少，但使用武力的威胁或可能性，往往是任何社会权力平衡状态中未言明的部分。

行使职权
警察的权威具有合法性，因为这项权力是赋予职位而非个人的。

社会地位

多数人都关心他人对自己的评价，而且只有少数人能避免本能的习惯，不根据一些特性将自己跟别人作比较。在发达社会，主要的象征通常是物质财富和社会地位，

但大家用来彼此评断的标准，却是因社会而异。

财富与权力在单纯采集食物维生的社会里无足轻重，他们最珍视的美德是领袖魅力、技巧和宽大为怀的胸襟。有些国家最重视青春和外表，其他则尊敬经验和年长。名气响亮也可能带来社会地位，除非出名的原因是如大屠杀等反社会行为。

在比较僵化的社会里，社会地位是固定的，大家往往比较容易接受自己的社会地位，但身处较流动性社会的人，往往觉得有必要展示自己可能拥有的社会地位象征，如昂贵的汽车、房屋和名牌服饰等。

合作
虽然某些社会关系是自利的，但一个社会如果不以互助合作和社群支援为基础，是无法运作的。

社会

石油生产
石油是生产许多不同产品的起点，因此对任何经济体来说都是宝贵的原料；产油国通常十分富有。

经济

　　经济这个名词指一种广大而复杂的人类活动网络，与货物及劳务（包括日常所需到最昂贵的奢侈品）的生产、分配与消费相关。经济活动可能有许多不同的组织方式，从游牧民族的小规模经济体（地方性的小型经济制度），到全球世界经济体（以原料、货物和劳务的国际贸易为基础），都是可能的形式。

　　在生产任何产品时，往往需要结合许多国家的人力物力。例如，没有一家公司能单独生产一台电脑。因此在生产过程中，经济制度必须执行复杂的协调工作，将许多环节整合起来。在多数社会中，市场（买卖货物的制度）在决定该生产哪些产品的过程中，扮演重要的组织角色，因为市场提供大家对刺激作反应的机会。价格是影响消费者如何花钱以及生产者要生产哪些产品的重要因素。

地方与全球

　　许多发展中世界的人，尤其亚洲和非洲的部分地区，除了生活基本所需之外，少有余裕，甚至常常连基本生活都有困难。这类经济体主要以家庭为核心，十分依赖自给自足的机制。每个家庭需要的食物大部分自己栽种，也提供自己需要的栖所，他们很少利用到外在市场，与平均收入较高国家多数居民的经济生活全然不同。平均收入较高的国家，

自给自足
非洲许多地方的大多数人以自给自足为目标，他们将多余的产品拿到地方市场贩卖，如图中喀麦隆的这个市场。

亚当·斯密

1776 年苏格兰经济学家亚当·斯密（1723－1790）出版《国富论》，这本书是史上最重要的经济著作之一。亚当·斯密在书中主张，经济受到市场引导，市场像一只"看不见的手"，即使每个人都只考虑到自身利益，市场还是能确保整个社会获利。他主张政府不应干预经济，而是采行自由放任的政策。

经济学之父
著有《国富论》的亚当·斯密被喻为经济学之父。

　　多数生产工作都由大型企业负责协调。全球各地的事件（无论经济、政治或如天气等自然原因所造成），都会冲击经济生活造成价格的涨跌，产生利润或迫使公司缩编甚至完全倒闭。

政府

　　市场从来不纯粹是放任自由发展的，政府在规范经济活动和提供经济运作的法律框架方面，也扮演重要的角色。许多国家的政府往往强力（而且常常是直接）介入货物与劳务的生产，这是非市场导向的生产模式。提供医疗与教育服务、治安、铁公路交通体系，以及如港口和机场等基础建设，是一些典型由政府担

纲的经济活动领域。有些政府本身也负责生产，其他则与外在市场结合，以此达到他们认为必要的目的。

　　为了提升国家经济表现，政府可以或必须介入到哪种程度，专家意见南辕北辙。经济大起大落不但具有破坏性，也对个人造成极大的痛苦。多数国家通常都会设法做一些稳定措施，避免经济大幅波动。

　　经济政策或经济的管理与运作，主要是在国家的层级掌控，不过也有一些重要的例外：如欧洲联盟许多成员国之间，就有共同的关税政策和共同的货币。而如世界银行、国际货币基金（IMF）以及世界贸易组织（WTO）等国际组织，也尝试发展共同的国际贸易、货币流通和援助发展中国家的措施。至于谁从这些共同认可的方案中得利或

政府的权力
在规范经济和制订经济相关法律方面，政府扮演重要角色。

货币供应
国家政府透过规范货币供应，以支援本国的经济政策。美元是最广泛被认可的货币之一。

蒙受损失，则引起很多的疑问。

投资

　　投入资源以满足目前需求或为未来的生产力加码的方式，是各经济体最基本的特色。在传统社会中，这类决定可以简单到拨出一部分种子供往后种植。但在先进的工业社会，投资未来生产则涉及储蓄制度、金融市场和对现存公司与新公司提供的资金。资金提供方式包括银行贷款、债券和鼓励民间和政府共同投资一项计划。提升未来产量之类的能力，要靠拥有新的装备和机械。要提升生产力，则研发、教育、训练的投资是关键考量。

交通运输投资
政府投资通常要为昂贵的计划提供资金，如日本这种新型的高速"磁悬浮"火车。

社会

经济如何运作

　　经济制度涉及一群人（可能是个人、社群或国家）生产或购买需要的商品。商品可能以原料制成，然后直接为生产者所用或拿来交换、贩卖。一个社群对于想买哪些商品所做的集体决定，会影响价格，而价格又会反过来影响（生产者的）供应和（消费者的）需求。因此，经济的走向，往往由制造成品所需之原料供应、制造产品的人和如银行等提供服务的产业主导。经济活动有许多不同的类型和规模。

原料

茶类作物
东非和印度次大陆的茶叶产量增加，可以轻易满足世界各地对茶的需求，不过这样的增加却对环境造成隐忧。

　　林木、煤炭和其他原料要经过收成或开采的过程，精炼之后才能转化为有用的成品。最近对资讯产业、数码科技与其他服务业的重视，以及大部分制造业从西方国家转移到新兴国家设厂，似乎都降低了"原料"在经济生活中所扮演的角色。然而，由于对可靠能源的需求不断增加，以及消费者对各类用品的消费兴趣未见下降，都代表原料的地位还是和过去一样重要。有些原料可以再制造或再生产，其他（如铁）则数量有限，剩余的存量就带有一些不确定性。尽管世界人口持续增加，收入水准提高，许多原料的相对价格还是降低了，这可部分归因于塑胶等替代品的发明。以某些原料即将耗尽为由预言经济衰退，目前仍嫌太过悲观。然而，预测低收入国家烹饪燃料将面临短缺以及最为迫切的缺水可能性，仍应认真研究对策。

开采铜矿
虽然经常发现新矿藏，但铜仍属于资源有限的矿物。

钻油
由于对石油的需求不断增加，人类急切地想要开发新矿藏。

有限的资源

根据联合国粮农组织的研究，全球渔业有 70% 以上都已经耗尽或即将耗尽，同时，却有越来越多人依赖这些鱼货存量维生。依赖渔业的国家想要排除汲汲于开发所有可能存量的大国，他们对渔场的竞争已经造成对峙甚至武力相向，如 1970 年发生在冰岛和英国之间的纠纷。

生产商品

　　20世纪前半叶最突出的特色，是交通与通信方面的大改变，有许多新的发明和发展。相对地，在过去50年间，生产方式的改变要多于生产内容的变化。电脑控制的发展，使人能够以工业自动装置制造货物，而许多新的制作程序，从品质控管到自动制造，都使许多产业的劳动成本降低。改变规格的难度降低，使上市的商品种类增加。除了以个人电脑和移动电话等数码产业为代表的显着例子之外，产品改良比新产品更常见。

电话客服中心
客户求助热线有时候设在距离消费者很远的地方，如这个设在印度新德里的客服中心。

纱丽的生产
即使传统印度纱丽的制造，也都已经受到科技影响而转型。

更多汽车
近年来，新的电脑科技已经改变汽车的生产方法，能以更低廉的价格完成高出许多的产品规格。

服务的提供

　　虽然，许多工业化国家多年来的基础是制造业，但最近它们已经转变成服务的提供者。这种成长以美国等高收入经济体最为显著，会出现这种结果有两个原因：一是制造业为节省劳动力而改变生产技术；二是制造业大量转移到新兴发展中国家。在日益扩大的服务部门中，有几个主要的成长领域：医疗服务和教育服务、维修（包括清洁）、金融和法律服务、保险和行政。这些较新的服务业，与某些既有的大型服务业（如旅游业），成为巨大的产业。有些服务必须在地方上提供，其他则可以远距离供应，甚至采用跨国的方式。卫星通信开启提供环球服务的可能性，尤其是与资讯或娱乐相关的业务。

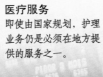

医疗服务
即使由国家规划，护理业务仍是必须在地方提供的服务之一。

社会

股票交易
如银行业、股票交易和保险等金融服务，目前都已经国际化，许多经纪人经常跨越好几个时区进行交易。

社会

银行与货币

　　货币是人类的伟大发明。如果没有货币，就不可能有复杂的社会组织。一旦社会的复杂度达到某种水准，大家就会开始使用种种交换机制当作货币，无论贝壳或兽牙都有可能。金、银在过去扮演重要的角色，不过现在已经大抵被本身不具价值的纸币取代。货币制度助长储蓄，并在借贷中扮演重要角色，使大型投资计划或小额个人贷款成为可能。在已开发工业社会，中央银行负责规范商业银行借款的利率，以及可供流通的货币数量；这类的控制是处理通货膨胀和规范各层级经济活动的主要因子。欧洲许多国家都采用共同的货币，也就是欧元。使用共同货币有助于国际贸易发展，而且能去除为政治目的而操弄货币供应的压力。

银行业
少了银行体系和其他服务，现代经济将无法有效运作。

女人的信用银行
发展中国家设立各种地方性、小规模的体系，来鼓励储蓄和贷款，如孟加拉的这家信用银行。

市场如何运作

　　生产货物和劳务包含无数决策和活动，市场可以提供一个机制，协调这样庞大繁复的工作。个人和公司在市场里买卖货物和劳务，买卖价格大抵受供应（可提供的量）与需求（多少人想要）之间的互动影响。这两个因素的改变会反映在价格上，并达到供需平衡。市场总是在法律和制度的框架里运作。有些市场较具竞争性，有许多买者和卖者，其他则受大公司掌控，只有少数竞争者。市场能合理有效地组织某些经济活动，然而，在涉及公用事业等活动时，市场却发挥不了作用。许多产品，如小麦、咖啡、油和其他原料的供应，都受制于各种国际协议，目的是为了维持较高或更稳定的价格。在战争或其他紧急时期，许多国家都会任市场自生自灭。

咖啡豆
咖啡价格随市场需求变动，但变动幅度可能很大，伤害咖啡生产国的经济。

纳斯达克指数
纳斯达克（全国证券交易商协会自动报价系统）为美国经纪人提供电脑化的股票报价系统。

津巴布韦的汽油危机
近年来津巴布韦的汽油短缺，导致汽油价格大幅提高，开车族在加油站前大排长龙。

历史

证券市场

个人投资合股公司，以此获得股份和利润的做法，在 17 世纪期间发展起来，使经纪人得以确立他们在买卖股份生意中的地位。伦敦的股票经纪人原本都在咖啡馆聚会，直到 1773 年他们买下自己的大楼，也就是目前证券交易所的前身。

18世纪时最初的伦敦证券交易所

世界贸易

对于多数小国经济来说，货物与劳务的国际贸易非常重要。近年来，如美国等经济大国，也愈来愈重视国际贸易。运输成本降低、消费者喜好风格化（收入提高的结果）、全球广告以及规模经济，都是国际贸易成长的因素。

欧洲联盟（欧盟）等国际间的自由贸易组织，助长了某些国家之间的贸易。目前有几个主要的贸易联盟与贸易协定，全都有助于促进贸易。求助热线和客服电话中心等服务得以跨国贸易，是受益于卫星通信的发展。通过降低成本与增加选择，世界贸易可以嘉惠消费者，但若市场因此被外国生产者夺走，则可能打击本国公司和工人。

货柜船
较低的运输成本有助于国际间的贸易。

贸易联盟
全球有六个贸易联盟，联盟成员之间签有促进彼此贸易关系的协议。上图画线上半部的国家控制 70% 的世界贸易。

图例
- 欧洲联盟
- 南方共同市场
- 东南亚国协
- 非洲南部发展共同体
- 西非国家经济共同体
- 北美自由贸易协定

游牧
游牧生活是最简单的经济形式之一，游牧民族过着自给自足的生活，不太需要与邻居做买卖。

中国香港
中国香港是重要的国际金融、服务业及航运中心，是继纽约、伦敦之后的世界第三大金融中心，在这个大型购物中心里，消费者可以有充分选择。

财富分配

即使富有的中产阶级为数众多，但在多数工业化社会中，最富有与最贫穷的成员之间，还是存在巨大的不平等，这一点可以从婴儿死亡率和平均寿命等指标看出。同样的差异也存在于最富裕与最贫穷的国家之间。例如，莫桑比克个人平均收入是瑞士个人平均收入的六百分之一。一个国家的富裕程度，由天然资源、产业优势、人口规模和政治稳定度决定。全世界大约有四分之一的人生活在"绝对贫穷"的状态里，他们只有少量或没有食物可吃，而且往往无家可归，衣不蔽体。这些人大部分住在南亚、东亚以及撒哈拉沙漠以南的非洲。一国之中往往也有巨大的贫富差距。多数社会都会试图透过所得税和提供福利金（见 278 页）来济贫，不过这些措施通常作用有限。事实上我们住在一个经济不平等程度超乎想象的世界，一个人可以获得什么，运气扮演关键角色。

香蕉作物
依赖如香蕉或咖啡等单一作物的国家往往十分贫穷。

陋屋生活
墨西哥贫富差异很大，其中 2,600 万人过着极端贫穷的生活，包括墨西哥市的这些孩童。

斯德哥尔摩的生活
瑞典和其他斯堪的纳维亚国家，是财富分配最平均的国家，这是多年实行累进税制和全面推行福利制度的结果。

经济体的种类

经济体的种类很多，从最单纯的维生耕作和游牧社群，到基布兹公社和合作农场，以及现代资本主义和社会主义国家等。每个国家的经济，除了受政府控制的经济活动之外，都有一些私人的市场活动。政治意识形态往往夸大各种经济制度之间的差异，这些归类其实与政治的关联要大于与经济计划的关系。因此今天主要的对比，不在于市场经济和社会主义经济的差别，而在于发展中国家以自给自足经济为主的生活方式，以及开发度较高的经济体，仰赖广泛利用市场而较专门化的经济活动。

真相
援助与负债

许多撒哈拉沙漠以南国家都仰赖国际援助。如已经被内战、水患和饥荒蹂躏数十年的莫桑比克，就是依赖援助的国家之一。援助占莫桑比克国内收益的 60%，可购买供应该国 1,800 万人口中的 700 万人的食物，不过这类援助为莫桑比克创造庞大负债，有朝一日得偿还。

莫桑比克人等待领取食物

社会

传统经济

自给自足农业

概要：自给自足的农业社群靠土地为生，他们采用各种不同的农耕方式。

　　自给自足农业社群靠土地过日子，他们整地、播种、锄草，等待投入的种子和劳力变为收成季节的成果。这些社群里的农民，通常只生产足够自己和家人食用的产品；如果有多余，则拿到当地的市场或与邻居交换、买卖，不然就储存起来供日后食用。虽然欠收时日子难过，但农业社会的市场通常发展健全。

　　这类社群的农业技术与作法相互差别很大。例如，印度多数农夫以牛犁整地，但非洲则常由人亲自锄地。有些社群只栽种一两种作物，其他则偏爱种植多种谷物和蔬果。土地贫瘠区的人，用粪肥或化肥提升土地的生产力，同样地，在水量不足的地区，农夫发明灌溉系统改善状况。

　　尽管技术有所不同，但多数农业社会都有类似的社会与经济制度。农业社会通常相当大，因为食物供应大致稳定而持续，有助于促进人口成长。

　　多余的收成能转移给较高的社会阶层，供养未直接从事生产的精英，如酋长、国王或教士等；这些人负责生产过程中与精神或巫术相关的层面，如从事求雨或取悦神明等工作。目前从事自给自足农业的地区包括撒哈拉以南的非洲、南亚和东亚，及欧洲、中南美的一些地方。

带回收成
中国云南大山里的农民在收成之后，将作物带回农舍，准备食用、储存或贩卖。他们没有可以减轻工作量的机器。

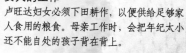

女人的工作
卢旺达妇女必须下田耕作，以便供给足够家人食用的粮食。母亲工作时，会把年纪太小还不能自处的孩子背在背上。

以牛为动力
只有少数自给自足农业社群拥有拖拉机等辅助工具，因此如图中印度坦米纳杜的这些农夫，只能依赖牛协助他们完成沉重的工作。

议题

基因改造作物

美国、中国和阿根廷种植基因改造棉花成功，使撒哈拉沙漠以南非洲的一些人也开始研究这项技术，以增加产量和收益。虽然有些专家相信基因改造作物有助于改善贫穷，其他人却持怀疑态度。批判者相信，改种基因改造作物的农夫将自困于恶性循环中，无止境地依赖生产基因改造种子的公司。

巴厘岛的水稻梯田
住在丘陵区的人往往将土地开发成梯田的形式，以便在坡地上耕种。巴厘岛的梯田因为降雨和灌溉，得以终年有水。

社会

狩猎采集

传统经济

概要：以狩猎采集为根本的经济体，是透过猎捕动物和收集可食用产物的方式取得食物。

狩猎采集是地球上最古老的一种经济制度，与人类在地球上生存的历史一样久远。我们最早的祖先是猎人与采集者（见 28 页），并且一直维持这种状况，直到一万年前开始驯化谷物和动物为止。今天，只有少数住在最偏远、最荒凉地区的人，仍然采用狩猎采集的生活方式。

狩猎有许多不同的形式，技术的差异也很大：南非卡拉哈里沙漠的布什曼人，以弓箭打猎；刚果共和国伊图里雨林的巴卡匹美族以网打猎；

采集食物
对于澳洲原住民来说，森林是食物的来源。女人负责采集工作，男人则捕捉猎物。

阿拉斯加的因纽特人则从船上用渔叉猎捕鲸鱼。在多数状况下，负责打猎的是男人，女人则负责采集水果、蔬菜、坚果和其他可食用的产物。不过这种分工方式有一个例外是以网猎捕动物，姆布蒂矮人族的女人在这种狩猎方式里扮演重要角色，负责拍打灌木丛，将动物追赶到网里。

这些社会多半都有一些共同的特征；他们几乎都是游牧民族，不断从一处迁徙到另一处，而且几乎都是非常单纯的社会，少有阶层之分或社会组织。靠狩猎采集为生的人，只生产足够自己食用的食物，少有剩余，他们的经济制度并不提供消耗多余产品的机会，如用来交换地位或更多妻子。相对地，对许多人来说，经济制度建立在分享上。他们少有个人财产的观念，多数物品必须与所属团体的其他成员分享；狩猎采集民族因此建立全世界最平等的社会。

海上打猎
澳洲原住民猎人用尖头鱼叉捕捉儒艮；儒艮是一种栖息在热带浅水海域中的大型哺乳动物。

捕猎
南非卡拉哈里沙漠的布什曼人用弓和蘸了毒汁的箭猎捕野生猎物。

真相

猎人的毒箭

卡拉哈里沙漠的布什曼人，使用采自甲虫幼虫的毒汁毒杀猎物。猎人收集甲虫幼虫，从它们身上挤出汁液，然后涂在箭头下方的箭身上。每支箭可能需要十只幼虫的毒液。猎人射出这根箭，使动物受伤之后，可能要等上数小时或数天，这头动物才会中毒身亡。

游牧

传统经济

概要：牧人自行消耗所饲养的动物或用以交换其他物品。

游牧民族靠他们的动物为生。他们的牲畜（通常在非洲撒哈拉沙漠以南是牛；北非和西亚是骆驼；欧洲、亚洲和美洲北部则是驯鹿）以肉和奶的形式，供应他们大部分的食物和饮料。

牧民用兽皮制作衣服、鞋子和其他物品，有时候以简单的木制框架把兽皮撑开当作居处，或用兽骨和兽角制作各种工具或器具，动物的尿也可能有医疗用途，通常当作麻醉剂（止痛剂）。

无论绵羊、山羊、骆驼或牛等牲畜都需要水和新鲜的植被。逐水草而居使牧人必须过半游牧的生活。因此一个以放牧为经济根基的社会，往往涵盖广大的地理区。随环境不同，许多游牧者也种植少量谷物、

水果和蔬菜，或者也可能透过贸易或以物易物的方式，向从事农业的邻居取得这些货物。

游牧社会主要的生财工具，是他们所放牧的牲畜（无论是骆驼、牛或驯鹿）。东非的牧民，如马赛人，常说牛就像他们的银行户头，而小牛就是他们投资所得的利润。他们的经济制度以交换为基础。在放牧社会，家畜几乎可以换得任何东西，从牧场的使用权、谷物到子弹和新娘都包括在内。例如，马赛男人可能花至少 10 头牛换得一个妻子。放牧社群使用数千年发展出来

的知识与技巧，但现在许多放牧者也利用现代兽医学知识和医药，并以此增加兽群的生产力。

多数放牧社会都只生产少量剩余产品，因此只有低度的社会阶层分别。他们通常是平等主义者，或只有简单的长幼阶级制度（见 260 页），以年龄界定角色和地位。

贝都因游牧民族
对于撒哈拉沙漠和阿拉伯沙漠的贝都因人来说，骆驼是交通工具、骆驼皮提供栖所、骆驼肉则是食物。

驯鹿游牧
美洲、欧洲和亚洲北部的游牧民族放牧驯鹿（北美驯鹿），以驯鹿为交通工具，拉雪橇载人穿越雪地。

传统经济

自给自足农业

概要：小规模自给自足农业社群可能采用"刀耕火种"的技巧。

自给自足农业是在小面积的土地上耕种作物。从事这种耕种方式的人，多半每几年会随村落迁移到新地区，或朝未经开垦的方向扩展耕地，以改变耕种的地点。这些社群也会打猎或养一些动物，并采集野生植物。

自给自足农业社群在巴布亚新几内亚、亚马孙河流域和中非十分常见。许多社群住在森林里，采行"刀耕火种"的方式，砍伐、燃烧小片森林，清出一片耕地来栽种作物。当这片土地不再肥沃时，他们就会迁移到其他地区。

这些人通常住在由近亲构成的村落里。他们的经济制度以礼物交换为基础。巴布亚新几内亚借着馈赠建立恩情关系，因为回礼给馈赠者被视为必要，而且通常要附上利息。有能力处理社会关系，并且判断正确赠礼对象与数额的人，就可以成为"老大"。

清除谷物
有些从事自给自足农业的农夫，如巴西的苏卡哈美人，会在小片森林空地上种植甘薯等作物。

清理土地
有些从事自给自足农业的族群采用"刀耕火种"的技巧，清理灌木和树木，以便耕种作物。

经济社群

基布兹制度

概要：基布兹是以色列的一种社群，这种社群建立在互助、平等和合作的概念上。

基布兹（字面意义为"公社"）是以色列特有的农村社群。第一座基布兹于20世纪初由来自欧洲的犹太先驱建立。目前大约有270个，总人口超过13万。多数基布兹以农业为主，不过有逐渐朝小型工业发展的趋势，包括加工食品、金属制品和塑胶等。基布兹约占以色列农业收成的33%，以及将近7%的产品制造。在生产、消费与教育方面，基布兹是建立在互助、平等与合作的原则上。

每位成员被分配到一个领域工作，工作没有地位高低。许多人负责维持基布兹本身的营运，从事烹调、清洁和运作这类社群所需的行政工作。无论从事什么样的工作，所有基布兹成员都可以得到免费的食宿，以及儿童保育、学校教育和社交活动。

平等的司机
因为基布兹是建立在平等的观念上，因此只有极少数工作被视为专属于男性或女性。

经济社群

手工业社群

概要：某些社群拥有可供买卖的特殊手工业技巧。

有些社群会以手工艺制作日常需要的衣服和器具。其中某些最常见的工艺是编筐、金工、制陶、鞣皮、编织和木工。

许多社群的成员是在各自生产活动之余从事手工艺。在某些社会里，手工艺已经变成特定族群专门从事的工作。这些人根据各自职业组织成特定世袭阶级。其中最明显的例子在印度，当地某些种姓从事手工艺，而较高的种姓则务农（见262页）。

世界其他地方也可以见到类似的作法。例如，对西非的道根人来说，金属工艺由一个特殊世袭阶级的人负责，主

纺丝人
在乌兹别克的小社群里，纺丝人制造富异国情调的织品，他们会拿这些织品与其他社群的人交换。

多贡族人的雕刻
西非多贡族的铁匠生产手工艺品，然后在自己的社群里交易。

要是为了与农民区隔。然而，其他工艺团体也可能出现，他们总是在经济和社会方面与农业或放牧社会发生关联，以产品和他们交换食物。今天，这类关系多半还是纯粹建立在产品的买卖之上。

经济社群

公社

概要：现代公社的存在以共同的原则、价值与理想为基础。

无论欧洲、北美或澳洲，都有一些由想法相同的人所建立的公社。他们抱持共通的公社生活原则，以极不同程度的共有共享制度。许多公社内部都对民主、社会正义、个人自我表达和自我探索抱持共同的理想主义，鼓吹开放的生活形态，以求社会与生态的永续发展。

除了这些共通点之外，个别公社之间有很大的差异。有些在乡下以类似小村庄的方式运作，有些则以组合屋为基地存在于城市之中。有些有特定的宗教倾向，如基督教的乌托邦社区，或许多佛教公社，其他则受到较多新世纪观念的影响，或也可能采行坚定的世俗主义。有些人坚持所有资源都必须平等集中，有些则允许某种程度的私有和差异化。在某些公社里，多数人都在公社里为公社工作，从事如农业、制造业、教育工作或旅游业。其他公社则多数人在公社外从事一般工作，但以彼此在公社内创造的共享生活为重心。

住在现代公社里的人，多半是经过刻意选择。他们认为西方社会的生活过度物质主义与个人主义化，而公社是对抗这种现象的解药。

乌托邦社区店铺群
某些公社有宗教倾向，如在包括美国、德国和澳大利亚等世界各地都有建立社群的基督教乌托邦社区。

寻角社
北苏格兰的寻角社大约有200名居民，他们坚持采行一种能让生态永续发展的生活方式。

社会

社会

经济团体
合作社

概要：这类共有组织借着集合资源和购买力造福彼此。

合作社是由社内产品、服务或设备的使用者自行掌控的组织。无论发达或发展中国家都设有合作社，他们以各种活动为核心，从农耕、手工艺到住房供应和保险都包括在内。过去许多社会主义经济都鼓励合作社。多数合作社是由邻里组成，

通常有着强烈的社区意识，除经济功能之外也具有社交功能。自给自足、透过合作增加购买力和规模经济，是支撑合作社的主要原则。手工艺行销合作社可能集合了几位手工艺家，他们一起包装、加工、贩卖自己的产品，以降低成本、增加市场上的竞争力。农夫的

供应合作社可能由若干农夫组成，他们一起买肥料、种子和其他材料，并且分享储蓄。

妇女的面包制作合作社
透过分担面粉和其他材料的成本，以及使用共同的烤炉，这个位于西非赞比亚的妇女合作社，已经充分降低面包的价格。

农家妇女的合作社
这个蔬果摊贩卖的是美国马里兰州一个妇女农业合作社的收成，合作社为产品提供市场。

咖啡合作社
哥斯达黎加的咖啡工人以合作社的方式运作，共同分担生产咖啡豆所需的成本和劳力，以便降低价格。

经济制度
社会主义经济

概要：社会主义经济是从所有制性质角度界定的，即指国有经济、集体经济和国有、集体控股的混合所有制经济。

传统社会主义经济相信，追求更公正、更平等的社会，就须使经济建立在生产资料公有制的基础上。为了这个目的，必须建立一个中央集权强大国家，以便规划与控制经济的每个层面，包括供给、生产到分配与销售的过程。实行计划经济。全世界第一个社会主义国家是1917年建立的苏联。快速的工业化和农业的集体化（由国家控制），造成苏联的经济快速转型。然而，实行这种制度所需的官僚体系和计划都所费不赀，因此导致1991年的

社会与经济崩溃。如今全世界仍有中国、古巴、越南和朝鲜等国家采行社会主义经济制度。中国从1978年开始实行改革开放，建设具有中国特色的社会主义，经过

朝鲜领导人塑像
朝鲜领导人为了维护朝鲜社会主义的纯粹，而在他领导的国家采行固有的政策。

30多年，中国坚持社会主义市场经济的改革方向，国民经济与人民生活得到巨大提高，已成为现代世界一个重要经济体。

古巴的汽车
古巴于1959年成为社会主义国家后，停止进口如福特或奥斯摩比等美国车。

人物侧写

马克思

生于德国特里尔的德国哲学家及经济学家马克思（1818—1883）创立了共产主义学说，相信工人阶级终将推翻资本主义国家，以公有制为基础建立没有阶级的社会。他在如《共产党宣言》、《资本论》和其他著作中提出的理论，为现代共产主义和社会主义运动提供主要的意识形态基础。他从1849年开始定居伦敦。

发展中经济

概要：某些贫穷国家的经济发展十分有限，如低生产力等因素妨碍他们的效率。

在 20 世纪，只有少数国家有足够财力对抗西欧和北美的工业经济体。其他国家则因为缺乏投资、技术和基础建设，而苦于生产力低迷，这些因素使他们无论在国内或国际市场都缺乏竞争力。对于发展中国家来说，如何生产盈余来购买提升生产所需的先进技术和机器，是一大挑战。少数能突破这种困境的经济体，是亚洲四虎、亚洲四小龙以及几个南美国家，这些

越南的成衣工厂
越南追随中国的脚步，透过鼓励私人公司达到改革社会主义经济的目的。

国家由政府强力介入主导经济和目标性投资，在过去 30 年已经达成快速工业化和经济成长的目标。

动起来的市场
近年来，印度为了舒缓严重的贫穷问题，打开国际市场。

橡胶国
生产橡胶和其他产品，有助于繁荣马来西亚经济。

政府主导资本主义

概要：如韩国等国家，虽然采行市场经济，但国家也密切介入。

多数资本主义经济体的运作，都要依赖某些国家活动，但有些国家在创造和维持市场成长的过程中扮演主要角色。韩国就是一个显著的范例，该国从 50 年前贫穷的农村经济，成长为今天睥睨世界的高科技经济。这种成长是透过密切结合政府与企业，同时牺牲工人权利的制度来达成。早期的韩国工人不但没有罢工或成立工会的权利，而且薪资低、工时长。国家掌控国外贸易，优先进口促进工业快速成长所

韩国的购物者
虽然韩国的国内市场活跃，但他们多数的产品，如衣服和电器，都是为外销而生产。

需的原料和机器，同时鼓励外销筹措偿付这些款项的金钱。

韩国的造船厂
韩国的造船业全球首屈一指，下水的新船有 45% 为韩国制造。除此之外，韩国也生产汽车和电器产品。

自由市场资本主义

概要：市场导向经济，在最少国家规范和介入的条件下运作。

自由市场或称"放任主义"经济，是由市场发出的某些信号（如价格改变）主导。18 世纪苏格兰经济学家亚当·斯密（见 245 页）是这种理论的主要奠基者之一，他主张国家唯一的角色就是提供使市场运作所需的社会与法律框架，而且必须尽可能减少干预。就历史来看，多数自由市场在面对经济和社会问题时，其实仍必须依赖国家的支持。今天，自由市场的资本主义这个词，主要是用来区分美国和其他主要经济体，如由国家扮演主要角色的法国。与所有资本主义经济一样，需求会推动供给，而供给则决定价格。

消费者的选择
自由市场经济鼓励生产种类繁多的产品，同一种产品往往有许多不同的品牌，如这些运动鞋。

真相

广告业

生产者靠广告公司为他们贩卖产品，尤其当消费者眼前有许多不同品牌或商标时。因此，广告本身已经变成重要的产业，雇用最有创意的设计师和文案撰稿员，在百家争鸣的市场中销售业主的产品。

购物商场
大型购物中心，如图中这座商场，可以刺激对所有自由市场经济来说都很重要的消费者需求。

社会

正如这座雕像所呈现的，社会也有许多
层级。一位领袖拥有最高的权威，但他
会将权威委交如军队等国家组织。

社会

社会阶层

正如这座雕像所呈现的，社会也有许多
层级。一位领袖拥有最高的权威，但他
会将权威委交如军队等国家组织。

社会结构

　　社会的基本功能是调节社会成员的活动，使他们能达到个人与共同的目标。从数百万年前人类开始出现之后，就需要自我组织。一开始，社会结构只涉及基本的生活所需，包括吃、睡以及在充满危险的世界求生存。但是，随着人口成长，人类开始形成社群，就需要更复杂的社会结构，才能让社会运作得更有效率。

　　社会结构的主要功能是维持秩序、降低冲突，以及提供生活的安全与稳定。此外，也提供正式的途径，让有助社会运作的技术得以代代相传。某些社会结构是为照顾儿童、病人和老人等社会成员而存在。

角色与地位

　　为了避免冲突，每个社会都需要概略的共识，规定哪些人在何种情况下可以行使权力。此外，因为社会利益往往分配不均，所以权利分配方式的共识，就成为任何社会都不可或缺的一部分。

　　就欧洲的历史传统来说，地位一直建立在"阶级"基础上，而且通常以继承所得的财产与地位来界定。但近年来，"上流"和"劳动"阶级的严格界线已经模糊。理论上，成功或有抱负的人可以改变阶级，甚至对阶级完全不予理会，努力和能力的重要性，与地位和财富比起来，已经不相上下。

　　这种阶级界线的模糊化，并未在所有社会发生。例如，种姓制度在印度仍然重要，社会地位

私立学校的优势
传统上，在顶尖学府（如英国伊顿公学）受教育，是获得高社会地位的保证。在精英制的社会里，这种优势已经逐渐消失。

与家庭背景息息相关。在多数现代社会中，个人的职业经常决定个人地位，但哪种职业比较受重视，则依个别社会而异。地位高不一定等于财富。

政治组织

　　虽然政治与权力结构可依各种方式分类，但目前全世界最复杂的政治组织单位是民族国家。有些国家由具有共同历史、语言、宗教和族群背景的人组成；

印度国会
议会民主制是当今世界常见的政治结构。印度国会包括两院，所有法案都必须在两院通过才能实施。

但也有许多国家的组成分子，在上列这些重要特性的某几项有许多差别。当这种文化混合发生时，就可能发生冲突，这时往往会有其中某个团体征服另一个团体的状况发生。

　　民族国家差别很大。多数民族国家都实行民主制，或以某种形式的民主制为目标，不过世界上还是有许多国家以各其他方式运作，包括君主制、神权政治和军事独裁。不过任何权力结构要实际运作，至少要获得民间某种程度的认可，这一点毫无例外。一个国家的政府，通常分为三个主要部门，也就是立法（制订法律）、行政（执行）、

以及司法部门，各部门都有不同职权范围。

　　有些民族国家的国力足以在国际层级上运作，指挥其他国家的经济政策，或担任国际警察的角色。联合国等国际组织，也在全世界施展权力。

控制

　　所有政府的主要角色都是避免与解决冲突，唯有人民对社会可接受的标准有共识，才能达成这个任务。除了这些非正式的成规之外，政府也透过将共识落实在正式的法律中，来管理社会。

　　对现代社会来说，冲突管理与异议处理都非常重要。在整个人类历史中，一直不乏对所处社会某些"规范"不表认同的人。这些人通常透过和平抗议手段表达看法，不过也有人会违反法律，或作出其他社会成员认为有害的举动。多数社会都以警察和司法制

度，作为维持秩序的先锋。

　　有关法律以及如何执法的共识，在新成立、或社会分歧的国家尤其难以达成，因为这些国家的共识可能很薄弱或根本不存在。如果无法达成共识或共存，就可能发生冲突。冲突可能发生在地方层面，吵吵闹闹的邻居之间；在国家层面，不同的族群团体之间；或发生在国际层面的交战国之间。

历史
日本的封建制度

从 1192 年到 1868 年之间，日本天皇和他的朝廷并未掌握实权，权力掌握在将军幕府政治手中。幕府制是一种封建、世袭的政府，由国内重要家族组成，幕府握有绝对权力。虽然这些军见解保守，却也确保日本长期的和平与经济成长，不过还是付出使日本孤立于外在世界的代价。在封建时期，唯有贵族和被册封武士地位的人才能拥有土地。这些统治阶级管理农民、工匠和商人。

向将军宣示效忠

国防
当今社会的主要任务有二，一是保卫国民免于受攻击，一是要避免军队在国内作威作福。

角色与地位

　　分工与明确的角色定位，有助于社群团队合作，并善用资源。随着社会愈来愈复杂，阶层化也日益加深。目前，等级概念存在于所有社会，从印度的种姓制度，到欧洲的阶级制度都包括在内。社会有不同的组织方式。在某些社会中，有些个人可以选择要在社会里发挥何种功能，其他人则受到较严格的限制。在许多社会中，角色与地位是由性别差异决定。虽然在许多工业化国家，女人以与男人平起平坐为目标，但许多女性还是体验到潜在的歧视。

社会阶层

　　每个社会都有根据权势、评价或能力替人分级的正式与非正式方法。欧洲社会直到进入 20 世纪以后，都还是分为两大主要阶层：拥有财富和土地的统治阶级，以及赚取工资维生的劳工阶级。介于两者之间的则是较难以界定的中产阶级。这些阶级界线严明，阶级间流动的机会极少。然而，从 20 世纪后半叶开始，阶级之间的界线已经模糊化，多数工业化国家都倾向于精英制，换句话说，人人都可以借由成功攀爬社会的阶梯。但在其他社会，如信仰印度教的印度，因为实行种姓制度，至今社会地位仍与家庭背景密切相关。小型社会往往阶层较少，大型社会则可能包括多种重叠的系统，个人在一个阶层制度中的地位，可能与他（她）在其他阶层制度中的地位少有关联。例如，一位职业足球选手在运动圈可能非常受敬重，但在其他领域则默默无闻。有些阶层，如根据财富或政治权力划分者，并无国界之分。但还有一些则纯粹是地方性的，例如对东非的马赛人而言，定点跳高的能力就有助于提升地位。

奥运金牌
金牌能立即反映选手在运动圈内的地位，却不保证在以阶级、财富划分的其他阶层体系中也能提高地位。

种姓制度
在印度严格的社会结构中，不同种姓的人少有来往，而且几乎不通婚。最低的种姓（贱民阶级）要负责如打扫等卑微的职业。

诺贝尔奖
发明炸药的瑞典人诺贝尔在 1901 年设立诺贝尔奖，这是个人在科学、文学或政治成就方面所能获得的最高荣誉。得奖人可以获得超过百万美元的奖金、瞬间窜升的知名度，还有社会地位的戏剧性提升。像诺贝尔奖、奥斯卡金像奖、奥运奖牌等荣耀，都能确认个人在所属专业阶层中的顶尖地位。

机会与抱负

　　在精英制的社会里，社会阶级是流动的。理论上，一个人的地位与财富，应该根据努力和能力而非社会背景而定。但实际上根本没有完全精英制的社会，因为财富的不平等根深蒂固，导致教育制度的不平等。尽管如此，机会平等的概念，仍然是英、美等现代工业社会的基石，理论上任何性别、阶级或族群背景的人，都可能透过社会阶级制度提升地位。除了促进社会流动之外，精英制的原则也助长社会抱负。过去可能屈从于自身命运，担任家庭主妇或工人阶级的劳动者，现在也想攀爬社会的阶梯，获得财富与成功。社会抱负是重要的动力。行销界的专业人员和广告主便利用这项事实，设法将他们的产品与目标观众所渴望的生活形态关联起来。

教育
平等的教育机会是精英制理想的根本。在某些国家，有高达一半的人口有机会上大学。

女性的机会
性别分工在工业社会的重要性降低，许多女性现在都必须工作。尽管如此，照顾孩子的重担还是落在女人身上，结果许多女人被迫中断事业，或只能从事低报酬的兼职工作。

社会

社会

贱民阶级的劳动者
印度有约 1.6 亿贱民，他们往往从事最
需要劳力的工作。这些贱民以非常低的
工资受雇取出窑里的砖块。

权力

在政治上，政府是控制国家或其他政治实体的团体。自古以来，这类统治精英要仰赖军队才能保有权威，相对地，他们也必须利用权威获取财富来维持军队。不过现在有各式各样的权力结构。有些社会由部落议会领导，其他则实行多党民主制（由人民选举政府）。此外还有其他政体，如军事独裁制，在这类政体中，人民无权选择统治者，影响或改变权力结构的机会极为有限。

权力的规模

人类的政治组织可以区分为群组（最单纯）、部落、酋长制和国家。群组可见于狩猎采集维生的社群中，是过着游牧生活、以亲属为基础的小团体。部落通常与在固定区域从事小规模的食物生产相关，这类团体的成员住在半永久性的村落，具有共同的继嗣与文化特性。群组和部落都仰赖集体协议作决策。酋邦虽然也是以亲属为基础，却以有力的领导中心为特色；这个领导中心

家庭关系
卡拉哈里沙漠的布什曼人生活在家族组成的群组里，群组是社会认可的最小单位。

不但是永久的政治结构，也是新兴的社会阶层。最大的政治单位是民族国家，这类的组织并不依赖共同的继嗣或亲属关系来获得成员的忠诚，相对地，国家将许多社群包纳在一个中央集权政府之下。政府统治、组织所有它有权支配的人民，其中某些人本身可能就属于拥有权力的社会阶级。国家领袖有权制定、实施法律，征召人民参战，以及收税支援他们的行动。

宗教领袖
教宗在梵蒂冈带领信徒祈祷。从古到今，许多社会都以宗教或宗教领袖为中心组成。

民族国家

政治学者通常把"民族"描述成一群在语言、文化或族群具有共通性的人，"民族国家"则是指能让一个民族在其疆界内完全施展其权力的政治结构。相对于封建制度或帝国制，民族国家的特色就是经济与政治生活各自独立。民族国家之间的政府体系差别很大，但多半分为立法（制订法律）、行政（执行）与司法部门。虽然目前多数国家都宣称自己是民族国家，但许多都由不同的民族构成，而且其中任一民族都未占多数。有些民族国家，包括加拿大、美国、印度和厄立特里亚，都努力创造唯一的民族认同，将境内不同的团体纳入其中。某些国家，如前南斯拉夫和许多非洲国家，不相容的民族被迫生存在一个国家的屋檐下，有时候因此造成灾难性的后果。几乎在所有的案例中，这类国家的不同民族都会竞逐统治权。

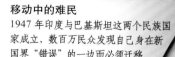

移动中的难民
1947年印度与巴基斯坦这两个民族国家成立，数百万民众发现自己身在新国界"错误"的一边而必须迁移。

司法部门
与多数民族国家相同，法国的司法制度与法官，是独立于经济和政治结构之外的。

执法
民族国家的警察与军队，有权维持秩序。图中利比亚警察学校的毕业生正准备执法。

历史

斯巴达克斯的反叛

罗马共和国依赖奴隶提供劳力。事实上，奴隶人数还多于罗马公民。公元前73年，一个名叫斯巴达克斯的奴隶伙同另外80个人逃亡。后来又有更多奴隶受到感召，加入追求自由的行列，最后人数超过7万。经过3年的血腥冲突之后，叛乱终于被镇压，罗马精英的权威也得以恢复。虽然那并非斯巴达克斯的主要目的，但他的行动却迫使罗马人改变军事力量的配置方式，对政治造成深远的影响。

民主制的胜利?

冷战结束时，有些人说自由市场的民主制已经胜利，左右派有关意识形态的斗争到此为止。许多西方人预言自由民主制将席卷全世界，不过另外有些人认为这种观点忽略非犹太教／基督教（如伊斯兰）体系可能的发展。目前自由民主制度受到的挑战的确比过去一百多年少，但其他制度并不会就此消失。

议题

全球权力

各国处理国际关系的方法并非一成不变，而是反映他们如何在本国与他国利益之间取得平衡。有些国家可以凭借他们的经济或军事影响力，在全球的层次上施展权力。经济或军事强权，往往可以强迫其他国家采取某些国内或国际政策，作为商业往来的代价。全球权力也可以通过国际组织运作。全世界最大的国际组织是所有主权国家都可以加入的联合国，其他如非洲联盟和美洲国家组织，则只开放给有限的地方成员加入。有些团体根据其他标准接受会员。如大英国协就只开放给曾经隶属于大英帝国的国家。而包括美国、德国、法国、俄罗斯、英国、日本、意大利和加拿大的"八大工业国家"（G8）以及石油输出国家组织，是以经济合作为基础组成的集团；这些集团的会员国开会订立条约，设定贸易标准和惯例。如北约（北大西洋公约组织）等机构则建立在共同的军事力量之上。冷战结束（见44页，"资本主义之外的选项？"）导致许多国际机构改变方向，与新时代建立新关系。

改变中的关系
在冷战期间，小布什总统与普京或许曾经是对立的两方，但全球政治不断在改变。

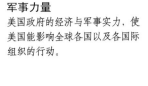

军事力量
美国政府的经济与军事实力，使美国能影响全球各国以及各国际组织的行动。

维持和平
联合国军队的部署提供一个中立的力量，将交战团体区隔开来，尽可能争取商议出一套和平协议所需的时间。

联合国
会员国旗帜在联合国纽约总部飘扬。多数独立国家都是联合国成员，也都参与联合国的决策。

由少数国家掌控的权力
"八大工业国家"领袖及其他受邀者每年召开会议。他们在非正式论坛中协商经济、贸易和其他全球议题的共同方案。

真相

非政府组织的角色

1999 年 11 月，国际医疗救援机构"无国界医生组织"成为第一个赢得诺贝尔和平奖的非政府组织。这个奖预示非政府组织进入受人瞩目的时期，这类团体的结构与组织方式，使他们能独立于国家主权之外采取行动。虽然这意味非政府组织可以对侵犯人权进行自由批判，并提供独立的解救行动，却也因此很难要求他们为自己的行动负责。

社会

社会

社群结构
族群

概要：最单纯的政治结构是群组：一种以亲属为基础的机动性小型狩猎采集团体。

族群是最古老、最单纯的政治组织形式，包括30至50名成员，以狩猎采集维生。男性多半从事捕鱼或打猎；女性则负责采集根茎和浆果。社会关系以合作为特性，食物由成员共享。

以族群为基础的团体生活在各种环境里，包括澳洲原住民、卡拉哈里沙漠的布什曼人、北极的因纽特人和中非的姆布蒂矮人族。在采集为生的社会里，只有两种显著的社会结构：核心家庭和族群。族群成员身份不但有弹性（成员可以选择加入父亲或母亲的族群）而且有季节性（族群规模

社群生活
一个因纽特群组聚在一起，将他们的资源集合起来，好供养每位社群成员所需。

依食物多寡改变）。族群的领导层是非正式的，通常由年长男性担任，他们因为智慧、技巧和经验而受人尊敬。族群首领的正式权力十分有限，只能尽量说服成员听从建议。族群的政治、社会和宗教决策往往无法区别。

原住民的营地
原住民群组与土地维持神圣的关系，但他们目前多半住在现代屋舍里，而不定居在传统社区中。

社群结构
部落

概要：部落是一种从事农耕或游牧的团体，以村落为基础，而且属于某个关系网路的一部分。

部落与群组不同，他们不是食物的采集者，而是食物的生产者。部落生活在以村落为基础的自治团体中，所有团体都有共同的祖先。部落社会的规模从有两万名成员的亚马孙亚诺马米族，到有16万人口的北美纳瓦霍族，以及有50万人口的苏丹丁卡族。

部落最常以一种名为"分支世系组织"（SLO）的分支机制结合在一起。它可以作为暂时的地区性政治组织，以一连串较大的网络将部落结合在一起。这些网络可能以村落为基础，或可能散布在更广的地理区中，彼此只有共同的远祖。

分支世系组织的规模依经济、宗教或军事需要而定，单一分支世系组织中的人遗传愈相近，相互支持的力量愈大；彼此共同的祖先年代愈久远，就愈可能彼此敌对。在苏丹南部过田园或畜牧生活的努埃尔族就是这种部落结构。必要时，他们可以快速组织起来保卫

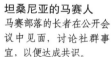

或扩张领土，而且通常要牺牲他们的邻居：丁卡族。其他部落包括东非马赛族，是透过其他结构组织部落生活，如长幼阶级（见260页）与秘密结社。

村落首领

南美亚马孙流域的亚诺马米部落有一项特色：村落首领。他们有超过200名村落首领，负责调解内部冲突，以及对外代表他们的村落。头目的权威来自一般人对他们的勇敢、宽容与领袖魅力的尊敬，但他们无权强制执行自己的决定。

坦桑尼亚的马赛人
马赛部落的长者在公开会议中见面，讨论社群事宜，以便达成共识。

社群结构
酋长制

概要：介于部落和国家之间的过渡性政治结构称为酋长制。

第一个酋长制约6,500年前出现，但目前大部分都已经不存在了。就历史看来，许多酋长制都以建造纪念碑（如巨石阵或复活节岛摩艾石像）的能力来突显出他们与部落的差异。最有名的酋长制据说在波利尼西亚。

酋长制比部落更大、更复杂，因此需要更中央集权的政治结构才能将各种地方社群（各自由酋长统治）统一起来，并管理大规模的食物生产。酋长的地位经常通过继承获得，他们在近亲精英的协助下，有权强制执行决策、调解争议和征用人力。酋邦发展出宗教崇拜和祭司职位来支持酋长的权威，如波利尼西亚的酋长就是靠超自然力量支持他们的威权。

根据记录，典型的酋长制曾存在于夏威夷，与外界接触前，当地社会将人分为三个层级：Ali'i（身为神的后代的酋长），Konohiki（土地管理者）以及Maka'ainana（普通人），一个人的社会等级以与酋长的远近关系为根据，而获得资源的机会则是依个人在社会阶层中的位置而定。

酋长制的经济制度是其特色：他们的生产多于生活所需。理论上，每个人都交出自己生产的一部分，这些东西会被储藏起来，到了公共宴会或饥荒时再拿出来。

集体协议
萨摩亚酋长集会同意新酋长的任命。然而，在波利尼西亚之外，酋长多已不存在。

传统留存的地方
这位非洲南部史瓦济兰祖鲁酋长，对部落"王国"仍拥有名义上的权力。

国家结构
君主制

概要：由单一世袭领袖进行统治的政府，称为君主制。

在君主专制政体里，权力集中在一个人手中，他可能单独统治或借重非民选的顾问辅佐。专制君主不只是国家元首，也是政府领袖，他的权力不必受制衡。直到17世纪，君主制都是世界各地常见的政府形式。这些国家在14～15世纪尤其强盛，当时许多地方都由世袭的国王或女王统治。

今天，仍由世袭君主担任国家元首，但由民选机构（如议会）运作政府的君主立宪政体，比君主专制更普遍。某些类型的君主立宪政体，

皇室婚礼
波里尼西亚群岛的东加王国居民，正在庆祝他们的国王结婚。

如约旦和沙乌地阿拉伯，君主仍保有许多政治权力。其他国家，如英国和瑞典，君主的角色主要是仪式性的，所有政治权力都掌握在民选议会手中。

加冕日
摩洛哥各省代表于1999年宣誓效忠他们的国王穆罕默德六世。

一位国王完成加冕
1999年，约旦国王阿布都拉与皇后拉妮亚，在封王仪式正式加冕之后会见群众。

国家结构
神权政体

概要：神权政体是一种宗教领袖与统治者角色合为一体的政府形式。

在神权政体里，宗教领袖拥有至高无上的政治权威，教权即代表国家。神权政体曾包括各种宗教信仰，从阿兹特克的献祭习俗到不丹的佛教。虽然梵蒂冈也被归类为神权政体，不过目前只有伊朗仍维持真正的神权统治。伊朗总统和议会由选民直选，但伊斯兰领袖会议有权否决政策。

伊朗人支持神权政体

国家结构
军权国家

概要：有些国家的权力集中在非经选举产生的军事精英手中，这种结构称为军权国家。

多数现代军权独裁在军事政变后形成，因此取得权力的军事领袖，往往以他们能带来政治稳定合理化自己的作为。这些军事政权往往为自己塑造超越党派的形象，宣称自己是中立的一方，在经济、政治动乱时期，或内战期间暂时负责领导，或宣称自己是腐败、无能政府之外的其他选项。但实际上，这类政权往往是为维持权力而使用武力。

军事独裁不向选民负责，而且素来残暴，此外在提供长期稳定或健全经济方面也鲜有建树。

1990年以后，军事独裁已经比较少见，因为世界各地的这种政权，都在愈来愈大的国际压力

缅甸的抗议活动
尽管遭到许多人（如诺贝尔奖得主昂山素季）反对，但缅甸从1958年开始由军事执政团统治。

下进行改革。因此，某些过去统治国家的军队，现在宁可留在幕后，或透过举行全国选举来合法化他们的领导权，不过这些政权的独立性与合法性令人质疑。

刚果人的政变
1996年，经过一场军事政变之后，卡比拉成为刚果民主共和国的总统。然而，2001年1月21日，卡比拉本人却在一场政变中遇害。

历史
法国的军事政变

1958年，阿尔及利亚独立战争造成的紧张气氛，导致法国发生军事政变。在法国想从当时的殖民地阿尔及利亚撤兵时，军队发动叛变。叛变导致法国第四共和政体瓦解，而由第二次世界大战英雄戴高乐将军成立第五共和。虽然新领袖恢复了国家的稳定，军事纷扰仍一直持续到20世纪60年代以后。

武力统治
巴基斯坦军方曾经数度介入、掌控政府，最近一次是1999年10月。

社会主义国家

概要：社会主义国家是由共产党领导的国家体制。

社会主义国家，就一般定义而言，就是实行社会主义制度的国家，或指实行社会主义意识形态的国家。社会

社会主义市场经济
人民币上的国家领袖肖像，中国自1978年开始实行改革开放的方针。

主义国家，一般指实行社会主义制度的国家。标志是共产党执政，因此在世界上又被称为"共产主义国家"。

社会主义国家是建立在生产资料公有制为主体、多种经济成分并存的基础之上的，代表着广大人民群众根本利益的人民民主专政国家。今天，根据中国宪法，具有中国特色的社会主义国家的基本经济制度是公有制为主体、多种所有制经济共同发展。

现有的社会主义国家虽然有所减少，但要正确认识社会主义国家，原有社会主义国家除东德外大都是在商品经济不发达或不够发达的条件下，走上了非资本主义的发展道路的。世界社会主义运动已经开始走出低谷。

社会主义的古巴
1959年卡斯特罗在一场反对独裁政权的革命中掌权，进而建立了社会主义国家。

中国30多年来坚持改革开放，进行了社会主义发展史上前无古人的探索，取得巨大成就，并逐步走向复兴。

在社会主义国家，人民是国家的主人，国家的一切权力属于人民。

总统制的政权

概要：在总统制的政权里，依民主方式选举的总统却变成独裁者。

某些国家的政治领袖原本是循民主方式取得国家元首的职位，后来却成为独裁者，利用武力或非法方式维持权力。他们可能继续举行选举，以便给政府一种合法的外观，但这些选举不太可能是自由或公平的。事实上，这些领袖往往草率举行选举，以便在排山倒海而来的反对声浪中继续获胜。

总统制的政权发往往发生在高度腐败，且军方很容易摇摆支持某位独裁者的国家。这些国家的领袖往往宣称，他们是为了国家好，为了避免政府被不稳定或反动分子把持才继续掌权。

朝鲜集会
重大节庆时，成千上万朝鲜人在一幅国家领袖的海报下集会，表达他们对这位领袖的忠诚。

影响投票？
在2002年津巴布韦选举中，军方待命保护选民。军人现身也暗示选民，如果他们没有"选对人"将会有什么后果。

过渡国家

概要：指一个正在重组的民族国家，这类国家的临时政府据称是过渡性的。

想要迅速改变政府制度几乎完全不可能。一个国家和人民在经历重要政治制度改变时，有必要经历一段调适期来规划新的政策和行政

体系，然后才付诸实行。

过渡期可能发生在推翻旧政府的战争之后，或随新国家诞生而来。例如，前苏联解体就造成许多新国家兴起。这些新国家许多都缺乏独立政府，也没有民主的历史，他们从过渡政府开始起步。有时候，在新制度开始运作以前，会有某个国际机构暂时接管。1999年东帝汶投票通过

从印尼独立时，便曾经成立联合国东帝汶过渡行政管理机关。这个制度行使立法与行政权长达3年，直到政府有能力接手权力为止。

然而，过渡不一定是正面的。有些"过渡"国家从来没有完全从战争过渡到和平状态，而是一直为激烈冲突和侵略而分裂，长达数十年。

阿富汗的选举
经过多年战争之后，2003年阿富汗过渡政府在首都喀布尔举行地方选举，开始朝民主迈进。

索马里：一个失败的国家

索马里于1960年建国，是两个前殖民地（英属索马里兰和意属索马里）断然合并的结果。这个后殖民地国家一直不稳定，到了1991年则完全陷入内战和军阀割据的状态中。尽管有许多和平方案和国际调停介入，但索马里仍然欠缺一个有效率的政府。

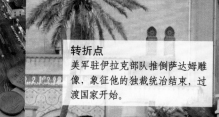

转折点
美军驻伊拉克部队推倒萨达姆雕像，象征他的独裁统治结束，过渡国家开始。

卢旺达的过渡期
卢旺达内战后由过渡政府主政3年。当地除设立地方合作社外，也获得国际援助。

议会民主制

概要： 政府领袖由人民直选，称为议会民主制。

议会民主制的特色是政府由议员当选人中选出。通常由议会多数党选择最高行政长官，也就是首相。然而有些议会因为政党太多，没有任何政党取得多数席次，这时便由议员们选举首相。

议会民主制与总统民主制（见271页）不同，在议会民主制里，行政和立法部门合而为一。这种结构下的党员比较守纪律，几乎完全听从党的指示投票。因此议会民主制

德国议会
德国政府采行议会制。德国议会以位于首都柏林的国会大厦为根据地。

元首扮演不同的角色。政府领袖有权制定法律，国家元首则往往只扮演仪式性的角色。

自由而公平的
1994年废除种族隔离政策之后，南非第一次举行民主选举，所有公民都可以参加。

多党民主制

概要： 在实行多党民主制的国家里，政党争取选票取得组织政府的资格。

多党制度由数个受到认可的政党构成，各政党尽可能争取选票。这种制度可以避免单一政党在缺乏挑战的状况下制订政策。如果政府包括民选国会或议会，各党可以根据比例代表制或"得多票者当选"的制度分享权力。

根据比例代表制，各党按获得选票多寡取得特定数量的席次。如果采用得多票者当选的制度，选民会被划分为几个选区，各选区依多数决选出一席。得多票者当选制较不利多党产生，会自然倾向于两党制。相对地，比例代表制容易形成若干主要政党。

选民必须结合成大集团才可能形成两党制。因为这样的集团往往非常庞大，它的成员对于任何重要原则都无法取得共识，

权力平衡
法国是多党民主。全民投票选出总统（右）后，由他任命总理（中）。

所以容易让走中间路线的人取得控制权。另一方面，如果有许多政党，而每个政党都无法取得实质多数的选票，那么他们就必须争取小党的支持。这样一来，这些小党就能取得相当大的政治影响力。

选举热
塞拉利昂在2002年顺利完成选举，距离内战结束仅6个月。目前塞拉利昂为多党民主制。

国际组织

概要： 国际组织的权力与规模扩张愈来愈快速。

虽然民族国家仍是权力的主要来源，但国际机构在国家与国际管理方面，扮演愈来愈重要的角色。包括联合国（UN）、世界贸易组织（WTO）、国际货币基金组织（IMF）

以及欧洲联盟（EU）等，都是第二次世界大战以后成立的组织。世界银行则成立于1944年。

他们的确切目标不同，却有相同的职权范围，也就是促进国际合作，以及为国际事务确立法治。成立这些组织的宗旨，也包括避免过去几十年发生过的毁灭性经济、贸易和军

安全理事会
联合国安全理事会由15国组成，包括5个常任理事国和10个非常任理事国。

事冲突重演。

虽然各国经济政治分量不同，但世界秩序必须以各国的平等地位为基础，联合国便是直接建立在这样的原则上。最近联合国愈来愈强调保障人权，也开始介入维持和平的工作。

随着冷战结束，国际组织也必须发展新的合作关系。尤其欧盟已

MR. WOLFENSOHN

The World Bank

经从贸易组织转型为联邦政府。尽管许多人对于超国家组织的可行性仍然存疑，但类似的国家集团也可能跟进。目前仍不清楚这类机构是否真的能获得受公众认可的正当性。

饱受抨击
世界银行和世界银行总裁，因为强力介入发展中国家的经济而饱受批评。

议题

无可避免的趋势？

在过去几十年间，国际组织介入许多国家内政的程度愈来愈深。许多人认为全球经济、政治整合和全球化的发展趋势，是国际事务发展不可避免的方向。然而，最近这种想法已经受到反全球化运动（见右图）的挑战，这个运动致力于使各国和各国人民减少受制于国际组织和企业。

社会

社
会

国家结构

总统民主制

概要：在总统民主制中，国家元首与政府领袖由同一人担任。

政府的执行（行政）与制定法律（立法）部门分立，是总统民主制的核心原则。行政部门由人民直选的总统领导，立法部门的成员则另外选举。这种形式的政府，优点在于两个部门可以彼此制衡，没有任何一方有制定法律的完整权力。

此外，两个部门都必须直接向人民负责，因为两者都可能在下次选举中下台。

总统制并不区分国家元首和政府领袖的角色，两者都由人民直选的总统担任。因此总统民主制的总统，总是会积极参与政治运作，而不只是一位象征性的虚位元首。

有些总统制的国家，如韩国，也设有总理或行政院长的职位。然而，与议会民主制（见269页）不同的是，这个国家的总理（行政院长）负责的对象，是总统

宣誓就职
希腊总统与总理经由选举产生，然后在议会宣誓就职。

肯尼亚选举
肯尼亚在一场选举中同时选出总统、议会和公民领袖。肯尼亚有一位总统和一个议会，但不设总理。

人物侧写

叶利钦

1991年6月12日叶利钦（1931—2007）在担任非民选总统一年后，成为俄罗斯第一位民选总统。叶利钦成立了独立国协，并结束苏维埃联盟。后来叶利钦与俄罗斯新国会，曾经为了新宪法的权力平衡意见分歧，不过在1993年一次失败的政变之后，叶利钦的改革案（赋予总统相当多的权力）获得批准。

而非立法部门。19世纪末时，曾经有人揣测美国众议院议长终将成为类似首相的角色，国会将发展成某种议会的形式；但这些改变显然没有发生。最近有人认为白宫幕僚长，也就是总统的首席助理，已经成为美国实质的总理，此人在美国政府体系属于强势或弱势，只需看现任总统亲政的程度而定。

其他采行总统制的国家还包括墨西哥、斯里兰卡、希腊、埃及、肯尼亚和许多南美国家。法国尽管有一位权力相当大的总统，却仍被归类为多党民主制（见269页）而非总统制。这是因为法国采行比较重合作的政府形式，法国总统的国内政策必须经过总理同意与联名签署。相对地，总理也需要法国国会多数党的支持，而国会多数党与总统不一定属于相同政党。

总统的权力
福克斯于2000年的竞选活动是成功的。墨西哥总统制订的法律不容改变，不过他只能当选一任6年的任期。

政党政治
美国主要政党利用全国代表大会公开所有想要竞选总统的候选人。初选时，各政党会选出一位候选人代表该党参选。

控制与冲突

　　群众安顿下来之后，就会发展出一些使他们得以共存的行为规范。然而，并不是每个人都同意所有的规则。这意味总有些人可能违反规则，做出其他人认为有害社会的举动。每个社会对于哪些是见容于社会的行为有不同的看法，而这些看法也会改变。严重的越轨行为可能被界定为犯罪，而所有国家和社会都有界定犯罪种类的法律，规定犯行之后的处罚方式。今天，最重要的范畴包括对人施暴、侵犯财产和公共秩序等罪行。

人物简介

帕克

1955 年，美国公民帕克在搭乘阿拉巴马州蒙哥马利市的种族隔离公车时，拒绝让位给一位白种男人，因此被判"破坏风纪"罪。不过她在 1956 年上诉时，最高法院裁决种族隔离公车违宪。这是翻转美国种族隔离相关法律的一大步。

社会控制

　　多数国家都以结合社会控制和正式的刑事司法体系，来限制非法或反社会的行为。矫正机制是一种社会控制的形式：特立独行的人会遭到放逐或抨击，同时被迫改正。道德和价值是控制个人行为的根本方式，因此对于维持秩序和稳定很重要。道德（针对可能影响他人之行为判断对错的能力）和价值，如尊重他人财产，往往受家庭和宗教影响，多数宗教都有一些希望信徒能遵守的行为规范，同时也会避免或禁止某些活动。宗教也有助于维持现状，如果得到在来生获得报酬的承诺，许多人就愿意接受眼前的困苦或不平等。

精神的协助
刚果民主共和国布卡夫一所教堂的会众，正恳请上帝指引他们。

冲突

　　冲突包含一系列的议题和行为，从对噪音标准无法取得共识的邻居到国际间的摩擦，如以色列要修筑围墙将约旦河西岸隔开等。此外，还有许多活动，在某些国家合法，但在其他国家被视为非法。这类的行为包括吸毒、饮酒、堕胎、婚外性行为和协助他人自杀等。随着新的社会威胁出现，或既有的威胁（如恐怖主义）变本加厉，控制社会的新方法也被发展出来。如可能透过国际合作的形式查核行为，或由特殊机构针对跨国冲突的案件做国际层面的裁决（国际法见 274 页；化解冲突见 276 页）。

大胆表达个人意见
在以色列一场政治性的抗议游行中，一位女性参与者向质疑她的路人明白表达自己的立场。

法律与执法

风俗与个人道德不足以确保安定祥和的社会。虽然这些非正式的社会力量在日常生活中很重要，但仍须以更正式的法律制度支援。人民需要受保护，以避免遭到他人或社会制度（包括政府）独断行为的伤害。这类保护需要一个强制执行合约、确保权利、解决冲突与界定责任的制度。法院一方面诠释、运用法律，一方面也能影响法律的制定。在理想的状况下，国家的法律制度会公平对待每个国民，但实际上，越有钱的人，就越能聘请到比较能干的律师来为自己辩护。课以刑责，以及通过强制力落实判决（包括监禁）的能力，是将法庭决定转换为行动的最终方式。然而，警察以及其他执法官员的资源有限，他们必须优先考虑到自己的工作。警察打击犯罪和失序，通常会受到普遍政治压力、舆论和特定政府指令等因素的限制。

监禁
监禁能威慑可能意图犯罪的人，也提供帮助犯行者回归社会的机会。这名警卫在得克萨斯州监狱工作。

跨国界的裁决
1994 年卢旺达内战结束后，联合国设立了几个法庭，其中包括负责审判军方人员的国际刑事法庭。

极刑
逾 80 个国家会对某些犯罪处以极刑。美国有 37 个州具有与美国联邦法庭以及军事法庭相同的权力，可针对某些罪行处以死刑。死刑的支持者宣称，死刑可以威慑暴力犯再犯。反对者则否认有任何证据支持遏止犯罪的说法，而且可能有处决无辜者的风险。

异议与抗议

与其他人持不同意见，或对如管理国家的方式有异议的个人或团体，可以有几种选择，包括保持缄默，或暗中采取行动，尤其是在有遭报复之虞的情形下。如果情况允许，不考虑可能造成的后果，或置身一个开放社会，个人或团体可以选择公开表达不满。如果不同意某个国家或机构的政策，个人或团体可以选择拒绝购买他们的产品作为表达意见的方式。2003 年的一项调查发现，有 39% 的英国人，比五年前更可能以他们的购买力，针对自己关注的议题表达意见，从童工到环境问题都包括在内。人民也可以写信给机构代表、相关主管机关，或参加投书运动抒发不满。有些人则选择走上街头。这类活动的一个例子发生在阿根廷的布宜诺斯艾利斯：如今已经年迈的"五月广场母亲"，从 1977 年以来的每个星期四，都会在总统府前的广场游行，要求了解 20 世纪 70 年代中叶到 20 世纪 80 年代初军事独裁期间失踪亲友的下落。和平示威有时候会转变成暴动，例如 2003 年在瑞士日内瓦和 2001 年在意大利热那亚举行的反全球化抗议，示威者与警方都曾经发生暴力冲突。

社会

五四运动
1919 年中国五四运动，北京示威游行的学生队伍向天安门进发，揭露当局在巴黎和会出卖中国主权，要求北洋政府拒签巴黎和约、废除二十一条、抵制日货等。

街头冲突
人民可以走上街头表达异议。这位示威者在美国华盛顿特区被捕，当时他正在抗议 3K 党的游行。

伯发斯特的暴动
北爱尔兰新教徒举行年度橙党游行前，北爱皇家警察部队的警员面对集结的民族主义者。

社
会

非正式的法院体系

概要：解决争议或主持正义可以透过社区体系来完成。

透过非正式制度主持正义已有数世纪之久。例如，在伊斯兰的社会生活中，做决定以前，男性必须举行非正式的协商会（舒拉）。对某些人来说，传统法庭代表旧式的阶层和权力关系，但证据显示，这些制度也能适应现代世界。印度古吉拉特的妇女，以开会解决与社群、家庭、婚姻、奖惩有关的争端。乌干达在 1986 年开始推行以地方"异议委员会"为基础的制度。在这种

宗教法

伊斯兰国家平常遵守部分源自《古兰经》的《伊斯兰教教法》。有些国家除了本国法之外，也施行伊斯兰教教法。例如：巴基斯坦正式的法律制度以英国的普通法为基础，但在适当状况下，也可能遵循伊斯兰教教法。但是，伊朗只实行伊斯兰教教法。

制度下，村民可以针对司法与发展议题，从地方层级采取行动，也可以将他们的决定提供给法官和议员。

村民陪审团
担任陪审团的村民回归传统的市民仲裁法庭，使卢旺达人得以审判那些被控在 1994 年种族大屠杀期间杀害家人嫌犯。

正式法院体系

概要：正式的法律框架，规范社会与社会成员的活动。

许多社会都有一套与非正式制度并存的正式法律制度。多数正式制度都包括刑法和民法。

刑法的主要目的是遏止与惩罚。如谋杀等举动属于刑事的范畴，可能由公职人员予以起诉。民法通常处理个人或机构的争端，双方都可以提出诉讼，也都可以聘请专业人员代表自己。民法诉讼案件通常以求偿金钱为目的，民法与刑法的主要差别，在于刑法必须证明"超越所有合理的怀

巴格达的法庭
在萨达姆统治下，伊拉克受腐化司法体系蹂躏多年。战争后，法庭以缓慢的速度复原。

疑"，民法则必须根据"各种可能性的权衡"。

1995 年发生在美国的辛普森杀妻案，可以说明其中的差异。刑事法庭无法提出"超越所有合理怀疑的"证据，证明这位前足球明星是杀害其妻的凶手。但是在后来的民事审判中，陪审团认为根据"各种可能性的权衡"，他是谋害妻子的凶手，因此判定他必须赔偿妻子的家人。

正式听证会
审讯时，检察官（如图中这两位）起诉被告。

国际法

概要：国际法庭有权提出裁决，解决国际争端。

从第二次世界大战以后，联合国在荷兰海牙国际法庭的支援之下，主导国际争端的调停，建立从海洋法到领空权等各种成规。

近年来国际法在保护个人权利方面承担起新的角色。在极端的状况下，国际法被用来合理化外国势力的介入，如 20 世纪 90 年代发生在前南斯拉夫、利比里亚和刚果的事件。2003 年，联合国在海牙成立国际刑事法庭，这个常设国际法庭对于严重违反人权的案件，包括战

法庭中的和谐
国际法庭勋章上的女子像代表"协议"。

争罪行、种族灭绝行为和侵略主权国家等，拥有司法管辖权。

国际贸易也有专门制订与监督规章落实的机构：世界贸易组织。

国际正义
荷兰海牙的国际法庭，可以调解国家之间的争议，如边界问题。

法律与执法

概要：惩罚是遏止违法或处分从事违法行为者的方式。

在社会立下行为规范的同时，就已经认知到并非人人都会遵守这套规范。对多数人来说，知道违法会被惩罚，便足以制止犯罪。

第一次开车超速被抓到可能只受到警告，第二次则可能处以罚款或吊销驾照数月。犯下比较严重罪行的人，可能遭到监禁。不过除了监禁之外，

还有如佩戴电子追踪器（以确定行踪）等其他作法。另一种惩罚是在不支薪的状况下，到如安养中心等地方社区服务。有些惩罚可能非常残忍，在伊朗，被控饮酒的人可能遭到鞭刑；苏丹则会把窃贼的手砍掉。某些国家仍有死刑。

监狱里的问题
有些国家的囚犯人数都持续增加，造成居留设施人满为患。

放逐

在过去，暂时或永远驱逐出境是极刑之外的另一种选择。到 18 世纪，将罪犯放逐到流放地是欧洲国家惯用手段。直到 1946 年，法属圭亚那海岸外不远处的恶魔岛（右图）都被法国当作流放地使用，被送到那里的人，除非逃跑否则无法离开；但试图逃跑的人鲜少幸存。

教育的价值

传统习惯将教育区分为纯学术和职业教育两类。学术教育以发展学生的知性能力为目的，传授知识以便开启、扩展学生的心灵。所谓知识可能包括从最基本的读写和计算技巧到高水准的抽象思考能力。相对地，职业训练使用的是不同的程序；提供学生特殊的实用技能，这些技能要通过工作经验得到进一步发展。早期社会的人，只向周遭的成人或从生活经验中学习。后来宗教领袖在提供最早的正式教育体系扮演重要角色，这一方面是因为当时的社会往往只有神职人员受过教育，一方面也是因为认知到就学对个人生活的影响。近年来，职业教育的重要性日增，对个人准备就业很有帮助。然而，如果太强调教育增加国家"人力资本"的经济效益以及可能带来的财富，那么教育在培养个人独立思考能力的重要性就会被模糊掉。缺乏基本思考能力的基础，各种形式的训练效果都会大打折扣。

从小开始
儿童开始正式的学校教育之后，除了学习学术知识之外，也学习社交技巧。

全球读写能力

全球识字率差异极大，已开发地区几乎达100%，而南亚和非洲等最贫穷国家则可能低于50%。今日，全球有超过8.6亿的成年人不识字。在发展中国家，女性的识字率常远低于男性，因为一般人认为教育负责养家的男性比较重要。

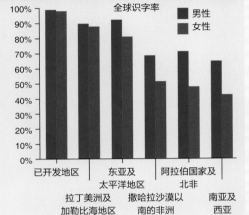

真相

全球识字率

■ 男性
■ 女性

100%
90%
80%
70%
60%
50%
40%
30%
20%
10%
0%

已开发地区　东亚及太平洋地区　阿拉伯国家及北非

拉丁美洲及加勒比海地区　撒哈拉沙漠以南的非洲　南亚及西亚

一生的工作
一般认为职业训练在个人准备投入职场的过程中，扮演有用的角色。

提供教育的方式

一个人的教育总是从家庭和地方社群开始。正式教育通常有3个层次。小学或初级小学以四五岁到年约11岁之间的儿童为对象，而且几乎在每个国家都是强制性的。这个层面的教育最重视的工作，是培养儿童基本沟通与理解技巧以及有关世界运作基本原则的知识，为成年生活作准备。中学教育持续到15～18岁，通过更集中教导更广泛的主题，帮助他们发展分析技巧。大专教育通常分为两类。专科教育指的是技术与职业训练，这些训练明显以学习从事某种工作或职业所需的技能和专业知识为目的。高等教育的内容比较有学术性，而且会授予大学或学院的学位。许多地方的大专教育也包括成人教育，提供成人新技术，通常是为了帮助因为疾病、失业或育儿而离职一段时间的人重回职场而设。

私立教育
父母付钱送孩子进私立学校，如英国的罗迪安私立女子学校等，他们相信私校教育将使孩子未来在社会中更占优势。

宗教的角色
各种信仰的宗教学校，包括印度这所天主教学校，在世界各地提供高水准的教育。

住宅供应与安置收容

房屋不只是遮风避雨的栖身之所，也是安身立命的地方。因此所有社会的人都认为拥有安定的家是人生的优先考虑。但是除了最基本的房屋之外，所有的房子无论建造或购买都非常昂贵。因此世界各地的住宅供应多数都由国家、私人房东或慈善机构提供，一般人只是租用而不直接拥有。个人资产与营造维修房屋费用之间的差额，通常由国家房屋准备金或房租津贴填补。大约有16亿人口（占世界人口四分之一）根本无家可归或住在狭小而不合规格的房子里，水、电、卫生设备供应都不完善。10亿人住在乡下，另外50亿人为了追求工作机会以及自身和家人更好的未来而住在过度拥挤的城市。

市镇生活
限价房看起来往往不够华丽，却能提供平价的大众住宅。

社区生活
许多人住在地方社区建造的住宅里。汶莱政府协助村民建造长屋，长屋是村民共同生活的地方。

社会

社
会

基本的健康措施

健康的水
取得清洁的水或许仍然是世界上最有效的保健方式。

在世界许多地方，医疗都是只有少数人有能力或有机会使用的奢侈品。对这些人来说，医疗服务的最有效形式以及改善健康水准的主要因素，是通过持续经济发展来提高生活水准。取得干净的水和有效的污水系统，对于减少致命疾病最有帮助。更好的饮食、公共卫生和保养都能显著减少疾病和早夭。即使有能控制或消除疾病的医学。

不当的发展水准可能使医学无法发挥功效。在比较贫穷的国家，如霍乱、腹泻和疟疾等很容易避免的疾病仍然普遍。因此从世界的角度来说，医疗护理必须以促进经济发展和提升生活水准为焦点，以便能有效控制疾病。

由世界卫生组织和其他健康机构协调各国合作筹办的免疫计划，对健康水准有巨大的影响。天花在1980年已经根除，目前全球方案以消除小儿麻痹、麻疹和破伤风为目标。即使在发展程度较高的国家，基本的健康问题仍然存在，而且通常是透过政府的健康机制处理。

食物与健康
提供营养午餐的学校，如东京这一所，对于改善儿童健康贡献很大。

预防措施
透过提高意识，公共卫生机制可以大大改变一个国家的健康水准，如图中海地正在进行的儿童预防注射宣导。

资助医疗保障

与其他福利业务一样，社会发展造成医疗护理从仰赖家庭与地方社群，转变为由专业人员经营管理的较正式结构。基本照护与症状的缓解，被科学化的诊断、处置与治疗取代。这种转变造成公共支出大量增加，今天多数有正式医疗保障制度的国家，花费相当于国民产值的5%至15%在健康上，政府通常支付其中的一半到四分之三之间。国家愈富裕，花在医疗保障的比例往往愈高。各国提供的资金多寡大不相同。

例如，英国以税收支应的国家保健服务，在初就医时提供免费服务，但现在许多人改用私人准备金，以避免长时间等候到医院进行治疗。

曾经在2000年时被世界卫生组织评为最有效率的法国医疗保障体系，虽然要病人自己付费治疗，但国家会偿还大部分花费。在美国，通常由雇主支付，而透过保险以私人准备金负担的服务和由国家准备金负担，提供给穷人和老人的服务差别非常大。

对世界各地的人来说，最常利用的健康服务，是由医生、护士和助产士提供的地方性基层护理服务。遇到这些专业人员无法解决问题或紧急状况，才会利用到医院。医院提供次级护理服务，包括专科诊断和治疗服务。

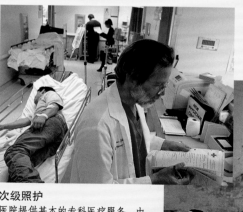

次级照护
医院提供基本的专科医疗服务。由国家提供资金的医院，是任何国家医疗护理体系中最大、花费最多的部分。

地方性的知识
社群资源，如这位地方的印度助产士，持续在许多国家的医疗护理工作中扮演重要的角色。

议题

健康资金应该由谁来负担？

富裕程度的提升，使许多国家得以增加医疗护理的准备金，却也同时带来个人责任的问题。例如，抽烟造成许多疾病，而几乎每五个美国人当中，就有一个人被界定为临床肥胖，多数起因于不健康的生活形态。不为自己的健康负责的人，有权使用国家资助的医疗护理服务吗？此外，西方向私人医疗护理与医疗保险发展的趋势，使较富有的人能够得到较有效的治疗，也的确使比较贫穷的人更难获得他们应得的照顾。

健康趋势

虽然现代医学有其国际影响力，但许多国家仍然依赖传统医学：即结合植物与其他天然药物、如针灸等技术以及精神治疗等健康措施。这种对于传统医学的依赖，有一部分是出于必要：根据世界卫生组织，发展中国家中有三分之一以上的人无法取得如抗生素等根本的现代药品。传统医学非常强调维持整体健康，这种整体性的方法吸引发展程度比较高的国家，通常他们称之为互补医学。医疗护理不是固定的人类需求，而是要配合其他改变。社会经济发展（如都市化和工业化）、医药进步（如新的牛痘疫苗）和人口移动都会影响医疗护理。以上这些因素以及其他改变的影响，都造成世界各地的平均寿命增加。过去150年来发达国家的状况都是如此，婴儿死亡率和早夭的比率也都降低了。除了那些正在对抗人类免疫缺乏病毒（HIV）造成的艾滋病（AIDS）较贫穷国家之外，这种进步的状况已经扩展到世界多数地区。然而，即使在最富有的国家，还是有一些如肥胖和心脏疾病等新的健康问题，正开始浮现。

古代疗法
传统草药医学，如这位中医药剂师所做的，仍然很受欢迎，而且常搭配西方医学使用。

成长中的趋势
发达国家有一个显著的健康趋势，那就是年轻人肥胖的比率增加。体重过重未来将造成健康不佳和心脏疾病等后果。

社会保障

世界最早的社会安全制度，是俾斯麦于19世纪80年代在德国建立的。国营社会安全制度的成本，由雇主从员工的工资中扣除来支应，不足的部分则由一般税收补贴。尽管在实践和结构上，世界各地有相当多的变化，但这种混合了强制分担与一般税收的制度，一直是多数现代社会安全制度的雏形。不过，所有制度的目的，无非是想要为无法照顾自己的人提供一张安全网。社会安全制度起初被视为一种保险，以保障那些因为非自愿失业工人。后来与免费医疗照护和义务教育一般，许多工业化国家在20世纪期间发展出来的福利国家制度，都将社会安全制度视为重要的一环。这些年来，几乎所有安全制度在涵盖范围和复杂度方面都有所增长，因此需要相当庞大的官僚体系来经营。因为成本增加，所以愈来愈多人争论是否应该以相同的比率偿付保险金给每个有资格领取的人，或者应该衡量财力，根据接受者的财富来给付，使保险能以最需要的人为对象。

没有安全保障
即使在如俄罗斯等相对较为进步的国家，仍有些人无法得到社会安全制度的照顾，被迫乞讨维生。

俾斯麦

1871年俾斯麦（1815—1898）成为德国统一后的第一任首相。他在1881年创立社会安全体系，以降低大众对社会主义的支持，还可赢得工人的拥戴。这项计划提供疾病和意外津贴、失业补助金，以及老年和残障人士年金。类似的计划很快就被引进欧洲各地、澳大利亚和新西兰。

社会

老化人口

整个发达国家平均寿命普遍增加，已经对年金准备金造成压力，因为领养老金的人口与工作人口相较比例相对增加，结果必须提高工作人口的分担金额和一般税收，才能补足不够的部分。因此，自20世纪70年代末以来的趋势，是愈来愈仰赖私人计划，取代以公共资金支付的年金准备金。多数政府也试图限制他们的长期负债，通常根据提高领取年金的年龄，或降低国家津贴水准。这些削减国家准备金的措施，会配合官方鼓励雇主和个人对年金安排的私人计划。然而，许多这类的私人计划都遭遇困难，因为他们将资金的一大部分投资在反复无常的股市。由于年金是以当时的财富支付，因此解决长期年金危机的办法，在于透过促进经济表现和提升生产来增加国家的财富。发展中国家平均寿命延长，将对社群的财务造成更大冲击，因为他们通常没有政府年预算金。

新的目标
增加老人的社会准备金，使许多老人（如图中正在玩宾果游戏的这位老太太）能独立生活，直到很老都能享受生活。

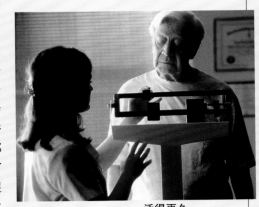
活得更久
平均寿命增加除了影响年金和其他津贴之外，也对健康和社会部门造成压力。

信仰

　　长久以来，人类从未停止对各种宗教的信仰。人生、自然界、宇宙中难以解答的问题，信仰都可提供解释。对许多人来说，宗教是生活中最重要的一部分，对某些人来说却不过是一种社会习俗；更有人拒绝相信拘泥于形式的宗教，转而选择以人为本的道德规范。信仰塑造出许多人类的思想、行为和经验，它可以说是文化的核心，而对许多人来说也是认识自己的要件。

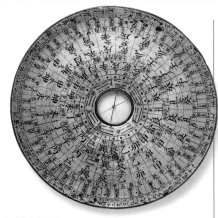

　　考古证据显示了人类在远古时代就出现了精神信仰，另外也有一些线索指出，其他的原始人类也信奉着某些信仰，例如尼安德特人。尼安德特人墓穴中的工艺品似乎显示出在他们埋葬死者时会举行一些仪式。

埃及的葬礼
所有宗教对于亡者的后事都相当重视。古埃及人相信长着胡狼头的阿努比斯神会前来引领亡魂。

信仰的由来

　　最初的宗教帮助人类了解了这个世界，有些信仰后来经过探讨与反复阐释，促成了现代科学，例如天文学便是来自于对居住在星辰上的神明的信仰。许多宗教对人类的起源、死后的世界与不幸的遭遇都各有解释。宗教规定了日常生活的戒律，特别是什么东西可以吃、应该和谁结婚这类的事，借此维持信徒的健康，也维持家庭的稳定。祖先的故事世代流传，有助于该社群的凝聚。

世界的体系

　　大部分的信仰都是在特定的社群或是因信念接近而聚集的小团体中形成。少数因为当代最有影响力人士的倡导，

而得以更远地向外传播。例如公元前3世纪时，后来成为佛教徒的印度阿育王终止了战争，并发布尊重众生的戒律，还派遣传教僧侣前往包括斯里兰卡、缅甸、中国等其他国家，最远曾到达希腊。公元4世纪基督教成为罗马帝国的国教，随后便跟着军队和商人散布到帝国的各角落。伊斯兰教同样如此，自7世纪从阿拉伯半岛传至南欧、北非以及亚洲。

　　随着贸易路线延伸以及新大陆的发现（例如美洲），一些信仰开始散布到世界各地。某些团体仍然只将信仰留在自己社群之中，祆教就是一例；有些则让团体之外的更多人改信他们的宗教，例如基督教和伊斯兰教。

今日的信仰

　　今天仍有数以百万计的人选择信仰宗教。虽然西方社会中已有许多人舍弃原本的信仰，但也有不少人重回宗教的怀抱，以求在复杂世界里得到人生指引与慰藉的源泉。基本教义派以严格的宗教戒律管理社群，堪称最极端的信仰者。也有少数人致力于强迫全世界认同接纳自己的观念，不择手段到使用武力或甚至是恐怖活动。

　　有不少传统社群仍怀着古老的信念，认为人类可

议题

上帝与大脑

神经学家已经发现精神信仰如何影响人脑。在一项实验中，他们扫描正在打坐的佛教徒的脑电波。实验显示在打坐时，掌管方向感和空间识别的顶叶活动量降低，使人自我与外在环境的区别模糊，产生与神或宇宙合而为一的感觉。许多有虔诚信仰的信徒都曾描述过打坐、恍惚状态或祈祷时的类似体验。

以直接和大自然或灵魂世界沟通互动。他们相信自然万物皆有灵，不论是岩石还是水，这种信仰称为泛灵信仰。专门负责和神灵沟通，或为治疗病人等任务前往灵界的专业人士，被称为萨满。

　　即使许多人不再信奉有组织的宗教，仍然会有强烈的信仰需求。某些人加入某宗教的旁系分支，例如分自基督教的摩门教和耶和华见证人；或改信山达基或拉斯

神祇的流传
有些信仰会流传到离起源地很远的地方，密特拉崇拜便是一例。密特拉（左图）是古波斯天界与人类的中介神明，后来由罗马人借用，传至整个帝国境内，甚至远达英国诸岛。

风水罗盘
风水是中国的传统信仰，至今仍沿用不辍。其概念是人、物、景观都充满"气"（自然之能量），风水罗盘可用来校正物体与气的协调度。

　　特法里之类的全新宗教。

　　有时宗教也会产生问题。有些团体成员（特别是妇女）会受到迫害；同时宗教不宽容的心态也往往导致冲突发生；少数教派还抗拒科学知识，例如反对进化论的创造论者。由于这些原因，数百万人改信了非精神性的信仰体系，这些人成为拒绝任何神明信仰的无神论者，或是认为人类无法得知神是否存在的不可知论者，以及相信道德是身为人的责任，同时也比灵魂世界更重要的人文主义者。

和平标志
许多人的道德信念和宗教信徒的信仰一样强烈。图中的和平符号是在反核弹运动中出现的，表明了反对战争、贫穷与滥用武力的信念。

文化

世界上的信仰

表达自己的信仰
有些人并不避讳在服装等地方公开他们的信仰。图中是穆斯林的戒指，上有《古兰经》经文。

信仰提供了人类生活与思想的架构。指出人类在这世界的价值与定位，以及教导人与人的相处之道，是信仰的两大主要功能。许多宗教和道德体系中都有所谓的"金科玉律"，就是这种指引功能的最好例子。其他常见的信仰要素，还包括祷告与仪式的相关规定，以及娱乐大众并且解释神秘事物的神话与传说。即使某个信仰已大幅衰退，这些元素仍有可能留存下来。例如，即使西方人士身上没有佩戴任何宗教识别物品，还是可以从他们参与圣诞节等特定的宗教庆典分辨出来。

道德的指引

不论是宗教信仰还是非宗教的道德体系都有一项基本要素，那就是适切的待人之道。这些都规定在金科玉律之中，教人"推己及人"、"己所不欲，勿施于人"。金科玉律散见于儒家学说、印度教教义，甚至美洲原住民的信仰，它也是基督教教义的基础。这些戒律提醒众人要将心比心，鼓励人要善意、诚实、信任，并限制滥用权力的行为、呼吁人人平等、人人皆应受到尊敬与公平的对待。今天这些概念在联合国世界人权宣言中更被奉为圭臬。

照护
不少宗教强调要对需要帮助的人伸出援手。图中的基督教修女正在医院做看护的工作。

礼拜的方式

公开仪式、节庆、朝圣一类的团体活动对于许多宗教信仰来说，是再次坚定信念与强化社群联系的重要活动。所谓的宗教仪式，就是在祈祷或宗教节日里不断重复演出的一连串仪式举动。即使是没有宗教信仰的人也会承认，在婚礼或为孩子命名等重要场合，仪式仍有其必要性。宗教节庆往往在圣日举行，并且标示了一年的重要时刻，例如新年。朝圣则是一趟前往圣地的旅程，途中所付出的努力正是在考验一个人的信仰强度。禁食等肉体上的试炼，有时也会用来测试某人虔诚与否。

祈祷和冥想是灵修训练中比较个人化的形式。祈祷是在向神祇求助，请求赦免罪孽，感谢神的祝福或是处理心灵上的问题；冥想时则必须保持平静，集中心智从凡尘俗事中脱出。

穆斯林的祈祷
虽然身处公共场所，图中的男人仍无碍地专注于与阿拉沟通。

朝圣
朝圣者正在攀爬日本的富士山，那是浅间女神的居所。他们身穿白色服装，头戴斗笠，一一参拜山坡上的88间神社。

巫术与占卜

在古代社会，巫术是用来与灵魂接触或改变现状，占卜则在窥知未来。巫术分为"接触巫术"和"交感巫术"两种，前者的咒语下在与施法对象有接触的事物，后者则是在与对象相似的物体施法。占卜则是以星体运行（占星学），或是塔罗牌等方法来预测未来。在西伯利亚等传统社群以及信仰新异教的团体中，巫术与占卜仍施行不辍，但是犹太和基督教等必须服从上帝旨意的宗教，则禁止任何巫术与占卜。而无神论者等主张信仰要理性的人，也多半对巫术、占卜持否定态度。倒是有许多对正规宗教兴趣缺乏的人，在占星学等活动上找到一丝心灵慰藉，或者甚至是当成娱乐。

观日仪式
一位非洲南部的萨满正根据落日进行占卜仪式。

塔罗牌
塔罗牌上的神秘符号可追溯至16世纪的意大利，它是依据卡片的特定排列形式来求得预言。

神话与传说

英雄的神力
虽说已不再有人信仰古希腊的神祇，相关的传说故事对西方世界来说却一点也不陌生。右图瓶上所绘就是具半神身份的英雄海克力士（罗马人称赫丘力斯）。

描述超自然事物的故事称为神话或传说，是传递社会规范与信仰的方式之一。有些解释了宇宙如何产生、人类从何而来；有些则以各种形态的人物为故事基础。其中一种典型是展现英勇事迹的英雄，例如海克力士；另一种是智者，像芬兰史诗中的维纳莫伊嫩；还有一种是把敌人甚至是神祇耍得团团转的骗徒，像是西非故事中的蜘蛛阿南希。在最古老的信仰体系中，传说或许可说是心灵与社会教育的主要形式。神话有时也会因为宗教经文而流传下来，例如塞尔特传说中的亚瑟王，就与耶稣在最后晚餐中使用的"圣杯"传说扯上关系。中世纪基督徒认为，寻找圣杯象征着灵魂为纯净而奋斗。从中国神话故事美猴王孙悟空到《魔戒》这些具神话风味的传说故事，至今都依然深受众人喜爱。

亚瑟王
亚瑟王的传说在中世纪时期相当受欢迎。图为亚瑟王与他的武士集会时使用的圆桌。

天主教入教仪式
罗马天主教等宗教的仪式与象征意义相当繁复。上图是晋升为枢机主教的教士，俯卧在地表示对上帝与教会的绝对服从。

新兴教派

关于新兴教派目前尚未有一致的定义，但是这个字眼通常是用来指拥有极端信仰并且严格控制信徒生活的信仰团体。不少新兴教派曾有具伤害性甚至谋害性命的行为，例如1995年奥姆真理教在东京地铁施放沙林毒气，造成12人死亡，上千人受伤。结果引发了抗议该教派领袖行为的活动（下图）。

文化

文化

世界宗教

基督教

成立时间： 公元1世纪
信徒人数： 约20亿
分布： 全世界，特别是欧洲、北美洲、南美洲、非洲南部、澳大利亚

基督徒所信仰的耶稣是公元前4年生于古巴勒斯坦的犹太人，拥有神之子和全人双重身份。他是三位一体（圣父、圣子、圣灵）的一部分，教导人民爱神，并关怀他人，传教对象包括贫病者与贱民。耶稣的教诲挑战了犹太教和罗马当局的权威，于是他被钉死在十字架上。基督徒相信耶稣死而复生，且因为他的牺牲，人类的罪愆得以获得救赎。

基督教是世界上最大的宗教，旗下有数以千计的教派，主要的有罗马天主教（约12亿）、新教各教派（约3.6亿）以及东正教（1.7亿）。源自君士坦丁堡（今伊斯坦布尔）的希腊

圣十字
十字架有很多种形式，例如左图的东正教十字架，是由一大两小的横杆组成。

达卢比的朝圣者
一名朝圣者手持圣母像前往墨西哥的达卢比圣母院。这座圣堂建于16世纪，是美洲最古老也最重要的朝圣地点。

东正教礼拜仪式
东正教的传统可追溯至基督徒刚出现的前几个世纪。仪式中有丰富的意象、礼仪与音乐，但全程使用参加会众日常的语言。

东正教会是最老的教派，传布于希腊、俄罗斯及东欧；罗马天主教则是在1054年西方教会（根据地在罗马）与东正教分裂后形成；16世纪出现的基督新教是对天主教传统的反抗，他们坚信人可直接与上帝沟通，而天主教却主张透过教阶组织。

许多信徒（尤其是罗马天主教）崇拜耶稣之母——圣母玛利亚，也尊崇圣徒，这些圣徒包括使徒（耶稣拣选为他传播信息的人）、殉道者（为信仰而死之人），还有终身奉献基督教的人。

《圣经》包括旧约（犹太圣经）和新约，是基督教主要的经典，以马太、马可、路加、约翰福音为中心，是耶稣的生平与事迹的四个记述。

基督教节日是在庆祝耶稣一生的各个时刻，主要有标志诞生的圣诞节、死亡的耶稣受难节、复活的复活节。此外，星期天是作礼拜的日子。奉行这些主要传统的信徒（特别是天主教徒），在这天前往教会并且领受圣餐，吃下象征耶稣血肉的酒与面包。这个仪式源自于"最后的晚餐"，耶稣在死前与12位使徒共进晚餐时，

洗礼
某些基督徒会在受洗时模仿耶稣在约旦河的洗礼，让受洗者进入湖、河或水池中，例如这群五旬节教派信徒。

要求他们以面包和酒纪念他。

基督教的圣地在伯利恒和耶路撒冷，分别为耶稣出生与死亡之处；其他还有东正教的伊斯坦布尔，天主教的梵蒂冈。

基督教影响世界文明甚深。4世纪时成为罗马帝国的国教，并在接下来超过1,500年的岁月里传到世界各地。在中世纪的欧洲，宗教中心保存了古希腊罗马的知识；官方的赞助和宗教信仰激发了艺术、文学、音乐、建筑方面的无数优秀作品。此外，基督教信仰也构成今日西方社会法律与道德的基础。

真相

黑圣母
在信仰罗马天主教的欧洲，有数以百计黑手黑脸的圣母圣子像。其中不少是中世纪的作品，有些如波兰直斯托高华（下图）和西班牙蒙瑟拉的圣母像至今仍受信徒崇拜。历史学家认为，黑色圣像是仿照埃及神祇爱西斯和其子荷鲁斯的形象，最初用意或许是为了吸引异教徒，后来却被纳入教会传统。

现代的信仰
位于美国得克萨斯州古闰的这座高58米的十字架建于1995年，如今已成为朝圣要地，是北半球最大的十字架。

集体祷告
沙特阿拉伯的清真寺内挤满祷告的男性。穆斯林的周五集体朝拜内容包括祷告与布道。

文化

世界宗教

伊斯兰教

成立时间： 公元7世纪
信徒人数： 约12亿
分布： 全球，尤其是中东、北非、中亚与东南亚

伊斯兰教是公元七世纪由麦加人穆罕默德在阿拉伯半岛上首先兴起，原意为"顺从"、"和平"，又译作伊斯俩目，指顺从和信仰创造宇宙的独一无二的主宰安拉及其意志，以求得两世的和平与安宁。信奉伊斯兰教的人统称为"穆斯林"（Muslim，意为"顺从者"与伊斯兰"Islam"是同一个词根）。7世纪初兴起于阿拉伯半岛，由麦加的古莱什部族人穆罕默德所复兴。公元7世纪至17世纪，在伊斯兰的名义下，曾经建立了倭马亚、阿拔斯、法蒂玛、印度德里苏丹国家、土耳其奥斯曼帝国等一系列大大小小的封建王朝。

"伊斯兰"在阿拉伯文的意思是"服从"，《古兰经》是在教人民过服从阿拉的生活，其中最重要的就是所谓的"五功"。第一为"念功"：反复颂念"万物非主，惟有真主，穆罕默德是阿拉使者"。第二是拜功（祈祷）：每天五次，地点不拘，但要面对圣地麦加；许多信徒也会参加周五在清真寺举办的祷告。第三是斋功，在伊斯兰历的第九月（斋月）斋戒，禁饮食烟酒与性行为。第四是课功，信徒捐出部分年收入以救济贫困者。第五是朝功（至麦加朝圣），教徒一生至少要到麦加朝圣一次。

伊斯兰教主要有两派，其一是大部分伊斯兰教世界奉行的逊尼派，另一个是规模较小，集中在伊朗、伊拉克的什叶派。

伊斯兰教对世界文化贡献巨大，特别是8～13世纪这段期间。伊斯兰教学者相信研究科学能更深入了解阿拉；他们以希腊和拉丁文化的学问为基础，在数学、科学、哲学方面有了重大的突破。艺术方面则有书写艺术、文学、建筑。

呼拜
虽然信徒可以在任何地方进行朝拜仪式，宣礼员仍会到清真寺呼拜楼尖塔上呼唤众人做礼拜。

寻找麦加方向
穆斯林使用一种叫奇伯拉的特殊罗盘，帮他们在朝拜时找到麦加的方向。这个中世纪的奇伯拉刻有一个月中的所有日期。

天房
这座建筑位于麦加大清真寺中央，自穆罕默德时代就是伊斯兰教圣殿。绕行天房七圈是麦加朝圣之旅的最主要的活动。

伊斯兰教的教育
学习《古兰经》的训示与研读经文，是穆斯林教育相当重要的一环。

文
化

佛教

成立时间：公元前6–前5世纪
信徒人数：约36亿
分布：全世界，大部分集中在尼泊尔、蒙古、中国各地、日本、斯里兰卡、东南亚（在泰国和不丹为国教）

　　佛教徒遵循着悉达多·乔达摩王子（或称佛陀，即悟得真理之人）的教诲。悉达多生于公元前560年左右的印度东北部，年纪轻轻即悟道，也习得了所谓的四圣谛，即苦（世间充满苦痛）、集（苦的根源）、灭（解脱之方法）、道（遵循善念德行的"正道"除去痛苦）。佛陀虽已能进入涅槃（自苦难与欲望脱出的境界），却选择留在世间弘法传道。

　　佛陀圆寂后，佛教出现两大派别：小乘佛教以东南亚地区为主，坚守佛陀的教导《三藏》（原意为三个篓子），历史较为悠久；大乘佛教信徒主要分布在北亚及东亚，兴起于公元前250年左右，教义较宽松，且更进一步强调菩萨思想。菩萨是已可入涅槃却回头普渡众生的人，其中最重要的便是被视为慈悲化身的观世音菩萨。

　　佛教教人锻炼心智以求悟道，而不是展现对神明的虔敬。信徒虽然也会敬拜佛像，不过是以面对导师的心态而非神祇。信徒有时会以鲜花供佛，是为了要提醒生命之短暂；光用来驱散心中的黑暗；薰香的香气则象征佛陀的真知灼见恒久不散。另一个重要的修行方式是坐禅，也就是静下心中杂念以求悟得真理。佛教徒也会念唱经文与真言（不断重复单字或词语），以便集中注意力。

供奉明灯
尼泊尔博达塔四眼大佛塔前，僧侣点亮蜡烛作为礼佛贡品。佛塔是存放佛陀遗骨舍利的地方。佛塔四面的眼睛象征着佛眼无边。

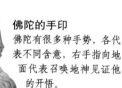

佛陀的手印
佛陀有很多种手势，各代表不同含意，右手指向地面代表召唤地神见证他的开悟。

莲花
因为根部深植于淤泥，花瓣却昂然于水面的特性，使莲花成为开悟的象征。

风马旗
藏族人在绳子或木杆上系上旌幡，作为祈福之用。每面旗子都印有经文，当旗子拍动一次便代表此人已念过一次经文。通常在重要的场合才会悬挂风马旗，例如藏历新年或用于避邪。

惠能法师

　　惠能法师（638—713），禅宗六祖惠能大师，唐初期高僧。

　　禅宗六祖惠能大师，自幼砍柴为生，终生不识一字，不会写字。他的唯一著作《六祖坛经》是门人弟子对他生前言论的记录。但是在中国人所有的佛教著作里面，只有六祖惠能的《坛经》被尊称为"经"，其他人的著作只能叫做"论"，可见他在中国佛教史上的地位。

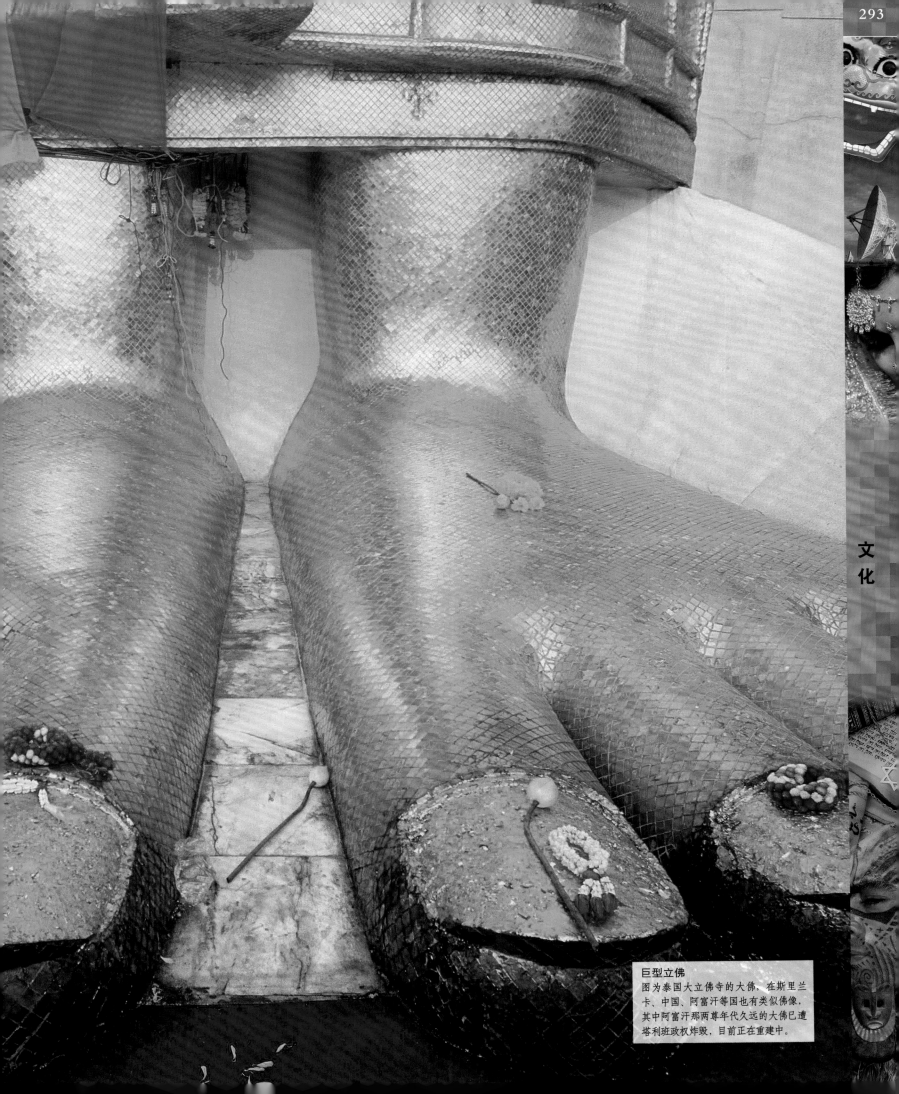

文化

巨型立佛
图为泰国大立佛寺的大佛，在斯里兰卡、中国、阿富汗等国也有类似佛像，其中阿富汗那两尊年代久远的大佛已遭塔利班政权炸毁，目前正在重建中。

文化

世界宗教

印度教

成立时间： 约公元前1800年
信徒人数： 约8亿
分布： 全世界，主要集中在印度

印度教是现今仍广为流传的宗教中成立年代最为久远的宗教之一，目前得知最早的信徒生活于公元前1800年左右印度河文明，地点在今日的巴基斯坦。"印度"（Hindu）一词来自印度河的梵文念法：辛度（Siddhu）。19世纪时，西方学者开始使用"印度教"这个字眼，泛指印度半岛上的宗教信仰。

印度教自其他许多信仰吸收了不少观念，信徒虽不一定全盘接受，但是大部分都会认同某些基本理念。

印度教的中心信仰是信奉唯一、至高无上的梵，它是最终极的实体，普遍存在于宇宙万物之中，凌驾时间与空间，它以"自我"的形式存于人类的灵魂中，

唵字符号

印度教徒认为唵包含了所有的时间和时间之外的万物。教徒每日在打坐时都会不断念诵。

恒河

印度教徒认为恒河神圣不可侵犯，它是湿婆神的妻子女神恒嘎，朝圣者在河中洗浴可洗除罪恶。

解脱之道就在于自我和梵融合而为一。

梵以三神一体（或三种主要的特性）的形式来支配整个宇宙：梵天为创造者；毗湿奴是守护者；湿婆则为破坏者。三神一体拥有千百万种男神和女神的形象，分别代表梵的不同层面。许多信徒专拜某一个神祇，大部分信奉毗湿奴，或它的化身黑天或罗摩王；有些则信奉湿婆；也有人崇拜母神，或是母神众多化身之一，例如雪山神女帕瓦蒂或黑女神迦梨。信徒通常会在家中设置神龛供奉特定的神祇，但也会到庙宇里参拜。

每个灵魂都会轮回，那是一个不断死亡与重生的循环过程。每个人的一生生活都受到"业"的左右，这种衡量善恶的法则会根据在此生的善行恶行决定灵魂下辈子去向。轮回的

象头神甘那夏

甘那夏是湿婆和雪山神女的儿子，也是最受欢迎的神之一。他是学习之神，也是"障碍移除者"。

尽头则是"解脱"，灵魂自此从轮回中脱出，与梵结合。

信徒可借由"法"（正当的生活方式），为自己的来世作功德。"法"主导了一个人的一生，家族长辈以宗教故事和神话等规范教导孩子了解。事实上，印度教徒常常自称其信仰为"永恒之法"。

"法"也和一个人的种姓（社会阶级）有关，种姓为世袭制，最顶层为婆罗门，最底层则为贱民。虽然印度政府已于1949年废除种姓制度，对一般人来说它仍是重要的观念。

圣典

印度教不只一部经典。《吠陀经》完成于公元前1500年，内容包含圣歌、祷文以及几位神明的礼拜仪式。《奥义书》著于公元前800—公元前400年，阐述"自我"如何与梵结合，其中也提到轮回、业报（此生行为的赏罚将影响下辈子的法则）。《薄伽梵歌》则是印度教信仰的核心精神，内容是黑天与战士阿周那的对话，记载了三条解脱之道：禅定、专念、虔奉。

薄伽梵歌

《薄伽梵歌》里的著名场景。图中黑天一面为阿周那驾车，一面开导他。

庆祝撒红节

春季的撒红节是印度教徒欢庆的日子。众人会在这天相互丢掷鲜艳的彩色粉末或水球，一如图中这些人的行为。

世界宗教

犹太教

成立时间：约公元前2000年
信徒人数：约1,400万
分布：全世界，主要在美国、以色列和俄罗斯

犹太教是最古老的一神教，也是基督教和伊斯兰教的源头。犹太人追溯其祖先至亚伯拉罕——那位来自美索不达米亚平原的部族首领，其子艾萨克，以及以色列十二部族之父雅各布。

犹太人相信他们是耶和华的选民。他们认为神与他们定下圣约，允诺给予他们今日以色列的这块土地，作为遵守律法的报酬。上帝将律法赋予先知摩西，记载在《摩西五经》（《希伯来圣经》的前五书）。613条诫律涵盖了仪式、伦理道德到卫生等各个方面，其中最重要的是十诫，它是犹太社会的基本规范。

家庭是犹太教的生活中心。犹太家庭相当重视以吃犹太餐点和奉行安息日等方式来传授传统文化。

尽管犹太人彼此信仰差异甚大，却仍然将对方

多连灯烛台
图为光明节庆典中所使用的多连灯烛台。这个为时8天的庆典在纪念犹太人战胜污蔑所罗门神殿的塞琉西王。

视为共同体。犹太教包括极正统犹太教到自由派、世俗派几个主要派别。

历史上犹太人一直遭受迫害，许多人期待着弥赛亚（受膏之王）降临，并在人间建立上帝的王国。和基督教不同的是，犹太人认为弥赛亚至今尚未出现。

虽然犹太人为数不多，对世界文化的影响却十分深远。著名的犹太人包括学者迈蒙尼德（1135—1204），物理学家爱因斯坦（1879—1955），还有许多律师、政治家、艺术家以及慈善家。

哭墙
哭墙是所罗门神殿的遗迹，不仅是犹太世界的核心，也是犹太教最神圣之地。

阅读《托拉》
在犹太教会堂中参加礼拜时，有些信徒会阅读《托拉》。长卷轴上的经文是以人工抄写而成。

逾越节　历史
这个长达七日的节庆旨在庆祝犹太人自埃及逃脱。在前两晚所讲述的是上帝杀死埃及人孩子（长子）与牲畜头一胎，却跳过犹太家庭。逾越节家宴的餐点有未发酵的面包、盐水（代表奴隶的眼泪），以及其他象征受苦与希望的食物。

家庭仪式
传统上，孩童得阅读"哈加达"上记载关于逾越节家宴的规矩。

世界宗教

中国的宗教

成立时间：儒教和道教约在公元前6世纪
信徒人数：约2.25亿
分布：全世界，主要在中国及东亚

中国的传统宗教是四个信仰系统的混合体，是由民间信仰结合了儒、释（佛教，1世纪传入中国）、道三教。儒家是由孔子（公元前551—公元前479）创立的伦理学体系，主要有五个基本观念：敬人、孝、宽以待人、忠。孔子教人合宜的人际行为，比如孝亲和敬祖，如此可使家庭甚至是整个社会关系和谐有序。

道教则是以公元前6世纪的老子著作为基础。这些言论著作后来集结成《道德经》。老子认为"道"是一种隐而不显的力量，充斥天地间并控制着宇宙万物。信徒追求天人合一的境界，心灵要清静无为（顺应自然），不强求、不执着。这些思想观念将导引出正确的行为，让人与人之间和整个世界充满和平与和谐。此外，道教也有极为大众化的一面，包括了治病、驱邪、节庆、长生不老等内涵。

至今，我们仍可从节庆（特别是农历新年）仪式、使用符咒、祭祖等习俗中找到中国民间信仰的蛛丝马迹。另一种与民间信仰有关的传统技艺则是风水，这是一种依循自然能量来妥善安置建筑与物品，以便达到和谐状态的做法。

太极拳
在道教信仰中，身体是一个能量系统，充满了气（生命力）的流动。中国人相信太极拳这项运动可以集气、运气。

阴阳
右方太极图结合了阳（光、积极、男）与阴（暗、消极、女）两种能量。两者对立却互补。

中国人的信仰结合了儒家的道德体系、道教顺应自然的态度以及佛教的灵魂观。三教共同形成了中国2000多年来官方认可的宗教体系，直到20世纪初为止。

在中国除了佛教，其他各教皆认为宇宙中充斥着无穷的活力，主要的力量就是"气"，是形成万物的能量所在。气包含了"阴"（消极能量）与"阳"（积极能量），两者相对立；阴阳调和是一件重要的事。

舞龙
龙象征水、阳（积极的能量）以及来自上天的力量，是中国宗教与庆典的主要特色之一。

红包
中国农历新年时，孩童会收到装有金钱的红包。红包象征带来健康、快乐与好运。

文
化

世界宗教
锡克教

成立时间：15世纪
信徒人数：约2,300万
分布：全世界，主要集中在印度北部

　　锡克教的神称为古鲁，即真正的上师之意。信徒认为锡克教是古鲁给予使徒纳拿克的天启。"锡克"一词便是指"门徒"。

　　纳拿克主张能否获得救赎，在于与神直接的关系，而非宗教仪式或教阶组织。他采纳了印度教"业"的观念，但是反对阶级制度。

　　锡克教有十位祖师，最后一位是哥宾德辛格，他成立了名为卡尔沙（即纯洁的社群）的教团来保护锡克教徒，对抗伊斯兰教的蒙兀儿王朝统治者的迫害。他还要求所有锡克教徒身上拥有五个象征忠诚的饰物：短剑、发梳、蓄长发与体毛、金属手

神圣的出巡
锡克教的守卫小心翼翼地抬着圣书前往金庙。

镯、马裤，这项规范至今锡克教徒仍奉行不辍。

　　哥宾德辛格过世前将权威授予圣书《古鲁格兰特·沙依》，这本书是历代所有上师与若干印度、伊斯兰教导师的言论集，后来成为上师的象征备受尊崇，每一个谒师所（宗教与社会中心）里都存有一份复本。

金庙
旁遮普省阿木里查的金庙是最受信徒尊崇的圣地，庙中保有锡克教圣书的原本。

世界宗教
祆教

成立时间：约公元前12世纪
信徒人数：约15万人
分布：全世界，主要集中在伊朗和印度

　　祆教是最古老且影响深远的宗教，有些教义也被犹太教这类后起的宗教吸收，特别是善恶对立的观念。

　　祆教的创立者是波斯（今伊朗）的先知琐罗亚斯德。他宣称至高无上的神明阿胡拉马兹达代表善的力量，恶灵安格拉曼纽则代表邪恶力量，虽然世界基本上是良善的，但是正邪之间的争战永无休止。他的言谈由后人抄录下来，成为祆教经典《阿维斯陀》。

　　早期祆教信徒虽然曾遭迫害，后来却成为波斯帝国的官方宗教长达1,000年。在7世纪穆斯林消灭波斯帝国后，随后的迫害迫使部分信徒逃亡至印度，这群人被称为帕西人（从波斯来的人）。祆教徒每日必须在象

受洗仪式
在祆教中，七岁孩童就要接受入教仪式。他们会在腰上系一条名为库丝缇的神圣绳索。

征正义的火焰前祈祷五次，也会到庙宇中的圣火前朝拜，信徒认为自己有责任通过思想、言行来助长光明，因此不少人会以物资、教育、医疗上的协助赈济社群。

世界宗教
耆那教

成立时间：公元前6世纪
信徒人数：约400万
分布：主要在印度

　　兴起于印度东部，奉行苦行禁欲。耆那教没有创造万物的上帝，崇拜的是称为渡津者或耆那（克服障碍者）的祖师。这些祖师成功从尘世物欲中脱出，并引导灵魂在转世时渡过轮回之河。24名耆那的最后一位是摩诃吠罗（又称为"大雄"，公元前540—公元前468），也是耆那教创始人。

　　不伤害所有生物是耆那教的信仰原则，也是教徒自轮回中解脱的途径。这种教义深深影响了许多非耆那教徒，甘地就是其中之一。

尊重生命
耆那教僧侣脸上戴口罩，一边行进一边清扫地面，避免吸入或践踏到任何生物。

世界宗教
神道教

成立时间：公元前4世纪
信徒人数：1.1亿
分布：日本

　　神道教是日本最古老的宗教，主要的教义在公元前4世纪之前就已出现。和其他信仰不同的是神道教没有创立者或圣典，而是以崇拜神灵为信仰中心。日本人认为神灵存在于大部分的自然形体中，例如水或山，以及佛陀、天皇这类特别人物。大部分的神道教崇拜都和大地的神灵有关，创世的天界神灵则是较晚才出现在文献之中，其中最重要的是天照大神（太阳女神）。

具象征意义的门
鸟居是神社的大门，也是神界与人间的分界。宫岛上的鸟居是日本境内最著名的一座。

世界宗教
巴哈伊教

成立时间：19世纪
信徒人数：约600万
分布：全世界，主要在印度、非洲、南美洲

　　兴起于19世纪的波斯，观念来自伊斯兰教，后来形成独立的宗教。创教者密尔萨阿里·穆罕默德，人称巴孛（意为大门），宣称一位伟大的精神领袖"巴哈欧拉"（神之荣耀）已降临人间，那人就是他自己。

　　巴哈伊教教义吸纳了之前世界各宗教的观念，提倡两性平等、义务教育以及社会和谐。他们将自己的信仰视为神圣的计划，最后将会通过国际性的立法机构以及共通的国际语言，为世界带来和平与统一。

信仰中心
位于以色列海法的巴孛神殿埋有巴孛的遗骸。此地是巴哈伊教最神圣的地方。

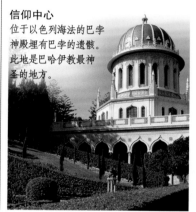

　　神社是神灵栖居之所；神社前的鸟居象征人界与灵界的分界，是辨认神社最明显的标志。

　　在日本，民众会举行神道教的婚礼，葬礼则依照佛教仪式，两种宗教是并行的。

自然崇拜
尊敬大自然是神道教信仰的中心观念。图中的神官正在山腰处行条拜仪式。

传统信仰
萨满信仰

成立时间：可能约公元前10万年
信徒人数：不明
分布：全世界，但主要在北欧、北亚、东南亚、非洲、美洲

世界上许多传统社会中都有萨满信仰的踪影，虽然信仰与运作的方式天差地别，但大部分萨满的工作内容相差不大，多半就是治疗病

楚克奇的萨满
图中这位使用兽皮皮鼓的萨满来自西伯利亚楚克奇族。皮鼓被视为是带领萨满前往灵界的骏马。

萨满响环
某些萨满利用响环发出沙沙声，协助转移他们的意识来进入灵界。

人、预测未来以及仲裁纠纷。

萨满扮演人间与灵界的沟通桥梁，他们借着具有迷幻效果的植物，或以禁食、击鼓或舞蹈等方法进入恍惚状态，以便通行灵界。他们在那里询问神灵或亡魂，招回病患的游魂，或收集治病的物品。萨满往往会有灵界的帮手（通常是动物），为他们带来额外的力量。

现代都市化社会中也可见到萨满信仰的影子，有些人用这种信仰作为自我潜能开发的工具。

健康
对抗艾滋病的治疗师

在非洲部分地区，医疗当局已转而求助萨满和其他传统治疗师，以寻求对抗艾滋病的方法。某些治疗师的草药可以减少病患产生并发症的几率。此外，这些治疗师与社群紧密生活在一起，对于教导民众健康的性知识也有很大的助力。

传统信仰
泛灵信仰

成立时间：约公元前10万年
信徒人数：不明
分布：世界上传统原住民社群

泛灵信仰可说是世界上最古老的信仰体系之一，今日仍存留在日本的爱奴族、印度东北部族等古老社群中。

泛灵信仰的形式极为单纯，就是认为世上万物皆有灵魂，它们无法以知觉察觉，但可透过仪式等方式来感受与接触。"泛灵信仰"这个词语也涵括了"泛生信仰"的概念；后者认为有一种普遍存在于万物的能量，能够赋予万物力量，像药草就因这种能量而有了治病的功效。

泛灵信仰尊崇实用或美好的事物，例如树木、山岳，但惧怕掠食猛兽等危险力量。他们举行仪式或使用符咒，试图取悦丰收之神这类神灵，或免除病魔等有害神灵的侵扰。

护符
西非的恩提伐人制作图中的护身符来抵御疾病的侵袭。

泛灵信仰促使信徒尊重自然环境，并注意到自己行为所造成的后果。在杀害一只动物或砍倒一棵树之前，信徒往往会先寻求神灵的许可。

蒙族的帽子
越南的蒙族（苗族）以银或象征幸运的物品装饰孩童的帽子，以便避邪。

传统信仰
巫毒教与相关信仰

成立时间：巫毒教成立于公元前4,000年的西非洲，相关信仰则在18世纪
信徒人数：6,000万
分布：主要集中在海地，部分在西非、加勒比海、美洲

"巫毒"一词源自约鲁巴人的词语"Vodu"，意为灵魂。这种信仰起源自西非，如今在贝宁共和国仍是官方宗教。当年非洲奴隶与巫毒一块被带进美洲，在18世纪的海地落地生根，并散布到西印度群岛以及美国南部各州。巫毒教在南美洲和古巴演化成翁班达派、坎东布雷派以及桑特利亚派，这些教派都混杂了西非传统与

罗马天主教教义。

巫毒教主要信仰上帝和"精灵"。某些精灵被人等同于某位基督教圣徒，例如珥祖莉（爱的精灵）便被视作圣母玛利亚。每一位精灵都有独特的举止，极易辨认。

信徒借着与精灵接触，利用它们的力量来获得健康、好运并远离邪恶。在仪式中，祭司和女祭司召唤灵

魂，让精灵附身到陷入恍惚状态的参拜者身上。

活尸和巫毒娃娃是"巫毒教"（Voodoo）最为人所知的概念，其实那是受到电影的渲染，和巫毒教本身几乎没什么关连。

海地的巫毒教
在召唤亡者之灵的仪式中，一位信徒衔着一根人骨。仪式在墓地举行，信徒会准备食物和其他礼物献给精灵。

信仰的结合
桑特利亚派融合了罗马天主教与巫毒信仰。图中神龛既有圣母玛利亚，也有献给祖先的水杯等巫毒教元素。

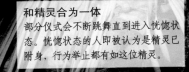

和精灵合为一体
部分仪式会不断跳舞直到进入恍惚状态。恍惚状态的人即被认为是精灵已附身，行为举止都有如这位精灵。

图腾柱
图中的柱子是太平洋沿岸西北地区美洲原住民的杰作，上面刻有图腾化的动物形象。传说中，这些动物象征着某些特定部族。

文化

传统信仰
澳洲原住民信仰

成立时间：约公元前4万年
信徒人数：不明
分布：澳大利亚

澳大利亚和周边群岛的原住民文化至少拥有4万年的历史，咸信是世界上少数最古老的文化之一。在漫长的岁月中，他们发展出以生活环境为中心，复杂而精密的精神世界。澳洲原住民有数百个群体，每个都拥有自己的神话和仪式，但中心信仰却是相同的。

这种信仰的特色，是一种被称为"做梦"的状态。这种状态恒久不绝，从时间初始、灵界的祖先漫步到人间，一直到持续进行的此时此刻，

创世传说
点画在传统上是用来传达梦境的资讯。许多画表达的都是某一个特殊地景的故事。

这种精神层面无时无刻都存在着。

当祖先出现在这世上时，大地仍贫瘠不毛。他们四处旅行，打猎、战斗、停宿、舞蹈，渐渐形塑出了大地的风貌，也创造了星辰、物质、人类、植物和动物。当他们完成工作后，有些祖先便没入大地成为神圣的地景。

每个部族都保有一些歌谣，叙述自己部族领域的土地如何形成，与之相关的祖先在此地的事迹。邻近地区的歌谣可以唱出接下去的故事，于是形成称为歌谣之径的路线。歌谣之径将整个澳大利亚串连成一个网络；即使是在完全不熟悉的地区，人们也可以根据这些歌谣，循着路线越过某个地形。

仪式性绘画
为了筹备宗教仪式，澳洲原住民会在身上涂抹黏土、赭石一类取自大地的颜料。

灵界的中心
几千年来以，乌鲁鲁（即艾尔斯岩）一直都是澳洲原住民的圣地，此地是许多歌谣之径（灵界祖先走过的路）的交会点。

传统信仰
新异教信仰

成立时间：18—20世纪
信徒人数：不明
分布：主要在欧洲和北美

德鲁伊信徒
一群现代德鲁伊教信徒聚集于英国的巨石阵庆祝夏至（一年中黑夜最短之日）。

巫术崇拜仪式
参与巫术崇拜仪式的人围成一圈，召唤北、南、东、西四方位的守护灵形成神圣的场域。

新异教信仰是欧洲异教信仰（基督教之前的民间信仰）的复兴。自20世纪60年代以来，尤其是在欧洲人试图恢复自身文化传承的时期，这种信仰愈加兴盛。这类信仰包含有巫术崇拜、德鲁伊教以及阿萨楚教（北欧异教信仰）。

巫术崇拜兴起于公元前7世纪，源自古塞尔特文明，20世纪40年代重现于世。信徒崇拜至高无上的神与女神，施行以大地的自然循环为中心的良性魔法（白魔法）与仪式。

德鲁伊教也来自塞尔特文明，约在18世纪时重新兴起。树木在信徒心中占有崇高地位，尤其是橡木与槲寄生。信徒以古爱尔兰欧甘文占卜；欧甘文的每个字

卢恩文护符
阿萨楚教信徒在叶子或石头上写下卢恩文，作为符咒或占卜之用。

母代表着不同的树木。信徒会特别留意夏至、冬至和一年中重要的日子，然后在巨石阵等古代遗迹前举办宗教仪式。

阿萨楚教是在20世纪70年代开始被视为宗教。此教拥有自己的经文，比如诗和记载古北欧神话的《艾达》，造物之神有三位：托尔、奥丁、芙芮雅。信徒聚在一起形成亲族，一同崇拜祖先与举办节庆。他们也会以称为卢恩文的古北欧字母进行占卜。

现代信仰
新兴信仰

成立时间：20世纪
信徒人数：不明
分布：某些遍布全世界（如山达基）；高台教等派别则集中在特定国家

20世纪时，全球出现了不少新兴的信仰体系，有些融合了既有信仰的一些观念，有些则在精神和哲学上具有原创性。

越南的高台教就是一个例子，创建者糅合了他个人获得的天启和许多宗教的教义，于20世纪20年代成立这个宗教。另一个例子是法轮功，成立于1992年的中国，尽管是非法的信仰体系，它最初的心性修炼是来自于道教与佛教的观念。

有些新兴信仰融合了哲学与政治的观念。例如山达基结合了东方的灵性传统与弗洛伊德理论的元素；雷斯塔法教是结合基督教与牙买加民族独立运动的理念。

少数具原创性的信仰，如1965年成立的艾康卡教，信仰一位称为瑟格墨的上帝，信徒相信灵魂可往来穿梭于各个不同的存在层面。

力量之源
许多拉斯特法里教信徒相信蓄长发并编成细发辫，是纯净与力量的象征。

主要宗教的教派

成立时间：历史上不同时间点
信徒人数：从千人到数百万人
分布：全世界

大部分主要的宗教都有分支，一般被称为教派。这些信仰团体除了借用主体宗教的大部分教义，也有一些独特的信条。

不少教派是宗派（主要的、形式完备的宗教）的细小分支。举例来说，基督教由东正教、罗马天主教、新教构成，三者下面又各自分出数千个教派。公谊会（贵格会）就是基督教的教派之一，他们主张信徒可经由默祷与上帝直接沟通，不用透过仪式和教阶组织。

摩门教家庭
早期摩门教实行的一夫多妻制，虽已不被该信仰主流所认可，仍存在于一些基本教义的支派中。

国际黑天觉悟会
右图的信徒正在吟唱赞美黑天。国际黑天觉悟会信徒有别于印度教，认为黑天是至高无上的神，而非毗湿奴的化身。

教派遍布于整个历史长河之中，有些如袄教中的佐尔文派已经消亡。有些虽已不存在，观念却流传下来；例如已经消失很久的法利赛派，原是犹太教2000年前的教派，不过他们的理念却成为今日以拉比为中心的犹太教的基础。其他如伊斯兰教什叶派中的伊斯梅里派则至今仍在运行。某些教派逐渐被人所接受，或甚至形成新的信仰系统，例如源自伊斯兰教

的巴哈伊教，如今已发展成全然不同的宗教。少数教派如今风行全世界，出自印度教的国际黑天觉悟会就是最显著的例子。

有的教派也有自己的分支：摩门教的支派就仍奉行主教会已废止的多配偶制度。

教派和新兴教派（见289页）的差别在于前者和母体信仰相近，中心信念一致，就像没有任何基督教教派会否认耶稣的重要性。然而其中也有某些团体的信仰方式较偏向新兴教派，往往严密控制信徒生活，并使用强制的手段招募新教友；统一教便是使用上述手段而招致批评。

集体婚礼
在统一教文鲜明举行的教友集团婚礼，参加的新人成千上万，与主流基督教的做法大异其趣。

人文主义

成立时间：18—19世纪
信徒人数：300万
分布：全世界

人文主义相信"人为万物之尺度"，强调理性而非信仰，不以神为生活的中心而是人道。大部分人文主义者都没有宗教信仰，不过有些犹太教或基督教教友也接受人文主义体系的伦理标准。

人文主义的某些理念架构已存在数世纪之久。古希腊哲学家就已对人生的各个面向提出质疑，例如神的角色这类问题；在中国，孔子（见295页）则发展出以礼待人的道德体系。更近期的影响来自于英国哲学家培根（1561—1626）等欧洲知识分子，他们提倡理性、逻辑的思考模式，主张以理性为基础，而非信仰。

当代的人文主义兴起于18—19世纪，当时科学有了新的进展，达尔文进化论（见31页）等观念冲击了宗教教义，许多人也开始质疑，为何社会已遵照宗教教导的伦理运作，贫穷、压迫等问题却仍然存在。

20世纪时，许多国家纷纷施行政教分离，公共领域（特别是教育）也渐渐世俗化。旅行的普及、广播、电视等媒体让民众更加认识了世界各地的不同信仰。

如今，有愈来愈多人认为信仰不再需要与道德扯上关系，并且对他们所认为的宗教负面内涵加以谴责，像是教条主义与对他人生活方式偏狭苛刻的态度。现代的人文主义者认为，毫无保留地支持社会改革、和平、人权、隐私保护法的独立思考人士才是他们的成员。

世俗的婚礼
许多人文主义组织为人生重大事件（例如出生与结婚）提供量身定作的非宗教性仪式。

无神论与不可知论

成立时间：19世纪的西方世界
信徒人数：不明
分布：全世界

因为缺乏最根本的哲学论点或人生的规范，无神论与不可知论都不算是完整的信仰体系。这两个思想形式不去讨论信仰，甚至可说是拒绝相信神祇的存在。

无神论通常分为弱派与强派。弱派无神论者没有宗教信仰，只因为他们感受不到；强派无神论者则由现存的证据与论证推论神并不存在。

无神信仰存在已有数世纪；佛教和耆那教都因不主张拜神，而被称为无神教。西方无神论则发展自19世纪，一开始是反对宗教的运动，后来渐渐为知识分子所接受。到20世纪时，无神论还成为苏联、中国以及阿尔巴尼亚等社会主义国家的主流信仰。

不可知论者认为神的存在与否已超越人类的理解，既无法确认也无法否定。他们也认为一个概念若是无法获得理性佐证的支持，就不应该被提出来。

罗素

英国哲学家、数学家、行动主义者罗素（1872—1970）一生都是个激进分子。第一次世界大战时，他因为和平主义的观点被英国剑桥大学革除教职，并锒铛入狱，并于战后转任记者、演说家。罗素宣称基督教是"世界道德进步的最大敌人"。他自称为无神论者与人文主义者，认为科学和社会改革是人类进步的唯一希望。

文 化

充满信息的社会
许多现代化社会中都充满了大量的
文字或视觉信号，例如广告或是刹
车灯。

沟通

人类和其他动物最大的差别，便是拥有形形色色的沟通方式。人与人的互动除了混合了丰富的语言、表情、肢体动作以及符号，也会参考信息的前后脉络，尽可能获取最多的资讯。人类的沟通方式是辨别身份最显著的特征之一；从使用的语言和手势，可以看出此人属于哪一个社群或国家。此外，每个人交谈常用的词语或常用手势，也反映出他所关心的事。

远程传呼
即使在最地球上偏远的角落，如今也可使用卫星电话等电子形式沟通。

许多动物会以声音和肢体动作的组合来表达某些特别的状况，例如吸引伴侣或警示危险。狗与灵长类等互动频繁的动物会以组合式的信号表达愉快、恐惧等情绪，也显示出团体中支配或从属的地位。而且这些动物遇到特殊状况时，往往会使用同样的信号应对；而人类则不仅能谈古论今，讨论抽象的想法，还能将全新的观念化成语言和文字。

古老的记录
楔形文字是约公元前 3,500 年中东地区使用的文字，也是目前已知最早的书写形式。

语言

语言是沟通方式中最多变化的一种，拥有无限可能性，但是每一种语言皆有基本的三层结构，各包含 20 ~ 60 个音素、无数的词汇，以及语法（组成词语和形成句子的规则）。

人类在幼年时期都具有学习一至多种语言的潜力，可不断扩充各式语音、大量的词汇以及文法规则。在过程中，我们从身边所听到的一切自创了一套个人用语。每个人的用语都是独一无二的，甚至是手足之间都可轻易辨认个人使用的字汇和发音。如果说当今世上有 5,000 种语言，有声单音便会有 6 亿种。

虽然学者已提出几个理论（见右栏"语言的起源"），我们仍无法确知语言究竟何时且如何形成。经过千百年，因为移民或与不同文化的接触，许多语言

都吸收了新的字词而有了改变；以阿拉伯语为基础，却拥有许多意大利语字汇的马耳他语便是一例。偏远地区所使用的语言就相对较少改变，例如现代冰岛语使用者就能毫无障碍地阅读中世纪的北欧英雄传奇。

有些语言是信仰和学术传布交流的媒介。例如在东南亚，梵语是两千多年来科学与宗教使用的语言；中文则对东亚文化有重要的影响；希腊文、拉丁文、阿拉伯文、德文和英文在欧洲历史上多次相继使用在科学上；而法文直到 20 世纪中仍是外交语言。虽说如此，在历史上却从未有任何语言如英语般普及全球。

非口语形式

除了语言，人类还使用相当多的脸部表情、手势、其他非语言

指路
许多路标原本就被设计成不用语言便可理解。符号、颜色以及标志的形状，都指示出前方的路况和危险状态。

议题
语言的起源

有许多理论试图解释语言为何演进。不少科学家猜想语言最初是用来协助狩猎等活动。有一个新理论则提出语言是灵长类动物相互理毛行为的代替品，两者同样具有加强社群联系的作用。一只动物一次只能为另一个同伴理毛，但是说话让人类可同时对数个对象"理毛"。

狒狒相互理毛

信号来进行沟通。有些信号是不自觉的，而且通行于所有文化；比如表达欢乐与恐惧等基本情绪的脸部表情（见 166 页），或是当我们遇见认识并且喜欢的人时瞬间的扬眉动作。其他的沟通信号统称为手势，则因不同文化而有极大的差异。举例来说，英语和法语使用者在招呼别人过来时，会将手掌

朝上且弯曲手指，中国和日本人则将手掌向下作攫抓的动作。此外，每个人也都有独特的手势，只要是亲友或时常接触的人都可辨认出来。了解非语言的信号可帮助我们洞察他人的想法与感受，使我们应对得体。因此今日有不少人为了商务、国外旅游或寻找性伴侣等需求，试图学习不同的沟通方式。

像旗子和标帜这类符号则是另一种非语言沟通的形式，通常是用来表达公司或国家这种抽象的实体。

新科技

信息的记录使人类的沟通得以穿越时间和空间的限制。第一种为了记录而产生的发明就是文字。读写能力是一种权力的表征；数世纪以来，书写技能都是掌握在教士或官员等上层社会人士手中，直到大规模印刷的出现，才让知识传播得更远更广；而收音机、电视出现后，民众更可在同一时间接收到信息。这些大众传播媒体虽然也允许一般人有限度地参与（例如采访工作），不过多半仍是由政府单位和某些跨国集团掌控。网络则是一个较为民主的媒体，每个人都可以用它和世界上的其他使用者分享信息。

世界上的语言

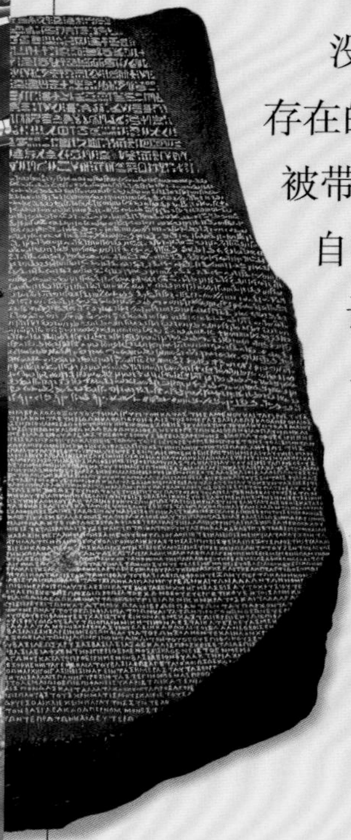

没有人知道人类究竟何时开始说话。古代文字是人类历史的珍贵记录，不过它们只是曾经存在的语言中极为少数的一部分。语言会随着时间不断变化，许多语言曾因贸易或武力征服而被带到其他地方，如今则是透过电视之类的大众传播媒体传布。语言的改变也反映出了人类自我认同的转变、社会结构以及对周遭环境的认识。今天世界上至少有 5,000 种仍在使用的语言，少数几种如汉语、英语、西班牙语甚至拥有极庞大的使用人口，但是相对上也有一些语言濒临灭绝。

古老的语言

语言最早的证据来自古老的手写文书和雕刻文字。这些文字始自最早开始书写的文化：苏美人（在今天的伊拉克南方）和埃及人，已有 5,000 年以上的历史。紧接着许多语言也有了文字，包括中文、梵文、巴利文（东南亚的佛教徒语言）、古希伯来文、古希腊文；阿卡德语（后来取代苏美文）、西台语（在土耳其）、骠族语（在缅甸）等语言则已消失。稍后，拉丁文、埃塞俄比亚文、阿兹特克文和玛雅文依次出现。这些文字多半用在宗教经典、公共纪念性建筑上的雕刻以及商业文书，提供了我们那些族群中最重要人物和事迹的资讯。有些甚至还能提供两种相异现代语言间关系的线索，例如印度语和孟加拉语便是源自梵语。若仅从宗教崇拜、政府、法律或学术研究等特殊脉络下比较，这类几个古老语言之间的关系至今仍属密切。

埃及文字
公元前 196 年的罗塞塔石碑是解开埃及象形文的关键。碑文以埃及象形文、通俗体象形文、希腊文记载同一段文献，学者借着寻找熟悉的君王姓名并核对希腊文来解读象形文。

重生的希伯来文
近 2,000 年以来，希伯来文字都只运用在宗教与文学上，然而在 1948 年以色列建国后成为该国国语，如今已用于日常生活，甚至是再普通不过的个人银行业务。

玛雅碑文
中美洲的玛雅文一直使用到 16 世纪为止，左图的雕刻距今已有 2,000 年以上。

语言的传播

语言最初随着人类迁徙而播散，南岛语系便是如此由中国东南方扩散至太平洋。在某些案例中，外来者夺占了原有居民的土地，比如传至南部非洲的班图语、传至美洲的英语和西班牙语。语言也会随贸易而外传。若数个不同语言的使用者时常彼此对话，便有可能发展出通用语（共通的语言），例如东非的史瓦希利语或混合语（包含两种元素以上的简单语言）。混合语往往在不断发展后成为殖民地的母语，最后形成克里奥尔语。太平洋贸易初期出现的英语混合语——托比辛语就是一例，现为巴布亚新几内亚的国语。

说葡萄牙语的人
巴西阿雷格里港的示威者举着葡萄牙文海报。葡萄牙语是巴西的国语，因为贸易与武力征服而被带到巴西。

语言学上的巧合

语言学家迪克森在 20 世纪 80 年代研究澳洲原住民语言时，发现恩巴巴兰语（旧时澳洲东北的语言）的"狗"这个字和英语的"狗"完全一样。在两个独立发展出来的不同语言中，这种情况相当罕见。

心灵的交会
混合语曾是大西洋奴隶贸易的语言，后来在加勒比海地区日渐普及。一种以法语为基础的混合语发展成海地的克里奥尔语，是今日海地及邻近岛屿数百万人的母语。

文化

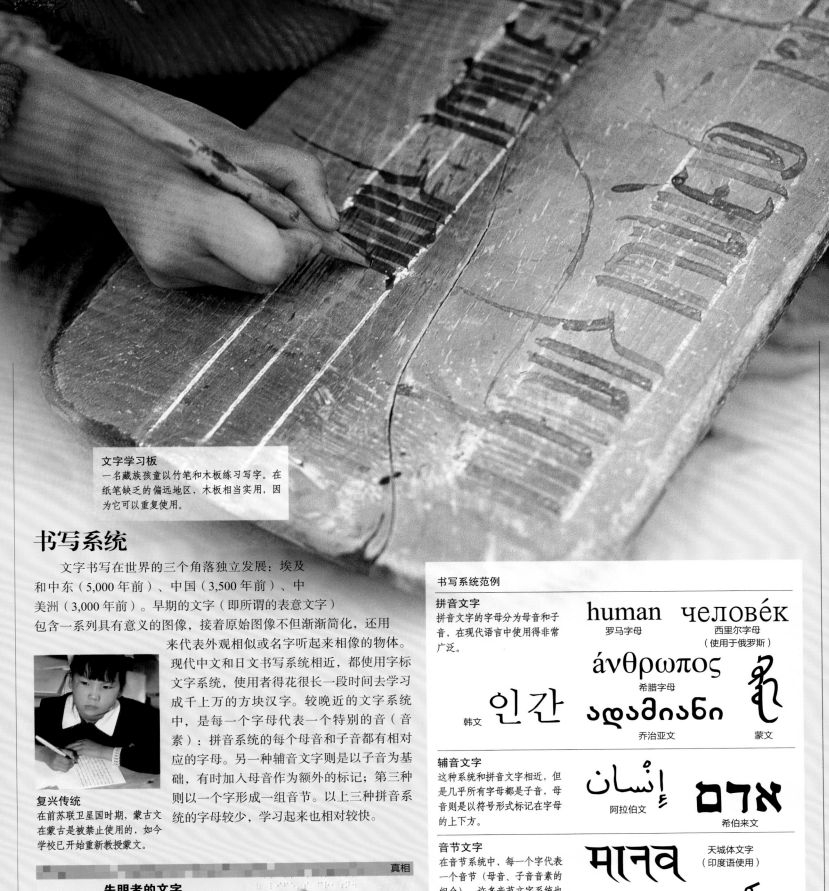

文化

文字学习板
一名藏族孩童以竹笔和木板练习写字。在纸笔缺乏的偏远地区，木板相当实用，因为它可以重复使用。

书写系统

文字书写在世界的三个角落独立发展：埃及和中东（5,000 年前）、中国（3,500 年前）、中美洲（3,000 年前）。早期的文字（即所谓的表意文字）包含一系列具有意义的图像，接着原始图像不但渐渐简化，还用来代表外观相似或名字听起来相像的物体。现代中文和日文书写系统相近，都使用字标文字系统，使用者得花很长一段时间去学习成千上万的方块汉字。较晚近的文字系统中，是每一个字母代表一个特别的音（音素）：拼音系统的每个母音和子音都有相对应的字母。另一种辅音文字则是以子音为基础，有时加入母音作为额外的标记；第三种则以一个字形成一组音节。以上三种拼音系统的字母较少，学习起来也相对较快。

复兴传统
在前苏联卫星国时期，蒙古文在蒙古是被禁止使用的，如今学校已开始重新教授蒙文。

失明者的文字

为了让盲人也能阅读，于是出现了外凸并以触摸方式阅读的文字形式。其中最有名的就是由小圆点组成的布莱尔点字符号，由幼年即失明的法国人布莱尔在 1829 年所发明。另一种盲字，是由英格兰布莱顿的穆氏于 1847 年发明的穆氏盲字系统，由线条组成。

书写系统范例

拼音文字
拼音文字的字母分为母音和子音，在现代语言中使用得非常广泛。

human   человéк
罗马字母   西里尔字母
（使用于俄罗斯）

ἄνθρωπος
希腊字母

인간   ადამიანი
韩文   乔治亚文   蒙文

辅音文字
这种系统和拼音文字相近，但是几乎所有字母都是子音，母音则是以符号形式标记在字母的上下方。

إنسان   אדם
阿拉伯文   希伯来文

音节文字
在音节系统中，每一个字代表一个音节（母音、子音音素的组合）。许多音节文字系统也有各自表示母音以及连结每个字的符号。

मानव   天城体文字
（印度语使用）

มนุษย์
泰文

字标文字
在此系统中，每一个基本的字代表一个单字或单字的一部分，有些字还可表音。

人   中文与日文汉字

描述世界

　　语言最基本的功能是拿来定义并描述这个世界。某些形容植物、动物、河流等恒久事物的单字，可能维持数世纪不变，或在该语言已被遗忘之后仍留存下来；其他诸如流行的服饰或音乐的字词，则可能与时俱变。字词也能显示说话者或社群关注的事物。每种语言都以自己的方式定义世界，例如不同语言使用者对于光谱上的颜色就有不同定义。同一语言的所有使用者共享为数庞大的单字库，但也有不少人也使用特定兴趣领域中的专业或核心语汇。某些核心语汇会不断发展，是因为它与使用者居住环境息息相关，例如阿拉伯有饲养骆驼的专有词汇、澳洲语言中关于桉树的部位、挪威人描述极地天气，以及许多语言中的当地药用植物名称。举例来说，医药、机器维修、软体等话题就是都市化社会使用的核心语汇。

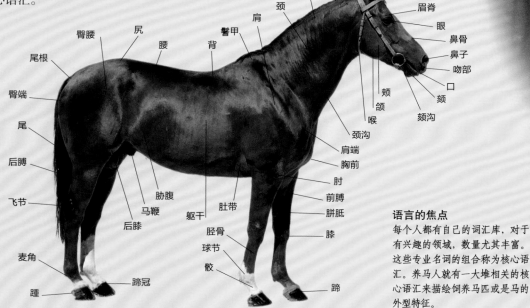

为星辰命名
中世纪时的阿拉伯天文学走在世界的前端，影响所及可由星辰的命名看出，诸如猎户座的参宿四（巨人的肩膀）、参宿六（巨人之剑）、参宿七（巨人之脚）。

汉语	蒂夫语
绿	ii
蓝	
灰	pupu
棕	
红	nyian
黄	

定义色彩
所有拥有正常视力的人类都可看到同样范围的颜色，但是不同族群对颜色的定义与命名则有差异，例如汉语对颜色的命名就多于尼母利亚南部的蒂夫语。

语言的焦点
每个人都有自己的词汇库，对于有兴趣的领域，数量尤其丰富。这些专业名词的组合称为核心语汇。养马人就有一大堆相关的核心语汇来描绘饲养马匹或是马的外型特征。

语言与身份

　　语言是最重要的身份标记之一。英语通常会用同一个单字称呼该语言及其使用者，例如 French（法语、法国人）和 German（德语、德国人）。有的民族主义者为了让自己的语言社群能够获得认同，成为一个与他人有别的政治实体而不停抗争；有些国家则禁止学校或公开场合使用少数族群的语言。在国家或社群的一些次团体，如美国大城市贫民区的非裔美国人，为了表明自身和社会中其他人有所区别，会有自己的说话方式。此外，从姓氏可以看出一个人的家庭关系，有些还可看出地缘关系。个人专名较为个人；在某些文化中，得知某人的专名意味着具有凌驾对方的力量。

具有魔力的秘密
许多罗姆族（吉卜赛人）母亲在孩子出生时都会给他一个秘密的名字。母亲不会向任何人告知这个名字，即使是孩子本人也一样，如此一来可将孩子的身份隐藏起来，免于恶灵侵扰。

标记
街头涂鸦艺术家在电车车厢和大楼楼顶难以触及的地方，用喷漆绘上称为 tag 的特殊式签名，以昭示他们的存在。

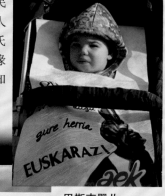

巴斯克婴儿
法西边境的巴斯克人对自己的语言相当自豪。巴斯克语目前仍未被发现与其他任何语言有关联，是巴斯克人特色分明、自成一格的象征。

真相

仪式性语言

就算日常生活中已不再使用，语言还是有可能被保存在宗教经典和仪式中长达数世纪；例如犹太圣典中的希伯来文、天主教教会使用的拉丁文、印度经典中的梵文。其中一个反常的案例是史前中亚的阿维斯陀语，2,500 年后的伊朗和印度祆教信徒仍持续背诵阿维斯陀语赞美诗，虽然已很少有人能通解其义。

社会层面

语言可以加强社会关系并传达实情。父母与孩童间的对话或是熟识之间的闲聊，虽然无法提供太多新鲜的信息，却在强化人与人之间的联系上占有重要地位。众所周知的传说与故事则巩固了该社群对于历史与价值观的认同。语言也能突显社会区隔，在面对朋友、幼者或长者、雇主时，说话应对方式各有不同。有些社会为示尊敬，会以特殊的称呼或说话方式指称统治者和长者。在日本等地，女性和男性的用语有别；使用者会操用较为"高尚"的字词或语文（例如西方人使用拉丁文或法文单字），来彰显自己较文明或较高的地位。此外，语言也和权力、成功的事业有所关联：学习国际语言或官方语言，获得政治权力或增进事业发展的机会往往较高。

打发时间
每日闲聊的主要功能在强化人与人之间的关系，而非传递信息。

讲故事
讲故事不只是娱乐，除了可传授信仰与价值观，也让我们思考问题的由来与解决办法。

今日的世界各语言

我们可以用几个方法来比较现有的语言。有多少人视之为母语？汉语是第一名。有多少人视之为第一、第二或是辅助语言？在这个标准下，英语肯定居前，因为不以英语为母语的地区，有可能还是会将之作为第二或第三语言。有些语言使用人口虽广，作为母语的人却不多，例如马来语只有 1,800 万人，史瓦希利语只有 500 万人，但是在其他国家有更多的人将之视为通用语或是官方语言。下方地图中以颜色显示当地大部分人使用的语言（见 306～310 页），可看出这些国家使用的语言。不过这张简略的地图有些盲点，这些语言有可能在其他地区也有人使用，许多社群往往使用超过一种语言，而且有更多的人精通双语或多国语言。

世界的语言
下图是以某种语言作为母语的各地区分布图。有些语言已传遍世界；有些虽拥有庞大使用人口，分布区域却较小。

濒临灭绝的语言

愈来愈多的人因使用英语和其他强势语言而获益，却极少有人教导孩童当地传统语言。尤其是政府仍继续坚持推行国语，弱势的本地语言使用者仍面临劣势与不平等对待，许多方言和弱势语言渐渐被人遗忘，这是全世界普遍存在的状况。通常当最后一位会说某种语言的人过世，这个语言就一去不返了。在未来的 100 年间，估计约有 2,500 种语言可能会因此灭亡。

文化

图例
- 汉语
- 英语
- 西班牙语
- 印度语／乌都语
- 孟加拉语
- 阿拉伯语
- 俄语
- 葡萄牙语
- 日语
- 德语
- 爪哇语
- 法语
- 其他

与日俱增的接触机会
由于旅行和商务需要，世界各地的人对于英语以及其他使用较广泛的语言愈来愈熟悉。

文化

世界语言
汉语

母语族群数：约10亿
分布国家：中国、印尼、马来西亚以及新加坡

汉语又称为普通话，是世界上母语人口最多的语言，除了是中国的官方语言外，在东亚也可通行。

汉语的特色在于一个字有四种音调，分别代表不同的意思，并且拥有包含数千个方块字的字标文字系统，每个字都有其意义，也各自对应了一个音节。

美丽的文字
有些非汉语语系的人喜欢将中文作为文身的图样。

新时代的信息
虽然中国的文字符号年代久远，仍可联结成新词以因应新时代的来临。

中文最古老的书写文字是公元前1400年占卜用的甲骨文；文学则是首见于1,000年后的集结而成《诗经》。中文也有世界上最早的印刷文字，那是一部于公元868年付梓的佛经。有不少中文作品中都驰名全球，例如12世纪的《水浒传》便是其中之一。

在帝王统治时期，中文经由官员与学者传布四方，影响了邻近的韩国、日本、越南以及泰国，如今则是透过大众传播媒体与旅行继续散播到世界各地。汉语包含多种方言，如上海话、粤语等。

真相
中文电脑
中文的电脑输入法和其他语言大不相同，是使用数个按键组成方块文字。某些系统是输入拆解的字根（如左图），有些则以发音为原则。有些电脑则可结合手写板及手写辨识软件，以手写方式输入。

习字
书法至今仍是一种极受重视的书写技巧。艺术家使用竹管、动物毛发制成传统的毛笔，一笔一划写出每个字。

世界语言
英语

母语族群数：3.5亿
分布家家：美国、英国、加拿大、澳大利亚、南非、新西兰、爱尔兰

英语是真正的全球性语言。除了以它作为母语的美国和英国，也是印度、南非、加勒比海、尼日利亚等众多国家的官方语言。语言学家估计，全球约有18亿人口操着程度不同的英语。

今日的英语，来自4世纪侵入并定居于英国的日耳曼民族，最古

老的形式称为古英语或盎格鲁—撒克逊语，其实和德语相当接近，今日仍流传于世的史诗《贝奥武夫》（8—10世纪）便是明证。在1066年诺曼底人征服英格兰之后，古英

全球性语言
世界各地的学童学习英文的目的，通常是为了增加往后的就业机会。

文开始受到诺曼底法文的影响，并在中世纪时从拉丁文和希腊文吸收了更多的词汇，特别是关于医药、法律等科技方面的领域。

其中一个对现代英文最重大的影响，是1611年出版的《圣经》英王钦定本。剧作家莎士比亚的影响也相当大，他

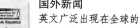

国外新闻
英文广泛出现在全球的传播媒体，图中捷克的报纸便是一例。

创造了大约3,000个英文新字。

自17世纪以来，英语随着大英帝国的扩张而四处传布。20世纪中叶大英帝国衰落，继起的美国延长了英语的影响力。如今英语透过网络、科学、媒体、贸易与广告不断散布，在许多语言中都可看见英语的踪迹，例如日语的ワープロ（word processor，文字处理机）。另一方面，英语也借用了不少其他语言的元素，例如巧克力便是源自墨西哥纳瓦头头的"xocoatl"。

英语中也有所谓的方言，年代最久远的是英格兰和苏格兰地区的方言；此外还有美国的黑人英语。通行全世界的标准英语模式，则是以英式英语为基础。

英语在航空界的使用
当国际性的航空系统刚一建立，有关当局就发现使用单一语言的必要性，最后选择了英语。

世界语言
西班牙语

母语族群数： 2.25亿
分布国家： 墨西哥、哥伦比亚、阿根廷、美国、西班牙、委内瑞拉、秘鲁、智利、古巴、厄瓜多尔、萨尔瓦多、洪都拉斯

世界上大约有近 4.5 亿人使用西班牙语，其中有 2.25 亿人口以它为母语。它是西班牙、墨西哥与绝大多数中南美洲国家的国语，在美国这个西班牙语使用者占少数的国家，更因近年来数以百万计移民移入而晋升为第二语言。

西班牙语源自于罗马帝国时期伊比利亚半岛的拉丁文。711—718 年阿拉伯人入侵伊比利半岛，将之纳为伊

阿根廷小贩
阿根廷人由不同民族组成，但是都使用西班牙语作为国语。

斯兰帝国的领土长达 500 年，西班牙语也因此带有阿拉伯色彩，特别是和政府、上层文化相关的语汇。许多地名和河川名称也都是源自阿拉伯语，例如阿罕布拉（Alhambra，qalat al-hamra，红色堡垒）、安达鲁西亚的瓜达几维河（Guadalquivir，wadi'l kabir，意为大河）。

我们所知的西班牙语，最初是北伊比利亚山脉卡斯提尔王国的方言，第一部具指标性的文学作品是史诗《熙德之歌》（约 1205 年）。后来随着卡斯提亚占领西班牙中部及南部穆斯林势力范围，而传播至整个半岛。

1492 年哥伦布首次航抵美洲大陆，

在美国的西班牙文
一群在美国华盛顿州的示威游行者拉着写有西班牙文和英文的布条。

揭开了西班牙占领中南美洲的序幕，西班牙语也透过军人、传教士、商人传遍各地，进而散播到现今美国的西部和南部，从佛罗里达（多花之地）、内华达（雪封）等地名便可看到西班牙语延续至今日的影响。

西班牙语文还透过世界驰名的作品而传遍世界，文学方面有赛万提斯（1547—1616）的《堂·吉河

堂·吉诃德
左图的两尊雕像是西班牙文学中最著名的两个人物：堂·吉诃德和桑丘。

德》、加西亚. 洛尔卡（1898—1936）的剧作、阿莫多瓦（1949— ）的电影。西班牙语的地区性方言有阿拉贡语和利昂语。在中南美洲，每个国家则是各有各的西班牙语形式和方言。

世界语言
印度语／乌都语

母语族群数： 2.2亿
分布国家： 印度、巴基斯坦

全世界至少有 4 亿人使用印度语和乌都语，其中有半数人视它们为母语。两种语言在结构上大致相同，但印度教徒多用印度语，穆斯林多用乌都语，故两者文字系统不同。

印度语与和乌都语都是承自公元前 2000 年通行的印度传统语言梵语。印度语可辨认的最早原型是记载于 12 世纪德里一带的方言，乌都语是这种方言在中世纪宫廷与军队发展出来的特殊用法，印度斯坦语则是稍后殖民时期英属印度地方管理阶层所采用的变体。

印度语是以固有的天城体字母系统书写，是印度 11 个地区的行政语言之一，和英语都是印度的国语。此外，数以百万旅居国外的印度人社群所操的波布里语，是东部地区的印度语变体。

乌都语的文字系统则是波斯式的阿拉伯字母，词汇受到

印度的语言
右图的广告上有印度的两种国语：印度语以及英语。

相容并存的文字
喀什米尔一家邮局的招牌同时使用印度文（上）、英文（中）、乌都文（下）。

波斯文和阿拉伯文影响。它是巴基斯坦的官方语言，但母语人口仅限于卡拉奇地区的少数人。在印度大城市也有几百万人口使用，尤其集中在海德拉巴，其中一种形式在加尔各答、孟买两个印度最大城市作为通用语。

世界语言
孟加拉语

母语族群数： 1.8亿
分布国家： 孟加拉、印度（西孟加拉）、英国

孟加拉语是孟加拉的官方语言，通行于印度半岛东北、恒河三角洲及其周遭地区，使用者大多是穆斯林，在印度的西孟加拉则多半是印度教徒。

孟加拉语有两个主要形式："文学用

阅读孟加拉文
印度西孟加拉省的妇人正在参加阅读班。虽然许多人目不识丁，该地区的识字率却比印度其他地方高出许多。

布里克巷
英国伦敦的布里克巷是海外孟加拉语使用者最大聚集地之一。

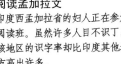

语" 和 "会话用语"，书写方式则和印度语所使用的梵文字母系统相近。

孟加拉语是孟加拉民族主义者引以为豪的焦点。在 1947—1971 年，孟加拉还是巴基斯坦的一部分时，该地区便极力争取孟加拉语成为国语，而有部分请愿者在几场和警察的冲突里为了这个语言殉难。孟加拉语也通用于旅居世界各地的社群，特别是在英国。

人物侧写
泰戈尔

诗人兼哲学家泰戈尔（1861—1941）是印度一位驰名全球的作家，不仅受到叶慈等著名诗人的推崇，并且在 1913 年获得诺贝尔奖。他的作品大多是关于爱情、心灵与人道主义思想。他也写歌词，印度和孟加拉国歌都是他的作品。

文化

阿拉伯语

母语族群数： 1.65 亿
分布国家： 沙特阿拉伯、波斯湾各国、也门、黎巴嫩、巴勒斯坦、以色列、叙利亚、约旦、伊拉克、埃及、苏丹、利比亚、摩洛哥以及阿尔及利亚

阿拉伯语是中东和北非主要使用的语言，通行于伊斯兰世界，由于伊斯兰圣典《古兰经》使用阿拉伯语，大大提升了这种语言的重要性。

阿拉伯语源自北阿拉伯地区。最高级形式的古典阿拉伯文，约在 7 世纪因《古兰经》受众人服膺而开始崭露头角，随着穆斯林势力不断扩张而从北非传到西班牙，最远曾到东南亚。

阿拉伯语影响了信奉伊斯兰教的地区，史瓦希利语、波斯语、乌都语、土耳其语、马来语中都充满借自阿拉伯语

神圣的文字
一位尼日利亚男孩透过《古兰经》学习韵文。《古兰经》受到全球穆斯林的尊崇，而且大部分教徒都直接阅读阿拉伯文原典。

阿拉伯文字

阿拉伯文有 28 个字母，各有其发音，短母音是 a、i、u，其他字母则作为小型符号左右着发音。随着伊斯兰教兴起，字母的书写方式演变出优美的图样，成为一种艺术形式，通常用来抄写《古兰经》或是装饰清真寺等建筑的墙面。

沙特的国徽
沙特阿拉伯国旗上写着伊斯兰教经文："安拉是唯一真神；穆罕默德是安拉的先知"。

的外来语，像 madrasa（学校）、adab（文学）等文化方面的词语尤甚。由于阿拉伯人吸收了古希腊罗马的学术传统，再传回中世纪的欧洲，在现今欧洲语系中也可窥其残迹：例如科学相关的 algebra（代数）、chemistry（化学）、zero（零）；有些则和贸易有关，例如 sugar（糖）、cotton（棉花）、tariff（关税）；还有指挥方面的 admiral（海军上将）。

少数词语则是在新的文章中被沿用：mujahidin 原意为"圣战者"，后来成为 20 世纪 80 年代反抗前苏联政权的阿富汗武装势力之名称。

现代媒体
伊斯兰教世界的国际媒体（如广播）使用的是标准阿拉伯文，图为位于卡塔尔的半岛电视台。

俄语

母语族群数： 1.75 亿
分布国家： 俄罗斯、前苏联成员国、东欧、以色列

俄语通行范围横跨大部分东欧以及北亚，甚至包含以色列，总共有 2.77 亿人说俄语，其中母语人口占 1.75 亿人。

俄语的基础是 13 世纪的莫斯科方言，早先以东正教使用的古斯拉夫文书写，后来彼得大帝在 1708 年的改革中，创造了供世俗使用的西里尔字母系统。

15 世纪以来，俄国势力开始往东西两方扩展；19—20 世纪之时，大批俄语族群因政治流亡、犯罪、宗教异端，迁徙至中亚部分地区以及西伯利亚，最远抵达太平洋海岸，有些移民就此定居该地。苏维埃联邦也曾掌控波罗的海沿岸诸国、东欧及中亚各国，因此这些国家里有不少人今日仍将俄语当做官方语言或通用语。

彼得大帝

俄文作品中有不少是世界知名的文学著作，比如陀思妥也夫斯基（1821—1881）的小说、普希金（1799—1837）的诗、契诃夫（1860—1904）的戏剧。

西伯利亚铁路
从莫斯科到海参崴的西伯利亚铁路横跨近 1 万千米、7 个时区，也串连了整个俄语区。

MCK 2000

· MOCKBA–ВЛАДИВО

葡萄牙语

母语族群数： 1.76 亿
分布国家： 巴西、莫桑比克、安哥拉、葡萄牙、几内亚比绍、东帝汶

葡萄牙这个小国仅有 1,000 万人口，但是在该国曾占领的各地领土上，说葡萄牙语的人数却远大于此，其中最大一群的人口便是在巴西，有 1.58 亿人。

葡萄牙语源自 12 世纪的加里西亚方言，15—16 世纪期间经由贸易与殖民传遍世界各地。葡萄牙曾有一段酷爱冒险的岁月，从它的外来语便可看出：arroz（米）、alcachofra（朝鲜蓟）、algodão（棉花）借自阿拉伯文；inhame（山芋）是南非班图族的说法；maíz（玉米）则来自加勒比海。此外，非洲、亚洲也有一些人使用以葡萄牙文为基础的混合语。

葡萄牙文看起来和西班牙文很像，但不同的是鼻母音以及 sh 和 zh 的声音，因此发音差异相当大。葡萄牙语有两种，分别是标准葡萄牙语与巴西式葡萄牙语，两者仅在小地方有所差异。

GARANTIDU FOLCLORE NA FLORESTA

葡萄牙传奇
巴西帕林廷斯市的舞者演出 19 世纪葡萄牙天主教的传奇故事。

大发现的时代

葡萄牙语是第一个传播到欧洲以外的欧洲语言。航海家开通了世界的海线航路，其中达伽马是第一位从非洲航行至印度的探险家，他的旅程记录在贾梅士所著的爱国史诗《葡国魂》中永垂不朽。

世界语言
日语

母语族群数：1.2亿
分布国家：日本

日语只有日本人使用，在语言学上也没有相近的语体，不过它深受中文的影响，而有许多来自中文的外来语。日语最早的文字是约4世纪时的汉字，由中国字组成，使用于中古时期以前的文学作品中。现代日语使用汉字、平假名、片假名三种文字，大部分的字词由1~2个汉字组成，平假名用来显示字首和字尾，片假名则用来拼出外来语。

日语有两种明显区分的语法来表达身份地位和礼貌程度。常体是社会地位较高的人在使用；阶层较低的人与人交谈则是用敬

女性的用语
依照传统，女性的说话方式比男性来得优雅有礼，而且部分被认为"粗俗"的单字是禁止使用的。

体，描述对方时要用谦让语。此外男人与女人的说法也有所差别。然而特别的是，一些伟大的日本文学著作是由女性所撰述，最重要的作品是11世纪的《源氏物语》，作者紫式部是宫廷中的女官。

不同的方向
图中的众多广告看板以不同的书写形式呈现。传统上日文是直书，如今也使用横书。

世界语言
爪哇语

母语族群数：7,500万
分布国家：印尼的爪哇岛

主要通行于印尼的爪哇岛，虽然仅限于某个小区域，仍因使用者众多，而被视为一种世界语言。实际上该地的国语是印尼语，是马来语的一种。

爪哇在历史上曾是印度王国的一部分，其最古老的历史记载便是以印度古语梵文所写成，最早的碑文出现在公元806年。爪哇文有三种文字符号：印度文、阿拉伯文、以及今日的拉丁字母。

爪哇语特色在于敬体模式内嵌于语句结构中。音调与用字遣词都可体现说话

尊敬长者
爪哇语中的一种形式，具有尊敬长者、高阶者的意涵。

者与其他人的尊卑差别。举例来说，下文中标有底线的单字是动词，皆是"给"的意思："Aku ngekeki kancaku buku"（我给我的朋友一本书；说话者与朋友是同辈）；"Aku njaosi bapakku buku"（我给我父亲一本书；说话者的父亲地位较高）；"Bapak maringi aku buku"（我父亲给我一本书；说话者的地位较低）。爪哇的年轻人有时较喜欢使用马来语，因为马来语没有身份地位的问题。

古老的雕刻
图中的古老爪哇式文字与印度文字相近，但是字体较为简单。

世界语言
德语

母语族群数：1.2亿
分布国家：德国、奥地利、瑞士、哈萨克、波兰、匈牙利、意大利

大约有四分之一的欧洲人以德语为母语，在20世纪中叶之前的东欧大部分地区一直是通用语，如今在国际间的重要性未减，尤其在科学和学术领域还是主流语言。德语其实是两种语言，即北方平原的低地德语与南方丘陵的高地德语。高地德语已渐取得标准德语的地位，不过低地德语也仍有人使用。

德语的特色在于使用者可从现有字汇任意组成复合字，也许这就是德语中的外来语较其他欧洲语言要来得少的原因；另一个特别之处是20世纪30年代之前仍普遍运用于德文印刷的歌特体活字。

德国和奥地利的标准语有显著的不同，各地区和少数人操用的方言也

历史
马丁路德的《圣经》

现代标准德语的第一份文本是马丁路德翻译的德文版《圣经》，于1534年完成。马丁路德希望能改革教会，并指引基督徒回归《圣经》的教诲。《圣经》在德国的销量甚大，书中使用的文体后来成为德文散文的范本。

哥特体活字
哥德体活字使用于16~20世纪初期，如今则是作为装饰之用。

差异甚大。瑞士德语的形式特殊，虽然不具官方地位，也极少用于书写，仍是瑞士德语区引以为豪的特色。

世界语言
法语

母语族群数：7,000万
分布国家：法国、加拿大、比利时、瑞士

以法语为母语的人相较于其他世界语言算是少数，但却遍及全球。过去几个世纪，法语曾是欧洲旅人的主要通用语言，直到最近仍是外交上的世界语言，也是欧盟等国际组织的官方语言。法语的最早记录是公元842年的一纸条约。1539年法国政府颁布法语为国语，随着法国征服各地，法语也传遍世界，至今仍是许多非洲国家的第二语言，更有数百万海地以及加勒比海群岛的人说着法语混合语。

法语影响世界文化甚大，从couture（流行）、cuisine（料理）等词语可见一斑。不过如今法语由法兰西学院保护，避

完美的味道
法式料理的影响，让法语字汇在餐厅和烹饪界广为运用。

免受到外来影响。这个官方团体会监控法语的发展，试图限制采用英语及其他外来语词汇。

法语在非洲
图为一位正在学习法文的喀麦隆男孩。喀麦隆和许多非洲国家都属于法语通行的国际社群。

非语言沟通

　　人类的沟通有很大一部分是不需要言语的。对个人来说，这类互动模式包含肢体语言、姿势以及手势，皆能清楚传达一个人的感觉与意图。有些信号是全球通用的，有些则特用于某些文化或状况。其他非言辞沟通的形式还有旗帜和商标等象征符号。了解这些信息能让人洞察他人的想法与文化，进而增进彼此关系。个人或团体若要让发出的信息达到最大的影响力，也可学习如何运用非言辞沟通的信号。

真相

思考的征象

根据神经语言学理论，眼球的动作可透露此人的想法。一个人若将眼睛往上一瞥，代表正在凭视觉思考；往右上角看（上图）代表此人正在想象某事物；往左看（下图）是正在回忆某个画面；直直往右或往左看意味着将事情公式化或记忆单字；若往下一瞥然后向左看是在专注地在内心和自己对话；向下并向右看，则是在确认自己的感受。

想象

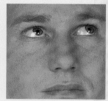

回忆

肢体语言

　　动作、姿势、脸部表情、两人之间保持的距离，这些肢体语言是人与人接触时最有力量的沟通形式。当一个人在说话时，大约仅有7%的信息透过言语传达，38%来自声音腔调，肢体语言则足足占了55%。这种沟通模式通常展现了某人对他人或自身处境压抑、潜意识的感受，也暗示此人在社会上的地位（支配者或从属者）、侵略性、感到焦虑的事，以及性的吸引力。大多数人都可认出以上这些暗号，甚至连狗一类的家畜也能做到。若想试着学习判读肢体语言，注意观察一连串连续的信号，比专注于单一动作要有效得多，例如一个人喜欢我们的迹象通常会有：以友善、直接的眼神注视我们的眼睛、倾身靠近、手脚朝向我们。

表达愤怒
某人若对他人感到气愤，通常会站得很靠近对方，怒吼、用力瞪视，并用强调的手势传达己身感受的强度。

关注
体贴的听众会以倾身、靠近或触碰说话者，表达他们的专注和同情。

手势

　　手势是一种刻意的非言辞信号，在日常生活中通常用来传达问候、尊敬或侮辱等特殊的信息，当中有许多只适用于少数文化，例如毛利族人以互碰鼻子代表问候之意。其他的手势则依据当下状况而有不同意义，例如以拇指和食指圈成"O"形是"没问题"，但也可表示"没钱"。有些手势在言谈时具有标点符号的功能，可强调谈话内容。为了应付听不到话语的状况，便有人设计了一系列形式固定的手势，诸如水肺潜水夫使用的手势，以及赛马场上赌马业者使用的特殊手势。专为聋盲以及聋哑人士设计的手语堪称最复杂的手势系统，它和说话的原理相同，不过是以手部动作和脸部表情来组成句子。

安静
这个手势用在告诉某人安静下来，通常会伴随"嘘"的声音，即使对方无法听到声音，这个手势仍可让他立即明了其意。

指挥交通
图中的警官正以简单明了的手势指示车辆停止、通行以及遵行的方向。

全球性媒体

报纸

概要：报纸是第一种大众传播媒体，各个地方、国家、国际至今仍在发行报纸。

公元前 59 年，第一份官方报纸《每日新闻通报》开始在整个罗马帝国各地的公开场合张贴。国家型的报纸在 17 世纪便已存在。今天虽然已有大量其他性质的媒体，报纸仍然保有其社会角色，它提供比广播和电视更容易使用、更加专业、地方性更强或更详尽的新闻。

各式各样的新闻报道
有些报纸广泛流通在许多国家，有些则专门为特定社群或有兴趣的人群而办。

全球性媒体

海报与广告牌、广告看板

概要：不论是便宜的海报还是大型看板，都传达了强有力的视觉与文字讯息。

海报与看板上的大幅图像使用醒目的文字说明与清楚明了的图像，可说是传达简单信息极其有效的方式，通常是公司行号与政府单位作为广告或宣传之用。非主流的团体也会将海报用作抗议之途。

无所不在的图像
大公司可以在各个社会里宣传他们的产品，即便是离目标消费族群很远的地方。

历史

宣传

大众传播使 20 世纪的独裁者有了教化人民的全新手段。纳粹德国布满街道的海报，不但增强了该社会的信念，也可诋毁对手。在某些国家，大众传播媒体仍是首要的宣传工具，不过如今的卫星电视和网络已能在错误信息之外提供不同的观点。

1917年苏维埃政权的海报

全球性媒体

数码媒体

概要：数码媒体是最新式的大众传媒，让一般人能和大型企业一样分享彼此的信息。

不论是学术研究或是娱乐用途，互联网和其他数码媒体都能提供最即时的新闻新知。大部分的媒体都只能单向提供信息，数码媒体却能让读者与听众有所回馈。从独立媒体中心支援反全球化运动的网络，到拥有 26,000 名公民记者的韩国网站"我的新闻"，如今"平民媒体式"网站已如雨后春笋般在世界各地出现，却仍只有少传统媒体拥有互动式线上服务（部分是因为他们不了解这类服务能为公司带来何种商机）。通常我们需要透过电脑才能连上网络，但手机的新功能将让更多使用者可以遨游这个媒体。

电脑鼠标

弹指之间
最新型的手机能让使用者互通话语，或是文字与图片。

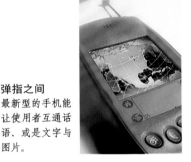

文化

全球性媒体

广播

概要：收音机的成本低廉，即使地处偏远的人群也能收听得到。

虽然电视在大部分发达的国家已取代收音机，成为娱乐与信息主要的传播媒介，而广播只剩下新闻、音乐和脱口秀节目（在脱口秀节目里，听众可以直接拨电话到节目中表达自己的意见），但是美国之音、英国国家广播公司国际台、中国中央人民广播电台等广播电台仍是新闻以及其他信息的重要来源。广播对世界发展具有举足轻重的地位，因为广播节目制作成本比电视节目低，况且收音机也不贵，有些机型还能以太阳能或甚至是发条装置驱动。

无远弗届的信号
在偏远地区，收音机广播大概是唯一能接收外面世界新知的方式。

全球性媒体

电视

概要：电视或许是使用量最大的传播媒介，尤其是在西方世界。

50 多年来，电视已经从一个新鲜的奢侈品，转变成无数人消息与娱乐的主要来源。看电视的习惯因地而异也因人而异，但是在大部分西方社会中，一人平均每天花两小时看电视，已超过其他休闲娱乐所花的时间，而孩童的时数更高。

这样庞大的使用量引来了一些关切。虽然许多研究显示，我们无法确定电视上常见的暴力是否会让易受影响的孩童性格变得残暴，仍有人对此有所顾忌。也有人担心，廉价的美国节目快速地传遍世界，会让各地的传统文化逐渐湮灭，但其实地方性的节目仍旧比较

视觉催眠
电视荧幕上闪烁的画面普遍被认为具有催眠效果，不论观众身处何地，皆可吸引住他们的注意力。

影响力强大
卫星电视的出现，让节目与文化影响力得以在世界各地流传。

受欢迎。

得力于电缆、卫星以及数位科技，各地的观众能收看的频道更多了，但是这样的扩张所得到的只是更多相同性质的节目题材。依照观众需求选择收看频道的机制，如今已慢慢获得实现。

真相

无线技术

最新的网络通信发展是一种称为无线网络的宽频电信系统。这项服务让使用者可从网络热点以无线电波短距离传输资料。无线网络的成本低廉，传输速度快，因此对于贫穷或交通不便的区域（这些地区往往难以设置电话线）相当受用。

连到喀布尔
阿富汗是一个贫穷多山的国家，对于当地人民来说，无线网络是唯一的上网方式。

文化

装饰在身上的财富
某些衣服和饰品象征着地位与财富。也门的犹太新娘正在展示她身上的大量银饰、珊瑚和琥珀。

服装与服饰

人类是唯一会制作并穿着衣服的生物。早期的人类以兽皮蔽体，如今世界各地的人已创造出各式各样的衣服以及装饰品。从一个人的穿着可以看出许多关于此人的信息；衣着透露了一个人的生活方式、所属社群、宗教信仰、职业以及社会地位。当我们想要引起他人注意、突显某个重要场合，或是宣告自己已到达人生某个阶段，往往就会穿上特别的服装。

衣服往往被组合成套装，加上配件、化妆与刺青等装饰身体的方式以及适当的发型，而使整体看起来更具吸引力。

人类和其他哺乳动物不同，没有毛皮或保温的脂肪层这类天然的防护。我们身上只有小部分

动物毛皮的改造品
这位肯尼亚吉库尤族男子的头饰有着最古老的衣服元素：羽毛与兽皮。

区域拥有茂密的毛发，而且唯有当气温高于摄氏 21 度（华氏 70 度），裸身才不会觉得不适。为了应付寒冷、炎热、潮湿、干燥的气候，人类需要衣服来蔽身，否则暴露在这些天候中，短短数小时之内便有造成死亡的危险。

早期的衣服

一般认为，人类大约在公元前 7 万年开始穿上衣服，当时的衣服可能只是用兽皮、干叶、干树皮或挂或绑在身上。这样的穿着早已完全失传，但是还是可

从一些间接的证据证明它们曾经存在：遗传学研究指出，人体上的虱子需要衣服保暖才能存活，而如今它们还在继续演化。此外，有一批公元前 3 万年兽骨和象牙制的缝纫用针在俄罗斯一带出土。在那段时间，冰河期笼罩了地球表面的大部分区域，这意味着早期的衣服首要目的是用来保暖。

改变形式

在今天，虽然有些衣服和配件仍以手工制作，但大部分都改用机器大量生产。这些产品的价格低廉，但广泛流传却降低了全球各地服装上的多样性。举例来说，由于衬衫、牛仔裤、多功能运动鞋大受欢迎，使得许多不同文化的人，在日常生活也都是如此的打扮。

现代的功能

有些套装是为了特别的气候而设计，例如在寒冷地区穿着温暖且具保温效果的衣服，主要是为了让穿戴者舒适，或是具有保护效果。某些配件则可防止职业伤害，比如建筑工人用的安全帽、耳塞，军事战斗用的迷彩服、防弹背心，或是救援工作需要的防火衣。

最基本的穿着
即使是穿着短少或甚至裸身的族群（如这位亚马逊部族男子），多少仍会以首饰作为装饰。

许多服装款式具有社会功能，最基本的功能就是维持穿戴者的端庄。人类设计这类衣服来掩饰身体敏感或禁忌的部位，例如性器官或是女性的乳房。某些宗教或文化更为了贞洁和谦卑，要人（特别是女人）用衣服包住全身。

反之，有些自由社会的人会以暴露的服装来夸耀自己的性能力。这些人可以借由穿戴这类配件来增强自信，并且吸引伴侣。有人则是为了其他个人理由而身穿奇装异服，例如挑战社会价值或只是想表现个人品位。

服装与首饰的另一项重要功能是显示社会阶级。动物会以身上的皮毛、羽毛或表皮展示性别与地位，但人类所能展现的部位相当有限（例如脸红），于是发展出了一系列人为的人体装饰。华服与昂贵的首饰代表某人在社会上的财力与

球队队员
运动或竞赛队伍的队员通常会穿着特制的整套队服，作为队伍或国家的识别。

面具的力量

世界各地皆有仪式用的面具，主要的功能在掩饰穿戴者的身份，具有社会和信仰上的意义。有些面具用于宗教仪式，有些则是戏剧或重现神话时的道具。图中的面具是巴厘岛故事中的女恶神兰达。

影响力，也有人穿着朴素或甚至一丝不挂（比如耆那教和印度教的圣者），以表达反对物质主义与社会价值的观点。

服装的款式还能强化团体的识别。许多节庆和仪式中的衣着规范也是古老传统的一部分。服装往往是一个族群历史与传统的视觉呈现，或是用来表达对政治或民族的忠诚。统一的服装——制服，可让人表示自己和同一个公司、组织或国家的其他人团结一致。

文化

衣着的风格

人类以各式各样的布料和配件修饰外表。除了形形色色的衣着，人类还穿戴珠宝等首饰，以人体装饰来改变皮肤外观，并设计出五花八门的发型。有些造型做法简单、效果短暂，有些却可持续数小时或甚至终其一生。长久以来，服装款式的设计总是跟着人类的需求和流行时尚改变。有的套装平凡无奇，有的却风格独具，有的则混杂了手工制作或工厂生产的配件。某些饰品（例如珠宝）价值极高，有些甚至可称为艺术品。

衣服

衣服是由布料或其他有弹性的素材制成的蔽体物品。选用的布料往往依持久度、美观程度等特质而定；举例来说，体力劳动者的衣服常是由丹宁布一类耐磨的纺织品制成，而奢华的服装则会使用丝绸等昂贵的布料。衣服另一项重要的元素则是款式。最简单的形式是以等身长的布料围成连身服，像印度的纱丽服；比较复杂的款式则像是裁缝定做的西装或是高级女子时装。最专业的特制衣服通常使用在潜水、登山和太空旅行等活动中。此外，衣服还可用刺绣、蜡染、印花等手法装饰。

耐磨的牛仔裤
丹宁布缝制的牛仔裤，原始用意是利用便宜、耐用的布料制衣，以便卖给美国农场工人，结果在20世纪大受欢迎，成为不分阶级的休闲穿着。

真相

智慧型衣服

科学家近来研发出具特殊性能的布料，称为智慧型衣服，例如以相变材料制成的衣服，在高温或低温状况下都能让人保持舒适，或是嵌入了移动电话等电子仪器。未来的研发还包括在上衣安装感应器，可监测穿衣者的心跳。

鹰羽
对纳瓦霍人来说，图中舞者礼服上的老鹰羽毛价值连城。若是有救人一命之类的成就，纳瓦霍族的长老便会颁赠老鹰的羽毛。

首饰

许多人以首饰妆点衣服或身体。珠宝是最早出现且最广泛的首饰之一，通常是由特别美丽或珍稀的物品或素材组成，例如串珠、贝壳、宝石、象牙、玻璃以及金属。人类穿戴珠宝首饰，用意在于展示财富与社会地位，或是作为治疗或护身的符箓。金和银同时具有金钱和信仰上的价值；中国苗族妇女穿戴超过10千克的银饰，除了以此展现财产与声望，也用来避邪。其他种类的首饰还有像羽毛、花朵一类的天然物质，通常都具有重要的象征意义。现代的首饰则是手表、手提包、眼镜、手机，不仅具有实用价值，也可显示身份地位。

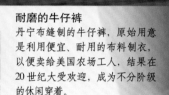

印度人的项链

西方人的戒指

美国原住民的耳环

柏柏人的胸针

珠宝
世界各地皆有人以金、银、宝石以及绿松石一类的石头，制成精细的珠宝。穿戴珠宝可显示一个人的财富和地位。

贝都因人的手环和脚链

彩绘脸部的澳
洲原住民

脸部彩绘
化妆品或脸部彩绘颜料是
装饰皮肤外观最简单的工
具，通常是为了增加吸引
力或参加仪式。

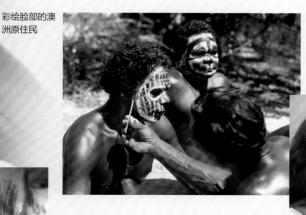

正在化妆的女人

脸部和头发的装饰

　　头是最能看出一个人独特性的部
位，因此使用化妆品和变换发型成了两
种最为普遍的装饰手法。虽然全球各地都有人使用化妆品，但还
是以欧美国家的女性为主。化妆可以加强眼睛和嘴唇的效果，遮
盖皱纹等瑕疵。传统的印度已婚妇女每日都会在额头点上朱砂
痣，表示自己是有夫之妇。而在许多传统社会中，男女都在脸上
彩绘是很常见的现象。同样的行为也发生在现代社会，例如球迷
在脸上涂上代表该球队的颜色。头发因为会不断生长，修剪头发
便成为改变造型的绝佳机会。黑人头发更是已成为一种艺术形
式；织发、卷发、发辫等传统不但装饰性高，也是非洲文化遗产
的骄傲。

发型
改变过的发型和染上的发
色可以维持数周到数月，
全盘改头换面的激进做法
可说是此人自主意识的强
烈表现。

人体装饰

　　许多文化以彩绘、刺青、留疤或穿洞来装饰皮肤。人体彩绘大概是其中最古
老的技巧，通常是为了某些仪式，有着一套特别的步骤程序。不少澳洲原住民以
具有宗教意义的图样绘饰身体，主题包括了部落对祖先以及土地的繁复想象。若
要永久保留身上的装饰，则有身体毁饰之类的做法：澳洲原住民以及某些非洲部
族会切开皮肤，并以刺激物摩擦伤口，形成肉质的螺旋状表面凸起。这项做法除
了装饰之外还有部族识别的作用；如同某些成年礼仪式，在这过程中产生的痛楚
也成了忍耐度的试炼。

　　有不少文化的人会在身体上穿洞，最
常见的是在耳朵上打一个可以嵌上珠宝的耳
洞。如今，在鼻子、眉毛、肚脐等部位穿孔
已经成为西方次文化表现自我的方式。

　　刺青是另外一种常见的装饰形式。
用墨或染料刺入肌肤的效果可持续永
久，另外还有以指甲花制成的黑、红色
染料绘制的暂时性纹
身，称之为人体彩绘，
原本是中东、印度半
岛、中亚地区传统的装
饰法，在当今西方世界
也相当流行。

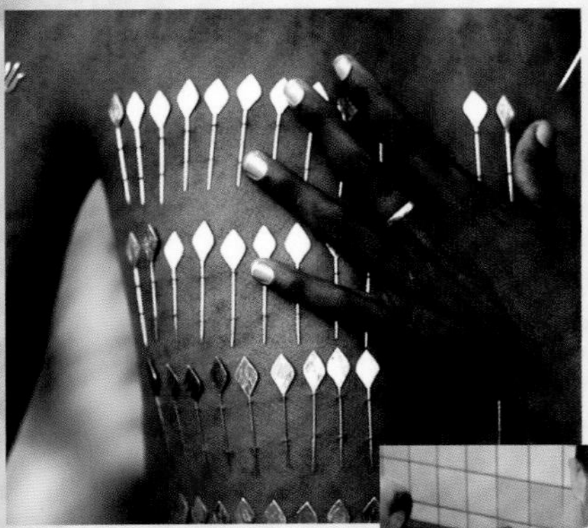

在皮肤上穿孔
穿洞是为了要固定珠宝或是
其他饰品，也用来测试胆量
或象征对宗教的奉献。

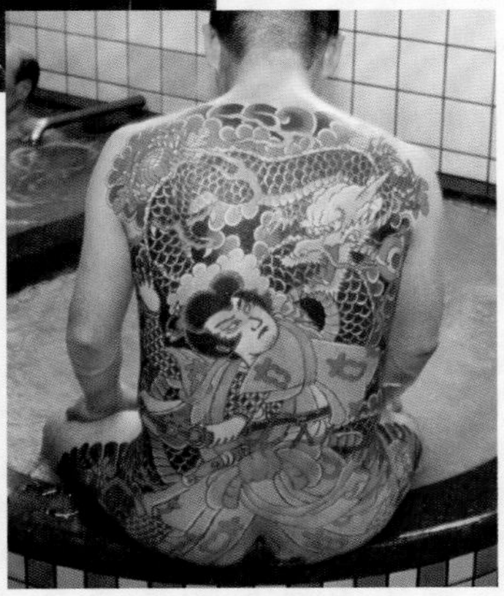

加强性吸引力
不论在传统或是现代社会中，人类总是为
了吸引伴侣而悉心打扮。图中这位尼日尔
的沃达贝男子为了亚奇魅舞而盛装打扮，
为的就是要争夺女性的青睐。

全身刺青
对于日本黑社会的流氓来说，全
身刺青是一种惯例，象征着他们
的忍耐度以及对组织的忠诚。

文化

文化

寒冷气候

概要：以隔热布料制成的御寒衣物，为求能留住体温，通常是层层包覆。

衣服在极地、亚洲高地草原等寒冷地区的重要性，可说是没有一个地方比得上的。这类衣着必要要在极低的温度下仍有绝佳的保温防寒效果，还要能防冰雪，同时让使用者行动自如。

由于潮湿的衣物不仅保温能力尽失，还会使体温降低，所以御寒衣物必须要有排汗功能，且让使用者轻易调节温度。基于这些目的，许多成套的装备都讲求"多层次原则"，即穿着数层衣物，让空气在层层衣物中流通，以便达到保暖效果。例如蒙古布

毛毡衣
萨米族妇女的传统服饰以毛毡制成。毛毡密实的质地不仅能保暖，还能阻隔寒气，因此被广泛使用。

里亚特人在冬天穿着双层衣服，里层是贴身背心或是紧身上衣，外面再加上一件固定于肩膀、以毛皮为衬里的长袍。

鹿、貂、海豹和驯鹿等的兽皮具有天然的保温效果，一直以来都是寒冷地区居民衣着的材料。大部分现代服饰的衣料都是合成的。像 Gore-tex 等布料不仅能

雪镜
在雪地里，冰雪反射的刺目强光会伤害视力。图中因纽特人的雪镜以木头制成，只留一道缝隙让光线透入，以便保护双眼。

防风，还能透气；此外有些布料则具有能留住空气的构造。丝质贴身衣物质轻，也可作为保温的内层衣物。

温暖的毛皮
加拿大北部的因纽特人的传统服饰是以美洲驯鹿皮（有时将皮毛向内缝制）或是可防水的海豹皮制成。

多雨气候

概要：多雨气候使用的雨具包括可排水的织品以及遮雨的配件。

居住在气候潮湿区域的人，都有以天然素材制成防水外衣的传统。在英属哥伦比亚、加拿大、努恰纽地区，居民以杉木树皮编织成雨帽或雨披；印度东北的卡西族人则用竹子和甘蔗编成巨型的草帽。在布料上涂蜡或上油也可以产生防水的功效，而现代的合成纤维还能排汗，让身体不至于因汗水而受寒。

雨具
不同的族群用来对抗雨水的工具也是千奇百怪。右图的雨伞可让多人同时遮雨，下图的伞帽则可腾出双手。

雨林

概要：由于布料会让湿气无法散出，雨林里的居民穿着极少，有些甚至赤身露体。

雨林中的居民往往不穿衣服，顶多只是缠上腰布，或将生殖器遮住，因为即使是再宽松的衣物，也会让湿气无法散逸。此外，他们的肌肤天生不怕蚊虫叮咬，所以也不需要衣服的保护。不过他们仍会以人体彩绘、特殊的发型和首饰作为族群的识别。

少到不能再少的衣服
根据秘鲁亚马孙雨林的亚瓜族传统，男性几乎一丝不挂，只穿着以长草制成的裙子和假发。

沙漠

概要：沙漠地区的居民穿着宽松的衣服以隔绝烈日的曝晒，并让凉风流通其间。

许多生活在沙漠地区的居民穿着以棉质等天然布料制成的衣物，不仅吸汗，在排汗的同时也能帮助降低体温；此外他们也会穿上飘垂的罩袍，让凉空气在袍内流通。

在沙漠地区，最主

保护脸部
沙漠地区的居民习惯将口鼻遮住，以免扬起的沙土侵入。

要的危险是风沙，必须避免沙土进入口鼻，或是导致眼睛受伤或暂时性失明，因此脸部的保护也是重要的课题。巴基斯坦信德地区的游牧民族以绣有花纹的长披巾裹住脸部；突尼斯和摩洛哥的柏柏族妇女穿戴扎染花色的毛织面罩，也具有异曲同工之妙。

沙漠地区衣着的装饰和其他服装款式一样，都迁就于自然环境。举例来说，印度北部、巴基斯坦、阿富汗某些地区的居民会在衣服

绣上小镜子，用来反射天空的颜色，造成有水的错觉。村民也认为这些镜子可以驱退邪灵，因为普遍相信它们会被自己的镜像吓走。

沙漠中的舒适穿着
下图的埃及人穿着宽松的长袍让身体保持凉爽，浅色的布料也可反射阳光，提升降温的效果。

社会礼节
端庄

概要：衣服是用来遮盖生殖器以及其他被认为猥亵的部位。

　　许多身体部位在各个文化中都有被视为禁忌的情形。大部分社会都会遮住生殖器官。乳房常被视为带有性意味，穆斯林对女人的头发也有相同的观感。吉卜赛妇女必须身穿长裙，因为他们认为月经会使女性的下半身受到污染。

裸露的最大限度
或许只有在海边，我们才能自日常衣着的规范中解脱，但是大多数的人还是会穿上泳衣，即使只有相当少的布料。

宗教服饰
象征意义

概要：不少宗教的信徒会穿戴具有特别意义（如虔信与谦卑）的物件。

　　从穿着打扮可以明确得知某人的宗教信仰。基督教修士和佛教僧侣多半着简朴的长袍，反应他们专心在灵修生活上。锡克教男信徒认为头发是上帝赐与的礼物，因此不但蓄胡，还用棉质或丝质头巾将头发包住。头巾除了可保护长发，还象征锡克教价值观：谦卑、信任、忠诚、服务社群。正统派犹太教男信徒则头戴一种称为奇帕或亚摩克的无边便帽，时时提醒自己上帝永在。有些特别的服饰是礼拜仪式的一部分，例如有些罗马天主教的女信徒在前往教堂表达对神圣权威的服从时，会戴上面纱。

　　宗教服饰规定有时会引起争论。在严格的伊斯兰教国家，所有妇女必须戴上头巾或面纱，否则会受到严厉的惩罚。反之，在埃及等信仰较不强烈之处，戴面纱只为了表示信奉伊斯兰教或是为了保有隐私。

基督教式的虔诚
修女将头发包藏起来，或甚至削发，以表达她们对灵修的专心致志更胜外在美貌的展现。

遮住身体
这位伊斯兰教妇女身上的面纱和宽松长袍，能够随时遮住女性的脸庞和身体曲线。伊斯兰教要求妇女穿上这种衣服以保持端庄典雅的形象。

性魅力
展示

概要：想要吸引伴侣的人，常会穿着可炫耀身材的服饰。

　　衣服和其他人体装饰都使用许多方法强调人体的性征，试图炫耀的身上某些部位，例如女人的脸庞、乳沟、美腿，或是男性的肌肉和身材，以便让他人觉得美丽或有性魅力，如此行为特别常见于西方社会。这种做法或许是用来引发他人在性方面的欲求，更常见的是自信的表现；当这些人对自己外貌与吸引力感到满意，就会去展现炫耀他们的身体。迷你裙、低胸内衣、高跟鞋、化妆品、香水，女人或许是最有办法增加性魅力的族群。特别是化妆品，使用范围广达各文化中的两性，塑造出

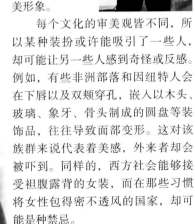

亮眼的男性
男人选择让他们看起来更优雅、强壮或稍具叛逆气息的服饰，有助于吸引伴侣现身。

年轻、健康、引人无限遐想的完美形象。

　　每个文化的审美观皆不同，所以某种装扮或许能吸引了一些人，却可能让另一些人感到奇怪或反感。例如，有些非洲部落和因纽特人会在下唇以及双颊穿孔，嵌入以木头、玻璃、象牙、骨头制成的圆盘等装饰品，往往导致面部变形。这对该族群来说代表着美感，外来者却会被吓到。同样的，西方社会能够接受袒腹露背的女装，而在那些习惯将女性包得密不透风的国家，却可能是种禁忌。

　　在世界各地的不同社会中，有时群众会穿上奢华的服装，参加有着明显性别区分的公共庆典，例如美女游行庆典或嘉年华会。其中一个例子就是沃达贝男人为了吸引异性而跳的亚奇魅舞，愈鲜艳的脸部彩绘、愈宽大的双眼、愈灿烂的笑容，就愈能获得女性的青睐。

　　有些人不属于既有的两性衣着规范，于是穿着异性的服饰，这种

风格独具的展示
在西方流行时尚中，模特儿的衣服和身体能创造出风格独具、带有性意味的服装展示。

外形与动作
这位南非洲舞者传统服饰上的流苏可强调臀部的动作。

艺伎的脸
历史

艺伎是日本的女性艺人，以美貌、魅力和智慧取悦男人。经过数百年后，艺伎的唇红肤白装扮已成为女性阴柔与情欲的象征。

行为称为异性变装，在一些传统文化里，萨满有时也会这么做（见297页）。现代一般人总认为变装者就是同性恋，事实上许多人只是单纯想感受身为异性的感觉。变装也是一种娱乐，日本宝冢剧团就是由打扮成西方绅士的女性艺人组成。

文化

文化

万人之上

这位阿散蒂族统治者身上衣着与金饰的奢华与精细程度无人能比，清楚表示了他至高无上的地位。

财富与地位

概要：从精致、奢华的服装和饰品可以看出穿戴者的极高社会地位。

最让人印象深刻的装扮，往往是统治者、贵族、教士、政府官员等社会领导阶层的衣着。不管是富人还是社会阶级较低的人，都会不断试图以华服或昂贵首饰来拉抬自己的名望。

名望往往与天鹅绒、丝绸、象牙、皮草等奢华的衣料联想在一起。地位崇高的人也会穿戴白熊、猎豹或老鹰等野生动物身上取得的兽皮、羽毛、牙齿、脚爪。以这些物品制成象征王权的华丽服装，可将人类对那些生物的特质（例如力量），象征性地转嫁到穿戴者，以便提升地位。

颜色也是地位的象征，因为一个色系的服饰通常仅限于某个精英族群或重要人物使用。举例而言，紫色通常和皇室有关，因为早期紫色颜料相当珍稀昂贵。苏族的高阶战士身穿蓝衣，因为蓝色和至高无上的天神司堪相近。

精神导师
图中人物头戴的黄色尖帽象征他在信仰上的地位崇高。

在某些社会中，装饰传达了重要信息。在埃塞俄比亚，你可以从披巾图案的宽度与复杂度看出这个人的阶层。某些原住民领袖的华丽上衣，会按照传统画上过去的丰功伟业，以宣扬统治者的成就。

统治者的王冠或是酋长在仪式使用的短剑，这些稀有或值钱的首饰是名望的典型标志。至于其他物件之所以能成为地位的象征，则是因为它够独特，例如专为某位名人设计的衣服（如玛丽

不再遥不可及的奢华

许多文化中的人都会穿戴奢华的服装和首饰，期待可以拉抬自己的身份地位，并吸引他人的赞美、尊敬或羡慕。包括高级女子时装以及昂贵的内衣裤等西方社会的奢侈品，一直以来都只有富人才买得起，但在今天，有愈来愈多的消费者可买到名家设计的服装；而流通广泛的便宜仿冒品甚至更加模糊了社会阶级的界限。

莲梦露）。不过资产不那么雄厚的人还是支付得起金饰和昂贵的手表这类的奢侈品。

另外，人体也可看出一个人的社会地位。在某些传统社会，唯有上层阶级才可彩绘身体和刺青。在富裕的现代社会中，昂贵的彩妆、零缺点的发型和指甲艺术，甚至是整型手术，都让人独树一帜。但这也暗示着人必须要有钱有闲，才有办法这样善待自己。

高贵的记号
波利尼西亚和毛利人的刺青，代表此人的社会地位高低，图中这位西萨摩亚酋长就是一例。

华服与娱乐
英格兰阿斯科特的赛马活动参与者多半是上层人士，依照惯例必须穿着昂贵的正式服装，不过也有一些女性以引人注目的帽子表现出一丝趣味。

文化

庆典服饰

概要：在节庆期间，特殊的衣着是用来展现传统、演出戏剧或纯粹为了声光效果。

节庆是一个社群的重要活动，特别需要华丽精美的服饰。这类成套的服装虽然只有在节庆期间用到，却得投注大量专业技术、时间或金钱去筹备，有些服装还会受到群众的崇敬，甚至被视为圣物。

制作这种特殊服装的技术通常

在家庭或社群成员间世袭，因此服装本身便有象征祖先以及该族群的浓厚意义。印尼蜡染布的繁复设计，就是依照传统由单一村落独有的记忆去制作的。西非洲各地对于礼服的织染技术，都相当谨慎地保护着。

大部分的节庆服都以营造最大视觉效果作为设计原则。例如，加勒比海以及南美洲举办的嘉年华会，民众便穿戴以羽毛、亮片等光彩夺目的饰品妆点的服装。

在世界各地的节庆中，群众往往穿着特殊的服饰演出戏剧或扮演神话中的角色，如同西班牙圣周期间上演的圣经队伍，或是美国人在异教庆典万圣节时穿的鬼魅服装。

面具在许多场合中也占有举足轻重的地位，例如在玻利维亚的恶魔之舞，舞蹈中重现了自恶魔军队手中拯救受困矿工的故事。

威尼斯式装扮
戴面具的狂欢者一直以来都是意大利威尼斯嘉年华会的特色。扮装可让人暂时抛开既有的社会角色。

中国西藏传统
苯教是佛教传入西藏前盛行的宗教，图为苯教僧侣在满月节中穿着夸张的服饰。

独创的技术
英国伦敦诺丁山嘉年华会的参与者穿着夸张明亮的服装，有不少都是手工制作。

民族服饰

概要：有些人会穿上传统服饰或是仪式庆典用的服装，来作为国家或民族的识别。

大部分较古老的国家都有传统的民族服饰，不过对于印度、俄罗斯、中国、尼日利亚等版图广大或是新近成立的国家而言，每个地方或民族的服饰通常比国家规定的标准服装要来得重要。

有些人穿着民族或地方性服饰，单纯因为那是习俗；有些人则是为了炫耀自身的传承。不论是出于哪种心态，服饰的族群识别功能都加强了该社群成员间的凝聚。

某些布料的花色能传承过去的事件、宗教信仰或是传统。例如中国云南苗族为了象征他们与祖先之间的联结，往往花费一两年

苏格兰式服装
格子呢苏格兰裙、可装小东西的毛皮袋是苏格兰高地男性的传统装扮。当地人如今仍如此穿戴，不过通常是在正式场合。

追本溯源

图中的男孩身披肯特布，那是西非洲阿散蒂族的传统服饰。肯特布源自12世纪左右，样式简单，但是花色和布料的设计十分复杂，每一种图案都有历史渊源和象征意义。近十年来，肯特布已经普遍成为非裔美国人引以为傲的服饰，用以展现他们的非洲传统。

的苦心劳力制作衣服和刺绣，以表达对先人的敬意。

现代社会中的少数民族穿着传统服饰，有时是为了重申他们濒临灭亡的文化传统，例如美洲原住民。不

历史

过某些所谓的"传统"款式，并非如想象一般古老。举例来说，格子呢虽是苏格兰的传统布料，但大部分的格子呢花色却是在18—19世纪大吹复兴苏格兰历史的风潮后才出现。

日常习俗
这群拉贾斯坦女人每天仍都穿着传统服饰，为了舒适，也为了美观。

次文化

概要：反抗社会价值观的群体往往会穿上嘲弄既有衣着规范的成套装扮。

少数群体为了反抗社会规范，往往会选择独树一帜的服饰，例如西方社会里身着皮衣的飞车党骑士、头发又尖又竖的朋克族，以及20世纪90年代穿着破旧衣服的邋遢族。不按牌理出牌的衣服也透露出政治信息；例如反越战的嬉皮就选择佛教这类象征和平传统的服装。然而貌视传统保守衣着规范的人，也有遭到主流社会迫害的危险。

飞车党骑士
这位男士和孩童身上的皮衣以及摩托车装备，是20世纪50年代以来飞车党文化的典型之一。

族群识别

制服

概要：制服指的是相同的套装，用来强调族群认同或隐藏个人特色。

制服是某个组织成员穿着的统一服装，特别常见于军队、警察、紧急救援服务。制服的部分功能是为了隐藏穿戴者个人的自我特质，强调团体的凝聚力；衣服上或许会有不显眼的个人名牌，但通常穿着制服的人都是没有姓名可言的。

古时候军服的主要功能是用来辨别敌我双方的士兵，并在交战时震慑敌方，因此常常设计得令人印象深刻，今日的军服则多半希望能激发军人纪律。有时制服也带有政治目的，比如世界各国常在重要场合集合武装部队进行分列阅兵，此举可展现国家的骄傲。

如同武装军人一样穿上制服

仪典卫兵
图中这群在仪式典礼里穿着特制传统制服的瑞士卫兵，是教皇的护卫。

学校制服

许多地方的学童都得和图中的尼泊尔女孩一样穿上制服。学校制服的作用在推广校训精神，也提醒学童他们其实还受着校规的管控。

是为了凝聚群体或纪律，学童往往也被如此要求；不过有些孩子因为家境穷困买不起新衣而遭到欺侮，制服倒可避免类似的状况。

中国在经历社会主义革命后，主流习惯不分男女都要穿一种大量制造的简单服装，象征社会团结成一体。虽然在20世纪80年代后便渐渐不再流行，但现在有些人还是照穿不误。

还有一种情况是为了压制个人特色而强迫他人穿制服。最极端的例子是监狱囚犯。

族群识别

特定职业的穿着

概要：各行各业的专业人士穿着整洁或正式的服装，以便显示其职业和地位。

整洁利落的套装加上领带，一直以来都是商务上接受度最高的男性穿着。然而若是律师、医生、学者、空姐这类工作，便有特别的制服可表现出穿戴者的职务和资格。这类服饰往往结合了一套标准的象征系统，例如飞行员外套上的流苏，或是学士服披肩上的绒布装饰等等。有些在工作场合使用的物件也能代表专业，例如医生的听诊器就是一例。

法律传统

在英国，首席大法官（下图）、法官、律师等司法界人士，依照传统得戴上象征职务与权威的马毛假发。

文化

人生事件

成年

概要：当人脱离童稚而成年，有些社会以不同的服饰以示区别。

不少社群都会为即将成年的人准备了特别的服饰。有些服装代表脱离童年；有些则意味成熟、即将进入成人社会，或获准从事性行为或是结婚。有些地方为年轻人举办集体成年礼，他们会穿上特地准备的衣服，一看便知是与一般人有别的同侪团体。

现代的社会新鲜人

这群年轻的美国女孩身穿白色长礼服，代表她们即将进入成人的时尚社会。

人生事件

婚礼

概要：新郎和新娘的全套装备除了象征托付与承诺，也透露出财富多寡等特质。

结婚礼服可说是最精致的服装样式，可让婚礼参与者（尤其是新郎新娘）吸引全场目光。

新人的服装通常表达了两人的美感、纯洁或社会地位的相配程度，珠宝与华服则展示了财富。有些地区会以颜色（例如白色）、花冠、鼻环、面纱等。

印度婚戒

在印度教和基督教等社会的婚礼中，都有新娘新郎互换戒指的举动，象征新人结合成一体。

炫耀财富
图中的富拉尼妇女带着婚礼用的豪华金耳环，显示出自己富有的程度。

物品代表新娘的童贞。不少物件也用来确认并祝福这段婚姻，例如韩国新郎要致赠女方家庭内含红、蓝色丝绸的盒子，以便制作新娘礼服。已婚的人也有专属的首饰，像是西方社会的婚戒，或是印度妇女身上的纯金 mangalasutra 项链。

人生事件

亲友过世

概要：往生者穿上暗淡的衣服，生者则穿象征生命的套装。

当有人死亡，送葬者会在死者过世之后或是葬礼换上特别的服饰，以表达敬意。在西方社会中，送葬的成员通常身着朴素且正式的黑衣；中国道教信徒是头披粗麻布；犹太人则是撕裂身上的衣服，意味自己的心碎。反之，有些文化则主张要为死亡的面貌添上生命力。例如多贡族男人葬礼的舞蹈中戴上引人注目的面具，有些基督徒也会穿上象征复活的鲜艳服装。

丧礼中的白色
在虔诚的伊斯兰社会中，死者的女性亲人会穿上白色的衣服和面纱，服丧一年。

文 化

结合艺术和科学
西班牙瓦伦西亚的艺术科学城由卡洛特拉瓦负责设计，糅合了美学概念与新技术。

艺术与科学

　　艺术与科学是人类创造力的极致表现。艺术是运用绘画、语言、音乐等特殊媒介来美化自我或环境、探讨概念，或是纯粹为了创造而创造出新事物。科学则是以有系统的方法探究真相，研究这个世界的各个方面。无论是艺术或科学，都有实际的应用层面或是更为知性、抽象的研究。这两个领域的成就通常都是团体成员感到自豪的源泉，具有再次肯定传统价值的功能。然而，改革创新有时候会挑战社会的普遍观点，而遭受权威人士的严厉对待。

完美比例
鹦鹉螺的贝壳大致遵照黄金分割比例，它的每道螺旋弧都与弧形底边的矩形成 1.618：1。

　　艺术与科学都需要入微的观察力、解决问题的技巧、学习现有的知识体系以及创新。这两门学问被用来形塑我们的环境以及思考方式，而它们制造出来的社会也回过头来赋予它们表达的形式。

早期的学问

　　史前社会的艺术与科学深植在日常生活当中。当时的人在岩石上作画，有可能是为了与神灵接触之类的仪式；他们制作雕塑，例如公元前24,000年的小型女性塑像《维伦多夫维纳斯》，可能是要作为丰饶多产的象征。早期的人民为了吃得好并且活得健康，他们得探寻适合当做食物或药物的植物，学习了解动物的习性。

凝住的动作
这尊《掷铁饼者》的雕像展现了希腊人融合精确与视觉律动的技巧。

渐渐成形的思想

　　公元前4,000年以来，人类初期的文明渐渐浮现，诸如印度半岛的印度河文明、古埃及、美索不达米亚平原、中美洲的奥梅克人以及王朝成立前的中国。随着食物的取得愈来愈有效率，便有剩余的人力转而专注于艺术、天文学、数学等专业技术上。他们系统地收集并记录资讯，以便定义时间与空间，设计出测量的单位。例如公元前1800—前1590年的巴比伦人，是第一个使用数字系统的文明，他们以60进位法测

量时间并算出圆的度数。

　　最伟大的文化成就出现在古希腊文明（公元前8—公元前4世纪）。希腊人将解剖学、自然研究与雕塑等方面的观察提升到一个高度水平。他们发展出以逻辑建构事实的技法，也领悟出像黄金分割比例这样的数学公式；遵照约1.618：1的比例绘出的矩形与螺旋，仍被视最具美感。黄金分割比例不仅用在雅典巴特农神殿之类的建筑，而且在自然界也能见到这项原理，例如鹦鹉螺贝壳上的螺纹。罗马人继承了古希腊的艺术传统，并且在文学、建筑、工程学上有新的突破。希腊与罗马的成就，令后人整整1,000年都无法超越。

具挑战性的概念

　　在许多社会，艺术与科学一直具有宗教目的，或只为少数精英服务。例如中世纪的基督教欧洲、

早期的伊斯兰王朝（8—13世纪）以及中国唐朝（7—10世纪），知识上的进展都被用来强化并扩大既有的价值观。然而到了文艺复兴时期，有人开始挑战普遍接受的认知。哥白尼的地球绕太阳运行理论在1543年发表，推翻了人类身为宇宙中心的假想。福塞利（1514—1564）则对古希腊的学问提出质疑，致力于深入了解解剖学以及人类身体的功能，结果遭到基督教严厉的道德非难。

　　19世纪期间，英国人达尔文的物种起源理论以及稍

螺旋星云

超强的视野
现代的科学仪器让人类能够看到肉眼无法观测的物体，不论是微小的血球细胞，还是遥远的星云。

红血球

后莱尔所发现的地质形成的长期过程，挑战了宗教的创世说法。这些科学上的新发现遭到教会当局的猛烈驳斥，直到今日仍不断引起众人激辩。当时的艺术则有库尔贝等欧洲画家，他们以描绘毫无避讳、赤裸裸的写实画风见长，无法见容于当代画坛主流。

现代世界

　　艺术和科学在今日的成就可谓非凡。各种创新的艺术形式纷纷问世，英国、埃及、澳大利亚三地发起的一个称为"长奏"的音乐装置，准备连续演奏1,000年，并且不重复任何段落。科学上的进展让我们能够观察微小的细胞结构，也能望见宇宙最遥远的角落，还带动了保健的进步，例如疫苗接种让许多国家的人民寿命延长许多。

　　然而艺术和科学仍无法与精英阶层脱离关系，大企业仍掌握了电影、医药等科学和艺术形式。话虽如此，一般人还是能在有钱有闲的情况下去享受艺术，也有发表艺术作品的自由，同时也能自由接触科学新知。

人物侧写

达·芬奇

达·芬奇（1452—1519）是一位科学与艺术天才，也是文艺复兴时期最重要的人物之一。他那令人赞叹的绘画与素描，在文艺复兴艺术作品中首屈一指。他对人体解剖有广泛的研究，也可说是开启了地质学研究，还发明了滑翔翼、机器人、潜水艇等五花八门的机器，这些概念超前了当时好几个世纪。

文化

艺术

人类的艺术活动种类繁多，从绘画、雕塑到文学、音乐，都是借由各形各色的媒介来表达概念。每个文化有着不同的艺术形式，同时大部分社会都对艺术相当敬重，其理由则因每个社群的类型而各有不同。在传统社会中，艺术往往与其他活动紧密结合，举例来说，舞蹈在某些地方便是典礼仪式开始的节目之一。在西方社会中，艺术与生活的其他方面则较为壁垒分明，而且创作的目的多半是为了自己。在全球各地，人们都可以去体验不同层次的艺术，并且欣赏艺术对于重要议题的陈述方式，对既有知识所提出的挑战或是借由它来愉悦自己。

真相
绵延不绝的传统

岩画是现存最古老的艺术形式。如今世上某些地区仍有艺术家从事岩画的创作，像是澳洲原住民和南非喀拉哈里地区的桑族，便使用当地泥土、岩石以及矿物制成的颜料，画出人和动物的图像。对绘图者来说，这些画作通常具有强烈的宗教意义。

早期的艺术成就

有些经过早期人类加工的物品也算是一种艺术，例如可能仪式产物的史前岩画。对5,000年前的古埃及、早期的中国王朝（公元前3,500年之后）以及玛雅文明（300—900）等文明来说，竖立恒久的纪念性建筑则是为了赞美众神或是统治者；他们也创造出锅盆、壁画等日常生活物品，并且在物件上画出美丽的图像。有些文明则发展出影响深远的艺术形式，像是古希腊与罗马的美学原理，不但影响了文艺复兴时期的艺术家，希腊与拉丁文学对许多欧洲人来说也是再熟悉不过。

个人肖像
上图的古埃及壁画中绘有一名贵族以及他的儿子。埃及人的画作不但有宗教主题，也绘有日常生活和个人的肖像。

灵魂世界的护卫
出土于西安的兵马俑，是中国第一位皇帝秦始皇所做的，用来保护自己死后生活。每尊陶俑面貌皆栩栩如生，军服的刻画也相当精细，极可能是依据真人而作。

艺术与文化

艺术和观众的关系随艺术形式而有不同。像纳瓦霍人的沙画、非洲部落的雕刻面具等土著艺术，是深植于创作者和该社群的信仰当中，外人虽能欣赏作品的美，但是作品的真正对象却是认同这信仰的当地族群。反之，高级艺术对观众来说就是一种挑战，比如17世纪画家伦勃朗的作品或是信仰伊斯兰教前的阿拉伯诗歌，就得花上数年的时间才能一窥奥妙。总之，能够掌握普世的观念与情感流向的艺术形式，其价值才能历久不衰，并且获得各时代、各文化民众的欣赏。大众艺术则是试图立即、瞬间吸引观众；虽然受过教育的有教养民众往往认为，背后有整个工业在支撑的大众艺术（例如流行音乐、好莱坞电影）只是种"娱乐"，并弃之如敝屣，不过大众艺术中最好的作品确实也能展现精妙、复杂的文字与影像。

土著艺术
点画是澳洲原住民传统的绘画方式；绘者所使用的主题都已发展了千百年之久。

高级艺术
一件作品若被称为高级艺术，代表它在整个社会上具有极大的美学成就。例如莎士比亚的戏剧便是欧洲戏剧里首屈一指的作品。

大众艺术
大众音乐的种类很多。有些类型专为迎合大众喜好，例如流行音乐；有些则更为繁复，例如俱乐部的DJ从现有音乐中抽取片段混音融合，创造出了复杂的新作品。

文化

文化

让传统生生不息
许多人和图中这群墨西哥民俗舞蹈者一样
关心传统艺术的保存，以免他们的文化被现
代化、全球化的文明吞噬。

艺术的形式与运用

　　艺术主要有三种类型：视觉艺术（如绘画）、语言艺术（如
文学）、表演艺术（如歌剧与舞蹈）。如果把高深的技术也考虑
在内的话，连烹饪或是香水制造都可以算是一种艺术。这几种类
型都能运用在许多不同的地方，或许最简单的说法是：艺术是审
视并诠释这个世界的方法。比如小说、摄影、肖像，其价值或许
就在于忠实呈现了生活，并且透露了作者对于主题的理解。有些
艺术具有重大的精神意义，宗教艺术就是一例。

　　自有人类以来，宗教艺术就普遍存在于所有社会，诸
如基督教的教会音乐以及佛教的唐卡艺术（佛陀或其他
神祇的画像），作用在于赞美神明，或帮助礼拜或打坐
时集中心神。艺术也具有重要的社会角色；例如大
楼、公共雕塑、壁画等作品，有的是用来纪念历史上
的知名事件，有的则是象征着市民的骄傲。沙俄时期的
法贝热复活节彩蛋、非洲贝宁的中世纪宫廷雕塑等价值
不菲的作品，则是专为重要或富有的人而作。有时艺术也
隐含政治意味，目的可能是为了支持某政治
体制，例如过去社会主义国家的现实主义。
另外有些还拿来抗议压迫与不公，像是多尔
夫曼（1942— ）的剧作《智利人》。

奢侈品
法贝热复活节彩蛋是以
珍贵的金属和宝石制
成，是 19 世纪时为了取
悦俄国皇室家族而作。

宗教意义
图中的宏香教堂是柯比意
的作品，建于 1955 年。教
堂的弧线使这座天
主教教堂有如一
位环抱朝拜者的
母亲。

激进派的艺术家
美国艺术家安迪·沃荷（1928—
1987）以绘画、印刷和影片探
索现代社会的本质。

政治意义
前苏联政权以"社
会主义现实主义"的
艺术形式来传达
政治信息。最
有名的例子是强
调工人领导地位
的雕塑作品《工
人与集体农场的
女孩》（右图）。

文化

视觉艺术
绘画与素描

概要：绘画和素描是最古老而且也是最多样的艺术形式。

最远古的人类祖先早在数千年前便开始在洞穴的岩壁上作画。起初，他们使用周遭环境的素材来作画，比如地上的天然色素以及木炭。没有人知道那些人作画的原因何在，或许就如同澳大利亚原住民的祖传艺术，是具有信仰上的意义。从最早的"高级"艺术作品中，我们可以看到神祇与神话人物的形象，或从中窥得当时的社会层级。举例来说，在古埃及的

透露社会信息
这幅原住民的点画描绘酗酒带来诸如坐牢之类的危险，极富现代感。

圣像
东正教耶稣和圣徒肖像的格式化设计，象征精神重于外在真实。

绘画中，体型最大的人物都是法老。一直以来，为宗教目的而作的艺术品总是获得最高评价，且最为历久不衰，例如用来提醒教徒耶稣降临的东正教圣像便是其一。

此外，艺术也为了服务贵族，例如中世纪欧洲以鲜明图案装饰的手抄本；有的则是上层社会的休闲娱乐，比如中国的书法以及丝画。在文艺复兴时期，乔托、达·芬奇、提香等意大利艺术大师为写实主义开拓了一片新天地，不但发展出透视法，也拓展了油画技法的各种可能。写实传统的重大突破则发生在19世纪，印象派以挥洒自如的手法呈现自然光线与户外视野的印象。20世纪的艺术家更是纷纷推陈出新，创立了诸如立体派、表现主义、抽象派等画风。

昔日的大师
杰出的法国画家马蒂斯（1869—1954）以鲜艳的色彩与弯曲的线条创作出情感丰富又协调的作品。图中的《舞》为充满戏剧性的作品之一，完成于1909年。

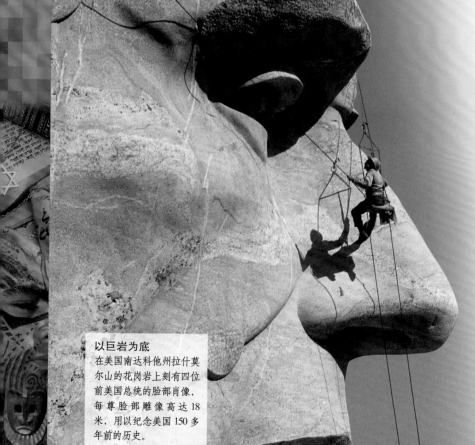

以巨岩为底
在美国南达科他州拉什莫尔山的花岗岩上刻有四位前美国总统的脸部肖像，每尊脸部雕像高达18米，用以纪念美国150多年前的历史。

视觉艺术
雕塑

概要：雕塑可创作出持久、张力强的作品，有的规模相当巨大。

雕塑有好几种不同做法，包括在木头或石头等坚硬材质上刻蚀、熔铸金属，或以黏土等软性材质塑造。由于这些作品是立体的，往往看来栩栩如生、张力十足，在许多文化里都用来制作神明或祖灵的塑像；例如非洲在数千年前便已发展出令人赞叹的青铜制宗教雕塑，美国西北地区的美洲原住民则以雕刻的图腾柱描绘祖灵。每个时代最完美的艺术作品往往是雕塑，例如《德尔斐的御夫》在古希腊堪称数一数二的创作；稍后的米开朗基罗《大卫像》，则因为逼真的面部表情与肢体动作，受到各界人士的一片赞扬。

然而自19世纪以来，雕塑家已开始扬弃自然主义，不是重回非洲艺术等古老形式的怀抱，就是实验性的抽象作品。今日由于雕像和雕塑成为公园与街道上的装饰焦点，雕塑这门艺术已

公共艺术
抽象雕塑是一种高度精简线条的艺术。这类抽象作品不但受到大众喜爱，也广获采用而成为公园等公共场所的装饰。

完美的形象
一些文艺复兴时期名列前茅的伟大作品，如米开朗基罗的《大卫像》，都是希腊、罗马的古典技法与当代表现的混合体。

如大众艺术般流行，既可以为了纪念某位政治家或英雄，也可以仅是简单的装饰品，创作的用途愈来愈多元。

仪式中的角色
肯尼亚马孔德人的盔状面具是部族祖灵的象征，用于男性成年仪式。

视觉艺术
摄影

概要：用于报道、广告以及美术，专业或业余人士皆可从事。

摄影在19世纪出现后，便已带有实用与美学的双重目的。法国人达盖尔（1787—1851）等早期的摄影师发现，不同的光线以及视角可以左右影像的张力强度。到了20世纪，随着科技进步，摄影也愈来愈普及。新闻业是主要使用摄影的族群，有些报道新闻事件的影像已获得具有代表性的地位。

摄影对广告业也相当重要。摄影是最常拿来描绘世界的艺术类型，像柯特兹、卡蒂埃·布列松引人注目的作品。其他如史蒂格利兹等艺术家，则利用实验性的技法与巧妙处理的影像，创作出抽象意味浓厚的影像。

捕捉历史时刻
这张照片是暗杀美国前总统约翰·肯尼迪的凶手欧斯华遭到杰克·路比刺杀的画面。

视觉艺术
建筑

概要：建筑师结合美学与技术方面的知识，构筑各式各样的建筑物。

建筑物的设计是最古老的艺术类型之一，在世界各地有着广泛的不同样式。建筑师对建材强度与建地的地质、环境，必须严格地检验可行性，并且综合美感条件。这些技能早已发展了数千年之久：古希腊和埃及人制定了可创造出完美比例的黄金分割原则；罗马人研发出拱形建筑，并率先使用混凝土建出罗马的大竞技场之类的巨大建筑。中世纪时，欧洲的石匠师傅创造出哥特式建筑，如同法国沙特尔大教堂，它是以尖拱、飞扶壁支撑着以圆顶和大片玻璃组成的高大结构。文艺复兴时期的建筑则以结合希腊罗马传统与创新为特色，例如意大利的帕拉底欧（1508—1580）以及布鲁

自经典激发灵感
布鲁内列斯基为佛罗伦萨百花圣母大教堂设计的巨大圆顶，其灵感来自公元2世纪罗马万神殿的结构。

内列斯基（1377—1446）等人的作品。

18世纪期间，英国和美国的建筑师重回古典风格的怀抱，称为乔治王朝时期风格。到了19世纪末，由于提炼钢铁愈来愈有效率，建筑师开始采纳以金属作为结构的新式建筑法，第一栋摩天大楼于是出现。

在今日，电脑与钛等材料让建筑的形状更加自由，也让美国建筑师盖瑞的西班牙古根汉姆美术馆得

茅草屋
伊拉克南部的沼地阿拉伯人以茅草搭建传统建筑，有些建筑不但结构庞大，做工也相当精美。

以实现。然而地方建筑（运用当地风格与建材的建筑）的传统也未曾消失，特别是在乡村地区，屋舍与谷仓等建筑物的修筑从未间断。阿尔卑斯山的木屋、伊拉克南部的茅草屋、苏格兰以草皮铺顶的房舍，这些都是传统建筑的作品。

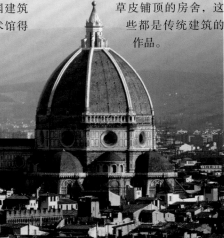

视觉艺术
电影

概要：电影与动画等相关艺术类型形式多样，从大众娱乐到高级艺术片应有尽有。

电影可说是最容易取得的艺术形式，电视、影像、DVD、网络在今日随手可得，但从只能播放无声的黑白短片到今天五花八门的形式，只是这一个世纪的事。世界上最大的电影制片厂位于印度孟买以及好莱坞两地，作品包括《魔戒》这类史诗般的影片，拍摄时往往运用了巧妙的摄影技术与复杂的电脑特效。另外一种规模较小的称为"艺术电影"，包括伯格曼、波

惊人的印度电影工业
印度的电影业主要在孟买，普遍认为是全球最大规模，许多电影都带有奢华戏服的音乐和舞蹈演出。

神奇的科技
1999年的《精灵鼠小弟》运用了最先进的技术，创造出栩栩如生、会说话的动物角色。

兰斯基、小津安二郎等人的作品，以充满美感的制作方式以及引人入胜的故事情节为特色。有些电影则结合动画，以手绘、模型或电脑绘图创造出剧中角色。

视觉艺术
装饰艺术

概要：每个社会都有的实用艺术形式，用来增加日常用品的美观。

每个社会都有美化各式生活用品的方法。陶器、纺织品以及木器，是装饰名单上的第一批。不同文化所发展出来的装饰技巧也各有所异；土耳其、伊朗和阿富汗的地毯远近驰名，在中国是陶瓷，在许多美洲原住民部落则是纺织品。另外也有款式时髦且国际化的装饰艺术，这些作品通常来

议题
阿富汗的战争题材小地毯

花朵和动物是阿富汗地毯图案的传统题材，但从20世纪70年代末、前苏联占领阿富汗地区后，地毯花色开始加入战争题材：直升机、坦克、枪支、装甲车。相同的图案在美军占领时期也曾出现过。

自欧洲，继而传遍全球；例如18世纪华丽的巴洛克风格，后来便由欧洲传至南美洲。在现代社会中，不论家具、器皿到计算机、厨房用品、车辆，几乎每一项产品都需要经过设计。今天，旅行和通信使得不同的款式在文化间彼此传递，西方旅客若想购买外地的民族工艺品将会方便许多，不过，西方的艺术思考方式也同样影响了其他地区的艺术家。

毕加索的鸟型花瓶

精巧的纺织品
在印度东北方的纳迦族这类古老社会中，织布是女人的工作。布匹上通常织有繁复多样的图案。

文化

文学

诗歌

概要：这种古老的艺术形式有许多表现方式，题材从个人感情抒发到史诗故事。

以字句体裁和意象构成的诗歌呈现了美学上的乐趣，也传达了作者的想法。它是最多样化的艺术类型，包含简单的歌词、童谣以及大部头的史诗。这也是一种古老的艺术；早在文字出现之前，韵脚和韵律就已慢慢形成，帮助人类记住概念和故事。

带有强烈想象的诗歌，最适合用来表达情感，比如圣经的《雅歌》、莎士比亚（1564－1616）的情诗，或是8世纪中国诗人杜甫与李白的自然诗。大部头的史诗通常用以讲述伟大的历史故事或神话。除了公元前8世纪的荷马史诗以外，意大利诗人但丁（1265－1321）描述中世纪宇宙秩序的《神曲》也是这类文体的一流作品。现代诗的规模通常较小，不过有两个著名作品例外，那就是印度诗人赛斯的韵文小说《黄金门》以及诺贝尔奖得主沃克特的《奥麦罗》。

人物侧写

李白

李白（701－762）是中国唐朝著名的诗人，传世作品超过1,000首，其中不少都驰名中外。李白的诗风极为浪漫，颇富自然气息与道家情怀。根据传说，他是在烂醉之后，试图捞取水中月亮倒影而跌入江中溺毙。道教信徒将之奉为神明，称为诗仙。

文学

小说

概要：广义的小说包含了长篇小说和短篇故事，是世界上最受欢迎的文学形式。

最早的长篇小说出现在10世纪的中国和11世纪的日本，欧洲的第一部长篇小说则是塞万提斯（1547－1616）的《堂·吉诃德》。19世纪时，俄国作家托尔斯泰等人开创了描写整个社会的写作形式，著名作品有《战争与和平》。法国的左拉（1840－1902）等作家，以长篇小说作为批评社会的工具；而夏洛特·布朗蒂（1816－1857）等人则开发了心理层面的素材。

20世纪的几位优秀作家开创了新式写作技巧，包括爱尔兰的乔伊斯（1882－1941）使用"意识流"暗示角色的思维流转，阿根廷的短篇小说家波赫士（1899－1986）则操弄着现实与自我认同的概念。此外，有更多常见的短篇故事至今仍读者众多，例如丹麦作家安徒生（1805－1875）的童话故事。直到今天，小说仍是最受欢迎的文学形式，每年的销售量无可计数。

美人鱼的故事

安徒生的《小美人鱼》是极受欢迎的传说故事，因为同名的动画影片而红遍全球。

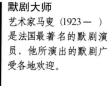

王者之戒

《魔戒》是托尔金的作品，是史上最畅销、读者最多的书籍之一。

表演艺术

戏剧

概要：戏剧是一种耐久且多样的艺术形式，即使是古老的剧本，也能在今日重新演出。

戏剧是以言语和肢体动作来描述故事，由来已有千年之久。它可能是源自述说故事和舞蹈，是宗教仪式的一部分，或是负责传承部落历史。在古希腊时期，戏剧演出是一种美感的享受。希腊人创造了悲剧，透过那些位居上层社会的角色的心情转折来探索严肃主题；喜剧则是以幽默内容和下层人民生活为主。其他文化的戏剧多半是讲述神话或宗教故事，例如印尼的皮影偶戏、中世纪欧洲基督教的道德剧，以及日本的能剧。这些戏剧的形式往往已经格式化了，使用着一套既定的角色和动作。

较后期的剧作家，如17世纪法国的剧作家柯奈和拉辛，编写了模仿希腊传统的悲剧；卡尔德隆（1600－1681）和维加（1562－1635）等西班牙作家则兼有喜剧和悲剧的作品。若论及最了不起的剧作，大多数人都认为非莎士比亚（1564－1616）莫属，他的作品以优美精妙的语言以及对人性的深刻观察著称。第一批现代剧作家，比如挪威的易卜生（1828－1906）等人，开始反映对生命以及人际关系更真实的观点；在法国的爱尔兰人贝克特（1906－1989）便打破了角色的束缚，企图探查人类存在的本质。此外，还有歌舞剧（有些在世界各地极受欢迎）、默剧以及偶戏等其他戏剧形式。

默剧大师

艺术家马叟（1923－　）是法国最著名的默剧演员，他所演出的默剧广受各地欢迎。

剧场

位于西西里岛叙拉古的露天剧场建于公元前5世纪，如今在节庆期间仍会在此上演古希腊剧目。

影戏

数世纪以来，印尼的皮影傀儡戏不断重复搬演传统故事，内容主要是以印度史诗《罗摩衍那》以及《摩诃婆罗多》里的传说。

印度的古典戏剧

苦提牙是喀拉拉州具有千年历史的剧种，内容本于梵文史诗，以制式化的姿势、音乐不断重复吟唱。

表演艺术

舞蹈

概要：舞蹈是一种表现情感的优美连续动作，通常作为仪式、高级艺术或娱乐欣赏之用。

每个社会都有自身的一套传统舞蹈。在节庆期间或是婚礼等庆祝场合，同一个社群的每个人都会跳起当地的民俗舞蹈。另一种舞蹈形式仅限于萨满等专业人士，这种舞蹈的用意通常是讲述故事或与神灵沟通。某些文化还有形式复杂、专为舞台演出的传统舞蹈。起源于18世纪的芭蕾舞，主要是在法国和俄国发展成熟，形式包含

芭蕾舞

传统的西方芭蕾舞结合了优雅的动作与一些标准化的姿势，传达出故事情节。

女性专属的舞蹈

肚皮舞起源于中东。最初只有女人可以观赏，现在则是开放给两性的观众观赏。

传统的浪漫芭蕾，以及上一个世纪在美国兴起的实验派。婆罗多舞是传统的印度舞蹈，以眼睛、双手与肢体制式化的动作为主。

舞蹈也可以是个人或情欲的表现，例如佛朗明哥舞和肚皮舞。某些舞蹈常招致"猥亵"的批评，例如19世纪欧洲的华尔兹，只因为男女在跳舞时靠得太近。另外还有属于次文化的舞蹈，诸如20世纪70年代兴起于纽约街道的霹雳舞。即使在今天，我们仍可观赏或演出传统舞蹈，或是探戈、恰恰、街舞等流行舞步。许多人也将舞蹈当作是一种非正式的自我表现。

表达感谢

图为一位南美洲休休尼族男子在庆典中表演传统舞蹈。平原地区的民族以类似的舞蹈表达对太阳、动物和植物的感谢。

表演艺术

音乐

概要：音乐在情感和美感上的感染力可用于仪式、社交或商业用途。

千百年来，音乐一直是人类生活的一部分。击鼓或许是年代最久远的一种，通常在仪式中使用，一般认为鼓音的节奏与震动可以改变演奏者与听众的意识状态。世界各地的原住民各有其源远流长的音乐传统；有些是特别的歌唱方式，例如中美洲的喉音吟唱；有些则拥有独特的乐器，例如西非洲马利的21弦竖琴"科拉琴"、澳洲的迪吉里杜管，以及据说能向听众说话的越南赫族的肯笛。

最复杂难懂的音乐形式通常拥

有因文化而异的特殊音阶以及和声法则；举例来说，传统西方的音阶有七个基本音符，外加升记号和降记号，而印度古典音乐则更多。莫扎特、贝多芬等西方古典音乐名家的作品，或是印度古典音乐（玛迦）能激发人的深层情感，当听众跟随错综复杂的旋律时，也能让人拥有知性的享受。

中国戏曲

中国的戏曲长久以来广受欢迎，可从深具特色的假音唱腔、身段、化妆方式来分辨不同角色。

另一种古典的艺术形式是包含音乐与戏剧的歌剧。西方的歌剧对美声唱法的技巧要求极高，中国的戏曲则讲求繁复的身段动作。此外，爵士乐也相当要求艺术技巧；爵士乐原是非裔美国人的音乐，如今已成为经典艺术。

相对来说，流行音乐是专为当下大众喜好而创作，不过其中像电子

音乐等类型也相当前卫。在今天，有更多的听众通过广播、电视、唱片来接触音乐，现场表演已不再是唯一的方式。音乐产业已发展成庞大的全球工业，世界各地都能听到及买到超级巨星的作品。除此之外，我们还能够从广播中录下或从网络下载各式的音乐。

传统的乐器

印度古典音乐玛迦的乐师以名为"天布拉"的鲁特琴，弹奏出旋律背后的低沉嗡嗡声。

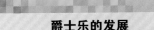

历史

爵士乐的发展

爵士乐兴起于19世纪，最初是非裔美籍乐手融合西部乡村音乐和非洲旋律的结晶，20世纪期间开始演变出不同的曲式。有些乐手，比如路易斯·阿姆斯特朗（1907—1971），则结合大众口味与精湛的演奏技术。自此，摇滚乐、古典音乐以及其他音乐类型便开始受到爵士乐的影响。

路易斯·阿姆斯特朗

嘉年华会的乐团

巴西嘉年华会的音乐结合了非洲和葡萄牙风格，有些还加入加勒比海的元素，图为世界知名的欧罗教鼓乐团。

科学

　　科学探索可以视为以专门的方法来取得某个领域内的知识。科学以直接观察宇宙万物，测量、分类、收集数据为基础，并用实验测试原有的观点。数据的分析工具则是国际语言——数学。自然科学和生命科学深深仰赖着这套方法，而社会科学的研究也使用了分析与实验等技术，不过只是不那么严谨。地理学之类的跨领域学科则不仅运用到自然科学，还涉及社会科学。科学知识或许无法解答人类遇到的所有问题，却是解释并预测周围世界一切元素的强大工具。

第一位科学家

　　包括中国在内的许多文明都有一套理解自然的体系，印度学者还发展出了数学这门知识。在公元前4世纪的希腊，亚里士多德首先研发出科学的基本工具：经验主义（以观察与实验找出事实）以及归纳法（从特定的观察推论出一般原理）。随后的几个世纪，古希腊的学术自欧洲销声匿迹，却由阿拉伯学者伊本·路西德（或称阿威罗伊，1126－1198）继承下来，并将之与阿拉伯学术糅合。一般认为，第一个关于科学方法的陈述是罗杰·培根（1214－1294）的作品，而他是吸收了亚里士多德的阿拉伯文译本里的见解。文艺复兴时期，伽利略（1564－1642）和达·芬奇（1452－1519）不断改良修正这些方法，为现代科学铺设了一条康庄大道。

古老智慧的新用途
南非的布希曼人长年来累积了动物习性以及植物用途的丰富知识，这些信息如今使麻药研制与生态学等领域获益匪浅。

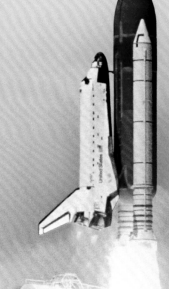

历史

测量单位

测量单位一开始是为了因应建筑、称量、计时的需要，通常以石头、绳索、种子和身体部位等日常物件为基准。脚掌可说是第一个作为长度丈量的单位，使用于美索不达米亚以及古埃及文明。当社群间展开贸易时，单位标准化便势在必行。

20世纪50年代，通行全球、精准明确的千克、米、秒等公制单位就此诞生。

角豆树籽

称量宝石
克拉是宝石重量的单位，过去以角豆树种子作为重量基准。

钻石

计算工具
在过去，算盘在计数以及加减法上的使用相当广泛，其形式在欧洲、中国和日本都不一样。上图是中国传统的算盘，今日仍有人使用。

民族

民族

我们的身份不只是人类，还属于各个国家、民族和人种族群。大多数人都认同某个民族，也会对某个族群产生归属感。同一民族的成员可能有共同的语言、文化、历史或三者兼备。然而人类文化的多元、多样是无止境的。专家估计我们的语言超过 6,800 种，民族的数目则约与此相当。这个章节探讨人类的多样发展，将带领读者浏览超过 300 个人种族群。

人种族群可以称为"民族"，不论是拥有政治疆界之内的领土而成立国家的族群，或只是某个国家的众多民族之一。

有些民族的人民屈指可数，只够延长世人对这些垂死文化的记忆。有些民族建立了民族国家，以自己的民族为国家命名，例如葡萄牙。

每个民族都有独特的文化，语言是其中的关键元素。某区域内人民使用语言的数目能显示人种的多样程度。以欧洲为主要通行区域的活语言大约占全世界活语言数的 3%（大约 230 种），而单单墨西哥就有 288 种语言，表示这个国家境内有着同样数目的民族。

身体差异

人类身体差异繁多，有些与文化差异有关，有些无关。东亚人的著名特征是杏眼，但某些没有血缘关系的族群也有相同特

杏眼

非杏眼

不同眼型
没有亲缘关系的民族也会有杏眼的特征，如印纽特人、东亚人和闪族人。于是有专家认为：原本所有人类都拥有这项特征，是现在没有杏眼的民族在演化过程中失去这项特征，如欧洲人。

征，包括非洲的闪族（布希曼人）。某些明显的身体差异，发生在被地理隔离强化了其特征的民族之间。这类例子包括高得突

基因与迁徙
下方的遗传亲缘树状图可以和我们所知的早期人类全球迁徙相对照（右图）。显示迁徙路线的线条颜色（右图）和人类亲缘树状图（下图）各分支的颜色相呼应。

兀的苏丹丁卡族和中非矮人族。因此，身体外观（由遗传基因决定）和文化确实有几分关联。然而归属于哪个民族，并不一定与遗传基因赋予的相似外表有关。例如中欧马扎尔族的语言属于乌芬语系，和邻近区域民族使用的印欧语系语言截然不同；但研究显示，马扎尔人继承自中亚乌芬民族祖先的基因只有 10%，这是民族通婚数百年的结果。

其实民族的迁徙、互动、文化传播和基因组成的表现，都会影响从外表来辨识民族的准确度；我们不可能单从外表来判断一个人的民族背景。

种族的迷思 议题

"种族"是一种分类方式，根据的是遗传而来的身体特征，也就是血统。遗传学动摇了种族概念的基础。人类的遗传历史大体说来就是基因互换、混合的历史，因此遗传上的"纯"种根本就不存在。

什么是民族?

如果同个民族的成员不见得有血缘关系，那究竟是什么将他们结合成一体？虽然血亲关系也能带来归属感，但民族渊源的真正内涵

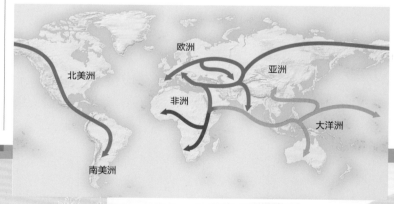

北美洲　欧洲　亚洲　非洲　南美洲　大洋洲

遗传历史

虽然整个人类历史发生过多次民族间的基因互换混合，但遗传学家还是能从基因标记得到亲缘关系的基本模式。基因标记是某些人有、某些人没有的独特 DNA 组合，可用来追溯遗传历史。得到的结果就是这份人类种族的假设性亲缘树状图。例如在图中可以看出，大部分太平洋岛民和澳洲原住民都有几种标记是其他民族没有的。根据遗传资料，树状图的每个分支都和假想祖先夏娃共有至少一个基因标记。夏娃在 15 万年前居住在非洲。

5万年前　　　　　　　　　3.5万年前

澳洲原住民　新几内亚人　太平洋岛民　印尼马来人　泰国高棉人　中国南方人　北美洲人　南美洲人　爱斯基摩人　土库曼人　日本人　朝鲜人

北美洲

现在的北美国家都拥有复合文化，由来自世界各地的民族在过去五个世纪聚居此处而形成。他们的新身份——"墨西哥人"、"美国人"、"加拿大人"掩盖了历史悠久的原生文化。北美的原住民族包括加拿大的第一民族、美国的部落，以及墨西哥的土著民族，都历经数万年的隔离而发展出自己的文明。其中许多都已完全灭绝，有些正在重建民族认同。

区域示意图
现在的北美洲人分属于三个国家，但某些传统领地已跨越政治疆界，右图显示原住民群居区域跟国别之间的关系。
☐ 加拿大
☐ 美国
☐ 墨西哥

当欧洲人在 1492 年第一次踏上美洲时，他们发现两块大陆的文化与文明丰饶，与世界其他地区隔绝发展了至少 1.2 万年。

迁徙

第一批抵达北美洲的民族在万余年前从东北西伯利亚，穿越冰冻的白令海来到这里。许多民族继续过着狩猎、采集、捕鱼的生活，但在环境允许之地，人们就改以农耕。定居的生活使某些民族发展出复杂的社会结构，如亚利桑那州的阿纳萨齐族和密西西比河的筑墩人。还有一些民族经由战争、贸易、劳工组织和宗教传播建立了国家，尤其是在墨西哥。建国的民族包括奥梅克人、托特

玛雅神庙
玛雅民族在墨西哥奇琴伊察为长羽毛的蛇库库尔肯建造神庙。

克人、阿兹特克人和玛雅人。从 16 世纪开始，欧洲人挟武力强行进入北美洲，说英语的移居者沿着东岸建立农耕社会，并在东南部开拓了烟草和棉花田，后来成为输入数百万非洲奴隶的原因。法国在加拿大和路易斯安那州之间筑起了一连串堡垒，大陆西南部也变成西班牙的领土。在墨西哥，探险家、征服者、新移民以及传教士，各自寻找着财富、灵魂、农地和土著奴隶。

因纽特艺术
因纽特族运用滑石进行艺术创作。从北极到热带丛林，前哥伦布时代的艺术都极为兴盛。

复杂农业社会，以及阿兹特克族占领墨西哥中部建立的大型军事国家。

变化

对这片大陆的原住民来说，过去五个世纪的变化非常剧烈，对欧洲与非洲移民逐渐崛起的文化来说也是如此。在墨西哥，虽然不是全数原住民，但也有许多被吸收进逐渐扩张的拉丁印第安混血儿文化。在加拿大和美国，来自欧洲的农民，把森林和草原变成农田以及牧场，再建设成都市，并且赶走美洲原住民。19 世纪 60 年代激烈的美国南北战争导致非洲奴隶的解放，但种族歧视和隔离并未消失。直到 100 年后，非裔美国人才通过民权运动获得

法律上的平等地位。在墨西哥的偏远地区，土著族群保留着自己的语言和文化；南方的玛雅民族继续过着动荡不安的生活；加拿大和美国的原住民被推到保留区里，面临了无可避免的改变——剥削保留区的土地资源或开设赌场；而其他许多民族都沦落到社会边缘。加拿大和美国都不断有来自世界各地的移民迁入，许多族群都会集中形成社区，继续各自旧世界的习俗。美国的某些地区因为拉丁美洲人移入过多，已开始失去英语文化认同；西班牙文化正在整个北美洲迅速传播。

美国太空总署的员工
北美文化现正输出到全球，也领导着全球性事业如太空探险。

连接东西岸的铁路

1869 年，联合太平洋铁路连接了分别自大西洋岸、太平洋岸起始的铁路，横越大陆的铁路系统就此形成。它开启了商业发展，刺激整个北美大陆工业化，同时也让西部无数原住民文化划下句点，工业化的欧洲文化成为主流。

铁路通连
1869 年，联合铁路和中央铁路通连是美国拓荒的里程碑。

部落与国家

当欧洲人踏上这片土地时，北美洲的原住民已衍生出许多民族，使用的语言达数百种。这些民族涵盖了在北极区行狩猎采集生活的小部落、定居在东南部的

泥砖屋
美洲原住民通常都不再居住于祖先别具特色的居所。不过在西南部，有些人还是住在以沙子、黏土和稻草为建材的泥砖屋里。

北美洲
美国人

人口：3亿
语言：英语、西班牙语、法语、德语、意大利语、中文、菲律宾语
宗教：多元，包括基督新教及天主教、犹太教、伊斯兰教，以及无宗教信仰
居所：美国、海外军事基地／政府机构

美国比全世界任何一个国家，都更强烈地自诩为机遇之地。今日在美国大都市，不出数条街的范围，就可从中国城来到意大利区，再由西班牙区进入非裔美国社区或韩国人聚居处。近2,000万美国人以西班牙语为主要语言。尽管有这样的差异，大多数美国人都会庆祝美国节日，例如11月底的感恩节晚餐。对棒球和美式足球的热爱也是凝聚民心的因子。

一般说来，美国人以个人为中心（看看拥枪派坚持携带武器的权力），文化崇尚竞争、努力工作，重视物质上的成功。个性倾向健谈、直接，对初识的人不拘小节，但隐私权的观念深植人心，对官方干涉普遍保持敌意。

美国是全世界宗教最纷繁的国家。在中西部和南部的"圣经带"，基督教势力最庞大，不过美籍穆斯林的人数仍超过天主教圣公会信徒、长老教会信徒或犹太人。洛杉矶的佛教派别数居世界之冠。美国仍然怀抱着"大熔炉"神话，即使出现了两个重要的例外情况。过去，美洲原住民被驱逐，几乎遭灭绝（但现在社会对其传统愈来愈重视）。大多非裔美国人认为，自己的历史根植于奴隶制度。奴隶制度虽然已在19世纪废止，但直到20世纪50—60年代的民权运动，令人恼怒的种族平等问题才得到适当的解决。

种族交流
纽约等大都市容纳了来自世界各地的移民族群。许多族群会住在特定区域内，但同时，各种族背景的民众也都很自由地往来各地、接触会面。

奥斯卡金像奖
奥斯卡的人像是美国电影工业遍及全球的象征，一年一度的奥斯卡颁奖典礼为全世界最成功的电影和制片人大做宣传。

乐队指挥
典型的新奥尔良铜管乐队通常在葬礼和游行中演奏。他们的音乐是爵士与摇滚的先驱，且能与这些音乐形式并存，至今仍然流行。

骑马修理栅栏
牛仔的形象驰名世界，要归功于西部电影。真实世界的牛仔没有那么迷人，但对于骑马牧牛的传统生活仍保有强烈认同。

传统价值
许多美国人很尊重小城镇中至今依然遵循的传统社会价值，如尊敬父母。

人物侧写
华盛顿

身兼军人与政治家身份的华盛顿（1732—1799）是美国第一任总统。美国独立战争期间（1775—1783），他在军中担任总司令，领导美法联军在1781年战胜英国。他在1783年退伍，自公众生活退休一段时间。在1789及1792年，美国国会推选他担任总统；他是唯一一位无异议表决选出的美国总统。

大平原
苏族

人口：15.3 万
语言：达科他语、那科他语和拉科他语（一种常见苏族语的不同变化）、英语
宗教：数种不同的基督教教派与传统神灵信仰并存
居所：草原省份（加拿大）、中北部的州（美国）

我们统称做苏族的族人，多数希望别人依他们所使用的苏族方言，而改称他们为拉科他族、达科他族或那科他族。大约在 1750 年，他们被迫西迁到北方草原，因为欧洲人定居新英格兰，导致原住民族迁徙。后来苏族人就随着水牛在草原游荡。自 1750 年到 1881 年，一般人认为苏族人是水牛猎人、马背上的战士的印象就是真实情形。这时起，欧洲移民扑杀了水牛群，不费吹灰之力就把苏族人赶到保留区。许多苏族人迁入都市，放弃了自己的文化。今日的趋势

苏族妇女
一位拉科他族妇女穿着民族服饰，头发插着一根羽毛。

历史
伤膝市

当水牛群在 19 世纪 80 年代逐渐减少，许多苏族人将绝望的心情寄托于新的灵舞信仰（见 359 页）。灵舞的舞者让白人备感威胁，这股压力促成 1890 年 12 月 29 日南达科他州伤膝市的大屠杀。如今奥格拉拉苏族部落将这个事件制定为部落节日。

苏族灵舞

则是让苏族人重申对南、北达科他州土地的所有权，在此牧养水牛。

苏族人不再居于圆锥形帐篷或以狩猎为生，但仍以仪式中使用的烟斗抽烟。苏族文化及大平原战士骑在马上的形象，就是美洲原住民共同认同感的焦点。

印第安部落聚会
苏族舞者在部落聚会中表演。苏族的部落聚会（美洲原住民穿着民族服装，一起以传统文化进行竞赛）规模最大。

大平原
黑脚族

人口：2.5 万
语言：黑脚语（属于阿尔冈坤语系）、英语
宗教：基督教（罗马天主教、传统神灵信仰
远祖居所：密苏里河上游（美国、加拿大）

大多数黑脚族人都住在加拿大亚伯达省和美国蒙大拿州的保留区，这些地区曾是他们传统领土的一部分。有些族人豢养牛羊，但许多人生活贫困，依赖社会救援度日。也有许多人离开保留区生活、工作，这股潮流始自第二次世界大战，当时有数百名黑脚族人迁移到加拿大的都市，在飞机工厂和造船厂工作。

在 18 世纪，黑脚族与阿齐纳族、沙西族印第安人结盟，占领了密苏里河上游地区。他们很快就开始使用军火与马匹，其他当地部落都怕他们，贸易商人和陷阱猎人也不例外。然而黑脚族还是大批死于天花流行病及饥荒（之后数十年水牛的数量减少）。

受崇敬的水牛
这个装饰过的水牛头骨呈现出黑脚族对水牛的尊敬。

大平原
夏安族

人口：1.5 万
语言：夏安语（属于阿尔冈坤语系）、英语
宗教：基督教（罗马天主教、再洗礼门诺教派）传统神灵信仰
远祖居所：南部平原（美国）

目前夏安族住在美国的两个保留区内：一在俄克拉何马州（南夏安族），另一个在蒙大拿州（北夏安族）。在蒙大拿州，伐木、畜牧，及

战胜
战士重演小大角之战，庆祝胜利。

人物侧写
小狼酋长

小狼（约 1820—1904）是北夏安族的一位酋长。1877 年，政府将他的族人迁到位于印第安领地的保留区（现在的俄克拉何马州）。1878 年 9 月，小狼酋长领着 355 位族人离开保留区，想要步行超过 650 千米的距离回到家园。途中受骑兵队袭击，最后在 1879 年 3 月投降。

种植紫花苜蓿等作物是最重要的经济活动；在俄克拉何马州，种植小麦、畜牧，以及开采石油提供了最多就业机会。然而还有许多人的生活完全仰赖政府补助。社会边缘化及社会剥夺在两个保留区都造成了严重的问题。

夏安族的仪式庆典非常活跃。他们举行的仪式包括了圣箭复生，仪式中圣箭会给予部落族人力量。即使现在，族人死后，夏安族会在埋葬死者前分配他的财产，这是他们的传统。夏安族曾是骑马游牧的水牛

水牛皮斗篷上的画
制作这件长袍，是为了庆祝 1851 年美国政府和夏安族（及另一支美洲原住民民族）签订条约 150 周年纪念。

猎人。他们参与了发生在美国的几场冲突，最激烈的是库斯特中校在小大角之战（1876 年），惨败于北夏安族和苏族之手。

民族

大平原
卡曼其族

人口：1.2 万
语言：英语、卡曼其语（几近灭绝，只有 1% 的年长族人会讲）
宗教：基督教、传统神灵信仰
远祖居所：南部大平原（美国）

今日卡曼其人集中在俄克拉何马州的劳顿市，许多族人都以务农与释出采矿权为生。然而在过去，他们是捕猎水牛的游牧民族，也是南部平原最让人害怕的部落。现代的卡曼其人以辉煌的过去为荣，除了为族人定期举行部落聚会（文化庆典）之外，最近还设计了旗帜，代表他们引以为傲的文化遗产。他们也开始

核发卡曼其车牌，区隔出住在部落土地族人的座车。

卡曼其人必须努力维护部落的完整。1901 年，他们的保留区曾被切割，每个人分配 65 万平方米土地，其他人则获准进入白人区居住。除此之外，第二次世界大战后，许多卡曼其人为了在国防工业工作而分散到美国各地。结果就是许多传统部落制度不复存在。今日卡曼其人主要关切在语言存续，现在部落中说卡曼其语的人只剩下 1%，全都是年长者。从 19 世纪晚期到 20 世纪中期，卡曼其族的孩子也像许多当时美洲

今日的酋长
今日的卡曼其族领导人，例如卡菲，仍继续推广卡曼其文化、争取民族利益。

原住民孩子一样，被带离家园、送去寄宿学校，只要说母语就会受罚。美国政府在第二次世界大战期间发现了卡曼其语的价值，那时有些卡曼其人受雇在军中担任无线电操作员，他们的语言被用来当作密码。即便如此，还是没什么人出力拯救这个语言，直到 1993 年，卡曼其语言文化保护协会成立。

卡曼其语和休休尼语关系密切。这两种语言在 17 世纪晚期到 18 世

灵舞运动

在 1890 年夏天，西部的许多美洲原住民族，包括原先心存怀疑的卡曼其族，都听说了派尤特族先知沃夫卡的训示。有些人相信沃夫卡就是传教士口中的耶稣基督，更多人学习了他的灵舞，相信灵舞能把水牛带回来，使死者重生，并摆脱白人。

幻觉
阿拉帕霍族人的棒子，刻着一张灵媒的脸，一位灵舞舞者在幻觉中看到了这张脸。

长烟管
这组烟斗柄加上烟管，又叫做长烟管，在许多不同目的的仪式中都用作各种涵义的象征。

部落聚会
一位卡曼其舞者在部落聚会中表演舞蹈，部落聚会是俄克拉何马州红土节的一部分。

墨西哥

惠乔尔族

人口：2万
语言：惠乔尔语（与科拉族、纳瓦族语言关系密切）
宗教：神灵信仰受基督教（主要是天主教）
影响
居所：哈利斯科州、纳亚里特州、萨卡特卡斯州、杜兰戈州

惠乔尔族比较独立自主。大多数人散居在马德雷山脉的自家农场中，在山里捕鱼、打猎，实行刀耕火种农业。大部分惠乔尔族的社区都位于公有土地，族人有权力使用，但没有所有权。农场多以家族祭坛为中心，鼓励堂、表兄弟姐妹之间亲上加亲，基督教的影响力对许多家庭来说都非常有限。

尽管遭逢麻疹、天花等流行病，惠乔尔族还是成功抵抗西班牙人直到18世纪20年代。在那之后，他们得到较多特殊待遇，得免除纳贡、获准自主管理。这都是因为惠乔尔族的土地是缓冲地带，隔开了南方的墨西哥社区和北方更危险的美洲原住民族。

在19世纪晚期，拉丁印第安混血儿族群（混合西班牙及美洲原住民血统）、畜牧业者和移民者入侵，但墨西哥革命（1910—1920）给了惠乔尔族和邻近的科拉族驱逐新移民的机会。从这时开始，类似"惠乔尔计划"的种种政策，企图透过农业、教育和医疗照护，将惠乔尔族和科拉族整合融入墨西哥文化，但都只能达到部分效果。

庆典穿着
一位惠乔尔族人穿着插着羽毛的墨西哥帽和花纹精美的斗篷，这些都是惠乔尔族文化习俗的一部分，是当地庆典的穿着。

系带织布机
从事手工艺的妇女利用传统的系带织布机织出传统图案。

惠乔尔族纺织品

许多惠乔尔族人都擅长手工艺，包括编织、刺绣和制作篮子、摇篮、帽子等用品。不论是哪一类技艺，作品通常都会呈现惠乔尔族的宗教信仰。例如刺绣图案就可能用上受梦境或大自然启发的想象，而以鹿为题材的作品则很常见。
惠乔尔族的花纹图案

美丽的珠饰
虽然通常是为观光客制作，但惠乔尔族的珠饰在墨西哥仍是高档的手工艺品。

墨西哥

佐齐尔族（玛雅人）

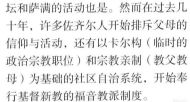

人口：13.5万（仅佐齐尔族）
语言：佐齐尔语（一种玛雅语）
宗教：罗马天主教（受神灵信仰影响，最近又加入基督教福音教会的元素）
居所：（所有玛雅人）：贝里斯、尤卡坦州（墨西哥）、危地马拉

佐齐尔语是30种玛雅语中的一种，通行区域是恰帕斯州大约20个自治城市；每个自治城市都有自己独特的佐齐尔服饰，也都有各自不同、以精心筹办的宗教节日为中心的传统节庆生活。直到最近，这些服饰和庆典仍旧让佐齐尔社区给人一种保守、内向的感觉。

对主流的佐齐尔族天主教徒来说，圣罗伦佐、圣塞巴斯提安和梅诺圣女的节日都很重要，山峰、山洞神坛和萨满的活动也是。然而在过去几十年，许多佐齐尔人开始排斥父母的信仰与活动，还有以卡尔构（临时的政治宗教职位）和宗教亲制（教父教母）为基础的社区自治系统，开始奉行基督新教的福音教派制度。

传统的佐齐尔社区仍以农耕为主，族人种植玉米、豆类和南瓜，豢养家禽家畜。然而最近政府兴建的公路、农业的商业形态发展，以及自来水和电力，

在大教堂的台阶
在墨西哥恰帕斯州，一群玛雅佐齐尔族妇女聚集在圣克里斯多佛大教堂的台阶上。

都为这个区域带来剧变，佐齐尔人开始进入商场、运输业和行政体系。

城镇官员
传统玛雅佐齐尔族自主体系内的城镇官员有时必须穿着仪式庆典的服装。

独特的服饰
齐昆提村的玛雅佐齐尔人穿着以天竺葵图案的蓝色披风。

民族

康切罗斯舞
康切罗斯舞者（穿着贝壳服）与音乐家在瓜达卢比大教堂前表演。他们的舞蹈可追溯到西班牙人入侵的时代。

中美洲与南美洲

　　漫长的移民历史赋予这个地区多样纷繁的民族与文化。从 16 世纪开始，欧洲人将自己的基因和宗教加入这个大熔炉，同时也从非洲和亚洲引入奴隶。目前居民从居住在森林里以务农为生的部落族群，到都市环境培育出来的股票经济人都有。

区域示意图
这个广大的区域包含了中美洲、加勒比海群岛以及南美洲诸国。

　　农业部落从公元前 2000 年就开始在安第斯山脉和亚马孙盆地发展，这些最早期的居民几乎可以确定是经由墨西哥和狭窄的中美地峡来到南美洲的。

迁徙与定居

　　在这个地区，复杂的迁徙模式下产生了文化纷繁的民族，使用的语言有数百种，现在已分类成许多语系。

　　16 世纪初到来的欧洲人来自数个国家，靠征服与协定的手段瓜分这块大陆，建立殖民地。西班牙人占有大部分中南美洲本土，葡萄牙人控制了巴西。荷兰、法国和英国握有南美洲北部的圭亚那地区（现在分为圭亚那和法属圭亚那）。在 18 及 19 世纪，英国人逐渐控制大部分的加勒比海岛屿。

　　殖民政府引入非洲奴隶或欧洲、亚洲的契约劳工，现在这群人的后代成为某些国家的主要族群，尤其是加勒比海大部分地区

洪都拉斯人
有些洪都拉斯人拥有黑色皮肤，其祖先是欧洲人在 16 世纪引入的奴隶。

阿兹特克族的神明面具

的黑人和盖亚那的东印度人。也有自由之身的移居者来到这里：意大利人前往阿根廷，日本人前往巴西，黎巴嫩人前往中美洲、加勒比海，门诺教徒（见 356 页）则前往巴拉圭和贝里斯。

部落和民族

　　第一批欧洲人纪录了各种不同的人类文明。在中美洲的北部，玛雅人组成种植玉米的村落，通过膜拜山神凝聚在一起。形成对比的是居住在亚马孙雨林、圭亚那地区和中美洲低地里，种植木薯、狩猎、捕鱼的民族。

　　巴西中部大草原的一些民族也会种植木薯，同时发展出复杂的社会结构。当地的其他族群则大半年都在"长途跋涉"，过着狩猎、采集的游牧生活。拥有阶级井然的大型村庄与复杂宗教生活的图皮族也住在巴西，但在移民时代早期便被逐出家园。

　　畜牧民族在安第斯山脉聚居，例如豢养美洲骆驼和羊驼、种植块根作物的印加人。他们与遥远的友族进行贸易，建设了广大的居住地。

　　居住于现今智利中南部低地的南方民族也会畜牧、捕鱼、狩猎或农耕，他们抵抗印加人的统治。欧洲人定居带来了奴役制度和疾病。原住民大量死亡，奴隶

公共住所
亚诺马米族原住民族群仍住在传统的圆形建筑里。

主便从非洲买入奴隶以为因应。结果是在乡间务农的民族包括美洲原住民、欧洲人和非洲人，全都要在原本由原住民居住的土地落脚。经常贫穷到面临绝境的拉丁印第安混血儿（混合美洲原住民和欧洲血统）现在比较容易拥有高于原住民族的社会地位，而精英阶层通常保留给纯粹欧洲血统的居民。

变化

　　殖民势力定居的动机就是寻找财富，他们的第一要务是摧毁森林。在安第斯山脉，说盖楚瓦语、玛雅语的原住民族群挖掘银矿和锡矿，起先受殖民者监督，

后来成为跨国公司旗下的工人。

　　从交易变成生产使当地经济重组，而生态系统已被破坏得面目全非甚至消失。

　　贸易路线将移居人口和现代通讯带入偏远地区，城镇成长为都市。然而许多原住民族的经济生活被推到社会边缘。多数人都接纳民族国家观念所推销的生活态度，贬低自己的美洲印第安传统文化。不过某些民族还在抗拒被吸收的命运，而代价往往是歧视、土地争夺和武装冲突。

收成的季节
农民摘收葡萄，酿造在全球市场越来越受欢迎的智利葡萄酒。

　　议题

神坛和萨满

这尊伊萨马圣母的雕像伫立在花朵环绕的神坛上。伊萨马镇是古玛雅文化的圣地，天主教教会吸收了欧洲人入侵前当地传统宗教的许多元素。这尊雕像就是习俗融合的例子，这种融合模式也是当地特有的现象。

民族

民族

加勒比海
古巴人

人口： 1,170 万
语言： 西班牙语
宗教： 天主教及基督新教、犹太教、桑特利亚派（非洲与基督教仪式混合）、无神论（1992 年前都是官方认可的宗教）
居所： 古巴、美国南部（佛罗里达州尤多）

古巴最初的居民是阿拉瓦克族，他们在 1514 年被西班牙征服者逐出，如今当地有 51% 是混血民族（血统源自非洲与欧洲人）。其他人口是较晚移入的族群：西班牙裔白人（37%）、黑人（11%）和中国人（1%）。现代

融合的节奏
古巴音乐混合了西班牙风的形式与非洲的节奏。艺术家继续推出传统与创新融合的声音，创造出与众不同的古巴版摇滚、瑞格和饶舌音乐。

古巴的国家认同感在 19 世纪慢慢形成，基础是对抗西班牙独立的努力，及利用非洲人与西班牙人的影响力促成"热带"文化认同。1959 年卡斯特罗领导的共产主义革命终结了种族隔离，强调集体的幸福和对群岛"非洲古巴"根源的自豪。

这个国家对自身特质的主张，在美国自 1961 年为孤立卡斯特罗政权而下达禁运令之后爆发。古巴人将禁运带来的经济窘迫转变成一种艺术形式，在保

完整保存
美国的禁运令使古巴人还在继续保养、驾驶像这辆 20 世纪 50 年代美国车一样的旧车。

存殖民时代建筑上表现出想象力与热情，让古色古香的美国汽车继续在马路奔驰。虽然物资匮乏、生活不自由，但古巴人仍以受国际肯定的国家医疗制度、教育系统和国家代表队（尤其是棒球、拳击和田径）为荣。

古巴人继承了丰富的文化传统，如颂乐、曼波、恰恰、康加等歌唱和舞蹈类型，便融合了西班牙风的形式和非洲的强烈节奏。这些音乐元素进一步混合便诞生了骚莎，此舞蹈一出现便风靡全世界。长久以来，作家、画家、音乐家和电影制作人都在古巴醉人的文化环境中蓬勃发展。

西班牙血统
这对夫妇的白皮肤显示出他们与其他许多古巴人同样是西班牙人的后裔。

加勒比海
牙买加人

人口： 270 万
语言： 英语、英语方言
宗教： 基督新教（浸礼会、英国国教）、雷斯塔法里教、犹太教、伊斯兰教、印度教，以及神灵崇拜
居所： 牙买加，亦见于美国与英国

多为黑人的牙买加族群是最早的西班牙殖民者解放的奴隶，或之后的英国统治者从非洲运来、在糖厂工作的黑奴。奴隶反抗的历史仍旧是这个国家的尊严所在。1834 年奴隶解放，产生了对廉价契约劳工的需求。大多

数工人都在 1845 年到 1917 年从印度来到这里，其他则来自中国、中东、葡萄牙和南美洲。超过 1,000 名德国人也在 19 世纪 30 年代到这里寻找土地。

一般大众对牙买加的印象就是雷鬼乐、蒙地哥湾的海岸胜地、朗姆酒、超辣猪肉干和鸡肉干及沃尔士等世界级板球员。较不为人知的是在他们民风虔诚的社会，诞生了约 250 个宗教教派。牙买加人生活闲散、生性好客、思考外向。他们喜欢用不断演进的在地方言（以英语、西班牙语和非洲语言为基础的丰富组合）在争论中压过对手。但他们也面临立足点狭隘的政治系统、明显的社会不平等、经常与毒品挂钩的严重犯罪等问题。

胜利的板球队
汉茨（照片中央，在戴着帽子、特立尼达籍的拉洛旁边）等牙买加人是西印度群岛板球队的核心球员。

上教堂
虽然牙买加以孕育雷斯塔法里教信仰闻名，但很多人仍信奉传统基督教或福音教派。许多牙买加人都像这个家庭一样，每周上教堂，他们会把星期天的时间留下来休息、祈祷。

真相
雷鬼乐
雷鬼乐源于牙买加，在 20 世纪 60 及 70 年代发展，由马利（1945—1981）推动流行。歌词以雷斯塔法里教为基础，是推动回归非洲、崇拜埃塞俄比亚帝王海尔·塞拉西一世（1892—1975）的社会运动。今日雷鬼乐仍广受喜爱。这些牙买加人演唱的地点是京斯敦的众多雷鬼乐俱乐部之一。

航行的竹筏
竹筏是用来将香蕉从农地运往港口的传统运输工具，如今在格兰河等河流仍然使用。

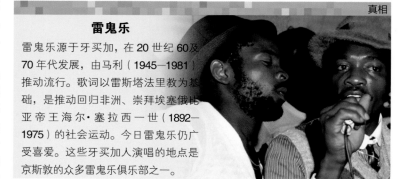

嘉年华会的装扮
多彩多姿的四旬节前嘉年华会是加勒比海地区同类活动中最盛大的。

特立尼达人与多巴哥人

人口：130万
语言：英语、印度语、克里奥语、法语、西班牙语、中文
宗教：罗马天主教，亦有印度教、基督新教、伊斯兰教、雷斯塔法里教、桑特利亚派
居所：特立尼达岛与多巴哥岛，亦见于英国

一如加勒比海诸岛，特立尼达岛和多巴哥岛也曾住有说阿拉瓦克语的原住民族。17世纪末，严苛的西班牙法律和欧洲流行病使得民不聊生。后来英国统治，英人将非洲奴隶输往多巴哥岛，弥补人口流失并接替糖厂工作。

特立尼达岛民族多样。1845年废止畜奴后，大批工人到此，多来自印度，部分来自中国。叙利亚人、欧洲人和自由的西非人也来此定居，但人数较少。这里工资较高，后又发现油

油井工人
特立尼达岛和多巴哥岛的石油、天然气资源丰富，石油产业是当地最主要的就业机会与经济来源。

田，吸引了加勒比海邻近区域的劳工。

种族关系尚称平和，唯多数非裔、亚裔特立尼达人都支持不同政党与宗教。但逢四旬节前嘉年华会，种族与社会隔阂就被遗忘。作曲家竞谱最机敏的即兴讽刺歌或好听好记的索卡流行乐（现流行非洲舞蹈风），钢鼓乐队（源自特立尼达岛）练习数月想胜过对手。

波多黎各人

人口：390万
语言：西班牙语、英语
宗教：拉丁罗马天主教（融合西班牙、美洲原住民及非洲传统），亦可见基督教福音教会
居所：波多黎各、美国（尤其是纽约市）

波多黎各最初的居民可追溯到公元前900年，美洲原住民泰诺族，在15世纪晚期西班牙征服此地后大量死亡（后来更遭灭绝）。

16及17世纪，非洲奴隶被送来这里的糖厂、农地工作。虽然现在已几乎没有纯粹黑人血

生活水准
一位妇女在厨房窗户外准备餐点。虽然看来贫穷，但大多数波多黎各人的生活水准都高于其他加勒比海民族。

统的居民，但大多数人都拥有非洲血统。新一波欧洲移民出现于18世纪，强化了这些岛屿的西班牙风格。但西班牙军队在1898年被美国打败，使所有波多黎各人在1917年都成为美国公民。人们对这安排很不满，既抗拒独立、又想回避成为美国的一个州。现在波多黎各仍是美国的一部分，这地位带来了经济利益。波多黎各人大量移往美国，美国速食、电视和棒球也都融入波多黎各人的生活。

"炸弹"等流行的音乐、舞蹈类型让非洲节奏继续活跃，而西班牙裔农民（乡村地区的劳工）仍在演奏与表演源自西班牙的谁斯民谣和舞蹈。在本国的歌曲、文学作品中，西班牙裔农民被赋予神话般的地位。

文化保存

尽管美国文化的影响力强大，波多黎各人仍热切期望维持自己的特点，尤其是歌唱与舞蹈的表现。

加勒比海克里奥人

人口：750万
语言：克里奥语、法语、英语
宗教：罗马天主教、巫毒教（在海地），亦可见欧比教（一种巫术）和其他受非洲文化影响的宗教系统
居所：法属马丁尼克岛、瓜德罗普、海地、圣卢西亚、多米尼加

"克里奥人"这个词用来泛指住在海地、法属马丁尼克岛和瓜德罗普的民族，大多说克里奥语（字汇以法

多米尼加学童
一群学童穿越多米尼加罗梭市市区拥挤的街道，步行回家。这里的学校资金不足，中午过后就放学了。

非洲的影响
一位海地人在路旁卖花。许多克里奥人都像这人一样，是西非人的后代。

语为基础、文法源自数种西非语）。在圣卢西亚和多米尼加也有人说克里奥语，当地称为"帕瓦"。法属马丁尼克岛和瓜德罗普仍为法国控制，法语是主要语言。海地在1804年脱离法国统治而独立，对居民说法语的要求因此放松；现在克里奥语是该国的官方语言，居优势地位。法属马丁尼克岛和瓜德罗普都较富裕，海地是西半球最贫穷的国家。

巫毒教仪式
海地巫毒教朝圣活动，信徒正行沐浴仪式。海地人约有一半信奉巫毒教。

民族

中美洲
楚图希尔族（玛雅人）

人口：8.2 万（玛雅楚图希尔族人）
语言：楚图希尔语（一种玛雅语）
宗教：罗马天主教（受神灵信仰影响）、基督教福音教会（最近几年）
居所（所有玛雅人）：伯利兹、尤卡坦州（墨西哥）、危地马拉

楚图希尔族是中美洲 30 支以上的玛雅民族之一，有许多族人住在危地马拉的圣地亚哥阿提兰镇。阿提兰居民被称为阿提兰人，主要以务农为生，作物包括玉米、鸡豆、酪梨和番茄。过去阿提兰人主导地方政治根据的是所谓可法拉底亚系统，宗教领袖同时也控制了内政以及劳工代表，并且对重要仪式有绝对的指挥权。许多这类仪式都与神圣包裹有关；传统上，神圣包裹里面是与天主教圣人和基督教传入之前玛雅诸神有关的人体遗骸。

20 世纪 80 年代大部分时候，危地马拉军队占领阿提兰，带来了激烈的暴行。阿提兰 2 万人口中有 1,700 人被屠杀。1990 年，镇民终于在一场牺牲了 13 人的屠杀后，完全摆脱驻守的军队。军队占领带来的党争及暴力削弱了可法拉底亚系统，并促成基督新教的传播。许多不同

玛雅马姆族
托多桑多斯镇的民族属于马姆文化，他们色彩鲜明的服装很出名。

教派的玛雅族福音教会信徒都发言反对当地人膜拜麦西蒙神。阿提兰人不只为这位神明奉献敬意和礼物，有时还贡献金钱。麦西蒙神的肖像穿着人类的服装，嘴里则叼着一支大雪茄。

历史
古代的宇宙观

古玛雅历法以及对天体运行的计算主要用于占卜与安排宗教仪式，其精细准确可说大大超越同时期其他旧世界文明。

玛雅历法

卖花的摊贩
玛雅人在奇奇卡斯德南哥的市场里卖花。这个城镇的居民主要是玛雅基切族人。

中美洲
加利福纳族

人口：30 万
语言：加利福纳语为主（一种与瓜希罗语相关的阿拉瓦克语）、西班牙语、克里奥语
宗教：祖传的神灵信仰
融合天主教
居所：洪都拉斯、伯利兹、尼加拉瓜、危地马拉

加利夫纳族血统源自非洲却说美洲原住民语言，祖先是来自圣文森的加勒比印第安人，与在 17～18 世纪逃脱、加入其中的黑奴。也有人称他们是黑加勒比人，英国人认为他们是麻烦，在 1797 年强制将近 5,000 名族人运到洪都拉斯外海的海湾岛。之后的迫害与战争使加利夫纳族分散到至少四个国家。

加利夫纳族的一家之主都是年长女性，其中不少有过好几位配偶。男性通常都在伐木营工作，或在港口担任码头工人或水手，多会定时回家。

移民纪念日
这场游行是在庆祝加利夫纳族于 1832 年在贝里斯的庇护下安居。

中美洲
库那族

人口：5 万，主要在圣布拉斯，少数在哥伦比亚的邻近地区
语言：库那语（一种奇布查语）
宗教：传统神灵信仰系
统融合基督教
居所：圣布拉斯群岛（巴拿马）、哥伦比亚

大多数库那族村落都位于圣布拉斯群岛的小岛屿，也有少数人住在巴拿马市、科隆市（在巴拿马），和哥伦比亚的邻近区域。

莫拉是库纳族妇女缝制的反面缝缀拼布，非常著名，是经典库那族服饰，许多妇女从青春期开始每天穿着。莫拉也几乎是库那族全部的收入来源，购买者不只是来到当地的观光客，还有海外积极的艺术收藏家。

库那族知名的还有发展圣布拉斯地区创新又草根的策略。他们得到国际资金，协助保护当地雨林及河川；他们在雨林里种植树薯、椰子树和其他植物，而河川给了他们鱼和龙虾。

库那族美女
一位库那族少女佩戴着华丽的珠宝，传统的短发发型也用精致的红黄头巾盖住。

莫拉
反面缝缀的莫拉拼布是库那族象征，有些是经过设计的动植物图样。

中美洲

米斯基吐族

人口：15 万
语言：米斯基吐语（一种密苏尔玛语系，可能与奇布查语系有关）
宗教：传统神灵信仰混杂基督教
居所：尼加拉瓜东部、洪都拉斯东北部

架高的房屋
围绕在尼加拉瓜岛屿海岸之外的米斯基吐族房屋可作为收集椰子、捕捉海龟，以及躲避风雨的居所。

米斯基吐族的生活区以海岸为主，主要食物包括鱼、海龟肉、木薯、大蕉和米饭。他们以自己的族名为尼加拉瓜、洪都拉斯一个叫蚊子海岸的区域命名。米斯基吐族是个"同化"

龟族
以濒临绝种的海龟进行交易是违法的。然而曾被称为"龟族"的米斯基吐族人还是能进行小规模捕猎，供自家享用。

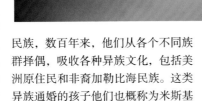

民族，数百年来，他们从各个不同族群择偶，吸收各种异族文化，包括美洲原住民和非裔加勒比海民族。这类异族通婚的孩子他们也概称为米斯基吐人。莫拉维亚教会的传教士在 19 世纪将米斯基吐族转变成基督教徒，但多数人还是相信苏奇亚斯（sukias），也就是萨满，他们会解说族人的梦及灵魂世界的情形。

米斯基吐族从 17 世纪开始崭露头角，他们以当地的产品和奴隶，与说欧洲语言的贸易商交换铁制工具和枪支，再以这些装备掠夺邻近民族。不久之后，这支过去秉持着平等主义的民族便出现了军阀领袖，来调停掠夺事件、重新分配战利品及贸易商品。军阀中最重要的人物就成了国王，有些人还在牙买加或贝里斯接受英国当局加冕。

从 19 世纪晚期到 20 世纪，米斯基吐族成了当地伐木营、矿场和香蕉园的劳工，雇主主要是美洲原住民。现在许多海岸地区的米斯基吐人受雇攫取海洋资源，尤其是虾及龙虾。

对立冲突

20 世纪 80 年代尼加拉瓜动荡不安，米斯基吐族卷入国际政治。1979 年社会主义桑地诺民族解放阵线上台，发展政策偏重主流、说西班牙语的拉丁印第安混血民族（有欧洲及美洲原住民血统），米斯基吐族觉得被排挤。部分族人参与美国撑腰的对立反叛，欲推翻政府。和平直至 1990 年联合政府成立方降临。

解散的米斯基吐族人
解散的米斯基吐族难民正要回到在尼加拉瓜的家乡，反抗军和桑地诺政权之间的战争已经结束。

奥里诺科地区

瓜希罗族

人口：11 万
语言：瓜希罗语（一种与美希纳固语、加利福纳语和坎帕语相关的阿拉瓦克语）
宗教：传统神灵信仰
居所：瓜希罗半岛（哥伦比亚及委内瑞拉）

做生意
居住在分散小村落的瓜希罗族人在市集日聚集做生意。过去瓜希罗族人过着平等的生活，没有家传财富可以贩卖。

居住地是不宜人居的热带草原、沙漠和山区，就表示瓜希罗族仍与文明世界隔绝；即使族中小村庄（miichipala）都相距遥远。他们过着农耕生活，也狩猎、捕鱼、饲养牲畜，并潜水采集珍珠和龙虾；但现在已有许多族人靠劳力打零工或非法走私来贴补家用。

瓜希罗族的家庭以母系血统传承，如宗族（eiruku）身份就是母传女，或由舅舅传给甥儿。萨满在瓜希罗族文化角色吃重，他们会主持嵤那舞，庆祝宗族成员的成功。

准新娘
在传统的瓜希罗族婚姻中，新郎必须准备聘礼给新娘的母系家庭。

奥里诺科地区

皮阿罗亚族（加勒比人）

人口：1 万
语言：皮阿罗亚语（属于加勒比语系）
宗教：神灵信仰（以叫做瓦哈瑞的创世神明为中心）、基督教（许多族人改信新部落宣教团）
居所：奥里诺科河盆地（委内瑞拉）

皮阿罗亚族是统称为加勒比人、使用相关语言的 30 多支民族之一。许多皮阿罗亚族人住在分散各地的半游牧社区，以埃索得（圆锥形或长方形公用房舍）为住所。皮阿罗亚族人偏好与血缘相近的表亲结婚，但仅限于舅舅或姑姑的孩子（其他表亲、堂亲联姻被视为乱伦）。亲上加亲可保护社区免于被人掠夺的风险。现在的趋势是发展规模更大的中心栖地，建有学校、医疗院所并配有电灯和自来水。

皮阿罗亚族仍继续狩猎、捕鱼，种植木薯和其他作物，但许多人也种植商品作物、畜养牛群、为藤制家具收集藤蔓或在金矿矿场工作。

许多族人信仰名为瓦哈瑞的创世神明，其形象是一只貘；但最近几十年很多人改信基督教。有些学者表示，皮阿罗亚族的萨满影响力逐渐消失，新一代教师及护士正取而代之。

民族

哥伦比亚
哥伦比亚人

人口：4,420 万
语言：西班牙语（属罗曼斯语系）及超过 180 种原住民语言和方言
宗教：罗马天主教，亦可见英国国教、摩门教派、信义教会，及其他数种教派
居所：哥伦比亚及邻近国家

在哥伦比亚民族身上留下印记的西班牙殖民统治时期，起始于 1499 年寻宝的人群涌入这个国家、寻找传说中的黄金城。这大约 58% 的人拥有西班牙与美洲原住民混合的

咖啡农
哥伦比亚农民戴着帽檐宽阔的墨西哥帽，与墨西哥人的款式非常相似。

血统（叫做拉丁印第安混血儿），还有 20% 的人主要承袭西班牙血统，14% 拥有黑人与白人血统，7% 的人是非洲黑奴的后代，1% 的人血统承自数支不同的原住民族。

与其他拉丁美洲国家不同，哥伦比亚在 19 世纪晚期和 20 世纪中早期并没有大量移民涌入，因此来自欧洲、中东和东亚的移民族群并不多。

哥伦比亚的暴力与犯罪恶名昭彰。这些名声部分来自长期的流血仇恨与反政府活动，例如 19 世纪末自由党反抗保守党统治，以及残忍的贩毒集团对抗政府的暴力行径。军方、右翼军事组织、左翼游击队都涉入持续不断的战争，使一般民众遭挟持、杀害。战争带来的结果就是社会生产力、社会组织削弱，没有进步发展，缺乏国家认同感。

尽管局势动荡，哥伦比亚仍旧是南美洲音乐类型最丰富的国家。他们的音乐融合加勒比海、古巴骚莎、牙买加即兴讽刺歌，以及安第斯山区受西班牙影响的流行音乐。

乡间巴士
哥伦比亚主要的运输方式。老式木造巴士又叫奇瓦士，在危险的乡间道路穿梭。

人物侧写

马尔克斯

哥伦比亚籍的马尔克斯（1928— ）1982 年获颁诺贝尔文学奖。在他的小说与短篇故事中，神话、梦境和现实交织，反映出存在于祖国的民族马赛克。最著名的作品是《百年孤独》，于 1967 年出版。一如大部分拉丁美洲重要作家，马尔克斯与贫穷弱势的人站在同一边。

采咖啡
哥伦比亚的山坡地种植咖啡，咖啡一直是该国最重要的出口商品。

花节
一个人背着花艺品，这是曼特宁一年一度的花节活动的一部分。

委内瑞拉
委内瑞拉人

人口：2,570 万
语言：西班牙语、英语、27 种原住民语
宗教：基督教、地方信仰（由基督教、非洲信仰和原住民神话组成）
居所：委内瑞拉，亦见于北美洲

16 世纪，西班牙殖民委内瑞拉。接下来数百年，疾病与剥削降临在原住民族身上，让他们的部落族群落入今日居于社会边缘的处境。委内瑞拉的黑人要不是农场奴隶的后代，就是从 1920 年开始，迁居来到油田工

原住民庆典
委内瑞拉是个移民国家，但也有共同的传统，例如这项在加拉卡斯邻近地区举行的庆典。

作的新移民。

20 世纪 20 年代油田带来的繁华，吸引工人远自圭亚那及特立尼达前来，接着是 20 世纪 40 及 50 年代的欧洲移民。这时期的 80 万移民大多来自意大利、西班牙和葡萄牙，吸引他们的是工作机会和定居奖金。邻近战火肆虐的哥伦比亚也涌入大约 100 万非法移民。

美国长期涉入该国的石油工业，对人民的生活方式也造成影响，最明显的是棒球、选美和年轻人喜欢的汽车。电视频道播放的大多是美国制作的节目，但委内瑞拉制作的西班牙语连续

猎水豚
这种水陆两栖的巨大啮齿动物与天竺鼠血缘相近，乡村居民会捕来作为食物。

演奏音乐
委内瑞拉政府出资补助极受欢迎的国家管弦乐团。

剧（肥皂剧）仍吸引国内及世界各地说西班牙语的观众，加拉卡斯骚莎音乐也同样受欢迎。传统的民俗音乐蓬勃发展，反映出加勒比海、安第斯山区和拉诺斯地区（中部平原）居民互相融合的认同感。来自每个地区的民族都有不同版本的霍罗波舞，这是委内瑞拉活力洋溢的双人舞，但在海岸的非洲委内瑞拉节庆引领风骚的是鼓声节奏。

首都
加拉加斯反差极大。市区玻璃帷幕大楼林立，郊区则简陋木屋杂陈。

奥里诺科与亚马孙

亚诺马米族

人口：3 万
语言：亚诺马米语
宗教：传统神灵信仰系统，认为大自然是神圣的，人类与环境的命运无可脱逃地互相关联

居所：巴西—委内瑞拉边界

亚诺马米族可能是隔绝于西方国家文化影响的最大族群。不过已有愈来愈多的金矿矿工在最近几年出现于亚诺马米族的土地。

20 世纪 60 年代，这些部落第

毒箭
尖端沾上植物毒素的箭可使树上的猴子昏迷。

一次与白人接触，从那时起改用耕耘机直到现在，以木薯、香蕉、水果及狩猎、捕鱼的收获为生。当时，社会科学学者写书、制作影片描述亚诺马米族，他们常强调这支民族天性好战，尤其是村落之间因为绑架、强娶妇女而种下的仇恨。

有些专家表示亚诺马米族是"野蛮社会"的范例，这种社会类型在世界其他地区都已绝迹。但后来这类记述的影响淡化，因为其他人类学家的报告彰显了亚诺马米族的人道精神，最近又有书籍、文章贬抑某些早期的学者。即便如此，1993 年 8 月仍有一群外来

父子与宠物
亚诺马米族孩子学习的对象是父母和其他亲戚，知识代代相传的方法是实际示范和语言传述。

金矿矿工在巴西国内的亚诺马米族领地杀害 70 名族人，显示世人对亚诺马米族的暴力刻板印象还存在着。

吊床
亚诺马米人睡的是垂挂在小屋屋顶上的吊床，会有好几家人共用这样的屋子。

议题
为森林而战

亚诺马米族居住的雨林横跨巴西和委内瑞拉的边界。从 20 世纪 70～80 年代，金矿矿工违法群集进入这个区域，不仅带来疾病，并摧毁了森林（见右图）。虽然 1992 年建立"亚诺马米公园"后矿工被驱逐，但恢复采矿的压力仍未消失。

奥里诺科地区

泰坎诺族

人口：4,500
语言：巴拉撒纳语、泰坎诺语、巴拉语、德萨纳语、塔吐尤语、土尤佳语、西利安诺语、由鲁提语、卡拉帕那语和派雷塔埔优语
宗教：神灵信仰、罗马天主教和基督教福音教会
居所：沃佩斯河（哥伦比亚）

泰坎诺族住在哥伦比亚东南部及巴西西北部的沃佩斯河沿岸（及几支附属部落）。他们种植木薯（根部可供食用的植物），男性用陷阱、渔网、毒药、钓线和弓箭在附近雨林中捕鱼，并以枪支、弓箭、吹箭和毒药狩猎。

虽然"泰坎诺族"一词可单指说泰坎诺语的民族，但也统称住在同一地区，说巴拉撒纳语、塔吐尤语、西利安诺语、德萨纳语、土尤佳语、

漂浮在洪水涨起的森林中
船在雨季是不可或缺的，这时大半个亚马逊地区都在水中。愈来愈多人使用装在船外的马达来进行长途旅行。

由鲁提语、派雷塔埔优语、巴拉语和卡拉帕那语的其他民族。他们都与泰坎诺族有相同的独特文化。

这些民族属于不同部落，各自依不同语言群聚。部落成员应与外人婚配，嫁娶"说同一种话"的人算乱伦。因而当地人常能说 10 种语言，并以泰坎诺语为共通语。

泰坎诺族的优鲁帕立（Yurupari）仪式很出名，需戴面具举行，会吹奏明显象征阳具的喇叭（据说听起来像人亢奋的声音）在长屋（共同住所）前游行。喇叭以缠绕的树皮和硬木吹嘴做成。妇女和小孩看见这些喇叭和面具，可能会被处决。

奥里诺科地区

撒拉马卡族

人口：2.2 万
语言：撒拉马卡语（受葡萄牙语、英语和西非语影响的克里奥语）
宗教：受非洲文化影响的信仰，亦可见基督教的莫拉维亚教会、罗马天主教
居所：苏利南，亦有难民居于法属圭亚那

撒拉马卡族是"逃亡黑奴"：一群在 17 世纪晚期到 18 世纪早期、主要由葡萄牙拥有的农场逃入苏利南森林地区的奴隶。

他们建立了极为独立的部落，以种植木薯、芋头、大蕉及狩猎、捕

棕榈屋顶的小屋
撒拉马卡人住的小屋是以棕榈叶盖成，这类建筑让人联想到西非的小屋。

鱼为重心。在 19 世纪，许多撒拉马卡人开始与荷兰殖民者接触，有些族人成为船夫、伐木工人和劳工。

撒拉马卡人属母系社会，多数妇女都有自己的房舍。很多男人有两位以上的妻子，但各自住在不同屋子里。1980 年晚期，撒拉马卡族和苏利南政府发生冲突。许多撒拉马卡人逃往法属圭亚那，目前仍有难民住在那里。

一块木头
这位手艺高超的木雕师只用一块木头设计出一张椅子。

民族

民族

嘉年华会
巴西城市会举行一年一度嘉年华会，但里
约热内卢的最热闹、最壮观。数千人穿上
华丽的服装，随着桑巴音乐跳舞游行。

巴西

巴西人

人口：1.79 亿
语言：葡萄牙语、西班牙语、215 支现存的原住民族使用大约 180 种语言
宗教：以罗马天主教为主，亦可见坎东布雷教（源自非洲的宗教）和基督教福音会
居所：巴西

葡萄牙殖民巴西期间（1530 年开始），大部分原住民族都因疾病与剥削而灭亡，后被数百万应糖厂之需的非洲奴隶取代。1700 年后，一群被取代的美洲原住民、拉丁印第安混血儿（混合西班牙与美洲原住民血统）、黑人与白人的孩子及贫穷白人都向内陆扩散，成为金矿或钻石矿工、牧牛业者、林业工人或定居的拓荒人。各种文化蓬勃地融合，就是巴西社会的缩影。

19 世纪晚期和 20 世纪早期，来自欧洲的移民众多，尤其是意大利，也有自日本和阿拉伯国家移入。之后又有许多欧洲犹太人为躲避纳粹而来。这些新移民主要定居在东南部，是推动巴西工业扩展的关键角色。

桑巴和芭莎诺瓦的音乐、舞蹈抓住了巴西的美感风格，地方性流行音乐和民俗音乐也为巴西最著名的作曲家维拉洛博斯（1887—1959）的作品加入一种独特的味道。一年一度的里约嘉年华会是通行全球、代表巴西异国

贫民窟的孩子
里约热内卢赤贫的贫民窟与市区的繁荣形成强烈对比，许多巴西人认为这里是犯罪的温床。

风情的象征，但五度在世界杯足球赛事上夺冠（1958、1962、1970、1994 和 2002）才是这个国家最大的骄傲。足球由苏格兰工程师在 19 世纪带入巴西，如今巴西以世界顶尖球员为荣。

现在将近 80% 的巴西人都住在城市中，但全国有三分之一的人力还是投注于土地。巴西畜养的牛超过 2 亿头，生产的牛肉超过美国。

巴西拥有全球最不平等的社会。但现在穷人中也会出现胜利者，工厂工人卢拉在 2002 年被选为总统。

非洲血统
巴西的特色大半来自非洲与葡萄牙两股影响力的融合，这里的非洲后裔是非洲以外国家中最多的。

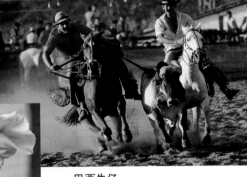

巴西牛仔
牛仔热切地想展现骑马技术，在公开表演场合中以绳圈套牛。套牛马术竞赛仍是巴西乡间生活的重要部分。

议题

图皮族的反抗

葡萄牙人在 16 世纪来到巴西之前，这里最强势的居民是原住民图皮族。殖民于 1530 年展开，原住民的土地被掠夺，族人大多被当成劳工。然而还是有几股反抗势力起身对抗。例如 1538 年在马兰侬州，图皮族攻击、摧毁了当地的葡萄牙殖民地。

民族

美希纳固族

人口：170
语言：美希纳固语（属于阿拉瓦克语系，与坎帕语、瓜希罗语和加利夫纳语相关）
宗教：传统神灵信仰
居所：欣古、马托格罗索地区（巴西）

美希纳固族住在欣古国家公园，属于巴西的马托格罗索地区。这里的环境随季节变化很大，影响族人的交通方式。从5月到8月的旱季，他们可以骑脚踏车穿越干涸的洪水平原。而9月到4月，大半地面都浸在水中，独木舟便取代了脚踏车。族人的生活方式和祖先大致相同，会种植木薯也会捕鱼（通常都使用让鱼昏迷的毒药）。他们住在排列成环形的村落里，中间的广场用来举行村落仪式和摔跤（最受欢迎的运动）。

美希纳固族人相信他们没有西方科技，是因为创造太阳的神给了卡塞巴（外面的人）牛奶、机械、汽车和飞机，而在欣古的美希纳固族和邻居，神给的是木薯、弓箭和泥碗。

卡雅布族

人口：2,500
语言：卡雅布语（大约10种统称为葛语的南美原住民语言之一）
宗教：传统神灵信仰
居所：马托格罗索地区（巴西）

卡雅布族的传统住所是排列成环形的村落。妇女和小孩居住的草顶房屋围绕着广场，而男人的房屋就建在广场中。小男孩通常都属于某个长幼阶层，随着组里的成员长大，得到

身体彩绘
卡雅布族精致的身体彩绘很出名。彩绘的图案都有数百年历史，与所属部落有关。

的特权便逐渐增加，例如获准进入男人的房屋。卡雅布族的男人要在两个宗教团体中择一参加，他们通常会参加岳父的团体。

虽然卡雅布族大半年时间都在耕作，但到了旱季，男人、女人和小孩全都会参与外出狩猎、采集的旅行。为了维持这样的生活方式，卡雅布族必须拥有面积广大的土地。20世纪60年代开始，出现一些说葡萄牙语的巴西人拥有的农场和牧牛场（最近几十年伐木工和矿工也来到这里），影响族人进入这些地区的权利。1989年，卡雅布族说服世界银行放弃出资建造已规划好的阿提米拉水坝，这项建设同样威胁到卡雅布族的土地。1991年，在矿业、伐木业利益的压力下，他们赢得4.4万平方千米雨林地的控制权。

部落酋长
卡雅布族酋长戴着用鲜艳金钢鹦鹉羽毛做成的头饰。

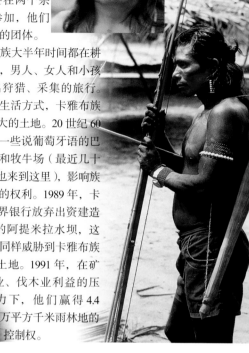

全副武装的猎人
在旱季，卡雅布人传统上会参与狩猎旅行。他们使用弓箭的技术高超。

博罗罗族

人口：700（分成东西两支）
语言：博罗罗语（与卡雅布语相关的葛语）
宗教：传统神灵信仰的系统
居所：马托格罗索地区（巴西）

博罗罗族住在亚马孙盆地比较干燥的东南部。他们的社会分成两部分，社会组织具体反映在村子的布局上。每个社区都安排成环形。半个社群的妇女和小孩住在北半边，另外半个社群的妇女、小孩住

南半边。族人以母亲的归属决定他们属于哪一半的社群。配偶一定要从另外一半的社群挑选，婚后妇女仍属于母亲的家族团体。男人不会越过村落围成的圈圈和妻子一起生活，他们大半时间都在男人的房里度过（就在村子广场的中央）。虽然博罗罗族经常迁移，村子的布局却始终不变。

18世纪与挖掘黄金、钻石的采矿人接触，后来与巴西移民接触，都使博罗罗族群大量灭绝，18世纪晚期可能有1.5万人减少。然而他们的传统社会系统仍能保持活力。

鹦鹉羽毛

亚马孙民族，例如秘鲁的波拉族，会用鹦鹉的羽毛来装扮自己。博罗罗族的男人也会将鹦鹉羽毛用在仪式庆典的头饰上。

水上公路
在雨季，独木舟是很实用的交通工具。不过在旱季，博罗罗族会过游牧生活，慢慢穿越大草原。

阿根廷人

人口：3,750万（80%以上聚居都市）
语言：西班牙语、意大利语、威尔斯语（使用于巴塔哥尼亚的一些小社区）
宗教：以罗马天主教为主、基督新教
居所：阿根廷

阿根廷在南美洲的特点是最欧化的民族。这个国家独立时（1816年）人口不到50万，其中主要是西班牙殖民者、被这些人征服的美洲原住民族群的幸存者、拉丁印第安混血儿（混合西班牙及美洲原住民血统的民族）及一小群奴隶后代。建国有其政治意义：需要有人定居才能建立现代国家，而北欧人（基

首都城市
用餐的人正在享受阿根廷首府布宜诺斯艾利斯马德罗港码头的夕阳。

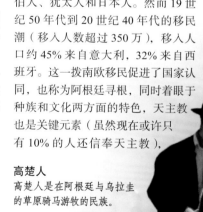

督新教教徒）一开始就是招募的目标。现在北欧人、波兰人和俄国人都已成为阿根廷人的一部分，另有阿拉伯人、犹太人和日本人。然而19世纪50年代到20世纪40年代的移民潮（移入人数超过350万），移入人口约45%来自意大利，32%来自西班牙。这一拨南欧移民促进了国家认同，也称为阿根廷寻根，同时着眼于种族和文化两方面的特色，天主教也是关键元素（虽然现在或许只有10%的人还信奉天主教），

高楚人
高楚人是在阿根廷与乌拉圭的草原骑马游牧的民族。

大查科
瓜拉尼族

人口：400 万
语言：瓜拉尼语（一种图皮语）、西班牙语，同时通晓瓜拉尼语、西班牙语两种语言的人很常见
宗教：以民俗形态的罗马天主教为主
居所：巴拉圭，亦见于巴西、玻利维亚

瓜拉尼是外人为图皮族取的名字，而图皮族是曾经居住在现今巴拉圭的美洲原住民族（也住在巴西和阿根廷部分区域）。这个词语也用来称呼巴拉圭东部大部分地区农民使用的一种语言。历史文献中好战、食人的图皮文化已消失了。相反地，留下来的语言（说的人可能只有部分或完全没有美洲原住民血统）却成为巴拉圭国家认同的符号。说瓜拉尼语的人通常也会说西班牙

头饰
戴着羽毛头饰的瓜拉尼人，表现出在巴拉圭说瓜拉尼语的民族众多风貌之一。

爬上树冠
一个瓜拉尼族小孩敏捷攀上巴西柏翠诺古阿素村附近一棵高树细瘦的树枝。

语。但这两种语言使用的社交状况不同：西班牙语通常在正式场合使用，说瓜拉尼语则表示亲昵。

现在说瓜拉尼语的人大多是自给自足的农民，豢养牲畜或种植柳橙、小麦、甘蔗。许多人的家庭都以母系宗族为中心；宗教亲源也非常重要，如教父、教母。

乌拉圭
乌拉圭人

人口：340 万
语言：西班牙语、葡通诺语／巴西语
宗教：基督教的罗马天主教（虽然上教堂的人很少）、基督新教（福音教派）、犹太教
居所：乌拉圭，亦见于巴西、阿根廷

16 世纪前，乌拉圭居民大多是查鲁亚族原住民，但这支民族在西班牙殖民统治下大致灭绝了。1828 年，乌拉圭脱离巴西和阿根廷而独立（虽然阿根廷的文化、经济影响力仍强大）。一波波移民潮（大多是意大利人和西班牙人和少部分犹太人、黎巴嫩人及亚美尼亚人）在 19 世纪 30 年

海岸都市
乌拉圭东南方的东岬市是热门的海滩胜地。

乌拉圭人血统
乌拉圭的人口包含许多少数民族，但大多数人都有欧洲与阿根廷血统。

代之后来到。

虽然大部分的音乐、舞蹈传统（波尔卡、探戈和华尔兹）都来自欧洲和阿根廷，但这两种风格正互相融合，产生独特的乌拉圭风格。土风舞和民俗歌谣也正发生同样的变化，歌词可能是西班牙语、葡萄牙语或由两者融合而成的葡通诺语或巴西语。最重要的节庆是嘉年华节，这时蒙特维多市的市民都会盛装打扮，把自己交给墨连那达，即非洲乌拉圭风鼓手。克利欧拉嘉年华周的假日是让都市人假扮高楚族（虚构的草原牛仔）、大啖烤肉的机会。

色彩丰富的腰带
高楚人传统上会系发哈 (faja)——一种色彩丰富的腰带，将之绑在腰上，让一端垂过大腿。

语言是另一个关键元素。布宜诺斯艾利斯的伦法度方言——一种街头俚语受意大利人影响很大，目前还有许多阿根廷人在说伦法度，葡萄牙语和非洲语

言也带来了一些影响。现在伦法度经常出现在探戈歌词中，探戈是阿根廷风格的音乐、舞蹈。有些乡间社区，例如在巴塔哥尼亚说威尔斯语的人，就保留了自己的语言。

骑马的高楚人
一群骑士正在参加传统文化节，其中包含庆祝高楚文化的活动。

葡萄酒小姐加冕
葡萄酒丰收节每年都在门多萨举办，这个省份制酒业发达。庆祝活动包含为"葡萄酒小姐"加冕。

文化符号（例如探戈）和热情的爱国情操（尤其专注在足球）加强了对阿根廷民族个人主义、好大喜功的刻板印象。在阿根廷国家认同感中，一个神话般的有力元素（虽然与阿根廷人在都市的生活形态早已相去甚远），就

是一个高楚族人孤单地骑马越过山野，绝对自主自信，却献身于高楚达斯，即自动自发的慷慨助人行动，这就是阿根廷人引以为傲的精神。

阿根廷的社会福利和教育系统都很不错，所有国民都能识字。

历史
马黛：风靡全国
马黛是一种类似茶的刺激性饮料，最早由瓜拉尼族以尔巴马黛灌木（当地人称之为卡阿）制成。16 世纪时西班牙人开始饮用，后来大为风行，天主教教会企图禁止也没有成功。喝马黛仍然是阿根廷、乌拉圭及其他南美国家传统文化的主要元素。

民族

智利人
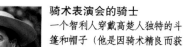

人口：1,580 万
语言：西班牙语及数种原住民语言
宗教：罗马天主教，亦可见基督教福音教会、犹太教
居所：智利

在西班牙入侵前（从 1535 年开始），印加帝国同化了现今智利地区的大部分原住民文化，不过凶猛的阿劳科族（今日马普切族的祖先）例外。渐渐地，阿劳科族开始与西班牙移民互动，数百年来的血统交融孕育了现在大部分的拉丁印第安混血儿族群（西班牙与美洲原住民混血）。与其他南美国家比起来，19 世纪从欧洲来到智利的移民算少的，但说英语、意大利语和法语的贸易商带来的冲击还是很强大，因为他们与当地白人精英阶层通婚，塑造了富裕、具世界观的文化圈，至今仍留存着欧洲特质。南方大湖区有规模更大的德国、瑞士移民，他们留下的文化还弥漫在南方的许多社区。尽管有这种种歧异，智利人

崇敬圣母
几个人扛着鲜花环绕的圣母玛利亚，这是智利多姿多彩的宗教节庆之一。

骑术表演会的骑士
一个智利人穿戴高楚人独特的斗篷和帽子（他是因骑术精良而获聘的农场工人）。

骄傲的是受西班牙影响的民俗文化，表现在奎卡舞、陀纳达等舞蹈与歌唱类型。智利人对足球也很热情，遇上与阿根廷的比赛就情绪高涨。智利人的田园生活、贫穷、淡泊和好客，都在诺贝尔文学奖得主聂鲁达的作品中永垂不朽。

议题

发展的代价

智利的经济，尤其是近年的迅速发展，都立基于撷取自然资源：先是在北方沙漠（见下图）开采银矿、铜矿，接着在南方森林砍伐木材、制作纸浆。政府的政策一直都很支持这种做法，几乎完全不在乎污染或失去生物多样性等环境议题。

帕亚兹族

人口：7 万
语言：帕亚兹语（奇布查语系的一部分，一种南美原住民语言）
宗教：罗马天主教受传统神灵信仰影响
居所：大部分在哥伦比亚考卡谷

帕亚兹族主要在考卡谷务农，他们种植马铃薯、咖啡、大麻、大蕉、木薯和古柯。大部分族人都住在以晒干砖块盖成的房屋，或集中于城镇广场的篱笆墙住所之中。广场的用途是进行动加之类的公共劳动计划、女孩的成年礼等仪式或悼念孩童死亡的舞蹈活动。

1971 年，帕亚兹族与邻近的关比亚诺族和其他几支少数民族，成立了考卡区域原住民委员会，以收回过去几个世纪落入富有地主、非原住民佃农手中的土地为宗旨。至 1993 年，考卡区域原住民委员会收回了大片土地，但也在职业杀手、警察、军队和游击队员手上失去数百名激进同志。

帕亚兹人
就如许多南美原住民一样，帕亚兹人也接受西班牙殖民者的服饰，例如这顶传统款式的墨西哥帽。

吉伐若族

人口：3.5 万
语言：吉伐若语（捷贝吉伐诺若语系的一部分）
宗教：传统神灵信仰，亦可见罗马天主教
居所：厄瓜多尔的森林地区

吉伐若族有骇人的猎头族名声，猎物干缩的头颅在许多人类学博物馆都摆在抢眼的位置。虽然吉伐若族已不再收集人头，但以林木密布、位置偏远的山区为家的族人仍远远脱离教育官员的掌控。在过去，吉伐若族也曾抗拒印加帝国和西班牙的征服。

吉伐若族主要以木薯、番薯、大蕉、猎物和鱼为生。大多数人都住在村落中心的房舍，有些人

吉伐若妇女
在吉伐若族的生活中，性别角色区分极大。女性负责烹饪、耕作、照顾牲畜和小孩，还要酿木薯啤酒。

拥有两个以上的妻子。吉伐若族的宗教生活很丰富，他们关注的焦点是寻找灵魂，有时会需要借助迷幻药（曼陀罗尤其常用）。

不过他们也很关心世界性议题，例如吉伐若族极力抗议跨国石油、天然气公司对环境的破坏。除此之外，最近吉伐若族的社区广播节目让舒尔族（吉伐若族最大的分支之一）的识字率提高到 90%。

以吹箭狩猎
吹箭是吉伐若族的主要武器。尖端蘸上萃取自森林中藤蔓、有麻醉效果的毒素（箭毒）。

欧塔伐利诺族

人口：6 万
语言：盖楚瓦语（印加人的语言，变异的厄瓜多尔语也称盖楚瓦语）
宗教：基督教受传统神灵信仰影响
居所：厄瓜多尔欧塔伐洛谷

欧塔伐利诺族是印加人在 15 世纪征服的众多民族之一。就如其他被征服的民族一样，他们常被称为盖楚瓦人，因为他们说盖楚瓦语。不过，之前他们说的是一种与帕亚兹语相关的奇布查语。欧塔伐利诺族务农为生，种植马铃薯、豢养牲畜。部分族人在纺织业工作（欧塔伐利诺族纺织品大都出口至北美），现在有些人已靠做生意发财。观光客逐渐涌入欧塔伐洛谷，吸引他们的是独特的在地文化，融合前西班牙时代、西班牙殖民时期和现代文化的影响。

摇纺车
欧塔伐利诺编织的羊驼、美洲骆驼毛织品很有名，尤其是斗篷、披巾和毯子。

安第斯山区

坎帕族

人口：3.7万
语言：坎帕语（一种阿拉瓦克语）
宗教：基督教福音教会、七日末世教会，传统神灵信仰系统
居所：秘鲁境内安第斯山区东部丘陵

组成坎帕族的七支民族住在安第斯山脉东侧的蒙大拿地区，维生方式是刀耕火种农业、狩猎和捕鱼。坎帕族自称为"阿夏宁卡"（本族人），认为自己与附近文化、语言都非常相似的马奇健格族是不同的（他们也喜欢自称阿夏宁卡）。

坎帕族的历史充满暴力与困苦。疾病、劫掠奴隶和其他社会暴行，在20世纪早期橡胶业

棉制的库斯麻
坎帕族人穿的是织工粗糙的棉制长袍，叫做库斯麻，材料取自种植在村落附近的棉花植物。

暴起时毁灭了许多坎帕族群。直到20世纪60年代，奴隶买卖才终于在坎帕族的土地缓解。最近几十年，数千名族人在秘鲁政府和光明之路游击队的冲突中死亡或失踪。可能有四分之一的坎帕族人已离家逃难。

盐的交易
坎帕族的邻居马奇健格族在秘鲁曼努河上与白人会面买卖盐。马奇健格族简单的独木舟是挖空树干制成的。

安第斯山区

艾马拉族

人口：200万
语言：艾马拉语（艾马拉语系三种语言之一）
宗教：天主教，受传统神灵信仰影响
居所：玻利维亚北部、秘鲁南部

艾马拉族是居住在阿提普拉诺高原（安第斯山脉的高原）的美洲原住民族群，尤其是的的喀喀湖周边地区。许多艾马拉族人从事畜牧，豢养绵羊、美洲驼和羊驼，不过在玻利维亚的波托西地区，也有族人在银锡矿场工作。

在艾马拉族社区，最重要的社会单位通常是艾卢（ayllu），成员包括共同拥有一块土地的几个大家庭。大多数婚姻都是同一艾卢的男女结合。长距离贸易对艾马拉族也很重要，许多族人都和教父母，即宗教亲属和艾尼（即过去交易过的伙伴）保持重要的贸易关系。

雷密族是典型的艾马拉族，住在拉拉瓜的锡矿矿区附近。矿区小镇的守护神是圣母，每年的庆典在8月15日（圣母升天日）。这项庆典最惊人的就是一群跳舞的人聚集在街上，一边狂饮一边激烈舞动——尽管当地海拔有3,700米。

喂养白美洲驼
约7,000年前，美洲驼被南美原住民驯养，在他们的生活中无比珍贵。照片里的人正喂食宝贝的白色美洲驼食物和饮水。

吹笛人
艾马拉族的排笛又叫西库，是由不同长度的中空芦苇秆做成的。

安第斯山区

塔奇兰诺族

人口：1,200
语言：盖楚瓦语（印加人在13世纪征服塔奇兰诺族时引入）
宗教：天主教，受传统神灵信仰影响
居所：塔奇兰岛（秘鲁的的喀喀湖）

塔奇兰诺族住在的的喀喀湖中的塔奇兰岛上，这座湖横跨秘鲁和玻利维亚的边界。塔奇兰诺族种马铃薯、玉米、蚕豆和小米，还有观光业可以补贴收入。他们有名的是服装和编织、缝制出的纺织品。他们的服装颜色透露出婚姻状态：已婚男人会戴有红色绒球的绒线帽（chulos），未婚男人帽子的绒球是白色的。已婚

保暖的毛帽
毛帽在安第斯山区的寒冷夜晚提供了保护，现在有很多毛帽卖给参加一日行程的游客。

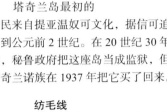

女人穿着深色的多层裙，未婚女人穿的裙子颜色鲜艳。

塔奇兰岛最初的居民来自提亚温奴可文化，据信可追溯到公元前2世纪。在20世纪30年代，秘鲁政府把这座岛当成监狱，但塔奇兰诺族在1937年把它买了回来。

纺毛线
照片中的族人平日工作时穿着的塔奇兰诺族服装，在嘉年华会就成了效果十足的展示品。

安第斯山区

马普切族

人口：100万
语言：马布敦根语
宗教：传统神灵信仰系统（玛奇，也就是萨满拥有权势，能阻挡考尔库，即巫师施展的邪恶）
居所：智利中南部

现在所称的马普切族其实是三支不同的阿劳科族（现居于智利中南部的一群美洲原住民）：皮昆切族、维利切族和马普切族。这三个民族都说马布敦根语。他们占据的土地极为辽阔，足以进行各种农耕，作物包括小麦、玉米、马铃薯、豆

赶集
一个马普切族家庭驾着传统牛车去赶集，大部分马普切人都是小规模的自耕农。

类、南瓜和辣椒。他们也豢养绵羊、牛、马、天竺鼠和美洲驼（族人曾以美洲驼的数量来衡量财富）。小麦和玉米收成的时候，经常会举行称为恩拉屯的庆典。

印加人和西班牙人都发现马普切族很难镇压；在这三支阿劳科族中，他们只能成功征服皮昆切族。不过到19世纪末，马普切族和维利切族也都得以平定，安置在数千个小规模保留区中。

民族

威尼斯传统
威尼斯拥有一些在欧洲流传最久的文化传统，照片中一年一度的赛船节首度举办是在 13 世纪。

欧洲

"欧洲"这个名称已经用了好几千年，但它真正的含义，不论是在文化上还是地理上，目前都还不清楚。之所以会产生这个疑问，主要是因为欧洲与亚洲的界线不明确，俄罗斯和土耳其同时被认为属于欧亚两洲，不过，近来已逐渐接受欧洲是由大约44个国家组成。理论上，欧洲的民族至少能主张欧洲认同以及对自身种族、国家的认同。

区域示意图
欧洲大陆从北方的北极延伸到南方的地中海，从西方的大西洋延伸到东方的乌拉尔山和里海。

欧洲的文化风貌是由一拨拨最初来自亚洲西南部及中亚草原的移民及最近来自南亚、东亚、非洲和加勒比海移民建构出来的。

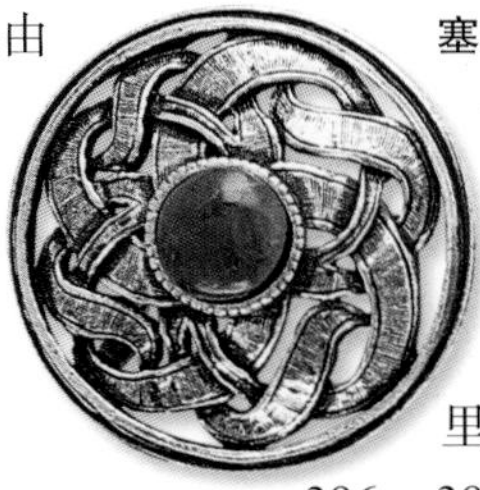

塞尔特胸针
欧洲各地都可以看到像这个爱尔兰银徽章一样的塞尔特工艺品，这是塞尔特文化曾经称霸的遗迹。

迁徙与定居

在东方草原民族大迁徙期间抵达欧洲的民族中，影响力最大的是印欧民族。其中的成员及后来演进出的民族，包括塞尔特人、希腊人、意大利及日耳曼民族，还有斯拉夫人。他们的迁徙过程长达上千年，一直延续到中世纪。

凯尔特人分散到整个欧洲大陆，从不列颠群岛到意大利北部、西班牙和奥地利，但他们长期处于罗马帝国的压迫之下。后来帝国逐渐崩解（从3世纪到6世纪），导致来自北欧的日耳曼民族建立王国，从西班牙穿过法国，直到意大利。在中世纪时代，土地与财富的诱惑吸引维京人和诺曼底人南下，最远到达西西里岛，而斯拉夫人在东方建立了强大的王国。

在大陆边陲还有其他民族，他们不属于印欧民族。例如北方的俄罗斯就成了卡瑞里亚人（见383页）、马

马扎尔骑士
匈牙利马扎尔人的祖先是从亚洲草原向西迁徙的骑马游牧民族。

里人和乌穆尔特人（见396～397页）等说芬兰语的民族的家园。除此之外，突厥移民在13世纪到达欧陆俄罗斯，而犹太人则散居整个欧洲大陆。

部落和国家

和其他地区相比，欧洲不寻常的是它的政治疆界常与种族界线相符。这项特征大半缘起于全世界第一批民族国家建立在欧洲，例如葡萄牙、法国和英国。这些国家的宗旨都只有一个，就是让所有国民都有相同的语言、文化。例如要"制造"出法国和意大利就费了点力气，因为神圣罗马帝国特质各异的城邦和公国受普鲁士文化的影响，后来结合成单一个国家——德国。这样的模式在种族多元的地方运作较不顺利，如巴尔干半岛，因为斯拉夫民族不同的宗教及文化而划分成许多族群。事实上，奥匈帝

议题

新国家地位

当欧洲因欧洲联盟体制而变得越来越一元化时，一些民族却开始宣扬独特民族性，例如英法的凯尔特人，及西班牙的巴斯克人和加泰罗尼亚人。苏格兰人重建议会，于1999年召开第一次会议。

苏格兰人为重建自己的议会而欢呼喝彩

国、南斯拉夫和华约联盟（由前苏联主导的东欧国家联盟）瓦解，都在企图化解种族歧异。有些区域还留存对文化相近邻国的敌意，例如塞尔维亚和克罗地亚。

试图连结土地和族群的努力也遗漏了一些少数族群：英国和法国的凯尔特人，西班牙北部的巴斯克人，巴尔干半岛几个分散族群，以及俄罗斯帝国中的非俄罗斯民族。大多数这类孤立族群就此开始寻求自主，为达成目标有时不惜暴力相向。不过，在欧洲也有些少数民族，例如索布人和巴

多元文化的城市
最近一波欧洲移民潮来自四面八方。许多欧洲城市，例如都柏林（见右图），现在都有欣欣向荣的亚洲社区

伐利亚人，一直都在更大的民族国家或政治体之内，和平地维持自己的民族认同。

变化

数百年来的分裂，在第二次世界大战的恐怖之下达到顶点，促使欧洲人开始统一。其中有个关键进展就是前苏联瓦解，使东西文化得以融合。欧洲联盟（欧盟）诞生不只促进了欧洲"国家"的认同，例如以欧元作为流通货币的象征意义，同时也保留各国的民族文化和语言特质。

在欧洲形形色色的民族组合中，最近又加入一波移民潮。就像之前的凯尔特、斯拉夫和突厥民族一样，他们也可能为欧洲不断演变的风貌添加新的组成文化。

民族

民族

北欧国家
冰岛人

人口：28.6 万
语言：冰岛语（与古挪威语相关，共有 36 个字母，其中两个不曾出现在其他语言）
宗教：格陵兰福音信义会
居所：冰岛

冰岛人的祖先是公元 9 世纪到达冰岛的维京人，也有证据显示早期曾有凯尔特人来此定居。冰岛拥有全世界最古老、如今仍在运作的立法议会：冰岛国会。1380 年，冰岛的统治权转移到丹麦手中，直到 1944 年，这两个国家的官方连结才完整分离。法律规定冰岛人必须以父亲或母亲的名字，儿子、女儿分别加上 "-son"、"-dóttir" 的字尾作为姓氏。1980 年，冰岛人选出世界上第一位女性总统。

鳕鱼捕捞
尽管大西洋的鳕鱼已减少，冰岛的收入仍有一大部分依赖像照片中的人——渔夫。

北欧国家
挪威人

人口：450 万在挪威
语言：挪威语（具有两种形式的日耳曼语：新挪威语和书面挪威语）
宗教：以格陵兰福音信义会为主
居所：挪威、斯瓦尔巴（挪威北极区群岛）

挪威的民族可追溯到日耳曼部落，而国家地位的根源要从维京时代算起。这块领土在哈拉尔一世的统治下统一，基督教传入挪威的时间也约略相同。从 14 世纪到 1814 年，挪威与丹麦属于同一个政治体。在 20 世纪 60 年代，挪威领海内发现了天然气与石油，经济突然蓬勃发展。挪威民族很独立，曾在 1972 年以及 1994 年两次投票反对加入欧洲联盟。

挪威的语言分成两种不同形式：新挪威语 Nynorsk（表示 new Norsk，以挪威方言为基础）和书面挪威语 Bokmål（表示书面语言 book language，源自丹麦语，曾经过数次

变化）。

挪威人热爱滑雪、露营，非常欣赏峡湾之美。他们还保留许多文化遗产：传统民族歌谣、舞蹈，传统故事现在也很受欢迎。挪威人常吃海鲜，圣诞节有道特别的佳肴叫做炉特翡（lutefisk 将风干的鳕鱼以碱液浸泡）。

中午的微光
挪威北部的居民得应付很极端的白昼时间。特罗姆瑟在夏天午夜还有阳光，但冬天即使中午还是天黑。

乡间生活
挪威人从来都不缺木材，乡间建筑都是木造的。冬天要到像照片中的挪威偏远地区就得靠雪地摩托车。

挪威民族享有周全、进步的社会福利系统，极高的生活品质，是世上平均寿命最长的国家之一。

知名的挪威人包括艺术家孟克、剧作家易卜生、作曲家格里格，以及第一个到达南极的人阿蒙森。

北欧国家
瑞典人

人口：890 万
语言：瑞典语（一种北日耳曼语，印欧语系的一部分）
宗教：以格陵兰福音信义会为主（约占总人口数 87%），亦可见罗马天主教、东正教
居所：瑞典、芬兰

瑞典人源自冰河时代后定居斯堪的纳维亚半岛的日耳曼部落。在维京时代，瑞典包含几个互相竞争的王国，最后终于在一个国王手中统一成单一个国家。在 1939 年，瑞

仲夏节
为期两天的庆典会在夏至举行。民众都很享受无关基督教的习俗，例如绕着花柱跳舞。

北欧式自助餐
瑞典与丹麦皆有传统餐点，即无限量供应冷菜的自助餐，包括薄脆饼干、腌肉、沙拉、派和熏肉。

典主张政治立场中立，至今仍是如此。这样的策略帮助瑞典繁荣发展，瑞典人也乐于享有极佳的社会福利制度。瑞典民族热爱大自然，对科学研究的贡献也是有目共睹。如创立诺贝尔奖的 19 世纪化学家兼工程师诺贝尔，就是瑞典人。

北欧国家
丹麦人

人口：丹麦约 540 万人
语言：丹麦语（一种北日耳曼语，印欧语系的一部分）
宗教：以格陵兰福音信义会为主
居所：丹麦、格陵兰、德国

丹麦人与他们在斯堪的纳维亚半岛的邻居关系密切。在丹麦早期历史中，丹麦民族与其他欧洲人接触频繁，基督教在公元 10 世纪传到

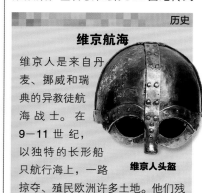

历史
维京航海

维京人是来自丹麦、挪威和瑞典的异教徒航海战士。在 9—11 世纪，以独特的长形船只航行海上，一路掠夺、殖民欧洲许多土地。他们残忍野蛮的行径换得 "viking" 的名声，在当时的斯堪的纳维亚语言是 "海盗" 的意思。

维京人头盔

北欧滑雪
一对丹麦夫妇正在欣赏瑞典举办的跨国滑雪活动，丹麦没什么适合滑雪的山。

丹麦就可反映出这个现象。

丹麦人居住在彻底现代化的社会，因此传统的生活方式不像其他许多欧洲国家那么流行。他们也是很能包容的民族。例如在 1989 年，丹麦成为欧洲第一个让同性婚姻合法的国家。对丹麦风貌最传神的描述或许就是海格（hygge）的概念，意思是舒适温馨，努力营造亲密的氛围。海格反映在生活的许多层面上，包括对小酒店、小咖啡馆的偏好。丹麦以身为现代福利国家为傲，生活水准普遍都很高。

北欧国家

芬兰人与卡瑞里亚人

人口：520 万
语言：芬兰语及卡瑞里亚语（皆属乌戈芬语系，与爱沙尼亚语及匈牙利语相关）
宗教：以格陵兰福音信义会为主
居所：芬兰、瑞典、卡瑞里亚（在俄罗斯）

不论地理位置、文化或政治，芬兰都位于东西方中间。往东在俄罗斯卡瑞里亚，住着与芬兰人血缘很近的卡瑞里亚人，说的也是一种芬兰语。往西，芬兰从 1323 年到 1809 年

冬季的毛皮
厚厚的毛皮挡住芬兰北部的寒冬。芬兰人是热爱大自然的民族，周末时纷纷前往夏季小屋和滑雪山地。

都与瑞典关系密切，于是如今瑞典的宗教、司法制度和议会系统形成芬兰国家结构的基础。一般认为，芬兰人热爱大自然，不喜闲聊。桑拿浴是芬

兰文化的精髓，国内约有 200 万间私人桑拿浴室。

坚韧顽强（sisu）是所有芬兰人都很熟悉的观念。这个词的意思是内在的力量，尤其是维系个人存活的韧性及耐心。常用来描述芬兰运动员，或芬兰骑兵队对外来侵略者的顽强抵抗。虽然常用于正面意思，但也有负面之意，表示顽固又愚蠢或儿童的不良行为。

驯鹿赛
等到冬天，有些地区的湖面会成为驯鹿拉人滑雪的比赛场地。

波罗的海国家

爱沙尼亚人

人口：140 万
语言：爱沙尼亚语（与芬兰语相关，是早期受到拉普语影响的芬兰语语言）
宗教：格陵兰福音信义会、俄罗斯及爱沙尼亚东正教
居所：爱沙尼亚及俄罗斯北部

爱沙尼亚民族歌手
这些穿着传统服饰的歌手表达出举国上下对歌唱的热爱，就如 1988 年到 1991 年"歌唱革命"时的爱沙尼亚人。

从 13 世纪到 1918 年，爱沙尼亚人生活在各种外来势力下。丹麦、德国、波兰、瑞典和俄罗斯都在此留下印记。在 1991 年独立后，这个国家进行转型。新宪法在 1992 年公布，同年举行第一次一院制国会选举。

爱沙尼亚人拥有丰富的民族诗歌传统，名为鲁诺歌（runo-songs）。合唱是另一项文化精髓，有些爱沙尼亚歌唱庆典会出动数千名歌者。

北欧国家

萨米人

人口：7.5 万
语言：10 种萨米语言或方言（全都与芬兰语相关）、挪威语、瑞典语、芬兰语、俄罗斯语
宗教：以格陵兰福音信义会与东正教为主、萨满信仰
居所：拉普兰（斯堪的纳维亚半岛北极地区、芬兰北部、俄罗斯西北部）

萨米族又称拉普人，是拉普兰地区的原住民，而拉普兰涵盖了挪威、瑞典、芬兰以及俄罗斯科拉半岛的北部地区。萨米族的血统与欧洲其他民族不同。各个分支分布非常广

阔，自然环境、生活状况、文化特质、使用的萨米语言，以及与其他种族的接触程度都有很大的差异。今日的萨米人有文化自主权和自己的旗帜；每个萨米人都有个人专属的民俗歌曲（joik）。萨米人唱歌时，不会是大家合唱同样的旋律，而是独自在 joik 自己的歌。

在历史上，他们是游牧民族，以豢养驯鹿、狩猎和捕鱼为生。不过最近有些诱因让他们定居下来。萨米人大多以小家庭为居住单位，是喜爱和平的民族。据信他们是唯一从未发生战争的民族。

民俗服装
许多萨米人仍然穿着繁复刺绣的典型传统服饰，不过他们也会添加一些新技术、新工具到传统生活中。

最后的游牧民族
在居民大多住都市的欧洲大陆，有些萨米人仍继续豢养驯鹿，而养驯鹿一定要过游牧生活。

波罗的海国家

拉脱维亚人

人口：240 万在拉脱维亚国内
语言：拉脱维亚语（一种与立陶宛语相关的波罗的海语言）
宗教：格陵兰福音信义会、罗马天主教、俄罗斯东正教
居所：拉脱维亚与俄罗斯

拉脱维亚人（又称列特人）源自大约公元前 2000 年前定居的波罗的海部落。在 9 世纪后，拉脱维亚人经历了维京人、德国人、波兰人的统治，从 18 世纪末到最近，也都在俄罗斯人统治之下。到 20 世纪 80 年代末期，拉脱维亚民族只占拉脱维亚人口的 50%。拉脱维亚的独立政府在 1991 年成立。

传统舞者
特有的服装、歌曲和舞蹈强化了拉脱维亚认同感。里加五年举办一次歌唱嘉年华。

民族

波罗的海国家
立陶宛人

人口：350 万
语言：立陶宛语（一种波罗的海语言，是现存最古老的印欧语言），亦见于俄罗斯、波兰
宗教：罗马天主教为主
居所：立陶宛、波兰

立陶宛民族给人的刻板印象就是情感丰富的群居民族。他们的祖先约在公元前 2000 年定居的波罗的海部落。他们抵御邻近强权的入侵，在 1253 年建立自己的国家。1386 年，

圣乔治
这个雕像是立陶宛的保护圣徒。

立陶宛与波兰结盟；至 16 世纪早期，波兰立陶宛王国成了欧洲最大的国家。

天主教进入立陶宛是与波兰结盟的结果。这个地区在 1795 年屈服于信奉基督教东正教的俄罗斯统治后，天主教信仰便成国家认同关键。俄罗斯对立陶宛人施行广泛的"俄罗斯化"政策。在第二次世界大战期间，立陶宛被纳粹占领 3 年，22 万犹太裔立陶宛人全部牺牲。前苏联在 1944 年重新占领立陶宛，25 万人被放逐到西伯利亚的劳改营。立陶宛在 1991 年宣布独立，就此"重回欧洲"，包括经济、政治及社会层面。

琥珀商人
立陶宛居民从青铜时代就开始交易当地生产的琥珀。

不列颠群岛
苏格兰人

人口：535 万
语言：英语、苏格兰语、奥克尼语（和英语相关）、苏格兰盖尔语（塞尔特语）
宗教：苏格兰教会（长老教会）、英格兰教会（英国国教）
居所：主要在苏格兰，亦见于英格兰、加拿大、美国

几支不同血统组成今日的苏格兰民族，包括前罗马时代的皮克特人、从爱尔兰入侵苏格兰的凯尔特族、盎格鲁 - 撒克逊人以及来自极北岛屿的北欧移居者。因此苏格兰认同中缺少如威尔士那样的"种族"联结。苏格兰盖尔语也非国家认同的关键，英语才是共通语。

1707 年合并法通过后，苏格兰被并入英国；将近 300 年来，它都必须服从英国议会。这样的关系并未使与英格兰敌对超过千年、因而成长茁壮的苏格兰国家意识消退。1999 年，国家主义运动得到回报，立法权转移给重新建立的苏格兰议会。

传统的苏格兰服饰驰名世界。苏格兰高

生命之水
苏格兰人照料着正在蒸馏威士忌的铜制蒸馏器，威士忌是以麦芽调味的大麦酿造的烈酒。

地男子穿的一片裙是大家熟悉的苏格兰象征，尤其搭配上毛皮袋、衬衫、外套、帽子及风笛。虽然各宗族的苏格兰裙传统图样皆不同，但因 18 世纪英国立法禁止穿着苏格兰传统服装（企图镇压高地势力），所以现已失传，目前不同苏格兰宗族皆穿着相同格纹图样。

苏格兰人为美、加、澳、新早期移民大宗。世界各地的苏格兰人都会依循传统庆祝彭斯之夜（1 月 25 日），纪念名苏格兰诗人彭斯（1759—1796）。彭斯大餐包括填满馅料的羊肚，这道料理经常出现在彭斯的作品中。

掷铅球
穿着苏格兰裙的选手参加高地运动会；苏格兰有许多场以传统体育活动为特色的高地运动会。

不列颠群岛
爱尔兰人

人口：530 万
语言：英语、盖尔语（爱尔兰共和国的官方语言）
宗教：罗马天主教（主要在爱尔兰共和国）、基督新教（主要在北爱尔兰）
居所：主要在爱尔兰，亦见于英国、美国、澳洲

议题
"找麻烦"
北爱尔兰冲突与过去英国基督新教政府的统治有关。天主教共和主义者希望建立团结的爱尔兰，而基督新教联合主义者要努力维持与英国的连结。若（基督新教）橙党获准在共和主义的地区游行，就可能造成一触即发的情势。

橙日游行

凯尔特盖尔人大约在公元前 600 年到 150 年抵达爱尔兰，在此之前，这儿住的是前凯尔特时代的部落。接下来维京人和盎格鲁 - 诺曼第人入侵，便产生现在的爱尔兰民族。祖先传下的凯尔特分支盖尔语承载着历史遗迹，在 19 世纪后获得积极复兴。

虽然还有些乡镇存在，但大部分爱尔兰人都已过着都市生活。这些大都市与欧洲文化渊源深厚，经济愈来愈偏重服务业。尽管如此，民俗音乐、民俗舞蹈（有服装搭配，例如爱欧南上衣）还是很受欢迎。爱尔兰最热门的运动都源自国

内，如盖尔足球和一种类似曲棍球的运动。诗也是爱尔兰传统、历史的重要部分，起先以盖尔语写作，后来是英语。爱尔兰诗人、小说家和剧作家，都有世界级分量。

在 19 世纪，严酷的环境促使数十万爱尔兰人离开家乡。结果前往新大陆和澳洲的移民爱尔兰人比例

都很高。许多移民以庆祝圣派翠克节游行（5 月 17 日）来维护爱尔兰精神，少不了要喝杯爱尔兰最著名的出口商品：健力士黑啤酒。

凯尔经
当启发人心的福音书《凯尔经》在公元 9 世纪完成时，爱尔兰文学至少已经发展了 400 年。虽然它是以拉丁文写成，仍被视为早期爱尔兰文明的标杆。

音乐传统
五弦琴、吉他和小提琴与竖琴等爱尔兰传统乐器合奏爱尔兰民族音乐。

不列颠群岛
英格兰人

人口：4,740 万
语言：英语（有许多法语字汇的日耳曼语言）
宗教：英国国教，其他基督教教派
居所：主要在英格兰

亦见于威尔士、苏格兰

从公元 5 世纪开始，随着一波波北方日耳曼和丹麦入侵者与英格兰原住民通婚，英格兰人慢慢演进成一支民族。英语曾和当时许多日耳曼、诺曼底部落的语言很相似，但之后又吸收许多其他语言，例如法语。

英格兰与不列颠历史的几个关键事件，重新定义了英格兰民族和政府之间的关系。1215 年签署的《大宪章》、1642—1651 年的英国内战和 1688—1689 年的光荣革命，每个事件都削弱了专制政体的权利。

乡村板球
几个英格兰人在一间老酒吧旁的乡村绿地玩板球，有些人对这样的场景充满感情。

并给予民众强烈的制度化"平等"感受。除此之外，英格兰精神（保留本性，平等竞争的观念）也随不列颠帝国传播到世界各地。事实上，"英格兰精神"经常被"不列颠精神"矮化，不列颠精神企图吸收英国其他领地及各移入民族的观念。

英格兰人发明数种全世界最受欢迎的运动，包括足球、英式橄榄球和板球。艺术成就也得到极高评价，英国文学、戏剧和音乐总能博得全球喝彩。

海滨假期
英格兰人还是很喜欢在晴天造访当地海滩。这些小屋虽然不像以前那么受欢迎，但仍让英格兰人在换泳衣时保有他们重视的隐私。

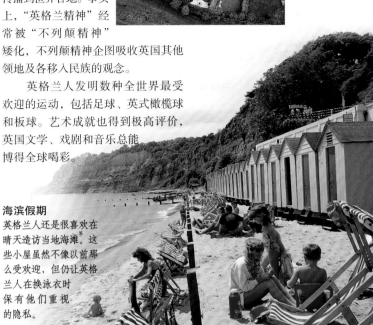

英格兰住宅
有人说英格兰人的家就是他的城堡，表示英格兰人很重视居家生活的隐私权。这样的感受也反映在现代英格兰住宅的发展。

不列颠群岛
英国人

人口：6,000 万
语言：英语（一种有许多法语字汇的日耳曼语言）、苏格兰语（有人认为是英语的方言）、威尔士语
宗教：基督教、伊斯兰教、印度教、犹太教
居所：大不列颠、北爱尔兰

在今天，对苏格兰人、威尔士人，尤其是英格兰人而言，国家情感可以区分为对自己的小国及对英国的两个层面。北爱尔兰新教徒大多认定自己是英国人，至少承认是英国公民。而来自欧洲以外地区的新近移民，例如南亚或加勒比海地区移民，越来越能将自己看成英国人，但不属于英格兰、苏格兰或威尔士民族。

国家认同
不同种族背景的英国人都手持英国国旗，欢迎英国女王首度造访这座清真寺。多元文化或许会成为新英国认同的特色。

不列颠群岛
威尔士人

人口：185 万（加上在北美和阿根廷说威尔士语的较小族群）
语言：威尔士语（和布列塔尼语相关的凯尔特语）、英语
宗教：英国国教、其他基督教教派
居所：主要在威尔士，亦见于英格兰、苏格兰

威尔士人是指于公元 5 世纪北方日耳曼部落入侵后，还在英国西部存续的凯尔特民族。约 50 万威尔士人说自己的语言——辛瑞语。虽然现在所有学童都学威尔士语，但主要语言仍是英语。不过，威尔士人在近代体验到复兴。虽然威尔士国家认同与这支民族的凯尔特血统有紧密关系，近代历史也再度加深这份情感。这个国家在 13 世纪被英国

英式橄榄球
矿业时代的煤矿村各有橄榄球队，现在民众仍以国家代表队为傲。

订婚礼物
赠与爱的汤匙是威尔士习俗。传统上，年轻男性要雕刻一只爱的汤匙送给新娘。

王室吞并后，经过漫长的时间，威尔士认同在 18 到 19 世纪重新浮现。从此之后，威尔士人重新建立许多传统，例如一年一度的威尔士艺术季，这是一项文学竞赛，据说是现在欧洲规模最大的民俗庆典。

工业革命之后，煤矿矿业与威尔士的国家文化密不可分，但现代经济的发展使得煤矿场关闭，经济加速转型成以服务业为基础。

男声合唱
威尔士人热爱歌唱是有名的，男声合唱团会演唱赞美诗歌和国家歌谣。

西欧
布列塔尼人

人口：60 万（布列塔尼当地总人口是 300 万）
语言：布列塔尼语（一种与威尔士语相关、与法语不相关的凯尔特语）、法语
宗教：天主教
居所：布列塔尼（法国西北部）

布列塔尼是法国西北部的一个半岛，曾是独立的公国，在 15 世纪与法国王室结盟。然而，布列塔尼却成为法国的一部分，不被承认具有独立的国家地位。

加入法国后的数百年，布列塔尼人继续说自己的语言，实行自己的文化传统。不过 19 世纪的工业发展改善了通信方法与乡村地区的交通，免费义务教育的出现也使说法语成为必要技能，即使是在偏远的布列塔尼。学校严格惩罚学童在课堂上说布列塔尼语，只有法国曾经实行这样的制度。到了第二次世界大战时期，已经没多少孩子

布列塔尼水手
一群布列塔尼男人在布列塔尼咖啡馆享受一杯小酒、一场牌戏。

的母语是布列塔尼语。

现在的布列塔尼人正在努力恢复自己的语言与传统。布列塔尼文化的象征，例如传统服装（尤其是装饰用的蕾丝女帽）、菜肴（主要是可丽饼）和凯尔特节庆，都常为促进观光而被推广。布列塔尼的失业率很高，收入非常依赖观光收入。

在布列塔尼对宗教的遵从通常高于法国的其他地区。

牡蛎工业
布列塔尼是牡蛎养殖区。许多布列塔尼人整年都吃牡蛎，家族聚会更是不可或缺。

民族

民
族

法国人

人口：6,000 万
语言：法语（与西班牙语和意大利语相关的罗曼斯语），亦有阿尔泰语、科西嘉尼语、巴斯克语、加泰罗尼亚语、布列塔尼语、加斯科尼语、阿拉伯语、柏柏尔语
宗教：罗马天主教
居所：法国、海外机构及领地

法国人的祖先包括公元前6世纪出现的凯尔特盖尔人和从5世纪开始统治此地的日耳曼法兰克人。现在的法国包含几个拥有自己文化的地区，从北部阿尔萨斯到南方海岸的科西嘉。

或许就是因为起源不同，法国

阿尔萨斯
德国边界的阿尔萨斯地区不完全是法国或德国风格，它有自己的文化，从这座以木材为骨架的房舍就可看出。

人非常努力促成国家统一。在中世纪晚期，法国是第一批试图达成政治统一的国家。法国人（见309页）在1539年制定了国旗，这是国家统一的重要象征。

另一个统一的要素是罗马天主教教会。每

法国面包
法国面包师正在制作数种独特的面包，没有比"法国棍子"更具代表性的面包了。

演变中的国家
这些法国人的祖先来自非洲西部、北部和欧洲，正在欣赏巴黎街头的音乐会。

一任法国国王都抹过圣油、拥有"最虔诚的基督教国王"的称号，而这个国家也在中世纪时成为"教堂的长女"。时至今日，罗马天主教依然是法国最主要的宗教。不过，宗教在1789年法国大革命之后成为个人自由的选择。革命领导人试图一举消除所有有

关宗教的法律，虽没有成功，但不可知论和无神论都成为可接受的信仰形式，而以世俗观念作为公众生活的准则也获得包容。

法国人自认是文化、文明先进的民族，而法国文化，尤其是文学、建筑、烹饪和时尚，都享誉国际。法国政府投入丰厚资金奖励文化创作，并将成果推广到世界各地。

美食国度
法国人以烹煮最精致的食物为傲。在乡村市场，自耕农民在贩售乳酪和蔬果。

历史

法国国庆日

1789 年 7 月 14 日，巴黎人民冲入捍卫残暴古老政权的巴士底监狱。现在，7 月 14 日成为法国国庆日（巴士底日）。这一天标志了法国大革命的起点，及"自由、平等、博爱"的国家价值，是民众永远的骄傲。

加泰罗尼亚人

人口：1,000 万
语言：加泰罗尼亚语（和巴利阿里群岛的语言非常相近的一种罗曼斯语），也有西班牙语（卡斯蒂利亚语）、法语
宗教：罗马天主教
居所：加泰罗尼亚（西班牙与法国）、安道尔

加泰罗尼亚人住在法国及西班牙边界比利牛斯山东部。语言是加泰罗尼亚文化中最重要者，西班牙领地保存得比法国领地好。20 世纪中期，加泰罗尼亚语被西班牙独裁者佛朗哥将军立法禁止。但他 1975 年死后，加泰罗尼亚即为民族认同象征，现已广泛使用。19 世纪末至 20 世纪初，在法国领地鲁西荣，加

萨达纳舞
加泰罗尼亚音乐与舞蹈广受欢迎，尤其是跳舞的人围成一圈的萨达纳舞。

泰罗尼亚语几乎绝迹；如今已归入国民教育教材，但已非当地母语。

两种国籍的加泰罗尼亚人都以文化传承为荣。加泰罗尼亚音乐、舞蹈都很流行，尤其是萨达纳舞；以海鲜为主的传统烹饪也广受喜爱。

巴斯克人

人口：100 万
语言：巴斯克语，又称欧斯卡拉语（一种独立语言，没有相关系），也有西班牙语、加泰罗尼亚语、法语、英语
宗教：罗马天主教
居所：巴斯克自治区（包括西班牙东北部与法国西南部

有人说巴斯克村落以两样东西为中心：罗马天主教教堂和回力球球场。以网球为基础，后来传入法国，回力球（原文意思是"球"）起初是在网球场上空手玩一颗球的运动。后来演变出几种不同形式，采用不同的球、接球装备和球场设计。

因为巴斯克语言直到 16 世纪才

运动的传统
最让人印象深刻的一种回力球，得戴上特制接球框接球、快速抛球。

有书写形式，所以巴斯克文化有很强的口述传统。他们会即兴创作诗歌，演唱时伴随舞蹈和传统乐器演奏的音乐，包括巴斯克单手笛。

西欧
西班牙人

人口：4,000 万
语言：卡斯蒂利亚西班牙语（一种与葡萄牙语相关的罗曼语族），也有加泰罗尼亚语、阿拉贡语、加里西亚语
宗教：罗马天主教
居所：西班牙，包括加那利群岛

长久以来，罗马天主教就是西班牙认同的中心，但西班牙南部一些最惊人的建筑都是摩尔式的。摩尔人也就是穆斯林，统治西班牙超过 500 年（直到 15 世纪）。由来已久的穆斯林、天主教角力仍每年都在许多西班牙城镇、乡村举办的摩尔及基督徒游行上演。其他热门的民俗庆典则反映出天主教一直居重要地位，尤其是神

外出用餐
西班牙人的用餐习惯与众不同。晚上 10 点到 11 点的晚餐可能享用的是有许多道清淡小点心的塔帕斯（tapas）。

复活节
佛朗明哥舞者正在塞维亚享受长达一周的复活节。

圣周末（复活节）的相关活动。

西班牙生活遵循的时间表似乎与西欧大部分地区都不相同；用餐时间比其他地方的正常时间晚很多，午餐约在 2 点到 4 点，晚餐是在 10 点后的任何时间。西班牙的酒吧和咖啡馆都开到深夜，而大部分商店、服务业还是会在下午两三点关门，这是传统的午睡时间。虽然名声没有法国菜响亮，海鲜饭、玉米粉薄烙饼等西班牙美食还是在世界各地很受欢迎。

奔牛节
西班牙最有名的节庆之一就在潘普洛纳举行，这时公牛会被放出围栏。铤而走险的参加者随着公牛一起奔跑，逃窜着穿过街道、进入斗牛场。

民族

西欧
葡萄牙人

人口：1,000 万
语言：葡萄牙语（一种与西班牙语和意大利语相关的罗曼语族）
宗教：以罗马天主教为主，亦可见基督新教、犹太教
居所：葡萄牙、亚速尔群岛、马德拉群岛

葡萄牙民族的血缘可追溯到凯尔特族、腓尼基人、罗姆族、西哥特人，还有摩尔族入侵者。在 15—16 世纪，是葡萄牙人领先世界发掘之前未曾到过的土地及海域。他们开创了欧洲殖

葡萄牙人的笑容
葡萄牙人最引人注目的就是友善、轻松的态度，并以独特的文化为荣。

民的构想，也有资格宣称建立了欧洲史上第一个现代民族国家。在 20 世纪 60 年代晚期，超过 100 万葡萄牙人在西欧其他地区及北欧讨生活。从那时开始，葡萄牙的经济渐有起色，这类因经济因素出走的移民也随之减少。

波特红葡萄酒在 18 世纪中叶起源于葡萄牙北部的波尔图地区，那时制酒商开始把白兰地掺入当地生产的葡萄酒中。这种"加烈"过程可提高酒精含量，使葡萄酒能在酒桶中存放 2 到 3 年，然后以"成熟"波特酒的名称贩售。波特酒的成功改变了波尔图，从"冷硬城市"变成全世界最知名产酒地之一的中心。

法朵演唱
法朵歌手正在诠释葡萄牙人称为"saudades"的概念，那是一种混合了欢乐、忧伤、悲痛、失落的情绪。

西欧
马耳他人

人口：40 万
语言：马耳他语（一种以阿拉伯语为基础的语言，唯一以罗马字母书写而非阿拉伯文字），也有英语
宗教：罗马天主教
居所：马耳他，一座在意大利和利比亚间的岛屿

马耳他人很和善却也强悍，就像是个传统上一直靠自己在陆地、海上讨生活的民族。他们很珍惜自己独特的文化，而宗教在其中扮演重要角色。1530 年，神圣罗马帝国的查理五世为马耳他授予"医院骑士团"的封号，于是这座岛屿就成了基督教世界的堡垒。现在马耳他的罗马天主教徒人口比例比任何其他国家都高。每年马耳他的城镇、乡村居民都会庆祝所属该地圣徒的纪念日。这些纪念日就是庆祝、游行、放烟火的日子，街道和地方性教堂都装饰得美轮美奂。

马耳他人非常迷信，常可见他们使用十字架标志来驱逐"邪恶的眼睛"，全岛都有画着浓眉双眼的船只、建筑物，这些图案也有驱邪作用。

荷鲁斯之眼
马耳他的船只出航，船头刻有其保护力量传统图案，眉毛浓密的"荷鲁斯之眼"。

民族

比利时人

人口：950 万，其中 640 万佛兰德斯人、310 万瓦隆人
语言：佛兰德斯语（一种荷兰语的方言）、瓦隆语（一种法语的方言）
宗教：以罗马天主教为主
居所：比利时，由东、西佛兰德省与瓦隆尼亚省组成

直到 19 世纪，比利时都还分成说荷兰语的佛兰德斯人居住的佛兰德和说法语的瓦隆人居住的瓦隆尼亚。两支民族都已学会如何在被强邻同化的威胁下生活。这样的传统赋予比利时人一种复杂的独立性格：对政局稳定的期盼及达成妥协的能力。佛兰德强悍的自行车选手是比利时精神的精髓。遇到重要的自行车比赛，道路两旁的参观民众可达百万人。

佛兰德的自行车比赛

荷兰人

人口：1,600 万
语言：荷兰语、弗里西语（两者都是属于印欧语系的日耳曼语言）
宗教：无信仰，新教加尔文教派、罗马天主教
居所：荷兰

荷兰认同与包容、脱离宗教的教育、社会福利，和以道德为依归的国际关系有密切的关联（荷兰是全世界第四的境外捐献国家）。荷兰人已发展出礼貌的讨论、有条理的咨询、务实的妥协、平等的决策及政府整体规划等社会运作系统。这些特质之所以产生是因应必须合作治水、开垦土地的需要；大约 60% 的人口居住于低于海平面的 27% 领土。荷兰人结合了浓厚的欧洲风貌及英语世界的经济取向。非英语国家中，进口英文书籍最多的就是荷兰。此外，荷兰国内有超过 800 座博物馆，使它成为每平方千米博物馆密度最高的国家。

荷兰还有一项光荣事迹，它是第一个定期发行报纸的国家：*Haarlems Dagblad* 从 1656 年开始发行，是全世界历史最悠久的报纸。

另一项荷兰精神的体现就是一年一度的竞速溜冰比赛，叫做"十一城之旅"。这是民俗庆典，也是大家都很重视的国家盛事。比赛路线沿着运河和湖面规划大约 200 千米，强调的是合作与完成赛程而非获胜。

在运河上溜冰
结冻的运河不只在十一城之旅成为溜冰者的冬季公路，也是平日的消遣。

奥地利人

人口：810 万
语言：德语，亦可见克罗地亚语、斯洛文尼亚语、马札尔语
宗教：罗马天主教、基督新教、无宗教信仰
居所：奥地利、提罗尔

南部（意大利）

民族国家奥地利是在 1918 年，从曾经壮丽的奥匈帝国崩溃后的遗迹诞生，但直到第二次世界大战后，才开始提倡独特的国家认同。所有奥地利人都说德语，但要以奥地利方言与说标准德语的人沟通则很困难，即使是维也纳方言。今日的奥地利族群中，有人抱持国家认同，也有人只认同他们居住地的文化，例如提罗尔或佛拉尔堡州。奥地利人喜欢滑雪，他们的国家在 1905 年

奥地利与意大利的提罗尔

多山的提罗尔区居民常被视为标准的奥地利人，地区意识较强，有些人仍然穿着民族服装（见下图）。不过并非整个提罗尔地区都在奥地利境内。1918 年后，提罗尔南部隶属于意大利，但人们还是说德语。经过漫长的努力，南提罗尔人现在意大利充分享有少数民族的权利。

举办了全世界第一次障碍滑雪比赛。许多知名的阿尔卑斯山滑雪家都是奥地利人，包括开创先河的茨达尔斯基（第一本滑雪指导书籍的作者）以及 20 世纪 70 年代的奥运冠军克拉莫。

狂欢节
在一年一度的狂欢节，奥地利人穿着动物服装，唱传统歌谣。这是奥地利版的四旬节前或格拉斯嘉年华会。

瑞士人

人口：720 万
语言：瑞士德语、法语、意大利语、罗曼斯方言（以拉丁语为基础的罗曼斯语，和法语、意大利语都有相似处）
宗教：罗马天主教、基督新教
居所：瑞士

瑞士人可以分成四个不同族群：日耳曼瑞士人（大部分）、法裔瑞士人、意大利瑞士人和说罗曼斯方言的一个小族群。尽管瑞士联邦与接壤的三个国家都有文化上的连结，瑞士人的认同感很强烈，但近年来，不同语言的族群间政治差异正逐渐升高。

在大部分都市，基督新教仍是首要宗教。宗教依然是瑞士生活的重要部分；在以天主教为主的乡村，宗教规定了庆典的时间。

金融服务业崛起，使瑞士人成为世上最富有

瑞士乳酪
瑞士籍农场主人在示范乳酪场的游客面前制作格鲁耶尔乳酪。现在制作瑞士乳酪的人会在现代化的乳酪场制作有名的多孔乳酪，也可能在农舍工坊制作。

的民族之一。随之而来的是高生活水准和成效卓著的公众事业。

知名瑞士美食有乳酪和巧克力。爱芒特乳酪、格鲁耶尔乳酪和乳酪火锅全世界都热爱。因为位于阿尔卑斯山区，滑雪是非常受欢迎的休闲活动，每年都吸引数百万游客。

阿尔卑斯号角
瑞士的民俗文化包括阿尔卑斯号角节（见右图）、摔跤比赛，还有享受名为约德尔的唱腔。

中欧
索布人

人口：6 万（包括位在波兰和捷克共和国的族群）
语言：索布语（一种斯拉夫语言，有两种方言）、德语
宗教：罗马天主教、基督新教
居所：主要在卢萨蒂亚（德国东部）

索布人是全世界人口最少的斯拉夫民族，很多人都怕现在留存的索布人不久就会被德国同化。索布人分成两群：上索布人，他们的语言和捷克语类似；下索布人（又称为文德人），他们的语言和波兰语比较相近。

索布人的复活节游行

中欧
波兰人

人口：3,800 万（波兰境内加上在西欧和北美的族群）
语言：波兰语（一种和捷克语相关的斯拉夫语）、俄语、白俄罗斯语
宗教：罗马天主教
居所：波兰，亦见于立陶宛、白俄罗斯

波兰民族与捷克人、斯洛伐克人一同组成西斯拉夫民族。波兰民族的名字来自斯拉夫部落名称 Polanie，意思是"平原的人"。

从 16—18 世纪，波兰与立陶宛组成联邦共和国，其中官方的结合是以更早之前波兰王后与立陶宛王子的婚姻为基础。它曾是个强权国家，但最后还是在俄罗斯、土耳其、瑞典、哥萨克和鞑靼等敌对民族的压力下瓦解。波兰一直未能成为完全独立的国家，直到第一次世界大战俄罗斯与奥匈帝国灭亡为止。

传统合唱
女性合唱成员穿着绣花鲜艳的民俗传统服装，戴上色彩丰富的头巾让搭配更完整。在波兰有很强的合唱表演传统。

第二次世界大战后，波兰被华约集团收编，发生几次反政府危机。这势力在 1980 年团结工会成立时达到顶点，组织推动反政府运动，促使波兰脱离华约集团控制。最后团结工会在 2001 年退出波兰政治主流。

一天 4 餐在波兰是标准生活方式：早餐、一餐小点心、下班后的丰盛午餐、清淡的晚餐。波兰美食的特色是馅料与淋酱大量加入乳酪，经典菜色有填满马铃薯和乳酪的面团、甘蓝酸菜、肉肠和甜菜根，尤其是甜菜根汤。

波兰人对罗马天主教传统引以为傲，尤其是最知名的波兰之子：教皇若望·保禄二世。

波兰的脸庞
波兰民族是斯拉夫人，祖先是公元 6—7 世纪迁徙到欧洲的民族。

中欧
德国人

人口：1 亿（含哈萨克或其他地区的族群）
语言：德语、弗里斯兰语
宗教：基督新教（尤其是路德教派）、罗马天主教及其他基督教教派
居所：德国、波兰、哈萨克、匈牙利、意大利

日耳曼民族在历史上曾分割成众多小国，从北方波罗的海延伸到南方的阿尔卑斯山脉，深入东欧地区。1871 年，一支日耳曼民族迁入德国，便将居住在这里的日耳曼人与邻近国家说日耳曼语的民族区隔开来（尤其是瑞士和奥地利）。

德国仍由各个不同文化的地区组成，叫做邦（Länder），例如巴伐利亚、弗里斯兰和

弗里斯兰建筑
弗里斯兰是德国名为邦的许多不同区域之一。弗里斯兰建筑的风格独特（见左图），也有专属于自己的语言。

西伐利亚。信奉基督新教、罗马天主教以及其他信仰或无信仰的德国人数目约略相当。德国是马丁路德（1483—1546）的出生地，他推动了宗教改革，路德教派在北部地区势力尤大。巴伐利亚地区以天主教为主，这儿的民族维持着独特的地区特色，当地森林浓密的高山地理环境造成很大的影响。

德国人的生活水准普遍都很高，社会风气自由开放。德国的教育在全世界都受尊崇，许多德国人都是各自领域的领导者，例如作曲家巴赫（1685—1750）、哲学与理论学家尼采（1844—1900）和马克思（1818—1883）以及画家马克（1880—1916）。德国美食一般重视肉食和冬季蔬菜，德国香肠尤其知名，还有酸菜。德国人出名

圣诞市集
传统的圣诞市集在法兰克福的半夜还人声鼎沸，露天车道上有商人在贩售手工制的节庆商品。

慕尼黑啤酒节
巴伐利亚人在一年一度的啤酒节互相敬酒、干杯。他们穿着的皮短裤是欧洲最受赞赏的民俗服装之一。

的包括对啤酒的热爱。一年一度的慕尼黑啤酒节吸引了全世界成千上万想解渴的啤酒爱好者。

历史

再度统一

第二次世界大战之后，德国分裂成东德和西德。两边人民本已存在既有的地区差异，现在分歧又加深，经济上的落差和文化背景都有影响。1990 年再度统一时，大家关注的焦点放在柏林墙（下图）两侧柏林人的团圆。不过还是有些差异存在于较富裕的西德人和他们的东德同胞（Ossi）之间。

民族

民族

圣保罗盛筵
意大利每个城镇都有自己的守护圣徒。
在这张图中，帕拉佐洛阿克雷德的居民
以五彩纸条撒在圣保罗身上表示崇敬，
庆祝一年一度的圣保罗盛筵节。

意大利人

人口：5,800 万
语言：意大利语（属于印欧语系的一种罗曼斯语，意大利各地的方言差距甚大）
宗教：罗马天主教为主
居所：意大利，亦见于美国和欧洲其他地区

意大利民族的名字承袭自古代的古意大利人。他们就住在现代卡拉布里亚地区（意大利南部），对西方文明的文化、艺术、宗教和政治演进贡献良多。尤其是意大利文艺复兴的人文主义对现代世界造成重大影响。

1861 年，几个大城邦如佛罗伦萨、威尼斯和那不勒斯王国，以及西西里和萨丁岛，都被国王伊曼纽尔二世统一。20 世纪 20 年代，意大利人受墨索里尼统治，他建立法西斯独裁政权。在第二次世界大战战败后，意大利回归民主。薄弱的联结关系和政府不时变动成为意大利战后的政治特色。

就如一个土地环绕教廷梵蒂冈（全世界罗马天主教会的经营组织）的国家应该会有的情怀，意大利人

骑摩托车的生活
自从伟士牌和兰美达机车在 20 世纪 40 年代成为经典设计，摩托车就成了许多意大利人社交生活的支柱。

以自己的天主教传统为荣。他们闻名于世的还有美食和现代风格。意大利是全世界歌剧、时尚和室内装潢的中心；而米兰、佛罗伦萨和威尼斯的居民普遍公认是欧洲最有文化的市民之一。比较不富裕的意大利南部及撒丁、西西里等岛屿居民，坚持着自己独特的文化传统。虽然以黑手党的出生地驰名，南部地区同时也是某些意大利犹太裔族群知名人物心目中的故乡，从棒球选手迪马乔到艺人弗兰克·辛纳屈。而意大利名声最响亮的输出品则是比萨。

足球
足球赛的起起落落点燃了这个西西里家庭心中的一把火。

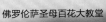

意大利面
有人认为是马可波罗受中国面启发，将面食引入意大利。不过历史学家认为在公元前 4 世纪伊特鲁里亚人的时代，面食已成为意大利生活的一部分。现在的意大利面有许多形状，例如上图中的圆形肉馅饺。

民族

意大利文艺复兴

文艺复兴于 14 世纪在意大利展开，随后传播到整个欧洲，成为艺术、建筑、哲学和文学古典理念的"重生"里程碑。第一个运用新古典风格的建筑师是布鲁内列斯基，设计作品是佛罗伦萨圣母百花大教堂。其他艺术家，例如达芬奇和米开朗基罗，到今天仍是艺术的标杆。文艺复兴的另一个特征，就是重新对人类、人性产生兴趣。

佛罗伦萨圣母百花大教堂

中欧
捷克人

人口：970 万
语言：捷克语（可与斯洛伐克语相沟通）
宗教：罗马天主教、捷克国家胡斯教派（以基督新教波西米亚改革者胡斯神父命名，1370–1415）
居所：捷克共和国、斯洛伐克

不论是地理还是文化上，捷克都是最西方的斯拉夫民族，祖先是在公元 3 世纪到 6 世纪从中亚来到中欧的许多民族之一。

捷克人以音乐传统为荣：这个民族出了知名的 19 世纪古典音乐作曲家斯美塔那和德沃夏克，还为民俗音乐舞蹈设立了许多博物馆。皮尔斯纳啤酒在波西米亚很流行，莫拉维亚流行葡萄酒。蔬菜炖牛肉和饺子都是经典的捷克美食。鲤鱼是传统圣诞大餐的一道菜。

民俗节庆
穿着捷克服饰的女孩参加摩拉维亚南部的一项庆典。

中欧
斯洛伐克人

人口：460 万
语言：斯洛伐克语（一种可与捷克语互相沟通的斯拉夫语言）
宗教：罗马天主教、基督新教
居所：斯洛伐克、捷克共和国、匈牙利

斯洛伐克人和捷克人之所以分开，是因为被匈牙利人占领（1025—1918）。后来匈牙利被奥斯曼土耳其人占据，斯洛伐克首都布拉迪斯拉发就成了匈牙利首都。民俗音乐是维系斯洛伐克语言生命的要素，而斯洛伐克人格外以自己的语言为傲。民俗传统仍是日常生活不可或缺的一环，尤其是在东部地区。斯洛伐克人还会庆祝非基督教的节庆，例如以夏日营火燃烧冬季女神莫蕾娜。

房屋彩绘
乡间老式木造房屋是斯洛伐克文化的象征，有时斯洛伐克房屋会漆上几何图案。

中欧
马扎尔人

人口：1,160 万（主要在匈牙利）
语言：马扎尔语，又称匈牙利语
宗教：罗马天主教，亦可见少数基督新教喀尔文教派信徒
居所：匈牙利、斯洛伐克、罗马尼亚西北部、塞尔维亚北部

马扎尔人也被称为匈牙利人，这个名字取自温嘎族；他们是从中亚草原迁徙而来，在公元 896 年抵达中欧的主要部落之一。他们的语言与西伯利亚游牧民族最相近，例如汉蒂族。马扎尔人与欧洲邻居比较陌生，成了同化的障碍。水球是

民俗娱乐
民俗传统的舞蹈、音乐影响了知名的 19 世纪马扎尔作曲家李斯特。

传统服饰
现在民俗节庆中穿着的主要传统服饰，在马扎尔人口稀少国家中，维系马扎尔文化。

国家性运动，匈牙利代表队在 2000 年悉尼奥运夺得金牌。尽管如此，马扎尔民族的平均寿命是欧洲最短，某些族人的工作时数是欧洲最长，吸烟仍非常流行。

蔬菜炖牛肉
匈牙利知名的外传美食蔬菜炖牛肉，是肉多、香料多的典型马扎尔菜色。

欧洲
罗姆族

人口：1,200 万
语言：罗姆语（数种和印度西北部的拉贾斯坦语、古吉拉特语相关的印度语系）
宗教：基督教、伊斯兰教
居所：斯洛伐克、匈牙利、罗马尼亚、马其顿共和国、保加利亚、欧洲各地

罗姆族一般被称为吉卜赛人，起源于印度，但他们在 11 世纪离家追求更好的生活品质，在两个世纪后来到欧洲。如今在每个欧洲国家都是少数民族。

罗姆族人极为重视自由。他们喜欢住在机动住所中，而叫做瓦多士（vardos）、装饰美丽的活动房屋也很出名。以前的瓦多士由马拉动，现在罗姆族人依然非常重视马。传统的罗姆族人过着游牧生活，他们会选择能够在旅途中从事的职业。许多男人成为乐师，女

肖像
一位伏尔加地区的俄罗斯罗姆族妇女戴着标准的罗姆族头巾。

人则担任舞者或为非罗姆族的邻人算命。很多罗姆族人现在还没改行。虽然多数罗姆人如今已定居在社区中，仍会为大型展览和庆典踏上旅程，例如国际吉卜赛节，或每年夏天在捷克共和国举办的国际吉卜赛嘉年华。

不少罗姆族人接纳了邻近民族的宗教，但大多数社区都还保存着传统信仰。罗姆族对"不洁"的

国际吉卜赛嘉年华
罗姆族不论老少，都喜欢布拉格的国际吉卜赛嘉年华，意思是太阳节。活动的特色在音乐会、手工艺和演讲。

概念有强烈主张，往往不辞辛劳只为确保不会接触到"不洁"的事物，例如由非罗姆族人烹调的食物、放在不当容器中清洗的烹饪用具，甚至包括经期中的女人。

婚礼
罗姆族穆斯林在马其顿共和国的街道上跳舞庆祝婚礼，这是根据罗姆族传统而缔结的安排婚姻。传统罗姆族社会不允许与外族通婚。

外来者的待遇

罗姆族人，例如下图中的家庭，如今生活在欧洲社会的边缘。他们总是被欧洲邻居当成外来者，整个民族史都是被迫害与被排斥。几乎在每个地方，他们的基本公民权都受威胁。因为没有自己的国土，所以也就没有政府可保护他们、为他们争取利益。

中欧

斯洛文尼亚人

人口：200 万（占斯洛文尼亚人口的 88%）
语言：斯洛文尼亚语（一种和塞克语相关的斯拉夫语言，但有许多意大利语及德语词汇）
宗教：罗马天主教
居所：斯洛文尼亚、奥地利境内的飞地、意大利

长期以来被其他强权占领抑制了斯洛文尼亚的国家文化，直到 19 世纪才强势崛起。作家的地位很崇高，例如诗人普雷舍伦（1800—1849）就被尊为国父。许多斯洛文尼亚人都能默记他的一首诗，诗中表达了故国乡土的情怀，那是一种忧郁的渴望，很多人认为这是他们的国家特质。

斯洛文尼亚人偏好乡村的居住环境。骑自行车、远足和园艺等户外活动是家人共度周末的最佳消遣，而滑雪是国内最受欢迎的运动。

乡村婚礼
手风琴乐师为参加婚礼的宾客演奏斯洛文尼亚舞曲。

东欧

乌克兰人

人口：3,600 万
语言：乌克兰语（和俄罗斯语、白俄罗斯语相近的斯拉夫语言）、俄罗斯语
正教（又称东正天主教）
居所：乌克兰、俄罗斯、摩尔多瓦、波兰、罗马尼亚

乌克兰（意为"边境之地"）到 1991 年才拥有自己的国家历史。20 世纪 20 年代受前苏联统治的乌克兰人发扬自己的语言文化，成立委员会制定管理、科学领域的乌克兰术语。

1929 年斯大林施行集体化，时逢大饥荒，加上思想净化政策，使数百万乌克兰人丧命。1945 年后，许多幸存者远走西欧以及美洲。

音乐在乌克兰生活中不可或缺，而乌克兰音乐传统可追溯到口述史诗和抒情歌谣。班度拉琴乐团（来自基辅的团体）和李森科（古典音乐作曲家）是乌克兰音乐的知名代表人物。

班度拉琴
一位班度拉琴乐师以左手拨动低音弦，右手电要拨弦演奏。班度拉琴是乌克兰的民族乐器。

乌克兰人的家
待在家中的妇女被花朵图案的纺织品围绕，这是乌克兰经典的纺织花纹。纺织品是乌克兰轻工业的主要产品。

东欧

白俄罗斯人

人口：800 万
语言：白俄罗斯语、俄罗斯语（两者都是印欧语系之下斯拉夫语系东方分支的一部分）
宗教：东正教、罗马天主教
主教
居所：白俄罗斯、俄罗斯、拉脱维亚、立陶宛、波兰

白俄罗斯人居住的土地曾历经立陶宛、波兰、俄国和前苏联的统治。至少，现在白俄罗斯人掌管着属于自己的独立国家。他们复兴传统节庆如夏至和万灵节，也供奉家族祖先。传统手工艺包括纺织和刺绣。

主显节
白俄罗斯青年 1 月时聚集在森林中，庆祝东正教的主显节，也就是基督受洗日。

欧洲

阿什肯纳兹派犹太人

人口：1,000 万
语言：传统上是意第绪语（混合了德语、斯拉夫语和亚兰语的希伯来语），但现在大多使用各自国家的主要语言
宗教：犹太教
居所：欧洲、以色列、北美、世界各地

阿什肯纳兹派犹太人（北欧犹太人）拥有独特语言（意第绪语）、生气蓬勃的音乐类型（克莱兹梅尔）、丰富的故事与笑话和对家庭的重视。现今，阿什肯纳兹派犹太文化大致呈现于伍迪艾伦的幽默、李维的文学作品和咸牛肉、鸡汤、培果等佳肴美食。

历史

犹太村落

第二次世界大战之前，阿什肯纳兹派犹太文化在中欧的小村落中茁壮发展。这些小村落的居民全部或主要是犹太人，经常与四周的社区隔开。小村落中的生活很苦，犹太人无权拥有土地，也禁止接受高等教育。大多数人都从商或担任工匠，忍受着邻近民族的迫害。

安息日礼拜

乌克兰的犹太人在安息日礼拜时阅读《摩西五经》，乌克兰的犹太族群共约 40 万人。

巴尔干半岛

罗马尼亚人

人口：2,000 万
语言：罗马尼亚语（和意大利语及法语相关的一种罗曼斯语）
宗教：大部分属于东正教，小部分属于罗马天主教及基督新教
居所：罗马尼亚、摩尔多瓦、乌克兰

在公元前 2—前 3 世纪，今日的罗马尼亚是古罗马的达西亚省。如今从罗马尼亚的语言，还是能明显感受到古罗马的存在，拉丁文法及词尾变化都留下一些遗迹。公元 15—16 世纪，受文艺复兴影响的战士及知识分子崛起，组成罗马尼亚的精英阶层。他们自命为古罗马居民，对罗马尼亚国家认同有极大的影响。

在不同的历史时期，罗马尼亚人受其他民族控制，比较重要的是匈牙利（从 9 世纪开始）、土耳其人（从 1526 年开始）和前苏联（从 1945 年到 1991 年）。第二次世界大战，罗

熊皮外套
一位牧羊人裹着熊皮外套保暖，阿普塞尼山区野地的冬天很寒冷，还有野狼嗥叫。

乡村的木造房屋
依传统方式建造的独特老木屋有门廊和铺着瓦片的屋顶，如今仍存在于罗马尼亚的偏远乡村地区。

马尼亚与纳粹德国并肩作战，在东方前线伤亡惨重。参战的结果就是让领土落入前苏联手中。20 世纪后半期，在实质上的最后一个强硬斯大林主义政权之下，罗马尼亚人忍受极度贫穷和严重压迫。如今它仍是欧洲最贫穷的国家之一，现在的主要产业依旧是过去在计划经济下发展的几项，比较重要的有炼钢及化工业，还有机械、汽车制造。目前罗马尼亚人超过四分之一受雇于各种形式的农业。

民族

巴尔干半岛
保加利亚人

人口：740 万
语言：保加利亚语（一种以西里尔文字书写的南斯拉夫语言）
宗教：以保加利亚东正教为主，亦可见伊斯兰教（大约 12%）
居所：保加利亚

公元 12—14 世纪，保加利亚是个帝国，但接下来它被土耳其统治很长一段时间。不过在 1878 年，靠着俄国的帮助，保加利亚获得独立，两国因而长期维持友好关系。第二次世界大战，虽然保加利亚与纳粹德国结盟，仍无法对前苏联宣战，原因就是这份忠诚。

国家的历史在保加利亚人的生活中扮演重要角色：历史戏剧是很受欢迎的消遣，尽管这些作品只聚焦在国家历史的强盛时期。

第二次世界大战后，保加利亚大幅工业化，但农业仍占整体

玫瑰收成
保加利亚的玫瑰谷是全球最大的玫瑰精油产地，供应的是顶级品。

经济的 20%。最主要的农产品是大麦、小麦和烟草。

此地栽培玫瑰已经有 300 年，每年都有玫瑰节庆祝活动，同时选出玫瑰小姐。

巴尔干半岛
马其顿人

人口：150 万（包括国外的移出族群）
语言：马其顿语（一种与保加利亚语相似的斯拉夫语言）
宗教：基督教东正教
居所：保加利亚、希腊、阿尔巴尼亚、马其顿、塞尔维亚

历史上马其顿民族分布区域起自里海，终于巴尔干半岛，现分割成马其顿共和国和希腊，另有少数族人住在保加利亚、阿尔巴尼亚和塞尔维亚。

大规模外移是马其顿族的传统，这传统反映在民俗歌谣中。歌曲描述为了工作、为了改善生活条件而出国的人思乡的情感。同样的情怀也成为服饰、地毯繁复装饰的灵感。

语言和保加利亚语关系密切。马其顿和保加利亚都有人争论马其顿语是独特的语言，或是很流行的保加利亚方言。

传统服饰
一位来自希腊境内马其顿地区的妇女戴着传统头饰，马其顿民族仍以自己的民俗文化为荣。

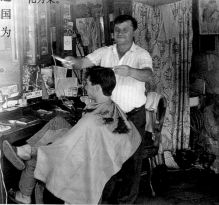

首府的生活
马其顿首都斯科普里的理发师在为客人理发。这个城市有 60 万居民，但并不繁荣。

巴尔干半岛
希腊人

人口：1,150 万（包括国外的移出族群）
语言：希腊语（属于印欧语系）、英语、土耳其语、法语
宗教：以基督教希腊东正教为主
居所：希腊、塞浦路斯

古希腊是史上最伟大的文明之一。他们对哲学、数学和戏剧等领域的发展有重要贡献。他们的 "demokratia" 观念（即民主，demos 表示人民，kratein 表示统治）就是启发法国及美国革命的政府体制。此外，尽管最初的制度在许多方面都和现今民主制度不同，古希腊的观念仍是当前西方政治生活的

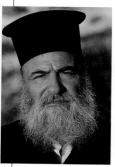

神父
在希腊以东正教为主要信仰的社会中，希腊东正教的神父备受尊崇。

花环
游行队伍中的雕像头上经常戴着花环或撒上金色树叶。

基础。

现在希腊人得意地以西方人自居，尽管他们的地理位置是在巴尔干半岛。

希腊人依然重视教育及学习，民众普遍参与内政。希腊人和塞浦路斯希腊人（塞浦路斯居民）在政治、语言和文化方面都有密切关系。这两个族群都非常重视家庭联系，对希腊文化引以为傲的程度也都是出了名的。

历史
全世界最"陈年"的酒

赛普勒斯的国饮是一种甜红酒，叫康曼达利葡萄酒。它的历史比任何葡萄酒都久远：诗人海西奥德早在公元前 800 年就提过它，当时它的名字是 "Cypriot Nama"。在 13 世纪，法国国王册封它为"酒中使徒"。现在这种酒仍继续以古法生产。

古董酒壶
古希腊人可能用瓶口是鹫头狮的酒壶（见左图）盛装过塞浦路斯红酒（Cypriot Nama）。此种酒以黑色酸葡萄酿造而成。

庆祝
穿着传统服装的舞者在小镇广场上表演。在希腊，任何庆祝活动都少不了舞蹈。

巴尔干半岛
阿尔巴尼亚人

人口：330万（含克罗埃西亚和希腊的族群）
语言：阿尔巴尼亚语（属于印欧语系）
宗教：伊斯兰教逊尼派（70%）、罗马天主教、基督教东正教
居所：阿尔巴尼亚、科索沃、马其顿以及黑山

阿尔巴尼亚人分成两大族群：什昆宾河北方的盖格人和南方的托斯克人。他们的方言、服装、音乐和习俗都不同。托斯克语具官方方言地位。

最初的反抗过后，阿尔巴尼亚在15世纪成为奥斯曼帝国的一部分。阿

卢伐依穆斯林
卢伐依穆斯林有人称做"无所惧神秘教徒"，属于伊斯兰教苏非教派（密宗穆斯林）。他们会在仪式上自残。

尔巴尼亚人的第一个国家直到1913年才成立，距离1912年的阿尔巴尼亚起义有一年时间。数十年后，原住民称之为鹰之地（Shqiperia）的阿尔巴尼亚成为社会主义国家，由霍查领导直到他1985年过世。仅仅四年后，在1989年，东欧巨变，1991年阿尔巴尼亚建立起多党政治的国家。然而长年贪污统治的影响仍在，阿尔巴尼亚是生活水准最低的欧洲国家；而且公共建设落后，失业率高。

19到20世纪的移民潮后，现住在北美、澳洲的阿尔巴尼亚人比留在欧洲的还多。

传统服饰
阿尔巴尼亚穆斯林妇女穿着传统服饰上市场。

科索沃
从20世纪中叶开始，塞尔维亚的科索沃地区一直受阿尔巴尼亚民族统治。20世纪90年代，当地民众受米洛舍维奇政权压迫。阿尔巴尼亚人企图维护自主权，导致南斯拉夫解体，北大西洋公约组织在1999年轰炸塞尔维亚。如今这个地区由联合国管理。许多在科索沃的阿尔巴尼亚人都期盼完全独立。

民族

巴尔干半岛
克罗地亚人

人口：450万
语言：克罗地亚语（一种使用罗马字母的南斯拉夫语）
宗教：罗马天主教为主，少数基督教东正教
居所：克罗地亚、波斯尼亚、波黑、斯洛文尼亚

从1102年起，克罗地亚人先被匈牙利统治，接着是奥地利人。这使血缘相近的邻近民族分离，接纳了罗马天主教。19—20世纪，为对抗外来影响、加强认同，克罗地亚人与南斯拉夫拉近距离。这使语言相通的族群在文化、政治上关系更密切，包括塞尔维亚人和波斯尼亚穆斯林。

克罗地亚市集
克罗地亚的南部海岸及岛屿都具有地中海特质，从这个斯普利特市集贩售的产品就可看出。

巴尔干半岛
塞尔维亚人／黑山人

人口：塞尔维亚人850万、蒙特内哥罗人45万（包括在塞尔维亚的部分族群）
语言：塞尔维亚语（一种南斯拉夫语）
宗教：基督教东正教
居所：塞尔维亚、黑山

这是两群非常相近的南斯拉夫人，拥有共同的起源、宗教和语言。

塞尔维亚北半部伏伊丁那，建筑、生活方式、饮食和民族性深受中欧影响。南部的特色是巴尔干半岛特有的原住民与东方文化元素的混合。首都贝尔格莱德则融合两种风情。

塞尔维亚人喜欢把自己的国家想成"中间地带"。多数塞尔维亚家庭，即使是无神论者，都会遵循传统，在

塞尔维亚音乐
由于长期在奥斯曼土耳其人统治之下，塞尔维亚音乐受到欧洲、罗姆族和土耳其的影响，尤其是在南部。

家族守护圣徒纪念日那天庆祝slava（斯伐洛，即表示感恩或尊崇）。

黑山意为"黑色的山"。因环境险恶，故得以不受奥斯曼帝国（15—19世纪）染指，不致落得和邻近塞尔维亚相同的下场。但现在这样的环境阻碍了经济独立。黑山文化的一个明显特征，就是对文字的力量极为敬重，不论口述或书写。

雷斯科伐节
塞尔维亚村庄一年一度的庆典吸引万人参与，新娘和准新娘都风姿绰约地参加。

巴尔干半岛
波斯尼亚穆斯林

人口：200万（含塞尔维亚与黑山境内桑贾克地区的小族群）
语言：波斯尼亚语（南斯拉夫中部语言）
宗教：伊斯兰教逊尼派
居所：波斯尼亚、波黑

波斯尼亚穆斯林的祖先是在奥斯曼帝国（15—19世纪）统治时期改信伊斯兰教的南斯拉夫人。他们的文化与邻近的塞尔维亚人、克罗地亚人有许多共同点。建筑、国家服装和音乐都表现出东方文化的影响，而文学、教育和习俗则是西式的。

塞夫达琳卡情歌是波斯尼亚歌谣的一种类型，传统上以吉他、手风琴和小提琴伴奏，呈现的情感是爱情无法实现的忧郁渴望。

难民的祈祷
20世纪90年代早期与塞尔维亚战争时，成千上万波斯尼亚穆斯林被迫逃离家园。

民族

俄罗斯

俄罗斯人

人口：1.2 亿（在俄罗斯、乌克兰、白俄罗斯、哈萨克和其他前苏联成员国境内）
语言：俄罗斯语
宗教：俄罗斯东正教
居所：俄罗斯联邦

俄罗斯人是居住在黑海北方的斯拉夫民族后裔。在沙俄贵族统治时代，大多数俄罗斯人都是乡间的农夫，受雇于富有的地主。1917 年的革命推翻统治阶层，从此国家控制了所有田地和工业，负责配给屋舍。现在多数俄罗斯人都住在小镇，

冬季的毛皮
奢华的毛皮服饰仍是应付俄罗斯酷寒冬季的热门商品。

苏联时期（1917—1991）建造的大规模公寓住宅里。

在沙俄时代，俄罗斯人忍受了几世纪的独裁统治，而前苏联在 20 世纪 90 年代早期解体后，他们开始建设新的民主社会。富有企业家阶层正在崛起，但大多数

跳冰水
俄罗斯人相信全身浸入冰水能强化对寒冷天气和疾病的抵抗力。

真相

俄罗斯的宗教

俄罗斯人本来是异教徒，直到公元 987 年第一个俄罗斯国家基辅罗斯改信基督教。现在大约有 4,000 万到 8,000 万人民属于俄罗斯东正教教派。由于与革命前沙俄政体的联系，教会在苏维埃执政早期受到压制，但自从苏联在 20 世纪 90 年代解体，许多俄罗斯教堂都重建，公开的信仰与仪式也活跃起来。

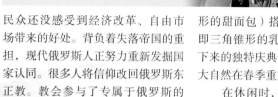

民众还没感受到经济改革、自由市场带来的好处。背负着失落帝国的重担，现代俄罗斯人正努力重新发掘国家认同。很多人将信仰改回俄罗斯东正教。教会参与了专属于俄罗斯的仪式；在复活节周日，主教为早餐祝祷；传统的早餐是克力治面包（圆柱形的甜面包）搭配 pashka（巴西卡，即三角锥形的乳酪）。前基督时代传下来的独特庆典也还存在，例如庆祝大自然在春季重生的马斯勒尼沙节。

在休闲时，俄罗斯人喜欢户外活动，不论天气状况如何。冬季的运动包括越野滑雪、溜冰、冰钓和冬泳。在夏天，俄罗斯人会在森林中的达丘（木造小屋）消磨周末假日。热爱烤肉、公园下棋或去黑海度假。

克里姆林宫
镀金的椰头与镰刀是前苏联的标志，装点着莫斯科的克里姆林宫。

投票日
俄罗斯水手完成 2003 年的投票选举后，走出了投票隔间。俄罗斯第一场选举于 1989 年举办。

欧陆俄罗斯

科米人

人口：40 万
语言：俄语、科米语（属于乌芬语系，和芬兰语相关）
宗教：名义上是俄罗斯东正教，也有无神论
居所：科米共和国（俄罗斯地区乌拉山区西北部）

科米族居住在冰天雪地的俄罗斯极北地区。过去大多数科米人遵循驯鹿群季节迁徙的路线过着游牧生活，同时也狩猎、捕鱼。他们也像其他豢养驯鹿的民族一样，维系生活所需的大部分资源都得自这种半驯养的动物。科米族在 14 世纪改信基督教，但仍继续信奉原先泛灵信仰的许多神祇。他们还是保留着出生、

科米族女孩
科米人的衣鞋、肉食和奶由驯鹿提供。

死亡、婚姻的特殊仪式庆典，以及关于运气的烦琐迷信。

科米族的家乡有丰富的矿产与森林资源，俄罗斯从 18 世纪就开始输出。在 20 世纪，科米族的土地涌入许多外来者，而前苏联政府推动了一系列现代化措施，大力排除科米族的传

驯鹿牧人
传统的生活方式仍继续存在科米族家乡的北部。

统生活方式，尤其是在南部。许多科米人迁往城镇，留在乡村的族人也被迫集中。近年这个地区已规划为科米自治共和国，但科米人依旧是少数民族。

欧陆俄罗斯

乌穆尔特人

人口：75 万（大部分居住于伏尔加河、卡马河和维特卡河附近）
语言：俄罗斯语、乌穆尔特语（属乌芬语系，和马利语、芬兰语相关）
宗教：东正教、基督新教
居所：主要在俄罗斯乌穆尔特共和国

乌穆尔特人（"牧草地的人"）和马利族、科米族有亲缘关系，和尼内族也是远亲（见 428 页，位于地图上的北部区域）。过去他们在河畔居地（kars）的森林过着半游牧生活，现在大都住在城镇。历史学家表示古代族中有 70 支宗族，宗族情感仍强烈，尽管以宗族为本的社会结构已不存在。

乌穆尔特在 1934 年成立共和国，是俄罗斯第一批工业化的地区，拥有在 18 世纪初建设的锯木场、炼钢厂和造船厂。曾经覆盖这个地区的沼泽松林已被清除，让出空间给农地。乌穆尔特独特的莱姆花蜜非常著名。

欧陆俄罗斯
马里人

人口：65 万
语言：俄罗斯语、马里语（属于芬乌语系，由两种不互通的方言所组成）
宗教：基督教东正教、非基督教教派的大烛教（意为"大蜡烛"）
居所：以马里埃尔共和国为主（俄罗斯联邦）

马里人是曾在伏尔加河中游河谷住过数千年的芬乌民族。大约 1,000 年前，他们分裂成草原与高山两支族群，这次分裂反映出马里语言也出现两个主要分支，现在都使用古斯拉夫文字书写。尽管处在俄罗斯影响之下数百年，马里族还是保留了自己的民族认同。在 19 世纪，他们发明大烛教这种异教膜拜，结合了对大自然的崇敬和基督教元素。

马里族服饰
圆金属片和珠子串成的项链是马里族妇女传统服饰的一部分。

欧陆俄罗斯
楚瓦什人

人口：177.4 万
语言：俄罗斯语及楚瓦什语（突厥语系一个古老奇特的分支）
宗教：基督教、俄罗斯东正教，混合异教
特质
居所：主要在楚瓦什共和国（俄罗斯联邦）

楚瓦什是伏尔加河西岸低矮起伏的丘陵区，俄罗斯的森林在此与亚洲茂密的草原接壤。这片土地在 1551 年被沙俄帝国强占，1992 年脱离俄罗斯联盟成立共和国。楚瓦什人相信自己的祖先，是在公元 4 世纪从中亚迁移到伏尔加河谷的保加利亚人。一般认为他们独特的语言是突厥保加利亚语唯一留存至今的形式；突厥保加利亚语是突厥语系的两个主要分支之一。

虽然名义上信奉基督教俄罗斯东正教，然而楚瓦什人仍谨守异教

楚瓦什服饰
楚瓦什族有名的是美丽的刺绣和织工精美的布料。

元素，信仰中纳入祆教、犹太教和伊斯兰教的特质。

楚瓦什民族占楚瓦什共和国总人口大约 70%，分成两个主要族群：下楚瓦什人和上楚瓦什人。他们与邻近的马利人血缘很近，而且有通婚的习俗。

楚瓦什地区从事木材工业已经几个世纪，许多族人参与伐木、锯木和雕刻工作。共和国的经济以农业为主，出口多种谷物及农产品，包括米麦、大麻、烟草、啤酒花、马铃薯、纺织原料及皮革。

楚瓦什艺术
楚瓦什族有优秀的艺术传统，呈现于织布、木雕、陶器和刺绣。这位艺术家将传统楚瓦什图案运用于画作。

欧陆俄罗斯
鞑靼人

人口：665 万（大部分在俄罗斯中西部，亦见于中亚、西伯利亚，和乌克兰克里米亚地区）
语言：俄罗斯语、鞑靼语（一种突厥语）
宗教：伊斯兰教逊尼派
居所：鞑靼斯坦共和国及西伯利亚（俄罗斯联邦）、乌克兰

大部分鞑靼人居住的鞑靼斯坦，是俄罗斯境内伏尔加河地区的一个共和国。它拥有许多自治权，但没有完整主权。鞑靼人属于突厥族，一般认为他们是随 13 世纪成吉思汗领导的蒙古人侵入欧洲。他们的血统复杂，族中有浅色头发、蓝色眼睛的人，也有

乡间生活
在鞑靼斯坦中心地区的乡下，大部分居民都是农人。村里的水源是一口井。

外表像黄种人的成员。他们的亚洲祖先可能是游牧的牧羊民族，但落脚俄罗斯后，鞑靼人大致变成定居的农民，过去部落式的社会结构也不复存在。

鞑靼人过去分成好几个汗国（王国），最强盛的是喀山汗国（现在成为鞑靼斯坦的首府）。16 世纪，俄罗斯人在暴君伊凡的领导下，征服大多数汗国。不久鞑靼人就获得重视，担任贸易商与中间人，联系俄罗斯与

鞑靼服饰
虽然是穆斯林，鞑靼妇女不会以面纱遮脸。

新收编的中亚领土。族中享誉国际的有手工艺、木材、皮革、金属、陶器和布料商品。鞑靼是俄罗斯第二大种族，在许多城市都是很大的少数民族族群。自从前苏联解体后，伊斯兰教在鞑靼社会的力量变得强大。大部分鞑靼人对妇女的权利与教育抱持开放态度。

多年来，鞑靼语的书写从阿拉伯文字换成罗马文字，最后用古斯拉夫字母。最近几年有些措施的目的是换回罗马字母，以强调与俄罗斯的文化差异，并帮助国际贸易发展。

克里米亚清真寺
乌克兰克里米亚的鞑靼人在清真寺祈祷，鞑靼人占克里米亚人口的 6%。

民族

民族

俄罗斯
卡尔梅克人

人口：17.7 万
语言：俄罗斯语、卡尔梅克语（属于蒙古语系的西方分支）
宗教：藏传佛教，亦可见伊斯兰教
居所：卡尔梅克共和国（俄罗斯西南部）

卡尔梅克人的祖先是蒙古游牧民族；他们为了寻找牧草，在 17 世纪迁徙来到伏尔加河下游地区，邻近里海西北岸。这个地区现在成为卡尔梅克共和国，属俄罗斯联盟。

就像祖先蒙古人一样，卡尔梅克人是游牧民族，赶着一群群绵羊、牛、马和山羊，随季节逐水草而居。他们住在蒙古包里——这种蒙古包很方便拆解、携带。有些卡尔梅克人变成定居的农民，住在固定的房舍中。只有大约五分之一的族人住在城镇。

依循传统，卡尔梅克人与大家庭一起生活。已婚的儿子及未婚的女儿都和父母同住，女儿结婚后便离家。大部分卡尔梅克人信奉藏传佛教，他们的佛教形式也混入明显的萨满信仰元素。少数人已经改信伊斯兰教。

卡尔梅克共和国有民选的总统，第一次选举在 1993 年举行。总统身为一国元首，提倡"草原礼教"，此乃受 17 世纪卡尔梅克贵族理想化作为所启发。

卡尔梅克夫妻
尽管外表是东亚人，卡尔梅克族已经在欧洲住了大约 400 年。

高加索地区
切尔克斯人

人口：160 万
语言：西阿迪各语、东阿迪格语、卡巴尔达语（都属于北高加索语系，和阿布哈兹语关系密切），俄罗斯语、土耳其语、阿拉伯语
宗教：大多属伊斯兰教
居所：俄罗斯西南部、土耳其、叙利亚、约旦

切尔克斯人（也称为阿迪格族）信奉伊斯兰教，是黑海东北岸一带的原住民。当他们的家园在 19 世纪被俄罗斯人殖民，大部分切尔克斯人都离家逃难，在土耳其和中东其他地区聚居。切尔克斯族的传统包括富有骑士精神的作为，必须尊敬宗族领袖和长者，维护家族荣誉，不惜流血复仇。切尔克斯人自认是战士民族。男性的国家服装切尔克斯卡（cherkesska）在两边胸前有一排小口袋，用来放猎枪子弹。切尔克斯人会在社交场合跳一种极费力的民俗舞蹈，服装是切尔克斯卡搭羊皮帽。妇女的传统穿着是华丽的及踝长裙，与高加索地区几支有亲缘的民族相同。

切尔克斯王子
约旦王子阿里有切尔克斯血统，他在 1998 年率领一群切尔克斯人骑马从约旦来到俄罗斯。

高加索地区
车臣人及印古什人

人口：106.3 万（车臣人 89.9 万，印古什人 16.4 万）
语言：车臣语、印古什语（都属于北高加索语系）及俄语
宗教：伊斯兰教逊尼派、苏非教派（伊斯兰教密宗）
居所：车臣及印古什（俄罗斯西南部）

车臣人和印古什人住在俄罗斯西南部的高加索山区。他们有类似的传统，语言能互通，都是穆斯林，传统上都在低地务农或在山区牧牛来维持生活。近年来，这个地区的油田成了重要的收入来源及冲突起源。

车臣及印古什村庄的生活都是以宗族系统为中心，并以此分割出土地界线。就如其他高加索山区的民族一样，车臣人和印古什人的马术、对山的感情都是很有名的。

车臣人另一项名声是极度坚持独立，将近 200 年来都与俄罗斯关系紧张。在阿瓦尔族领袖夏米尔领导之下，车臣部落在 19 世纪起身抵抗俄罗斯并吞，直到 1859 年

传统服装
车臣人经常戴着传统的羊皮帽，这种帽子被认为是个人尊严的有力象征。

夏米尔终于被捕。不过车臣人从未真正承认失败，他们对俄罗斯的敌意在第二次世界大战达到高峰；当时车臣人与印古什人被全体放逐到中亚和西伯利亚，直到 1957 年才获准返回家园。20 世纪 90 年代，车臣独立的要求引发的长期游击战，死伤无数。

被战争摧残的经济
车臣商人在路边摆销售商品；车臣的经济和公共建设都在 1990 年的战争中受到重创。

1992 年，俄罗斯车臣印古什共和国分割成车臣、印古什两个共和国，但仍在俄罗斯控制之下。

议题
车臣难民

多达 10 万人于 20 世纪 90 年代的车臣冲突丧生，40 万人被迫离家，有些人就挤在卡车上被载走（见左图）。许多车臣难民现在住在印古什或莫斯科。对留在车臣的人来说，重建似乎很困难，因为公共建设残破，以及对前俄罗斯政权的不信任。

高加索地区
阿瓦尔人

人口：60.4 万
语言：阿瓦尔语、安地语、卡拉塔语、迪多语，或柴兹、贝兹塔语，和其他几种语北高加索语系的语言
宗教：伊斯兰教逊尼派
居所：达吉斯坦共和国（俄罗斯西南部）

阿瓦尔族属于高加索民族，是俄罗斯达吉斯坦共和国最大的种族。他们传统的生活方式是在山中牧养动物，村庄里的多楼层石屋和堡垒般的高塔就建在山坡上。阿瓦尔族的村落由几支宗族组成，过去是由村中的长者和穆斯林领袖掌管。

阿瓦尔族头饰
阿瓦尔族妇女传统上会佩戴叫做奇塔（chikhta）的头饰。男性则像其他高加索民族一样，穿着有衬里的毡领外套。

阿布哈兹族

高加索地区

人口：50 万
语言：阿布哈兹语（属于北高加索语系，和切尔克斯语相关）、俄语
宗教：名义上是基督教东正教派、伊斯兰教逊尼派，亦可见传统信仰
居所：阿布哈兹（格鲁吉亚西北部）、土耳其、叙利亚

　　阿布哈兹族与切尔克斯族非常相近，文化也类似，传统上都拥有以种植玉米、养蜂采蜜和豢养羊群为基础的乡村经济。和切尔克斯族好客的传统相仿，阿布哈兹族也会准备精美盛筵，热情地取悦宾客。

阿布哈兹家庭
阿布哈兹族的母亲在安抚孩子，阿布哈兹族和格鲁吉亚人的战争使他们被迫离开国家。

阿布哈兹老人
有些人相信举世闻名的阿布哈兹族人瑞的年龄被夸大了。

传统消遣包括骑马比赛、民俗舞蹈和歌唱。虽然有专家质疑阿布哈兹族人瑞的真实年龄，但阿布哈兹族仍以长寿著称。族人将长寿归功于山区有益健康的空气，及由豆类、玉米的花、优酪和蜂蜜组成的饮食。阿布哈兹族的食物常以阿吉卡（ajika）调味，这是一种用红椒、草药和盐调制的酱料。

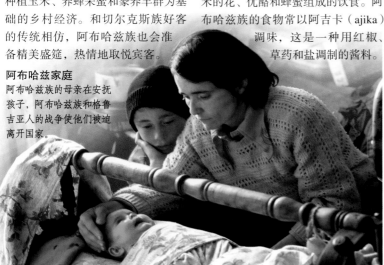

格鲁吉亚人

高加索地区

人口：500 万
语言：格鲁吉亚语（南高加索语系）、俄语
宗教：基督教格鲁吉亚正教（最早将基督教定为国教的国家之一），亦可见伊斯兰教（少数）
居所：格鲁吉亚共和国、土耳其、俄罗斯西南部

　　格鲁吉亚人是个古老的民族，从历史时代就住在高加索地区。他们的文化、建筑、语言，含有专用的字母都很独特，与其他民族鲜有相似处。用餐是家庭生活的焦点，经常一开饭就先干杯。格鲁吉亚人以驰名俄罗斯境内的食物为傲，包括填满乳酪的面包、胡桃酱，和以葡萄果酱包裹

市场商人
商人在第比利斯市的市场贩卖谷物和香料，玉米和柑橘是格鲁吉亚乡村主要经济作物。

的成串胡桃。在前苏联治理之下，格鲁吉亚餐厅扩张到莫斯科和圣彼得堡，直到现在还是很受欢迎。格鲁吉亚的文学、艺术传统也很丰富，最早可往前追溯至 15 个世纪、格鲁吉亚文字刚发明时。

环境差异
格鲁吉亚领土的环境从阳光普照的黑海海岸到北方寒冷的山区都涵盖在内。

亚美尼亚艺术
艺术表演在亚美尼亚由来已久，从拜占庭时代的戏剧到现代芭蕾与电影。

亚美尼亚人

高加索地区

人口：600 万（大约有 100 万在美国）
语言：亚美尼亚语（属于印欧语系）
宗教：亚美尼亚使徒教会（基督教东正教）
居所：亚美尼亚、阿塞拜疆、美国

　　亚美尼亚是世上最古老的民族之一，亚美尼亚首府埃里温也是地球上始终有人居住、最古老的地方之一。亚美尼亚人自称黑雅儿（Hayer），因为他们相信自己是海克的子孙；海克是圣经上诺亚的曾孙，诺亚的方舟就停泊在高加索山脉的亚拉腊山。古代的亚美尼亚土地现在分割在不同国家境内，分别是土耳其和未获承认的纳戈尔诺卡拉巴赫共和国，阿塞拜疆境内的外飞地。亚美尼亚在公元 301 年成为第一个基督教国家。由此建立的使徒教会和这支民族的关系一直很紧密。以独特的

亚美尼亚长老
一位长老在亚美尼亚学校里指导学童的功课。自从 1991 年脱离前苏联独立以来，亚美尼亚的历史、宗教在教育中的角色变得更加重要。

亚美尼亚文字在第 5 世纪出版的第一部书就是《圣经》。亚美尼亚民俗音乐富有强烈的中东风格，是日常生活的重要部分。食物也有中东风味，包括炖羊肉、鸡豆、大豆、茄子和优酪。亚美尼亚有项节庆是泼水节，族人会在阿热的盛夏互相泼水。

牌戏
亚美尼亚男人下班后经常在咖啡厅见面，交换消息、玩玩游戏，例如这种传统的亚美尼亚牌戏。

民族

明确的认同
北非留存着对传统摩洛哥骑兵的强烈情感，尽管来自欧洲的影响正逐渐在北非扩散。

中东与北非

这个区域是一大片不宜人居的辽阔沙漠，点缀着几个得到埃及的尼罗河与美索不达米亚（现在的土耳其、叙利亚和伊拉克）的幼发拉底河、底格里斯河灌溉的地区。这几条河流创造的"肥沃月弯"使精致的农业得以发展，最古老的几个城市（公元前4000—前2500年）得以建立，也孕育了世界上的三大宗教。

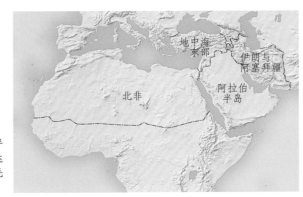

区域示意图
图中标示的中东地区包括阿拉伯半岛，往东北方延伸到伊朗，西北直达土耳其。北非地区从埃及向西直到毛里塔尼亚。

中东地区及北非海岸是非洲、欧洲和亚洲交接之处。这儿有古老的民族、文化和大帝国。首先是巴比伦、亚述、波斯和阿拉伯帝国，然后奥斯曼土耳其文化将自己的势力扩展遍及这整个地区。

迁徙

第一批抵达的人来自南方的非

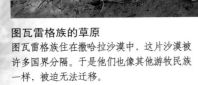

图瓦雷格族的草原
图瓦雷格族住在撒哈拉沙漠中，这片沙漠被许多国界分隔。于是他们也像其他游牧民族一样，被迫无法迁移。

洲下撒哈拉地区，他们在北非海岸肥沃的带状地区和邻接的撒哈拉沙漠边缘建立聚落。土地肥沃让他们能定居；这里有几个全世界最古老、持续有人定居的城市，从埃及的卢克索，到约旦河西岸的耶利哥。最古老的农业活动记录部分来自集中在大河河谷、人称"肥沃月湾"的地区，如尼罗河、底格里斯河和幼发拉底河。

数千年后在公元

7世纪，发生了可能是史上规模最大的迁徙；阿拉伯民族从位于阿拉伯南部的家园外移，想要征服整个地区，并且皈依他们的新宗教：伊斯兰教。阿拉伯民族的征服迫使北非柏柏尔人等原住民族迁离，或是接受阿拉伯语言及习俗。有些民族向南迁徙，成为撒哈拉沙漠里的游牧族群。不过最后大多数民族都改信伊斯兰教。

最后一次大迁徙发生在11世纪，中亚的突厥族征服了阿拉伯国家，定居于现在的土耳其。

部落与国家

从这个地区诞生了古代几个最大的帝国，包括巴比伦（公元前18—14世纪）和亚述（公元前14—7世纪），领土都是在现今的伊拉克、叙利亚和土耳其。这两个帝国占据了底格里斯河、幼发拉底河之间的土地，而埃及则拥有尼罗河。

许多外来统治者征服过这个区域，先是波斯人，后有马其顿希腊人、罗马人、蒙古人和基督教十字军，最后是土耳其人；奥斯曼帝国从13世纪延续到第一次世界大战。

阿拉伯的占领势力从11世纪开始瓦解（在奥斯曼土耳其人的压力之下），导

亚述神明
古代的亚述人集中在现今的伊拉克。他们在当地建立帝国，留下的雕刻和神像现在还看得到。

保护自己的生活方式
依玛古鲁安人是毛里塔尼亚一支濒临灭绝的博博尔人少数民族，这时正在庆祝为他们保护渔获的巡逻船下水。

致互相竞争的小国兴起。因为距离遥远，阿拉伯文化分离成传统习俗迥异的各个分支。直到今日强烈的区域特色依然存在：方言与习俗在各个阿拉伯民族间变化多端，南方苏丹的加拉印及巨黑那阿拉伯人、东方伊拉克的沼地阿拉伯人，和西方的摩洛哥阿拉伯人都不相同。但同为穆斯林的兄弟情谊，且各地都用阿拉伯语，仍促进了阿拉伯世界统一的愿望。

在现代世界，这个地区的民族还是感受到外来势力的影响：伊拉克、叙利亚

和约旦的民族曾被英国等殖民强权擅自划分疆界、区隔开来。最明显的现代创作可能就是以色列这个国家。为了弥补犹太大屠杀达到顶点、对欧洲犹太人的长年迫害，西方强权在"圣地"建立起犹太国家。这个地区各民族间的利益竞逐仍是全球紧张情势的根源之一。被迫迁离的巴勒斯坦阿拉伯人的困境，激励了伊斯兰极端分子。

变化

在这里，促成种种变化的就是伊斯兰教义的威力，和西方社会期许及文化在全球日渐升高的主流地位。如此的拉锯可能影响阿拉伯人、伊朗人和该地其他民族传承已久的观念。自由主义、资本主义和石油带来的财富激发了改变的欲望，受影响的多是年轻人；依循传统的一方要阻挡西方观念的洪流，及他们察觉到的伊斯兰教条弱化；而独立于宗教外的政府则努力对抗穷人之间流行的伊斯兰教教育。

石油荣景
在海湾中发现油田急遽改变了当地人的志向和生活形态。

一个城市，多种信仰

犹太教、基督教和伊斯兰教都以耶路撒冷为中心。犹太人认定，它是应许之地的首府；基督徒认为，这儿是耶稣基督被钉上十字架的地方；而穆斯林也认为这里对于他们也是一处非常重要的处所。这里一直是当地民族之间的冲突焦点。

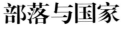

北非、中东
阿拉伯人

人口：2.87 亿
语言：阿拉伯语，亦可见英语、法语
宗教：伊斯兰教逊尼派及什叶派，亦可见基督教希腊东正教、科普特派（一种历史悠久的埃及宗教）、亚美尼亚使徒教派
居所：北非、阿拉伯半岛

在伊斯兰（穆罕默德）时代于公元 7 世纪到临之前，阿拉伯这个词语指的是说闪语的部落，以及阿拉伯半岛的游牧

头巾
这位沙特阿拉伯人示范了阿拉伯半岛民族典型的头巾绑法。

休闲时光
在现代的沙特住所，阿拉伯人可以全家共享休闲时光，观赏电视上的新闻播报。

书法艺术
以书法作为装饰的艺术已成为阿拉伯世界重要的一环，这个花瓶上写着摘自可兰经的文句。

民族贝都因族。
这些部落持续将伊斯兰教传至拜占庭帝国与波斯帝国，从比利牛斯山到喜马拉雅山脉。他们的影响力渐增，阿拉伯一词变成泛指中东地区共同拥有伊斯兰教和阿拉伯语的这些社群。阿拉伯语成为文化层次以及使用频率都很高的语言，《古兰经》的文句也一样。阿拉伯民族对中世纪的科学发现、技术创新及地理探勘都有重要贡献。

阿拉伯半岛上阿拉伯国家的命运在 20 世纪有了巨大改变，他们开始大规模开发丰富的自然资源。有些波斯湾的阿拉伯小国能跻身全世界生活水准最高的国家之列，就是直接受惠于石油工业。

阿拉伯认同与伊斯兰文明、宗教（见 291 页）密不可分，而阿拉伯民族就处于伊斯兰世界的中心。即使现在，阿拉伯人还是经常认为自己的国籍是伊斯兰国家，而非出生国。阿拉伯世界的穆斯林主要分成两群：逊尼派与什叶派。前者强调先知的道路，后者强调对阿里什叶的忠诚。禁食、朝圣和穆斯林一天五次朝麦加方向（在沙特阿拉伯西部）祈祷的仪式，都是所有阿拉伯社会的重心。伊斯兰社会还实行严格礼教，规范男女之间的关系。尽管职业变动和

阿拉伯联盟

最初是在 1944 年埃及亚历山大港的高峰会提案，接着阿拉伯联盟于 1945 年正式成立。这个组织由所有阿拉伯国家派代表组成，提供讨论阿拉伯世界关于社会、国防、经济和政治等议题的讨论空间。联盟的最高首脑——秘书长能够在国际场合代表阿拉伯世界。

前往清真寺
穆斯林站在阿拉伯联合酋长国迪拜什叶派清真寺前，这儿是最富有的波斯湾国家。

教育机会都在增加，阿拉伯社会的妇女传统上仍处于附属地位。许多保守国家的妇女都戴着深色的头巾，包裹身体（有时还须蒙面）到各种不同的程度。

阿拉伯世界没有亲属或家族观念，但他们殷勤待客是很有名的。出名的还有阿拉伯人热爱说故事的艺术；阿拉伯字 "qara'a" 的意思是吟诵，《古兰经》的名称就以此为字根。

自田园归来
叙利亚部分地区的土壤比阿拉伯半岛、北非其他区域肥沃。因此有些叙利亚阿拉伯人从事农业，如照片中几位妇女。

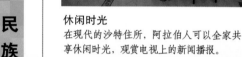

北非
柏柏尔人

人口：约1,200万~1,800万 在摩洛哥，300万~400万在阿尔及利亚

语言：阿玛寨夫语（有大约300种方言）、阿拉伯语、法语

宗教：伊斯兰教

居所：主要在摩洛哥、阿尔及利亚、利比亚

柏柏尔人喜欢自称阿玛寨夫族，柏柏尔源自阿拉伯文，意思是"野生"、"没有文明"或"野蛮"。他们将自己的家园称做塔马寨，范围涵盖了现今北非几个国家的部分领土。人数最多的阿玛寨夫族群在摩洛哥、阿

前往庆典
这几位柏柏尔妇女正要参加突尼斯杜兹的撒哈拉节。这项庆典的特色在舞蹈、杂技和骑术表演。

婚礼
和许多柏柏尔族人同样拥有白皮肤、绿眼睛的年轻新娘，在摩洛哥小镇依密奇尔的婚礼上。

尔及利亚和利比亚；其他社区住在突尼斯、布吉纳法索、埃及和毛里塔尼亚。

早期的罗马、希腊史料提到，5支游牧部落控制了穿越撒哈拉沙漠的5条贸易通道，在公元7世纪阿拉伯入侵时，他们统称为柏柏尔人。随着穿越撒哈拉沙漠的贸易通道没落，大部分柏柏尔人都开始务农或成为定居商人，但对各自的文化传承仍保留强烈感情。单在摩

在市集
摩洛哥的柏柏尔人在市集检视商品。

洛哥就有三支主要的柏柏尔族：里夫族、博拉博尔族和苏流族。他们都经营精致珠宝、金属制品、纺织商品和刺绣工艺等制造业，显示他们就开始经营可携带奢侈品的交易。

柏柏尔语有约300种

柏柏尔族的金属工艺
柏柏尔族美丽的金属工艺盛名不衰，这是他们早年的众多贸易商品之一。

方言，部分方言的变异可称独立语言。在法国，阿玛寨夫语是国家学士测验的科目之一；法国和摩洛哥都设有柏柏尔研究单位。

北非
摩洛哥人

人口：3,100万

语言：官方语言为阿拉伯语，但有40%～50%的人口使用柏柏尔语或阿玛寨夫语；亦见法语、西班牙语

宗教：伊斯兰教

居所：摩洛哥

摩洛哥认同与国家认同、宗教认同紧密结合，就如国歌所说："上帝，国家，国王。"虽然血统承自柏柏尔族，也就是阿玛寨夫族，但摩洛哥原住民在公元7世纪阿拉伯入

银耳环
摩洛哥工艺在珠宝、皮件、陶艺和木雕的制造都有丰富的传承。

侵的时候，就接受了伊斯兰教，完全接纳阿拉伯文化。许多在此定居的阿拉伯人与柏柏尔人通婚，使这儿的族群大半都有混血血统，他们将自己归为摩洛哥人，同时也属于穆斯林。

传统的摩洛哥婚礼反映出这个国家喜欢盛装、美食，享受音乐和舞蹈的一面。摩洛哥音乐类型很多变，从复杂高雅的管弦乐到只有人声和鼓的单纯风格都有。传统服装的现代版，尤其是传统长袍（连着帽子的束腰长外衣），不论男女都常穿；遇到特殊场合，妇女会穿上传统或经修改的女装长袍。蒸丸子、陶锅蔬菜炖肉、薄荷茶等摩洛哥美食如今在其他国家愈来愈受欢迎，也是摩洛哥人的骄傲。

露天市场的舞蹈
古老的摩洛哥城镇最热闹的市中心就是露天市场，这几位艺人正在露天市场表演舞蹈。

北非
摩尔人

人口：95万

语言：哈桑尼亚语（一种柏柏尔字汇比例较高的阿拉伯语），亦可见法语及阿拉伯语

宗教：伊斯兰教（逊尼派掺入苏非教派的规律）

居所：毛里塔尼亚、冈比亚、马里、摩洛哥

摩尔人又称摩耳人，血源融合了柏柏尔族和阿拉伯人，许多族人也有非洲血统。摩尔族的社会结构阶级分明，身份要看职业及社会阶层、种族和世袭地位的情形来决定。过去畜奴的历史在这个地区留下印记：自

摩尔族的脸庞
没有什么典型的摩尔族相貌，因为他们的血统混合了许多起源。次族群的血统各自分离，原因是阶级世袭。

由人的后代会比奴隶的子孙受重视。阶级差异也存在于黑摩尔人和白摩尔人，以及贵族、技工、手工艺工匠和牧人之间。每个"阶级"结婚时都会保留自己的阶层和生活方式，不与不同阶层的人通婚。

通往天堂的发型
根据摩尔哈拉动人的说法，发髻有助阿拉拉他们上天堂。

北非
图瓦雷格族

人口：10万到30万间
语言：塔马奇克语（一种柏柏尔语言，文字称为提非纳），亦可见阿拉伯语
宗教：伊斯兰教（混合前伊斯兰时代的信仰）
居所：北非的撒哈拉沙漠地区

图瓦雷格族是撒哈拉民族，语言是一种柏柏尔语，叫做塔马奇克语。柏柏尔语言是以称为提非纳的文字书写；在图瓦雷格族，提非纳文字传统上都由妇女使用，通常用来写信。图瓦雷格族自认为他们的祖先是以骆驼车队穿梭撒哈拉沙漠数千年的游牧民族。他们从事奢侈品的贸易，方便运输、获利又丰富。现今图瓦雷格族的艺术仍包含了精致的珠宝、皮鞍、剑和金属制品。

在今天，许多图瓦雷格人住在撒哈拉沙漠城市

揭开面纱
图瓦雷格族社会是母系社会。所以妇女地位较高，有些人不戴面纱。

皮件艺品
图瓦雷格族精美的皮商品中，包含了精致男用小皮囊。

的外围。其他族人以卡车取代骆驼，继续过着旅行贸易的生活。大部分图瓦雷格人都是穆斯林，不过伊斯兰教经常与古老的前伊斯兰时代习俗、信仰共同存在。很多男性族人都配戴护身符，上面写着摘自《古兰经》的文句。

毕安诺节
毕安诺节庆典的特色是舞者和音乐家的表演，还有战士游行。

戴面纱的男人

图瓦雷格族男性的装束是所有北非民族中最奇特的。族中的男性、而非女性，在幼年时期就开始戴面纱、遮掩面孔。成年男人的包头面纱几乎完全盖住整张脸。遮脸的衣物很实用，可以在严酷的沙漠气候中提供保护，但传统上面纱绝不能取下，即使在亲密的家人面前。

靛蓝服饰
图瓦雷格男士包着大块昂贵靛蓝色布料做成的服饰，头巾上佩有保护作用的银制《古兰经》夹。

北非
科普特人

人口：400万～600万
语言：阿拉伯语、科普特语（祖传的科普特语只用于宗教仪式，一般认为与古埃及语有关）
宗教：基督教科普特派
居所：埃及

科普特族在埃及是人数众多的少数民族，一般认为他们是该地区非阿拉伯原住民族的后代。许多科普特人认为自己与第一批改信基督教的北非人有历史渊源，并将自身的文化特点放在宗教上，自认是抗拒改信伊斯兰教的民族。

埃及成为阿拉伯与穆斯林国家之后的几个世纪，科普特人一直在全国各地组成以家庭为中心、关系紧密的社区。他们通常是教育程度较高的专业人士及商人阶级。近年来，穆斯林和科普特民族之间的紧张情势升高，曾在市中心引发过暴力事件。

头巾
科普特人依循穆斯林邻居的某些习俗，如以头巾覆盖头部。

北非
埃及人

人口：7,400万
语言：阿拉伯语，亦可见英语及法语（流通于知识分子之间）
宗教：伊斯兰教逊尼派（绝大多数），基督教科普特派、东正教（小团体）
居所：埃及、科威特、阿曼、卡塔尔、沙特阿拉伯

埃及人继承的是全世界最古老的文明之一，可追溯到5,500年前。在法老时代（公元前3200—前341年），古埃及人建造了几座史上最伟大的建筑，包括金字塔和卢克索外的帝王谷。还发明以香油、药材制作木乃伊及书写用的莎草纸、象形文字和太阳历。

埃及位处于印度洋和地中海之间的海道，也是非洲和中东的唯一陆桥；这解释了埃及社会四海一家的特质，同时吸纳来自犹太人、努比亚人、希腊人、亚美尼亚人和欧洲人的影响。自从20世纪50年代完全独立后，埃及就成为人口最稠密的阿拉伯国家，继续在地区事务扮演关键角色。埃及

剑舞
这场舞剑表演在卢克索附近约兹罗的庆典演出。

象形文字

古埃及人使用一种叫做象形文字的图像书写。大约有700个不同符号，其中有些表示完整的字义，例如几条波浪形的线条就表示"水"。由于这系统太过复杂，大多数人都无法阅读或书写，最后终于发展出简化的形式供日常使用。

人向来有好客的名声，他们觉得对客人慷慨是一种社会义务，但同时也以高标准要求主客互相尊重，客人未获邀请便进入埃及人家中是不礼貌的行为。

船夫
一位船夫等着要为观光客摆渡渡过尼罗河，许多埃及人靠观光业维生。

尼罗河的水果
埃及人的5,000年历史要归功于尼罗河灌溉了橄榄等农作物。

民族

伊朗与阿塞拜疆
阿塞人

人口：2,300 万
语言：阿塞拜疆语，又称为亚塞语（属突厥语族）；俄语、法尔西语
宗教：以伊斯兰教什叶派为主，亦可见基督教俄罗斯东正教及亚美尼亚使徒教会
居所：阿塞拜疆、伊朗、俄罗斯

阿塞人是阿塞拜疆的原住民，但聚居最多阿塞人的国家是伊朗（1,500万），他们在当地称为 Azaris。

19 世纪初到 1991 年，阿塞人受俄罗斯控制。俄罗斯的干预是阿塞人让欧洲文化进入突厥世界的原因，传统的阿塞戏剧、音乐和舞蹈都源自波斯和土耳其。1991 年独立后，伊斯兰教信仰在阿塞拜疆的阿塞人间明显复兴。

阿塞妇女

伊朗与阿塞拜疆
卡什加族

人口：约 30 万至 40 万
语言：卡什加语（和亚塞语关系密切，卡什加族是伊朗境内使用突厥语的第二大族群）、法尔西语
宗教：伊斯兰教什叶派
居所：法尔斯省（伊朗西部）

传统上，卡什加族过着牧羊的游牧生活，随季节变迁以农耕或牧羊为生。一般认为他们穿越山隘的游牧路线是全伊朗最艰险的。卡什加族对外力侵犯戒慎恐惧，严格遵循既有的游牧路线以及自给自足的传统。他们重视独立，村落社区的领袖往往会因为勇敢无惧而赢得敬重。

卡什加族色彩鲜明的服饰历经千年也没什么改变。他们穿着花样繁复的束腰短上衣搭配宽松的长裤，羊毛和棉花的多层皱折可在严酷的气候环境中提供保护。伊朗的其他山区游牧民族戴的都是没有帽缘的包头圆帽，而卡什加族的帽子则与拿破仑军帽相似。

卡什加族服饰
传统服饰是颜色鲜艳的束腰上衣。妇女会戴头巾，但不掩面。

纺羊毛线
许多卡什加人都以牧羊为业。他们会将以光泽度、颜色洁白与否来计价的羊毛织成著名、色彩丰富的地毯。

民俗歌曲
一位眼盲音乐家戴着卡什加族典型的毡帽，拿着竹笛演唱民俗歌曲。

伊朗与阿塞拜疆
卢尔族

人口：估计在 50 万至 60 万（伊朗境内第二大部落族群）
语言：卢尔库克立语、卢尔伯祖尔格语（两者都是和法尔西语相关的伊朗语言），亦可见法尔西语（波斯语）
宗教：大多属伊斯兰教什叶派
居所：主要在法尔斯省（伊朗西部）

大部分卢尔族人都住在伊朗西部的扎格罗斯山脉中央与南部。一般认为他们是从伊朗古代库尔德族分出的部落发展而成，也有族人主张他们的祖先是在公元前 1 世纪从中亚迁徙至此定居。在 18—19 世纪，卢尔族以波斯最凶残的部落之一闻名，至今仍以山中民族强壮、有耐力的名声为荣。常有人因其高挑瘦长的身材，而认为他们的血缘与当地其他民族不同。

卢尔族拥有独特的文化，受外界影响比较少。卢尔族的两个分支说的是不同语言：卢尔库克立语和卢尔伯祖尔格语；使用后者的尚有邻近的巴克提尔族。卢尔族还可以进一步区分出 60 个以上的部落。大部分族人以小规模农耕或牧羊为生。

卢尔族的诗和歌曲颂扬面临生死存亡的挣扎依然坚忍无惧的特质，以及环境严酷却美丽的家园。他们丰富的纺织文化很有名，尤其是精巧的编织与繁复多彩的布料。

流浪家庭
卢尔族担任旅行乐师维生的历史由来已久，这个家庭延续着这项传统。

巴克提尔人
巴克提尔族与卢尔族不仅血缘亲近、文化相似，连服饰也雷同。

人物侧写

沙普尔·巴赫提尔医生

巴赫提尔 1914 年出生于巴克提尔地区的卢尔族人，是伊朗最重要的政治家之一。20 世纪 50 年代，他出任伊朗内阁阁员，对国王的统治多有批评。在 1978 年底，国王擢升他为首相。巴赫提尔医生仅执政 37 天就发生伊朗革命，他逃往法国，成立国家反抗阵线，1991 年遇刺身亡。

民族

恩德贝勒族的房屋彩绘
许多非洲民族都有装饰房屋的文化。这位
南非恩德贝勒族的妇女正在为色彩鲜明的
几何图案彩绘进行最后的修饰。

撒哈拉以南的非洲

辽阔的撒哈拉沙漠将非洲分成两个截然不同的区域。沙漠北方的民族与中东民族有许多共同点，而南方民族拥有极不同的文化。这片南方土地叫做撒哈拉以南的非洲地区，是公认的人类发源地。在这里发现了我们进化祖先的化石证据，年代可追溯到数百万年前，而第一个“智人”（现代人）是大约 15 万到 20 万年前在此进化出的。

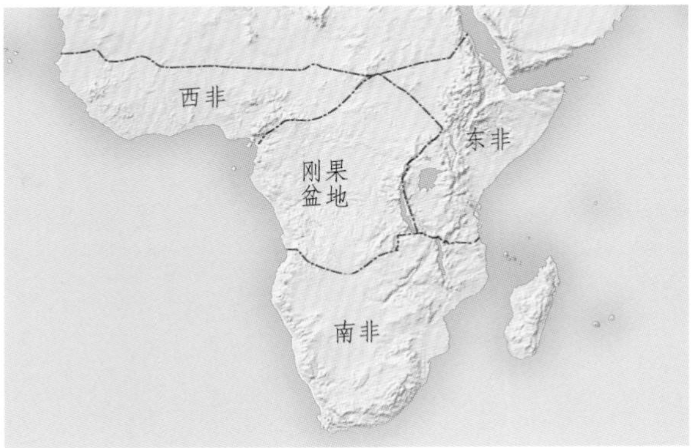

区域示意图
撒哈拉以南的非洲地区包含辽阔的撒哈拉沙漠（在北方）以南的所有非洲国家。

人类在非洲居住的时间比世上任何其他地方都久远，表示这儿的遗传与人种变异非常多样。一般相信变异最丰富的民族是闪族（又称布希曼人，见 424 页），他们是目前已知非洲最早的居民。

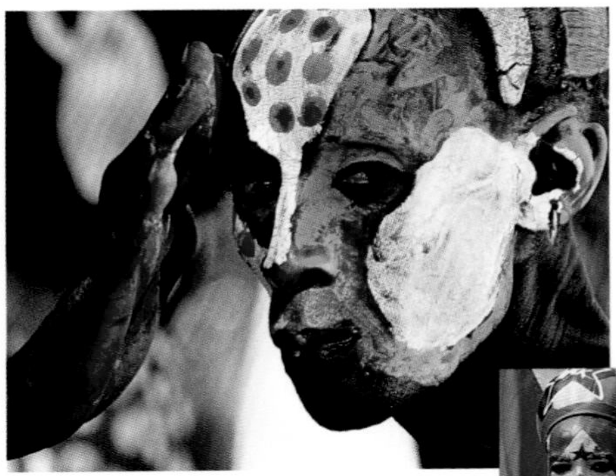

保留特有文化
卡罗族是个人数虽少却很独特的族群，他们只代表了埃塞俄比亚境内大约 200 支民族之一。

迁徙与定居

目前认为过着狩猎采集生活的闪族祖先主要居住于非洲南部、东部和中部。然而大约在公元前 1000 年，另一支叫班图的西非民族〔现在这支民族包含干达族（见 419 页）和祖鲁族（见 425 页）等族群〕开始制造铁器，实行农耕。如此有效率的食物生产方式使班图族人口迅速增加，促使他们向东、向南迁徙，一路上改变了非洲的语言及文化风貌。许多原住民族都被他们取代或同化，只有少数闪族小部落移居到环境更恶劣的地方，保留自己的特性。惊人的是，当欧洲人于 17 世纪开始在非洲南部定居时，班图民族还在继续往南向非洲南部海角地区迁徙。

12世纪的贝南铜制头像

部落与国家

大部分非洲国家都是由欧洲殖民势力、而非本地的种族团体建立，因此国家的疆界鲜少与非洲种族的疆界吻合。于是每个国家都包含许多不同种族（通常都有 200 ~ 300 个之多），有些种族遍及好几个国家，而大部分国家除了 1 ~ 2 种国语之外，都还有数百种地方性语言。这样的差异为当前的非洲带来许多问题，因为有些民族觉得种族的联系比国家情感更强烈。几个极端的情况造成族群之间的暴力事件，甚至导致种族屠杀。有个惊人的例子是卢旺达的胡图族和图西族之间的仇恨，1994 年在仅仅 100 天内让大约 80 万人丧命。持续较长的是非洲南部在种族隔离时期强制执行种族隔离政策，后果是极度动荡不安与许多人命牺牲。

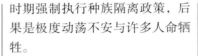

足球迷
非洲国家杯等现代体育竞赛给民众机会展现以国家为荣的感情。

不过现在也有许多非洲人愿意将国家认同放在种族认同之前。在都市受教育的非洲人通常比较会将自己定位成“肯尼亚人”或“尼日利亚人”，“基库尤人”或“伊格博人”居次，且非洲各国体育代表队之间的竞争也比世上其他地区更激烈。

变化

非洲的乡间地区通常都很少改变，原因主要是文化隔离。不过都市化的潮流已使城镇和都市变化得比较迅速，而都市迁徙导致贫富差距加大。社会变化带来的是文化变化。当各种种族背景的人纷纷移往都市，旧有的独特文化与生活方式将被吸收，形成共有的新都市生活。不过非洲工业化的速度很缓慢，大部分非洲人仍以畜牧或耕作为生。

议题

贫民窟

现代非洲有个明显的特征，就是邻近市中心的贫民窟成长迅速。民众迁来这些地方找工作，却常得不到工作机会，被迫用波浪铁板之类的材料盖屋子。贫民窟没什么合宜的卫生设备、医院或学校，居民日复一日面对着疾病与极度贫乏。

贸易的影响
几个世纪以来，桑吉巴一直都是贸易中心，渐渐吸收了东非、阿拉伯、波斯、英国和葡萄牙的文化元素。

非洲角
提格雷族

人口：400 万
语言：提格雷语（属于闪语族）
宗教：基督教埃塞俄比亚东正教（在公元 4 世纪从欧洲基督教分出）
居所：埃塞俄比亚北部、厄立特里亚

提格雷族是闪族的后代，居住在厄立特里亚和埃塞俄比亚北部。他们的语言提格雷语是非洲少数有文字的语言，和阿比西尼亚语有密切关系。提格雷族也像阿比西尼亚族一样，传统上以牛拉犁来耕种谷物。1991 年，提格雷族以改变政府的方式，创立了独立国家厄立特里亚，并在整个埃塞俄比亚境内建立许多种族"小国"。

刺青
许多提格雷族妇女颈、胸和额头都有圆圈或交叉图案的刺青。

非洲角
索马里人

人口：1,000 万（含索马利亚将近 800 万族人）
语言：索马里语（属于库施特语族，和奥罗莫语、阿法语相关）、阿拉伯语
宗教：伊斯兰教逊尼派，亦可见塔里卡信仰（和苏非教派相关）
居所：索马里、埃塞俄比亚、肯尼亚、吉布提

大部分索马里人都住在索马里，但也有不少族群居住于吉布提、埃塞俄比亚的欧加登地区和肯尼亚。索马里人大多过着完全游牧或半游牧生活，居住于沼泽或干旱环境。成年男性和男孩子负责豢养重要的骆驼，妇女则照顾绵羊或山羊。索马里族的饮食以奶和每日收获为主，不过现在索马里族也会食用玉米粉和米饭。

游牧家庭住的是弯曲小树和编织席垫建成的可移动小屋，成群小屋里住的都是亲戚。小屋会排列成圆形或半圆形，建造、整理都是妇女的责任。

索马里人分属不同宗族，不曾

索马里头饰
一位索马里妇女戴着艳丽的红、黄色头饰；已婚的索马里妇女通常都不戴面纱（与其他穆斯林妇女不同）。

有单一政治系统整合过所有族人。争夺稀少资源常使宗族间暴力相向，许多仇恨事件依然在索马里南部肆虐。

大多数索马里人都是逊尼派穆斯林。塔里卡信仰也是重要的传统，这个宗教系统与伊斯兰教的神秘分支苏非教派有关。塔里卡的训示是社会及宗教上的同胞情谊，也是学习和宗教领导的中心。

照顾骆驼
两个小伙子为自己也为他们的牲口汲水。在索马里文化中，成年男人和男孩子要照顾价值不菲的骆驼。

民族

东正教教士
一位阿比尼亚教士拿着精美的十字架和附有插图的圣经，站在天使和圣经故事的图画旁边。

非洲角
阿比西尼亚族

人口：1,400 万
语言：阿比西尼亚语（属闪语族，埃塞俄比亚民族以此为第二语言）
宗教：基督教埃塞俄比亚东正教
居所：埃塞俄比亚中部高地

阿比西尼亚族住在埃塞俄比亚中部的高地，占全国人口四分之一。虽然在埃塞俄比亚境内的人数比不上奥罗莫族（见下页），但阿比西尼亚语却是该国的官方语言。阿比西尼亚曾是阿比西尼亚帝国的中心；现代埃塞俄比亚在 1855 年建国前，这个帝国在非洲之角称霸了好几个世纪。有些族人感觉受泰格尔族主导的埃塞俄比亚政府排斥。

阿比西尼亚人今日多住在郊区，种植埃塞俄比亚画眉草（t'eff）的当地谷物。其他人则在埃塞俄比亚城镇受雇于商业、教育及政府机构。阿比西尼亚人多数信奉基督教埃塞俄比亚东正教。他们的基督教形式建立于公元 4 世纪，此后的发展便独立于欧洲基督教传统之外。每一间埃塞俄比亚东正教教堂都有艘

显灵
这座举行显灵仪式的教堂，位于璧吉奥吉斯，在 12 世纪劈凿岩石建成。

非洲文字

阿比西尼亚语是非洲少数可书写的语言之一。它有自己的文字，叫斐戴尔（fidel），如下图店家的招牌。这是从中世纪阿比西尼亚帝国的吉兹语文字发展而来。基本字母都是子音，字母形状稍做改变就能指出该加上哪个母音。现在阿比尼亚语是埃塞俄比亚都市的主要语言。

方舟，大半年都收藏起来，遇到特殊场合便取出绕教堂游行。正教教士穿着颜色鲜艳的长袍，佩戴一个大十字架让信徒亲吻。

以埃塞俄比亚画眉草做成的海绵面包类似松饼，是大部分阿比西尼亚餐点的主食，上面常放着美味的炖肉。每周三和周五，大部分阿比西尼亚人和所有埃塞俄比亚东正教信徒都不吃肉食。这些天他们吃的是特制的蔬菜餐点，叫做"斋戒餐"。

非洲角

卡罗族

人口：500
语言：卡罗语（属于奥莫语系，和加莫语相关）
宗教：泛灵信仰（一个信仰系统，基础理念是大自然万物都有灵魂）
居所：奥莫河下游河谷（埃塞俄比亚南部）

卡罗族是农业民族，牛是主要畜养动物。这支民族住在奥莫河谷，位于埃塞俄比亚极南之处炎热、干旱的低地。今日存活的卡罗族人约仅500人，是该地人数最少、灭绝危机最大的民族。

繁复的身体装饰及脸部彩绘将卡罗族与哈玛尔族、布米族等邻近民族区分开来。卡罗族人每天都用鲜艳的赭土、白色的白垩、黄色的矿石、碳和磨成粉墨的铁矿石彩绘自己的身体，所有材料都是当地的天然物产。男性用黏土做出复杂的发型和头饰，表现地位、美感和勇气。比方说若有人将头发挽成带灰、红的圆髻，插着

卡罗村庄
少数仅存的卡罗人居住于集中在奥莫河东岸的小草屋里。

一根驼鸟羽毛，就表示他曾杀死敌人或猛兽，如狮子或豹。

卡罗族也像哈玛尔族一样，会在男孩子成年时举行一项仪式，男孩必须在成排的牛背上跳6趟，一次都不能落地。如果成功，这位才刚成年的男人就可以结婚了，同时，他也获得与其他成年人一起公开出现在部落圣地的荣耀。

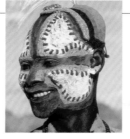

脸部彩绘
这个年轻人脸上精致的彩绘图案在卡罗族很常见。

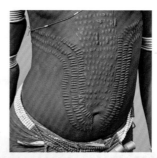

身体毁饰
卡罗族女孩的肚皮要遵从仪式以疤痕文身，让外表更美、更性感（见左图）。而男人胸前的疤痕则表示他曾经杀过其他种族的敌人，因此赢得尊重。

非洲角

加莫族

人口：70万
语言：加莫语（属于奥莫语系和卡罗语相关）
宗教：以泛灵信仰、东正教为主，亦可见新教（自从最近传教士到访之后）
居所：加莫高地（埃塞俄比亚南部）

加莫族的社区散布在埃塞俄比亚西南部加莫高地的山区，有些族人居住的地方海拔高度超过3,000米。每个社区都由一群竹子小屋组成，家庭居所都很高，常在6米以上。加莫人也常在家庭居所旁搭建简单的圆形小屋，不像主屋那么高，

或给儿子、媳妇住，或者当做厨房并储存谷物。

大多数加莫人都以务农为生。拥有小片田地的男人很少单独耕种，族人会组成10～15人的工作小组，花一两天耕种每个人的田地。加莫人在高处种植大麦和小麦，较低的山坡种玉米和高粱。他们还种植瓦豆，这种作物与香蕉相近，根和茎都可食。瓦豆可以确保族人免于饥馑，因为当其他作物都因雨水不调而没有收成时，这种不会死亡的植物通常都能存活。

加莫族的主要节庆就是新年庆典，通常是在九月的大雨过后。他们以绵羊献祭，生起一堆大营火。男人从火堆中取出冒烟的竹竿，大喊："唷！"对彼此表示欢迎。也有些特别仪式为过去一年成年或结婚的人而举行。除此之外，新年是社区居民握手言和的时刻，许多集会都是为了解决争端而召开。族人相信人的和平与土壤的肥沃有密切关系。于是调停纠纷就成为农事丰收与生活幸福的关键。

防水房舍
加莫族的房舍由竹子编成，烹饪时烟可以从室内散出来，但雨水无法滴入。

新年庆典
庆祝新年的时候，男人会排队游行，手持从营火取出的闷烧竹竿。

若有族人死亡，男人会带着社区的其他成员穿上战服、唱着战歌围绕悼念的场地跑步，展现对抗死亡必须具备的战斗力量。

非洲角

奥罗莫族

人口：1,800万至3,000万
语言：奥罗莫语（属于非亚语系的库施特语族）
宗教：以伊斯兰教和东正教为主，经常混和泛灵信仰，亦可见基督新教
居所：埃塞俄比亚中部、西部和南部，肯尼亚北部

埃塞俄比亚最大的种族就是奥罗莫族。传统上他们从事畜牧，豢养牛和羊。南部的一支非基督教民族奥罗莫波伦族还保留着畜牧生活。奥罗莫族的部分分支都已从事各种不同的农业，其他则迁往都市中心。奥罗莫文化的核心是将男性分成不同年龄阶层的长幼阶级系统（见260页），每个阶层都有各自的社会角色。宗教仪式掌管男性在各年龄阶层的晋升。这套社会系统建构了社区中的政治与仪式。

咖啡贸易
一位奥罗莫妇女在当地市集贩售生咖啡豆。咖啡在奥罗莫族中是很流行的饮料。

民族

民族

非洲角

丁卡族

人口：200万
语言：丁卡语，属尼罗语系；许多族人也说阿拉伯语
宗教：泛灵信仰，少部分族人信奉基督新教
居所：苏丹东南部的白尼罗河两岸，以及埃塞俄比亚西部

　　丁卡族是半游牧民族，居住于苏丹南部邻近尼罗河盆地沼泽的草原。一年中大部分时间，他们都住在河畔的小帐篷，照料他们珍视的长角牛。不过在雨季（6月至8月），洪水会迫使族人迁往高地村落。族人之间的距离因而变得很近，故经常闹出纷争。

　　牛是丁卡族生活的重心。牛提

捍卫牲口

丁卡族人的财富就是牛。在苏丹战争期间，有许多牛被杀。牧牛人必须配备武器来保护自己的牲口。

供了重要的粮食，例如牛奶和奶油，它们的皮也被用来做垫子、鼓、皮带和皮索。只有小孩会去挤牛奶；男孩子一旦成年，就永远都不会再去挤奶。如果男人想结婚，得送牛只给新娘的家庭。如果发生争端，由丁卡族长者组成的法庭也会罚犯错的一方以牛来赔偿。

丁卡族与邻近的努埃尔族长期处于战争状态。从1983年开始，苏丹南部就陷入激烈内战，暴力事件和伤亡人数都大幅攀升。

旱季的居所
从九月到来年五月的旱季，丁卡族居住在简单的草屋里，并不断迁徙为牲口寻找草原和水源。

牛角疤
丁卡族人很喜欢牛，有时他们会依照牛角的形状来制作疤痕，就如这位年轻女性脸上的疤。牛是丁卡族人财富的呈现。

真相
驱虫剂
避免苍蝇、蚊子的侵犯对丁卡族来说非常重要。不只因为这些小虫子很讨厌，也因为昆虫会传播病源，包括疟疾等严重疾病。丁卡族人会以牛粪燃烧后的白灰制作很有效的天然驱虫剂，从头到脚涂抹全身，通常连牲口都会涂。无菌的牛尿则用来作为任何昆虫、动物咬伤的伤口抗菌剂。

民族

西非
豪萨族

人口：2,000 万

语言：豪萨语（属于非亚语系乍得语族，许多其他西非民族以此作为第二语言）

宗教：伊斯兰教

居所：尼日利亚西北部、尼日尔西南部

豪萨族主要居住于尼日利亚西北部和尼日尔西南部，是当地最大种族，传统上从事农耕。他们组成的7个大城邦在公元600年左右建立，大约1200年时控制了之前权力已分散的当地村落。在19世纪前叶，豪萨族臣服于对他们展开圣战的富拉尼族；后来富拉尼族开始定居生活，同化融入豪萨族的生活方式。

豪萨族是优秀的商人，经常长途跋涉前往市集。他们的手艺精湛，许多专长都很出名，包括编织、盖茅草屋、制作银器及皮革加工。豪萨语是非洲流传最广的语言之一，大约2,000万人以此为母语，另外还有2,500万人把它当成共通语言来使用。豪萨语包含一些阿拉伯词汇，这是受伊斯兰教影响。早在12世纪，伊斯兰教就出现在豪萨族居住的区域，但直到19世纪00年代，族人才大批改信伊斯兰教。现在，大部分豪萨人都是穆斯林。

市集生活
市集交易长期以来一直是城镇或乡村豪萨族生活的重心，豪萨人会定期长途跋涉去赶集。

气派的音乐
衣着鲜艳的音乐家吹奏细长的金属喇叭，通报有当地长官驾到。

西非
富拉尼族

人口：1,800 万（分布超过10个国家，包括冈比亚、马里、毛里塔尼亚、布吉纳法索以及几内亚）

语言：富拉尼语（又叫做富拉语、富比语、珀尔语或珀拉语）

宗教：伊斯兰教

居所：西非国家，从塞内加尔东部到尼日利亚和尼日尔

传统上，富拉尼族是游牧民族，在西非广大的范围内迁徙。就是这支民族在19世纪前叶，将伊斯兰教传播到大部分的游牧区域。现在有许多富拉尼人与邻近的农业民族协议，以奶和其他牧牛产品交换谷物及蔬菜。

富拉尼的习俗很丰富，但把大部分族人联结起来的是对牛的喜爱，其次是"牧人侠义"的精神。牧人侠义要求的纪律包括耐心与自制、尊重他人，以及智慧、远见、慷慨。富拉尼男性接受的教养就是不能流露感情，以保持距离来表现对别人的尊重。因此在外人看来，他们会显得很冷漠。

富拉尼族会庆祝许多穆斯林及传统节庆。族里的一个分支乌达比族会举办多姿多彩的嘉年华，叫做亚奇（yaake）。年轻男子会穿上华服、彩绘脸庞、佩戴首饰和头饰，努力吸引一群女性评审。

刺青
在富拉尼族妇女之间，嘴唇刺青非常时髦；有些人甚至在牙床上刺青。

重担
牛是富拉尼族生活的中心，这只牛正驮着储存用的葫芦前往市集。

亚奇魅舞
亚奇庆典在旱季尾声举行。如果有哪位女性评审很欣赏某个男子夸张的装束和脸部表情，可能会同意嫁给他。

民族

卜杜马族

人口：6万（主要分布在乍得）
语言：卜杜马语，又称叶迪纳语（属于非亚语系乍得语族）
宗教：伊斯兰教
居所：乍得湖中的岛、喀麦隆、尼日利亚

卜杜马族，又名叶迪纳族，是一支极度独立的民族，有坚决捍卫独特文化的决心，居住于乍得湖北部的岛屿和湖岸，主要从事畜牧和捕鱼。卜杜马字面上的意思是"芦苇的民族"，他们将纸草芦苇应用在许多地方，例如扎渔船或建造重量轻、能在湖水涨时轻松搬到高地的小屋。卜杜马族和寇利族关系密切，他们说同样的语言，而寇利族住在湖的南岸。

卜杜马族豢养的牛有很大的中空牛角，在赶牛过河的时候可以提供浮力。卜杜马族以牛奶和鱼为主食，也会采集莲藕、磨成粉，为饮食添加营养。他们不会杀牛来当作食物。

在乍得湖上捕鱼

卜杜马族人在纸草芦苇做成的船上捕鱼。这儿也有商业渔捞，但卜杜马族捕鱼只为了填饱家人的肚子。

多贡族

人口：10万至40万（包括在布吉纳法索的小族群）
语言：多贡语（属于尼日－刚果语族）
宗教：泛灵信仰
居所：邦贾加拉地区（马里东南部）

多贡族是农业民族，住在马里东南部，主要在邦贾加拉悬崖附近。他们种植小米、高粱和玉米维持生活，也会种植洋葱作为商品作物。

多贡族最知名的就是迷人的传说和仪式，呈现出极细腻复杂的宇宙观。一整年都有全由男性组成的几个宗教团体会举行仪式。最重要的团体是阿瓦娱灵团，会在丧礼中跳面具舞，引导亡者的灵魂进入灵魂世界。另外有个团体叫乐伯（Lebe），成员负责祭拜农业神灵，他们会以黏土和沙土建造祭坛。多贡族人相信他们的面具拥有生命的力量，用于仪式的面具超过65个，其中许多都高得像座塔，耸立在戴帽者的头上。面具最常使用的颜色是红、白、黑及棕色。

多贡族人

多贡族的男性、女性大多只与同性族人来往。男性经常聚集在"谈话屋"，大部分村落中央都建有这种专属于男性的房子。

面具舞

多贡族人在重要仪式中跳舞。每个夸张的面具都是由单一棵树的树枝做成的。

乌洛夫族

人口：300万
语言：乌洛夫语（属于尼日－刚果语族，许多其他非洲民族以此作为第二语言）
宗教：伊斯兰教
居所：塞内加尔西部、冈比亚西部、毛里塔尼亚

大部分居住于冈比亚和塞内加尔的乌洛夫族社会结构分成三个阶级。吉尔 geer 阶级是农民，之下是涅宇 nyenyoo，成员从事技术工作，包括铁匠、衣物织工或乐师。最底层的是奴隶后代贾安 jaam。这套系统仍指引着今日的社会行为。

科拉琴手

一个人在演奏科拉琴，这种乐器有 21 根弦和大葫芦做成的共鸣箱，在塞内加尔的乌洛夫族很受欢迎，有时会加大体积来拓宽演奏音域。

伊格博族

人口：2,000 万
语言：伊格博语，又称伊博语（属于尼日－刚果语族）
宗教：基督教（天主教与新教）
居所：尼日利亚东南部

伊格博族务农，住在尼日利亚东南部的尼日尔河两岸。他们的主要作物是番薯，收成时要举行庆典。八月是农业周期的尾声，伊格博族会举办新番薯节。在庆典期间，村落领袖将享用第一批番薯，然后每个人都大啖各种番薯菜色。伊格博族高超的艺术和手工艺非常有名。传统上他们格外擅长运用金属及木材，举行仪式时会用几个不同的小雕像及面具。

小雕像
这尊母亲哺育婴儿的雕像，呈现的是女性生育力的威力与重要性。

避开暑气

尼日利亚的伊格博族妇女撑伞阻隔太阳猛烈的热度，轻而薄的裙子和浅色上衣也能帮她们避开暑气。

人物侧写

安多尔

歌手兼作曲家安多尔于1959年出生于塞内加尔的达喀尔。他承袭了乌洛夫族文化，发展出一种音乐形式，成功糅合传统乌洛夫打击音乐和爵士、嘻哈、灵魂及古巴非洲风，并被封为"祭神音乐（mbalax）之王"。mbalax 是塞内加尔流行音乐乌洛夫语名。他带领乐团"达卡之星"灌录专辑，走访世界表演。安多尔也活跃于政坛，曾为国际特赦组织和艾滋儿童举办慈善音乐会。

科拉琴手

人物侧写

阿奇贝

生于 1930 年，1958 年出版第一本著作《生命中不可承受之重》后，旋即成为载誉国际的作家。本书生动描写伊格博族的传统生活与文化，其后的作品则关切殖民主义对伊族的冲击。

民族

西非

阿散蒂族

人口：100万
语言：阿散蒂语，又称阿散蒂语（尼日－刚果语系特威语的一种方言）
宗教：泛灵信仰（包含祖传仪式）、基督教
居所：加纳南部

今日加纳的最大种族就是阿散蒂族，有时因拼音变化又称为亚善提族。大部分阿散蒂族人都是农夫，种植番薯、木薯、玉米和各种水果供食用，以及将可可、果树当成经济作物。阿散蒂族的信仰系统很复杂，包含各色各样仪式、巫术、魔法、祖先祭祀、占卜及神灵信仰。传统上，阿散蒂族利用占卜寻找问题的根源。有种占卜是喂公鸡吃少量毒药，然后提出以"是"、"否"回答的问题，

可可收成
可可是阿散蒂族人的重要收入来源。

为国王献舞
一位年轻妇女穿着金色服饰，戴上许多珠宝，为国王献舞。

公鸡的生死就道出答案。阿散蒂族是母系社会，族人相信子女承袭了母亲给予的血肉，因此属于母亲的宗族。父亲给予子女的是灵魂，虽然也很重要，却与宗族联系无关。因此他们非常重视生育，有时年轻妇女会持有祈求受孕的人偶，来帮助她们怀孕。祭师或教士先以人偶祝祷，然后妇女把人偶当成真正的婴儿随身带着，期望不久就能生出小孩。

雕像
年轻妇女想要怀孕时，会随身携带这种祈求受孕的人偶。

历史

阿散蒂王国

18和19世纪早期，阿散蒂王国从几个较小的自治首领国发展起来。国王登基时，会在金凳子上下3次。阿散蒂族以金凳子象征统一。

皇室的象征
传统的金凳子和颜色鲜艳的肯特布是阿散蒂皇室最重要的两种象征。

西非

塞努福族

人口：100万（主要居住于象牙海岸北部，在马里南部和吉布纳法索有小族群）
语言：塞努福语（属于尼日－刚果语族）
宗教：泛灵信仰、伊斯兰教
居所：象牙海岸、马里、吉布纳法索

塞努福族是农业民族，大部分住在象牙海岸北部沙凡那地区的小村庄里。他们复杂的宗教生活与秘密团体结合在一起，分成男孩的教派和女孩的教派。为了帮助孩子为成年生活做好准备，秘密团体会教导他们民族传统，通过在森林举行的艰苦测试，让孩子学会自我控制。几年之后孩子就"毕业"，举行的成年仪式包含割礼与一段时间的隔离；在最后典礼上，他们将获准初次戴上面具。

面具灵舞
戴着面具的塞努福族人在祖先的坟地上跳舞，驱逐亡者的灵魂。这些面具上有以海象獠牙、鳄鱼牙齿和豪猪刺做成的装饰。

塞努福族妇女
在塞努福族的社会中，男人尊重妇女作为妻子、母亲的角色，但仍常将妇女排除在仪式之外。

刚果盆地

方族

人口：90万
语言：方族语，又名帕美语或帕胡因语（属尼日－刚果语族班图语支）
宗教：泛灵信仰、基督教
居所：喀麦隆南部、赤道几内亚、加蓬北部

从19世纪开始，方族就居住在喀麦隆、加蓬和赤道几内亚交界区域的浓密森林中，从事刀耕火种农业。要种植新作物时，方族人会用巨大的刀砍伐森林，再以锄头耕地。他们也喜爱狩猎，对森林的知识非常丰富。

方族人对祖先神灵信仰虔诚。逝世酋长的头盖骨和骨头都安置在圆柱状的特殊盒子里，以木刻的守护神像装饰。族人相信这些尸骨能为整个族群带来幸福，因此一定会收藏在家中，即使搬家也不例外。妇女及尚未成年的人都不能接触尸骨。

白面具
在方族文化中，白色象征祖先的领域。

刚果盆地
刚果人

人口：300 万，居住于刚果河下游两岸
语言：刚果语（属于尼日－刚果语族班图语支）
宗教：泛灵信仰、罗马天主教
居所：刚果民主共和国、刚果、安哥拉北部

刚果王国是中美洲领土最大的国家之一。它在 15 世纪达到巅峰，但到 17 世纪则因为殖民的冲击而分裂成几个小国。如今经历了数十年内战，族人往往离开村落从军，或迁往城镇和都市从商、工作，使传统刚果文化失传了大半。在王国时期，象牙、铜和奴隶贸易都很兴盛，大部分人民都耕田务农。现在还有许多人继续过这种农业生活，种植香蕉、玉米和芋头等作物。传统刚果信仰以神灵和祖先膜拜为中心。

东非
干达族

人口：300 万
语言：干达语，又名卢干达语（属于尼日－刚果语族班图语支）
宗教：泛灵信仰、基督教、伊斯兰教
居所：维多利亚湖区（乌干达东南部）

干达族又名巴干达族，是乌干达最大的种族，居住在这个国家东南部维多利亚湖畔的肥沃地区。传统上他们务农，种植香蕉和许多其他作物，包括豆类、小米、玉米、番薯、花生和树薯。他们也种咖啡和茶作为出口的经济作物。干达族是乌干达教育程度最高的民族，许多人住在首都康培拉和国内其他城

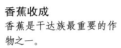

香蕉收成
香蕉是干达族最重要的作物之一。

镇，经常出任公职。他们的生活水准较高，现代化程度也领先其他乌干达民族。

干达族定居乌干达东南部始于公元 1000 年左右。到了 18—19 世纪，他们已经发展出中央政府、法庭、税赋的复杂系统。这个系统的顶点是国王，他不只是大法官，也是地位最高的教士。除此之外，国王还掌管最重要的土地分配。在今日的村落中，传统文化依然非常兴盛。国王极受崇敬，世袭传承酋长、宗族领袖、家族领袖的社会组织还在继续运作。干达族是父系社会，宗族归属取决于父系血统。大多数族人都能回溯先祖到 4 代，甚至 5 代之前。

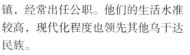

干达皇族
这件价值非凡的豹皮是国王高贵身份的象征，干达族的国王仍掌管着地方事务。

东非
史瓦希利族

人口：70 万
语言：史瓦希利语（超过 3,000 万其他民族的人也以史瓦希利语为母语或第二语言）
宗教：伊斯兰教（奉行非常严格）
居所：肯尼亚及坦桑尼亚的海岸区域

史瓦希利族是非洲班图人（在公元 1 世纪早期从内陆迁徙到海岸）及来自波斯湾的商人（在公元 900 年左右抵达）混血的后代。这两支民族、两种文化融合造就了史瓦希利族，他们的语言在东非是流传最广的。"史瓦希利"的名称来自阿拉伯语，意思是海岸。

史瓦希利族一直都是商人。他们从事贸易促成海岸的拉穆、桑吉巴和蒙巴萨等大城邦兴起。史瓦希利商人以名为单桅三角帆船的船只运送货物，穿越印度洋前往阿拉伯（新近常用的名称是中东地区）和印度。有时史瓦希利族也会出面为内

贸易帆船
张着大风帆的史瓦希利族单桅三角帆船如今在肯尼亚及坦桑尼亚海岸还很常见，能利用印度洋季风航行到印度。

陆民族及殖民政府协调沟通。

史瓦希利族是严格的穆斯林，大多数人都定时在清真寺礼拜。许多人配戴写有《古兰经》文句的护身符，保护自己免于恶灵的侵害。《古兰经》也用于占卜或治病。伊斯兰教的教师可能会指示患者将写了《古兰经》经句的纸浸入水中，这水便融入了阿拉的话，只要饮用或拿来沐浴就能治好疾病。史瓦希利族的兴旺使得某些邻近民族也接纳了伊斯兰教。

号角宣告
在海岸城镇拉穆，吹奏希瓦（siwa）号角是为了宣布大事，例如结婚、割礼或宗教庆典。

伊斯兰教信徒
这两位史瓦希利小姐的穿着，尤其是头巾，表明她们是穆斯林。

民
族

采集蜂蜜
蜂蜜是价值极高的食物，这位矮人族人
将爬到极高的树上寻找蜂窝。带着蜂巢
回到部落的人总能获得极为兴奋、热烈
地欢迎。

南非
祖鲁族

人口：900 万（南非最大种族）
语言：祖鲁语、英语
宗教：传统祖先祭祀，亦可见基督教（近代愈发重要）
居所：夸祖鲁－纳塔尔（南非）

祖鲁族人大多住在南非东部的夸祖鲁－纳塔尔省。祖鲁的原意是"天堂之民"。传统上他们从事农耕、畜牧，如今许多祖鲁人开

始在矿场工作。他们离开家园、长途跋涉，大半年都住在矿场附近设备简单的宿舍里，偶尔返家探视妻儿们。

祖鲁族保留了许多传统思想和医疗仪式。有些人相信疾病的起因

衣喜搓罗帽
已婚妇女的传统头饰叫做衣喜搓罗，是以染色的草绕过篮框编成的。

可能是巫术或恶灵，经常咨询传统的治病人，也就是巫师。

艰辛的工作
许多祖鲁人在环境非常恶劣、狭窄的南非金矿、钻石矿工作，赚取微薄的工资。

历史
纪念夏卡

在 19 世纪，祖鲁族人首度在夏卡·祖鲁的领导下，集结成一个大国。夏卡是极受敬重的战士，他率领族人征服了许多邻近民族，建立起真正强大的王国。夏卡·祖鲁的时代公认是祖鲁民族的全盛期；从此之后，祖鲁人每年都会举办盛大热闹的庆典来纪念他。

夏卡庆典
一年一度的夏卡庆典包括舞蹈及穿戴传统战士装束，如下图所示。

马达加斯加
梅里纳族

人口：400 万
语言：梅里纳语及马拉加西语（两者都属马来－波利尼西亚语族，和婆婆洲的语言相关）
宗教：泛灵信仰、基督新教
居所：中央高地（马达加斯加）

过去梅里纳族曾建立马达加斯加最大最强的王国。现在族人以务农为主，主要作物是水稻。

梅里纳族将亡者的尸骨置入宽敞的墓穴、定期取出，为他们"翻身"。这项仪式是家族大团圆的场合，会举办活泼的庆典。

现代墓室

马达加斯加
查非美乐利族

人口：2.5 万（居住于散布高地的大约 100 个村庄及小村落）
语言：查非美乐利语、马拉加西语
宗教：泛灵信仰
居所：高地东南部（马达加斯加）

查非美乐利族实行刀耕火种农业，住在马达加斯加东南部山区的森林，精致的木头工艺和编织都很有名。查非美乐利族的房屋是由植物纤维、木材和竹子建成。当男女结婚，他们的第一件工作就是建造简单的房舍，代表两人之间的关系刚建立。随着时间流逝、夫妻关系愈来愈稳固，他们会巩固自己的房舍，直到它成为坚固的永久建筑。

家庭生活
小女孩抱着弟妹准备食物。每过一段时间孩子诞生，夫妻俩就会增建自己的房屋。

南非
非洲白人

人口：300 万
语言：南非荷兰语（公元 1925 年宣布为官方语言）
宗教：加尔文教派（基督新教的一支）融合非洲白人是上帝选民的国家信仰
居所：南非（主要在德兰士瓦省与奥兰治自由邦）

非洲白人又名布尔人（"农人"），血统源自不同种族。很多人有荷兰血源，其他人来自法国、德国和苏格兰。他们在 17 世纪聚居好望角。这群人由强烈、虔诚的加尔文教派信仰以及在好望角共有的新生活联结在一起，不久便孕育出强烈的国家认同。

灌木林狩猎
许多非洲白人很珍惜狩猎野生动物的自由，许多私人狩猎活动仍在南非大部分区域进行。

历史
种族隔离

种族隔离政策在 1948 年由非洲白人政府实施，给各种族不同权利，将黑人变成次等公民。许多人认为其基础是布尔人的加尔文信仰，让他们自认是拥有特殊权力的独特民族，由上帝挑选出来。在 1994 年扩及所有种族的选举后，黑人多数的政府成立，但种族隔离在社会及经济上的影响依然存在。

英国在 1814 年控制了好望角，非洲白人决定前往内陆寻找属于自己的土地。1835 年到 19 世纪 40 年代早期，估计约有 1.2 万南非白人驾着

纪念南非阿福利肯人大迁徙
前非洲白人抵抗运动的成员，种族隔离的支持者，正重现南非阿福利肯人大迁徙。

牛车深入内陆，一路对抗科萨族和祖鲁族的攻击。这段旅程被称为南非阿福利肯人大迁徙，是布尔人历史的转折点。这批旅人建立起三个国家，但后来英国又强占这些地区，引发两次布尔战争，直到 1910 年，南非联邦终于建立。现在南非白人大多务农，对宗教非常虔诚，坚决维持传统。

桃子白兰地
桃子白兰地又称"火水"，是非洲白人的传统烈酒，非常烈的家酿白兰地，深受当地人及观光客喜爱。

民族

民族

猎鹰术
带着猛禽狩猎的传统源起于中亚游牧民族，至今仍继续流传着。这人正要参加蒙古的金鹰节。

北亚与中亚

北亚及中亚寥寥可数的几个国家，共同组成了丰富古老的民族与文化织锦。几个世纪以来，他们承受了来自四面八方的移民与征战，其中包括波斯、土耳其、中国和俄罗斯，始终不乏文化同化或维系独特文化的挣扎。今日的政治疆界几乎完全无法和这个地区的民族历史吻合，但确实提供了新近建立的国家认同感，与最初的种族认同并存。

区域示意图
这个章节介绍的区域涵盖了西伯利亚和中亚（包括巴基斯坦西北部、阿富汗及蒙古）。

有些专家相信，北亚的几支文化可追溯到苏美尔人，他们发明轮子与文字。尽管有共同的历史，如今北亚和中亚的民族差异甚多。许多种族族群住在巴基斯坦西北部、蒙古和阿富汗，以及叫做"某某斯坦"、在1991年前都属于前苏联成员国，包括哈萨克（斯坦）、乌兹别克（斯坦）、塔吉克（斯坦）、土库曼（斯坦）和吉尔吉斯（斯坦）。

迁徙与定居

这个地区大部分民族原先都是游牧民族。其中的波斯人（印度—伊朗民族）用以丝绸之路赚取的财富建起布哈拉等中亚大城，吸引了俾路支族等其他部落。突厥部落也在此定居，蒙古人进入今天以其为名的土地，土耳其人则往南深入中亚再进一步南移。另一波移民在16世纪俄罗斯帝国扩张时来自西方。

部落与国家

波斯人聚居成各具特色的社区，反映在拥有超过45种民族语言的现代阿富汗多元景观中。不过起初居于波斯统治者之下的突厥战士在11世纪时获得权力，如今是他们占据了大部分的"斯坦"国家，只有塔吉克（斯坦）

议题

咸海之死

位于哈萨克斯坦与乌兹别克斯坦边界的咸海水源来自两条大河：阿姆河和锡尔河。自20世纪30年代开始，这两条河就被引流灌溉。曾是世界第四大的湖泊仅35年就干涸，60%的原因就在于此。如今渔业大半没落，许多湖岸居民没有淡水可用。水污染与干涸湖岸的沙尘暴也带来了健康问题。

主要是波斯民族塔吉克族的家园。接下来，由成吉思汗率领的蒙古人在12—13世纪征服了北亚及中亚大半地区，但他们的帝国只不过一个世纪后便消失了。之后是俄罗斯入侵，急切地将自己的文化烙印在"斯坦"国

史前艺品
阿尔泰山区发现的陵墓中有手工艺品，例如这尊装饰用的鹿（曾是头饰的一部分），年代可追溯到公元前4—前5世纪的游牧文化。

西伯利亚教堂
西伯利亚的俄罗斯东正教教堂见证了俄罗斯在17世纪殖民这块土地的历史。

家，损害了本地文化。即使是极北的狩猎采集民族也被前苏联的现代化、工业化触及，影响包括都市化后被迫减少游牧活动。前苏联在1991年解体，"斯坦"国家获得独立，但现在的政治疆界完全无法与种族分布吻合。这个地区大部分的民族都散布于好几个国家。

变化

工业化为"斯坦"国家和西伯利亚带来的影响都非常巨大。前苏联国家如今都面临克服旧政权残存影响、追求民主与自决的挑战。自从1991年成为独立国家后，国家语言、国民族群的主流（要与俄罗斯相抗衡）常重新定义。然而部落方言和文化还是在存亡之间挣扎，因为如今强调的是国家认同，而非传统宗教。塔吉克山区甚至在20世纪90年代早期发生冲突，原因是大约20支宗族（及方言）明明存在却未

获官方承认是塔吉克的文化。许多国家都成立了一些组织来保存多元文化，例如涅涅茨人组成的北方民族联盟。这类团体的诉求就是有许多民族都维护着古老的传统，例如哈萨克人对宗族的忠诚、蒙古人搭的帐篷以及佛教文化的复兴，这在蒙古民族也能发现。

探索太空
拜科努尔太空中心是哈萨克斯坦（前苏联国家）现代化的一个好例子。这里是国际太空站任务的发射点。

钻油
这个区域部分地区蕴藏丰富的石油、天然气及矿产。这些资源在当地持续进行的工业化过程扮演关键角色。

民族

西伯利亚
鄂温克族

人口：5.9万
语言：鄂温克语（属于阿尔泰语系通古斯语族，和中国的满语相关），俄语
宗教：萨满信仰
居所：西伯利亚（俄罗斯）、蒙古、中国东北部

鄂温克族也叫做埃文基族，广泛分布在西伯利亚针叶林、蒙古和中国黑龙江省。俄罗斯和中国都为鄂温克族设置自治区划，但只有少部分鄂温克族人住在这些专属于他们的土地上。中国的鄂温克族是定居的牧人和农人，但俄罗斯北方的鄂温克族约一半仍过着传统生活，以畜养驯鹿、狩猎食物与毛皮及捕鱼作为经济来源。他们饲养的驯鹿已完全驯化，可以挤奶、骑乘，或当成驮兽。这些驯鹿体型不大，负载物必须放在肩部，不能放背部。鄂温克族不吃自己的驯鹿，除非迫不得已或为了祭典，因为这些驯鹿太珍贵了。萨满信仰对鄂温克族的生活影响很大，"萨满"这个名称就出自鄂温克族。萨满信徒会吃有迷幻作用的蕈类进入恍惚状态，据说就能预知未来、预测天气，或预言狩猎或牧养是否成功。

皮草服饰
这些温暖衣物是以驯鹿和陷阱捕获的黑貂、水獭和白鼬的毛皮制作的。

西伯利亚
雅库特族（萨哈族）

人口：38万
语言：雅库特语，又名萨哈语（属于阿尔泰语系北突厥语族）；俄语
宗教：自17世纪改信基督教俄罗斯东正教
居所：雅库特（萨哈）共和国、俄罗斯

雅库特族人偏好萨哈族的称呼，他们是西伯利亚最大的原住民族，住在俄罗斯最大的行政体系—雅库特共和国内。这片狭长的土地位于西伯利亚东部，涵盖了"冷极"维科扬斯克地区，那儿的温度可低至零下60℃以下。族人在13世纪来到此地，或许是一支来自中亚的突厥民族往北迁移。他们带来繁殖牛马的技术，藉此适应了寒冷的天气。雅库特族的文化随着俄罗斯的毛皮贸易而兴盛，但在前苏联时代，经济被蛮横的集中化。叶利钦总统在1994年为此正式道歉。

泡茶
用大壶泡茶是俄罗斯影响雅库特文化的表现，这位妇人的服装和环形头饰则显露出与泛土耳其文化的关系。

耐寒的马
虽然他们的家园是地球上有人居住最冷的地方之一，雅库特族还是繁殖马匹，而非驯鹿。

西伯利亚
涅涅茨族

人口：3.4万
语言：俄语、尼内语
宗教：尼内信仰，包含泛灵信仰及萨满信仰
居所：俄罗斯极地、乌拉山两侧

涅涅茨族是极地民族，住在北极冻原，也就是永冻土和沼泽区。居所邻近西伯利亚的北极海岸，因为也住在乌拉尔山脉位于欧洲的一侧，所以是欧洲最北的民族。居住地还包括深入北极海的亚马尔半岛（亚马尔意思是大地的尽头）。这支民族自称叫做萨摩耶民族。萨摩耶民族由相近的语言和文化联结在一起。

在公元1世纪左右抵达这个区域之后，尼内族博得最善于饲养驯鹿的名声，他们能养出强壮得像马一样能驮载重物的驯鹿。

由于地处偏远，涅涅茨文化从一定程度上躲过了俄罗斯基督教传教士的浸染，及之后的同化野心。今日他们仍信奉传统宗教，许多族人依旧是真正的游牧人，没有定居的区域，领着驯鹿一年游牧两趟：秋天从海岸地区南移到森林，然后在春天回到海岸冻原的牧草地。

婴儿摇篮
小婴儿都安置在悬挂的摇篮里，隔离冰冷的地面。他们穿着初生驯鹿的毛皮做成的衣服，尿片里垫着木屑。

涅涅茨族，意思是"真正、纯粹的人"。东方的恩加纳桑人和南方的埃内茨人（他们的名字也表示"真正、纯粹的人"），和尼内族同属于一个更大的族群，

驯鹿皮帐篷
涅涅茨族的土地很偏远，因此在当地取用驯鹿皮、松木柱子等材料建造居所。

周岁的驯鹿
一只小驯鹿在吃煮鱼。这位妇女穿的是内外两面都有驯鹿毛皮的外套。

涅涅茨族的古老信仰包含泛灵信仰（认为自然界万物都有灵魂，不论生物或非生物）及萨满信仰（由称为萨满的圣人进行仪式）。迁徙时，会拖一个神圣雪橇，上面供着一尊神像、熊皮、钱币和其他圣物。这座雪橇只在祭祀或其他特殊场合，才会由受敬重的老者卸下装载物。

杏眼
就如大部分西伯利亚民族一样，涅涅茨族也有杏仁形状的眼睛，这是远东民族和某些美洲原住民族共有的特征。

民

族

西伯利亚

楚克奇族

人口：1.5 万
语言：楚克奇语（位于俄罗斯的楚克奇堪察加语言之一）、俄语
宗教：萨满信仰、泛灵信仰、基督教俄罗斯东正教
居所：西伯利亚极东北处（俄罗斯）

许多楚克奇族人住在属于自己的自治区，这处自治区在俄罗斯境内，位于白令海与楚克奇海之间的

议题

集体化

楚克奇族的命运和亚洲所有极地原住民族相同，都在 20 世纪 30 年代遇上企图安置、组织游牧民族的前苏联集体化政策。政府强迫游牧家庭迁入村庄，猎人和牧人最后都得定居，孩子被送到寄宿学校。楚克奇族的未来就在俄式教育（见下图）和楚克奇文化的保存间寻求平衡。

楚克奇半岛。沿海的楚克奇族和内陆楚克奇族传统生活模式截然不同。内陆民族过着某种程度的驯鹿游牧生活，而沿海民族则是定居的渔夫，也捕猎海洋哺乳动物。沿海楚克奇族的传统生活模式类似白令海峡对岸的阿拉斯加民族，如尤皮克族；某些民族还使用相似的海象皮舟。20 世纪时，楚克奇族武装曾抗议苏维埃政权的安置政策，并忍受工业污染及核试验入侵他们的家园。

楚克奇人
在脸部五官、衣着和文化方面，楚克奇族看来很像北美的极地民族，专家正在寻找他们在遗传和语言的关联。

内陆楚克奇族
一位内陆楚克奇牧人准备好绳索要捕捉驯鹿。

海象长牙雕刻
沿海楚克奇族以海象的牙齿刻出雕像，雕刻主题经常取自神话与传说中的角色，例如这只北极熊。

照顾动物
一位楚克奇儿童喂死去的海豹喝水。楚克奇人相信被捕猎的动物把自己交给了猎人，一定要心怀敬意。

西伯利亚

图瓦人

人口：24 万
语言：图瓦语（一种突厥语）、俄语、蒙古语、中文
宗教：大部分属于和藏传喇嘛相关的佛教，也有族人信奉祖传的萨满信仰
居所：图瓦共和国（俄罗斯）、蒙古

图瓦共和国位于西伯利亚南缘，与蒙古、中国都有接壤。曾有好几个世纪，图瓦人饱受强邻蹂躏，例如土耳其汗国、蒙古成吉思汗及沙

喉唱歌手
呼和图是又名喉唱的图瓦传统双声唱法代表团体。

俄帝国。最后在 1912 年，图瓦终于宣布脱离满语而独立，先是居于沙俄羽翼之下，后来成为属于前苏联的自治共和国。

图瓦族和蒙古人有血缘关系，尽管他们的语言主要属于突厥语，还是包含许多蒙古词汇。自 17 世纪以来，图瓦人受俄罗斯文化影响愈来愈大，这个区域在 20 世纪进行了前苏联式的都市化与工业化。在此时期，图瓦人的自治空有其名。不过从 1991 年开始，民族意识复兴的呼吁强化了图瓦语言教育，帮助重建在前苏联统治下荒废的佛教寺院。

传统图瓦民族是半游牧的牧人，豢养绵羊、牛、马、驯鹿或牦牛。

半游牧生活
部分图瓦人继续过着半游牧生活，居住在森林中的圆锥形帐篷或草原上的圆顶帐篷中。

同时通行的两个宗教：佛教和萨满信仰，都在 20 世纪受前苏联政体管制，也都在 1991 年获得复兴。许多族人同时信奉两个信仰系统，运用于生活的不同层面。

图瓦人的传统音乐很出色，发展出双声唱法的特殊技巧，又叫喉唱。只要一位歌者就能同时发出两个甚至三个音，连结组合成旋律。双声唱法搭配马头琴等乐器，能够呈现草原上传统图瓦族生活中大自然的声音与风貌及以马和畜牧为中心的人生。

西伯利亚

阿尔泰族

人口：6.9 万
语言：阿尔泰语，又名额鲁特语（属于突厥语族，和图瓦语、雅库特语相关）、俄语
宗教：勃尔坎教（佛教和萨满信仰混合形成）、基督教、伊斯兰教
居所：阿尔泰共和国及俄罗斯其他地区

阿尔泰地区是今日阿尔泰民族的家园，也可能是现今蓬勃发展的阿尔泰语系所有语言的起源地。突厥民族和蒙古民族全都使用这类语言。

阿尔泰民族经历过去几个世纪统治者企图灭绝其文化的手段。如今俄罗斯人在阿尔泰领土占多数。阿尔泰民族为半游牧社会，直到前苏联政府让大部分族人定居为止。已定居的家庭有时还是会在院子里留个圆顶帐篷（传统游牧帐篷），当成卧室或夏天的厨房。1900 年左右，名为勃尔坎教的独特当地宗教兴起，当时一位阿尔泰牧人预见有个救世主般的人物将带领族人获得自由。勃尔坎教结合佛教和祖传萨满信仰大自然信仰的元素，但受政府压制。

山中骑士
塔吉克人住在辽阔草原和崎岖山区，骑术是偏远地区的必要技能。

中亚
塔吉克族

人口：860 万
语言：塔吉克语（及数种和波斯语相关的语言）、俄语
宗教：伊斯兰教逊尼派为主、伊斯兰教伊斯梅里派（从伊斯兰教什叶派分出，帕米尔人信奉）
居所：塔吉克斯坦、阿富汗、乌兹别克斯坦、哈萨克斯坦、中国

塔吉克族的起源可追溯到公元前 1 世纪的大夏人和索格地安人。他们与其他中亚族群不同的是使用波斯语言而非突厥语。来自帕米尔高山地区的塔吉克人说的方言和地势较低地区的语言差异很大。在前苏联时代，塔吉克人获准成为前苏联的加盟共和国（1929 年），这个政治体在 1991 年的前苏联解体后，成了名为塔吉克斯坦的独立

国家。从 1991 年到 1996 年，塔吉克斯坦国内经历宗族之间的内战，最后约 5 万人丧生。许多塔吉克人居住在小村庄，种植棉花、小麦和大麦等作物。居住在低地的族人文化类似邻近的乌兹别克人（例如格外尊重长者，称呼他们为梅萨非（mui-safed），意思是"白发人"）。塔吉克男性的传统服饰包括一件厚厚的夹棉外套和黑色绣花帽子。妇女则穿戴色彩非常鲜艳的连身裙和搭配衣服的头饰。

塔吉克人的面貌
塔吉克民族大多拥有浅棕色的皮肤、深色头发和棕色双眼。妇女常用头巾、男性戴帽子，将头发遮起来。

宴会
塔吉克人在所有邻国中都是少数民族。这几位塔吉克人在中国新疆地区享受盛宴。

中亚
帕米尔人

人口：20 万
语言：帕米尔法尔西语
宗教：伊斯兰教伊斯梅里派、伊斯兰教逊尼派
居所：塔吉克斯坦、中国、阿富汗、巴基斯坦

大部分帕米尔人都住在帕米尔高原（常被称为"世界屋脊"）的村落和小镇。他们使用法尔西语的一种独特方言，不过还有许多地区性的变异。他们不只认同于帕米尔族，也将自己视为来自某个山谷或地区的人民。大部分帕米尔人都信奉伊斯兰教伊斯梅里派，这是国家认同的焦点。

帕米尔地区有着严酷的寒冬、土地短缺和偶发干旱，有些族人遵循吸食鸦片的传统来纾解压力。此地的政治情势一触即发，族人的生活深受 20 世纪 90 年代塔吉克斯坦内战及始于 1979 年的阿富汗战争影响。在阿富汗，逊尼派的政府和组织都与帕米尔民族为敌，因为他们信奉伊斯兰教伊斯梅里教派，迫使许多帕米尔人离开。

民族

中亚
乌兹别克人

人口：2,200 万（在所有中亚共和国都是最大族群）
语言：乌兹别克语（属于突厥语群，有两种方言）、俄语
宗教：伊斯兰教
居所：乌兹别克斯坦、阿富汗、吉尔吉斯斯坦

婚礼三部曲
这些女性宾客参加的是乌兹别克婚礼下午的仪式。男性获邀参加的是上午的仪式，等到晚上，所有宾客才一起庆祝。

1991 年前苏联解体，乌兹别克人随即建立属于自己的独立国家乌兹别克斯坦。乌兹别克社区的邻居情谊很浓厚，长者被称为"白发人"，享有极高的尊重与权威。他们也非常重视待客之道，喜欢取悦宾客。传统的乌兹别克食物包括羊油饭、白面包和面条。

中亚
哈萨克人

人口：1,100 万（只占世界第九大哈萨克斯坦共和国人口的 50%）
语言：哈萨克语（属于突厥语群）、俄语
宗教：伊斯兰教
居所：哈萨克斯坦、中国、乌兹别克斯坦、俄罗斯

哈萨克人是传统游牧民族，曾主宰南方乌拉山和阿尔泰山脉之间的草原地区，直到 19 世纪俄罗斯人大规模在此定居，剥夺他们的牧草地。

过去 100 年间，哈萨克人渐渐定居下来。脱离游牧生活的主要时期从 20 世纪 20 年代开始，是早期前苏联政权的集体化时代。即使如此，与宗族的联系（这是许多游牧民族的共同特性）仍是哈萨克社会不可或缺的特质。哈萨克人将自己分成三大类：大群、中群和祖支（zhuz），祖先传

色彩鲜艳的衣服
虽有哈萨克人偏好"西式"服装，传统上女性仍穿戴颜色鲜艳的手缝衣服和头巾。

议题
前苏联世俗主义

在前苏联时代，居于哈萨克（和其他中亚文化）文化与认同中心的伊斯兰教传统角色受到压制。前苏联的手法之一就是引入无关宗教的"婚礼宫殿"，例如这张照片所示。某些宫殿现在还有人使用。

下来的归属也依然重要，许多族人初识的第一句话就是："你属于哪个祖支？"除此之外，哈萨克的游牧传统也是文化认同的重要部分，例如一种游牧民族使用的圆顶帐篷（毛毡帐篷）就成为国家标志。

哈萨克的口述文学以英雄史诗为基础，许多作品描述的都是 16 世纪哈萨克人与卡尔梅克人的冲突，以及当时的战士。

草原之鹰
许多哈萨克人都很敬重的一项传统是带着老鹰狩猎，这是运动也是觅食。

柯尔克孜族

中亚

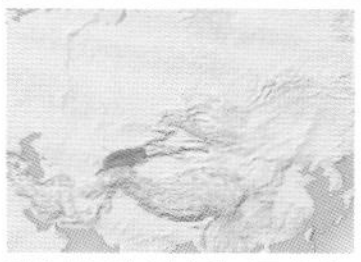

人口：335 万
语言：吉尔吉斯语、俄语
宗教：混合萨满信仰与伊斯兰教（自然地形是神圣的，例如山；而萨满被视为导师与医生）
居所：吉尔吉斯斯坦、乌兹别克斯坦、中国、阿富汗

传统上柯尔克孜族过着游牧生活，但在前苏联统治下，大部分柯尔克孜人都定居了下来。等到前苏联解体，独立国家吉尔吉斯随即出现。

丰富的口述文学以"马那"形式流传，这是一系列故事，描述马那（传说中柯尔克孜族的创立者）与其同志的英雄事迹。

柯尔克孜服饰
这对母子穿的是典型服饰，色彩丰富，有明显的花纹。当地的刺绣工艺也可看到相同特质。

柯尔克孜族的男性很容易从白色大毡帽辨认出来。食物主要是肉（包括内脏）、奶制品和面包，反映出其游牧生活。发酵的马奶也很受欢迎。

柯尔克孜族圆顶帐篷
圆顶帐篷以层层毛毡覆盖可拆卸的木材骨架制成，重量轻，可以携带。少部分柯尔克孜人依然住在圆顶帐篷里。

中亚

土库曼人

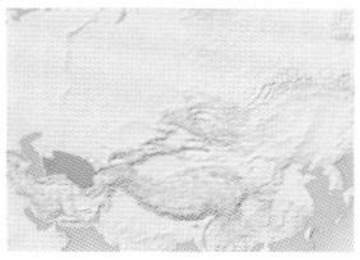

人口：525 万
语言：土库曼语（和其他乌古斯后代民族的语言最相近，例如土耳其人和亚塞人）、俄语
宗教：伊斯兰教
居所：土库曼斯坦、伊朗、阿富汗

土库曼民族是土耳其乌古斯人的后代；在 11 世纪，大多数乌古斯人都迁到亚洲西南部，只有少数人留在中亚。

土库曼人在卡拉库姆沙漠边缘的绿洲过着游牧生活。他们分成超过 100 个宗族，每个宗族都有不同方言、服饰、首饰和地毯图样。

前苏联在 1991 年解体后，于 1924 年建国的土库曼苏维埃社会主义共和国，成为独立国家。从这时开始，自封为土库曼人之父的尼亚佐夫总统统治着土库曼。他建立政府，以及奉他为土库曼国家认同具体呈现的狂热崇拜。

除了独特的帽子之外（见下图），土库曼男性的传统穿着还包括宽松的长裤，裤脚塞入长及膝盖的靴子，再搭配红色外套。土库曼妇女穿着厚丝绒或丝质服装，常用红色或褐红色装饰。

壁砖设计
土库曼清真寺中壁砖镶板的图案与花色，成为这支民族知名装饰地毯花样的灵感来源。

羊皮帽
土库曼男性戴很大的羊皮帽，为白色或黑色的环状毛皮紧密缝成。

中亚

蒙古人

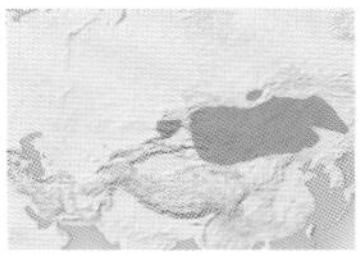

人口：270 万
语言：蒙古喀尔喀语（蒙古 90% 的人口使用）、俄语、中文
宗教：藏传喇嘛佛教、伊斯兰教、萨满信仰
居所：蒙古、中国内蒙古、俄罗斯

蒙古人曾创立了史上最大的帝国之一。全盛时期，它的领土从韩国延伸到匈牙利，远及越南。现在蒙古人不只住在今日的蒙古，也分布在中国的内蒙古和俄罗斯联盟的布里亚特。

历史

成吉思汗

统一了蒙古各宗族后，原本叫铁木真的伟大领袖被称为成吉思汗（"宇宙之王"）。大汗的残忍无情从小就看得出来，少年时就冷血地杀了同父异母的哥哥。在今天的蒙古，他成了国家的象征人物，他的肖像出现在各种物品上，例如伏特加酒瓶和钞票。

箭术
箭术是蒙古全国风行的休闲活动，也常是庆典的一部分，例如这场在乌兰巴托附近举行的那达慕草原盛会。

直到 12 世纪末，蒙古人仍不过是居住于蒙古草原、互相竞争宗族组成的松散联盟。然而在成吉思汗（1162—1227）的领导下，各个宗族团结起来踏上征途，一路征服了大半个欧亚大陆。成吉思汗的子孙，尤其是忽必烈，巩固、扩张了这个帝国，在中国建立元朝（1271—1368）。从 14 世纪开始，蒙古人恢复以许多小部落为单位各据一方，帝国于是逐渐瓦解。

成为前苏联卫星国后，蒙古人遭受严重的文化排斥，1939 年有 2.7 万人被处决。尽管如此，国家传统与习俗还是在前苏联解体后的蒙古国内繁盛地复兴了。许多蒙古人仍过着游牧生活，其中几乎一半住在蒙古包里（与哈萨克人、柯尔克孜人使用的圆顶帐篷很相似）。整个蒙古境内都有蒙古包，包括首府乌兰巴托近郊。不过最近几年干燥夏季和酷寒的冬季，都冲击着游牧生活。蒙古人在 1999 及 2000 年损失数十万头牲畜，使许多族人开始定居在都市中。

庆典摔跤
摔跤手参加了夏季的庆典。蒙古摔跤没有体重分级或时间限制。

蒙古包
蒙古的传统圆形游牧帐篷叫蒙古包，和吉尔吉斯、哈萨克的圆顶帐篷很相似。

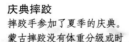

骑术
马是蒙古传统游牧生活的中心，在马背上的本事到现在还深受推崇。蒙古人从年纪很小的时候就学习骑马。

哈札拉人

人口：100 万
语言：法尔西哈札拉语（和别名波斯语的法尔西语有密切关联）
宗教：以伊斯兰教什叶派为主，亦可见伊斯兰教伊斯梅里派（从什叶教派分出）
居所：阿富汗中部

阿富汗中部地势高耸、土地贫瘠的哈札拉高原，就是哈札拉族的故乡，他们使用法尔西哈札拉语。哈札拉族的诗歌文化非常丰富，写作、吟诵的诗描写的经常是爱情的欢乐与痛

苦。他们大多是伊斯兰教什叶派的信徒，和邻近地区主流的逊尼派信徒阿富汗人、塔吉克族都不相同。

哈札拉高原非常偏远，所以在苏联侵略阿富汗时，承受的暴力比较少。不过干旱与饥荒仍迫使许多哈札拉人迁移到阿富汗国内的其他地区。

宗教上的差异，加上哈札拉人如蒙古民族般的独特脸孔，常使族人成为其他阿富汗人歧视的对象。过去常被当成奴隶和仆人，最近更遭受塔利班政权迫害。许多哈札拉人逃出阿富汗，以难民身份居住在巴基斯坦和伊朗，但即使身陷流亡，他们仍是歧视的受害者。在巴基斯坦奎达市，他们的清真寺遭逊尼派激进分子攻击。

穴居民族
部分哈札拉人被重新安置在阿富汗境内，在巴米扬的数百族人便以洞穴为家。

历史

巴米扬佛像

哈札拉族是穆斯林，但一直被视为有 1,800 年历史的巨形佛像守护者。这些佛像位于阿富汗北部兴都库什山，由山壁凿刻而成。
2001 年塔利班政权摧毁佛像，强迫哈札拉人参与破坏。
右图为哈札拉人在曾满是佛像的凹洞前祈祷。

难民
在塔利班政权执政期间，数千哈札拉人遭受迫害，数百人被屠杀。许多族人逃出阿富汗，大多前往巴基斯坦。

艾马克族

人口：40 万（占阿富汗人口过半数）
语言：艾马克语（和法尔西语相关，属于印欧语系伊朗语族）
宗教：伊斯兰教逊尼派
居所：阿富汗、伊朗、塔吉克斯坦

艾马克族住在阿富汗中央西北部、哈札拉族西方。他们和信奉什叶派的哈札拉邻人不同，属于逊尼派。族人大多属于四支主要艾马克部落，这些部落都使用一种和法尔西语（波斯语）相关的语言，掺入突厥语和蒙古语字汇。许多族人具备蒙古人的脸部特征，他们自称是成吉思汗（见431 页）麾下军旅的后代。

许多艾马克人都过着游牧或半游牧生活。部分族人住在独特的长方形毛毡帐篷里，其他人则使用类似阿富汗游牧部落的黑色帐篷。

艾马克族主要豢养山羊和绵羊。他们在山谷、山坡上下巡回，逐水草而居。有些艾马克人会在路过阿富汗中部的牧场时，与村落中的农人交易。他们提供羊奶、日用品、羊皮和地毯，交换定居农人种植的谷物、坚果、水果和蔬菜。

阿富汗人

人口：2,700 万居住于巴基斯坦与阿富汗
语言：普什图语（又名普克图语）、达利语（在阿富汗），亦可见乌都语（在巴基斯坦）
宗教：以伊斯兰教逊尼派为主，亦可见什叶教派
居所：阿富汗南部及东部、巴基斯坦

阿富汗人居住的地域辽阔，横跨阿富汗、巴基斯坦边界崎岖的山区。族人大多组成部落，部落内部的联系比国家甚至阿富汗民族认同都更重要。

阿富汗人以身为虔诚的穆斯林为荣，他们的荣誉标语 "Pashtuwali" 能鼓舞他们要好客、要报复，或是要庇护受难的人。

在乡村，族人的生活以自己的客屋和清真寺为中心。客屋是长者在晚上聚会或招待客人过夜

头饰
这位妇女的头饰以典型的阿富汗首饰装点，特色是镶了红玉髓和天青石。

的地方。一天5 次清真寺礼拜，对大部分阿富汗人都是信仰虔诚的重要表现。

在历史中，许多阿富汗人从事商业贸易，贩卖衣服、食物、马匹和其他商品，离家最远抵达中亚、伊朗和印度。如今都市生活（长久以来都是阿富汗民族文化的一部分）变得愈发重要。战争与贫穷迫使许多族人到

城镇工作，担任巴士驾驶、屠夫、商人或收垃圾的人。也有人成为医生、银行家和建筑工，分布遍及巴基斯坦最大城市卡拉奇和波斯湾。

家庭生活非常重要，离开阿富汗的移民仍维持亲密的家庭关系。每天都有成千上万离乡的族人回到阿富汗、巴基斯坦，与亲人一同庆祝开斋节、宰牲节等穆斯林节日。

社交聚会
阿富汗人在巴基斯坦白沙瓦的一家茶店边聊天，边喝绿茶。

战舞
一位佩戴巴基斯坦胸章的舞者在表演剑舞，这曾经是作战的序曲。

中亚

柴特拉人

人口：30万
语言：科瓦尔语（又名柴特拉语），也有人使用乌都语、普什图语、达利语
宗教：伊斯兰教逊尼派、伊斯梅里教派（什叶派的分支）
居所：喜马拉雅山谷（巴基斯坦北部）

住在巴基斯坦北部的偏远地区，唯一的出入口是横越高山的通道。他们描述自己文化与阿富汗人的不同，在于语言"较甜"，风俗较文雅有礼。

柴特拉族帽子
这种羊毛帽的尺寸都一样，戴的人把帽子卷起直到合适。

他们爱好运动是出了名的，尤其是马球。据说柴特拉族的马球没有规则，球棍经常挥向其他球员。音乐和舞蹈在柴特拉文化有重要地位，族人唱情歌时要以西塔琴和石油桶做成的鼓来伴奏。

大家族
这一家人穿的是当地流行的长裤搭配短上衣。

中亚

布鲁沙斯克人

人口：6万
语言：布鲁沙斯克语（属于孤岛语言，和任何语言都没有关联）；支那语、乌都语（两者皆属印欧语系）
宗教：伊斯兰教伊斯梅里派为主，亦见什叶派
居所：亨扎、纳迦及雅欣等河谷

在巴基斯坦人于1974年来到布鲁沙斯克人崎岖起伏、地势险要的美丽家园之前，这个地区是由族中的国王治理，他的山顶堡垒至今还耸立着。20世纪80年代修筑的中巴友谊公路联络巴基斯坦与中国，观光客、贸易商和传教士进入过去地处偏远的土地，带来了经济与文化上的变化。如令令布鲁沙斯克人闻名的是对妇女和教育的先进观念，以及对音乐、舞蹈的热爱。

杏仁收成
杏仁是布鲁沙斯克人重要的食用作物。杏仁果实要干燥处理，供漫长冬季食用。

久息节
卡拉什族以名为久息节的庆典欢迎春天到来，庆典中族人都会多戴一顶头饰。

河流兴建桥梁的本领。

庆典是卡拉什族泛灵信仰的中心，包括取自牲畜的肉、奶盛宴，祖传的赞美歌、吟诗及团体舞蹈。他们在今日巴基斯坦面临的问题之一，是观光客及伊斯兰教侵蚀了民族文化。近年来，他们开始重新提倡民族认同，并让自己的语言复活。

中亚

卡拉什族

人口：3,000
语言：卡拉什语，亦可见乌都语、科瓦尔语
宗教：古卡拉甚信仰（泛灵信仰）、伊斯兰教（部分卡拉甚人在16世纪或近年改信伊斯兰教）
居所：柴特拉地区（巴基斯坦西北部）

卡拉什族主要是居住在巴基斯坦北部三处偏远山谷的非穆斯林民族，他们种植谷物，在高山牧场豢养山羊。卡拉什族曾统治广大区域，直到16世纪伊斯兰教征服此地，之后许多族人改信伊斯兰教，或成为柴特拉新统治者的奴隶及农奴。不过他们仍以工程技术赢得尊重，尤其是在当地危险的山中

长头饰
卡拉什妇女戴的是做工精致的长头饰，上面有珠子、纽扣和玛瑙贝。

中亚

俾路支族

人口：600万
语言：俾路支语，又名俾罗支语或俾路奇语（属于伊朗语族，和法尔西语、库德语相关）
宗教：伊斯兰教逊尼派（绝大多数）
居所：巴基斯坦、伊朗、阿富汗，亦可见于阿曼

俾路支人住在贫瘠的山区，叫做俾路支斯坦。亚洲这个区域险恶的地形与气候，塑造了俾路支族的生活方式；许多族人过着半游牧生活，豢养山羊、绵羊也种植作物。部落联系在俾路支民族认同中非常重要，族人居住的沙漠群落各自孤立，加深了文化差异，但共通的俾路支语言和民俗文化依然是成为共同的认同重心。

俾路支地区是个敏感地区，拥有丰富的矿藏与石油，因此对伊朗和巴基斯坦来说，这个地区有重要经济价值，使

精美的布料
俾路支族的服饰，例如这位男性穿戴的上衣和头巾，常由妇女以精致的绣工装饰。

两个国家的政府都因俾路支族的动向而焦虑。在20世纪70年代张力达到巅峰，俾路支族与巴基斯坦军队展开游击战。许多巴基斯坦籍俾路支人都觉得被推到社会边缘；武装冲突零星爆发，经常都是为了争夺当地油田。

俾路支游牧人
一位牧羊人在他的帐篷外倒茶。游牧的生活模式让牧羊人得以跟随雨水迁徙，寻找青草地。

牧羊女孩
俾路支族女孩照料着小山羊。俾路斯坦居民牧养山羊已有约9,000年历史。

民
族

大象节
印度南部的喀拉拉州会庆祝大象节，表彰大象在印度文化中的地位。

南亚次大陆

南亚的半岛今日已成为印度、巴基斯坦和孟加拉的领土，孕育出全世界最古老、影响最深远的文明之一。虽然这地区的民族曾在不同历史时期，统一于各帝国之下，民族歧异仍超乎寻常地多；光是印度，目前仍用于日常生活的语言就有 850 种。除此之外，还有无数独特的文化占据着尼泊尔、不丹、巴基斯坦北部和孟加拉东部的山区边缘。

区域示意图
这个区域的分界线包括与缅甸交界处的喜马拉雅山脉，及巴基斯坦的主动脉印度河。印度可划分为说达罗毗荼语的南印度和使用印度雅利安语言的中印度。

这个地区的中心是印度河与恒河河谷。巴基斯坦的印度河谷区隔开东岸的印度半岛民族，以及西岸受波斯帝国影响的民族。

迁徙

印度半岛的历史记载至少可追溯到公元前 2500 年的印度河文明早期。从公元前 1500 年到公元

多彩多姿的民族
这个区域的山区居住着许多不同民族，例如这几位穿着传统服饰的拉达克人。

前 200 年，来自中亚的雅利安人入侵北部。这些人说的是类似梵语的印欧语言，或许和在史前就已迁徙到欧洲的民族有关，例如凯尔特人和希腊人的祖先。他们的后代从欧洲分布到斯里兰卡，如今仍使用相关语言。在印度，雅利安人迫使最初的德拉威族原住民迁到南部，例如泰米尔人和泰卢固族。

在公元前 8 世纪，种姓制度逐渐主宰这个区域的印度社会，至今依然盛行。从这时开始，此地民族承受接连的宗教运动与外力入侵。公元前 3 世纪，佛教在这里兴盛起来。而在 10 或 11 世纪，来自阿富汗的穆斯林将伊斯兰教带来北部。莫卧儿帝国在 16 世纪入侵，建立起穆斯林王朝，但马拉塔印度教帝国在 17 世纪崛起，控制这个区域直到大英帝国以英属东印度公司为形式，在 19 世纪早期接收这片土地为止。葡萄牙、法国、丹麦和荷兰也都同时拥有贸易中心，各自控制印度部分区域。

部落与国家

如今此地民族仅分属六个国家，但事实上文化歧异无穷无尽。即使尼泊尔、不丹这两个古

议题

种姓与认同
印度国内种姓制度下的人民种族认同相当复杂，因为每个人都有各自的种姓阶级身份。传统上，阶级之间不得通婚，因此各阶级形成封闭社群，各自拥有不同职业和习俗。现今印度政府鼓吹松绑种姓制度，给贱民阶级（见右图）更多自由。

大分裂后的人民
印度、巴基斯坦边界的守卫在共同疆界进行繁复的仪式，这仪式的程序显示两国之间确实有敌意。

老王国，也都是许多独特民族的家园。印度、巴基斯坦和孟加拉（当时称为东巴基斯坦）等政治实体都诞生于 1947 年的大分裂，与民族领地并不完全吻合。每个国家都住着数十或数百支民族，而几支大民族，例如旁遮普族、孟加拉人和克什米尔人，都不只分布于一个国家。

文化史
莫卧儿时代的盾牌呈现着印度近代文化史上的一个时期。

这里的族群混合了臣服于国家认同的民族（孟加拉人、印度人、巴基斯坦人）、地域种族性强烈的民族（孟加拉人、泰米尔人），最后在印度，还有大约 5,600 万人属于部落阿迪瓦西（adivasi）社群。阿迪瓦西是印度的"最初住民"，正式名称是"设籍部落"，区分成至少 4,635 个社区散布在整个印度。这些社区大多坐落于浓密的森林和山区。许多族人仍使用与印度主要方言或国语完

全不同的语言，遵循着和印度教、伊斯兰教或其他印度宗教毫无关联的传统。

变化

这个地区的民族深受种姓制度和大分裂的影响。种姓制度在印度社会的主宰地位已削弱，但贱民阶级（位于种姓制度最底层、"不可接触"的人）仍在努力抗争，想挣脱世袭地位的耻辱。大分裂将这个地区分成巴基斯坦、印度和孟加拉，在 1947 年匆促成局。依此确立的政治疆界成了往后压力及流血冲突的源头，不过在巴基斯坦和孟加拉两个新国家，建立于新国家认同的尊严已逐渐兴起。

新兴的认同
巴基斯坦至 1947 年才建国，但穿着国家象征颜色的板球队支持者具很强烈的认同感。

民族

印度

印度人

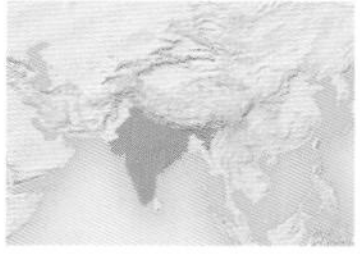

人口：10.5 亿
语言：印度语、乌都语、坦米尔语、孟加拉语、克什米尔语，数种国语及地区方言
宗教：印度教、伊斯兰教、基督教、锡克教、佛教、耆那教、数种部落宗教
居所：印度

世上没有哪个国家能像印度种族如此多样。从东到西、由南至北，印度到处都是特有的民族、语言、习俗以及传统。

这个国家是地球上许多主要宗教的起源地。大约 80% 的印度人信奉印度教，但伊斯兰教和锡克教也对文化有重大影响。大部分印度人的民族认同糅合了印度国家认同，以及对宗教、地域、印度教种姓阶级（见 262 页）的认同，阿迪瓦西（部落）民族还有部落认同。尽管民族繁多，许多印度人对自己最优先、最重要的描述就是印度国民，并着重所有印度人共有的文化特质。例如印度餐点除了地域变化外，也有共同的主要特征。大部分餐点的主食都是米或小麦，做成各种饼状面包来食用。不论哪个地区，大部分印度人几乎每餐都吃扁豆、蔬菜加甜酸酱，也都使用许多香料。印度糖果和甜点也颇具特色。

全印度的妇女都会穿着优雅的纱丽，这是印度最历久不衰的形象之一。部分印度妇女也会穿宽松的短上衣搭配抽绳长裤，再以头巾披在肩膀或头上。虽然多数印度男性穿的是西式的上衣和长裤，但也常穿从胯下穿过的白色薄巾、长衫上衣和一种束在腰间的彩色纱龙。

印度的艺术传统非常丰富。印度传统舞蹈包括婆罗多舞以及卡塔卡利舞剧，两者都源自南印度，还有北印度传统舞蹈卡萨克舞以及各种不同形式的土风舞。印度的古典音乐有两种主要形式：北方的兴都音乐和南方的卡纳蒂克音乐。

印度的文学史也渊远流长，可以追溯到公元前 1500 年的梵文作品。至少自公元 500 年之后，绘画在印度就成了重要艺术形式，佛陀一生的场景都描绘在印度西部阿旃陀石窟的天花板和墙壁上。

泰姬玛哈陵
沙贾汗大帝在 1648 年建成这座伊斯兰陵墓，纪念他的妻子。

宝莱坞
孟买的海报广告的是新上映的电影。这个城市的摄影棚是全世界生产力最高的，此地的电影工业被称做"宝莱坞"。

典型的圣人
这个人的服饰和脸部图案表示他已放弃了家庭和财产，专注于追求灵动人生。

圣城的圣牛
瓦拉纳西是印度教的七座圣城之一。牛很受尊敬，即使挡路也极受包容。

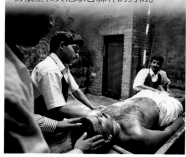

健康

传统医学

印度有多样的医学传统。较受欢迎的包括阿育吠陀医术，意思是"生命学"，包含按摩技术（见下图），还有以"同类治疗同类"原理为基础的顺势疗法以及针压疗法——一种刺激身体恢复力的古老中国技术。阿迪瓦西社区还运用草药、植物根茎和其他取自森林的药物。

喜马拉雅山脉

尼泊尔人

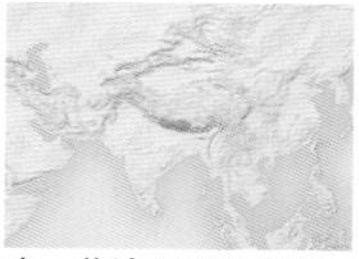

人口：2,600 万
语言：尼泊尔语（官方语言）、博杰普里语、古隆语、迈蒂利语、尼瓦尔语、雪巴语、大蒙语、塔鲁语，及其他语言，共计 100 种左右
宗教：主要是印度教（包含佛教密宗），亦可见佛教、伊斯兰教
居所：尼泊尔

尼泊尔的国教是印度教，但事实上融合了印度教和佛教，点缀着密宗色彩。大部分较具规模的城镇和都市都拥有古老的印度教寺庙及佛教浮屠（供奉舍利子的纪念建筑），部分年代估计超过 2,500 年。

尼泊尔境内有超过 40 个文化、生活模式各异的种族。包括夏尔巴族，他们是来自喜马拉雅山高山地带的佛教族群，据信是从东方的西藏迁徙而来；还有住在喜马拉雅中段山区、山谷的古隆族，是著名的廓尔喀族军队的一部分。来自平原带（尼泊尔南方边界的亚热带地区）的族群包括平原带最古老的种族塔鲁人，他们信奉印度教，进行农耕。

尼泊尔位于两个美食大国印度和中国之间；相较之下，尼泊尔食物显得很简单。大部分餐点都是扁豆、米饭和咖喱蔬菜的组合。

长者
这对尼泊尔夫妻已达高寿。大多数国家的女性平均寿命较男性长，不过尼泊尔男性的寿命比女性长。

夏尔巴人
喜马拉雅山区的夏尔巴人远行及登山的技术相当知名，他们利用牦牛来负载重物。

喜马拉雅山脉
巴尔蒂人

人口：40万，被印度、巴基斯坦国界分隔
语言：巴尔蒂语（属于汉藏语系，巴尔蒂文字已失传），亦可见支那语及乌都语为第二语言
宗教：伊斯兰教
居所：巴尔蒂斯坦（印度及巴基斯坦）

巴尔蒂人种族起源不一，与克什米尔穆斯林和佛教徒都有密切关系。巴尔蒂民族分成几个族群，血缘都能追溯到共同祖先。每当有新生儿诞生，伊斯兰教教长就会被请来在婴儿耳边祈祷或唱圣歌。

巴尔蒂美食世界闻名。他们在有两个把手的厚铁盘上烹调不加蔬菜的辛辣咖喱，再用印度薄饼配着吃。

行经喀喇昆仑隘口

喜马拉雅山脉
克什米尔人

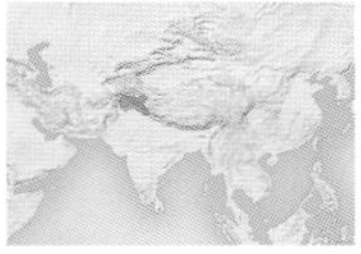

人口：400万，主要居住于克什米尔山谷（查谟和克什米尔中部）
语言：克什米尔语（属于印度雅利安语支，以波斯文书写），亦可见乌都语
宗教：印度教、伊斯兰教
居所：查谟和克什米尔（印度）、巴基斯坦

克什米尔在喜马拉雅山脉环抱下，以风景秀丽、气候宜人闻名于世。克什米尔民族拥有浅色皮肤和眼睛，据说是公元前4世纪入侵印度的亚历山大大帝麾下军队的后代。克什米尔人丰富的历史中有多次占

议题
克什米尔冲突

许多议题都围绕着争端不断的克什米尔。各组织推动不同的主张，从完全独立到并入巴基斯坦或完全成为印度的一州。说克什米尔语的逊尼教派穆斯林从1947年便占领克什米尔州。

领、入侵和宗教运动；受印度、佛教和伊斯兰文化影响数百年后，在克什米尔艺术和手工艺留下了清晰的印记。

最获欣赏的克什米尔纺织品包括羊绒披巾，传统上都是由妇女操作手摇纺织机，用羊毛织成。克什米

达尔湖上的平底船
斯利那加的达尔湖著名的是周遭环境和傍水而居的文化，这儿的居民会向行船的商人购买生活所需物资。

采收番红花
潘波尔的克什米尔妇女正在采收番红花，这是世上最昂贵香料的制作原料。

的地毯、小地毯材质是捶打过的羊毛或丝，用来装饰披巾和纱丽的嘎西达刺绣也是驰名全世界。克什米尔服饰还包括了一种男女都使用的长披风。

克什米尔人的脸孔
身高高于其他印度民族，眼珠为绿色，拥有雅利安人的五官、橄榄色皮肤和黑头发。

民族

喜马拉雅山脉
不丹人

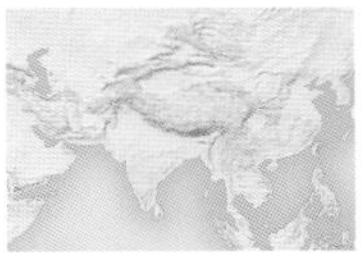

人口：50万
语言：宗卡语（官方语言，和藏语相关）、藏格拉、垦卡语（即藏语）、尼泊尔语
宗教：竹巴佛教（不丹国教）
居所：不丹

不丹王国已与世隔绝数百年，只在1959年初次拓展外交关系，到1974年才对访客打开大门。不丹社会可概分为四类种族：恩加洛人及沙尔乔普族（合称竹巴族）、几支

不丹妇女
大部分不丹人的五官特征接近藏族人，以及北方、东方血缘相近的民族。

原住民族和尼泊尔民族。在1987年，不丹政府建立起一套传统的竹巴服饰与礼仪，叫做椎栏南扎（Driglam Namzhag）。要求除非管理单位或政府当局另有规定，否则在学校、寺院或公共场合，男人要穿着及膝长袍，女人穿着及踝的服饰。违反这些规定的人会被罚款或监禁。

不丹生活的许多层面都奉行国教竹巴佛教的伦理道德。长期以来，政府都以

日常生活
不丹衣物常以牦牛毛制成。照片中的两位村妇正在清洗、拧绞牦牛毛服饰。

资助佛坛、寺院的方式支持国教。

不丹传统艺术充满了佛教精神，几乎所有艺术品、音乐和舞蹈都呈现正邪之间永恒的挣扎。

真相
进入网络时代

直到1998年，不丹官方对电视的禁令才松绑。这个为足球疯狂的国度要求、并获准在国立体育场暂时架设大荧幕，观赏世界杯决赛。1999年，不丹成为全世界最后一个开播电视节目、加入互联网的国家。今日，不丹僧侣可以租借影片（见下图）

喜马拉雅山脉
雷布查族

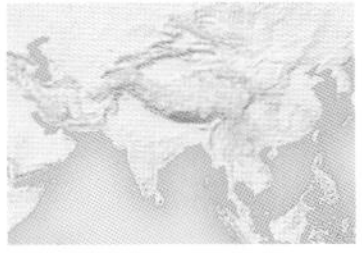

人口：5万
语言：荣格语，又名荣发或雷布查语（属于汉藏语系，自有一套文字）；以尼泊尔语和锡金语为第二语言
宗教：泛灵信仰、佛教、基督教
居所：锡金和西孟加拉（印度）、不丹

雷布查族据信是锡金山区最早的居民，自称是"崎岖地的居民"，亦即"深谷居民"。雷布查房屋以竹子建成，以柱子架离地1.2 ~ 1.5米。

雷布查人多务农，种植水稻、柳橙和豆蔻；拥有编织和编篮手艺，丰富的民俗舞蹈、歌曲及故事传承。他们只和族人结婚。

雷布查鲁特琴
在印度西孟加拉州的大吉岭区，一位雷布查人用琴弓演奏四弦鲁特琴。

民族

巴基斯坦
穆哈查人

人口：1,200万（占巴基斯坦人口8%，大部分居住于卡拉奇和海德拉巴）
语言：乌都语（和印度语相关，使用波斯文字）
宗教：伊斯兰教
居所：信德省的都市中心（巴基斯坦）

穆哈查在乌都语及阿拉伯文中的意思是迁徙的人，传统上指的是表示伊斯兰历法之始的伊斯兰移民潮。在1947年的大分裂后，这个词语用来指称受过高等教育、大多使用乌都语，主要从北方州和比哈尔州（印度北部）迁徙至新立国的巴基斯坦的穆斯林。

在20世纪80年代中期，随着统一民族运动党成立，穆哈查认同在政治上更加重要。这个政党的诉求是承认穆哈查国家、种族的独立与独特。

卡拉奇婚礼
穆哈查人的婚礼可能持续数天。在大喜之日，新娘、新郎要穿着红色、金色的服饰。

中印度
瓦利族

人口：55万（主要居住在达哈努塔卢卡，又名詹恩地区）
语言：瓦利族语（有时归类为古吉拉特语或比尔语的方言）
宗教：印度教
居所：印度（古吉拉特州、马哈拉施特拉州）

瓦利族（又名伐利族）是个设籍部落（亦即受印度政府认可，赋予特殊权利和资源以协助民族发展）。传统上，瓦利族是半游牧民族，组成小型群体在首领领导下生活。如今他们主要从事农耕，种植

巴基斯坦与印度
信德人

人口：1,800万（其中一小部分信奉印度教、锡克教和苏非教，主要居住于印度）
语言：信德语
宗教：伊斯兰教、印度教、锡克教、苏非教
居所：信德（巴基斯坦）、印度

信德河（印度河）是信德人最重要的生计来源，他们大多居住在乡村地区，以务农为主。尽管信德省拥有天然屏障，东方有沙漠、西方有高山，南方是阿拉伯海、北方是印度河，仍是各方征服的对象。波斯与阿拉伯穆斯林以及佛教、印度教入侵者，都影响了信德民族的文化、经济和语言特色。如今信德人最知名的是美丽的陶艺、漆器、皮制品及刺绣和纺织品图样。

信德妇女
这位年轻女性色彩鲜明的花衣裳是典型的信德纺织品。

信德人还拥有丰富的文化传统，包括苏非教，这是与伊斯兰教密切相关的宗教哲学，由入侵的阿拉伯穆斯林传播给信德人，然后大量呈现在信德诗歌和文学中。

水稻和小麦等农作物。瓦利族偶见一夫多妻，妇女佩戴项链和大脚趾环表示已婚。

瓦利族民族闻名于世的是细致的象形文字壁画（表达特定意义的图案或象形文字）。这种象形文字壁画传统上都由妇女完成，装点着大部分的瓦利房舍。壁画是用米粉糨糊涂抹墙壁绘制的，偶尔以番红花点缀明亮的红色。壁画描写瓦利族的生活和大自然，题材包括地理景观和收成景象，还有人物、动物及树木，通常都是呈现人类与大自然和平共存的时空。

巴基斯坦与印度
旁遮普族

人口：8,000万
语言：旁遮普语（和拉贾斯坦语相关）
宗教：伊斯兰教（在巴基斯坦旁遮普省）、锡克教（在印度旁遮普州），亦可见印度教
居所：旁遮普（印度及巴基斯坦）

旁遮普的意思是"五条河流的土地"，这五条河造就旁遮普州成为印度最丰饶的州。务农是大部分旁遮普人的职业，他们生产的小麦和稻米大部分供应印度国内需求。

巴基斯坦的旁遮普人大多是穆斯林，占全国人口37%，是巴基斯坦最大的种族。印度旁遮普人绝大多数都信奉锡克教，这个一神论宗教是为对抗种姓制度和婆罗门阶级主宰仪式而诞生。

旁遮普民族蓬勃的活力展现在知名的民俗舞蹈中。其中一种比较知名的舞蹈锡克邦葛拉舞的传统意义是庆祝

音乐演奏
准备好要演奏的旁遮普舞者及乐手，脖子上挂着双面大鼓。

中印度
贡德族

人口：800万（从北方州到安德拉普拉德希州，以及从奥里萨州到马哈拉施特拉州）
语言：贡德语、印度语、马拉地语
宗教：印度教、萨那教（泛灵信仰的一种形式）
居所：中印度的广大地区

贡德族是印度人口最多的部落群体，族人多以种植水稻、豆类为生，也有许多人游走在林场、矿场、采石场或茶园间出卖劳力。

贡德族的艺术、手工艺传统非常丰富，包括彩绘地画、木雕、陶

锡克教领袖
一位战士戴着"全折"的头巾，金属环可以保护头部不受挥舞的刀锋伤害。

丰收与迎接拜萨哈节。

旁遮普族的名字还用来指称一种流行全印度的服饰，叫旁遮普装。这种服饰一套有两件，包括抽绳长衫和宽松的长裤，再搭配一条飘扬的领巾。

贡德雕刻
这匹赤陶马是贡德民族手工艺的典型代表。

艺和编篮。他们的象形文字画（表达特定意义的图案或象形文字）是以红色和黑色画在白色背景上，用来庆祝节庆或催情。

贡德男性常佩戴一种将两三排玛瑙贝缝在布带上做成的短项链，他们相信玛瑙贝有魔力。

水稻播种
瓦利族人很勤劳，他们正在一片以公共水井灌溉的田地种植水稻。

婚礼舞蹈
两位男性戴着有角和羽毛的头饰，在婚礼中模仿牛打斗。

中印度

奥朗人

人口：300万（在比哈尔州、中央邦、奥里萨州、切蒂斯格尔州、加尔汗德州）
语言：库鲁克语
宗教：印度教、基督教、萨那教（泛灵信仰的一种形式）
居所：中印度的几个州

奥朗族（又名优朗族）自称是库鲁克族，这也是他们的语言的名称。传统上，奥朗人精神、物质生活的一切所需都取自森林，但近代大多成为定居的农民。少部分族人已迁徙到印度东北部，受雇担任茶园的流动劳工。

妇女的传统服装是厚厚的白色棉纱丽，边缘缝上图案精细的红色或紫色带子，他们也会将精致的图案对称刺青在胸前、前臂或脚踝。男人穿戴的厚布条比较小，也点缀着类似刺绣边（见436页，印度人）。

奥朗民族的民俗歌曲、舞蹈和传说丰富多样，传统乐器也不例外。男性和女性都会参与季节变迁或有

浸洗帝王树
奥朗人崇敬代表生长和繁衍的帝王树，照片中的妇女正以牛奶浸洗帝王树的根。

人生大事时表演的舞蹈，也都会在特殊场合饮用米啤酒和一种用马华花制作的酒精饮料。

担任圣职的欧佳（ojha）或马弟（mati）照料着奥朗社区的整体社会、精神健康，并安抚恶灵以治疗疾病。

中印度

比尔人

人口：800万（主要在拉贾斯坦地区的南部）
语言：比尔语（和古吉拉特语、拉贾斯坦语相关）、印度语以及马拉地语
宗教：印度教、巴格教（献身派）
居所：印度（拉贾斯坦州、乌代浦尔市、切蒂斯格尔州）

比尔族的村落由村长领导、控制，对于当地的纠纷，村长拥有司法仲裁权和最高的决策权。虽然比尔人的传统是单一配偶，但村长常

抢眼的头巾
头巾的颜色、绑缚方式通常反映着佩戴者的种姓、宗教和籍贯。

有两位以上妻子。

比尔族的象形文字、画是用红色画在漂白的墙上，用意是要促进繁衍、避开疾病、安抚亡者或满足鬼魂的要求。

坚硬的雨衣
一位比尔族妇女使用竹编雨"衣"来挡雨。

中印度

拉贾斯坦人

人口：4,400万
语言：拉贾斯坦语（包含五种主要方言：马尔瓦里语、通By哈里语、梅瓦里语、梅瓦提语、哈道提语）
宗教：印度教、耆那教、伊斯兰教
居所：拉贾斯坦州（中印度西北部）

拉贾斯坦族服饰是印度最花哨的服装，最受欢迎的是鲜艳的红、黄、绿和橘色。这类传统服饰受到炎热的沙漠气候影响，妇女流行颜色鲜艳的扎染纱丽，男性流行戴头巾。头巾的款式和类型大约有1,000种，每种都能表示佩戴者的阶层、种姓和籍贯。指甲花的运用源自此地，妇女有在吉庆场合以指甲花绘制精致身体彩绘的习俗。

拉贾斯坦丰富的文化传统尽在活力洋溢、激励人心的沙漠音乐中，许多专业乐手将技巧一代代传承下去。比较知名的民俗乐器包括乐音缭绕的弦乐器沙兰吉琴，

历史

拉杰普特族遗迹

公元7到12世纪，拉杰普特族是当时最有影响力的拉贾斯坦族群之一。虽然人口从未超过十分之一，却握有拉贾斯坦的领导权和统治权。他们留下许多考古学领域内很重要的建筑，包括斋浦尔的城市宫殿（下图是一部分细节）。

用2个葫芦、4根弦和14个档子做成的疆塔尔琴，一根弦的伊克他拉琴（ektaara），和类似犹太竖琴的果拉利奥琴（ghoralio）。

珠宝
拉贾斯坦人的鲜艳衣裳要用珠宝来搭配，例如这几只色彩丰富的金手镯。

头巾
拉贾斯坦妇女会戴上颜色鲜艳、花样精美的头巾，也可当做面纱，长达腰下。

鲜艳的颜色
拉贾斯坦人偏好鲜艳的颜色，就像这位男士的头巾一样；头巾是男性服饰最重要的部分。

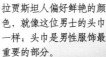

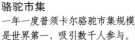

骆驼市集
一年一度普须卡尔骆驼市集规模是世界第一，吸引数千人参与。

民族

民
族

中印度
古贾族

人口：84 万（由于传统的游牧生活模式而四散分布）
语言：古贾语
宗教：以伊斯兰教为主，亦可见印度教
居所：中印度西北部、巴基斯坦北部

古贾族可能源自中亚，后来才迁徙到印度西北部。如今定居务农的族人愈来愈多，其他族人则带着绵羊、山羊、牛和水牛冬天待在低地平原，夏天跋涉到高处寻找青草。他们以出售牛奶、奶制品为生，享有在森林中畜牧的合法权利。

与都市族群的接触日渐增加，加上政府努力复兴族群，已使族人的生活方式改变。

迁移中的家庭
传统的游牧古贾族豢养绵羊、山羊和牛，迁移的时候，他们住在帐篷里。

古贾族男性穿着的是长衫和长裤，加上拉贾斯坦式的头巾或帽子。妇女通常穿莎伐或长衫配长裤，再戴上帽子或头巾。

印度与孟加拉
孟加拉人

人口：6,000 万在印度西孟加拉州，1.2 亿在孟加拉
语言：孟加拉语
宗教：在西孟加拉州以印度教为主，在孟加拉以伊斯兰教为主
居所：西孟加拉州（印度）、孟加拉

孟加拉有许多知名政治激进分子、作家、艺术家和社会改革人士，长久以来都被视为印度的文化中心。1949年，分裂成由穆斯林主导的东孟加拉（东巴基斯坦）和以印度教为主的西孟加拉。1971年，东孟加拉脱离巴基斯坦独立，成为孟加拉人民共和国。

孟加拉民族驰名印度半岛的是以牛奶为主要原料的甜食，包括甜奶酪和以玫瑰水调味的甜奶油乳酪球。

孟加拉民俗文化因为古老的泛灵

淹水区
西孟加拉妇女涉水穿过不时在该区肆虐的积水，前去取用干净的水。

鱼贩
男子自豪地拿着他在市场贩卖的鱼，米饭和鱼（通常做成咖哩或煎炸）是孟加拉餐点的主角。

信仰、印度教、佛教和伊斯兰教传统而丰富。民俗剧院在乡村也很常见，通常都在收获季或乡村节庆举办。

东北山区
那加族

人口：300 万
语言：那加语（属于藏缅语族，部落之间有许多变异）
宗教：基督教、传统泛灵信仰
居所：那加兰州、阿萨姆州、曼尼普尔州

那加这个词语是个统称，指的是包括 16 个大型、12 个小型部落社区的族群；在传统、语言和习俗等各方面，每个部落都有自己的特质与认同。

许多那加部落都有猎头的传统，他们相信敌人生气勃勃的灵魂能经由猎头而得到自由。他们也认为灵魂栖息于头颅中，那加人会将死去同伴的头带回家，祈求兴旺和好运。

现在的那加民族教育水准很高。某些族人依然从事农耕，其他则受雇于服务导向的专业领域。他们也是优

戴着篮子走
一位那加妇女将她的农作收获放在篮子里，再将篮子挂在头上搬运。

秀的工匠，艺术天分展现在各色各样的仪式服装、披巾、木雕作品、雕刻作品和竹编、藤编篮子中。每个那加社区都有色彩鲜艳的独特披巾图案，由妇女以高超手艺织成。披巾会绣上凸起的图案，是以一定形式、符号呈现的马、蝴蝶、大象和花朵，用白、红、黄、绿绣在黑色背景上。

那加人会庆祝、参与关于收获、生育或其他事件的节庆或舞会。

拉门仪式
安力咪部落为期 10 天的舍克任夷（Sekrenyi）节重头戏，就是在第 8 天进行的拉门仪式。

印度与孟加拉
桑塔尔人

人口：450 万（印度第三大的部落社区）
语言：圣陶斯语（属于南亚语族）
宗教：印度教，以及泛灵信仰
居所：印度中部与东部、孟加拉

桑塔尔人是第一批投入 1855 至 1856 年发生于印度部落、今日所谓农民战争的印度部落社区。这场起义反抗的是放债的金主和掮客，行动主轴是保卫原住民土地权。

桑塔尔人传统上从事狩猎采集生活，但现在的多为定居农耕。村落的政务会议有一位首领，其他会议成员则协助关照村中事务。

桑塔尔的木制新娘轿在全印度各宗教、族群都有人使用，上面雕着骑马、骑象或坐在渔船中的人。

编结艺术
妇女用棕榈叶编垫子一类物品，部分桑塔尔人用编结手艺来补贴务农收入。

以鸟和动物、狩猎或跳舞的景象，及各种地理景观为题材的雕刻作品用来装饰圣陶斯房屋的墙壁。可惜的是，圣陶斯丰富的艺术传统正在迅速消失。

东北山区
卡西族

人口：65万（在卡西和夹恩塔山）
语言：卡西语（属于孟高棉语族）
宗教：基督教、传统泛灵信仰与祖先祭祀
居所：梅加拉亚州和阿萨姆州

卡西民族分成数个宗族，经由宗教、祖先祭祀和殡丧仪式紧密结合在一起。卡西族行异族通婚，族内的婚姻是禁止的。

和印度半岛的大部分部落、种姓族群不同，卡西族行母系继嗣：子女承接母亲的宗族姓氏，由最小的女儿继承祖产，并负责照顾父母终老。

烟草商人
卡西妇女采收了烟叶，准备拿去卖。妇女在卡西族生活各部分都扮演重要角色。

农可连舞
卡西族自古以来就举办一年一度的庆典。舞者表演农奎姆舞，感谢天神赐与丰收、和平和繁荣。早年这项庆典都在仲夏举行，现在则是每年11月举办。

雨中的舞蹈
传统上每个卡西族舞者都有人帮忙撑伞，为他们遮雨。

篮子
竹子编成的圆锥形篮子是采茶时用的。

卡西妇女在经济社会组织中的角色一向吃重，她们经营家族事业、掌管家中事务，负责家中所有关键决策。在西方文化的影响下，现在卡西人只在特殊仪式中穿戴传统服饰。

射箭比赛
锡隆市每天都会举行传统的射箭比赛。众多观众之中，有一部分人会下注赌博。

东北山区
恰克玛族

人口：30万（主要居住在山区）
语言：恰克玛语（有数种方言）
宗教：以佛教为主，亦可见印度教
居所：特里普拉邦、米佐拉姆邦、阿萨姆邦（印度）、孟加拉

恰克玛族传统上从事刀耕火种农业，但许多族人已采行犁耕，经常饲养家禽来补贴家庭收入。

他们临时居住的房屋以竹子和茅草为建材，用木桩支撑，叫做摩诺加拉（monoghara）；这个词经常出现在恰克玛传统民族歌谣中。

以开放火源烹饪
恰克玛人多利用开放火源烹煮食物。大部分族人都吃肉，但不吃牛肉，主食是米饭。

东北山区
曼尼普尔人

人口：120万（曼尼普尔州的最大种族）
语言：曼尼普尔语（梅堤斯语）
宗教：印度教、基督教、伊斯兰教、梅堤斯传统泛灵信仰
居所：曼尼普尔州（印度）

曼尼普尔人是曼尼普尔邦最早的山谷居民，有时被称为"梅堤斯族"。梅堤斯民族由7个部落或宗族组成，历史可追溯到公元1世纪之前。梅堤斯穆斯林在曼尼普尔形成一个少数社区。

梅堤斯妇女一直都享有与男性平等的地位，今日她们的工作领域遍及这群体的各社会、经济层面，尤其是蔬菜和传统服饰市场都在妇女掌握之中。编织和编篮是传统手工艺，大部分家庭都有纺织机。

梅堤斯民族主要从事农耕，种植水稻为主食。他们也栽培柳橙、凤梨、芒果、柠檬和番石榴等水果。钓鱼是很流行的嗜好也是职业。

除此之外，梅堤斯民族的运动天分也很出名。曲棍球和马球都是他们的传统运动，梅堤斯武术赞他（thang ta）最近也成为国际武术比赛的正式项目。

遗憾的是曼尼普尔州是印度艾滋病感染率最高的地区之一，一般认为这与曼尼普尔失业青年染上海洛因毒瘾的比例升高有关。

传统游戏
在这项曼尼普尔的传统游戏中，参加者朝固定的标靶投掷扁平的水牛角盘，比赛谁丢得最接近。

纺织品商人
梅堤斯妇女地位与男性平等，经常控制服饰与纺织品的市场。

南印度

泰米尔人

人口：6,600 万（其中 350 万在斯里兰卡）
语言：泰米尔语（属拉威语系）
宗教：印度教、伊斯兰教、基督教、耆那教
居所：泰米尔那都州（印度）、斯里兰卡

南印度的泰米尔是泰米尔族的传统家园，但住在斯里兰卡的泰米尔人也相当多，还有马来西亚、毛里求斯、新加坡和其他国家。其他印度人常称呼泰米尔民族为塔米里安 (Tamilian)，包括族人自己。

有时泰米尔那都州会被视为德拉威族文化的中心。据说德拉威族是在公元前 1500 年从北印度迁徙来此。泰米尔族的传说宣称他们的历史大约有 1 万年，土地曾

砖块
泰米尔妇女将手工制作的砖块从模子中取出，在阳光下晒干。

采茶
穿着传统服饰的女工在泰米尔那都州茶园里采茶，茶叶是此地重要的经济作物。

两次被海淹没。泰米尔族的语言是一种德拉威语，曾在印度半岛广为流传，但是，今日通行地区只局限于南部的四分之一领土。

古典舞蹈
婆罗多舞源自泰米尔那都州，但在印度全国都很流行。

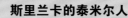
议题

斯里兰卡的泰米尔人

14 世纪，印度南部的王朝获得北斯里兰卡的统治权，在当地建立起坦米尔王国。从 20 世纪 50 年代开始，少数泰米尔人和斯里兰卡的多数族群锡兰人长期处于种族暴力冲突中。

向亡者致敬
几位泰米尔人参加墓地的仪式，纪念在斯里兰卡为争取泰米尔独立而就义的人。

泰米尔那都州以印度教寺庙、祭典众多著称，种姓制度（见 262 页）在泰米尔人之间仍非常重要。

虽然泰米尔那都州是印度都市化程度最高的州之一，但大部分泰米尔族人仍继续在乡间生活，操持某种农耕工作来维生。在斯里兰卡的泰米尔人也以务农为主要职业。泰米尔人有丰富的艺术文化。很受欢迎的印度古典舞蹈婆罗多舞和南印度的古典音乐卡纳蒂克，对泰米尔民族都非常重要。泰米尔人的手工艺传

统也非常知名，包括手织丝、金属工艺、皮制品和利用天然染料的手工绘制布料。

传统的泰米尔饮食是素食的，包括以扁豆和面粉做成的煎饼和米蒸饺，他们的点心在全印度都极受喜爱。

坦贾尔绘画
来自坦贾尔镇的精细画作描绘印度教神祇湿婆神和他的座牛南迪。

民族

丰收节
泰米尔那都丰收节的重头戏之一，是将成捆的钱绑在公牛角上，让族人争抢。

南印度
泰卢固族

人口：7,000 万
语言：泰卢固语（一种德拉威语言）
宗教：以伊斯兰教为主，亦可见佛教（可追溯到公元前 3 世纪）、印度教
居所：安得拉州（印度第五大州）

泰卢固族也像其他印度民族一样有许多节庆。3 月是泰卢固族新年，族人会举办宗教仪式，制作甜点和其他特殊食物来庆祝。在斋戒月期间，男人会聚集在黏土烤箱旁边，轮流用力捶打，制作一种混合肉和麦的菜品作为晚餐。

泰卢固族大多务农，优秀的手工艺也很出名，尤其是一种将银镶嵌到黑色金属表面做成的传统器皿。

斯里兰卡
锡兰人

人口：1,460 万
语言：锡兰语（属于印欧语系，是斯里兰卡的国语）
宗教：小乘佛教、印度教、基督教
居所：除了极北地区外的所有斯里兰卡领土

传说锡兰民族是一只狮子（锡哈）的后代，而狮子的血液还继续在锡兰人的血管中流动。尽管锡兰人主要信奉小乘佛教（公元前 3 世纪，整个族群都接纳了这个宗教），锡兰文化受印度教种姓制度的影响仍非常深远。他们没有僧侣或战士阶层，最高的阶层就是农民。锡兰人的社会制度

印度海的收获
锡兰男人和小男孩合作将巨大的渔网拉上岸，鱼是锡兰饮食的重要部分。

还可进一步划分成"高地"（坎迪）和"低地"两支，这样的区分是因为荷兰、葡萄牙控制海岸地区的时代，坎迪山上的王国仍然保持独立。

锡兰舞蹈富有盛名，与南印度舞蹈形式相似但是有较多的特技。锡兰的木雕、编织、陶艺和金属工艺也很有名。

锡兰民族很重视对共同祖先的信仰，与斯里兰卡泰米尔族群之间的紧张情势，以及将锡兰语定为国语，都促使锡兰人团结。

传统舞蹈
坎迪舞蹈是斯里兰卡的国舞。舞者穿戴着装饰用的银器，在跳舞时咯咯作响。

安达曼岛
加洛瓦族

人口：250 ~ 400，全数居住在占地 750 平方千米的保留区内
语言：加洛瓦语（和任何语言都无关联）
宗教：泛灵信仰
居所：安达曼群岛南部及中部

加洛瓦族行狩猎采集，过着半移居生活。狩猎、捕鱼、采集蜂蜜是专属于男人的工作，处理弓、箭和矛的也是男性。妇女以篮子小规模地捕鱼，协助采集根类及块茎蔬菜，但地位似乎并不低于男性。

族人的饮食以猪肉、乌龟肉、蛋、鱼、根类蔬菜、块茎蔬菜和蜂蜜为主，也食用试图与他们建立关系的团体提供的米饭和香蕉。

南印度
叙利亚基督徒

人口：500 万（约占喀拉拉州人口的 18%）
语言：马来亚拉姆语
宗教：基督教叙利亚东正教（据说是巴勒斯坦外第一个建立的教会）
居所：喀拉拉州（南印度）

基督教在印度的历史比欧洲大部分地区都更久远，可由叙利亚基督徒追溯到公元 52 年使徒圣汤玛士降临。他们对家乡有强烈的感情，所以维持当初的认同将近 2,000 年。

叙利亚基督徒组成了喀拉拉州最富有的社区之一。他们拥有的土地比较多，教育程度比较高，生育率比任何其他族群都低。

喀拉拉州的圣汤玛士教堂

斯里兰卡
维达族

人口：380
语言：维达语，以及辛哈拉语
宗教：维达族传统宗教（以祖先神灵祭祀为中心）、佛教
居所：在斯里兰卡与世隔绝的社区

维达民族是斯里兰卡的原住民，他们自称为"森林住民"。锡兰人邻居叫他们维达，这个名称取自梵语，表示带着弓箭的猎人。

维达族过着狩猎采集生活，饮食内容很丰富，包括鹿肉、兔子、乌龟、蜥蜴、猴子和野猪。自从设立国家公园、禁止狩猎，无法得到狩猎场地后，部分族人变成农夫。维达族的传统是将肉保存在树洞中，以黏土封住。肉干浸在蜂蜜里就成了一道维达佳肴。

直到最近，维达族男性还是只穿一条腰布，用一条带子挂在腰上，妇女也只穿从肚脐盖到膝盖的一块布。如今不论男女，族人穿的都是锡兰式纱龙。在传统

维达婚礼中，新娘要将树皮绳索套在新郎腰上，象征她接纳这人成为她的伴侣。

职业猎人
穿着纱龙的维达男子正为一把弓装上弓弦。虽然现在普遍使用猎枪，但手工制作的弓箭依然是维达人生活中重要环节。

议题

定居异地

重新安置少数民族部落的努力往往造成实质上的灭绝，所以印度政府决定不安置加洛瓦族。在 2002 年，为了保护加洛瓦族人和他们的生活方式，印度最高法院下令封闭穿越保留区的卡车道路，禁止在该地区伐木、盗猎，并将印度人迁出，避免族人与外界接触过多。

民族

民族

龙舟
中国香港是国际贸易及会议中心，长期以来一直都是东亚民族交会的地方。赛龙舟是持续数世纪的活动。

东亚与东南亚

从中国拥挤的城市到印尼众多岛屿的原始丛林，以及小小城市国家新加坡的多样风貌，东亚地区的文化和语言散发着令人炫目的光芒。史前的迁徙、古代王国的兴衰、人民为寻求贸易或占领掠夺而迁移，以及近代的殖民主义、独立国家的建立，全都有分量地将这个区域演变成今日所见的文化马赛克之地。

区域示意图
东亚包括中国大陆、中南半岛（泰国、越南、柬埔寨、缅甸和老挝）、亚太地区（日本、朝鲜、韩国和中国台湾），和南洋群岛（马来西亚、印尼、新加坡、菲律宾和中国南海诸岛）。

虽然现代东亚政治版图涵盖的国家约 14 个，但就近观察任何一个国家，很快就能发现同时由原住民族群和移民族群组成的多彩织锦。

迁徙

古代民族在东亚迁徙最古老的路线包括沿东亚海岸线进入日本群岛、韩国、俄罗斯远东区，与往南进入东南亚。日本的爱奴民族据信是这类古代移民的子孙，菲律宾山区的黝黑矮人也有相同起源。人口密集区域在肥沃的低地出现。一支名为"汉"的独特民族通过武力征服和文化同化的方式，主宰了中国。

在 2,000 年之间，来自印度、阿拉伯和欧洲的商人及征服者带来连续不断的文化、政治和宗教影响。如今在巴厘岛等地还看得见印度风俗，他们的主流宗教是印度教的一支。伊斯兰教对

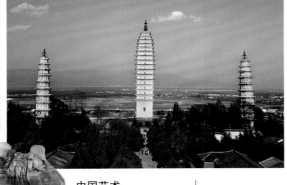

中国艺术
这个大夏陶骆马年代可追溯到唐朝（公元 618—960 年），唐朝是中国艺术与技术革新的盛世。

数亿人民有深远影响，而基督教也渗入马来西亚比达友族等社会。

为了寻找茶叶、蚕丝和香料等奢侈品，葡萄牙人和后来的西班牙人、荷兰人、英国人在东亚建立殖民地，范围从中国澳门延伸到新加坡。

部落与国家

欧洲势力逐渐影响古老的民族认同：东南亚的多元民族受外来殖民地认同的影响。1945 年之后，东南亚的殖民地获得独立，成为现代民族国家。建国时划分的边界与种族疆界并不吻合，往往分隔了各具独特地理、文化的民族。例如泰族就分布在中国南部、缅甸、老挝、越南及泰国。不同种族被收编在大国旗帜之下。印尼的种族冲突之所以引爆，就是因为政府推动人口从

佛塔
佛教是远东地区的主流宗教。如同这几座始于公元 9 世纪、中国佛塔散布的建筑，是许多亚洲国家建筑的特色。

拥挤的爪哇岛迁移到空间充足的印尼群岛；这项迁居行动毫不顾虑文化独特内陆原住民的土地权。

在中国境内，许多少数民族从 20 世纪 50 年代开始享受自治权。中国境内共有 56 个民族，不过 90% 的中国人自认属于汉族。

变化

在 20 世纪晚期，东亚地区都市人口爆增。经济迅速发展，使得农民离开乡村，前往扩展中的都市找工作。许多少数民族特有的认同感如中国台湾原住民（见

水牛
水牛在东亚仍处处可见，是中国和东南亚的农业不可或缺的功臣，重要用途包括拉犁和拉车。

真相

东帝汶

东帝汶共和国是世上最年轻的国家之一。全国有 20 支不同民族，某些与新几内亚人有血亲关系，其他则和马来西亚、印尼民族有关。所有民族都受印尼统治，但在经历激烈挣扎和狂热选举后（见下图），他们获得独立，选出第一任总统，并在 2002 年加入联合国。

458 页），因为年轻人向主流生活方式靠拢而迅速生变。急剧的经济成长与工业化无可避免地导致各民族独特的生活方式消失，让位给全民共同的都市生活。

传统帆船
一艘传统的中国帆船"舢板"驶入现代香港，这类型船只早在 14 世纪就已开始航行。

民族

中国亚太地区及中南半岛

汉族

人口：12 亿
语言：汉语、各种方言（文字以北京普通话为基础）
宗教：儒家思想、道教、基督教、伊斯兰教、无神论
居所：中国大陆、中国台湾，及东南亚和北美洲。

"汉"的名称源自首度稳定地统一中国的古代王朝汉朝，公元 1644 年后，被用来区分说普通话的人和新来的满洲统治者。这个名字经常泛指所有使用相同、文字的民族（语言则差异甚大）。汉族是一个历史从未中断过、历史悠久的民族，也是世界上人口最多的民族，约占世界总人口的 19%。

灯笼小贩
这位卖纸灯笼的小贩骑着脚踏车穿过中国古都西安。

主宰社会生活的儒家思想由汉人在 2,500 年前创立，同时期也出现了道教，这种神秘的宗教融合中国传统汉文化的许多层面，包括打坐、草药疗法和针灸。1911 年辛亥革命后，许多道观都被摧毁。1949 年中国共产党领导的中华人民共和国成立，推行倡导无神论，尤其是在城市的汉族。中国大陆之外最大的汉人族群是居住在台湾岛上的 2,200 万人（见 458 页）。在清朝从大陆迁来的台湾人，和 1949 年新中国成立后来到台湾的大约 150 万国民党军政人员与家属的后代，被当地人视为不同族群（外省人）。与西方世界接触频繁，使中国台湾的汉人生活在不同的社会环境中。

汉族的文化丰富多彩，在其形成和发展的历史过程中，开放虚怀、兼收并蓄，造就了不同时代、不同区域

春节（中国新年）
全世界的中国社区都会以传统音乐和舞龙来庆祝春节。

明瓷
这只瓷壶烧制于明朝。明朝是处于蒙古人、满洲人统治时期中间的汉人王朝。

的文化多元性。

汉族的传统饮食以面食和羊肉为基础。面食是北方地区的主食，现代中国南方则以米食为主。蒸饼也很普遍，还有用大豆做成的柔软食物：豆腐。汉族北方饮食和蒙古食物有相似之处，但南部流行的中国美食广东菜及辛辣的四川菜则大为不同。

健康

中医

创立中医的权威著作是传奇的《黄帝内经》，据说是由黄帝在公元前 2700 年左右写成。历经数十世纪，草药疗法和针灸都在进步，但显然未受外来影响，使得中医拥有很独特的技术。传统中医如今仍广为应用。

道教寺庙
在道教寺庙中，信徒上香表达对神明的敬意。道教是带有强烈中国文化色彩的哲学与宗教传统。

中国大陆
维吾尔人

人口：720 万
语言：维吾尔语（属于阿尔泰语系突厥语支，和土耳其语关系密切）
宗教：伊斯兰教，亦可见佛教、基督教
居所：中国、吉尔吉斯斯坦、乌兹别克斯坦、哈萨克斯坦

维吾尔人的祖先是古代中亚说突厥语的部落。虽然今天他们全都是穆斯林，但维吾尔人居住于中亚的地理渊源还是让他们的宗教史显得复杂，佛教和基督教都曾出现过。

现在的维吾尔人大多务农，居住在天山和库伦山脚的城镇与村落。耕种如此干燥的土地使他们成为灌溉专家，数百年来，他们已建造起规模庞大的地下水道，称为坎儿井，用来将水从山区引入田地。靠着这些资源，他们的农产品远近驰名，尤其是哈密市的甜瓜、伊宁的苹果，以及有葡萄城之称的吐鲁番绿洲生产的葡萄。维吾尔人也从事棉花工业和现代石化产业、矿业以及制造业。编织地毯及玉雕的精巧手艺如今仍是传统家庭工业的一部分。

维吾尔食物和中国其他地区大不相同。维吾尔人吃很多羊肉；流行的菜品就是以米饭、蔬菜搭配羊肉。街头摊贩会制作塞满碎羊肉和香料的烤包子和沙威玛，中国各地都有维吾尔人在贩卖混合水果干和坚果的牛轧糖。维吾尔人的主食是烤面饼——馕。

成交
在商业中心喀什市，两位商人以习俗上常用的方式协商——说悄悄话。

纺丝车
一位维吾尔妇女正以传统方式纺丝线。古代的贸易路线"丝路"大部分都穿越维吾尔族的家园。

中国大陆
回族

人口：860 万（大部分在宁夏回族自治区）
语言：汉语
宗教：伊斯兰教（中国城市的伊斯兰教社区都集中在当地清真寺周围）
居所：中国宁夏省及中国各地

回族是来自波斯和中亚，在 7 到 13 世纪之间定居中国的商人、士兵及工匠的后代。回族的祖先沿着丝路千里跋涉，或为贸易而航越印度洋，带来了伊斯兰教，并在今日成为回族的关键特色。伊斯兰教是回族社会的中心，婚礼都由伊玛目主持。族中的孩子除了中文名字之外，还会得到一个回族名字。大部分回族人住在乡间，牧养绵羊或从

回族人
大部分回族人的外貌与汉人难以区别，只能以回族男性戴的无边帽来分辨。

事农耕。许多住在都市的族人从商，尤其是珠宝、玉、香料和茶叶交易。其他族人则开设餐厅，回人独特的小羊肉炖马铃薯和香料面点在中国各地都很受欢迎。

在回族清真寺祈祷的教徒
回族人遍居中国各地。男性在中国新疆维吾尔自治区内伊犁的回族清真寺做礼拜。

中国大陆
满族

人口：990 万
语言：汉语，过去是满族语（和蒙古语相关）
宗教：萨满信仰，不过如今多是无神论者
居所：中国辽宁省、吉林省、黑龙江省

现代满族人的祖先都是居住在今日中国东北地方的古代部落。满族男性的独特发型：剃掉一部分头发但脑后留根长辫子，直到 1911 年前于全中国强制实施，并为中国过去帝国时代、大众熟知的象征。

传统的满族文化以骑马、狩猎等艰苦的户外生活为基础。虽然满族人曾信奉过萨满信仰，但在满族传统习俗与宗教间几乎没留下遗迹，他们的语言也几近灭绝。

如今大部分满族人都是农夫，他们气候温和的家园土壤适合种植黄豆、玉米、高粱和烟草。苹果园和养蚕事业提供了许多工作机会，也会采集人参和灵芝。

历史
昔日的帝国

17 世纪，满族征服明朝、建立清朝，也是中国最后一个朝代。起先清朝封锁家乡（满洲），以保持满洲文化的纯净，但仍慢慢接受了汉族的生活方式。下方照片中的男孩被打扮成皇帝模样来取悦观光客。

皇帝陵寝
中国东北的沈阳仍有许多清朝满族统治者的陵墓（见下图），以及一座为满族皇帝建造的宫殿。

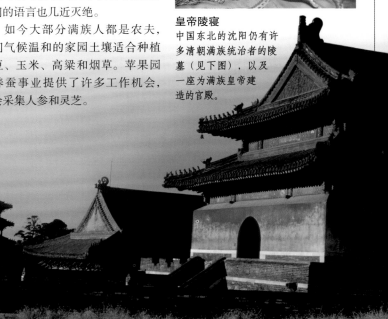

民族

藏族

人口：650万（450万在西藏自治区，其他族人住在邻近地区）
语言：藏语（数个阶层的口语反映出复杂的传统社会阶级）
宗教：藏传佛教
居所：中国西藏、云南、四川省和邻近国家

在1950年之前，中国西藏与世界其他地区交流较少。西藏文化的鲜明特色大半在藏语和藏传佛教。1950年成立西藏自治区，藏传佛教架构曾在一段时期消退；不过许多部分现已重建。

中国西藏拥有"世界屋脊"——青藏高原这座亚洲最高的高原。大部分族人都是游牧人或定居农民，他们的生活常规和文化已完全适应了严酷环境。主食是烤大麦、羊肉、其他肉食、牛奶和牦牛乳酪。藏族人喝的茶掺了牦牛奶油和盐，放在木制容器中饮用。他们也很喜欢大麦酒。

藏族的历法属于阴历，一个循环是60年，一年354天。每一年都属于不同的阴阳五行及十二生肖。藏历新年是一年中最

经久不衰的佛教

藏传佛教是在西藏地区广为流传的宗教，拥有众多信徒。藏族人表现对佛教虔诚的方式之一是吹奏用于佛教仪式的3米长大喇叭，据说大喇叭的低音与大象叫声很相似。

帐篷生活
定居的藏族人住在石造房屋里，而牧人的家是长方形帐篷，以牦牛毛制作而成。这座色彩鲜艳的帐篷位于青海省境内，适合夏天用。

重要的一天，要举行盛大的庆典。

藏族人与亡者告别的传统仪式叫做"天葬"。仪式中要将尸体带到山坡上，平放着让兀鹫吃掉。

衣着
藏族妇女或男子通常都会戴上毛毡帽或羊毛帽来御寒。妇女时常背着小孩，色彩鲜艳的背带就围绕在肩膀和背上。

朝圣
佛教徒的朝圣路线围绕着中国西藏西部的冈底拉斯山，这座山同时是佛教和印度教的圣地。

康巴人

人口：150万（分布于青海、四川省邻近地区及西藏自治区东南部）
语言：藏语
宗教：佛教
居所：四川及西藏东南

康巴人是技术精良的骑师、牧人兼农夫，居住在地处偏远、环境险恶的西藏高原东部山区，族人一般都比其他藏族同胞和汉族来得高挑、强壮。

康巴族服饰是以动物毛皮、羊毛、皮革和蚕丝制成，非常适合酷寒环境中的艰苦生活。族人会把黑发留得非常长，用丝带缠绕起来，然后盘在头上，让红色的流苏垂下来。少女经常在头发上佩戴几千克重的珠宝、玉和贵金属饰品。

兴隆节
这几位西藏康巴妇女正要参加四川省举办的兴隆节，身上的传统服饰保持一贯的多彩鲜艳。

傣族

人口：150万
语言：傣语（一种泰语）、汉语
宗教：小乘佛教（1,000年前从印度传入）、泛灵信仰
居所：中国、缅甸、老挝、泰国、越南

"傣族"的名称涵盖了居住在中南半岛北部、中国南方（集中在湄公河上游），语言相近的许多族群。大部分傣族人都是耕种水稻的农夫，不过观光业也让新的经济契机降临在居住于山区森林的许多族人身上，这些森林中遍布奇特的野生动物，吸引许多观光客前来。

傣族人以爱干净出名。他们将水视为纯净的象征，怀抱着一份特

赶集
如同中国云南省的几个少数民族一样，傣族妇女每天都穿着独特的民族服饰。

殊的敬重，一天可能洗上好几次澡。在一年一度的泼水节，傣族人会一桶又一桶地向异性族人洒水；节庆活动还包括赛龙舟，象征赶走过去一年的坏事，迎接来年的好收成。

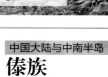

白族

人口：160 万
语言：白语（属于藏缅语族彝语支，近代才有文字）、汉语
宗教：佛教、神明与祖先祭祀
居所：中国（云南、四川、贵州）

玉米收成
一位白族长者将玉米扛在背上。白族种植的农作物还包括水稻、小麦、豆类、油菜、甘蔗、烟草、小米和棉花。

婚宴
婚宴中经常出现传统的白族美食，例如牛奶饼干和冷鱼。

　　白族是云南省的原住民，早在汉朝（公元前 206 年到公元 220 年）前期就已受汉民族（见 446 页）同化。白族的名称意思就是"白色"，表示白族尊崇白色，经常可见服装上装饰有白色的物品。许多白族妇女将头发编成长辫子，盘在头上后以头巾包裹，这个发型称为"凤点头"。大部分族人都维持古老的生活方式，种植水稻、蔬菜、捕鱼。现在也有族人贩售手工艺品给观光客。

　　白族在自然科学——尤其是天文学以及文学、艺术上有伟大的成就。他们有自己的歌剧形式，融合了民俗音乐和舞蹈。

壮族

人口：1,550 万（中国最大的少数民族）
语言：壮语（属于壮侗语系）
宗教：泛灵信仰（奇特的自然现象可能受到膜拜）、多神论、佛教
居所：中国（广西和邻近省份）

　　汉人（见 446 页）早在 2,000 多年以前就已经知道壮族的祖先，而历史与考古证据展现了壮族源自古代的丰富文化。在广西壮族自治区西南部还看得到古代壮族壁画，规模最大的长度超过 100 米，画中描绘数千个人物。此外还有数百具壮族铜鼓已被挖掘出来。

　　壮族说壮语，并和亲源相近的其他北部侗语民族分享家园，例如侗族。壮族的具浓厚的音乐传统，歌曲是文化代代相传的主要媒介。歌唱竞赛也很流行。在重要的年度庆典，壮族人以"轮流吟唱"方式互别苗头：先由一位妇女唱几句歌，参赛男子必须立即创作合适的回应歌曲。

　　虽然壮族人多穿着中国主流服饰，但仍有些年长妇女穿戴传统服饰，如无领的绣花外衣或黑色头巾。

　　壮族接受汉族文化的程度颇高，但泛灵信仰和多神论信仰依然存在。族人在中元节以鸡鸭和糯米饭祭祀祖先的灵魂；在牛魂节，则准备大量青草和一篮子米，召唤水牛的灵魂。族人相信牛的灵魂已在春季拉犁的农忙时节离开了身体。

精巧的刺绣
壮族和邻居侗族都以做工精巧、色彩艳丽的刺绣闻名。这件儿童头巾是侗族作品。

鸬鹚捕鱼
广西壮族地区的渔民将驯养的鸬鹚系在船上来捕鱼。抓到鱼之后，渔夫会让鸬鹚吐出猎物。

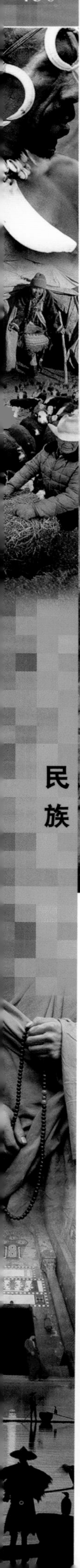

瑶族

人口：220 万在中国，70 万在其他地区
语言：尤勉语、金门语、川黔滇第一土语（及苗瑶语族的数种其他语言）
宗教：泛灵信仰、祖先
祭祀
居所：广西和邻近省份（中国）、越南、老挝、泰国

瑶族的居住范围很广，文化也很多变。经济生活方面，有些族人定居中国南部种植水稻，有些在邻近国家刀耕火种或种植鸦片（在这些地区他们叫做缅族）。大部分瑶族人仍是定居山区的农民，政治组织以家乡村落为中心。

和壮族（见 449 页）相同的是，瑶族人也会轮流吟唱，以此求爱。歌唱也是农耕活动一部分，邻近田地共同拉犁、播种的时候，由一位男性带领几个家庭的人，大家应和着腰鼓声来唱歌。有个瑶族传说是，中国古代有位皇帝长期以来一直在对抗叛变的将军，他发誓不论是谁，只要能把这个叛将的头带回来，就把女儿嫁给他。有只名叫盘瓠的狗嘴里衔着叛将的头出现，皇帝便信守承诺。这只狗带着皇帝的女儿来到南部山区，这对夫妻的子孙就是瑶

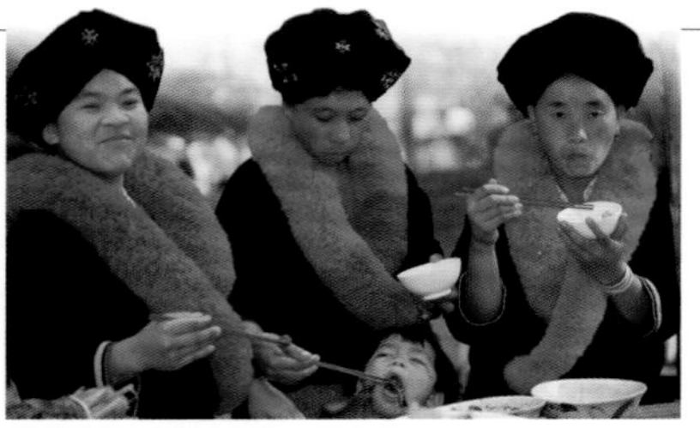

瑶族服装
多姿多彩、繁复精致的服饰是许多瑶族人的日常穿着，例如在泰国的这群族人。

族人。有些瑶族族群仍很崇敬狗，把狗当成图腾。

广西北部的瑶族人很喜欢吃油茶。做法是将茶叶用油炸，再用盐水煮，然后与米饭或豆类一起炖成可口的浓汤。有些瑶族人保存鸡鸭或其他肉类的方法是，将肉加上盐和米磨成的粉，存放在密封的罐子里。经过足够的时间，这些用盐腌过的肉就会变成美食。

哈尼族

人口：130 万
语言：方言哈尼语，又称为佧语（佧语属于汉藏语系）
宗教：祖先祭祀、多神论（祭拜许多神明）
居所：云南省（中国）、缅甸、老挝、泰国

哈尼族的家乡地处偏远，造就了独特的当地风俗。在部分地区，一对男女的父母若想结成亲家，就会遵从名为"踩路"的习俗一同出门，到寨外小路走一段。假使路上没有遇到野兔或狼，婚事便能结成。哈尼族的传统故事非常丰富，但是近年企图为他们的语言加上文字的作为，效果并不佳。

中国的哈尼族区域逐渐开放给现代产业，尤其西双版纳美丽的雨林更是热门观光景点。哈尼族人也会销售传统手工艺品，在刀耕火种农业以外贴补些收入。

穿戴财富
哈尼族妇女展示财富的方法，就是佩戴用银币和银环搭配彩色羽毛、珠子的头饰。

种稻的梯田
如同中国南方的几支其他少数民族一样，瑶族居住在山区，在梯田种植水稻。

民族

栗僳族

人口：60 万
语言：栗僳语
宗教：泛灵信仰、多神论（基于对自然现象及存在于所有自然物体中灵魂的崇拜）
居所：云南省（中国）、缅甸、老挝、泰国

栗僳族会建造独特的竹屋，特色是以许多木头堆来支撑，于是在山坡上也能搭建水平的地板。位于各房间中央的大火坑是家庭聚会的中心。

大部分栗僳族人都务农，主要作物包括水稻、玉米和小麦。可提炼鸦片的罂粟是泰国北部许多栗僳人的主要经济作物。族人的狩猎能力极获推崇，栗僳族男性常能制作威力强大的十字弓。

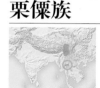

花栗僳
栗僳族内各族群的服饰不尽相同，从黑栗僳粗糙的麻布衣服，到花栗僳（左图）鲜艳的衣裳。

苗族（蒙族）

人口：740 万
语言：苗语，又称为蒙语（属于苗瑶语族，有许多方言，包括苗家语和金门语）
宗教：萨满信仰、祖先
祭祀
居所：散居于湖北至海南岛之间（中国）、老挝、泰国

苗族在中南半岛的名称包括苗、蒙和赫蒙族。由于文化起源相距遥远，村寨之上就没有社会组织，散居数百年的结果就是出现了数十种苗族认同，包括不同的服饰、方言和传统。

在中国西南部和中南半岛都有许多民族实行的轮流吟唱，形成苗族村寨求爱仪式的基础。大规模的求爱庆典时有所闻；由一整个村子的年轻姑娘做东，招待其他村寨的小

刺绣
苗族姑娘从小开始学习传统手工艺，以精致的刺绣来装饰她们的衣服。

伙子。歌声互相吸引的男女会交换信物，然后争取父母认可。

以水稻、玉米为主的农耕是所有苗人的主要经济活动，有些族人还会贩售美丽的蜡染作品及纺织品来贴补收入。

发上的头饰
头上戴着长角的苗人只是苗族众多独特族群之一，他们会将人发缠绕在牛角上制作头饰。

中南半岛
掸族

人口：390 万
语言：掸语（属于泰语群；某些掸族人支持更大的泰族认同，涵盖所有说泰语的少数民族）
宗教：佛教、泛灵信仰
居所：掸州（缅甸北部）

掸族的帝国从 13 世纪到 16 世纪占领了大半个缅甸，如今掸族仍是缅甸最大的少数民族。现在生活在缅甸政府统治之下的掸族人正积极寻求完全自治。

传统上，掸族人居住在肥沃的河谷，他们种植水稻和玉米、烟草、棉花等作物。佛教是掸族认同的关键，寺庙和诸多寺庙庆典形成村寨生活的焦点。

妇女的工作
一群掸族妇女正在享受片刻悠闲。传统上，妇女负责大部分烹饪、清洁和照顾小孩的工作，也控制日常开销。

中南半岛
克伦族

人口：320 万
语言：克伦语（包括汉藏语系克伦语支的大约二十种语言）、缅甸语、泰语
宗教：小乘佛教、泛灵信仰、基督教
居所：缅甸东南部、泰国西部

克伦族占缅甸人口 7%，是该国第二大少数民族，仅次于掸族。缅甸的政治紧张使许多克伦族人逃往泰国。和其他少数民族一样，他们也向缅甸政府要求自治权及重返家园的权利。

村中的杂务
帕督安族原先是蒙古部落，后来被克伦族同化。这位妇女戴着繁复的首饰，不过这些首饰看来并不妨碍她操持家务。

克伦族指的不是单一支民族，而是许多小族群的统称；其中人数最多的是斯高克伦族和普沃克伦族，而最知名的是帕督安克伦族（见右方专题栏）。这些族群有共同的语言，但各地方言的变化也很多，有些专家估计方言数可能高达 20 种。最初克伦族是泛灵信仰者，后来许多族人改信佛教，现在改信基督教的人也愈来愈多。

克伦族妇女的编织技术声名远播。传统服饰常运用黑、白、蓝、红等颜色。白色代表纯净，未婚妇女传统上应穿着白色长

装饰
某一群帕督安克伦族的妇女装饰自己的方法，就是让沉重的耳环穿过耳垂，渐渐拉长耳朵。

议题
帕督安民族观光

人口仅有 7,000 的克伦族部落帕督安族，部分妇女将铜环戴在双腿、手臂和脖子上，以提高自己家族的地位。颈环的重量压塌了妇女的锁骨，使外形看来脖子很长。这项习俗本已逐渐式微，但观光客的兴致再次为它点燃火花。有些人将这"民族观光"当成广告。

衣；已婚妇女则穿着缝制成筒状的纱龙（经常是红色），搭配蓝色或黑色上衣。红色象征勇气，蓝色表示忠诚的奉献。虽然克伦族的不同部落间，刺绣以及其他装饰工艺有明显差异，但是衣服的基本形式还是与非克伦族部落完全不同。现在许多克伦族人都将传统盛装留到特殊场合才穿，日常活动就穿着当代的西方服饰。

中南半岛
缅甸人

人口：2,890 万，有 23 万在孟加拉
语言：缅甸语（属于汉藏语系，和佤语、栗僳语相关）
宗教：以佛教为主，亦可见基督教、伊斯兰教、泛灵信仰
居所：缅甸、孟加拉

缅甸民族的名称得自他们的原生家园勃尔马（Burma），后来这个国家在 1989 年被新成立的军事政府改名为缅马（Myanmar）。缅甸人住在许多少数民族周边，包括掸族、克伦族、孟族和若开族，每个民族都有自己文化、语言认同及饮食传统。

缅甸人有丰富的艺术文化，与他们的历史、信仰息息相关。佛塔、寺庙和宫殿尽是知名缅甸艺术家的雕刻或画作。戏剧是主要的艺术形式之一，几乎所有庆典都会有表演，用

茶店
缅甸男子在茵莱湖水上市场的船中喝茶休闲。缅甸的许多社交场合都选在茶店。

缅甸式早餐
一碗米粉汤就是缅甸民族典型的早餐。

喜剧、舞蹈和大木偶来演绎佛教传说；而衬托这些演出的缅甸音乐则源起于泰国。

米饭是所有缅甸人的主食。几乎所有咖哩菜色都会加上经干燥、发酵处理的虾酱。甘蔗汁是很流行的饮料。

尽管缅甸拥有丰富的自然资源，还是有景况悲惨的乡村贫穷问题。缅甸政治仍受反对党和军事政府间持续不断的角力左右，财政根本无法稳定。黑市和边境交易常被估计为合法经济活动的一或两倍。

水上公路
伊洛瓦底江是缅甸的主要水道，它提供了一种穿越道路稀少区域的途径。

民族

中南半岛
泰国人

人口：6,560 万
语言：泰语、汉语方言、马来语
宗教：以小乘佛教（或称上座部佛教）为主（大约 95%），亦可见伊斯兰教、印度教、锡克教、基督教
居所：泰国

在东南亚的所有国家中，只有泰国逃过欧洲的殖民入侵。"因势利导"（亦即适应更大的强权力量）的哲学，长期以来一直是这个国家的外交政策。在冷战时期，曼谷（现已将正式名称改为泰文名）的反共军事政权与美国结盟，对抗当时的越南和中国。如此的独立状态让泰民族得以照自己的方法追求现代化，让他们引以为傲。

佛教是泰国的国教，全国大约有 2.4 万座寺庙和 20 万名僧侣；所有泰

榴莲
榴莲是一种多肉水果，在东亚地区很受欢迎。榴莲肉很美味，不过气味强烈，在许多公开场合都不能享用。

国男孩都得花一段时间出家。世界佛教徒友谊会的总部就在曼谷。

泰国人用两种制度来表示时间：24 小时制和泰式的 6 小时制。交谈时使用后者，将一天分成四等份。

佛教徒的祭拜
一位比丘尼对着素可泰佛像膜拜。大约 95% 的泰国人信奉佛教，包括数千名僧侣和比丘尼。

中南半岛
高棉人

人口：1,600 万（占柬埔寨人口 95%，唯一较大的少数民族是信伊斯兰教的占族）
语言：高棉语
宗教：佛教、伊斯兰教、民俗信仰
居所：柬埔寨（部分人口流亡国外）

柬埔寨人就是高棉人，打从有历史的年代起，他们就居住在现在的家园。

高棉人以传统舞蹈来庆祝节日和宗教纪念日。高棉新年的牛车竞赛吸引了数千观众及他们的牛：高棉人很重视牛，每到牛新年，农民就会送礼物给牛，为牛洗澡、洒香水。

珍贵的动物
在高棉民族眼中，牛不仅很有用，也是非常美丽的动物。

历史
吴哥窟
柬埔寨惊人的吴哥窟金字塔形寺庙被视为高棉建筑的经典巨作。吴哥窟在 1113—1150 年由苏耶跋摩二世建造，当初是为献给印度教神明毗湿奴，寺内有世上最美丽的高棉、印度艺术品。在吴哥地区，类似的寺庙超过 100 座。1992 年联合国公布吴哥窟为世界文化遗产。

中南半岛
老挝人

人口：670 万（佬族人仅占 50%）
语言：老挝语、泰语方言、蒙语（苗瑶语族）、坡地老挝方言
宗教：小乘佛教、泛灵信仰
居所：老挝，亦可见于泰国、越南

老挝高地有少数民族存在（尤其是泰人、佬人和又名瑶人的蒙人），表示老挝境内或老挝河谷的佬族人仅占全国总人口的一半。不过"老挝"这个名称还涵括生活在老挝境外的相当多人民，主要在泰国东北部。

在 1975 年，老挝全国人民代表大会首次在万象召开，成立老挝人民民主共和国，废除君主政体。从 1975 年开始，该国第一要务就是教育，目标是在国内每个村落都建立国民学校。许多佛寺也当成了学校。老挝新年的庆祝

打野食
如同许多住在乡间的民族一般，老挝人也吃野生动物，例如这些串在烤架上的青蛙。

交易与运输中心
街头摊贩在芒赛市场贩卖蔬菜。芒赛是个小商城，位于老挝北部几条主要道路的交会之处。

活动包括以水洗去去年罪恶的仪式，经常演变成持续好几天的水战。

老挝有道美食是蛇肉，例如蟒蛇肉。乡间居民也会烹煮、食用松鼠、鹿、麝香猫、青蛙和蜥蜴等野生动物。

水上交通
传统水上市场。老挝可行船的河道约长 9,000 千米，船只应用极广。

民族

中南半岛
越南人

人口：8,300 万
语言：越南语、法语、汉语、高棉语
宗教：佛教，亦可见道教、儒家思想、和好教（以佛教为基础的信仰）、高台教（新兴宗教）、伊斯兰教、基督教
居所：越南，亦可见于美国、加拿大、法国

越南的传统、宗教节日非常多，但没有一个比新年更重要。越南新年在 1 月底或 2 月初，越南人相信新年的第一个星期能决定这一年幸运与否。这是赌博、宽恕、改过的时节。杏树若在新年第一天的早晨开花是非常吉利的，据说这时开的杏花能让魔鬼远离住家。有些家庭买下整棵杏树，以收到的祝福卡来

新年之花
一枝枝的梅花是新年的装饰品之一。

装饰。家人会团聚在一起制作糯米粽和水果糖。

近年越南的经济颇有起色，20 世纪 80 年代还是重要的稻米输入国，到 2003 年就成为世界第二大稻米出口国。贫穷率从 20 世纪 80 年代中期的 70% 以上，降低到 21 世纪的 37%；同时期个人平均收入也增长了不只一倍。政府更积极向观光客介绍这个国家。

水上生活
许多越南人住在水上房屋，有些人几乎完全不离河面。

南洋群岛
菲律宾人

人口：8,400 万
语言：菲律宾语（包括方言维萨延语）、伊洛卡诺语、宿雾语
宗教：基督教罗马天主教、基督新教、佛教、伊斯兰教逊尼派、泛灵信仰
居所：菲律宾，亦可见于美国、中东、欧洲

菲律宾人源自马来民族，并有中国、美国、西班牙和阿拉伯特质。大部分菲律宾人都是天主教徒，住在菲律宾群岛的低地。共同的宗教似乎催生了共通的菲律宾文化，但同时也排斥着为数不少的穆斯林。

有 400 万左右的菲律宾人在外国工作，分布在约 140 个国家。不论背景如何，大多受雇为家务帮佣，也有人担任护士、助产士和医技人员。

虔诚的天主教徒
尽管种族起源于马来族，但大部分菲律宾人都是虔诚的罗马天主教徒。菲律宾的天主教人口是全亚洲最多的。

节日是菲律宾文化的重要部分。每个城市和区域、村庄都至少有一个专属节庆，通常是守护圣人的忌日，因而国内随时都有某个地方在庆祝佳节。最盛大、隆重的节庆是圣诞节，一定会有华丽、壮观的庆祝活动。

私人定制化公车
在菲律宾，大众运输工具是装饰繁复的加长吉普车，叫做吉普尼。

民族

南洋群岛
伊哥洛人

人口：60 万
语言：源自马来－波利尼西亚语族的数种相关语言和许多方言
宗教：带有基督教元素的泛灵信仰
居所：吕宋岛北部（菲律宾）

伊哥洛人是菲律宾吕宋岛北部柯地雷拉中央山脉数个部落民族的统称，包括邦图克族、伊巴洛依族（本格特族）、伊富高族、依斯内族（雅帕祐族）、坎坎内族和卡令卡族。每个部落都使用不同语言，有些甚至有不同方言。

伊哥洛人的家园在偏远的山

首饰
伊哥洛人以染色的椰子壳制作项链，他们的银器也很有名。

区，因而殖民吕宋岛的西班牙人或摩洛族穆斯林对他们的影响都很有限。族人依旧保有许多自己的信仰和习俗。

伊哥洛人以务农为主，他们已适应艰困地形，在陡峭高山坡搭起壮观的石墙，开辟种水稻的梯田。因为农民离开田地去金矿或做木雕试手气，许多梯田都逐渐荒芜。伊富高人以刀耕火种的技术种植番薯和玉米，他们的屋舍成小群聚集在自己的地盘边缘。

伊哥洛人的习俗包括许多盛筵和精彩舞蹈。部分伊哥洛人的村落（尤其是邦图克族和坎坎内族的部落）都有男性、未婚女性专属的宿舍。

留住亡者
伊哥洛人男性捧着以布料仔细包裹的亡父骨骸，伊哥洛人向死去家人致敬的方法，就是保留尸骨。

高山民族
伊富高人的妇女站在巴拿威的山顶，身后是种植水稻的独特梯田。

南洋群岛
孟仁族

人口：11.15 万
语言：布希得得语、塔布希德语、哈努诺语、（布希得得语）；伊拉雅语、明多洛族、阿兰根语、塔德亚万语（伊拉雅族）；特殊的音节文字系统（苏拉孟仁）
宗教：泛灵信仰
居所：明多洛高地（菲律宾）

孟仁族由六支语言不同种族组成：伊拉雅族、阿兰根族、北部的塔德亚万族、哈努诺族、布希得族和南部的塔布希德族。

野生食物
在菲律宾明多洛潮湿的高地森林中，野生食物可能从一截长了可食用蕈类的木头而来。

孟仁族以务农为生，从事刀耕火种。布希得族制作的壶罐很有名，伊拉雅族的编织手艺高超。阿兰根族嚼槟榔出名，而塔布希德族抽烟斗的历史悠久。

孟仁族的色彩鲜艳服饰和串珠饰品非常有名。接连到来的殖民者，迫使孟仁族从海岸地区撤退到如今在高地的家园。

孟仁族服饰
制作孟仁族服饰的衣料通常是用树皮或棕榈树的树叶织成。

南洋群岛
棉兰老岛居民

人口：100 万
语言：曼诺柏语的数种方言（属于马来—波利尼西亚语族），只有少数方言可互通
宗教：伊斯兰教、泛灵信仰
居所：棉兰老岛上高地（菲律宾）

棉兰老岛是许多菲律宾原住民族的家园，包括巴古勃族、布基农族、毕兰族、文答氏族、曼诺柏族、苏班能族、特波利族和提鲁瑞族。村庄领导者是制定法律、仲裁纠纷的村长。许多族群都有战士阶层，岛民大多从事刀耕火种农耕，每年都迁移到林中新地点。这种生活方式因外人收购土地、砍伐森林而遭受威胁。

曼诺柏族
阿古沙农曼诺柏族人通常穿红色服饰。这些高地居民的历史比源自马来族的菲律宾人更久远。

乔迁之喜
曼诺柏族人的各个人生阶段都有仪式，照片中的曼诺柏人新居落成后献上主人一只鸡。

南洋群岛
巴夭族

人口：估计在马来西亚沙巴（婆罗洲北部）有 26 万，菲律宾有 4.7 万
语言：巴夭语，又称莫肯语
宗教：伊斯兰教逊尼派（沙斐仪）
居所：马来西亚、菲律宾、印度尼西亚

巴夭族又名沙马族，可分成东海岸巴夭（人称海人），常被称为"海滨吉卜赛族"；及西海岸巴夭（人称俄兰沙马），常被称做"沙巴牛仔"。

马来西亚沙巴、菲律宾、印尼的东海岸巴夭族传统是住在船上的流浪民族。他们一度以沙巴东岸的塔维塔维岛为聚居中心，现在分布比较分散。部分原因是海参（中国人心目中的珍品）交易迅速兴起，不过巴夭族也捕捞 200 种以上的鱼。过去除了取得淡水或拥有一小块地来埋葬尸骨以外，他们不需要土地。然而海上吉卜赛人渐渐抛弃了海上生活，在陆地建立家园。

西海岸巴夭族居住在沙巴西部的哥打京那巴鲁附近。他们豢养牛群，也是杰出的骑手。就如海上吉卜赛会举行赛船大会来庆祝水上生活的渊源，沙巴牛仔也年年举办竞技会，展现驾驭马匹的本事。会中骑士和马匹都穿戴华丽的刺绣衣料。而每周一次的市集"斗摩"，是巴夭族人交易农产品和手工艺品的地方。

巴夭族的主流宗教是伊斯兰教逊尼派，但某些前伊斯兰时代的传统还流传着，例如在大丰收后对海神的感恩。

舞者
部分巴夭人为观光客表演舞蹈，展现独特文化。

茗荷儿
真相
巴夭族传统的木船叫做茗荷儿。菲律宾的茗荷儿像是独木舟，马来西亚的比较大。每艘船上可能住了 5 或 6 个人。在浅水地区，会有几艘茗荷儿连接在一起，形成一座生活平台。船帆的设计让茗荷儿几乎可迎风直行。

水上生活
依循传统的东海岸巴夭族人仍完全住在海上，汲水或做生意时才到陆地。

民族

南洋群岛
马来人

人口：2,500 万
语言：马来语、印尼语、英语、汉语
宗教：以伊斯兰教为主，亦可见基督教、印度教和佛教
居所：马来西亚、泰国、新加坡、印度尼西亚

马来人这个词可用来指称马来群岛互有关联的众多族群，不过比较常用在马来半岛、泰国南部、新加坡、廖内群岛和苏门达腊群岛东半部的原住民族身上。

传统马来习俗和艺术尽在吉兰丹州，这个位于马来西亚东北部的州号称是"马来文化的摇篮"。这儿的马来人会在婚礼和水稻收获季演奏马来大鼓。他们也表演古老的舞剧，在水稻收成后放风筝，将椰子壳做成敲击乐器，还有马来自卫武术"希拉"及旋转

马来妇女
马来人是东亚分布很广、颇具影响力的民族，马来西亚是"亚洲四小龙及亚洲四虎"之一。

宽大上衣的舞蹈。

马来人的名字写法是先写自己的名，之后加上 bin（之子）、binti（之女）再加上父亲的名（bin 和 binti 等字经常省略）。追溯家族起源并不容易。

文莱人
一位马来人在文莱（位于加里曼丹）的清真寺内研读《古兰经》，马来人的文化已经传播到这整个地区。

南洋群岛
新加坡人

人口：420 万（新加坡是全世界人口密度最高的国家之一）
语言：马来语、英语、汉语、泰米尔语
宗教：佛教、伊斯兰教、基督教、印度教
居所：新加坡

新加坡位于马来半岛顶端的枢纽位置，让它在 19 世纪英国的领导下经济蓬勃发展。这儿的财富吸引了远东各地的移民，使新加坡成为文化、种族大熔炉。全国人口原籍有四分之三是华人，六分之一是马来人，还有二十分之一是印度人。

新加坡于 1965 年独立建国后，经济迅猛发展，成为"亚洲四小龙"之一。政府一直强调种族包容和纪律，建立了规范个人行为的法律。嚼口香糖的禁令到最近才解除，在公共场合丢垃圾、吸烟被抓到还是要罚款。政府对人民生活的控制还延伸到生育：生两个以上孩子就可领奖金。此外他们还致力禁绝使用新加坡式混杂英语。

歌剧院
在新加坡，健康的经济和文化融合促使许多独特建筑诞生，例如这座歌剧院。

高空生活
一位新加坡建筑工人在高楼层公寓建筑施工。因为土地需求很高，许多居民都住在这类建筑中。

南洋群岛
塞芒族

人口：2,500
语言：塞芒语（有数种部落方言）
宗教：泛灵信仰（包含透过萨满信仰仪式的恍惚状态与森林中的灵魂沟通），亦可见伊斯兰教逊尼派
居所：泰国南部、马来西亚高地

在泰国和马来半岛过流浪生活的原住民中，塞芒族是最古老的。其中七支主要部落是肯秀族、加海族、巴塔克族、奇旺族、京达族、曼却克族和拉诺族，每个部落都有自己的方言。这些部落成员组成人数多达 30 人的大家庭，彼此地位平等，但会选出代表来与外界沟通。

塞芒族人传统上过着狩猎采集生活，他们寻找榴莲、马铃薯等食物，捕猎猴子、鸟类和其他野生动物。长期以来，他们都以"沉默交易"的制度和马来人打交道，先把森林中的产品放在居处附近，稍后再回来取走换来的货品。

他们厌恶暴力是出了名的，但近来也和鼓励他们定居的马来人发生了一些冲突。这股压力加上木材公司大规模破坏森林，已使许多族人定居下来从事农耕。

南洋群岛
伊班族

人口：51 万（大部分住在马来西亚境内婆罗洲的沙劳越）
语言：伊班语（马来语的方言，属于马来—玻里尼西亚语族）
宗教：基督教、泛灵信仰
居所：婆罗洲（马来西亚和印尼）

虽然也被称为"海滨达雅人"，伊班族人通常居住在沙巴主要河流周边地区。传统居所是用硬木材和竹子建造的长屋，一间长屋可提供 4～50 个家庭的完整空间（见 220 页）。伊班文化曾规定男女族人都必须刺青，一种男性传统颈部刺青表

长者
一位长者展示前臂的刺青，这曾是伊班族女人例行的风俗。

明他掌握猎头技术。年轻男性必须外出旅行以获取人生经验，妇女不需远行，但拥有平等地位。伊班族多在旱田里种植水稻，仪式重心是庆祝水稻丰收，例如以铜锣伴奏的舞蹈。部分伊班族人现在从事外销橡胶、木材或渔业。

战士的历史
伊班族男子戴着鸟羽头饰，这是他所属民族以好战历史为荣的象征。

南洋群岛
比达友族

人口：16 万
语言：比达友语、沙拉口语、布卡尔沙东语、保家贵（皆属马来—波利尼西亚语族"内陆达雅"语言）
宗教：基督教、泛灵信仰
居所：婆罗洲（马来西亚与印度尼西亚）

各支不同的比达友部落在 19 世纪 40 年代被英国人称为"内陆达雅人"，与"海滨达雅人"伊班族相区别。就如伊班族一样，他们过去也会猎头，现在仍能看到头颅存放在村中举行会议、仪式的圆屋内。如今大部分比达友人都住在村子里，但有些传统的达雅长屋和圆屋还保存为景点，加上比达友族的编篮技艺，形成此地的观光产业。

比达友族在山坡上种植水稻与旱稻，每年都以弯曲的大砍刀整出新田。他们的水果和米酒都很出名。

传统服饰
传统的男性服饰包括腰带、帽子，布卡尔沙东族还要加上大项链。

民族

南洋群岛
马都拉人

人口：1,370 万，包括马都拉的 400 万和爪哇的 900 万人
语言：马都拉语（有西部和苏么讷方言），康厄安语
宗教：伊斯兰教逊尼派
居所：马都拉、康厄安群岛、萨普地（爪哇）、加里曼丹

马都拉族是印尼境内第三大种族。马都拉人口过密、土壤贫瘠使得马都拉人大批定居爪哇；公元 20 世纪 70 年代，印尼政府开始将约 10 万人重新安顿在加里曼丹。事实证明这项政策有很大的争议：马都拉人大举进占伐木业，对加里曼丹原住民很不利，他们在 1999 年屠杀了 3,000 马都拉人。

马都拉是个自尊很高的民族，连接族人的是强烈的家族情感，以及从背后割断喉咙或刺击

腹部的传统杀敌手法。这样的风俗再加上直接的说话方式，为他们带来了崇尚暴力的名声。

斗牛在马都拉族是极受欢迎的运动，族中夸张的仪式面具也很有名。这些面具以木材雕成，再用天然色素绘图。

回到马都拉
从加里曼丹大屠杀逃生的马都拉难民聆听印尼总统有关种族仇恨的告诫。

南洋群岛
亚齐人

人口：400 万
语言：亚齐语、印尼语（是大部分族人的第二语言）
宗教：伊斯兰教逊尼派（亚齐人是最早接纳伊斯兰教的印尼人，至今依然虔诚）
居所：印尼苏门达腊群岛北部的阿济

在 13 世纪，亚齐人是印尼第一个接受伊斯兰教的民族。在印尼其他地区都落入荷兰控制的时候，亚齐族的伊斯兰教君主仍能保持独立，直到 1903 年才终于被击败；然而独立的亚齐精神存活了下来。在半自治的亚齐邦，反抗势力仍与印尼

妇女的地盘
亚齐妇女负责种水稻等大部分农耕工作及家务。

男性的工作
一位亚齐男性在填表格申请教职，大部分阿济男性都出外谋职。

政府对抗，部分原因在于亚齐天然气和油田的控制权。

亚齐妇女结婚后，父母会提供住屋或将自己的房子让给女儿、女婿。妇女拥有家庭的房屋，大半时间都待在家里。而男性则多在外面做生意。

南洋群岛
爪哇人

人口：8,600 万
语言：印尼语和爪哇语、许多爪哇人都听得懂荷兰语
宗教：以伊斯兰教为主，掺入泛灵信仰和神秘信仰
居所：爪哇和印尼其他主要岛屿

爪哇岛是印尼人口最多的岛屿，首都雅加达也在这座岛上，因此爪哇岛和爪哇族人一直都在印尼各项事务的最中心，结果惹来其他地区人的反感。

爪哇人的村庄大多拥挤、紧凑，人们居住在寮屋（kampongs）般的房屋中。

他们的文化特质包括强烈的精

木琴交响乐团
爪哇音乐典型的沉思气氛是由木琴交响乐团创造。这类管弦乐队是以包含这种大锣的铜制乐器组成。

神取向以及亲密的家庭关系。一年中各个特殊时期都要举行宗教餐宴。

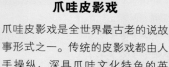

真相
爪哇皮影戏

爪哇皮影戏是全世界最古老的说故事形式之一。传统的皮影戏都由人手操纵，深具爪哇文化特色的英雄、女英雄角色乃取自印度教史诗文学。

南洋群岛
米南卡包族

人口：700 万；400 万在苏门达腊群岛西部，其他在印尼主要城市
语言：米南卡包语（米南语），据信是马来语的起源
宗教：伊斯兰教
居所：印尼苏门达腊群岛西部

米南卡包族是全世界最大的母系社会。男性必须等女性求婚，婚后便与新娘的母亲及已婚姊妹同居，组成基本的家庭单位。男人过着流浪生活，离开社区以自己的力量做生意求生存。

水牛的象征图腾渗透到米南卡包文化的各个细节（米南卡包的意思就是"水牛的胜利"），例如族人的房屋和帽子都有独特的"牛角"。

穆斯林女孩
大部分爪哇人都是穆斯林。这个小女孩戴着传统穆斯林头饰，完全遮盖前额，只以珠子装饰。

采茶工
咖啡、橡胶、烟草和茶叶皆是爪哇主要出口经济作物。

米南卡包族头饰

南洋群岛
巴塔克人

人口：400 万
语言：多巴语和戴瑞语，属于马来－波利尼西亚语族
宗教：大部分信奉基督教和伊斯兰教，亦可见巴塔克族祖传的泛灵信仰掺杂佛教
居所：印尼苏门达腊群岛北部

巴塔克人依语言分成两大主要族群。多巴族、曼代兰族和安科拉族（席婆罗族）使用多巴语相关方言，而戴瑞族、卡罗族、帕帕族使用戴瑞语相关方言。第三种族群叫做西马伦根族，他们的语言是中间型。

多巴湖房屋
茅草搭的三角墙上有鹿角状的突起，装饰着这座多巴湖畔典型的房屋。巴塔克民族也会住在共用的长屋中。

巴塔克人是大家庭，不同大家庭才能通婚，通常是妇女搬出与丈夫同住。

巴塔克民族和多巴地区之外的世界首次接触是进行安息香和樟脑交易，两者都是取自树木的香料。巴塔克人以种植水稻和其他作物为生。

巴塔克卡罗人
这几位巴塔克卡罗男性正在参加庆典。许多巴塔克卡罗人依然遵守旧习俗，这些习俗规范着他们和不同家族成员的互动。

南洋群岛
辜普族

人口：总计15,000，包括2,700名俄兰陵巴族人和其他族群
语言：辜普语，是一种马来语，属于马来－波利尼西亚语族
宗教：泛灵信仰
居所：印尼苏门达腊群岛南部

辜普族这个名称用来指称居住在苏门达腊群岛南部雨林中的几个部落。印尼政府给辜普族的名字意思是"斯土之民"，但他们都以部落的名字自称。

辜普族过着狩猎采集生活，也会照料森林中的田地。他们的文化禁止豢养家畜及捕猎老虎、大象和长臂猿等神圣动物。辜普族一般都和24～40位家庭成员一起生活。若有家人死亡，则必须迁移到远处。

森林栖地破坏以及国家推动的移居计划已使许多辜普族人融入印尼社会，采行主流生活方式。

林中避雨
在森林中远行狩猎时，辜普族会建造暂时居所。这一家人坐在防雨的棚子下。

南洋群岛
苏丹人

人口：估计约3,300万
语言：苏丹语（也叫巽他语、普里安南语）
宗教：伊斯兰教和泛灵信仰，印度教和佛教也有一些影响
居所：印尼爪哇岛西部高地

苏丹人是印尼爪哇岛的三个主要种族之一。他们将巽他这个位于爪哇岛西部的家园视为专属于自己文化的岛屿。

虽然苏丹人在文化、政治、经济上都与爪哇人有许多相似处，差异却也不少。苏丹文化受印度教、佛教影响较少。

大部分苏丹人都信奉伊斯兰教，许多族人曾参与1948年到1962年的伊斯兰国家内部穆斯林反叛运动。不过据推测，部分族人参与的原因着重于对村长的忠诚，对宗教的信念只是次要原因。至今仍影响着苏丹文化传统的祖传宗教是泛灵信仰，源起于相信岩石、树木和溪流都有灵魂的信仰。

苏丹人的传统文学很丰富，他们会表演精致的木偶戏。

南洋群岛
巴厘人

人口：286万
语言：印尼语、巴厘语
宗教：峇里印度教（巴厘岛是印尼境内唯一以印度教的变异作为主要宗教的岛屿）
居所：印尼巴厘岛

巴厘岛是印尼唯一以印度教为主要信仰的岛屿。除了印度教外，巴厘人也信仰许多其他无处不在的神灵。他们信仰非常虔诚，时常举办复杂的仪式，并以此闻名。这些仪式包含舞蹈和召灵。

巴厘人很重视姿态和行为的优雅美感，他们认为这是维护自尊、符合社会礼仪标准的途径。在公开场合流露情绪很失礼，表示这个人无法控制自己的心。

巴厘人维持着一种种姓制度，类似印度的印度教只具有独特的文化形式，同时，族人也分属于各自的宗族。同宗族的人有相同习俗和种姓阶层，于是和宗族内的人通婚便成为传统。巴厘人实行父系继嗣。

巴厘人在20世纪初叶被荷兰控制。令人印象深刻的是遍居群岛各部分的每位统治皇族，都在即将被荷兰人拘捕或被捕之后自杀。

冲浪
许多巴厘人如这位冲浪的当地人，都很喜爱岛上知名的白色沙滩。巴厘岛也是外国游客眼中的度假胜地。

恩谷沙巴节
巴厘岛有一套以仪式维持的灌溉系统。恩谷沙巴是一个在满月时进行仪式的感恩节日，由游行队伍将祭品带到灌溉神坛上。

优雅的姿势
无瑕的美感和优雅不只存在巴厘人的仪式中，在日常生活也非常重要。

民族

民族

南洋群岛
托拉亚族

人口：200 万
语言：托拉亚萨丹语
宗教：基督教（约占 80%，不过传统万物灵信仰对文化习俗也有影响）

居所：苏拉威西岛中部高地（印尼）

　　虽然大部分托拉亚族人都自称信奉基督教，但对亡灵和死后世界的信仰还是影响着他们的文化和习俗。托拉亚族"祖先律法"的中心思想就是尊敬亡灵。有时在亡者逝世后好几年才举办奢华的丧礼，原因就是要让亲人有时间存钱筹办精致的仪式。安置灵柩的临时建筑可能就盖在墓地上，还要宰上好几十头甚至几百头水牛。托拉亚族将死者埋葬在峭壁上劈出来的洞穴，通常都非常高。当初这种做法是因为亡者亲属想防止

复杂的丧礼
排成一列的托拉亚人跟踪着村中丧礼的队伍。他们将灵柩安置在精美的木制灵车中，扛着灵车穿过街道。

收获季
托拉亚男子穿戴节庆服饰以庆祝收成。

盗墓贼偷走陪葬的值钱物品。墓穴有门可关闭，还有亡者的肖像守卫着。水牛是托拉扎族最敬重的动物，建

筑也会以水牛的象征图像为主要造型。托拉亚族会建造仪式专用的房屋，屋顶两端往上弯曲，就像水牛的角。一般屋舍也常以水牛图案、雕刻和丧礼中收集的一对对牛角来装饰。

南洋群岛
威伊瓦族

人口：估计约 10 万
语言：威伊瓦族语及地区性方言
宗教：马拉普教（威伊瓦族的祖传信仰）；现在许多族人信奉基督教，部分信奉伊斯兰教

居所：松巴岛（印度尼西亚）

　　多年来，威伊瓦族一直与世隔绝，因为他们的岛并不位于该区许多香料贸易路线上。但在 18 世纪，他们被迫在山顶建起防御村庄，对抗穆斯林奴隶贩子。

　　仪式演说、诗和歌曲形成威伊瓦族文化认同的中心，也是他们与祖先灵魂沟通的管道。威伊瓦族社会传统上由一位"大人"统治，近年来企图统一印尼民族的措施已使许多大人退居边缘；同时，因为土地、族人等相关决策已改由政府当局制定，为影响神灵而进行的仪式餐筵也不再重要。

　　威伊瓦族族人大多从事刀耕火种农业、种植水稻，饲养牲畜。他们会制作颜色鲜艳的纺织品。

南洋群岛
塔尼姆巴尔族

人口：10 万
语言：奇额语（属于南岛语系或马来—波利尼西亚语系，亦为塔尼姆巴尔族的别名）
宗教：基督教、伊斯兰教逊尼派

居所：

　　塔尼姆巴尔族村落人口在 300～1,000 之间。村长从拥有统治阶级血统的人中选出，不同村落的人会相互通婚以维持和平。

　　塔尼姆巴尔族人从事刀耕火种农业、捕鱼和野猪捕猎。根据传统，族人畏惧横死或死于难产的灵魂。

舞者
塔尼姆巴尔族舞者表演葡萄牙风格的舞蹈，证明葡萄牙殖民的影响一直存在。

祖先雕像

亚太地区
中国台湾原住民

人口：30 万
语言：汉语、数种南岛语系（马来—波利尼西亚语系）
宗教：多神论、泛神论、祖先祭祀

居所：中国台湾

　　虽然中国台湾岛人民以汉人为主（见下方说明），但这座岛上也有许多原住民文化，属于大约 10 个不同民族。人数最多的是阿美族，值得注意的是母系继承的社会结构。第二大的是泰雅族，狩猎和编织的技术都

真相
台湾岛的汉人

中国台湾人 98% 是汉人（见 446 页）。他们首次抵达是 16 世纪躲避中国大陆的战争和饥荒。第二波移民发生在 1949 年，约 150 万人在新中国成立后来到这里。

汉族后裔

很高超，某些族中长者还有独特的黥面。排湾族每五年举办一次人神盟约祭，邀请祖先的灵魂下山参加延续数日的庆祝活动，包括猎头仪式。

　　赛夏族的矮人祭源自一个事件：他们的部落曾受身材明显矮小的邻族帮助，后来却对这个邻族大肆屠杀。族人邀请被杀害的"矮人族"灵魂参加为期一周的舞蹈庆典，希望得到抚慰的亡灵不会前来报复。

　　雅美族（达悟族）人数只有 4,000 人，与世隔绝地住在距离台湾本岛 64 千米的兰屿，于是得以保留其独特文化。达悟族是造船、捕鱼和制作陶器的专家。

存续的传统
一位中国台湾岛原住民男子穿着曾在整个中国都十分普遍、以竹子和芦苇编成的雨衣。

原住民
虽然许多台湾原住民都被汉化，仍有些人维持着老传统，例如这群人就穿着色彩鲜艳的民族服装。

亚太地区
朝鲜族(韩国称为大韩民族)

人口：7,500 万
语言：朝鲜语（可能和蒙古语相关，但包含许多汉字）
宗教：儒家思想、道教、佛教、基督教、中道教
居所：韩国、中国东北

大约 7,000 万朝鲜族都住在朝鲜半岛。目前广为接受的说法是，现在的朝鲜族是中亚部落的后代，很多人都可回溯血缘数千年。决定血缘传承时籍贯也很重要，因为韩国只有约 270 个姓氏，韩国姓金、李、朴或崔的人就占总人口一半。只有关系亲密的友人才能以名字称呼，小孩都要称兄姐为哥哥、姐姐。流露情绪在韩国社会是要避免的行为。

韩国文学有悠久的历史，独特的韩国文字是公元 1443

韩国佛教徒
信徒将印刷古老经书《高丽大藏经》的刻板顶在头上乞求智慧。

分裂
一位朝鲜士兵在分隔韩鲜半岛领土与人民的交界进行侦望。

年制定的，目的是为了避免使用中国汉字。韩国语言缺乏明显的区域变异，这一点加深了强烈的国家认同感。

1948 年以来，韩鲜半岛被分成

实行资本主义制度的韩国及社会主义制度的朝鲜。韩国社会的发展依循西方路线，受美国影响甚深。朝鲜是传统的社会主义模式。朝鲜的小孩从幼年开始就由国营托儿所照顾。

亚太地区
爱奴族

人口：2.5 万
语言：爱奴语（尚未发现和任何其他语言相关的独特语言）、日语
宗教：萨满信仰（不过这项传统已逐渐消亡）
居所：北海道（日本）、俄罗斯远东区

爱奴族起初是遍布日本、懂得航海的猎人，后来在 19 世纪日本扩张成现代化国家时，被局限于极北的领土中。许多自称有爱奴族血统的人如今都受雇于劳动业或营造业。虽然爱奴族语言、文化都已失传，但古老的艺术形式正开始复兴。

谜般的民族
爱奴族的起源是个谜，他们的外形通常和邻近民族有明显差异。照片中一对爱奴族夫妇穿着传统服饰。

亚太地区
日本人

人口：1.28 亿
语言：日语（有数种方言）
宗教：神道教（日本原住民宗教）、佛教，亦可见儒家的影响
居所：日本群岛、世界各地都有移居者

日本从 1945 年开始成为具领导地位的经济大国，在高科技工业保持优势。日式企管文化促使劳工和雇主之间形成有力的社会联结，甚至结婚都要获得准许。工作状况常和个人认同有非常密切的关系，失业在社会上是耻辱。升学压力非常大，大学学历是获取管理职位不可或缺的条件。

日本人对礼仪的重视表现在每个方面：具有标准程序的歌舞伎戏院、有艺伎表演的茶艺，甚至国技相扑，全都有井然有序的仪式。现代文化比较不正式，棒球是很受欢迎的外来文化，而卡拉

OK（以录音伴奏在大众面前唱歌）则是著名的文化输出。漫画占全日本出版品 40%，许多故事都强调日本流行的荣誉观及挑战困境的精神。除了日本当地，日本漫画别具特色的艺术风格也影响着西方的设计与青少年文化。

水稻种植长久以来一直是日本生活的中心，尽管较便宜的进口米非常充裕，政府仍会给予优厚补助鼓励耕种。其他日本特产包括拉面、味噌汤、辛辣的山葵、寿司和生鱼片。

相扑力士
相扑比赛的踩脚仪式是日本人重视礼仪程序的象征。

高科技大城市
日本的都市生活步调很快，充满高科技和拥挤人潮。这位商人一边打电话一边穿梭在城市熙熙攘攘的人群中。

艺伎
艺伎以歌舞和谈话取悦男性，这位艺伎穿着的是 12 世纪的贵族服饰。

民族

海中的果实
大洋洲的海岛居民经常在海岸活动。照片中一位在珊瑚礁潜水的人正在欧福岛的美属萨摩亚国家公园寻找海洋动物。

大洋洲

　　尽管以陆地面积来看，大洋洲是最小的洲，但数千岛屿跨越了太平洋的广大面积，让它成为变化多端的种族家园。这个区域居住着 3,200 万人，其中三分之二都在澳大利亚。19 世纪的欧洲学者将澳大利亚以外的部分分成三个地理文化区：密克罗尼西亚、美拉尼西亚和波利尼西亚。这种分区法现在仍然广为接受，因为它概括了整个大洋区域大致的文化走向。

区域示意图
大洋洲包括澳大利亚及密克罗尼西亚、美拉尼西亚（包含新几内亚）和波利尼西亚（包含新西兰）等岛群。

　　每个岛群都包含无数岛屿和民族。即使在单一座岛上，尤其是新几内亚，种族多样性还是令人屏息。该岛西半部巴布亚新几内亚的 500 万人可平均分成 800 多个不同语言的族群，每种语言都和各自的种族认同相关。

迁徙与定居

　　大洋洲最早的居民是澳大利亚和新几内亚原住民的祖先，他们定居在当地超过 5 万年，是从东南亚或中国南方迁徙而来。据信美拉尼西亚人、密克罗尼西亚人都和这些原住民有关，有语言和遗传上的证据。不过这儿的岛屿大约 3,500－4,000 年前才有人住，居民同样来自东南亚。波利尼西亚人来得更晚，夏威夷在公元 200－600 年开始有居民，而基里巴斯共和国和新西兰在公元 1000 年前都没有人烟。

　　欧洲对大洋洲的影响到 16 世纪才展开，最初是葡萄牙航海家麦哲伦在 1521 年发现马里亚纳群岛。葡萄牙人的到来为这区域许多原住民文化带来深刻的转

回力棒
现在在世界各地，回力棒都成为澳大利亚原住民文化的象征。

变。基督教传教士抑止了太平洋不少文化习俗，定居的欧洲人从原住民族手中夺取澳大利亚土地。欧洲人对太平洋地区的兴趣在 19 世纪随着商人抵达再度升高。英国、法国、德国和西班牙常争夺岛群的控制权。第二次世界大战后，许多岛群都成为美国的"托管领土"或获得完全独立。

部落与国家

　　大洋洲的大部分民族都在过去四个世纪受殖民主义影响极大。英国人甚至在 1770 年库克船长登陆时，宣称澳大利亚是"无人土地"，尽管当地有超过 500 支原住民族。在小岛的殖民统治则各有不同：有些民族未受侵扰，有些民族的习俗和权利都被侵犯。部分原住民族对自身文化维持强烈认同。新西兰的毛利族甚至认为他们的文化能完整保存，部分要归功于团结对抗殖民统治。他们对欧洲人的抵抗促成 1840 年保障共存协定的诞生。

　　部分太平洋岛屿至今仍是殖民地或由国际协议统治。例如在与法国结盟的新喀里多尼亚，原住民在一拨拨欧洲、日本、美国和亚洲移民为追求理想中的热带生活而到来后，成了重要少数民族。但大多岛屿都在 20 世纪后

多变的装扮
胡利族是巴布亚新几内亚的数百民族之一，他们彰显种族认同的方法是戴上假发、画上脸部彩绘来参加名为"辛辛"的祭典舞蹈。

半叶脱离殖民主义，建立独立小国。

变化

　　新建立的自主体制会带来新问题。各国常对内宣扬共同的国家认同，而非文化多元。斐济独立时，原住民和印度人（英国引入的劳工后代）爆发冲突，结果许多印度人在 20 世纪 90 年代离开。不过，澳大利亚原住民大和解和其他大洋洲国家的振兴民族意识政策在国家施政上的重要性则与日俱增。另一项正面进展是新融合文化的变革，例如，在大部分人口都是新进移民的澳大利亚以及新西兰等国。

议题

土地权

澳大利亚的原住民保留了旧文化的关键要素，尤其是与他们依赖的土地之间的关系。澳大利亚殖民强权也曾宣告拥有这片土地，原因是他们一直认为原住民没有土地所有权制度。事实上，直到 1992 年澳大利亚和新西兰的原住民土地权才得到认同，允许原住民族重新拥有自己的家园，例如下图中昆士兰的森林。

　　如今许多原住民族都能靠传统习俗生财，方法是在逐渐增加的观光客面前表演。巴布亚新几内亚是全世界种族最多元的地区，现在每年都会举办表演，纳入该区五花八门的民族特色。

团结的民族
巴布亚新几内亚原住民扮成"泥巴人"，在一场文化表演中歌颂这座岛屿的种族多元。

独木舟迁徙
太平洋岛屿的居民迁徙靠的是装有舷外浮杆的独木舟。

民族

美拉尼西亚
摩图族

人口：3万
语言：摩图语（属于南岛语系）、希里摩图语（以摩图语为基础的贸易语言）、托比辛语、英语
宗教：基督教、传统信仰
居所：莫士比港市（巴布亚新几内亚）

摩图族是航海家兼渔夫，住在巴布亚新几内亚首都莫士比港市附近。传统上他们沿着海岸地区进行"希里"（贸易旅行）以获取食物，因为这地区常有旱灾。在希里过程中也有仪式、宗教和政治交流，并孕育出名为希里摩图语的贸易语言。西方风俗的出现，如受薪佣雇模式，使摩图族社会发生许多变化。然而他们的传统还留存着，比方说嫁妆（新郎付给新娘家族的一笔钱）。摩图民族也保有莫士比港市地区的大部分土地权。

乐手
现在摩图族与来自国内其他地区的旅行乐手共享他们的家园莫士比港市。

美拉尼西亚
达尼族

人口：20万
语言：达尼语（非属南岛语系）、印尼语
宗教：罗马天主教及基督新教、亦可见传统信仰
居所：伊利安查亚，又名西巴布亚（印尼）

达尼族住在新几内亚西半部的伊利安查亚。1950年代之前，他们与外界都没有接触。当时种植番薯、养猪、制作石器的达尼族被视为最后的石器时代社会之一。使用阴茎鞘及和尸体沟通也都点出他们古代文化的

达尼族人

达尼族男性的传统饰物包括编织树皮绳做成的项链、脸部彩绘及羽毛头饰（见上图）。有些人还会佩戴野猪獠牙做成的鼻环。

特征。

不过达尼族的社会结构极为复杂，族人划分成数个以村落为基础的政治单位。这些群体会参加规模数百人的仪式化战争，整个冲突过程都有正式程序，具有数种功能（大多是以例行交流为基础），鲜有伤亡。

印尼人在1963年并吞伊利安查亚，他们禁止这些战争，也鼓励爪哇人移居来此，声明占有当地土地，引入伐木业和矿业。

在20世纪70年代末，达尼族以弓箭为武器，团结起来反抗。冲突持续了两年，但印尼现代武器的威力（包括凝固汽油弹）实在太强大。

窑烤
达尼族在土坑窑中烤番薯。他们将蔬菜用树叶包起来，放在土中烧热了的石头上。

美拉尼西亚
阿贝朗族

人口：4万
语言：阿贝朗语（非属南岛语系，是恩渡语族的一部分）、托比辛语、英语
宗教：罗马天主教及基督新教，亦可见传统信仰
居所：东塞皮克省（巴布亚新几内亚）

阿贝朗民族传统上以务农为生，主要种植番薯。在一年一度的收获祭，参加仪式的族人或亲戚会互赠装饰过的"长番薯"。阿贝朗族的权威握在"大人"手中，他的权势来自成功种出这些在仪式中使用的番薯以及演说和交际的能力。如今虽然许多传统都在西方传教士的影响之下消亡，"长番薯"仪式仍继续举行。

长番薯屋
高达15米、呈A字型的仪式屋是用来教导种植长番薯的秘密魔法的地方。

画着祖先图像的门楣

美拉尼西亚
胡利族

人口：6.5万
语言：胡利语（非属南岛语系）、托比辛语（新几内亚的混杂式英语）、英语
宗教：罗马天主教及基督新教，亦可见传统信仰
居所：南高地省（巴布亚新几内亚）

胡利族居住在巴布亚新几内亚南高地省，居地多是浓密的雨林或沼泽山谷。族人大部分务农，一般种植番薯，也会捕猎野猪或其他猎物（例如食火鸡和负鼠）。就如其他许多新几内亚社会（包括阿贝朗族、达利族和阿孟米族）一样，胡利族也实行刀耕火种农业（见253页）。这种做法是将雨林中的一块地焚烧后耕种两年，然后废耕两三代的时间，这段期间土地受习俗信仰和禁令的保护。

统治权建立在"大人"制度上。一个人在社区或邻

追悼仪式
一位全身涂满灰的舞者在辛辛祭典中表演追悼仪式。除了庆贺之外，这项祭典也有追悼之意。

近地带的名望、权力取决于他的天分、技术和知识。胡利族和其他几个巴布亚新几内亚民族共有的特征就是，日常工作有严格的性别区别。例如男性负责照料田地、种植作物，而采收作物和养猪（用于祭典）则是女性的工作。这些民族划分工作根据的是男女有别的原则，而非性别角色互补。

胡利族抢眼的假发非常出名，主要由人发做成，以天堂鸟和鹦鹉的羽毛装饰。他们也会在身体和脸部彩绘精细的图案。这些装饰和复杂的信仰、仪式有关，尤其是漫长的年轻男子成年礼和动员全部落的"辛辛"祭典。传统宗教包含几类对控制气候、决定土壤肥沃与否等超自然力量的信仰。

辛辛祭典
胡利族人排好队伍，在辛辛祭典中表演舞蹈。这是强调宗族荣耀的年度庆典。

脸部彩绘
胡利男性参加庆典的服饰包括装饰着五彩羽毛的假发、白色脸部彩绘和鼻子上的羽毛。

美拉尼西亚

科罗威族

人口：估计在 700 ～ 4,000 之间，主要居住在低地、雨林中的沼泽地区
语言：科罗威语（未归类，非属南岛语系）
宗教：泛灵信仰
居所：伊利安查亚南部海岸（印尼）

西方世界直到 20 世纪 70 年代才认识科罗威族。他们以家庭为单位，居住于建在森林树冠高处的房屋。之所以住在树上，是因为他们相信地面住着恶灵，也是为了避开有敌意的邻居、昆虫和暑气。受邻近部落威胁的家庭往往将房子盖得最高。

科罗威族人的财产仅限于石头或木材工具，和用来打猎的弓箭。妇女穿着用树叶编成的裙子，鼻子上穿过一根狐蝠骨头。男性戴着阴茎鞘，有人佩戴野猪牙项链，在鼻子上戴食火鸡的羽毛。

族人会在部落战争中猎头，也有谣传说科罗威族会吃人。女性的地位低于男人，经常被邻近村落掠夺。直到最近，科罗威族和其他民族都鲜有接触，但观光业和印尼伐木公司都威胁着他们的生活方式。

西米蛆
西米蛆是甲虫的幼虫，是重要的营养来源，可以蒸熟或生吃。

树屋
科罗威族的房屋通常都有 25 米高，最高可达 50 米。

美拉尼西亚

阿蒙梅族

人口：1.2 万
语言：阿蒙梅语（非属南岛语系）、印尼语
宗教：罗马天主教和基督新教、传统信仰（山岳等自然景观受到崇拜并与家族灵魂相关联）
居所：青加谷、伊利安查亚中央高地南部（印尼）

就如其他在伊利安查亚的民族一样，阿蒙梅族也实行轮耕，耕作土地一小段时间然后就休耕。他们种植番薯，也养猪。阿蒙梅族社会以宗族为基础，追溯亲源实行男性继承。他们的信仰系统尊崇山岳、冰河，并与祖先的灵魂连接。

阿蒙梅族有一种美拉尼西亚式的传统土地所有制度。土地不能买卖，只能出让暂时的使用权（要给予补偿），但通常不会让给社区外的人。

美拉尼西亚

瓦努阿图人

人口：16 万
语言：113 种南岛语系语言、碧斯拉玛语（美拉尼西亚混杂语言）、英语、法语
宗教：罗马天主教和基督新教，亦可见传统信仰
居所：瓦努阿图 70 座有人居住的岛屿

瓦努阿图有人居住的领土包括 70 座岛屿。这儿的民族瓦努阿图人拥有多变的文化和语言。某些瓦努阿图族群别具特色，其中两个例子是：彭提科斯特岛的“潜地”（“高空弹跳的起源”，见 204 页），和年轻男子的成年礼有关；以及马勒库拉岛、安布里姆岛的“分级社会”。

分级社会是寻求政治权力的男性必须经历的等级制度。男性进入新阶层

矿业的冲击

矿业对阿蒙梅族的影响很深远。广大的土地都被出让给采矿业（几乎毫不顾虑当地对祖传土地的主张）；在 20 世纪 70 年代，阿孟米族被重新安置，为的是把土地让给“铜城”。这些因素加上大规模露天开矿造成的环境冲击（见下图），导致了紧张及冲突。

穿着舞衣的舞者
瓦努阿图的舞者穿着色彩鲜艳的舞衣在祭典中表演。瓦努阿图各岛屿有许多祭典。

的途径是累积财富，通常以猪只数量来计算；接着就要杀猪、分赠给新阶层的成员。一旦达到升级的要求，这位男子就获得了新权利和新责任，以色彩鲜艳的装饰品和随身物品上的标志为象征，例如弯曲的猪獠牙。（獠牙的长度决定了这只猪在物质和祭祀上的价值。）到达最高几个阶层需要 100 头以上的猪，而且只有通晓仪式知识并能与邻近岛屿建立关系的长者才能进入。随着时代演进，分级社会已成功地将基督教信仰和现代化思想整合融入传统制度。

身体装饰
马勒库拉岛上的一位男子戴着当地植物做成的头带和臂环。

美拉尼西亚
特洛布尼恩德岛人

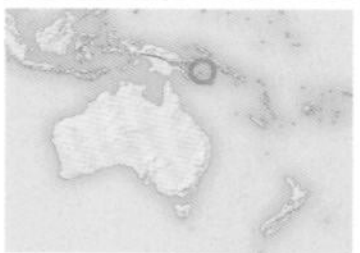

人口：1.5万
语言：基里维纳语（属于南亚语族）、托比辛语、英语
宗教：罗马天主教和基督教、传统信仰系统
居所：特洛布尼恩德岛（巴布亚新几内亚）

特洛布尼恩德岛是位于巴布亚新几内亚本岛西南方的一群低矮珊瑚岛屿。特洛布尼恩德岛民从事农耕，利用岛上肥沃的土壤种植粮食，同时也捕鱼。这两项经济活动都会用上特殊的魔法。岛民社会以阶层宗族首领制为基础，实行母系继嗣，个人权利传承自母亲。最具特色的是仪式化的库拉交易制度（见右图），深入生活的许多层面。

独特的耳环
一位特洛布尼恩德岛民妇女戴着色彩鲜艳的自制耳环。

真相
库拉

库拉制度是一种复杂的循环，来自不同岛屿的伙伴交换礼俗物品。起先库拉交易是以贝壳臂环和项链为主，后来加入许多其他货品。精美的独木舟船头、身体装饰品、雕刻的盾牌，甚至歌舞都用来引诱交易伙伴，促成交易。这类交易的目的不只在经济层面，从事库拉的成功也能带来名望和影响力。

库拉货品
用来进行库拉交换圈的货品包括番薯（见下图）、香蕉、猪、手工艺品，甚至还有歌曲"著作权"。

美拉尼西亚
斐济人

人口：83.5万（许多印度斐济人在2000年的失败政变后离开斐济）
语言：斐济语（马来—波利尼西亚语族）、兴都都语、英语
宗教：印度教、伊斯兰教、基督教
居所：斐济、新西兰

早年美拉尼西亚人和波利尼西亚人从公元前1500年左右就占领了斐济。在此之后曾有过很多波移民潮，但最重要的是印度人在1879年到1916年间被引入担任劳工。如今几乎一半居民都有印度血缘。虽然许多印度—斐济人都逐渐接纳了斐济生活，有些斐济民族主义者排斥他们。

斐济村庄配合集体生活而设置，各家庭住在单一房间的茅屋里，共同分摊社区例行工作。有牢固的阶级制度，酋长是当地无法动摇的权威，大酋长委员会在政界角色重要。斐济文化的特色是丰富的口述传统和手工艺，如席垫编织和木雕。食物以半埋在地下的"洛佛"炉煮成。

胜利舞
斐济人以传统舞蹈庆祝实力强劲的英式橄榄球队战胜汤加王国。

澳大利亚
澳大利亚人

人口：1,910万
语言：英语、意大利语、汉语、希腊语、阿拉伯语、越南语、各种其他移民语言
宗教：基督教（尤其是罗马天主教、英国国教）、无信仰
居所：澳大利亚

最早迁往澳大利亚的欧洲民族是英国人和爱尔兰人，在18世纪晚期和19世纪早期抵达。其中许多人都是罪犯，被送往大英帝国掌管的监禁殖民地。20世纪50年代的淘金热使人口增加。就在这时，也有许多来自中国的移民到来。20世纪时，澳大利亚政府开始将接受移民当成巩固经济的手段，于是1945年后人口倍增。政府当局逐渐放松排外的"白澳"政策，使更多亚洲人能加入这个国家。从此之后，澳大利亚认同愈显文化多元。然而澳大利亚原住民在漫长的殖民时期遭受恶劣待遇，如今原住民大和解成为国家施政的优先考量。

居住在城镇和都市的人口超过90%，使都市生活成为澳大利亚文化的重心。大多数都市格局的特色都是市中心很小，周边环绕着广大市郊，尽是些大房子、大庭院和游泳池。

澳大利亚的流行文化受欧洲和美国影响，但他们也将自己的音乐和电视节目输出到世界各地。澳大利亚美食是折中派的，运用海鲜和其他自然资源，深受邻近的东南亚地区影响。

酿酒业也驰名世界。只有9%的澳大利亚人住在内陆，但布希曼人和牧场工人的肖像对这个国家的自我形象而言依然重要。

悉尼歌剧院
悉尼歌剧院独特的设计成了澳大利亚的象征。在前院，宾客正在享受户外用餐的乐趣。

健康
古铜色的澳大利亚人

在外国人眼中，澳大利亚人是把时间分给冲浪板和澳式足球场的运动员。这样的形象似乎是经由成功征服各领域的澳大利亚运动员推销到世界各地。不过，澳大利亚和其他的发达国家一样，也有许多人有运动量不足、饮食不健康的问题。

烤肉
烤肉是很流行的烹调方式，这些美食常搭配罐装啤酒。

救生员竞赛
新南威尔士州的救生员正要展开海泳比赛；许多澳大利亚海滩都必须设置救生员。

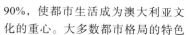

小镇
一位男子正运送羊穿过当地小镇。乡村社区仍是澳大利亚自我形象重要部分的浓缩。

澳大利亚原住民

人口：41 万
语言：英语、超过100 种澳大利亚语言（大多互不相关的一群独特语言）
宗教：泛灵信仰
居所：澳大利亚

澳大利亚原住民（各地区民族喜欢外人以自己的族名称呼他们）在至少5 万年前由东南亚迁徙到澳大利亚。18 世纪晚期欧洲人抵达时，澳大利亚原住民至少有 30 万人。在一个世纪以内，原住民人数下滑达 90%，直到最近才开始攀升。

传统原住民文化主要是移居生活，有数百个民族在广大的土地上流浪。各地方的定义不是位置，而

成年仪式

在北领地南葛拉拉，歌唱和迪吉里度笛演奏是男孩成年仪式的一部分。

拍板

拍板是用于仪式舞蹈的打击乐器。

是拥有动植物图腾的每个民族间的关系。还有一种定义方式是神明的轨迹，又叫"歌之径"。这些民族相信祖传的神明曾走过原始的地球并赋予它形状，因而地面景观的许多特征都是在纪念神明足迹。

原住民文化的其他特色还包括回力棒和迪吉里度笛，这种共鸣笛的用途是帮助催眠，使人进入"做梦"的状态。

早期定居的欧洲人受原住民部落欢迎，但他们对土地"所有权"的主张在原住民的哲学中前所未闻，结果剥夺了许多原住民族传统

的狩猎、采集区域，也让他们接触到往往摧毁整个部落的新疾病。自殖民时代以来，原住民族一直在抗争，偶有暴力但大多时间都在忍耐，希望自己的圣地和传统土地能获得承认。他们得到的成果有：乌鲁鲁（欧洲人称之为艾尔斯岩）在 1985 年归还给安南古族。不过在 2003 年，许多宁佳族原住民被逐出珀斯附近的天鹅谷。

现代通信

遵循传统生活方式的原住民往往也会使用一些科技产品，例如电话。

医疗院所

一位护士在地区诊所工作。许多诊所设在原住民社区以提升医疗水准。

黄金时代

黄金时代是原住民文化的中心，它是"永不终止的开端"。在黄金时代，神明创造了土地和所有生物（及各生物间的关系）。每个部落都有崇拜的动物、植物和景观；而这些元素的"梦"（创造的回声）可通过仪式获得。点图呈现的就是黄金时代的样子，如下图。

瓦勒皮里族

人口：2,700
语言：瓦勒皮里语、英语
宗教：泛灵信仰（以梦为中心，尤其是火梦，由怀孕妇女在火梦中预测未出世的孩子是由哪个灵魂投胎）
居所：塔纳米地区（北领地）

瓦勒皮里族最初过着半流浪生活，在大半是沙漠的家园追踪食物和饮水。原本与欧洲定居者的接触有限，直到 20 世纪 20—30 年代间，

一阵短暂的淘金热吸引矿工和传教士来到当地。瓦勒皮里族抵抗入侵，结果于 1928 年在康尼斯顿遭受最后一场著名的原住民大屠杀。后来瓦勒皮里族退缩，不再与欧洲人接触，但澳大利亚政府在 1946 年强迫他们定居延杜穆镇，甚至限制他们迁居。

瓦勒皮里族男孩在 12 岁正式成年，以仪式舞蹈来庆贺；男性跳波拉帕（purlapa）舞，而女性表演的舞蹈则表示"失去"孩子的哀伤。

瓦勒皮里族从 20 世纪 70 年代开始接受现代科技，尤其是视频会议，无论是用来通信或分享瓦勒皮里族艺术都很流行。

瓦勒皮里人像

一位瓦勒皮里族男性在鼻上戴骨头当装饰，他的鼻中隔可能在童年时期就穿了洞。

阿纳姆地原住民

人口：1.1 万
语言：雍谷语、许多其他语言（有数种和原住民语主要语系：帕马尼荣语族无关的语言）、英语
宗教：泛灵信仰、基督教
居所：阿纳姆地（北领地）

阿纳姆地是十数支民族的家园，这些民族展现了澳大利亚最极端的语言多元性。在欧洲人抵达之前很长一段时间，阿纳姆地的民族已和每年从印尼来访的马佳善人建立起非常成功的贸易制度。长居此地的欧洲人直到 20 世纪 30 年代才出现，因此阿纳姆地的民族文化保存得比其他地区的更鲜明。阿纳姆地艺术以树皮为画纸，运用独特的交叉排线画法，和

其他原住民族的点画都不同。

雍谷族是主要的阿纳姆地民族，由大约 20 个部落组成，可以划分成两部分：渡瓦族和伊儿里族。这两群部落互相依赖，但他们的仪式、梦和艺术风格都不相同。雍谷族是争取土地权的尖兵。

天生的猎人

许多阿纳姆地人很小就学会寻找食物的本领，只要有自制的矛就可以抓到大螃蟹。

民族

澳大利亚
阿伦特族

人口：3,800
语言：阿兰达语的数种方言（原住民语主要语系：帕马尼荣语族之下的次语群）、英语
宗教：泛灵信仰

居所：爱丽丝泉邻近地区（北领地）

阿伦特族（又名阿兰达族）是澳大利亚境内最知名的澳大利亚原住民之一。在 20 世纪初展开的阿伦特族人类学研究预言这支原住民族文化注定要灭绝。然而阿伦特族已经证明事实正好相反，他们的语言是澳大利亚通行最广的原住民语言之一。阿兰达语教学很普遍，1994 年还出了一本阿兰达语／英语字典。这支语言的方言很多，和家族血统有密切关系，其中西部和东部方言这两支已经渐成主流。

不过既然好几支宗族都一起住在爱

导游
有些阿伦特人在圣地乌鲁鲁担任导游。

丽丝泉，许多方言的微妙之处也都混成一气。阿伦特族过着半移居生活，在寒冷季节会以树枝建造圆形

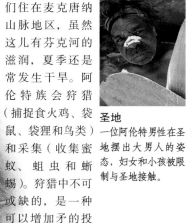

梦幻蝴蝶庆典

2001 年，梦幻蝴蝶庆典在爱丽丝泉举行，庆祝澳大利亚成为联邦一百年。这个节庆的开场是阿伦特族的欢迎仪式，澳大利亚各地的原住民族都共襄盛举。

传统舞蹈
装扮奇特的阿伦特族男性以传统阿伦特舞蹈展开 2001 年梦幻蝴蝶庆典的活动。

真相

的栖身之所。他们住在麦克唐纳山脉地区，虽然这儿有芬克河的滋润，夏季还是常发生干旱。阿伦特族会狩猎（捕捉食火鸡、袋鼠、袋狸和鸟类）和采集（收集蜜蚁、蛆虫和蜥蜴）。狩猎中不可或缺的，是一种可以增加矛的投射距离的弯曲木鞘。

圣地
一位阿伦特男性在圣地摆出大男人的姿态，妇女和小孩被限制与圣地接触。

澳洲
托勒斯海峡群岛岛民

人口：2.87 万
语言：托勒斯海峡克里奥语、梅里安米尔语、卡劳拉高亚语、英语
宗教：岛习俗（融合传统图腾宗教和基督教）

居所：托勒斯海峡群岛、昆士兰

虽然托勒斯海峡群岛岛民和巴布亚新几内亚民族和澳大利亚原住民都有关联，但仍保有自己独特的文化。他们居住在这超过 100 座岛屿的群岛至少有 1 万年。这些岛屿中有 17 座持续有人居住，在 1879 年成为昆士兰的一部分，但在 20 世纪 30 年代又获得部分自治权。自 1995 年开始，岛民拥有自己的旗帜。

托勒斯海峡群岛岛民在海上讨生活，捕猎海龟和儒艮，也采集珍珠。他们有一套领养制度，小孩子会送给旁系亲属抚养。

服饰
一位托勒斯海峡群岛舞者戴着华丽的头饰，在庆典中表演。

波利尼西亚
新西兰人

人口：400 万
语言：英语、毛利语
宗教：英国国教最普遍，亦可见长老教会、其他新教教派、罗马天主教和无神论

居所：新西兰

新西兰人都是新近移民的后代。第一批抵达的是毛利人，他们来自波利尼西亚岛屿，在大约 1,200 年前定居新西兰。接着在 19 世纪中叶之后，加入他们的主要是来自英国的移民。现在大部分新西兰人血统都源自欧洲，他们和毛利族及更晚从太平洋移入、还保有独特的文化

赶羊
有些新西兰农场里有陡峭的坡地，因此，骑马对农民比较方便。

积极的运动精神
新西兰橄榄球国家代表队黑衫军每次出赛前都会跳哈卡。这是毛利族的仪式战舞，要大声重复唱诵来伴舞。

传承和不同语言的居民，关系有时很紧绷。近年来，毛利文化传统和语言复兴。也有许多亚洲人在过去 20 年移入，定居在此地的超过了 20 万人。

新西兰人的绰号是"奇异鸟"，这个名字取自当地原生的无翅小型鸟，他们以社会平等而自豪。比方说新西兰是全世界第一个女性获得投票权（1893 年）的国家，且在各个专业领域和政界都有杰出表现

（在 2001 年，首相、反对党领袖和总督全都由女性出任）。新西兰人也享有行之经年的福利制度，尽管功能不如以往完备。

虽然新西兰 86% 的人口都住在城市（其中大部分都在较小的北岛，南岛人口稀少），乡村传统还是很鲜明。豢养羊群是国家财富的基础，现在羊的数量依然是人的 10 倍。新西兰的现代农业操作已高度科学化，农产品是国家主要出口商品。

近来观光业已成为经济的重要部分。吸引访客的是新西兰干净、

翠绿的景观。新西兰文化的核心是热爱户外活动。远足、泛舟和其他水上运动都是很流行的消遣；还有英式橄榄球和板球，在新西兰有世界顶尖的球队。观光客和当地人都经常沉溺于冒险运动，如高空弹跳和滑翔翼。

惠灵顿
许多城市都建在穿越新西兰的断层线上，包括惠灵顿。新西兰地震相当频繁。

波利尼西亚

毛利族

人口：31 万（其中 50 人到 7 万人说毛利语）
语言：英语、毛利语（属于波利尼西亚语族，与塔希提语关系密切）
宗教：基督新教
居所：新西兰（主要在北岛）

毛利族是第一个踏上新西兰土地的波利尼西亚民族，他们将这个地方称为"白云绵延的土地"，此时距今不到 1,200 年。根据一般说法，定居的族人原本不多，直到一支 7 艘独木舟、每艘载着 1 个部落的船队在 1350 年左右登陆，他们带来了熟悉的作物种子。并不是

挑战
一位刺青的毛利人以脸部表情向来他们村庄的访客提出挑战，这是精心筹划的传统欢迎仪式的开场。

刻在木头上的历史
毛利人精通雕刻，从这个雕像的贝壳眼睛就看得出来。雕像通常都诉说着故事或毛利历史上的重要事件。

每支部落都成功地繁衍下来，毛利人必须调整文化来适应较为寒冷的气候。

后来毛利族和欧洲定居者发生冲突，1840 年的维坦基条约虽然不是处处都值得称颂，却让这些民族得以和平共存。

如今毛利族成为新西兰社会积极、优秀的族群。他们拥有、经营许多国家级观光企业，以传统欢迎仪式迎接访客，送上文化表演和以土坑窑烹调的传统美食。欢迎仪式就在毛利村庄会议屋前的神圣广场举行。通过礼仪步骤，访客和主人之间建立起互信、互敬，最后融洽地相处在一起。

毛利丧礼
在一场毛利族的丧礼，朋友和亲属围绕在尸体旁边，直到入土。

波利尼西亚

汤加人

人口：12 万
语言：汤加语（属于南岛语系之下的波利尼西亚语族）、英语
宗教：自由卫斯理教派、罗马天主教、其他基督教教派
居所：汤加王国、新西兰、美国

汤加人在公元前 1000 年左右来到汤加群岛，接着以商人之姿主宰了南太平洋地区。汤加经常和萨摩亚、斐济并称是波利尼西亚文化的摇篮。汤加人非常骄傲他们从未被彻底殖民（仅曾接受过英国的"保护"），以及他们拥有太平洋唯一的君主政体。

汤加人全心接纳基督教，因此汤加社会非常保守。尽管某些波利尼西

亚风俗已逐渐式微，例如刺青，传统的汤加风俗仍在现代文化中占有中心地位，比方说以大家庭为居住单位，过着集体生活及尊重社会阶层。

就如波利尼西亚的其他区域一样，他们仍然有丰富的口述传统，舞蹈也几乎必以歌曲相伴。汤加手工艺公认是太平洋区域最美丽的，例如以棕榈叶编成的垫子。

桑树皮布
一位妇女正在敲打桑树树皮，然后在制成的纸上绘画。

波利尼西亚

萨摩亚人

人口：48 万
语言：萨摩亚语（属于南岛语系之下的波利尼西亚语族）、英语
宗教：适应当地的基督教：卫理公会、公理会
居所：美属萨摩亚、西萨摩亚

萨摩亚人源自大约 3,000 年前在波利尼西亚散播开来的拉皮塔文化。萨摩亚社会以极端传统、保守闻名，尤其是对于宗教。最初的萨摩亚宗教包含祖先祭拜，以及对众多人类、非人类神明的崇拜。今日虽然萨摩亚常被称为太平洋上的"圣经带"，但那儿的基督教已被萨摩亚人做了许多调整。

有仪式意义的刺青还仍常在萨摩亚小男孩上施行。刺青过程长达一个月，由刺青师使用鲨鱼牙齿制作的传统工具进行，用意是测试耐力。结束后男孩从腰部到膝盖都会刺上图案。虽然有些妇女也有刺青，但女性的成年礼传统上都是编织精致垫子作为未来的嫁妆。

消暑
一群萨摩亚人在美属萨摩亚风光如画的海滩游泳。

波利尼西亚

夏威夷人

人口：34 万（包含在美国本土的 10 万人）
语言：英语、克里奥尔英语、夏威夷语（属于波利尼西亚语族，和塔希提语、毛利语相关）
宗教：以基督教为主
居所：夏威夷群岛及美国本土

夏威夷原住民族又名卡纳卡毛利人，祖先是波利尼西亚文化的一支，靠着装了舷外浮杆的独木舟在太平洋扩展分布，并在公元 300 年左右来到夏威夷。夏威夷是世上最大的偏远岛群之一，因为地处偏远，便发展出一套巧妙的政治制度及其备各种专家阶层的社会组织，包括教士、酋长和工匠。如今夏

舷外浮杆
夏威夷男子划动一艘装了传统舷外浮杆的独木舟。

酋长
右边这位男士是组成萨摩亚政府组织的当地酋长之一。

英式橄榄球在这里很流行，萨摩亚国家代表队是世界强队之一。开踢之前，萨摩亚队会表演传统战舞，和毛利族的哈卡战舞很类似。

最近许多萨摩亚年轻人都移民到其他国家，追求更好的教育和工作机会。大部分萨摩亚族人如今都在岛外生活。传统萨摩亚生活和西方文化的冲突，常在迁出的族人回国后引发严重的社会问题。

独立纪念日
一群妇女在西萨摩亚独立纪念日的庆祝活动中表演舞蹈。这个国家独立于 1962 年。

威夷原住民大部分血统都已融合，也将岛屿和来自美国、东亚的移民分享；但不一定能享有高于这些新移民的社会地位。20 世纪 70 年代，夏威夷语言和风俗复兴，包括草裙舞和传统医学。民族尊严更因 1976 年传统船只"欢乐之星"号只靠星星的指引和风、海浪的力量成功航行而产生。

民族

民族

波利尼西亚

塔希提人

人口：20万（其中10.9万住在大溪地）
语言：塔希提语（属于波利尼西亚语族，和毛利语相关）、法语
宗教：基督新教以及天主教
居所：塔希提和法属波利尼西亚其他地区

塔希提人属于波利尼西亚民族，在公元300年到600年间经过漫长的独木舟航行后，开始定居塔希提岛。许多塔希提人认同于更大的波利尼西亚民族，范围涵盖夏威夷、复活节岛和新西兰之间的三角区域。这儿的东波利尼西雅文化叫做毛伊文化，名称取自新西兰的波利尼西亚民族毛利族。波利尼西亚的古代大会堂建筑名字，也是由同一个字衍生而出。

大多数的塔希提人外形都能看出与毛伊文化的渊源。许多人都身材高大、肌肉发达。不过来自其他地区的遗传基因如今也都融合成一体，现在的塔希提人也可能有中国或法国祖先。

塔希提在1842年成为法国殖民地，但在此之前数十年，基督教传教士已开始消除塔希提文化，灌输基督教价值观。塔希提人供奉许多神明的大会堂都被摧毁，传统节庆被禁止举行。因为其特色不只是热烈鼓声，还有外人认为有色情成分的扭腰摆臀舞蹈。

在整个20世纪，塔希提文化认同再度慢慢兴起。节庆重新开始举行，独特的扭腰摆臀舞蹈也成为观光业和文化认同的主流。

今日的塔希提社会有第三个性别，叫做"马夫"。当地人会说某人是马夫，就像说他是男的、女的一样。马夫天生的性别是男的，但在家中当成女孩子养大，也接受塔希提妇女的品位和外形。他们在家中帮忙照顾小孩，也在观光区的旅馆、餐厅工作。

塔希提习俗中经常出现花朵。塔希提人会以在高地很常见的塔希提花编成花环，送给来访或即将离开岛屿的客人。女性也可以在耳后戴上一枝塔希提花，表示自己已名花有主。

未与欧洲人做贸易前，塔希提人使用当地原物料：以鲨鱼皮制鼓，用面包树或构树皮做衣服，捕鱼或种芋头、番薯。现在多数物资都需高价进口。族人多从事渔业，主要捕鲔鱼，养殖黑珍珠供出口，或从事观光业。法军原为当地人力一大雇主，至1996年核实验在抗议声中终止为止。现今法国政府则以津贴形式，弥补塔希提人民自1962年起进行核试验所承受的一切。

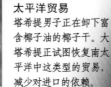

太平洋贸易
塔希提男子正在卸下富含椰子油的椰子干。大塔希提正试图恢复南太平洋中这类型的贸易，减少对进口的依赖。

刺青
在整个波利尼西亚，刺青在社会习俗中都是必须。而刺青在塔希提复兴满足了文化认同的渴望。

提基雕像
提基雕像代表神明或祖先。部分雕像被传教士刻意销毁。

历史

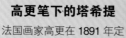

高更笔下的塔希提

法国画家高更在1891年定居塔希提，是为了"让大自然的纯净带来新生"。他画中的原始、清新在下一个世纪影响了世界各地的艺术风格。在塔希提，他带来的冲击依旧明显，除了众多的画廊之外，追随他的画家也非常多。

民
族

火舞
塔希提人会以传统舞蹈如火舞来娱乐观光客，但对许多当地人来说，这也是巩固、庆贺文化认同的机会。

民族

拉巴努伊族

波利尼西亚

人口：2,500（2,200 在复活节岛，300 在智利本土）
语言：西班牙语、拉巴努伊语（属于马来—波利尼西亚语族的波利尼西亚语言）
宗教：基督教
居所：复活节岛及智利本土

住在复活节岛的民族将自己和所属土地、语言都叫做拉巴努伊。这座岛在 1888 年成为智利的一部分，但首度有人定居是公元 300 年的波利尼西亚民族。专家推测当时这座岛的名字是"世界的肚脐"。拉巴努伊族在偏远的岛上与世隔绝，发展出丰富的文化，其中一大特色是大洋洲在 20 世纪前唯一的文字，属象形文字。他们的信仰中有一种鸟人崇拜，重头戏是寻找春天的第一颗海燕卵。胜利者就成为鸟人，也

存活的传统
以花绳图案来说故事的技巧是代代相传的。

摩艾石像

历史

拉巴努伊族曾雕刻名为摩艾的巨大石像。在全盛时期的火山玄武岩雕像有贝壳和珊瑚眼睛，头上戴着红色石头做成的头饰。摩艾的秘密已失传，因为岛上的教士阶层在南美搜寻奴隶的运动中牺牲殆尽。

摩艾石像

就是鸟神的转世，直到来年春天。

拉巴努伊族耗尽了岛上资源，结果坐困愁城，没留下可制作独木舟的树木。贫穷、内战和遇到欧洲人的悲剧使人口减少，也让这支民族淡忘了自己的口述历史。今日的拉巴努伊族正试图复兴文化，举办一年一度的"大帕地"庆典来彰显承袭自祖先的传统。

帛琉人

密克罗尼西亚

人口：1.6 万
语言：帛琉语、英语、松索罗尔语、托比语、安加尔语
宗教：罗马天主教及基督教其他教派、耶和华见证人；莫得爱教；巴哈伊教
居所：帛琉（西太平洋）

帛琉群岛范围涵盖 200 座以上岛屿，最初是由马来人、美拉尼西亚人和密克罗尼西亚人混居。16 世纪开始，帛琉为西班牙所有；1899 年，又落入德国手中；1914 年被日本占领；最后在 1944 年，终于由美国获得控制权。帛琉在 1994 年成为主权国家。现在的帛琉人过着大致西化的生活。自日本占领时期以来，他们以

男子会馆
雕饰精美的男子会馆是乡村生活的重心，只有男性酋长才能使用。

个人为单位创造了经济荣景，而不是传统的团体共有。来自西方的疾病和基督教介入大幅改变了帛琉人。90% 的帛琉原住民死于疾病，于是总人口数又回到殖民时代前的规模。19 世纪之前就开始造访帛琉的传教士带来了约束社会行为的保守准则，这样的态度如今已散播到所有太平洋岛屿。超过三分之二的帛琉人都严格遵守去教堂的规律。帛琉的传统宗教莫得爱教在德国殖民统治下遭禁止，但在最近开始复兴。这支宗教以原住民的多神信仰为基础，吸收采纳基督教信仰，崇拜一个至高无上的神，叫做卫崇库（Ngirchomkuuk）。宗教教义通过圣歌代代相传。传统莫得爱教仪式在葬礼等重要场合依然不可或缺。

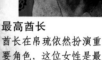

最高酋长
酋长在帛琉依然扮演重要角色，这位女性是最高酋长之一。

查莫洛族

密克罗尼西亚

人口：7.8 万
语言：查莫洛语、英语、日本语
宗教：基督教、传统信仰（包含对祖先灵魂的祭拜）
居所：马里亚纳群岛（西太平洋）

查莫洛族的祖先是来自南洋群岛和波利尼西亚的讨海人，他们在 3,500 年前左右抵达马里亚纳群岛。麦哲伦在 1521 年来到这里，他将马

舞者
一位查莫洛族舞者穿着椰子叶做成的披风，头上戴花环，参加一场地区庆典。

里亚纳群岛贬为"盗贼之岛"，并烧毁了一个村庄。第一个永久性的西班牙殖民地在 1668 年建立，延续至 1899 年。在这段时间内，战争和疾病使人口从 5 万左右遽减至不足 5,000（公元 1741 年）。幸亏族中女性（传统查莫洛族是母系社会）让文化安

然度过这段期间，留存到现代。在西班牙之后，德国、日本也曾短暂占领。如今这些岛屿全部都是美国领土。

早年的访客将查莫洛族人描述得孔武有力。他们以快速的独木舟进行长距离航海，以捕鱼为生。祭拜祖先对他们非常重要，亡者的骨头经常嵌入鱼叉，赋予祖先的威力。传统社会有三个阶层：贵族有仲裁争端的权利，之下是半贵族和低阶层的人。今日的查莫洛文化仍保留互惠、互敬的哲学，族人见到长者会亲吻他们的手。许多传统仪式现在都还看得到。不过有一项习俗对族人的健康影响颇大：最近有研究将神经疾病的高罹患率归因于在仪式场合享用的大蝙蝠。

信徒行列
一群小女孩捧着花束、排好队伍，参加在关岛举办的基督教庆典。这项庆典是纪念关岛的守护圣人圣女卡玛琳。

楚克岛人

密克罗尼西亚

人口：5 万
语言：楚克语、英语
宗教：基督教，亦见神灵信仰（许多妇女仍会进行类似催眠、祖先或自然神灵附身的仪式）
居所：楚克群岛、密克罗尼西亚中部

大约 2,000 年前，马来人或波利尼西亚的讨海人在楚克群岛定居了下来。欧洲人在公元 1565 年出现，当时一艘西班牙船被划着独木舟的岛民掷矛驱逐。西方人真正对这儿产生兴趣是在 19 世纪末期，一群美国传教士来到这里，这些岛屿也从此与美国保持密切联系。日本在第二次世界大战期间占领群岛，直到 1944 年和美军在此爆发大战，至今还有超过 100 艘船骸留在楚克群岛主要岛屿中央的

当地人的脸孔
楚克岛民的脸部特征和密克罗尼西亚民族非常相似。

密克罗尼西亚
雅佩塞人

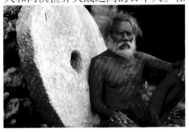

人口：1.2 万
语言：雅佩塞语（属于南岛语系）、英语、尤力西安语、瓦里爱安语、萨塔瓦力斯语、日语
宗教：基督教、传统信仰
居所：雅佩群岛（西太平洋）

雅佩塞人是大约在 3,000～4,000 年前来到岛上的南洋群岛移民的后代。16 世纪葡萄牙人入侵，接着是 19 世纪 00 年代的西班牙人以及德国人和两次世界大战之间的日本人。在

海中盛筵
前往邻近岛屿进行一次成功的渔捞旅行后，几位男子以土坑窑烤新鲜海龟肉。

1945 年，美军获得控制权。目前，这些岛屿已独立 20 年左右，但仍与美国保持紧密关系。

在传统雅佩塞文化中，妇女操持家务，男性则外出捕鱼或在男子屋里消磨时间。直到 20 世纪，还常有妇女被带往参加年轻男子的性生活成年礼。雅佩塞人的社会以阶级为基础，现在不同宗族的成员还是会取用不同土盘里的食物。尽管美国文化已造成影响，雅佩塞人仍经常穿着传统服饰，例如男性的腰布和女性以树叶编成的裙子。

巨大的石币
雅佩塞人传统上以盘状的大石块当成货币。石币的价值取决于年代、石材和获取的难易程度。

密克罗尼西亚
马绍尔群岛岛民

人口：5.6 万
语言：马绍尔语（属于南岛语系，有两种可互通的方言）、英语
宗教：基督新教（主要属联合基督教会）及天主教
居所：马绍尔群岛（太平洋中部）

马绍尔人在约 2,000 年前抵达属于他们的环礁岛。当时他们已是航海高手，后来又增进航海和建造独木舟技术，成为太平洋最负盛名的讨海人。

岛民在有限的陆地面积亲近地住在一起，发展出独特的善良文化。在冲突场合，愤怒被视为不当反应，获得的回应经常是笑声以消除紧张。保持冷静、友善的能力受到赞扬。

社会有严格的阶级结构，在今日仍能看到。每个人都有归属的宗族，而阶层可分成三种：“酋长”管理土地，解决争端；“领导”监督“工人”进行日常工作。土地由母系继承。

口述传统
社区历史家为过去注入新活力的方法，就是将记忆传承给下一代。

历史
比基尼环礁的原子弹试验

比基尼环礁包含马绍尔群岛内大约 20 处的珊瑚群，在 20 世纪 40 及 50 年代被美国用来实验测试原子武器对海军舰艇的杀伤力。比基尼环礁的原住民，如比基尼环礁居民，都被重新安置在整个马绍尔群岛。从 20 世纪 60 年代晚期开始，部分原住民回到比基尼环礁，却因高危的辐射强度而不能留在那里。

民族

礁湖。

楚克岛民对生活的看法很实际，土地能表现地位也会带来收入，是岛民最重视的财产。房屋以棕榈叶盖成，家人关系非常紧密。岛上是父系社会，女性地位低于男性很多。

楚克岛民还有一项很出名的传统，就是用棒子求爱。年轻男子将做成匕首形状、雕刻精美的木棒在夜晚推入女性居住的茅屋。屋里的女子会根据棒子上的雕刻，决定接受或拒绝男子进屋。

在礁湖捕鱼
楚克群岛清澈的海水是许多鱼群的家园，女性也像男性一样参与捕鱼。

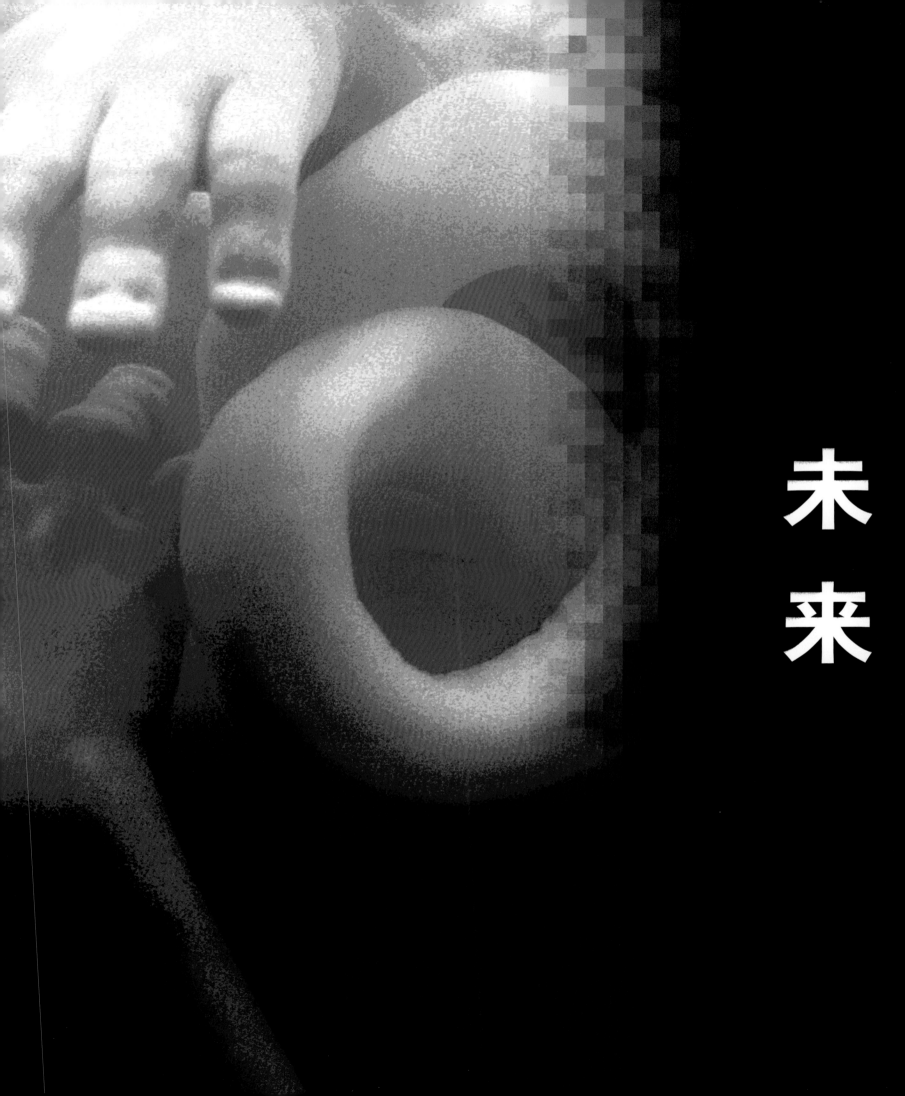

未来

展望未来

我们的物种已经存在超过 10 万年，但直到最近几个世纪，才有科技上的重大突破和人类足迹的惊人扩展。在"智人"之后的这一小段时间里，我们发明了印刷术、利用了电力、制造出电脑，而且航天技术让人飞上月球。改变的步调如此迅速，很难准确地预测我们眼前会有怎么样的未来。

许多科学家借由物竞天择来说明达尔文式的演化过程，只有"最适者"才能生存。与过去相比，物竞天择对我们物种的影响变弱，多半是因为我们可以用人为手段控制环境。我们自豪于自己对自然的支配能力，现代化的生活使我们能够拥有比过去更长久、更健康的人生。然而，科技和医药并不能让每个人都受益。世界上仍有三分之一的人口营养不良，并容易染上可预防的疾病，而且在许多贫穷国家，仍有大量的儿童死于饥饿和感染性疾病。的确，感染细菌和许多寄生虫，在全世界都是日益严重的问题，对富人和穷人一样造成威胁。病菌需要的繁殖时间非常短（某些病菌每 15 分钟就可繁殖 1 次），演化速度快得惊人。它们能够应付人类免疫系统架设的任何防卫，甚至克服我们精心设计的任何药剂。

所以"最适者生存"仍然有其重要性，但我们也应更加关注物种的生存状态。比起过去，我们更该肩负起对地球的责任。我们要记得地球是一个小行星，有着脆弱的生态环境。世界贫困地区对地球环境产生的影响对于发达国家的人们同样重要。

未来医学

我们对人体和心灵的了解在 20 世纪有了重大的进步，有部分原因在于核磁共振造影到 DNA 排序等新科技的大量出现。未来的数十年内，更令人振奋的发展指日可待。知识在如生殖生物学、基因学、药理学和组织工程等领域里迅速累积，我们几乎可以确定，未来我们能够借

磁共振身体扫描
磁共振造影这类技术，能扫描出惊人、清晰而详细的人体内部景象。

此选择孩子的性别或者某些特征。基因技术会帮助我们预测、甚至可能避免我们最容易罹患的疾病。我们可能借由植入身体的机器，提升自己的生理能力；而电脑科技则可能用在提高我们的心智能力。

按需求生育

根据合理的预测，在 50 年内，发达国家中几乎每个不育者都可以有一个基因相关的孩子。多种辅助受孕方法已经问世。其中之一是试管受精技术（IVF），卵子跟精子得以在实验室里共同培育。另一种针对男性不孕的技术是卵浆内单精子注射（ICSI），通过显微小针管将精子注于一个卵子中。当这项技术的成本降低后，将会为世人广泛应用。

有一种可能的发展，是从妇女的卵巢无痛地取出极小的条状组织，借此催熟卵子。这个方法可以延长生育年限，减少试管受精造成的情绪创伤，又能大幅减少治疗费用。胚胎经由化学筛选，从而医生得以选择最有可能成功植入母亲子宫的个体。试管受精技术的成功率会因此提升，怀多胞胎的风险也会减少。

将来有可能从其他身体细胞制造出"人造"卵子或精子，以治疗那些无法产生可存活的生殖细胞的人。要治疗不孕妇女，也有可能移植她自身的遗传物质到其他女性捐赠者的去核卵子中，制造出可存活的卵子——这是克隆科技的一项延伸。

然而，某些其他的创新

性别筛选技术
借由选择带有 X（图左）或 Y（图右）染色体的精子，医生可以把"男性"或"女性"精子注入女性体内，从而保证婴儿的性别。

技术可行性较小。例如子宫移植在未来数十年内便不太可能出现。医生也试图在体外人造子宫中培养动物胚胎，但这种科技看来没有太大用处，因为胎盘（婴儿的生命维持系统）只有在天然环境才能生长。尽管传统的生产方式可能既痛苦又不便，有时还危及性命，但人类对人造子宫不会有太大需求。母亲有极强烈的本能，要以自然方式怀孕和生出自己的孩子。

借由克隆来繁衍

对于不能制造精子或卵子的不孕人士，克

真相

人造子宫

有少数研究者致力于创造人造子宫，以期能够解放妇女免于怀孕的需求。1999 年，一位日本科学家让一个山羊胎儿在装满羊水的透明亚克力水缸里存活了 10 天。然而人造子宫有很大的技术困难，在可预见的未来，这门技术似乎不太可能对人类有任何用处。

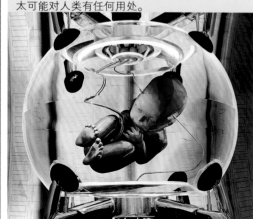

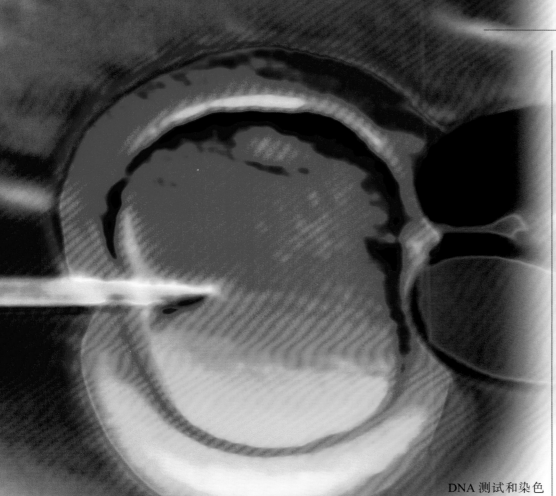

注入精子
精子被注入卵子中。这种协助生育技术称为单一精虫显微注射，不但极为有效，且未来还会更进一步。

隆是解决问题的方法之一。这涉及将一个人的遗传物质转移到被移除细胞核的捐赠者的卵子中，从而制造出胚胎。这个胚胎会变成一个在基因上几乎与亲体一样的孩子（虽然孩子的DNA中会有很小的一部分，低于0.00005%是来自卵子）。

克隆用于人类可能还太冒险。这种技术已经实验性地用在动物身上，但是在每个物种中都可能导致严重的基因异常。就算这些问题得以克服，克隆依然具有争议性，因为许多人认为这种操作方式贬低了人类生命的价值。然而，某些人论证克隆不像看起来那样不自然——许多自然克隆已经以同卵双胞胎的形式存在。

评估胚胎

人总是想影响自己孩子的特征。然而在近年来，改变后代的遗传特性开始变得可能。

胚胎着床前遗传学诊断涉及拣选试管受精技术制造出的胚胎。胚胎着床前遗传学诊断通常是在受精后数天内进行，此时胚胎中还可以移除一两个细胞。然后就在细胞上做

DNA测试和染色体测试，以显示胚胎的性别和一些其他特征。此技术已经用来过滤胚胎是否有遗传疾病，也逐渐用来选择最适合做试管受精治疗的胚胎，还能减低染色体异常病患流产的风险。某些人推测胚胎植入前遗传学诊断能用来测试胚胎是否有"满足需要"的特征——比如高智能、数学或音乐天资、活动以及运动能力。然而，要测试这些特征可能很困难。人类人格的复杂成分，是许多不同基因和其他因素互动的结果，胚胎着床前遗传学诊断似乎不太完善，在这个范围里似乎还没法有太大影响。

理论上，胚胎着床前遗传学诊断可以用来筛选婴儿的性别，但为达此目的已经发展出更简单的方法了（如精子筛选）。性别筛选在未来社会里会被应用的程度，部分会受到文化影响力的塑造，部分会受到法律的规范。尽管如此，最多再过几十年，这种技术可能变得很普及。这是否会影响出生男女比例，还有待观察。

设计小孩

生殖细胞系工程（也称为生殖细胞系疗法）的观念，比起胚胎着床前遗传学诊断（见上文）更激进，让未来的父母真正得以拥有具备某一组具有特定偏好特征的孩子。

这种疗法在技术上还未实现，但会牵涉

力求完美

许多人都非常关心基因科学将来会如何改变我们生育子女的方式。有些人害怕，有一天父母可以从一张基因选择单上面设计出自己孩子的人格和外表。有价值的基因会很抢手，大家会额外付款购买基因，好让自己的孩子聪明、成功、受欢迎或者有吸引力。如果这样的科技确实变得可能（某些科学家怀疑这点），有可能只会提供给有钱的少数人。假以时日，社会将逐渐区分成基因强化的精英和生理上居劣势的下层阶级。

到改变精子、卵子或胚胎中的基因以便制造基因改造人类。改变过的基因，会存在于一个人体内每个细胞中，也会传递给他或她的后代。人类的生殖细胞系工程，已经被鼓吹为未来预防基因疾病的手段，但若此技术确实得以实现，它更有可能被用来"改良"婴儿——比如说，赋予他们一些更加聪明或吸引人的基因。

对生殖细胞系工程的研究在许多国家都是违法的，多半是因为考虑到风险太高了；也有其他严重隐忧，基因改造可能会以难以预料的方式扰乱胚胎发育，例如在随后几代才导致悲惨后果。因为这门技术似乎有这类无法预测后果的危险，在未来许多年里应是不可能以任何规模被运用。

筛选胚胎
医生已经能在显微镜下移除细胞作为DNA测试之用，以便筛选掉遗传缺陷的胚胎。

未来

控制生育

到现在还没有所谓的理想避孕法。没有一种方法 100% 有效，效果可逆又没有副作用，直到更好的避孕法出现之前，研究很可能还会继续下去。一个长期追求的目标，就是给男性服用安全荷尔蒙避孕药——所谓的"男性药丸"。男性药丸借由把男性精子数降到极低水平，达到让男性不可能成为父亲的目的。现有男性避孕丸的问题在于作用得太慢，效果延续的时间变化很大，又不是一停药就可终止药效。发展出一个作用快、药效短的选择已被证明不是易事，但似乎有可能在未来 10 年左右推出安全有效的男性药丸。这种避孕法的基础是每隔几个月注射孕激素（一种性荷尔蒙黄体素的合成形式），同时植入释出睾固酮的植入物。

未来的研究重点，可能在于以特定基因为目标的避孕药，或者透过生殖过程具关键性的蛋白质来作用。研究者希望这种避孕药引起的副作用比传统的荷尔蒙药物少，不过在任何新药广泛使用前，至少还要等 10 年。

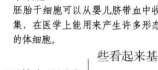

干细胞
胚胎干细胞可以从婴儿脐带血中收集，在医学上能用来产生许多形态的体细胞。

运用基因档案

从人类基因组工程（此计划是为组成人类的基因指令解码）中可望得到的一个重要好处，就是基因档案。基因档案会显示一个人最有可能罹患的疾病，以让人避开引发疾病的活动或物质。档案也能让医生针对个人需要，量身打造医学检验和治疗。一个人对药物的反应受到他（她）的基因影响，现在这种影响还无法预测。待我们对于基因和药物的相互作用了解更多之后，医生就能够只开出和一个人基因档案相容的药物。然而，对于基因档案还有伦理、法律和社会方面的顾虑。某些人可能因为一个令人气馁的档案而觉得人生无望，选择不结婚或者不从事特定职业；保险公司或雇主可能要求查询基因档案，并且歧视某些看起来基因有问题的人。

干细胞

对称为"干细胞"的原始体细胞的使用是医学研究中一个极具前景的领域。这些细胞有独特的能力，可以发展（分化）成许多不同类的成熟细胞，像皮肤、血液、肝、脑或肌肉细胞。多数体细胞都已经完全分化并特化为一种特殊功能。细胞特化之后，通常会失去分裂和产生新细胞的能力，仍然能够分裂者只能制造出同类细胞。相对来说，干细胞可以自我更新并制造出范围很广的各种组织。胚胎中的细胞就是干细胞的最佳范例。当胚胎发展并长成婴儿时，其中的干细胞会分化形成人体的所有组织。在婴儿、孩童和成人身上，现在只能从少数身体部位获得干细胞，比如骨髓。

从骨髓取出的干细胞，似乎只能够形成有限范围内的身体组织；但有证据指出，胚胎上的干细胞可以在人为操纵下产生任何形态的组织。因此，胚胎干细胞似乎最有治疗疾病的潜力。一般认为，在出生后不久能收集到的婴儿脐带血，可能是干细胞的良好来源，但现已证明从中孤立出干细胞并加以培养，确实有其困难。

干细胞可被用在重新长出毁坏组织或器官，以便移植手术之用。移植技术的现有问题之一，就是外来组织（如捐赠者器官）可能遭到免疫系统排斥，除非病患服用强效的免疫抑制药。干细胞研究可以得出多种方法从而解决这个问题，策略之一是移植从病人自身干细胞培养出来的组织，另一种则是将胚胎干细胞做基因上的改造，这样培养出来的组织就算要移植到另一个人身上，也不易

引起免疫反应。第三种选择是治疗性的克隆，这个技术会涉及把病人的基因物质，融入捐赠者提供的去核卵细胞，任何随后发育出的胚胎都会受到刺激从而制造干细胞，这些细胞会与病患的免疫系统相容。如果对治疗性克隆的研究继续下去，这门科技的成果最快可能在 2020 年出现。然而，一些人基于伦理方面的考虑反对这个研究，因为这项技术涉及利用人体胚胎。

治疗基因疾病

在未来数十年内，科学家可能会发现许多疾病背后的致病基因。下一步将研究正常与异常基因所制造的蛋白质——这个领域称为蛋白质组学。科学家希望，蛋白质组学研究能促进针对蛋白质作用的药物发展。这些药物可以用来治疗现在无药可治的基因疾病，造成的副作用又比现行药物少。到了

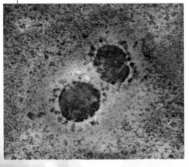

SARS 病毒
SARS 病毒是一般导致感冒的病毒突变后的新形式。未来我们会看到更多病毒发生突变，变得更加危险，有着更具潜在毁灭性的结果。

新威胁
2003 年，中国学童得戴上口罩抵挡 SARS。未来甚至还可能出现更致命的病毒。

2020 年，数千种这样的新药可能就问世了。

另一种技术，人类基因组计划（见前页，运用基因档案）可能产生的副产品，就是基因治疗。这种科技的目的在于治疗由单一缺陷基因引起的遗传疾病。一个被改造过的缺陷基因被引入体细胞后，会变得活跃并制造先前不存在或异常的蛋白质。对于基因治疗，少有道德上的反对意见；这就像给病患进行一次移植，虽然移植物是一个基因，而不是器官。

研究者试图发展有效的基因治疗法已经有 10 年以上，但许多方法到目前为止还无法达到在大量宣传中期待的效果。到目前为止，市场上没有已获批准的基因疗法，这种科技还纯粹属实验性的。其中一个障碍，在于如何把植入的基因和病患的 DNA 整合在一起，好让体细胞在分裂时产生正确基因（见 53 页，制造新的体细胞）。除非这种复制能够成功，否则此疗法将只有短期效果。研究者现在用 DNA 内能植入基因的病毒来做实验，但有人极为担忧这样的病毒可能引起全新的疾病。其他发展中的技术包括使用脂质体（极微小的脂肪滴）将基因植入细胞，以及添加额外的染色体到病患的细胞中。

如果能跨越这些障碍，在越来越多致病基因被发现后，基因治疗可能变得越来越重要。然而最常见的疾病涉及很多基因的共同运作，而不只是单一缺陷基因，在数十年内基因治疗不太可能对这些疾病有帮助。

新疾病

艾滋病流行、2003 年禽流感和 SARS（严重急性呼吸综合征）爆发，都在警告全世界新疾病所带来的危机。艾滋病被认为在赤道非洲开始感染人类，有一种很相近的病毒（猿猴免疫缺损病毒）在那里感染了黑猩猩。SARS 可能源于一种感冒或流行性感冒病毒，突变后杀伤力更强；禽流感则是由一种具有潜在致命性的流行性感冒病毒所引发，这种病毒可由鸡传给人。

在未来，新病毒疾病的爆发和耐抗生素细菌的演化会对健康造成重大威胁。当人口膨胀、城市变得更大、国际旅行也更多时，新病毒演化和散布的潜在可能就会增加。

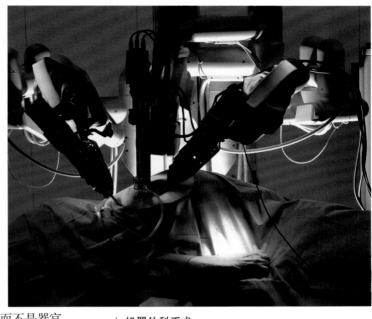

机器外科手术
外科机器人可能在未来变得普遍。除了能让外科医生从一段距离之外工作，机器人也能做比人手更细腻、更精确的切割，缩短治疗时间。

未来外科学

计算机科技有可能在未来的外科手术中扮演越来越重要的角色，特别是在计划复杂、新奇或精细的手术时。在真正开刀前，许多手术会在一个可变形、三维的病患身体的电脑模型上演练。这样的演练让外科医生能够预测某个特殊手术潜在的复杂性，并相应地改进他们的外科手术策略。

许多外科手术会由与病患保持一段距离的外科医生操作——或许在另一个医院或者

议题

纳米科技

纳米科技是通用科技的一个领域，被期待能广泛地应用在未来的医药中。这个领域包括以原子建造迷你机器和材料，比如下图的"纳米管"。理论上，我们可以引导比身体细胞还小的纳米机器移除血管中的阻塞物，或者杀死癌症细胞。药物要运送到体内的特定目标点，则可使用"纳米壳"——微小、包裹着药物的粒子，其运作与行动可由光线或红外线控制。

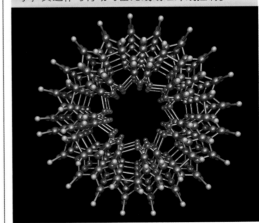

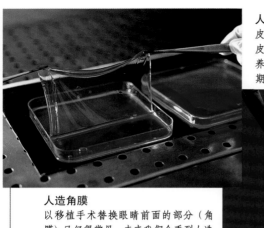

人造皮肤
皮肤移植逐渐以人造皮肤执行，人造皮肤是在培养组织中以活的皮肤细胞养成。一平方米的皮肤大约要花三星期养成。

人造角膜
以移植手术替换眼睛前面的部分（角膜）已经很常见。未来我们会看到人造角膜比捐赠角膜更常用。

另一个城市，甚至在不同的大陆。因此，极为专业的外科医师，能够治疗散布于广大范围内的病患。这位外科医师能够用宽带通讯联机看到手术现场，并遥控操纵机器设备对病患进行手术。

直到从干细胞培养出代用器官或做出人造器官变得可行之前，移植手术对于捐赠器官的需求居高不下。捐献器官的不足可能会以动物（比如猪）的器官来补足。从动物身上移植的手术称为异种移植，虽有拯救许多生命的潜力，但也会激起人们对异种移植传染新病毒疾病的恐惧。

特定类型组织的移植会变得更常见，而且可能让某些现在仅能以药物治疗的疾病得以治愈。例如有可能移植制造胰岛素的胰岛细胞来治疗胰岛素依赖型糖尿病；肌肉细胞的移植可能被用在治疗心脏病和肌肉萎缩症。

人造身体

现在已有数百万人身上有"修复术"的身体部位，包括人工关节、血管、假牙、隐形眼镜、乳房植入物、心脏瓣膜等等。很快就会面世的还有人造血、皮肤、肌腱，以及"生物合成器官"，例如可植入的肝，其中有一半是机器，一半是活组织。此外，我们可能会看到一些可植入配件，上面有电脑晶片可以监控体液，并依需求释出药物或荷尔蒙。例如说糖尿病患者可能植入晶片以监控血糖浓度，在浓度高的时候释出胰岛素。

某些专家认为科技的发展可以使人类神经系统跟电脑接轨。现在已有实验显示人能够用接在头皮上的电极或电线连接到神经，凭思考的力量操作电脑，这样的科技可能促成假肢或假手的改良，实现更加复杂的动作。还可以为失明人士制造假眼；假眼仰赖植入的光感应器和电脑晶片，两者和脑部的视觉区之间有数千条细小线路相连。这种假眼的雏形已经存在了。

强化我们的身体

修复术的身体部位现在完全是复原性的；它们还原所有者因为疾病或受伤而失去的某种身体功能。在某个时间点，科技会让我们除了有能力修补身体以外还能加强它们。如果可以发展出一个功能完全发挥的假眼，为何不做一个有夜视能力或者能感觉到可见光谱外的波长的眼睛？如果假肢和真正的肢体一样好，为什么不做一副更大更强的？如果神经系统可以结合电脑，为什么不加上无线电发报器，这样人就可以靠心电感应沟通了？

像好莱坞巨片《机器战警》和《终结者》这样的电影，描绘了一个生化人聚居的未来社会；生化人是半机器、半人类的存在物。一些评论者认为生化人的演化不仅是不可避免，还是必须的（见凯尔文·沃里克，左侧）。在他们眼中，未来的人类不是要与机器融合，就是要接受机器人的控制。其他人预期，未来人类会以外接设备而非植入物来延伸其能力。或许我们身边会有越来越多微型配备，诸如手提电脑和智能电话，有使我们得以联系的宽带无线网络，它让我们能够相互联系以及彼此广泛接触。

更长的寿命

在不久的将来，人类平均寿命仅以一种下降的速率增加。低增加率是在预期之中的，虽然平均寿命在发展中国家是增长的状况（这得感谢营养和医疗护理方面的进步），而在非洲许多地区皆因艾滋病而下跌。在发达世界里，寿命长度可能达到一个巅峰。例如在美国，平均寿命在 2003 年到达 77.2 岁的历史新高，但科学家预测寿命长度在接下来数十年内会下降，因为肥胖的发生率增高了。

随着医疗科技进步，愈多人会活到 110 至 120 岁，科学家认为这是人类寿命的上限。要活到超过这个岁数，只有在科学家找出控制老化过程的基因并能控制这些基因后才有可能。某些科学家认为可能只有几个关键基因控制老化的速度，但越来越多人认为，老化是由许多对生命早期健康很重要的基因所带来的有害的副作用。如果真是如此，延长人类寿命会很困难，而且会在人生的最初几十年里导致基因异

生化人
在电影《机器战警》中，一个遭到谋杀的警察以机器人的形式复活。这样的科技，就算真有可行性，至少也要等上几十年。

常和其他健康问题。

某些人试图借由死后不久冷冻身体来欺骗死神，希望在医学变得足够先进足以治愈他们时，可以在未来复活。在某些情况下整个身体都被冷冻，但许多"低温学"狂热分子选择只保存头部。在两种状况下，都有大量的抗冷冻化学物质被注入血液以减少冰晶对组织的损坏。即便如此，主流科学家认为脑内细致的组织会在冷冻时受到无可弥补的伤害，让复活变得不可能。

未来的心智

人类意识在科学中是最大的概念障碍之一，在将来可能成为研究的焦点。我们几乎可以确定，在不久的将来，对于人类行为和心理学我们会逐渐了解的更多，这得感谢造影技术和神经科学方面的进步。对人类心智的研究以两个方向进行：我们会持续尝试揭示心理疾病的原因，并找出加强心理健康的新途径；我们也会找寻方法，增进人类心智的知性能力。

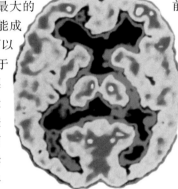

断层扫描
脑部断层扫描显示哪个部位最活跃（红色与黄色）。在未来，个人扫描器可能让我们能监控我们的心理状态。

脑部造影

我们现在能够利用例如断层扫描、核磁共振造影等造影技术，来制造精密的脑部扫描图。这些扫描的主要目的在于诊断肿瘤或中风等问题，但对于脑部如何运作也为我们提供了一些深刻见解。在未来，监控脑波模式的脑部扫描器材可能变得小到足以大量制造并销售，成为家庭配备，让我们得以看到大脑内部，随

时都可检查自己的心理状态。对大脑内部运作信息的即时获取，除了其他好处之外，还能给我们关于日常警觉周期的宝贵资讯。在任何时刻，我们都能够发现自己是否处于"超日性警觉波"状态——一种每日的生物节奏，特征是每90分钟有一次疲惫低谷期，还有相对的巅峰期，此时我们会觉得更灵活、更清醒。如果我们可以配合这种以及其他的生物节奏，就能更小心地计划我们的活动，并决定什么时候能达到工作最好的效率以及什么时候休息最能恢复精力。

凭借个人脑部扫描仪我们能够观察前额叶——人脑"智能的"部分，负责有意识地思考、计划和做决定。前额叶对于仔细的思考和专注极为重要，但它比脑部的其他部位更易疲倦。有了扫描仪，我们可以迅速找到何时前额叶最敏锐，并且依此安排活动，以增进效率。

提高智商

人类的智商是有限的还是我们可以提高？研究显示，在世界的许多地区平均智商都在增加。例如在日本，智商在过去50年左右平均增加了12分。一些心理学家认为这种增加只是反映了完成智商测验的能力进步了，而这要归功于教育的改进。另外一些人则说，人类实际上变得更聪明了，这个趋势可能会继续。

在未来，研究会聚焦于人为增进智慧的方法。一些证据显示，通过呼吸器给予新生儿额外的氧气，会让他比其他婴儿更聪明。这样的

人工智能

20世纪70年代，人类对人工智能抱有极大期望，但到了20世纪80年代，期望却消逝了，因为计算机理解语境显然有很大的困难。虽然计算机要复制人类思维还有漫长的路要走，在逻辑演算方面却强过人脑——这是2003年棋王卡斯帕洛夫和计算机"深蓝二号"对战时发现的。

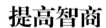

证据显示新生儿具备在一般环境中受限的发展能力，此能力可以用人为方法加强，在此案例里就是额外的氧气。另一个宣称有能力增加智能的技术是颅磁刺激术，颅磁刺激仪器会制造出强力磁场，接近头部的时候，能把脑部特定部位的活动"关掉"。这个设备现在用在预测脑部外科手术效果，但少数科学家认为此技术可以发掘某些潜能，这些潜能通常受到压制，但有时在自闭症或脑伤病患身上会显露出来。

学习的大脑

虽然所有人脑都建立在同样的基本蓝图上，脑部不同部位的大小和脑部两半球之间

脑部核磁共振造影
核磁共振造影仪可以看到脑部软组织的细微部分。借由监控血流，"功能性核磁共振造影"也能显示活动区域，从而为我们开了一扇通往思维的窗户。

未来

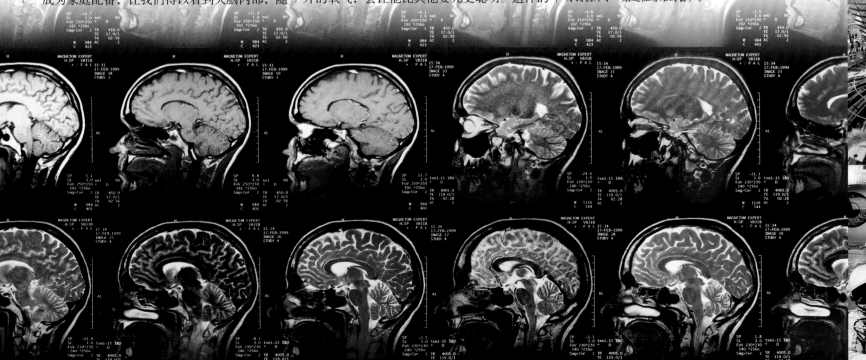

适合飞行？
这个脑部扫描显示一个人专心时脑部前端的活动（红色与黄色）。这样的扫描有一天能够用来取得资料，说明飞行员是否有足够的心理警觉性可以飞行。

安全掌控中
飞行员在国际航班中必须长时间保持清醒。个人脑部扫描器可以告诉他们，应在什么时候休息最好。

的连接数量，却是因人而异。这个变数对学习来说相当重要。在未来，儿童可以根据脑部结构特点选择最佳学习方式。或许儿童会戴着结合脑部扫描器的电极头盔，如此一来，脑部顾问（每个学校都派驻一位）就能观察每个孩子对于教学是否反应良好。如果脑部扫描显示学童碰到问题，老师可以尝试以另一种技巧或者简化课程难度——学习在难度恰当的情况下最有效率。扫描可以帮助显示哪个小孩学习落后、哪个小孩觉得课程太简单，而且可帮助老师找出孩子在哪些时间里最专注、吸收最快。

学校报告的性质也会改变。除了得到老师个人对孩子进展的观察之外，父母还会得到一个资料概要，显示孩子脑部的不同部位在学习过程中的反应，提示需要进一步注意的弱点，或者在后续人生规划中可能展现的天赋。

适合工作

脑部扫描设备在未来的广泛应用，会影响我们工作的方式。运用脑部扫描侦测警觉和疲惫周期，不只告诉我们何时效率最高，也能帮助避免人为错误导致的意外。对于安全考量至上的职业，像是航空飞行员或空中交通控制员来说，脑部扫描可能变得必要。

对于某人是否从心理上适合该工作的测试，也可以用在权力重大的职位上。例如美国总统有义务做年度健康检查，必须每个项目都很仔细。之所以做这样的健康检查，是因为过去的总统对于他们的健康状况有所隐瞒，在他们不适合管理政府时仍然在职。未来，总统的健康检查可能包括对脑部功能状态与整合的检查，特别是前额叶——思考做决定时最需要的部位。

此外，脑部扫描可以用在检测有特殊心理障碍的人。例如应征儿童相关工作的人或许要接受扫描，检验他们犯下性虐待罪行的可能性。

对抗压力

接受压力是人生中不可避免的一部分，就像过去我们接受疾病是人生中的事实一样。然而，压力是一种反射作用的演化，帮助我们在史前时代的非洲野生莽原中生存，而在现代社会里，压力通常是多余的，有时甚至还有伤害性。

未来会有处理压力的新方式。我们将能够以"压力计"来监控压力程度。这样的设备已经以电子臂章的形式出现，可以监测身体的交感神经系统，压力会激发此系统。压力计臂章目前只用在研究领域，但只要缩小体积和大量制造，就可以让所有人使用它们。一旦人类能监控压力，他们就能运用解除压力的技巧，更有效率地让自己冷静下来。比如在等待延迟班机的时候，除了觉得紧张，人可以看一眼腕表上的小银幕，上面显示呼吸率、脉搏、压力激素皮质醇的水准，以及其他的压力指标，然后运用放松技巧来控制这些要素。长期使用压力计，能揭露出一个人的压力模式，并加以调整。

长期来说，压力监测设备会变得愈来愈小，直到适合植入体内。除了对内在生理状态给出更多更精确的信息，这些植入的芯片可能会和化学物质结合，可以对抗压力下释放的荷尔蒙效果。

抗压植入物可以用在治疗异常焦虑的人，比如恐惧症或恐慌发作。它们也能够帮助治疗严重心理疾病；众所周知，严重压力对于较脆弱的人可能引发忧郁或精神分裂导致崩溃。工作环境压力大的人，比如士兵或者救生人员，也能获益于抗压植入芯片，这种植入物能保护他们免于罹患创伤后压力症。

长期紧张可能损及脑中称为海马回的部分，这个部分在记忆方面扮演重要角色。研究指出，拥有焦虑性格的人，之所以有较大的记忆缺损风险，或许是因为慢性压力导致海马回受损。压力计会指出这样的人，抗压植入物则会保护他们。

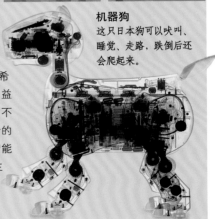

議題

虚拟宠物
科学家早就知道宠物对主人有镇静效果，可降低血压和其他压力症状。机器宠物的制造者希望他们的发明能够提供相同的益处，但少掉喂食、散步、排泄的不便。可以学把戏并回应声音命令的机器狗已经问世。未来在人工智能上的进步，可能会允许宠物与主人有更多逼真的互动。

机器狗
这只日本狗可以吠叫、睡觉、走路，跌倒后还会爬起来。

对抗创伤
抗压植入物可以帮助如救难人员这类职业人士，在危机中让他们保持冷静，并免于罹患创伤后压力症。

虚拟朋友

面对每天的压力，未来的人可能转向电子朋友或机器宠物寻求慰藉、消除紧张。虽然一些人认为鼓励人和机器建立逼真互动生活会引发伦理问题。但就像小孩会有想象中的朋友，大人也可能会渐渐和虚拟朋友分享生活，独居人士不再是回到空荡荡的家，而是有一个非常有真实感的合成语音欢迎他，或许还伴随着一个同样逼真、由计算机产生的脸，并能够拥有完整的人类表情。一个由电脑产生的朋友，可以依据使用者的心情和需求选择任何一种性格。它可能会很多嘴而吵闹，或者安静慎重得像个管家。或者可以扮演具有同情心的治疗师，问一些个人问题，并给予有意义的建议。

罪犯与骗子

研究显示，某些犯罪行为和特定的脑部异常有关。例如无端的暴力行为，有时候和脑皮质（表层）的前端——前额叶的缺损有关。在未来，某个被怀疑犯下非预谋强奸或谋杀罪的人除了采取DNA体检外，也可能会做脑部扫描，以侦测前额叶是否缺损。

脑部扫描可能也会用在警方侦讯。研究显示，花较长时间回答问题，是说谎的普遍征兆；这样的延迟会发生，是因为前额叶花时间去建立并检查谎言的可信度。在说谎时的脑部扫描中，前额叶会显示出不寻常的高度活动。其他可以辅助测谎器的科技包括压力计，它可以显示受访者面对一个困难的问题时，神经系统中的活动；经颅磁刺激术（见479页）也对测谎有帮助，可以破坏前额叶组织谎言的能力。

视觉音乐

未来娱乐的目标之一会是让多维度的体验成为可能。举例来说，当我们在家听一张音乐光碟时，我们听到了音乐，但我们的"感觉"跟坐在现场听乐团或交响乐表演不一样。这个差别之所以发生，部分是因为看到音乐家弹奏乐器会刺激称为"镜像神经元"的脑细胞（见155页的"借由模仿而学习"），制造出更丰富的感官经验。

镜像神经元对身体动作的景象有反应，而这个动作可以做数位编码、结合到音乐光碟里，以增加听者的经验，制造出"镜像神经元音乐"。用来把身体动作编码的技术被称为"动作撷取"，目前在电影工业中已经广泛利用此一技术，来创造由电脑产生的角色，就像《魔戒》里的咕噜。表演者穿上一件特别的衣服，上面有固定在骨骼关键部位的二极真空灯管，这些灯管的动作都会由摄影机捕捉下来，用以在电脑中绘制三维"线框"模型。在镜像神经元音乐中，听者听到音乐CD的同时，也会看到撷取的动作动画，这可能是在电脑荧幕或电视上的二维画面，或者是在虚拟实境眼镜里的三维画面。

网络游戏

网络游戏未来可能变得愈来愈受欢迎。多人游戏使得玩家得以在虚拟环境下选择游戏人物个性并产生互动。这样的游戏在远东极为受欢迎，北美和欧洲也很快跟上风潮。

现在在线游戏里的虚拟角色并不能直接与玩家的情绪状态相连，但这种状况可能

探测情绪
未来的虚拟实境游戏可能接上脑部的情绪核心——让虚拟世界更有说服力、更真实。

会改变。智能软件和网络摄影机可以读取玩家的脸部表情和肢体语言，复制到线上人物，让它们的行为更丰富、更具人性化。来自压力计（见"对抗压力"，前页）或植入晶片的信息也能够整合进去，让诸如性兴奋或紧张等生理状态也能影响游戏。因此，虚拟互动可能会日渐具有真实生活互动的品质。

未来药物

直到阳痿药物万艾可（伟哥）发明出来以前，许多专家认为有效的春药是不可能有的。未来药物对性生活的影响，可能会被证明比"伟哥"还大。多数男性现在无法体验多重性高潮，可能是因为泌乳激素这种荷尔蒙在高潮后突然大增（能体验多重性高潮的男性，显然就没经历泌乳激素激增）。或许借由运用植入物监测高潮时刻，同时释放泌乳激素拮抗剂，男人就不必经历到高潮后的性欲全失。性欲的消失也关系到天然鸦片的释出，这会带来快感。某种药物会阻断鸦片对性欲的削弱作用，消除快感，或许也能帮助男性体验多重高潮。

政治和法律对娱乐用药剂的态度很难预测，但药物本身可能永远不会绝迹。未来研究可能让我们用较安全的选择，来取代不健康或成瘾性药物。先进的传送系统，如运用热而非火力来蒸发通过烟雾产生疗效的药剂，可以让大麻更安全。制药公司已经在找寻跟大麻一样

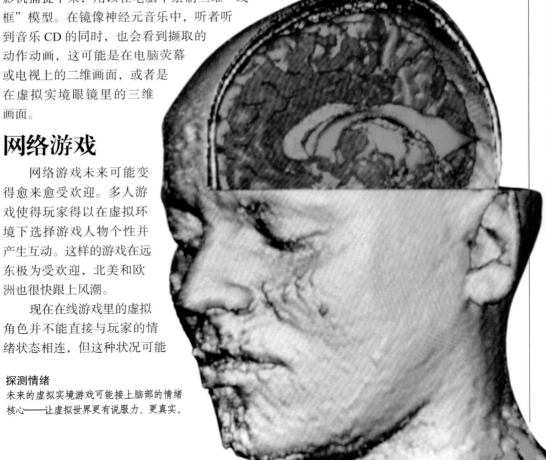

能激发某些快感的合成化合物，他们的可能会是未来的娱乐用药。

近年来对于"聪明药"产生一股兴趣热潮。这些药物据说可以通过刺激血液流向脑部或者增加脑中化学物质浓度，来促进智力或改善记忆力。某些被指为"聪明药"的化合物现在是基于医疗理由而使用，包括脑后叶加压素（一种天然荷尔蒙，参与控制学习和记忆）、喜得镇（二氢麦角碱，会增加脑中的血流）还有皮拉西塔（用来治疗阿兹海默症导致的记忆丧失）。虽然这样的化合物虽然可能对痴呆症状有帮助，却没有明确证据显示这些药能增强正常脑部的记忆力。

有效的"聪明药"究竟是否真的会在未来问世？对此专家意见众说纷纭。许多科学家认为健康的脑已经拥有最佳浓度的血流量和神经传导质，所以两者都已经没有进步空间了。其他人则相信，未来的药物可能增强记忆和智力，就像现行药物可以提振心情和警觉度那样轻而易举。他们眼中的未来受到愈来愈精准的药物分类，可以微调我们的心理能力、调节我们的情绪。

明日的人类

人类社会未来的发展状况，多半仰赖人口如何增长，全球人口会持续攀升到失控，

胶囊旅馆

在日本大阪，错过回家班车的都市工作者在胶囊旅馆里准备就寝。如果城市人口和土地价格持续上升，从微型公寓到胶囊旅馆等小巧的生活空间，就会变得很普遍。

真相

未来城市

中国的上海东方明珠塔有太空时代的玻璃圆顶和高塔，可能就是未来的前景。就像许多世界主要城市，在政府努力限制都市扩张的同时，还要继续提供居住与商务空间，成长可能得朝高处发展。设计创新和雕塑式新建筑外观的建筑趋势会继续，让我们的城市日渐多样化又具未来色彩。

还是最后开始下跌？在不到100年中世界人口膨胀了4倍，现在已经超过60亿。专家预期这个数字会在21世纪中叶升高到90亿，之后全球人口会开始下跌。下跌的主要原因之一，是愈来愈多人选择少生孩子。在20世纪50年代，女性平均每人有5个孩子，但今天每位女性平均只有生育2.7个孩子。为了维持人口处于稳定水准，女性每人必须平均育有2个孩子。然而在许多欧洲国家，平均值滑落到少于1.5个孩子。所以，欧洲许多地区人口下滑。

家庭规模变得较小主要是因为经济上的变化。在贫穷的农村经济体中，大家庭更容易受利，因为孩子提供劳动力。然而在较富裕的工业社会里，孩子是经济负担，所以父母选择少生孩子。经济学家相信，许多发展中国家的生育率，会在变得富有之后下滑，和20世纪欧洲的生育率下滑相呼应。

生育率下跌和预期寿命增加在发达国家中的结合，会导致人口中的老年人比例大增。社会年龄结构的改变会导致经济压力增大——处于工作年龄的少部分人口，却得在经济上支撑愈来愈多的退休人口。许多人会被迫继续工作到70岁以上，才能赚得足够的退休金维持他们的退休生活。

接下来50年内的人口增长，几乎都会出现在发展中国家。然而最后当这些国家变得更工业化之后，出生率下跌和死亡年龄推后也会产生社会影响，其人口结构会开始类似世界其他地区。但短期来说，大规模迁徙似乎是不可避免的，穷国人民会往较富裕的国家移动，弥补劳力的短缺。

都会生活

到了2030年，多数的中国人、印度尼西亚人、尼日利亚人、埃及人、沙特阿拉伯人、韩国人和巴西人，都会居住在城市里。在全世界，城市会继续成为贸易、科技、旅游、投资和运输中心。

发达中国家的城市会水平扩张以适应日渐增加的人口，但发达国家中的都市发展会比较受限。在发达国家，政府保留乡村的计

电动汽车
以电池为动力的运输工具，像这辆正在路边充电站充电的三轮汽车，可以帮助日渐拥挤的城市减少污染。

赛格威
汽车以外的可能选择，赛格威充 1 次电可载着一个站立驾驶者跑 24 千米。

汽油的方法。可充电汽车已经研发多年，但它们在市场上还未取得成功。

当发展中国家能够大量制造汽车时，从借脚踏车或火车代步过渡到以汽车代步的速度会加快。在研发取代化石原料的新科技方面，发展中国家可能会领先。巴西在酒精（以发酵甘蔗制造）动力汽车方面，已经是世界先驱；中国已经成为第一列磁悬浮列车（以强力磁铁悬浮在轨道上）的使用者。对于较长的旅程，我们可以在载客量超过 800 人的超级巨无霸喷气式机上飞行。

对于运输的拥挤、运输安全的考量在全世界都会增加，特别是在城市里。会有更多收费道路、更多行人专用区、更多对新机场的争议以及更多对飞机噪声和废气排放量的环保抗争。多数运输模式的价格和费用会增加，新的高科技运输设施可能变成富人的专属品。

划，会让城市保持严格的实质界线。城市居民会逐渐住在重建的废弃工业用地上，微型公寓这种小型居住空间会变得更普遍。政府会坚持降低能源使用量、地方发电和废品回收。

在发展中国家，城市可能拥挤到失控的程度。许多城市会成长到多达 1,000 万人，增加了导致疾病、动荡不安和恐怖活动的风险。

全世界的政府都会变得日渐关注都市基础建设。新建筑物会需要容纳大量人口，同时还要兼顾安全，并提供社群归属感。重要建筑可能会建立在乡间，为了避免恐怖袭击。

运输

未来出行者不见得驾车去上班，他们可能站在一个自动平衡的两轮装置上移动，就像美国已经在使用的赛格威。许多国家都在发展个人直升机，而且研究者在寻找利用液态氢取代

工作的职业，从而远离城市企业环境。因此，生活方式与公司中职位相比，会成为事业成功更重要的标志。

当网络变得更无远不至，工作会侵入人类生活的更多层面，从办公室散布到家里、街道、汽车与火车中，而且开始妨碍人们享受周末、夜晚和假期。

在工作中会有更多官僚主义和对工作表现与产量的斤斤计较。政府会坚持大型企业组织要让财务透明化，并负担起社会和环境责任。提升道德声望会是维持股东身价的重要方式。未来工作的延伸领域会包括保健、教育、老人护理和一般家庭服务。来自发展中经济体的年轻移民会从事这类工作。同时，发达国家的年轻人会出现延迟全职工作的趋势，直到他们已经花费许多年在大学里学习，并游历世界为止。

工作世界

高速网络连接已经对当前的职场有深远的影响，而且会持续如此。在金融服务、信息技术（IT）、设计及媒体界工作者，可能已经以电子方式供应他们的许多工作成果，使不进办公室工作成为可能。随着这个趋势，职业抱负也会改变——更多人会选择当自由工作者，或从事容许他们在外地或乡下

议题

无现金社会

现金可能很快会变成过去式。信用卡和借记卡在许多交易中已经取代现金。在未来数年内，数码卡（储存在智慧卡或可"读取"现金的设备中）可能会取代真正的货币。支持者主张，数码货币会减少如拦路抢劫或袭击商店等暴力犯罪。电子交易也会比较容易追踪，并降低以现金支付酬劳而进行的逃税。

未来

都市扩张
从夜空中俯瞰，芝加哥宛如灯海。在 21 世纪里，发展中世界的城市甚至会大到超过美国最大城市的规模。

跨国公司会继续在全球扩张他们的势力，并将工厂开在有廉价劳动力的国家。制造业会转移到中国，服务业则会转移到印度。在发展中国家，女性劳动力会增长，信息技术业也会扩充。

信息革命

关于信息革命对人类生活及工作方式的长期冲击，有许多的辩论。一些人说我们正处于信息革命之中，其冲击性可比拟农业与工业革命。其他人则说科技改变人类生活的影响被夸大了。

当小型化过程让计算机芯片变得愈来愈小、处理速度愈来愈快，计算机的功能也在最近数十年来一跃千里。只有口袋大小的掌上计算机，现在已经可以做台式机在十年前能做的几乎任何工作，而且某些计算机化装置甚至小到可以缝成"智慧型衣服"。

根据计算机先驱戈登·摩尔在20世纪60年代观察所得的摩尔定律，集成电路上的芯片数量每两年左右会变成原来的两倍。这个定律在过去二三十年里都应验了，但许多计算机科学家认为小型化过程可能陷入瓶颈，届时集成电路会缩小到硅晶片在物理上可承受、并且还能保持稳定的最小尺寸。当世界经济日益依赖计算机科技方面的进步，计算机处理速度停止增长，可能让股票市场不稳，并造成全球经济危机。许多计算机科学家探索制作计算机芯片的新方法，好让小型化的趋势得以继续。一些人认为纳米科技最有希望让摩尔定律继续下去。例如以碳原子建构的"纳米管"可以取代计算机芯片里的铜线。最后可能以单一有机分子建立电晶体，并且培养活细胞构成的显微计算机，但

这样的科技，现在还只是科幻小说情节。

此此同时，大家会在日常生活中继续使用并依赖信息技术。有人唯恐旅行需求和面对面接触将因为计算机而变得多余，但这种假设是没有根据的。虽然如此，信息技术会减少人与人之间的互动，增加人机互动，这种担忧有一定道理。

全球社会

一些人认为国家认同在未来可能消失，全世界的人都变成世界公民，因为其共同的人性而连接在一起。他们相信会有一个全球经济、一个全球媒体、单一的全球货币以及一个全球民主政体，由一位世界领袖领导。然而，这种想法的批评者认为，虽然社会的某些方面（如媒体）可能快速地变得全球化，其他方面的全球化却不太可能。比方说，只要国家之间的财富不均和利益冲突存在，一个全球民主政体的希望就比较渺茫。

然而大家却有个共识，人类在态度上会变得更加都市化、更"全球性地思考"。我们与异国文化的接触渐增，与其他人的沟通的经验也会扩展我们的眼界。国外事件对我们来

随处上网
一位柬埔寨的佛教僧侣在一个笔记本电脑上工作。计算机的使用日渐普遍，加上网络的普及，产生了一个全球性文化。

真相

计算机化服装

小型化趋势最后会让计算机小到可以缝进衣服里。研究者甚至在发展可水洗计算机，完全以导电布料制成。这些布料会包含一块微晶片，由太阳能提供动力，或者通过由身体动作发电的设备供电。

智慧型夹克
这件原型夹克的特色是一块微晶片，一边袖子上有个布制键盘，帽子里有内置麦克风。

说，将会显得日渐重要。

在近几十年来，西方文化的许多方面，从商标设计、流行乐到牛仔裤，都已经拓展到全球。一些人担心这个趋势会导致文化上的同质，不同的人吃一样的食物，喝一样的饮料，穿一样的衣服，并看一样的电影和电视节目。相反的观点，尽管西方文化势不可挡，其中被出口的"文化"却是以年轻人为主的小众群体。人年纪大了以后，就会欣赏他们自身文化的独特性。在伊斯兰国家有些地方复兴传统和拒绝西方价值观的趋势，而且很可能继续下去。

战争与权力

战争会继续在世界的许多地区发生，原因在于族裔与宗教冲突，或者人民力图从腐败政权、独裁者和外国侵略者之手中自我解放。在此同时，发达国家可能试图通过战争延伸他们的势力。超越其他国家，美国将继续通过采用高科技武器、电子监控武器和太空科学，来延伸他们的势力。

权力并不总是军事上的——在未来，东方在经济或人口方面都能与美国匹敌。特别是中国有快速扩张的制造业，在世界经济中扮演的角色日渐重要。中国超过10亿的人口和惊人的劳动力资源，使中国很可能变成未来的经济超级大国。然而，在短期内，中国的成长受制于经济结构的转型和地区发展的不平衡。

更健康的世界

发达国家和发展中国家在平均寿命上的差别，在不久后的未来将会消弭，但贫富之间的健康区别将会持续。许多富裕国家人民会享受到医疗服务，与此同时，非洲部分

全球性品牌
在全球自由市场上，品牌会变得更加国际化——是由速食、碳酸饮料和品牌服饰等引导的趋势。

地区和其他地方，将会继续苦于不良卫生状况与基本医疗条件短缺。

接下来数十年里，科学研究有可能经发展中国家带来健康状况的重大提升，我们将来应付艾滋病、结核病和疟疾的方式可能会有所不同。抗艾滋病和结核病的疫苗可能会获得开发；经过基因改良、无法携带疟疾寄生虫的蚊子品种，可能会取代它们的野生同伴。也有一些进行中的计划，要让亚洲、非洲和中南美洲的数百万人，享有稳定的清洁饮用水源和较好的公共卫生设备。

在富裕国家，社会年龄结构的变迁（见"明日的人类"，482页）和生活形态的变

重建臭氧层
南极洲的臭氧层破洞在这张卫星图中以白色显示。多亏有了氯氟甲烷的国际禁令，某些科学家认为，这个洞大约会在50年内消失。

迁，会导致疾病形态的改变。随着平均寿命提高，与老龄化有关的慢性疾病发病率也会提高，如心脏病、癌症和老年痴呆症。公共卫生费用升高，这会给国家财政带来压力，最终导致税收提升和保费提高。

环境

人类正在压榨地球的自然资源。除非迅速采取行动，否则几乎现今全世界尚存的热带雨林都会被毁掉，多数的珊瑚礁、湿地和红树林亦难逃灭亡。数百万种动物和植物，在这个过程中灭绝，包括许多蕴涵潜在医疗价值的植物在内。全球变暖的研究预测，在21世纪，全球平均温度会上升1.4℃至5.8℃，主要是因为燃烧森林和石油排放出二

掘地取水
冈比亚的农民在挖井以便取水。要让发展中国家的人民享受更长、更健康的人生和更高生活水准，基本要素就包括清洁的饮用水源和有效的公共卫生设施。

升高的水位
数千栋民宅在1993年密西西比河溃堤时被淹没。当世界气温升高后，这类酿成灾害的洪水可能会变得更常见。

氧化碳。海洋受热膨胀以及冰川融解，会把海平面推高20～70米，淹没地势低的岛屿和许多海岸地区，包括孟加拉和埃及等人口稠密区。美国会失去大面积的陆地，包括大部分的佛罗里达。全球变暖也被预期将制造更具毁灭性的天气，会有更多飓风、洪水和森林火灾，也会破坏洋流，让世界的一些地区更冷。举例来说，如果墨西哥湾洋流停止往东北方向穿越大西洋，西北欧会再度经历冰河时期。世界上高达70%的干燥陆地，可能被水土流失破坏，对于农耕和粮食生产有灾难性的影响。到了2100年，饥荒可能在许多地区常态性地发生。

更美好的世界？

虽然有这么多悲观的预测，但我们还有一些理由可以保持乐观。20世纪70年代对人口过剩和能源危机所做的一些末日式预测，后来证明是夸大了，一些人甚至认为对全球变暖和环境破坏的预测也一样不精确。大气中南极洲上空臭氧层的破洞，过去曾有扩大的危机，并且增加了南半球的有害太阳辐射量，但现在因为氯氟甲烷的国际禁令，似乎有可能缩小。虽然如此，燃烧石油燃料却可能带来真正的危险，这仍旧让全球气候产生不可逆的改变。

人类的生活水准是否会提升，要看资本主义令人不快的方面（如经济不稳定和不平等）能缓和到什么程度，还有正面效果（如科技革新）能如何利用。举例来说，最低工资标准可能在国际间被采纳，以帮助消除血汗工厂和童工——虽然这样的政策可能会让发展中国家在全球经济中竞争更困难。

科技变迁和对未来的不确定，为乐观主义者开了一扇窗。在未来的岁月里，我们将能够比过去更迅速、更容易沟通，也更能够享受身心健康，而且大多数人会活得更久、更健康，或许也更快乐。

可再生能源
虽然石油燃料来源可以维持好几个世纪，但像风力涡轮机发电这类可再生能源，对于防止全球温度上升将变得很重要。

未来

名词释义

在名词释义中，以斜体字标示的词汇另有独立条目。

X 染色体　X Chromosome
一种性染色体。所有女性的体细胞都有两个 X 染色体。

Y 染色体　Y Chromosome
一种性染色体，对于男性特征的发展是必要的。男性细胞中有一个 Y 和一个 X 染色体。

一至二画

一夫一妻制　Monogamy
只有一个配偶的婚姻制度。

一夫多妻制　Polygyny
一位男性同时有多于一位妻子的婚姻制度。

一妻多夫制　Polyandry
一位女性同时有多于一位丈夫的婚姻制度。

一神论　Monotheism
只信奉一个神的理论。见*多神论*。

人工智能　Artificial Intelligence
计算机科学的一个分支，内容是关于某些机器或计算机程序，它们被设计用来执行需要人类智慧（如推理或概括综合）才能胜任的工作。

人文主义　Humanism
一种学说或者态度，基于对人类内在价值的信念，并且摒弃宗教。

人亚科　Hominin
人科动物的一员，大型猿类的亚科，组成者包括人类和已灭绝的亲属，如*南猿*，不过把所有还存活的亲属，如黑猩猩排除在外。

人科动物　Hominid
此词汇通常用来指史前人类祖先，如直立人和*南猿*；更精确地说，是指人科大型猿类的任何成员——包括大猩猩、黑猩猩、红毛猩猩和人类。

人类免疫缺陷病毒　HIV（Human Immunodeficiency Virus）
一种导致艾*滋病*的病毒。人类免疫缺陷病毒摧毁身体免疫系统的某些细胞，严重地损伤其功能。

人类基因组工程　Human Genome Project
一项国际科学研究，致力于将人类*脱氧核糖核酸*中的每个基因定位并排序。此工程于 2003 年完成。

人属　Homo
人类被划归的属（一群密切相关的物种称为属）。

人道主义　Humantarianism
一种学说，主张所有人都有内在价值，力图增进人类福祉与社会革新。

入会仪式　Initiation
一种仪式，经历该仪式的人被正式接纳，成为成人社会或者宗派的成员。

十二指肠　Duodenum
小肠的第一部分，胃中的内容物清空后进入这一段。来自胆囊、肝脏和胰脏的输送管都会进入十二指肠。

三画

上层阶级　Upper Class
传统欧洲社会的三大主要社会经济群体之一，由最富裕以及最有权势的社会成员所组成。

下丘脑　Hypothalamus
在脑底部的一个小结构，身体神经和内分泌系统在那里互相作用。

卫理公会　Methodism
*基督新教*的一个分支，由英国神学家约翰·卫斯理在 18 世纪创立，他相信应有系统地研读圣经。

大家族　Extended Family
由一个家庭和绵延数代的近亲所构成的社会单位。

大脑　Cerebrum
脑部最大的一部分，由两个半球组成。大脑包含负责思考、人格、感觉和自主运动的神经中枢。

大脑皮质　Cerebral Cortex
大脑主要部分，具有多皱折的外层。大脑皮质区分为数个突出的脑叶，掌管似乎有固定负责区域的不同心智功能。

子宫　Uterus
女性生殖系统中由肌肉形成的中空器官，未出生的胎儿在其中成长。

小动脉　Arteriole
一条*动脉*的细小末端分支，导向更纤细的*毛细血管*。

小骨　Ossicle
中耳的三块小骨中的任何一个。这些骨头被称为锤骨、砧骨和镫骨，把震动从鼓膜传达到内耳。

小脑　Cerebellum
*脑*干后面的脑区。小脑与平衡和控制细微动作有关。

工人阶级　Working Class
传统欧洲社会的三大主要社会经济群体之一，由社会中最贫穷的成员，如工厂工人所组成。

工业革命　Industrial Revolution
18—19 世纪欧洲经济从农业转变到以工业生产为基础的过程。工业革命导致大规模的城市化和人口增长。

马克思主义　Marxism
见*共产主义*。

四画

马基雅维利式智慧　Machiavellian

Intelligence
心理学家使用的一种词汇，指的是许多*灵长目*显然具有的成熟能力，可以了解并操纵社会关系。

专制暴政　Tyranny
一种残酷、压迫性、通常独裁的政府。

中产阶级　Middle Class
传统欧洲社会的三大主要社会经济群体之一，由专业工作者如商人、教师、律师和医生等所组成。

中枢神经系统　Central Nervous System
脑和脊髓。中枢神经系统接收并分析感觉信息，接着激发一个反应。

书法　Calligraphy
一种以装饰性文字书写为基础的艺术。

内室；单雄群　Harem
一个阿拉伯词汇，指的是房子里安置女眷的部分。动物学家用这个词（单雄群），来指涉一群分享同一个雄性配偶的雌性群。

天主教　Catholic
见*罗马天主教*。

心包　Pericardium
坚硬、纤维状的两层气囊，包住心脏和从中延伸出的主要血管源头。

心肌　Myocardium
心脏的肌肉，其中的纤维构成一个网络，会自动收缩。

心房　Atrium
心脏中两个有薄壁的腔室之一。

心室　Ventricles
心脏中较低的两个腔室。

心脏收缩期　Systole
心跳循环的一部分，首先是心房，然后是心室收缩，把血液挤出心脏；收缩期与舒张期互相交替。

心智理论　Theory of Mind
了解另一个人思考过程的能力。心智在小孩 3～4 岁大时发展出来，似乎是一种人类特有的能力。

手部灵活度　Manual Dexterity
手的敏锐度。人类的手部灵活度超过任何其他动物。

支气管　Bronchi
从气管导向肺的空气导管，会分散成许多更小的细支气管。

支气管树　Bronchial Tree
气管和肺内空气导管的分支系统，由逐渐变细的支气管和细支气管组成。

文艺复兴　Renaissance
一场欧洲文化运动，发生在 14～17 世纪之间，引起古典文学的复兴和艺术、建筑、文学与科学的兴盛。文艺复兴时期标志着中世纪的结束以及当今时代的开始。

文明　Civilization
一个大而复杂的社会，特征是都市聚落、大范围的商业贸易，还有先进文化与科技的发展。

无神论　Atheism
认为神根本不存在。

日耳曼语　Germanic
*印欧语系*的一个分支，包含德语、英语、荷兰语、弗拉芒语、南非荷兰语，还有斯堪的纳维亚语。

月经　Menstruation
女性体内子宫组织和血液大约每月一次的排放，属于生殖周期的一部分。

毛细血管　Capillary
连接最细动脉和最细静脉的微小血管。

氏族　Clan
一种亲属团体，由一位共同祖先的后代组成。氏族的成员身份可能是来自母系或父系，同一氏族中的成员通婚通常是禁忌。

气管　Trachea
通气管道。这是一条内衬有黏膜的管道，还有软骨环加以强化。

水样液　Aqueous Humour
充满眼睛前室的液体，位置介于角膜后方与虹膜、水晶体的前方。

父系的　Patrilineal
从男方世系追踪后代传承。在一个父系社会里，头衔、通常还有资产，都是从父亲这方继承的。

计算机断层扫描　CT Scan（Computerized Tomography Scan）
一种精细、跨部位的身体软组织影像，制造这种影像的机器由不同角度发出 X 光波穿过身体。

长老派　Presbyterianism
*基督新教*的分支，其中教会领导者（长者或者长老）是选举出来的，大家地位平等。长老派发展出来是针对圣公会的反动，圣公会由阶级森严的主教管理。

韦尼克区　Wernicke's Area
颞叶的一部分，在语言方面扮演了关键角色。韦尼克区受损会导致韦尼克脑病，这种失调症状是语言流利却无法理解，毫无意义。

五画

世俗的　Secular
非宗教性的，或者是不受宗教诫律所规范的。

世界银行　World Bank
一个由联合国建立的国际组织，为试图增进贫穷国家经济发展的计划提供经济支援。

丘脑　Thalamus
一团位于脑部深处的*灰质*。丘脑接收并

协调感觉信息。

东正教 Eastern Orthodox Church
*基督教*的主要分支之一。东正教是从东罗马（拜占庭）帝国发展出来的，从中产生了俄罗斯、希腊、罗马尼亚与塞尔维亚教会。

东正教 Orthodox Christianity
见*东正教*。

主动脉 Aorta
体内主要并且最大的动脉，从心脏的左心室出发，供应含氧血液到肺动脉以外的其他所有动脉。

去甲肾上腺素 Norepinephrine（Noradrenaline）
一种从交感神经系统的神经末梢释放出的神经传导物质。和*肾上腺素*有相似的效果，能帮助身体准备行动。

发情期 Oestrus
雌性哺乳动物在生殖周期中，规律出现的接受交配（sexual receptivity）时期。人类不寻常之处在于整个生殖周期中都可接受交配。

句法 Syntax
根据决定语言意义的文法规则，在语句中所做的字词安排。

可相对拇指 Opposable Thumb
可以指向面部并且压住指尖的拇指，能够做出精确握拳动作。大多数灵长目有可相对的拇指，但人类的可相对拇指特别发达。

司法机关 Judiciary
政府的三大主要部门之一，与施实法律有关。见*行政机关*和*立法机关*。

圣公会 Anglican Church
*基督新教*的一个主要分支。圣公会是一个全球性组织，不过追随英国教会的传统。

尼安德特人 Neanderthal
一种已灭绝的人类，住在冰河时期的欧洲。虽然尼安德特人和现代人关系密切，一般认为他们并不是我们的祖先。

平等主义的 Egalitarian
倡议所有人在政治、社会和经济方面的平等，或者与此相关的。

弗洛蒙 Pheromone
由动物所分泌的一种化学物质，通常是一种气味，会改变其他动物的行为。许多动物制造信息素以吸引配偶。

正子断层扫瞄 PET Scan (Positron Emission Tomography Scan)
一种彩色影像，显示脑部高度活跃的区域，制造此影像的机器能检测扫描前注入人体内的放射性化合物。

母系的 Matrilineal
从母系追溯世代传承。在一个母系社会里，头衔、偶尔还有资产，都是从母亲而非父亲那里继承而来。见*父系的*。

民主制 Democracy
一种政体形式，其中的权力是由公众所行使，通常是通过被选举出来的代表间接执行。

民族国家 Nation State
一大群人住在同一地区，因为文化和语言上的共同点而结合，并由在该地区边界内行使完整主权的政治结构所治理。

白血球 White Blood Cells
无色的血液细胞，在身体免疫系统中扮演多种不同角色。

白质 White Matter
脑部和脊髓中由神经纤维构成的区域。

皮质 Cortex
见*大脑皮质*。

石器时代 Stone Age
人类历史上的一段时期，以使用石制工具为特征，持续时间大约从 250 万年前至 6,000 年前为止。

立法机关 Legislature
政府的三大主要部门之一，与创建和修改法律有关。见*行政机关*与*司法机关*。

艾滋病 AIDS（Acquired Immune Deficiency Syndrome）
又称获得性免疫缺陷综合征。在感染 HIV 病毒（*人类免疫缺陷病毒*）之后产生的一种病症。艾滋病是借由性行为或接触受感染血液而传染的。发病的结果是失去对感染的抵抗力，以至于导致某些癌症。

边缘系统 Limbic System
脑的一部分，在自动身体功能、情绪和嗅觉方面扮演一定的角色。

闪族语（人） Semitic
一个语族或者种族，源于中东。闪族语包括阿拉伯语、希伯来语、亚拉姆语和阿姆哈拉语。闪族包括阿拉伯人和犹太人。然而，semitic 一词有时候特别用来指犹太民族与文化。

六画

交感神经系统 Sympathetic Nervous System
*自主神经系统*的两大分支之一。与*副交感神经系统*结合在一起，它能控制许多腺体、器官和身体其他部位的非自主运动。

亦思马因派 Ismaili
伊斯兰教什叶派最大的分支，追随者相信第六代伊玛目之子亦思马因是合法的第七代伊玛目。

伊斯兰教 Islam
主要的世界宗教，公元 7 世纪在阿拉伯由先知穆罕默德所创立。伊斯兰教属于和犹太教及*基督教*同样的*一神论*传统。

伊斯兰教沙斐仪派 Shafiti Islam
伊斯兰教逊尼派的四大教法学派之一，由阿拉伯学者伊玛目沙斐仪在公元 8 世纪创立。大约有 15% 的穆斯林属于伊斯兰教沙斐仪派，包含许多在东南亚、东非和南阿拉伯的信徒。

伊斯兰教教法 Sharia law
主宰穆斯林生活的法律体系。伊斯兰教教法基于两方面《古兰经》与先知穆罕默德的生活方式。

会厌 Epiglottis
一瓣位于喉咙入口的*软骨*，在吞咽时会盖住开口处，避免食物或是液体进入气管。

全球化 Globalization
跨国际的经济、科技和社会交流朝更大规模发展的倾向。全球化通常会导致文化趋同。

共产主义 Communism
由德国哲学家马克思倡导的一种经济政治体系，此体系废除私人所有权，劳动生产工具由整个社群所拥有，目标在于达到一个更公正、更平等的社会。

共和制 Republic
一种政体形式，其中国家领袖是委派或选举出来的，与君主制相对。

关节 Articulation
身体接合处，或者指有关节部位连接起来的方式。

关键期 Critical Period
生命中的一段时期，大脑在该时期里对某种特定学习形态接受性强。例如正常视力的发展，涉及生命第一年里的一段关键期。

军事独裁 Military Dictatorship
一种政府形式，其中绝对的权力是由非民选军事领袖所掌控。这样的独裁政权通常是通过政变产生的。

冰河期 Ice Age
地球历史上的一段时期，期间气候偏冷，且极地冰层向外扩张，覆盖了大面积的土地。最近一次冰河期是在一万年前结束的。

动脉 Artery
一种有弹性、以肌肉为壁的血管，从心脏运送血液到身体各部位去。

印欧语系 Indo-European
一个大语系，主要使用范围在欧洲和亚洲大部分地区。印欧语系包括塞尔特语、日耳曼语、意大利语和斯拉夫语。

印度教 Hinduism
印度半岛的主要宗教。印度教是许多教义与仪式的复合体，涉及*多神论*和对轮回转世的信仰。

同化 Assimilation
一支来自不同民族或文化背景的人群融入社会主流文化的过程，通常会损失一些少数民族的固有传统。

回肠 Ileum
小肠的最后一节，营养的吸收主要是在这里完成。

多元文化 Multicultural
由多种共存的不同文化所组成的。许多现代国家都是文化多元的。

多神论 Polytheism
信仰的神明不只一位。见*一神论*。

多配偶制 Polygamy
一位男性或是女性同时拥有多名配偶的婚姻制度。

异教徒 Pagan
一个信奉*多神论*或泛灵信仰的人。"异教徒"一词传统上被视为贬义称呼，指任何不是基督徒、穆斯林或犹太教徒的人。

成像技术 Imaging Technique
用来产生人体内部结构影像的医学技术，通常用来帮助诊断疾病。见*核磁共振成像、计算机断层扫描、正子断层扫瞄*。

有丝分裂 Mitosis
多数身体细胞的分裂过程。在这个过程中，一个细胞会产生两个子细胞，每个都具有母细胞的相同基因结构。

杂食动物 Omnivore
同时把动物和植物都当成食物的动物。

灰质 Grey Matter
脑部和脊髓的某些区域，主要由神经元细胞体构成，和它们伸出的神经纤维（构成*白质*）形成对比。

红血球 Red Blood Cells
小而双凹面的圆盘，也被称为血红细胞，细胞中充满了*血红素*。每立方毫米包含大约 500 万个红血球。

耳蜗 Cochlea
内耳的圈状结构，在其中声音振动会转换成神经脉冲，以便传达到脑部。

肌原纤维 Myofibrils
在肌肉细胞（纤维）中的圆柱形成分。每个肌原纤维都是由较细薄的单纤维组成，单纤维的移动产生肌肉的收缩。

肌腱 Tendon
强健的带状*胶原蛋白*纤维，把肌肉连结到骨骼，并传送肌肉收缩产生的拉力。

自主神经系统 Autonomic Nervous System
控制如心率等无意识功能的神经系统。该系统分为两部分：*交感神经系统*和*副交感神经系统*。

自由市场资本主义 Free-Market Capitalism
见*资本主义*。

自给自足农业 Subsistence Farming
一种农耕形式，只生产足够农夫一家食用的食物。

血小板 Platelets
巨核细胞，这种大细胞的碎片在血液中为数众多，是凝血时所需要的。

血红素 Haemoglobin
充满红血球的*蛋白质*，会与氧气结合，然后把氧从肺部运送到身体其他部位。

血浆 Plasma
血液中所有细胞移除后剩下的流质部分。血浆包含*蛋白质*、盐和多种营养素，可以调节血液的分量。

血清素 Serotonin
一种神经传导物质，对于心情以及其他功能扮演重要角色。

行政机关 Executive
政府的三大主要部门之一，与施实法律和裁决结果有关。参见*司法机关*以及*立法机关*。

西里尔字母 Cyrillic
包括俄语、保加利亚语和塞尔维亚语等斯拉夫语言所使用的字母。西里尔字母是在公元 9 ~ 10 世纪发展出来的。由于彼得大帝的改革，西里尔书法的现代形式在 1708 年出现。

过敏原 Allergen
泛指任何可导致先前接触者产生过敏反应

的物质。

驯化 Domestication
野生动物或植物受到人类控制的过程。当人类饲主努力创造更多有用后代时，长期驯化可能导致基因改变。

七画

两足动物的 Bipedal
有两足的。两足行走方式的出现，在人类演化早期是一个重要阶段。

乱伦禁忌 Incest Taboo
不许关系亲近者之间彼此性交的禁忌。

佛教 Buddhism
一种宗教与哲学，受到印度神秘主义者乔达摩·悉达多（公元前 6 世纪）所启发，他教导徒众通过锻炼心性和善行中力求启发，从苦难中解脱。

克里奥尔语 Créole
一种复杂、文法进步的混合语言，是由以*泛滨语*（pidgin）为母语者在超过一代人的时间里发展出来的。

克罗马农人 Cro-Magnon
在解剖方面属于现代人类的一个种族，在 3 万年~1 万年前之间生活在法国的南部，与艺术和高度成熟的工具的出现有关。

冷战 Cold War
美国与前苏联在 20 世纪里发展出的一段尖锐对立时期，却从未导致彻底的冲突。

初潮 Menarche
在女性生命中第一次出现*月经*。

卵巢 Ovaries
这两个构造在*子宫*两边各有一个，负责制造卵细胞（卵子）跟女性荷尔蒙。

君主制 Monarchy
一种由单一世袭领袖统治的政体形式。在君主立宪制国家中，君主只是国家的首领，政府是由被选举出来的团体运作。

启蒙运动 The Enlightenment
发生于 18 世纪的文化运动，挑战宗教的权威，并寻求通过理性力量促进人类的进步。

尿素 Urea
*蛋白质*分解后产生的废弃物，内含氮成分，存在于尿液中。

希腊东正教 Greek Orthodox Church
*东正教*在希腊的分支。

抗体 Antibody
一种可溶解的蛋白质，会把自身连结到人体内具有伤害性的微生物（如细菌）上，并帮助消灭这些微生物。

更年期 Menopause
女性生殖期的结束，*卵巢*中的卵子发育及*月经*都已停止。

杏仁核 Amygdala
一种杏仁形状的结构物，位于大脑边缘系统内部，对引发人类情绪反应扮演重要角色。

沃敦 Vodou
一种*泛灵论*宗教（流行的误称为巫毒教），盛行于海地，特色在于巫术和借由

进入恍惚状态与神灵沟通。沃敦结合了罗马天主教仪式和西非泛灵论。

泛灵论 Animism
一种宗教形式，其特色在于相信一般的物体，例如植物或动物，都有灵魂长驻于其中。

灵长目 Primate
一种哺乳动物，特征在于能抓握的手、有指甲而非爪子、大而朝前看的眼睛，以及大的脑部。

犹太教 Judaism
犹太人追随的宗教，特色在于相信单一的神（一*神论*），并奉行十诫，还有记载于旧约和塔木德经的教诲。

社会主义 Socialism
这个词汇源于拉丁文，指涉范围广泛的各种意识形态，主张或提倡整个社会作为整体，由社会拥有和控制产品。

社会阶级 Class
一种社会团体，其成员具有共同的社会经济地位。"社会阶级"一词原来指的是 19 世纪欧洲壁垒分明的社会范畴，但现在通常用法更为宽松，指涉一个阶级社会里的任何阶层。

芬兰乌戈尔语族 Finno-Ugric
这个语族中的语言在欧洲的低洼地带通行，包括芬兰语、爱沙尼亚语及匈牙利语。芬兰乌戈尔语言并不属于*印欧语系*的一部分。

角膜 Cornea
在眼球前面的透明半球形物，是眼睛主要的聚焦*晶状体*。

身体毁饰奉献仪式 Scarification
在皮肤上做出小刻痕以制造疤痕组织，形成装饰性的图案。

运动皮质 Motor Cortex
*大脑*每个半球上都有的一块表层区域，是在这里发动自主性的。运动皮质可以对应到数个和身体的特定部位相关的区域。

运动神经元 Motor Neuron
一种*神经元*（神经细胞），传递刺激到肌肉以制造运动。

阿尔冈坤语系 Algonkian
美洲印第安人使用的语言之一，主要在北美洲东部通用。

韧带 Ligament
一条带状组织，由*胶原蛋白*构成。韧带支撑骨骼，主要是在*关节*部位。

八画

制约 Conditioning
一种学习形式，通过一个强化过程让某种行为反应更可能出现。在传统制约里，某动物学习连接两种刺激（例如铃响和食物的出现）；在工具性制约里，一个自发行为因为受到惩罚或鼓励的强化，而在某种程度上变得更加频繁。

周围神经系统 Peripheral Nervous System
所有从脑部与脊髓散布开来的神经及其包覆组织（coverings），与身体其他部位相连。

呼吸 Respiration
在细胞中输送氧气以及排除二氧化碳的过程。

国 State
见*民族国家*。

性选择 Sexual Selection
一种受到择偶驱使的演化过程，会导致性征夸饰的发展，如公鸟的鲜艳色泽，或是公鹿的叉角。

性激素 Sex Hormones
导致身体性征发展的类*固醇*物质。性激素也规范了精子与卵子的发育，以及月经周期。

枕叶 Occipital Lobe
构成大脑各半球的四个脑叶中最后方的一个。枕叶对视觉很重要。

泌尿系统 Urinary Tract
一种排泄系统，由肾脏、输尿管、膀胱和尿道组成，形成尿液并将其从体内排出。

法尔西语 Farsi
伊朗的官方语言（亦称波斯语）。

物种 Species
动植物或其他生物的一种分类范畴，其中的成员可互相交配并繁殖下一代。

直立人 Homo erectus
一种已灭绝、类似人类的物种，被认为是现代人的直系祖先。直立人出现在大约 180 万年前，可能一直到 10 万年前仍有存活者。

线粒体 Mitochondria
一组显微镜下可见的细胞部分，能供应多种细胞功能所需的能量，并含有基因物质。

线粒体夏娃 Mitochondrial Eve
全世界女性最近的共同祖先，生存年代约为 15 万年前。她的存在是从线粒体研究中演绎出来的，线粒体由母系遗传。

细胞核 Nucleus
细胞的中央部位，几乎包含了所有的遗传物质。

细菌 Bacteria
数种由单一细胞构成的微生物。有许多种类，但只有一些会导致疾病。

罗马天主教 Roman Catholic Church
*基督教*的主要分支之一，以罗马教宗为首，由各级主教管辖。罗马天主教以一贯的教条和中央控制的结构而闻名，是世界上最大的单一宗教组织。

耶和华见证人教派 Jehovah's Witness
*基督教*一个支系的成员，该支系创立于 19 世纪晚期，以挨家挨户传福音、并且相信基督将如启示录所言"二度降临"而闻名。

肺动脉 Pulmonary Artery
把血液从心脏输送到肺部以便重新充氧的动脉。

肺泡 Alveoli
肺中的微小气囊，在呼吸时，气体会通过肺泡壁扩散出入血液。

肾上腺素 Epinephrine（Adrenaline）

一种在紧张或兴奋时由肾上腺释放出的荷尔蒙，会增加警觉性，让身体准备好采取迅速的行动。

表皮 Epidermis
皮肤的外层。表皮细胞扁平，到了接近表层处会变成鱼鳞状。

视网膜 Retina
眼睛后方对光敏感的内层。视网膜细胞把视觉影像转换成神经脉冲，通过视神经进入脑部。

软骨 Cartilage
一个强韧、富含纤维质的结缔组织，也称为脆骨（gristle）。

青少年期 Adolescence
介于童年与成年时期的生命阶段，大约等同于西方社会中的 teenage years。

青春期 Puberty
人开始具有性繁殖力的发展期。

顶叶 Parietal Lobe
组成大脑各个半球的四个脑叶之一。顶叶涉及触觉、痛觉和温度的解释。

泛滨 Pidgin
一种粗糙的混合语言，语法发展贫乏，由母语不同却经常一起讲话的人组成的社群里发展出来的。

九画

俄罗斯东正教 Russian Orthodox Church
东正教的俄罗斯分支。见*东正教*。

冠状动脉 Coronary
这个词汇的本意是"王冠"；指是环绕心脏并供血的动脉。

前列腺 Prostate Gland
男性膀胱底部的结构，分泌出精液中的某些液体。

前列腺素 Prostaglandins
一组脂肪酸，是体内自然产生的，作用很类似荷尔蒙。

前额叶皮质 Prefrontal Cortex
脑中额叶的前端部位。这个部分对动机、批判思考和计划很重要。

南岛语系 Austronesian
一个主要分布在岛屿上的语系，其中包含的语言在东南亚大部分地区、马达加斯加、新西兰及许多太平洋小岛通行。

南猿 Australopithecus
数种已灭绝。非洲人*科*动物物种的属名，他们能直立，脑部较小，生活在大约 200 万~500 万年前。

封建制度 Feudalism
一种中世纪欧洲社会体制，其中富裕的土地拥有者（领主）把土地赐与农民（封臣）并保护他们，以求在战争中得到他们的效忠。

帝国主义 Imperialism
一个国家借由军事、经济或是政治手段获取新领土，以便延伸自身权力和支配范围。

扁桃体 Tonsils

呈卵状团块的淋巴组织，在喉咙的后方，位于软颚两侧。扁桃体能帮助抵抗儿童传染病。

扁桃腺　Adenoids
一组淋巴腺组织，位于喉咙上方两侧后端；属于免疫系统的一部分。

括约肌　Sphincter
肌肉环，或者肌肉增厚的外层，围绕在身体的某处开口，像胃和十二指肠间的出口。

政变　Coup D'état
以一个小团体之力，突然推翻政府的上层统治者，通常会诉诸武力。政变与改变整个政治体系的革命不同，通常只取代居于上层的人。

染色体　Chromosomes
所有含细胞核的体细胞中都会出现的线状结构。它们带有身体构成方式的基因编码。一个普通的人类身体细胞带有 46 个配成 23 对的染色体。

狩猎采集者　Hunter-Gatherer
靠野外采集到的动植物为生的人。在农业发明以前，全世界的人类都是狩猎采集者。

独裁政权　Dictatorship
一种政府形式，其中由一个人（独裁者）或一小批人行使绝对权力，没有宪法、法律或者合法的反对党能限制其权力。

眉脊　Brow Ridge
眼睛上方的一道骨脊；包含*尼安德特人*在内的某些灭绝人*科动物*物种，具有这项特征。

神经元　Neuron
传导电脉冲的单一神经细胞。

神经递质　Neurotransmitter
一种化学物质，从一股神经纤维释出，制造出一种带电"信息"，可以从一条神经传到另一条神经，或者传到肌肉。

神道教　Shinto
日本当地的*泛灵论*宗教。

种姓制度　Caste System
印度在*印度教*规范下产生的阶层性社会制度，在其中的社经地位和职业选择取决于家庭背景。

种族　Race
一群有共同祖先的人类，由生理和基因特征如肤色等做区别。

突变　Mutation
一个生物的基因中所产生的意外变化，通常会产生有害的结果。

突厥语系　Turkic
一种语系和民族，源于中亚和西亚。突厥民族大部分住在土耳其和中亚国家。突厥语包括土耳其语、鞑靼语、土库曼语和吉尔吉斯语等。

类固醇　Steroid
一种可溶于脂肪的有机分子，由碳原子环组成。性激素睾酮和黄体素都是类固醇的一种，类固醇一词的非正式用法是指皮质类固醇，这种药物可以借由模拟天然的皮质类固醇激素，达到减少发炎的效果。

结肠　Colon
大肠的主要部分，从盲肠（大肠的第一节）延伸出来，直到直肠。其主要功能是从肠内成分中吸收水分，以保持体内含水量。

胃液　Gastric Juice
一种包含消化酶和盐酸的混合液，由胃内的细胞所制造。

胆汁　Bile
一种泛绿棕色的流质，由肝脏产生，储存在称为胆囊的小囊中。胆汁帮助消化油脂。

胆道系统　Biliary System
*胆汁*导管的网络，由出自肝脏和胆囊（储存*胆汁*的小囊）的导管，以及胆囊本身所形成。

胚胎　Embryo
受孕后到怀孕 8 周内，还在发育中的未出生胎儿。

脉搏　Pulse
一条动脉在血液通过时产生的周期性膨胀与收缩。

贸易集团　Trading Bloc
一组国家彼此协调贸易政策，经济上有强烈的连带关系。现在有三个主要贸易集团：欧洲、北美和亚洲。

轴突　Axon
长而呈纤维状的神经细胞突起或突出物，把神经脉冲导入或导出细胞体。许多轴突集结成束就形成神经。

选民　Electorate
在选举中有权投票的全体人民。

酋长制　Chiefdom
政治复杂度超过部落，却还不及国家的一个定居社群。酋长制有领导阶层、永久性的政治结构，还有某些社会层级（分成不同阶层的组织）。

面纱　Hijab
一种*穆斯林*妇女所戴的头巾。

音素　Phoneme
语言中的一个声音。一个音素是语音的最小单位，可用来在字词间做区别，例如声音"p"使"pin"和"sin"两字有所区别。在许多语言中，一个音素"t"可对应到几个不同的字上，但在英语中，一个音素大多只能对应到是一个字母而已。

食团　Bolus
一口分量的食物，被吞下并进入胃部。

食腐动物　Scavenger
一种依靠腐肉或残渣为生的动物。

骨单位　Osteon
棒状的单位，是硬骨的基础单位，也称为哈弗斯系统（Haversian system）。

骨盆　Pelvis
骨头组成如盆状的环，下脊椎连接在其上，腿骨也与之相连。

骨髓　Bone Marrow
在骨头腔室内富含脂肪的组织，可能是红色或是黄色的。红色骨髓能制造出*红血球*。

十画

原住民　Aboriginal
一个地区内的原生住民，特别是指澳洲原住民的成员。

哺乳动物　Mammal
一种以能够制造乳汁、温血、皮肤带毛发、胎生为特征的动物。

恐惧症　Phobia
一种对于无害事物强烈而不理性的突然恐惧。许多恐惧症是由动物引发的。

核心家庭　Nuclear Family
由丈夫、妻子和小孩构成的家庭，又称小家庭。见大家族。

核磁共振造影　MRI（Magnetic Resonance Imaging）Scan
一种详细、跨区域的身体软组织影像，使用的仪器会侦测身体对强大磁力产生反应时所放出的无线电波。

海马体　Hippocampus
脑中处理学习与长期记忆的部分。

浸礼会　Baptist Church
*基督新教*的一支，他们的成员加入教派时是成年人，在接受洗礼（在水中浸泡的仪式）之前要公开宣布他们的信仰。

班图族　Bantu
这个词汇指的是在非洲中部、东部与南部的数百个族群，及他们彼此相关的语言，含斯华西里语、祖鲁语和科萨语。

畜牧生活　Pastoralism
一种生活方式，以维持成群牧养动物。许多畜牧者是游牧者，特别是在以干燥为生活基础的草原地区。

病毒　Virus
一种小型感染源，能够侵入并且损伤细胞，并在细胞中自我复制。

真皮　Dermis
皮肤的内层，由结缔组织构成，其中包含多种构造，如血管、神经纤维、毛囊与汗腺。

索罗亚斯德教　Zoroastrianism
伊斯兰教出现前的伊朗*一神论*宗教，由先知索亚斯德在公元前 6 世纪创立，在印度和伊朗某些地区仍有信奉者。索罗亚斯德教在圣经时代是一种主要宗教，对于*犹太教*、*基督教*以及*伊斯兰教*可能都有显著影响。

耆那教　Jainism
一种印度宗教，创立于公元前 6 世纪，其追随者通过自我否定以及不施加暴力于人与动物，来寻求精神完满。

胶细胞　Glial Cell
一种支持*神经元*的细胞。

胶原蛋白　Collagen
一种重要的结构性*蛋白质*，出现在骨头、*肌腱*、*韧带*及其他结缔组织中。胶原蛋白纤维是扭成股状。

胸廓　Thorax
在脖子与腹部之间，内含心脏与肺的躯干部位。

胸膜　Pleura
一种双层薄膜，内层覆盖着肺，外层则衬着胸腔。两层膜之间的润滑液让两

层膜可以移动。

胼胝体　Corpus Callosum
脑中一条宽而弯曲的带状物，由大约 2,000 万条神经纤维组成，连接大脑的两个半球。

脊椎　Spine33
个称为脊骨的环状骨头所构成的柱状结构，包括 7 节颈椎、12 节胸椎、5 节腰椎，还有 4 节连在一起的荐椎及尾骨。

脊椎动物　Vertebrate
有脊柱的动物，例如鱼、两栖类、爬行类、鸟类或哺乳类。

脑干　Brain Stem
脑的下半部，其中藏着呼吸和心跳等维生功能的控制中枢。

脑内啡　Endorphin
一种体内制造的物质，可缓解疼痛。

脑膜　Meninges
三层环绕并保护脑部与脊髓的薄膜（软脑膜、蛛网膜、硬脑膜）。

脑膜炎　Meningitis
一种脑膜发炎的疾病，通常是由于感染所导致。

资本主义　Capitalism
一种经济体系，容许个人积聚财富（资本），以及制造工具由私人拥有。资本主义是奠基于自由市场的概念上，但许多资本主义政府还是加以规范，在某种程度上干涉市场的运作。

部落　Tribe
一种社会结构，典型部落由农村所组成，这些农村由于经济、军事和亲缘关系而结合，分享共同的文化，通常也有共同的语言。

十一画

减数分裂　Meiosis
精子与卵子细胞形成时的一个阶段，染色体物质随机地重新分配，*染色体*数量也削减到剩下 23 个（而非在其他体细胞里可见的 46 个）。

副交感神经系统　Parasympathetic Nervous System
*自主神经系统*的两个分支之一。此系统维持并恢复精力，例如在睡觉时减缓心跳速率。

唾液　Saliva
通过唾腺的导管分泌到嘴里的一种水状流质，能帮助咀嚼、尝味和消化。

基本教义派　Fundamentalism
主张严格遵循某个宗教的基本原则。基本教义派的基督教徒（Christians）相信圣经在字面意义上的真实性。穆斯林基本教义派则相信必须严格执行而*伊斯兰教*教法。

基因　Gene
*染色体*的一部分，是遗传的基本单位。基因中包含成长与发育所需的信息。

基底神经节　Basal Ganglia
成对的神经细胞体或细胞核团块，深埋在脑中，与动作控制相关。

基督教　Christianity
一种*一神论宗教*，从*犹太教*发展而来，但却是基于耶稣基督的教诲。耶稣基督被视为上帝之子。

基督新教　Protestant Church
*基督教*的一个主要分支。新教是诞生于自 16 世纪在欧洲北部的宗教改革运动，批判罗马天主教会的腐化与中世纪教条，并拒绝承认教宗的权威。

排卵　Ovulation
每个月从*卵巢*里成熟的卵泡中排出一个卵子的过程。排卵通常发生在月经周期的中段。

掠食动物　Predator
靠着猎杀其他动物而生存的动物。

淋巴系统　Lymphatic System
淋巴管和淋巴结构成的网络。淋巴系统把过多的体液导回到循环系统中，并帮助对抗感染与肿瘤细胞。

淋巴球　Lymphocyte
一种*小白血球*，是免疫系统的重要部分，能提供保护，以对抗病毒感染和癌症。

混合语　Lingua Franca
各种不同母语的族群，用来沟通的共同语言。

脱氧核糖核酸　DNA
脱氧核糖核酸是一种复杂有机分子，上面带有化学编码形式的基因。脱氧核糖核酸储存在细胞核中，为*染色体*的主要成分。

萨满信仰　Shamanism
一种宗教，以萨满为中心，这是一个具有沟通神灵和疗伤治病能力的人。萨满信仰的元素在多种狩猎采集社会里都可发现，但这个词汇主要用于某些亚洲北部民族的宗教。

蛋白质　Protein
一种复杂生物分子，由一连串称为氨基酸的单位组成。称为*酶*的蛋白质是细胞内化学反应过程的媒介。其他蛋白质则形成结构性组织，如骨骼、毛发、皮肤和*胶原蛋白*。

象形文字　Ideographic Script
一种由小图像组成的文字形式。

隐藏排卵　Concealed Ovulation
雌性动物的*卵巢*释出成熟卵子，却没有伴随着生理或行为变化（如黑猩猩的性器官组织会肿胀）可显示出生殖力。

黄体素　Progesterone
一种女性荷尔蒙，由*卵巢*与胎盘所分泌。黄体素让*子宫*准备好内膜，以便接受并保留一个受精卵。

十二画

割礼　Circumcision
一种切除生殖器官组织的手术，通常切除男性的包皮和女性的阴蒂。割礼较常被当成社会习俗，而非出于医学需求。

斯拉夫语　Slavic（Slavonic）
一个*印欧语系*的语族和民族，原居于东欧。斯拉夫语包括保加利亚语、塞尔维亚语、克罗地亚语、捷克语、斯洛伐克语、波兰语、乌克兰语和俄语。

晶状体调节　Accommodation
眼睛随着物体远近调节聚焦的过程。

智人　Homo sapiens
现代人的学名。

朝代　Dynasty
同一家族统治者的继承顺序，或者他们统治的时期。

温血的　Warm-Blooded
有不随环境变动的固定体温，哺乳动物和鸟类都是恒温的；所有其他动物则是冷血的。

游击队员　Guerrilla
一股小而非正规战斗部队的成员，他们出于政治目的而使用如蓄意破坏和恐怖主义等策略，以抵抗传统军队。

游牧民族　Nomad
从一个地点移动到另一个地点而不永久定居者。许多游牧者与一群动物逐水草而居。

稀树大草原　Savanna
有乔木与灌木零星散布的热带草原。

联合国　United Nations
一个由许多国家在 1945 年组成的国际组织，目的在提倡和平与合作。世界上的国家几乎都是联合国成员。

阑尾　Appendix
这个虫状的结构连接在大肠开端部分。阑尾至今功能未明。

十三画

嫁妆　Dowry
由新娘一方家族提供给男方的钱或物。见*聘礼*。

意识　Consciousness
清醒知觉的精神状态。某些对意识的定义只涉及感官知觉（知觉力）；其他定义则包括自我意识与内省。

新陈代谢　Metabolism
所有在体内发生的物理与化学过程。

猿类　Ape
一种灵长目动物，与猴类的差别在于没有尾巴，而且具有大而有力的手臂、灵活的肩膀。人科（Hominoidea）包含人类和我们的最近亲，例如黑猩猩以及大猩猩。

瑜伽　Yoga
一种印度哲学，其信奉者通过生理和心理的训练，以求能够到达一个更高的性灵境界。

福音派新教　Evangelical Church
*基督新教*的分支，强调借由信奉基督教获得救赎，还有对福音的字面信仰。福音派新教与*基督教*基本教义派相关。

窦房结　Sinoatrial Node
一簇特化的肌肉细胞，位于右心房，功能等于天然心律调节器。

群组　Band
如北极圈因纽特人或澳洲原住民等狩猎采集者所构成的小群体，有非正式领袖和最低限度的政治或阶层组织。

聘礼　Bridewealth
结婚时由新郎或他的家族给予新娘家族的钱或物产。付出聘礼在非洲社会特别普遍。见*嫁妆*。

腹膜　Peritoneum
一个衬在腹部内壁的双层薄膜，覆盖着腹部器官，并分泌液体滋润它们。

路德教派　Lutheranism
*基督新教*中的一个主要分支，由德国神学家马丁・路德在 16 世纪创立。

锡克教　Sikhism
一种*一神论宗教*，创立于 16 世纪的印度，吸纳了*印度教*与*伊斯兰教*的成分。多数锡克教徒都住在旁遮普邦。

十四画

寡头政治　Oligarchy
一小群人成立的政府，或者把权力集中于小群体的政府。寡头政权的成员常会滥用权力，以便进一步图谋个人私利。

演化　Evolution
生物物种的逐渐转变，主要受到天择的过程所驱使。

睾酮素　Testosterone
主要的性激素，男性的话是在睾丸中制造，副肾皮和*卵巢*中也有少量。

精英制　Meritocracy
一种社会结构，在其中获得成功是仰赖能力而非出身。

酶　Enzyme
一种当作加速化学反应的*蛋白质*。

雌激素　Oestrogen
一种雌性激素。主要在*卵巢*里制造，在青春期刺激女性发展并规范月经周期。

静脉　Vein
一种薄管壁的血管，把血液从身体器官和组织回送到心脏。

十五画

德拉威语族　Dravidian
此词汇指的是南印度的原住民族，或者那些民族的语言所构成的语族。

摩门教　Mormonism
*基督教*的一个分支，结合了圣经传统和创始人约瑟夫・史密斯在 19 世纪所受的天启，这些天启记载在《摩门经》中。

横隔膜　Diaphragm
圆顶状的薄层肌肉，把胸部和腹部分开来。它改变胸腔的容量以进行呼吸。

潜意识　Subconscious
在意识知觉的层面之下。

额叶　Frontal Lobe
组成*大脑*各半球的四个脑叶中，位置最前面者。额叶在诸如计划或决策等高等心智功能中，扮演重要的角色。

儒家　Confucianism
一种东亚道德传统，奠基于中国哲学家孔子（公元前 6 至公元前 5 世纪）的教诲，强调仁、诚与礼。儒家并不像一个真正的宗教，并不涉及神灵信仰。

十六画

凝血　Blood Clot
由纤维蛋白（数股*蛋白质*）、血小板与血球构成的网状组织，在某条血管受损时形成。

激素　Hormones
化学物质，从某些腺体和组织释出到血液里，作用在身体的其他部位。

燧石　Flint
一种石英，石器时代的人类用以制造小刀或其他工具。

穆斯林　Muslim
*伊斯兰教*的信奉者。

镜像神经元　Mirror Neuron
一种脑细胞，在一只猴子看到另一只个体执行某项工作时，会变得活化（人类可能也有类似细胞）。

颞叶　Temporal Lobe
组成*大脑*各半球的四个脑叶之一。颞叶对于听觉、说话和记忆很重要。

十七～十九画

黏膜　Mucous Membrane
衬在体腔和管道中软而近似皮肤、会分泌黏液的薄层。

二十画以上

蠕动　Peristalsis
某一管状构造肌肉壁收缩与放松交替延续的协调动作，就像是肠道移动肠道中的内容物。

索引